JN437418

유기화학용어
길라잡이

ORGANIC CHEMISTRY GLOSSARY
who shows the way

윤용진 · 윤효재 공저

녹 문 당

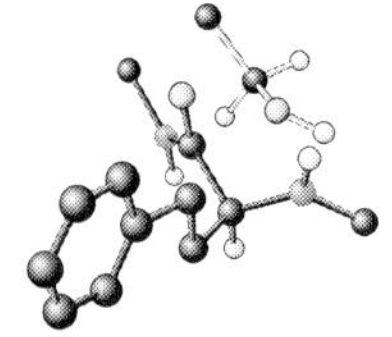

머리말 *Prectice*

오늘날의 자연과학은 매우 빠른 속도로 발전하면서 학문간 융합도 심화되고 있어, 재료과학, 나노과학, 생명과학 분야 등 여러 분야에서 유기화학에 대한 이해가 더욱 절실해지고 있다. 그러나 유기화학은 범위가 넓고 그 반응이 다양하여 유기화학의 이해와 응용에 어려움을 겪는다. 따라서 전공자나 비전공자 모두에게 도움이 될 만한 잘 정리된 용어 사전이 절실하다. 몇 몇 화학사전은 발간되어 있으나 유기화학 분야 용어만을 정리한 용어 사전은 아직 없다.

이 책의 목적은 유기화학 전공자나 비전공자가 쉽게 활용할 수 있도록 유기화학에서 사용되는 전문 용어와 이름 반응(name reaction)에 대해 알파벳 순서로 정리, 정의하고 적당한 예를 들어 이해를 돕도록 하는 데 그 목적이 있다. 편리성을 위해 용어 사전은 영한-한영 용어 사전으로 편집하였다.

용어 사전에서 사용한 우리말 용어는 "대한화학회 용어집 제5판(2)"에서 제정한 용어를 주로 사용하였고, 용어집에 없는 용어는 한국과학기술한림원에서 발간한 "과학기술용어집"의 용어를 사용하였으며, 이들 용어집에 없으나 통용되는 용어도 함께 표기하였다. 전문 용어의 정의는 현재 주로 사용하는 유기화학 학부 교재, 대학원 교재용 참고서 및 IUPAC에서 정의한 내용들을 참고로 하였다. 동일한 영어 용어가 분야마다 다르게 사용되는 경우는 유기화학을 중심으로 취사선택하였다. 이름 반응은 흔하게 불리는 반응들에 대해 반응 형태를 간단하게 서술하고 해당 반응의 메커니즘이나 반응식을 예로 제시하였으며 참고 문헌도 소개하였다. 인명은 원어로 표기하였고, 필요한 참고문헌은 가능한 초기 문헌을 수록하였다. 본문 중에 사용되는 화합물 이름은 혼란을 최소화 하기위해 우리말 표기와 영문을 동시에 표기하였다.

가능한 한 많은 용어와 이름 반응을 포함시키려 하였으나 충분치 못하리라 생각된다. 부족한 부분은 개정판에서 계속 보완할 예정이다. 많은 조언을 바란다.

이 용어 사전이 많은 사람들에게 도움이 되기를 바라며, 이 용어 사전을 발간하는데 도움을 주신 여러분과 녹문당 김중현 사장님과 바쁜 가운데에서 꼼꼼히 교정을 봐준 대학원생들에게 감사를 드립니다.

2017년 2월

저자 윤용진 · 윤효재

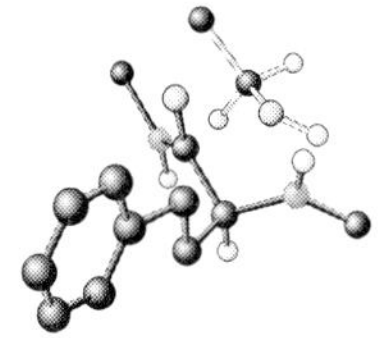

차 례 Contents

a 반대 면을 나타내는 antarafacial의 약기호.

[α] 고유광회전도(specific rotation) 값을 나타내는 기호. specific rotation를 보라.

A Helmholz 자유 에너지의 기호.

$A_{AC}2$ **아실–산소가 분해되는 산–촉매 이분자 가수분해 반응.** Acid-catalyzed(**A**) **bi**molecular(**2**) hydrolysis with **ac**yl-oxygen(**AC**) cleavage. 양성자화된 에스터에 물 분자가 친핵성 공격을 하여 정사면체 중간체를 형성하고 다시 분해되어 양성자화된 카복실산과 알코올이 생성되는 반응을 말한다.

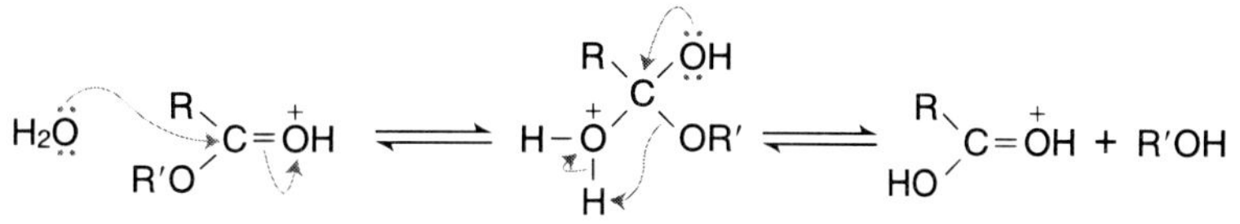

$$H_2\ddot{O}: + R(R'O)C{=}\overset{+}{O}H \rightleftharpoons H{-}\overset{+}{O}(H){-}C(R)(\ddot{O}H)(OR') \rightleftharpoons R(HO)C{=}\overset{+}{O}H + R'OH$$

그림 A-1 • $A_{AC}2$ 가수분해 메커니즘

$A_{AL}1$ **알킬–산소가 분해되는 산–촉매 일분자 가수분해 반응.** Acid-catalyzed(**A**) **uni**molecular(**1**) hydrolysis with **al**kyl-oxygen(**AL**) cleavage. 양성자화된 에스터가 카복실산과 안정한 탄소양이온으로 분해되고 이 양이온이 물 분자와 반응하여 알코올과 양성자가 형성되는 반응을 말한다. 이 반응은 생성되는 탄소 양이온 R'^{+}가 안정할 때만 일어난다.

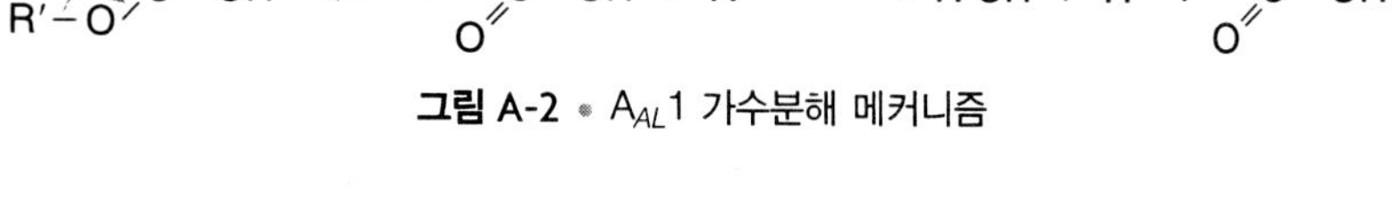

$$R'{-}O{-}C(R){=}OH^{+} \rightleftharpoons R{-}C(=O){-}OH + R'^{+} \xrightarrow{H_2\ddot{O}:} R'OH + H^{+} + R{-}C(=O){-}OH$$

그림 A-2 • $A_{AL}1$ 가수분해 메커니즘

absolute alcohol — **무수 알코올.** 수분을 함유하지 않는 알코올, 예: 무수 에탄올.

absolute configuration — **절대 배열.** 분자 내의 각 카이랄 중심에서의 4개 치환기들의 특정한 배열. (*R*)− 형 또는 (*S*)− 형으로 나타낼 수 있다. (*R*)− 또는 (*S*)− 배열은 카이랄 중심에 결합된 원자의 원자번호를 기초로 하는 Chan-Ingold-Prelog 순위규칙에 따라 순위를 매기고, 우선순위가 시계방향으로 돌아가면 (*R*)− 배열, 시계 반대방향으로 돌아가면 (*S*)− 배열이라고 한다. 순위는 원자번호가 클수록 빠르며, 이 순위규칙은 입체이성질체를 나타내는 *E*/*Z*− 명명법에서도 이용한다. (*R*)−의 어원은 라틴어의

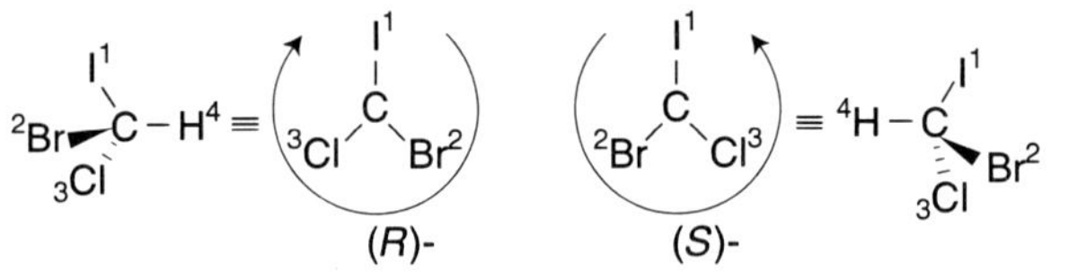

(*R*)-Bromochloroiodomethane (*S*)-Bromochloroiodomethane

그림 A-3 • Bromochloroiodomethane의 절대배열

"Rectus"이고 영어의 "Right"라는 의미이며, (*S*)−의 어원은 라틴어의 "Sinister" 즉 영어의 "Left"를 의미한다.

A

absolute ether — **무수 에터(에테르).** 수분을 함유하지 않는 에틸 에터(ethyl ether, $CH_3CH_2OCH_2CH_3$).

absorption band — **흡수 띠.** 복사 에너지를 흡수하는 비교적 좁은 파장이나 진동수 영역.

absorption coefficient — **흡광 계수.** 흡수 계수 (absorptivity)와 같은 의미임. Beer-Lambert law를 보라.

absorption peak — **흡수 봉우리.** 화합물의 복사 에너지 흡수 스펙트럼에서 흡수가 일어나는 파장 또는 진동수.

ABS plastic — **ABS 플라스틱.** 아크릴로나이트릴−뷰타다이엔−스타이렌(acrylonitrile-butadiene-styrene)의 공중합체로 이루어진 플라스틱들의 총칭.

Ac — Acetyl [$CH_3C(=O)-$]기의 약 기호.

acceptor number (AN) — **받개값.** Lewis 산성도를 나타내는 정량적인 값. Donor number(DN)를 보라.

acene — **아센류.** 모든 벤젠고리가 직선으로 연결된 다중 고리 화합물류를 칭하는 용어. 이런 고리 화합물은 종종 카타−축합(cata-condansed) 다중 고리 화합물이라고도 한다. 카타−축합되었다는 말은 두 개 이상의 고리에 속한 고리의 탄소가 하나도 없다는 것을 뜻한다. anthracene이나 naphthacene이 그 예이다.

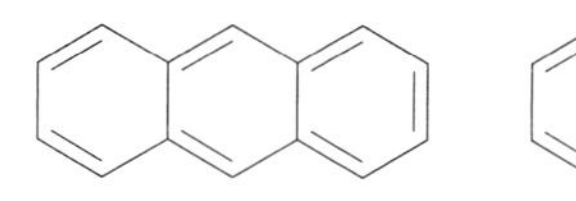
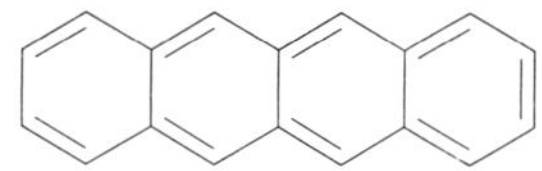

Anthracene Naphthacene

그림 A-4 • Anthracene과 naphthacene의 구조

acetal **아세탈.** 알데하이드의 카보닐(C=O) 산소가 두 개의 알콕시기(RO−)로 치환되어 $RCH(OR)_2$ 형태를 이루는 화합물. 자세히 설명하면, 알데하이드(RCHO) 한 분자에 알코올(R′OH) 한 분자가 첨가되어 생긴 RCH(OH)OR′은 헤미아세탈(hemiacetal)이라 부르고, 두 분자의 알코올(R′OH)이 첨가되어 생성된 $RCH(OR')_2$를 아세탈이라 한다. 1,1-diethoxypropane 이 한 가지 예이다.

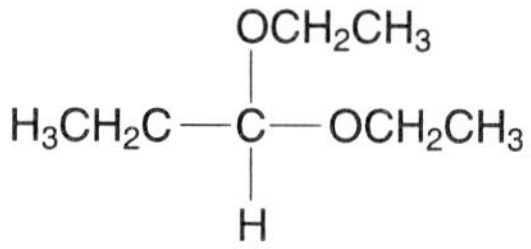

$$H_3CH_2C-\underset{\displaystyle H}{\overset{\displaystyle OCH_2CH_3}{C}}-OCH_2CH_3$$

그림 A-5 • 1, 1-Diethoxypropane의 구조

acetate hypothesis **아세테이트 가설.** 생합성에서 아세테이트(acetate, C2) 단위들의 선형 조합을 통해 방향족 화합물이 합성된다는 가설.

acetification **아세트화, 초화.** 어떤 물질로부터 아세트 산을 만드는 과정.

acetimetry **초산 적정(법).** 알칼리를 이용하여 초산의 양을 측정하거나 적정하는 행위나 방법.

aceto **아세토.** $CH_3C(=O)-$기를 나타내는 접두사.

acetoacetic ester synthesis **아세토아세트산 에스터 합성법.** 염기 촉매를 이용한 아세토아세트산 에스터의 알킬화 반응 또는 아실화 반응을 말한다. 알킬화반응 생성물은 카복시기이탈반응(decarboxylation)을 거쳐 상응하는 케톤을 합성하거나 또는 아세탈기이탈반응(deacetylation)을 거쳐 카복실산을 합성하는 특히 유용한 반응이다[A. Michael, K. Wolgast, *Ber. 42,* 3176(1909)][G. Schroeter, H. Kesseler, O. Liesche, R. F. Muller, *Ber. 49,* 2697(1916)].

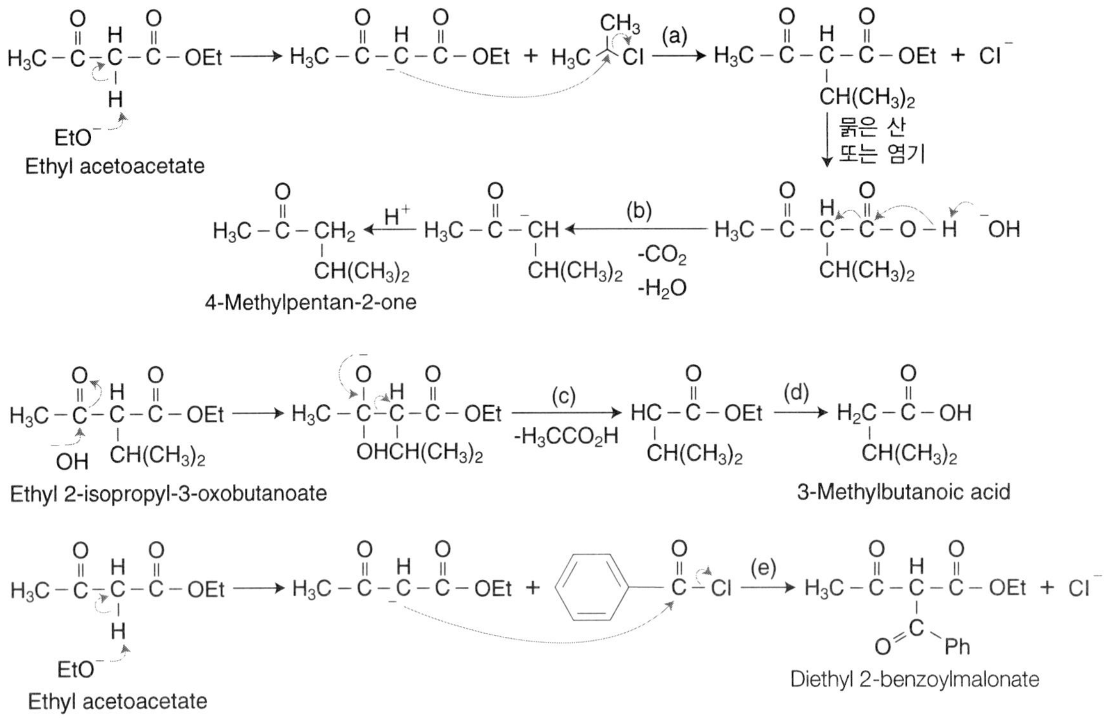
(a)
묽은 산
또는 염기
(b)
-CO2
-H2O
H+
Ethyl acetoacetate
4-Methylpentan-2-one
(c)
-H3CCO2H
(d)
Ethyl 2-isopropyl-3-oxobutanoate
3-Methylbutanoic acid
(e)
Ethyl acetoacetate
Diethyl 2-benzoylmalonate

그림 A-6 ∘ 아세토아세트산 에스터 합성법. (a) 알킬화반응, (b) 카복시기이탈반응, (c) 아세틸기이탈반응, (d) 가수분해, (e) 아실화반응

acetonyl **아세토닐.** $CH_3C(=O)CH_2-$를 나타내는 접두사.

acetyl **아세틸.** $CH_3C(=O)-$기를 나타내는 접두사.

acetylation **아세틸화(반응).** 어떤 화학종에 아세틸($CH_3C(=O)-$)기를 도입하는 반응.

acetylene black **아세틸렌 블랙.** 아세틸렌의 불완전 연소에 의해 생성되는 카본 블랙(carbon black)의 특별한 종류.

acetylenic linkage **아세틸렌 결합.** $C\equiv C$ 결합을 뜻함.

acetylide **아세틸화 음이온.** 일반식 $RC\equiv C^-$를 가지는 음이온. 말단 아세틸렌을 염기처리하여 제조한다.

acetolysis **가아세트산 분해.** 아세트산(acetic acid)이나 아세트산 무수물(acetic anhydride)의 작용에 의해 유기분자가 분해되는 반응.

acetyl coenzyme A (acetyl CoA) **아세틸 보조효소 A, 아세틸 CoA.** 지방, 단백질, 또는 탄수화물의 분해 과정에서 생긴 아세틸기(CH_3CO-)가 미토콘드리아 안에서 보조효소 A의 $-SH$기와 결합할 때 생기는 화합물이다.

acetylene **아세틸렌 계열.** 탄소-탄소 삼중 결합을 가지는 알카인 계열.

acetylide anion **아세틸 음이온.** acetylide와 혼용하여 사용한다.

acetyl group **아세틸기.** $CH_3C(=O)-$의 기 이름. 계통명으로는 ethanoyl기라고 함.

achiral molecule **비키랄성 분자.** 카이랄 중심이 없는 분자. 즉, 포개지지 않는 거울상 이성질체가 없는 분자.

acid **산.** 산과 염기는 이론을 제시한 사람에 따라 기준과 정의가 다르다. Arrhenius 개념에 따르면 산은 수용액에서 H^+로 해리되는 물질이고, Brønsted와 Lowry의 개념에 의하면 H^+를 제공할 수 있는 물질(양성자 주게)이다. 또 Lewis의 산-염기의 개념에 따르면 전자쌍을 받을 수 있는 화학종(전자쌍 받게)을 말한다. Lewis 개념은 더 확장되어 굳은-무른 산 염기(hard-soft acids and bases, HSAB)로 발전하였다.

acid anhydride **산 무수물.** 일반적으로 카복실산(RCOOH) 두 분자가 반응하여 한 분자의 물을 상실하고 $(RCO)_2O$ 형태를 이루는 화합물 계열.

Acetic anhydride　　Succinic anhydride

그림 A-7 • 산 무수물의 예

acid azide **아자이드화 산.** $RCON_3$. 카복실산의 $-OH$기가 아자이드($-N_3$)기로 치환된 화합물. Curtius 자리옮김 반응에 의해 아민을 형성한다.

acid dissociation constant **산해리 상수, K_a.** Brønsted 산이 특정 기준 염기에 양성자를 제공하는 능력을 나타내는 상수. 묽은 수용액에서 기준 염기는 물이다.

$$\text{HA(Brønsted 산)} + H_2O\text{(기준 염기)} \rightleftharpoons H_3O^+ + A^-$$
$$K_a(\text{AH})(\text{mol L}^{-1}) = [H_2O]\lambda = [A^-][H_3O^+]/[AH]$$

여기서 K는 평형상수이다. 다른 용매에서는 아래와 같이 나타낼 수 있다.

$$\text{HA} + \text{용매} \rightleftharpoons \text{용매}-H^+ + A^-$$
$$K_a(\text{AH})_{\text{용매}} = [\text{용매}]K = [A^-][\text{용매}-H^+]/[AH]$$

acid halide **산 할로젠화물.** 카복실산의 $-OH$ 기가 할로젠(X = F, Cl, Br 및 I 등)으로 치환된 $RC(=O)X$ 형 구조식을 가지는 화합물. 아실 할라이드(acyl halide)라고도 한다.

acidic hydrogen

산성 수소. (1) 산 분자 속에 들어 있는 수소 원자로서, H^+ 이온으로 이온화될 수 있는 수소. 예로서 CH_3COOH 분자의 $-OH$기의 수소 원자가 산성 수소, 또는 (2) 수소 원자에 결합된 전기음성적인 원자나 원자단에 의해 수소 원자가 부분적으로 양전하(δ^+)를 띠는 수소. 예로서 $NC-CH_2-CN$의 C−H 결합의 수소는 산성수소이다.

acidification

산성화. 어떤 물질을 산성으로 만드는 행위.

acidity

산도. 어떤 산의 세기를 말하며, Brønsted 산의 산도는 산 해리상수를 이용하여 정량적으로 나타낼 수 있고, Lewis 산의 산도는 특정한 Lewis 첨가 생성물에 대한 안정도 상수를 이용하여 정량적으로 나타낼 수 있다. 기체상 물질의 산도는 일반적으로 수소 음이온(hydride)의 친화도로 나타낸다. 산성 용매 계의 경우는 산도를 산도 함수(acidity function)을 이용하여 정량적으로 나타낼 수 있다.

acidity constant

산도 상수. 산(염기의 짝산을 포함해서)의 산도 상수 K_a는 산이 물에 양성자를 내주는 세기의 척도이며, 산 HA에 대해 다음과 같이 정의된다.

$$HA(aq) + H_2O(l) \rightleftharpoons H_3O^+ (aq) + A^-(aq) \qquad K_a = \frac{a(H_3O^+)\, a(A^-)}{a(HA)}$$

여기서 $a(X)$는 화학종 X의 활동도이다. 산도 상수가 작은 산은 약산이다. 일반적으로 산도 상수는 다음과 같이 음의 대수로 나타낸다.

$$pK_a = -\log K_a$$

pKa의 값이 클수록 약산이다.

acidity function

산도 함수, *H*. 산도 함수 H는 어떤 용매계의 양성자 주게 능력을 정량적으로 측정한 함수이다. 다음 식으로 정의할 수 있다.

$$H = pK_a(BH^+) + \log\{[B]/[BH^+]\}$$

많은 산 BH^+의 pK_a 값은 일반적으로 알려져 있다. Hammett 산도 함수 H_o는 양성자 받게 B로 치환된 아닐린(substituted-aniline)을 이용하여 특정 용매계의 산도를 측정한다.

acidolysis

가산분해(반응). 어떤 분자에 산성 원소를 가하면 분해되는 반응. 이 반응은 아실 교환(acyl exchange) 반응이라고도 한다. 이 반응은 진한 황산, $ZnCl_2$, BF_3 등에 의해 촉매화 된다. 이 반응은 일반적으로 유기산과 아세트산 무수물을 반응시켜 산 무수물과 아세트산(acetic acid)를 만드는 데 이용한다.

acidulation **산성화, 산처리.** 토양이 서서히 산성으로 되는 과정, 또는 어떤 물질에 산을 가해 처음 보다 더 산성이 되도록 하는 과정.

acid value **산가.** 지방이나 유지 속에 존재하는 유리 지방산의 양을 나타내는 값으로서, 일반적으로 1 g의 시료를 중화시키는 데 필요한 KOH의 mg수로 나타낸다.

α-configuration **α-배열.** 스테로이드 분자에서 치환기의 위치배열을 표시할 때 사용하는 기호. 치환기가 분자의 아래쪽을 향하거나 또는 분자면의 아래편으로 배열되어 있는 치환기를 말함. 치환기 위치 표시에 사용하는 α, β, δ 등의 기호와 혼동하지 말아야 한다.

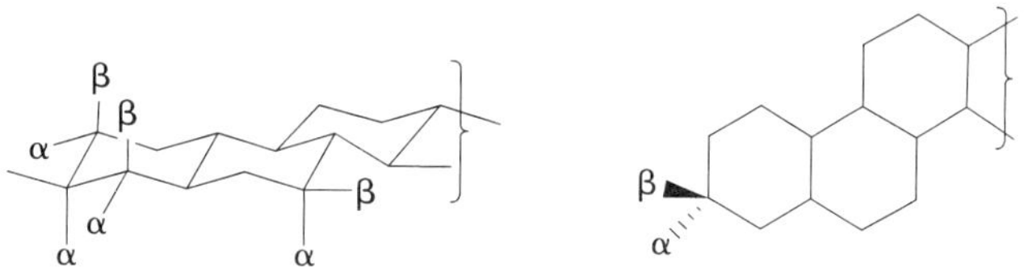

그림 A-8 • 스테로이드 고리의 α-배열과 β-배열

aconitidine **아코니티딘.** 식물 성분 중 하나로 독성이 매우 강한 비 펩타이드 계열 화합물.

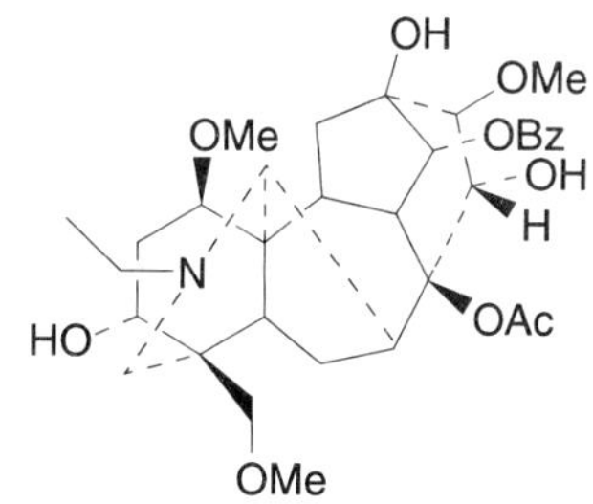

그림 A-9 • Aconitidine의 구조

acrylic resin **아크릴 수지.** 아크릴산(acrylric acid, $CH_2=CH-C(=O)-OH$)이나 그 유도체들의 에스테르 중합체들.

activated carbon **활성 탄소.** activated charcoal 또는 activated coal 이라고도 한다. 매우 심한 다공성 탄소로 표면적이 매우 넓어 흡착 및 화학 반응에 유용하게 이용된다. 유기실험실에서는 불순물 제거나 탈색에 흔하게 이용한다.

activated charcoal **활성탄.** 유연탄이나 목재를 건류하여 만든 다공성 상태의 탄소. 흡착성이 있어 유해한 기체나, 색이 있는 유기 불순물 들을 흡착시켜 제거하는데 이용한다.

activated complex **활성화물.** 전이상태에서 생길 수 있는 불안정한 화학종. 이 물질은 실제로 분리될 수 없다. 이 활성화물에서 결합의 생성과 분해가 부분적으로 진행된 것이므로 점선으로 나타낸다. 대표적인 활성화물의 구조식은 통상 대괄호 안에 나타낸다.

activation energy **활성화 에너지.** 일반적으로 반응물이 반응 중에 가장 높은 에너지 준위에 있는 전이상태까지 도달하는데 필요한 에너지를 말함. 실험 결과에 의하면 많은 화학 반응의 경우 그 반응 속도 상수 k는 다음과 같은 Arrhenius식으로 주어진다.

$$k = A\,e^{-Ea/RT}$$

이 식 속의 E_a를 활성화 에너지라고 하는데, 이것은 반응의 온도 의존도를 지배하는 파라미터이다. 즉 활성화 에너지가 높은 반응일수록 반응 속도가 온도 변화에 의해 크게 좌우된다. 일반적으로 속도 상수를 $1/T$ 에 대해서 도시하면 직선이 나오는데, 이 직선의 기울기로부터 활성화 에너지를 구할 수 있다.

$$\text{In}\,k = \text{In}\,A - \frac{E_a}{RT}$$

activation parameter **활성화 파라미터.** 평형 상수와 반응 Gibbs 에너지 사이의 관계식인 $\Delta G = -RT\,\text{In}\,k$ 와 유사하게, 반응 속도 상수 k를 다음과 같이 나타 낼 수 있다.

$$\Delta G^{\ddagger} = -RT\,\text{In}\,k$$

여기서 $\Delta G^{\ddagger}$를 반응의 활성화 Gibbs 에너지라고 부른다. 이 활성화 Gibbs 에너지는 다음과 같이 활성화 엔탈피 $\Delta H^{\ddagger}$와 활성화 엔트로피 $\Delta S^{\ddagger}$를 가지고 나타낼 수 있다.

$$\Delta G^{\ddagger} = \Delta H^{\ddagger} - T\Delta S^{\ddagger}$$

또한 기체상 2분자 반응의 경우, 활성화 엔탈피는 활성화 에너지와 다음과 같은 관계를 갖는다.

$$\Delta H^{\ddagger} = E_a - 2RT$$

active acetaldehyde **활성 아세트알데하이드.** 생합성에서 티아민(thiamine)으로부터 생성되는 중간물질.

active center **활성 중심(부).** (1) 촉매 표면의 활성을 나타내는 자리. (2) 기질 분자가 결합되는 효소 분자 표면의 활성 자리.

active site **활성 자리.** active center를 보라.

acyclic compound **비-고리 화합물.** 고리가 포함되지 않은 화합물.

acylating agent **아실화 시약.** 아실기를 도입하는데 사용되는 시약. 예를 들어 카복실산 무수물, 할로젠화 아실 등이 있다.

acylation **아실화(반응).** 분자에 아실(RCO－)기를 도입시키는 반응. 일반적으로 할로젠화 아실(RCOX)이나 카복실산무수물[$(RCO)_2O$]을 아실기 공급 물질로 사용한다.

$$RCOCl + R'OH \rightarrow RCOOR' + HCl$$

그림 A-10 • 아실화 반응의 예

acyl azide **아실 아자이드.** $RC(=O)N_3$의 일반식을 가지는 화합물, 카복실산의 OH 대신 $-N_3$를 가지고 있다.

acyl carbene **아실 카르벤.** $[RC(=O)C^{-}R]$ 일반식을 가지며 α-케토카르벤(α-ketocarbene)이라고도 한다. 즉 카보닐기 이웃의 α-탄소가 카르벤이다.

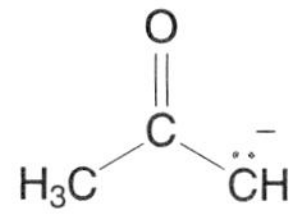

O
||
H_3C–C–$\ddot{C}H^{-}$

그림 A-11 • Acetyl carbene의 구조

acylium ion **아실리윰 이온.** $RC\equiv O^{+}$의 일반식을 가지는 화학종. 이 화학종은 두 개의 공명구조를 가질 수 있어 비교적 안정하다.

$$H_3C-C\equiv O^{+} \longleftrightarrow H_3C-C^{+}=O$$

그림 A-12 • Acylium 이온의 공명구조

acyl group **아실기.** RCO－. 카복실산(RCOOH)에서 －OH기가 떨어져 나가고 남은 잔기.

acyl halide **할로젠화 아실.** 일반식이 RCOX인 화합물. 카복실산의 －OH기가 할로젠으로 치환된 화합물. 예로서 염화아세틸(acetyl chloride, CH_3COCl)을 들 수 있다.

acyl nitrene **아실 나이트렌.** RC(＝O)N의 일반식을 가지는 화학종. α-케토나이트렌(α-ketonitrene)이라고도 한다. 벤조일나이트렌(benzoyl nitrene)을 예로 들 수 있다.

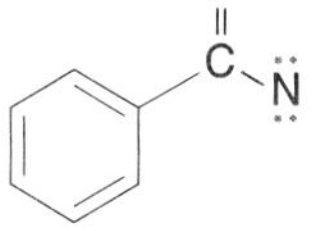

O
||
C_6H_5–C–$\ddot{N}$

그림 A-13 • Benzoyl nitrene의 구조

acyloin **아실로인.** α-하이드록시케톤(α-hydroxyketone)류를 말함, 예로 benzoin을 들 수 있다.

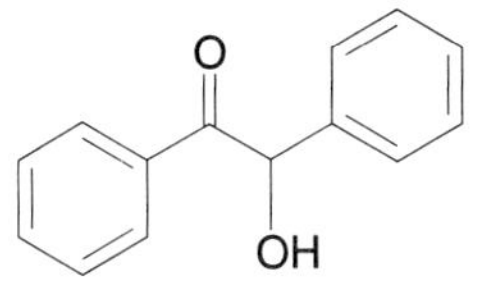

그림 A-14 • Benzoin의 구조

acyloin condensation

아실로인 축합. 에스터 두 분자간의 소듐(Na)-촉진 축합반응 또는 다이에스터의 분자 내 소듐-촉진 축합반응에 의해 α-하이드록시케톤(α-hydroxyketone, acyloin)을 생성하는 반응. 고리형 아실로인을 형성하는 분자 내 반응은 특히 중간 크기 고리 합성에 유용하다[A. Freund, Liebigs *Ann. Chem. 118,* 33(1861), J. W. Bruhl, *Chem. Ber.12,* 315(1879)].

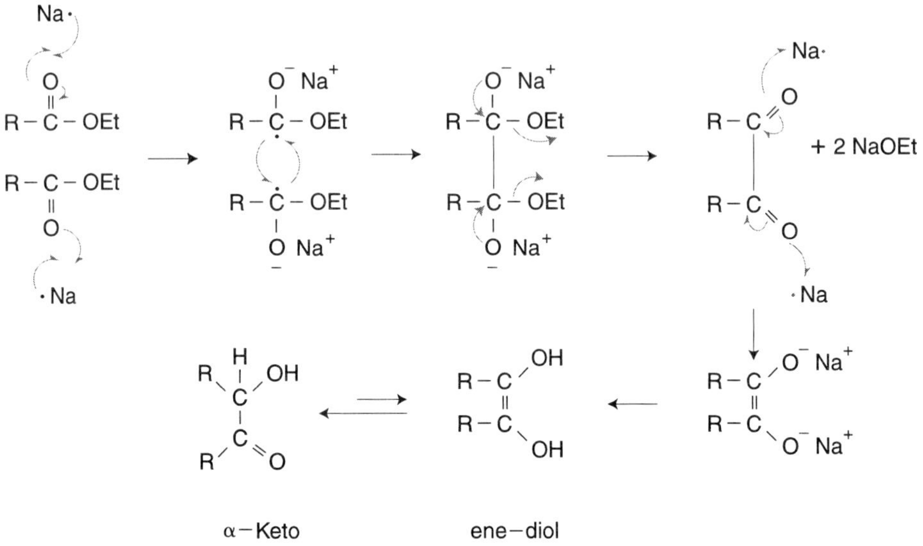

α-Keto　ene-diol

(a)

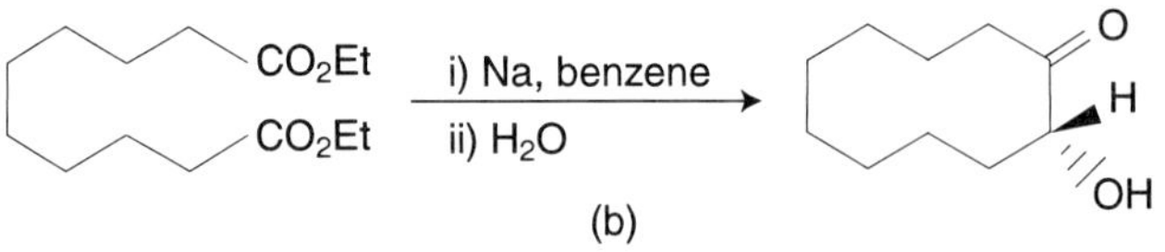

i) Na, benzene
ii) H_2O

(b)

그림 A-15 • (a) 분자간 아실로인 축합반응. (b) 분자 내 아실로인 축합반응

acylphenol

아실 페놀. RC(=O)C_6H_5-OH의 일반식을 가지는 에스터 화합물. 아실페놀 제조 방법으로 Fries 자리옮김과 Houben-Hoesch 합성법이 있다.

Addition electrophilic bimolecular, Ad_E2

친전자성 이분자 첨가반응. 알켄 같은 불포화 화합물에 친전자체가 먼저 반응하여 탄소 양이온 중간체를 형성하고 여기에 친핵체가 빠르게 반응하여 첨가되는 반응 메커니즘이다. 이 반응은 두 단계 반응이고, 기질에 대해 일차반응이고 친전자체에 대해 일차반응이어서 모두 이차 반응 속도식을 가진다. 반응속도 결정 단계는 친전자체가 첨가되는 단계이다. 첨가되는 입체화학은 중간체의 구조와 친전자체에 대한 친핵체의 회합 정도에 의존한다. 일반적인 메커니즘은 아래와 같다.

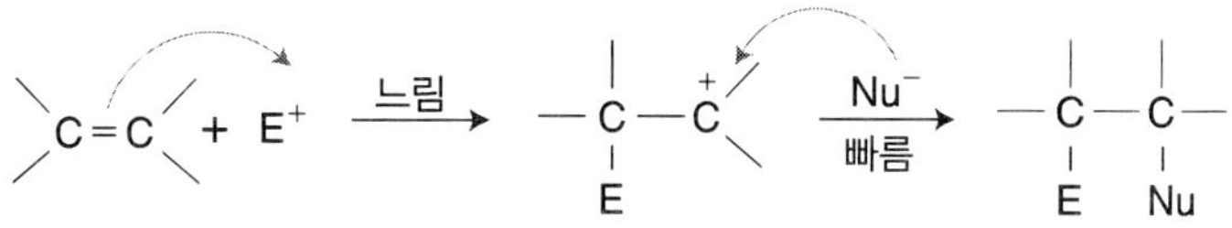

$$\mathrm{>C{=}C<} + E^+ \xrightarrow{\text{느림}} -\overset{|}{\underset{E}{C}}-\overset{|}{C^+}< \xrightarrow[\text{빠름}]{Nu^-} -\overset{|}{\underset{E}{C}}-\overset{|}{\underset{Nu}{C}}-$$

그림 A-16 • Ad_E2 반응 메커니즘

Adams' catalyst

Adams 촉매. Adams가 개발한 수소화 반응 촉매인 PtO_2를 말하며, 아래와 같이 제조한다[V. Voorhees, R. Adams, *J. Am. Chem. Soc. 44*, 1397(1922)].

$$H_2PtCl_6 + 6\ NaNO_3 \longrightarrow Pt(NO_3)_4 + 6\ NaCl(aq) + 2\ HNO_3$$

$$Pt(NO_3)_4 \longrightarrow PtO_2 + 4\ NO_2 + O_2$$

그림 A-17 • Adams 촉매 제조법

adaptor

연결관, 연결기. 유기실험 장치에서 관이나 용기들을 연결하는데 이용되는 관이나 장치.

addition ploymerization

첨가 중합. 단위체가 연속적으로 그리고 단계적으로 첨가반응을 하여 중합체가 만들어 지는 중합반응. 단위체는 동일 할 수도 있고 다를 수도 있으며, 중합 반응 중 손실되는 원자가 없다.

addition reaction

첨가 반응. 불포화 결합을 가지고 있는 분자에 다른 분자나 원자가 첨가되어 하나의 생성물을 생성하는 반응. 첨가 반응은 이중 또는 삼중 결합 같은 불포화 결합을 포함하고 있는 불포화 화합물에서 일어난다. 첨가 반응의 한 가지 예로는 염화수소와 에텐(ethene)의 반응을 들 수 있다.

$$CH_2{=}CH_2 + HCl \longrightarrow CH_3CH_2Cl$$

그림 A-18 • 에텐에 HCl의 첨가반응

***cis*-addition**

***시스*-첨가반응.** 첨가반응에서 첨가되는 두 개 화학종이 파이 결합의 같은 면으로 첨가되는 첨가반응. 이 반응에서 카이랄 탄소가 생성되면 입체화학적인 결과는 쓰레오(threo)이성질체 생성물이 형성된다.

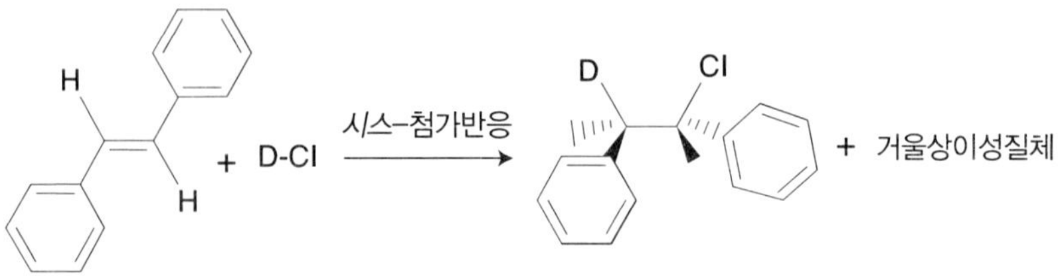

H
H
\+ D-Cl
시스-첨가반응
D Cl
\+ 거울상이성질체

그림 A-19 • *시스*-첨가반응의 예

trans-addition **트랜스-첨가반응.** 첨가반응에서 첨가되는 두 개 화학종이 파이결합의 각기 다른 면으로 첨가되는 첨가반응. 이 반응에서 카이랄 탄소가 생성되면 입체화학적인 결과는 에리쓰로(erythro)이성질체 생성물이 형성된다.

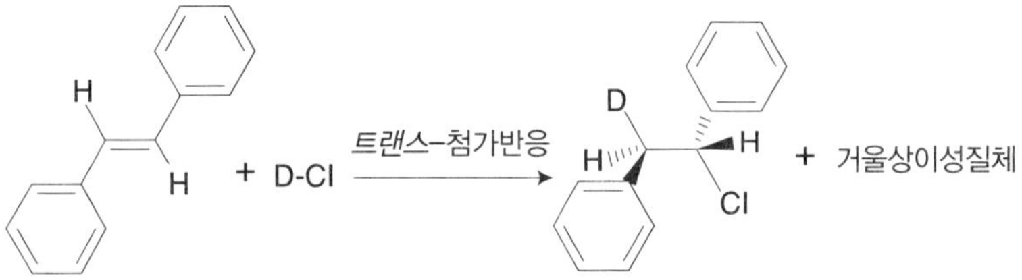

H
H
\+ D-Cl
트랜스-첨가반응
D
H H
Cl
\+ 거울상이성질체

그림 A-20 • *트랜스*-첨가반응의 예

additive **첨가물.** 어떤 물질의 성질을 개선시키기 위해 가해주는 물질. 일반적으로 첨가제는 소량으로 그 목적을 충족시킬 수 있다. 식품의 부식을 방지하지 하기 위해 산화방지제를 첨가하는 것이 그 예이며, 이런 첨가제의 용도와 종류는 매우 다양하다.

additivity **가감성.** 어떤 물질에 소량의 첨가물을 가하여 성질이나 반응성 등이 변화되는 정도.

adduct **첨가생성물.** 첨가반응에 의해 생긴 화합물. 이 용어는 Lewis 산과 Lewis 염기 사이의 배위 화합물에 대해서 많이 사용된다.

adenine **아데닌.** 아래 구조를 가지는 purine 염기의 하나.

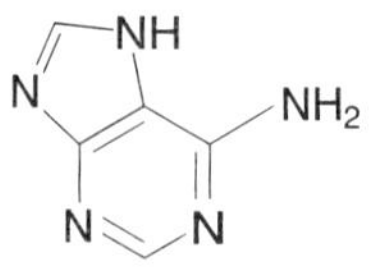

NH
N
NH_2
N N

그림 A-21 • 아데닌의 구조

adenosine **아데노신.** 아데닌과 당분자로 이루어진 뉴클레오사이드(nucleoside)의 일종.

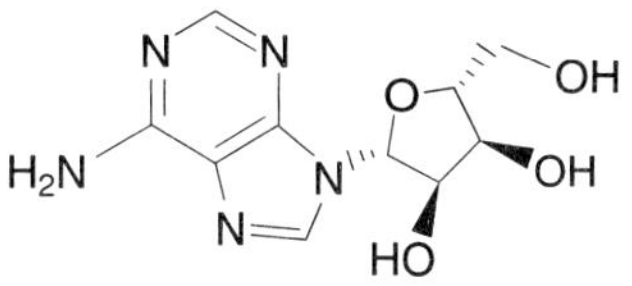

그림 A-22 • 아데노신의 구조

adenosine diphosphate **아데노신이인산.** 아래 구조처럼 뉴클레오사이드의 당에 두 개의 인산기가 결합된 뉴클레오타이드의 일종으로 ATP의 전구물질이며 ADP 약기호를 사용한다.

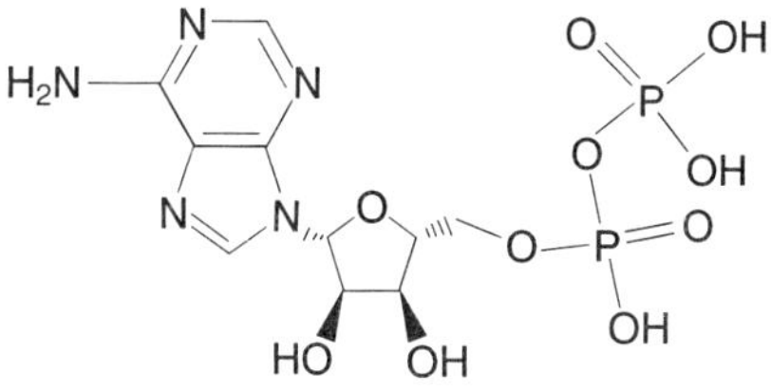

그림 A-23 • ADP의 구조

adenosine monophosphate **아데노신일인산.** 아래 구조처럼 뉴클레오사이드의 당에 하나의 인산기가 결합된 뉴클레오타이드의 일종으로 ADP의 전구물질이다. AMP 약기호를 사용한다.

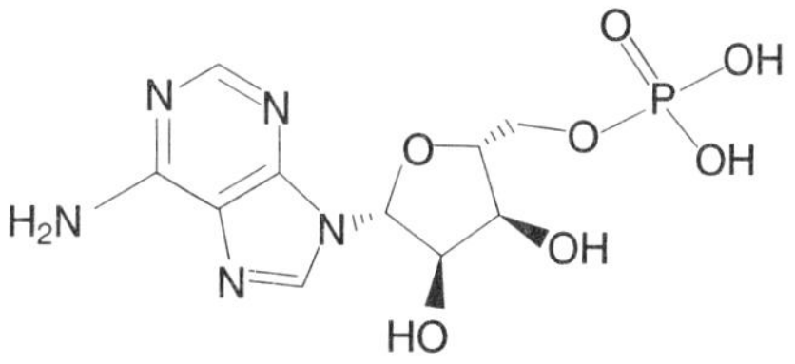

그림 A-24 • AMP의 구조

adenosine triphosphate **아데노신삼인산.** 아래 구조처럼 뉴클레오사이드의 당에 인산기 3개가 결합된 뉴클레오타이드의 일종. ATP 약기호를 사용한다. 생명계의 phosphorylating coenzyme 이며, 에너지 저장기능을 한다.

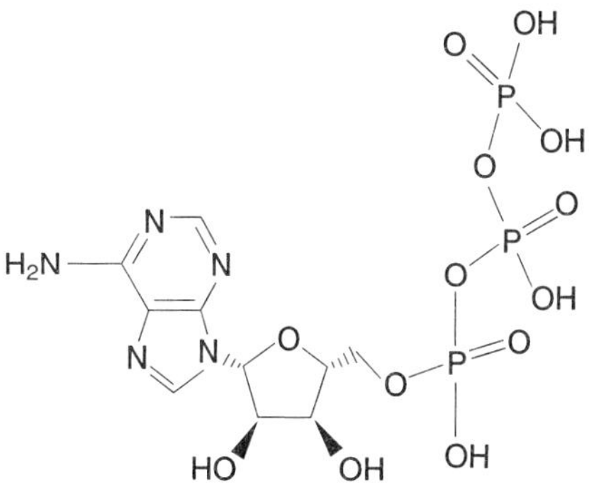

그림 A-25 • ATP의 구조

S-adenosylmethio-nine **S-아데노실메티오닌.** 중요한 메틸-전달 보조효소 중 하나이며, 설포늄 염(sulfonium salt)이다. 이 화합물의 기능은 메틸(CH_3)기를 전달하는 것이며, 다양한 산소, 질소 및 탄소 친핵체를 S_N2 메커니즘에 의해 메틸화시킨다.

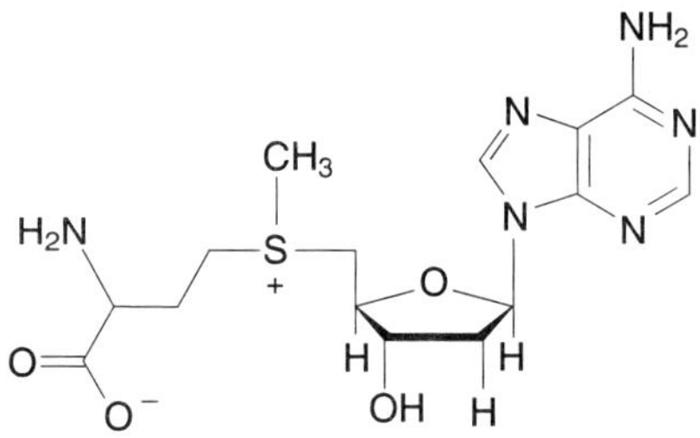

그림 A-26 • S-adenosylmethionine의 구조

Adkins catalyst **Adkins 촉매.** Copper chromite($Cu_2Cr_2O_5$)를 말함. 종종 barium oxide를 포함시키기도 한다. 고온 고압에서 수소기체를 이용하여 유기물을 환원시키는데 사용한다.

Adkins-Peterson reaction **Adkins-Peterson 반응.** 기체상태의 메탄올(methanol)을 금속 산화물 촉매 존재 하에 반응 시켜 포름알데하이드(formaldehyde)를 합성하는 반응. 이 반응으로 40% 포름알데하이드 용액을 얻는다[H. Adkins, W. R. Peterson, *J. Am. Chem. Soc. 53*, 1512(1953)].

A

adrenalin **아드레날린.** β-페닐에틸아민(β-phenylethylamine) 구조를 포함하고 있는 카테콜아민(catecholamine)의 일종으로 호르몬이며 에피네프린(epinephrine) 이라고도 한다.

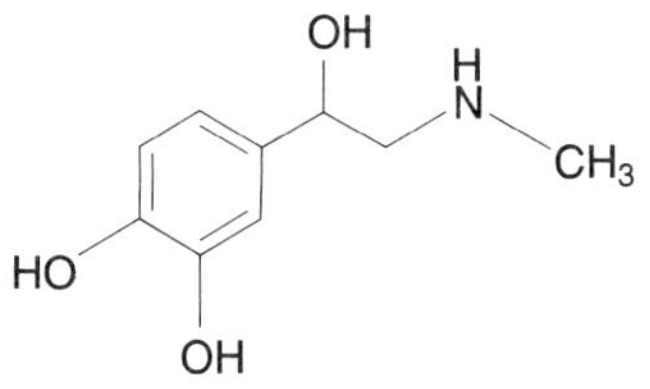

그림 A-27 • Adrenalin(epinephrine)의 구조

adsorption chromatography **흡착크로마토그래피.** 흡착제인 정지상이 고체인 크로마토그래피. 혼합물의 성분 분리는 흡착체에 대한 성분들의 친화도에 의존한다. 이 방법이 초기 크로마토그래피 기술이다.

aerobic fermentation **산소성 발효.** 대기 중의 산소 존재 하에서 일어나는 발효로서, 유기물의 축적을 초래하는 불완전 호흡. 산소성 산화라고도 부른다. 생성물에 따라 아세트산 발효, 시트르산 발효, 그리고 아미노산 등으로 구분하기도 한다. 일반적으로 말하는 발효는 무산소성 발효를 가리킨다.

aerosol **에어로졸.** 고체나 액체가 기체에 분산된 콜로이드의 일종.

affinity of reaction **반응 친화도.** 다음과 같이 정의되는 양 A를 반응 친화도라고 부른다.

$$A = -\left(\frac{\partial G}{\partial \xi}\right)_{P,T}$$

여기서 G는 반응계의 Gibbs 에너지, ξ는 반응 진척도이다.

aggregate **응집체.** 분자간 힘에 의해 뭉쳐진 분자집단. 예로서 비누나 긴 사슬의 지방산 분자들이 회합된 미셀을 들 수 있다.

aglycon **아글리콘.** 글라코사이드의 글리코실(glycosyl)기가 수소로 치환되고 남은 비 당류 화합물. 즉 글라이코사이드가 가수분해 되어 얻어지는 당 이외의 부분을 말함.

air pollution **대기 오염.** 유해한 물질들을 대기 속으로 배출하는 행위나 배출된 상태. 공기 오염 물질들은 이산화탄소와 이산화황, 그리고 산화질소 등이다. 이들 오염 물질들은 대류권(지상 약 10~18 km)으로 들어가 지구 온실 효과를 나타내기도 하고, 또 대기권에서는 산성비를 만들기도 한다. 또한 산화질소는 광화학적 연무의 주원인이 되기도 한다.

Akabori amino acid reaction **Akabori 아미노산 반응.** 1) α-아미노산을 산화성 분해시켜 탄소 수가 하나 적은 알데하이드를 만드는 반응. 2) α-아미노산 에스터를 소듐 아말감과 에탄올 HCl 용액으로 환원시켜 알데하이드로 만드는 반응[S. Akabori, *J. Chem. Soc. Jpn. 52*, 606(1931)].

alcogel **알코젤.** 알코올과 콜로이드의 혼합물인 알코졸(alcosol)의 응고로 생성되는 젤.

alcohol **알코올류.** $-OH$ 기를 포함하고 있는 화합물($R-OH$). 알코올은 1차, 2차 및 3차 알코올로 구분한다. 1차 알코올은 $-OH$기가 결합된 탄소 원자에 1개의 알킬기가 결합되어 있는 알코올(RCH_2-OH)을 말하며, 메탄올(methanol, CH_3OH)와 에탄올[ethanol, CH_3CH_2OH (a)]이 그 예이다. 2차 알코올은 $-OH$기와 결합된 탄소에 2개의 알킬기를 가지고 있는 알코올(R_2CH-OH)이며, 2-프로판올[2-propanol, isopropanol, $(CH_3)_2CHOH$ (b)]이 그 예이다. 3차 알코올은 $-OH$기와 결합한 탄소에 3개의 알킬기가 결합되어 있는 알코올(R_3C-OH)이며, 2-메틸-2-프로판올[2-methyl-2-propanol, *tert*-butylalcohol, $(CH_3)_3COH$ (c)]이 한 예이다.

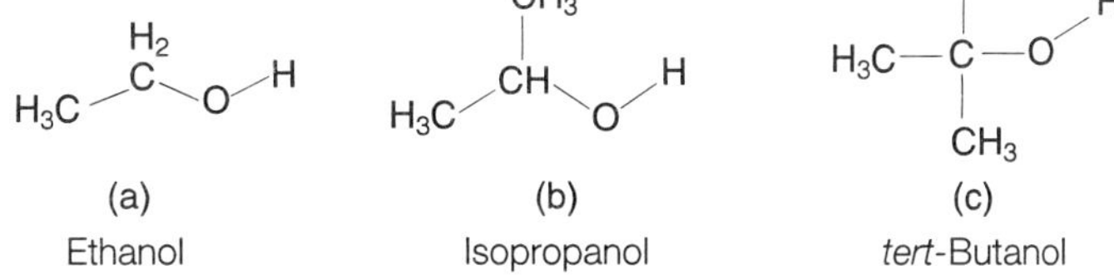

(a) Ethanol　(b) Isopropanol　(c) *tert*-Butanol

그림 A-28 • 알코올의 종류

또, 한 분자 속에 2개의 $-OH$기를 갖는 알코올은 다이올(diol)이라고 부르며, 3

개를 갖는 것들은 트라이올(triol)이라고 부른다.

alcoholysis **가알코올 분해.** 친핵성 치환반응의 일종으로 카복실산 유도체가 알코올과 반응하여 에스터로 되는 반응. 또는 어떤 결합이 알코올을 가함으로서 분해되는 반응.

aldehyde **알데하이드류.** 알데하이드기, 즉 −CHO기를 가지고 있는 유기화합물(R−CHO)이며, 메탄알(methanal, formaldehyde, HCHO), 에탄알(ethanal, acetaldehyde, CH_3CHO), 프로판알(propanal, CH_3CH_2CHO) 등을 예로 들 수 있다. 이들 예에서와 같이, 알데하이드의 체계적 이름은 끝이 '-알' '-al'로 끝난다.

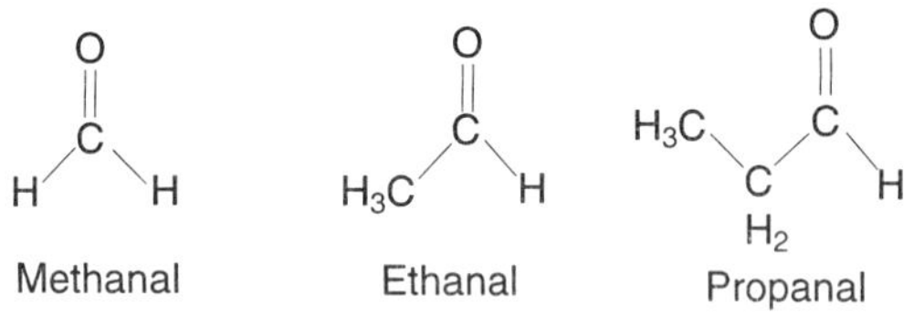

그림 A-29 • 알데하이드의 예

Alder (ene) reaction **Alder (엔) 반응.** 프로펜 같은 엔(ene)과 친엔체(enophilie)가 반응하여 친엔체가 첨가되고 이중결합 위치가 변환된 알켄을 합성하는 반응. 다르게는 hydro-allyl addition이라고도 한다. 이 반응은 엔(ene) 반응으로 더 잘 알려져 있다. 엔(ene)에 헤테로원자가 있으면 특별히 헤테로엔 반응이라고 한다[K. Alder, T. Noble, *Ber. 76B*, 27(1943)].

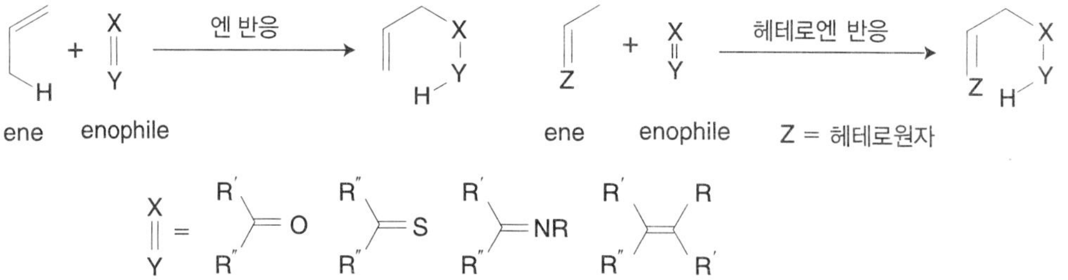

그림 A-30 • Alder (엔) 반응

Alder-Rickert rule **Alder−Rickert 규칙.** 1, 3-사클로헥사다이엔(1, 3-cyclohexadiene) 유도체와 아세틸렌다이카복실산 에스터(acetylenedicarboxylic ester) 첨가생성물을 가열하면 프탈레이트 에스터(phthalate ester)와 에틸렌(ethylene)을 생성한다는 규칙[K. Alder, H. F. Rickert, *Ann. 524*, 180(1936)].

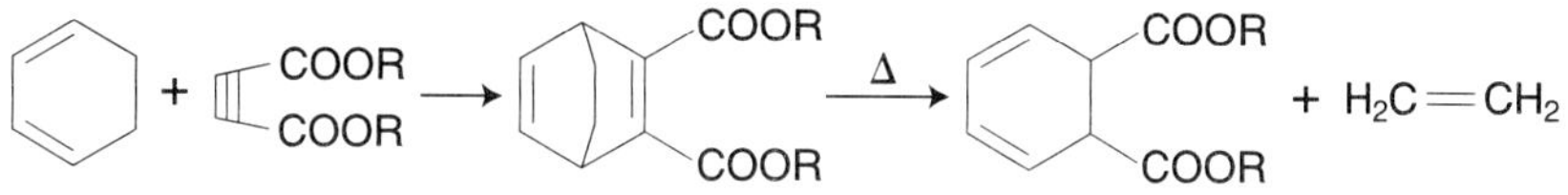

그림 A-31 • Alder-Rickert 규칙에 따른 반응

Alder-Stein rule

Alder-Stein 규칙. Diels-Alder 반응의 입체화학에 대한 규칙으로 출발물질의 치환기 입체화학이 생성물에서도 그대로 보존된다는 규칙. 즉, 시스-친다이엔체가 반응하면 생성물에서 두 개 치환기도 시스로 배열되도록 생성되고, 트랜스-친다이엔체가 반응하여 생성물을 만들면 두 치환기는 트랜스로 배열된다. Alder rule이라고도 한다[K. Alder, G. Stein, *Angew. Chem. 50*, 510(1937)].

alditol

알디톨. 알도스나 케토스의 카보닐기를 환원하여 만든 다가 알코올 류. 예를 들어 β-D-글루코피라노스(β-D-glucopyranose)를 $NaBH_4$로 환원하면 D-글루시톨(D-glucitol, 또는 D-sorbitol)이라는 알디톨이 생성된다.

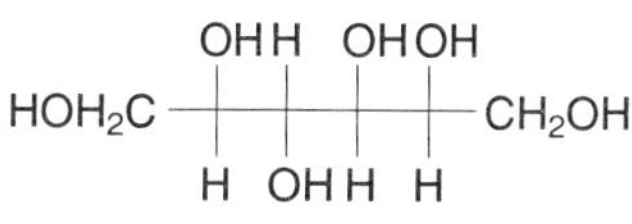

그림 A-32 • D-Glucitol 의 구조.

aldohexose

알도헥소오스. 알데하이드(−CHO)기를 가지고 있는 6-탄당. 단당류를 보라.

aldol reaction

알돌 반응. 2 몰의 알데하이드, 케톤, 다이알데하이드(dialdehyde), 또는 다이케톤(diketone) 등이 축합반응하여 β-하이드록시카보닐(β-hydroxycarbonyl) 화합물을 생성하는 반응. 이 반응이 이루어지려면 두 개 알데하이드나 케톤 중 적어도 하나의 화합물에 한 개 이상의 α-수소를 포함해야 한다. 즉,

$$2RCH_2CHO \rightarrow RCH_2CH(OH)CHRCHO$$

여기서 R은 알킬기이다. 이 생성물을 알돌이라고 하며, 알데하이드(−CHO)기와 알코올(−OH)기가 인접 탄소 원자에 결합되어 있다.

알돌은 다른 화합물로 쉽게 변환되며, 특히 다음 반응의 예에서와 같이 물 분자를 잃고 불포화 알데하이드로 된다.

$$RCH_2CH(OH)CHRCHO \rightarrow H_2O + RCH_2CH{=}CRCHO$$

알돌 반응은 염기 또는 산에 의해 촉진될 수 있고, 한 분자 내에서도 가능하며(분자내 알돌반응 이라고 함) 가역반응이다. 이 반응의 역반응을 레트로-알돌 축합반응(retro-aldol condansation)이라고 한다[R. Kane, *J. Parkt. Chem. 15,* 129(1838)].

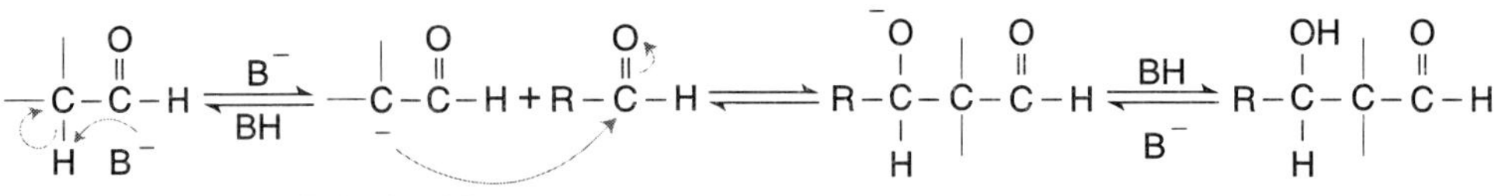

염기–촉매 알돌반응

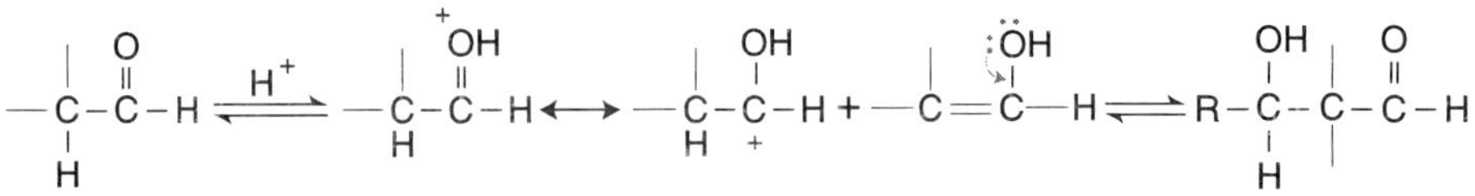

산–촉매 알돌반응

그림 A-33 • 알돌반응의 메커니즘

aldonic acid **알돈산.** 당의 −CHO 기가 카복시기 −COOH로 산화된 일염기산을 말한다. 예로 글루콘 산(gluconic acid)를 들 수 있다.

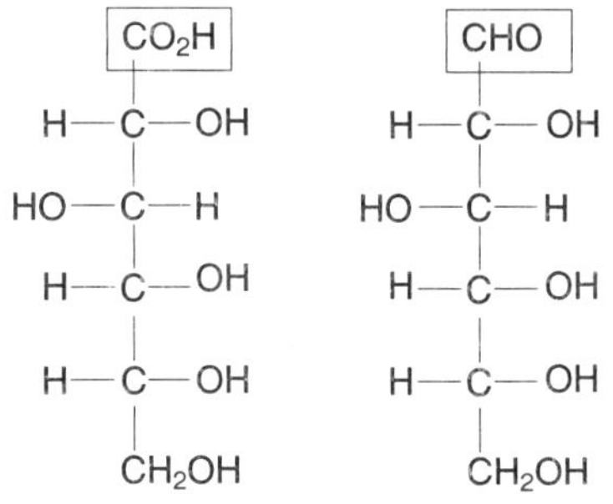

D-Glyconic acid (a) D-Glucose (b)

그림 A-34 • (a) 알돈산과 (b) 알도스의 구조

aldopentose **알도펜토스.** 알데하이드(−CHO)기를 가지고 있는 5-탄당. 단당류를 보라.

aldose **알도스.** 알데하이드(−CHO)기를 가지고 있는 단당류.

Alga-Flynn-Oyama styryl reaction **Alga-Flynn-Oyama 스티릴 반응.** *o*-하이드록시페닐 스티릴 케톤(*o*-hydroxyphenyl)styryl ketone(chalcone)을 알칼리 과산화수소(hydrogen peroxie)로 산화시켜 플라본올(flavonol)을 합성하는 반응[J. Algar, J. P. Flynn, *Proc. Roy. Irish Acad, 42B*, 1 (1934)][B. Oyamada, *J. Chem. Soc. Jpn. 55*, 1256(1934)].

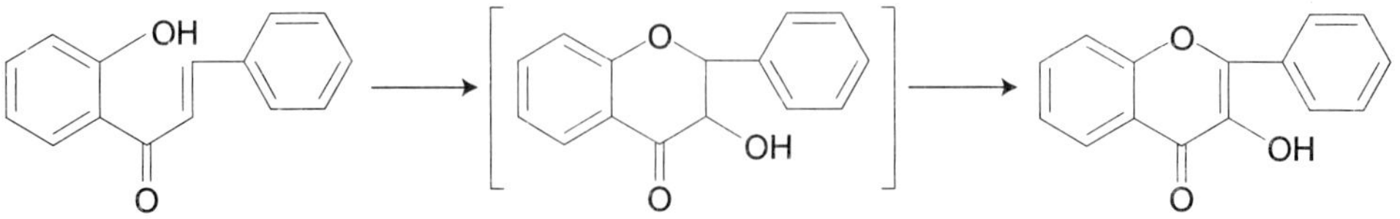

o-Hydroxyphenyl styryl ketone Flavonol

그림 A-35 • Alga-Flynn-Oyama 스티릴 반응

algin **알긴.** 갈색 해조로부터 나오는 다당류의 일종. 수분을 잘 흡수하여 점성이 큰 젤로 된다. 식품의 안정제 등으로 사용되고 있다.

alicyclic compound **지방족 고리 화합물.** 고리를 포함하고 있는 지방족 화합물. 예로, 사이클로헥세인 cyclohexane을 들 수 있다.

aliphatic compound **지방족 화합물.** 알케인, 알켄, 알카인 및 이들의 유도체들로서 벤젠(benzene)같은 방향족 고리 및 방향족 헤테로고리를 가지고 있지 않은 화합물. 비고리 화합물과 고리 화합물로 구분된다.

alizarin **알리자린.** 1, 2-다이히드록시안트라퀴논(1, 2-dihydroxyanthraquinone)에 해당한다. 아름다운 분홍색 색소로서 꼭두서니 뿌리로부터 추출하여 사용하였으나, 지금은 화학적으로 합성해서 사용하고 있다. 알리자린을 금속 수산화물로 처리하면 알리자린 레이크(alizarin lake)라고 부르는 붉은색과 보라색의 불용성 안료를 얻을 수 있다.

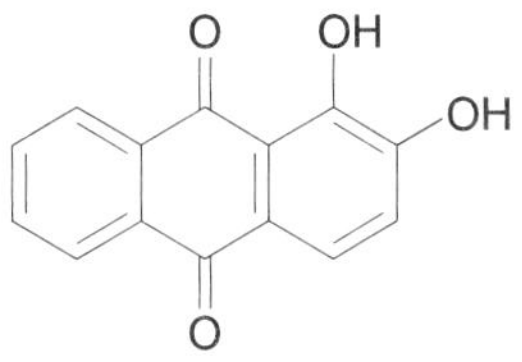

O OH OH O

그림 A-36 • 알리자린의 구조

alkali **알칼리.** 물에 녹아 하이드록시(hydroxy) 이온(HO^-)을 만드는 염기.

alkali fusion **알칼리 용융.** KOH나 NaOH 같은 염기와 반응시약을 고체 상태로 높은 온도로 가열하여 녹여 반응하게 하는 방법. 예를 들어 벤젠설폰산(benzenesulfonic acid)와 NaOH 를 섞어 300℃ 로 가열하여 알칼리 용융시키면 페놀(phenol)이 생성된다.

alkalization **알칼리화.** 어떤 물질을 알칼리로 되게 하는 방법.

alkaloid **알칼로이드.** 질소를 포함하는 천연 유기 화합물을 말하며 대부분 식물에서 발견되지만 동물이나 미생물에서도 발견된다. 알칼로이드의 대부분은 아미노산으로부터 합성된다. 다양한 구조의 알칼로이드가 있으며 이들 또한 다양한 약리작용을 나타낸다. 중요한 알칼로이드 계열로 도파민(dopamine)이나 에피네프린(epinephrine) 같은 카테콜아민 계열, 니코틴(nicotine) 같은 피리딘 알칼로이드 계열, 코니인(coniine)과 펠레테에린(pelletierine) 같은 페페리딘 알칼로이드, 코카인(cocaine) 같은 트로페인 알칼로이드, 아마릴리데이세 알칼로이드(amaryllidaceae 또는 Daffodil) 알칼로이드 계열, 몰핀(morphine)과 코데인(codeine) 같은 아이소퀴놀린 알칼로이드 계열. 라이서직 산(lysergic acid) 같은 에르고트 알칼로이드(ergot alkaloid) 계열, 모노터펜 알칼로이드(monoterpene alkaloid) 계열, 이합체 모노터펜 인돌 알칼로이드(dimeric monoterpene indole alkaloid) 계열, 퀴놀린 알칼로이드(quinoline alkaloid) 계열, 터펜 알칼로이드(terpene alkaloid) 계열 및 스테로이드 알칼로이드 (steroid alkaloid) 계열이 있다.

alkalometry **알칼로이드 정량 방법.** 알칼로이드 함량을 측정하는 방법.

alkanal **알케인알.** $-CHO$기를 가지고 있는 포화 탄화수소. 알케인의 알데하이드를 말하며 $RCHO$로 표기한다.

alkane **알케인류.** 일반식이 C_nH_{2n+2}인 포화 탄화수소로서, 파라핀계 탄화수소(paraffin hydrocarbon)라고도 부른다. 이들은 메테인(methane, CH_4), 에테인(ethane, C_2H_6), 프로페인(propane, C_3H_8), 뷰테인(butane, C_4H_{10}), 펜테인(pentane, C_5H_{12}) 등의 동족 계열 화합물을 이룬다. 알케인은 천연 가스와 석유의 주성분이다.

alkanol **알케인올.** 알케인에 OH기를 포함하고 있는 알코올류 이며, 이들의 일반식은 $C_nH_{2n+1}OH$ 이고, 일반적으로 ROH로 표기한다.

alkanolamine **알케인올아민류.** 알케인 골격에 OH기와 NH_2기를 함께 포함하고 있는 화합물류.

alkene **알켄류.** 하나 이상의 탄소-탄소 이중 결합($C=C$)을 가지고 있는 불포화 탄화수소로서, 올레핀계 탄화수소(olefin hydrocarbon)라고도 부른다. 이중 결합을 하나만 가지고 있는 알켄은 에텐(ethene, $CH_2=CH_2$), 프로펜(propene, $CH_3CH=CH_2$) 등의 동족 계열 화합물을 이룬다. 이 계열의 큰 분자들은 이중 결합의 위치에 따른 이성질체화 현상을 나타낸다. 예로서 뷰텐(butene)은 다음 분자식에서와 같이 두 가지의 이성질체를 만든다.

$$CH_3CH_2CH=CH_2 \text{ 또는 } CH_3CH=CHCH_3$$

일반적으로 알켄은 이중 결합에 다른 원자나 분자가 첨가되는 첨가 반응을 일으킨다.

alkenol **알켄올.** 알켄에 OH기를 가지고 있는 화합물을 말함.

alkoxide **알콕시화물.** 알코올의 하이드록시 수소 원자가 금속으로 치환된 화합물. 알콕사이드는 RO^-이온과 금속의 양이온으로 된 이온 결합 화합물이며, RO^-M^+의 일반식으로 나타낼 수 있다. 알코올을 소듐(Na)나 포타슘(K) 금속과 반응시키면 얻을 수 있다.

alkoxy group **알콕시기.** 알코올의 히드록시 수소가 떨어져 나간 잔기. 예로서 메톡시기(methoxy, CH_3O-), 에톡시기(ethoxy, CH_3CH_2O-) 등이 그 예이다.

alkoxymercuration **알콕시수은화반응.** $-OR$기와 $-HgO_2CR$기가 알켄에 첨가되는 반응. 이 반응은 결과적으로 Markovnikov 생성물을 형성한다. 예로 스타이렌(styrene)으로부터 1-메톡시-1-페닐에테인(1-methoxy-1-phenylethane)을 합성하는 반응을 들 수 있다.

A

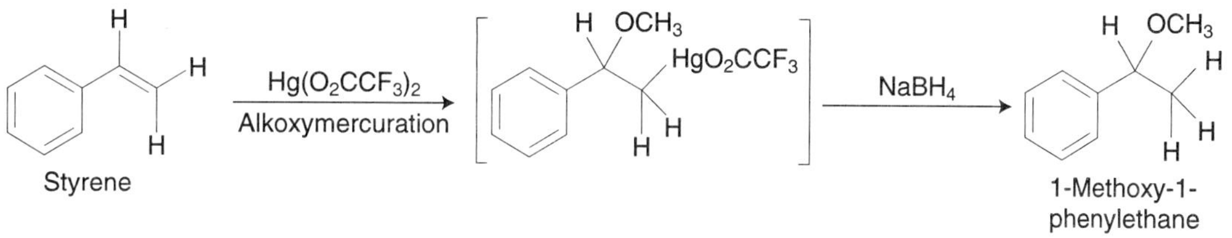

그림 A-37 • Styrene의 알콕시수은화반응

alkyd resin **알키드 수지.** 페인트 같이 표면 도장 물질로 사용되는 폴리에스테르 수지의 일종.

alkylate **알킬레이트.** 석유화학공업에서 알케인과 올레핀을 산-촉매 반응을 시켜 생성되는 생성물을 말한다. 이 반응은 탄소 양이온 중간체를 거쳐 진행되며 곁가지가 매우 많고 옥탄가가 높은 분자량이 작은 생성물인 알킬레이트를 생성한다. 예로 아이소옥테인(isooctane, 2,2,4-trimethylpentane)을 들 수 있다.

alkylating agent **알킬화 시약.** 어떤 화합물에 알킬기를 도입하는데 사용되는 시약.

alkylation **알킬화(반응).** 유기 화합물 분자의 수소 원자를 알킬기로 치환시키는 반응. 예로서 Friedel-Craft 알킬화 반응을 보라.

alkyl group **알킬기.** 알케인으로부터 수소 원자 하나를 떼어 낸 잔기. 예로서 메틸기(methyl, $-CH_3$), 에틸기(ethyl, $-CH_2CH_3$) 등을 들 수 있다.

alkyl halide **할로젠화 알킬.** 하나 이상의 할로젠을 포함하고 있는 지방족 탄화 수소이며, 할로알케인 이라고도 한다.

alkylidene group **알킬리덴 기.** RCH=로 표시되는 치환기 이름. 즉, 알케인에서 두 개의 수소가 제거된 치환기이다.

***trans*-alkylidenation** **트랜스-알킬리데네이션.** 올레핀 복분해(olefin metathesis)를 보라.

alkyne **알카인류.** 하나 또는 그 이상의 탄소-탄소 삼중 결합(C≡C)을 가지고 있는 불포화 탄화수소. 단 하나의 삼중 결합을 가지고 있는 알카인은 에타인[ethyne, CH≡CH, '아세틸렌(actylene)' 이라는 관용명으로 알려져 있다], 프로파인(propyne, $CH_3C{\equiv}CH$) 등이 동족계열 화합물이다. 알카인도 알켄과 마찬가지로 불포화 결합을 가지고 있어 첨가 반응을 일으킬 수 있다.

alkynol **알킨올.** 탄소-탄소 삼중 결합을 가지고 있는 알카인의 알코올.

Allan-Robinson reaction **Allan-Robinson 반응.** *o*-하이드록시아릴 케톤(*o*-hydroxyaryl ketone)과 방향족 카복실산 무수물을 반응시켜 플라본(flavone)이나 아이소플라본(isoflavone)을 합성하는 반응[J. Allen, R. Robinson, *J. Chem. Soc.* *125*, 2192(1924)].

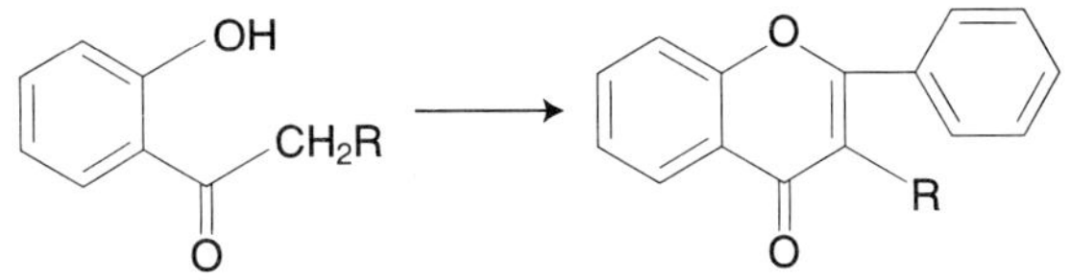

그림 A-38 • Allan-Robinson 반응

allene **알렌류.** 연이은 이중결합 중의 하나. sp 혼성 탄소가 양편에 sp^2 혼성을 한 탄소와 각각 이중결합으로 연결된 결합을 가지고 있는 화학종. 즉, $R_2C=C=CR_2$기를 가지고 있는 화합물. 양쪽 끝의 두 탄소 원자는 다른 원자들과 단일 결합을 이루고 있어야 한다. 즉 $R_1R_2C=C=CR_3R_4$의 구조를 가져야하는데, 가장 간단한 예는 1,2-프로파디엔 CH_2CCH_2(allene)이다. 알렌에서는 두 이중결합 면들이 서로 수직하며, 따라서 R_1과 R_2기들이 놓인 면과 R_3와 R_4기들이 놓인 면이 서로 수직해야 한다. 알렌은 알켄이 나타내는 이중 결합 화합물의 화학적 성질을 나타낸다.

allelotrope **알레로트로프. 케토-엔올 혼합물.** 예로 *p*-nitrosophenol과 *p*-benzoquinoneoxime 혼합물을 알레로트로프의 한 예로 들 수 있다.

alleotropism **알레오트로피즘.** 물질이 상태의 변화 없이 하나이상의 분리할 수 없는 물리적 형태로 존재하는 현상. 토토머화와 같은 동적 이성질화 중 하나.

allosteric enzyme **입체성다른자리 효소.** 효과인자가 결합하면 효소의 형태가 변하는 효소. 효소의 4차 구조가 변하면 생물활성에 영향을 미치는 올리고머이다. 이 효소는 여러 개의 소단위체로 구성되어 있으며, 이를 기본단위체(protomer)라고 한다. 이 효소의 어떤 주어진 상태에서는 기질, 저해제 및 활성인자가 결합할 수 도 있다. 이 효소가 활성 형태로 있을 때에는 활성 자리가 기질과 상호 작용을 하여 효소-기질 착물을 만들 수 있다. 그러나 효소의 4차 구조가 변해 비활성 형태로 되면 결합 자리의 구조 형태가 변하여 기질과의 상호 작용이 불가능해진다. 이러한 종류의 효소는 초기 단계에서는 생성물을 만드는 데 촉매 작용을 하지만, 최종 생성물의 양이 축적되면 이것이 억제제로 되먹여져 효소를 비활성 형태로 변형시켜 결과적으로 합성되는 생성물의 양을 조절한다.

allosteric site **입체성다른자리.** 입체성다른자리 효소 표면에 있는 활성 역할을 하지 않는 결합 자리. 비경쟁적 저해 촉매 반응에서 입체성 다른 자리에 저해 물질이 결합되면 효소의 활성이 억제된다. 다른 자리 입체성 효소에서는 저해물이 입체성 다른 자리에 결합되면 효소가 전체적으로 변형되어 기질이 활성자리에 결합되지 못하게 되거나, 또는 기질의 결합이 억제된다.

allotropism **동소체성(동소체현상).** allotropy를 보라.

allotropy **동소체성(동소체현상).** 어떤 한 원소가 둘 또는 그 이상의 다른 형태(동소체)로 존재할 수 있는 성질. 예로서 탄소는 다이아몬드, 활성탄 및 풀러렌(fullerene) 등의 동소체가 존재하고, 산소에는 정상적인 2원자 분자(O_2)이고, 다른 하나는 3원자 분자인 오존이다. 이 두 동소체는 분자 배열 자체가 다르다. allotropism이라고도 한다.

allowed reaction **허용 반응.** 오비탈 대칭이 보존되는 고리형 협동반응.

allowed transition **허용 전이.** 선택 규칙을 만족시켜 주는 두 상태들 사이의 전이.

allylic carbon **알릴자리 탄소.** 일반식 $R^*CH_2CH=CHR$을 가지며 C=C 결합 이웃한 탄소 자리(*표 탄소)를 말함. 이 자리가 이온이 되거나 라디칼이 되면 비교적 안정하므로 반응에서 매우 중요하다.

allylic rearrangement **알릴자리 자리옮김(반응).** S_N1 또는 S_N2 반응 조건에서 알릴 계($R-CH_2-CH=CH_2$) 화합물에 친핵체를 반응시키면 C=C 이중 결합 위치가 이동하는 현상.

allyl group **알릴 기.** $CH_2=CHCH_2-$의 이름.

alpha helix **알파 나사선 구조.** 아미노산의 NH 및 C=O기들 사이의 수소 결합에 의해 폴리펩타이드 사슬이 나사선 모양으로 꼬여 있는 단백질의 2차 구조. 이 나사선 구조는 인접 나사선상에 있는 NH와 C=O기 사이의 약한 수소 결합에 의해 유지된다.

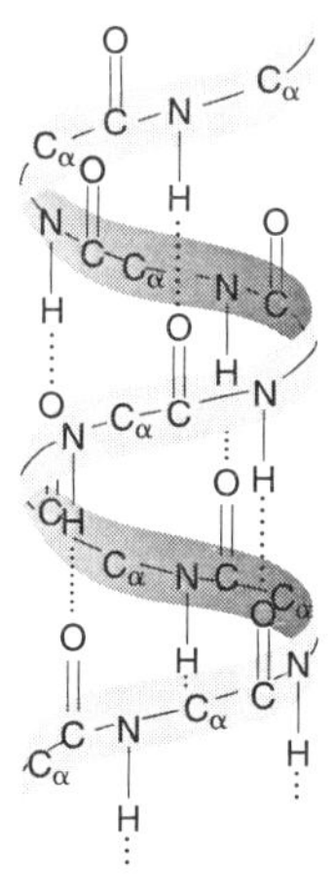

그림 A-39 • 단백질의 알파 나사선 구조

alpha substitution **알파 치환반응.** 어떤 기준이 되는 작용기의 α-위치에서 일어나는 치환반응. 예를 들면 카보닐기의 이웃자리 치환반응 등을 들 수 있다.

alternant hydrocarbon **교대 탄화수소.** 홀수 원자수의 탄소 고리 계를 포함하지 않는 콘쥬게이션 탄화수소. 예를 들어, 1,3,5-헥사트라이엔(1,3,5-hexatriene), 벤젠(benzene), naphthalene 및 phenanthrene을 들 수 있다. 교대 탄화수소는 상보적인 결합 오비탈 및 반결합 오비탈를 가지므로-즉, 결합 오비탈 준위와 반결합 오비탈 준위는 거울상관계로 있다. 분자 오비탈 이론에서는 탄화수소를 이렇게 분류하는 것도 의미가 있다. 벤젠의 분자 오비탈 에너지 도표를 생각해 보라. 이것을 탄소수가 짝수인 "짝수 교대 탄화수소(even alternant hydrocarbon)" (그림 A-40)와 탄소수가 홀수인 "홀수 교대 탄화수소(odd alternant hydrocarbon)"(그림 A-41)로 구분하기도 한다.

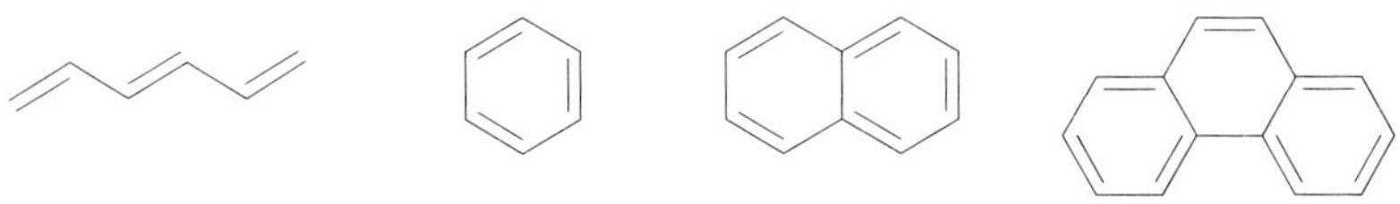

1,3,5-Hexatriene Benzene Naphthalene Phenanthrene

그림 A-40 • 짝수 교대 탄화수소

Allyl 양이온 Benzyl 양이온

그림 A-41 • 홀수 교대 탄화수소

Amadori reaction/ rearrangement

Amadori 반응(자리옮김). 알도스의 *N*-글리코사이드(*N*-glycoside; glycosylamine)가 산 또는 염기 촉매 이성질화반응을 통해 1-아미노-1-데옥시케토스(1-amino-1-deoxyketose)로 되는 반응을 말한다. 이 반응의 기질과 생성물을 Amadori 화합물이라고도 한다[W. Amadori, *Atti. Reale Accad. Nazl. Lincei,* [6] 2, 337 (1925); [6] 9, 68, 226 (1929); [6] 13, 72 (1931)].

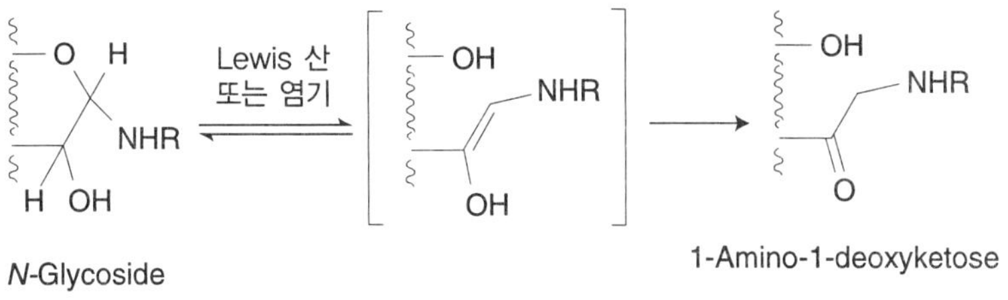

Lewis 산 또는 염기

N-Glycoside 1-Amino-1-deoxyketose

그림 A-42 • Amadori 반응(자리옮김)

amaryllidaceae alkaloid

아마릴리데이세 알칼로이드. 페닐 알라닌(phenylalanine)(C_6-C_1 단위 전구체)과 타이로신(tyrosine)(C_6-C_2 단위 전구체)으로부터 만들어지는 놀벨라딘(norbelladine)($C_6-C_1-N-C_2-C_6$ 전구체)이 페놀성 짝지음 반응에 의해 만들어지는 알칼로이드 계열을 말한다. 다르게는 Daffodil 알칼로이드 라고도 한다.

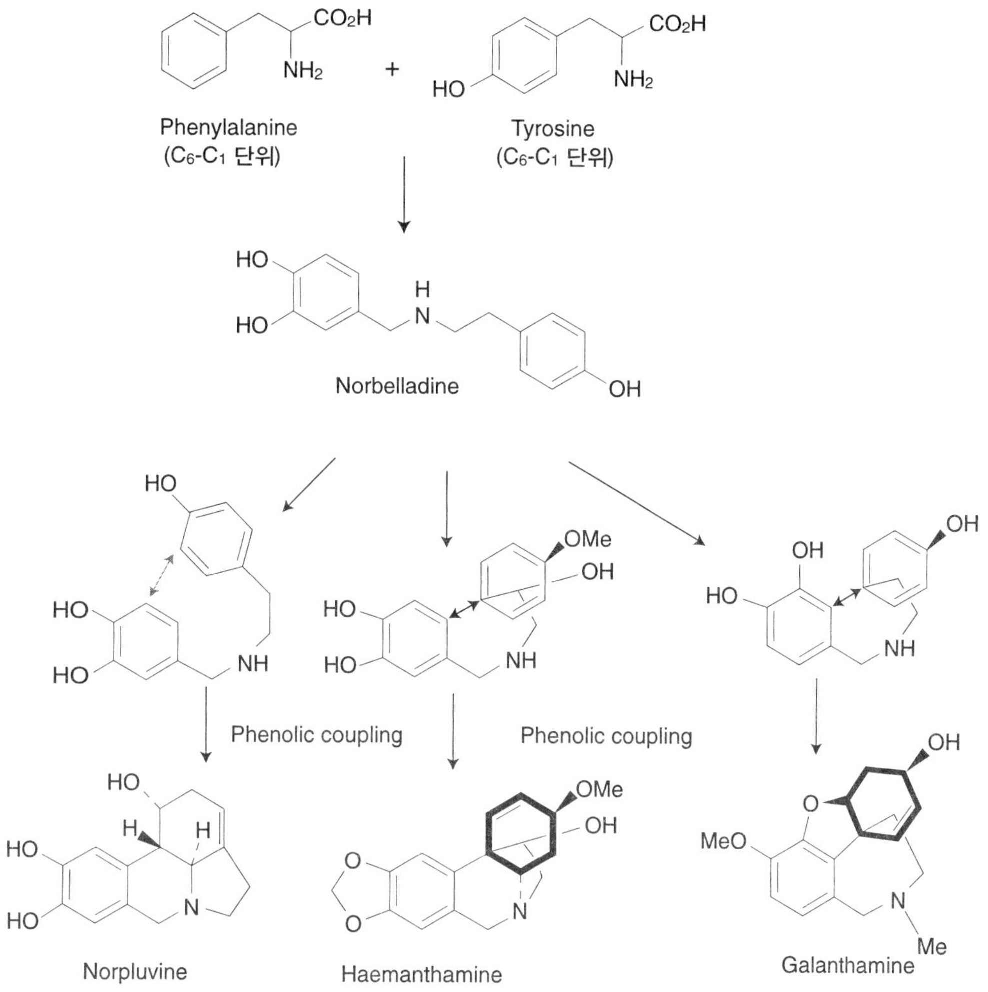
CO2H
NH2
+
HO
CO2H
NH2
Phenylalanine
(C6-C1 단위)
Tyrosine
(C6-C1 단위)
HO
HO
H
N
Norbelladine
OH
HO
HO
HO
NH
OMe
OH
HO
HO
NH
OH
OH
HO
NH
Phenolic coupling
Phenolic coupling
HO
H
H
HO
HO
N
OMe
OH
O
O
N
OH
O
MeO
N
Me
Norpluvine
Haemanthamine
Galanthamine

그림 A-43 • 아마릴리데이세 계열의 생합성

ambident ligand **양쪽(여러) 자리성 리간드.** 두 개 또는 그 이상의 다른 주게 원자를 포함하고 있는 리간드. 예를 들어 SCN− 리간드는 M−SCN(thiocyanate) 또는 M−NCS (isothiocyanato)로 착물을 만들 수 있어 여러자리 리간드이다. NO_2기도 M−NO_2 (nitro) 또는 M−O−N≡O(nitrito)로 금속과 착물을 만들 수 있다.

ambident reagent **양쪽(여러) 자리성 반응 시약.** 두 개 또는 그 이상의 반응자리가 가능한 화학종.

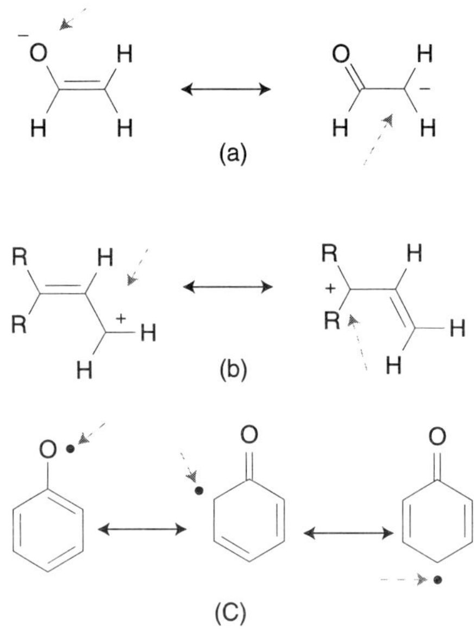

(a)

(b)

(C)

그림 A-44 ● 양쪽 자리성 반응 시약 및 반응 기질의 예. (a) 친핵성 (b) 친전자성 (c) 라디칼

ambident substrate **양쪽(여러) 자리성 반응 기질.** 두 개 또는 그 이상의 반응자리가 있는 기질 물질.

amidation **아마이드화[아미드화](반응).** 어떤 화합물을 아마이드로 변환하는 반응.

amide **아마이드류.** (1) 아마이드기($-CONH_2$)를 가지고 있는 유기 화합물. 카복실 산 유도체 중의 하나이며 $RCONH_2$의 일반식으로 표기한다. 아마이드는 1차 아마이드 $RCONH_2$(질소에 수소가 2개 있음), 2차 아마이드 RCONHR(질소에 수소가 하나만 있음) 및 3차 아마이드 $RCONR_2$(질소의 수소가 모두 R로 치환되어 있음)로 구분한다. (2) NH_2^- 이온을 포함하는 무기 화합물. 예로서 (sodium amide, $NaNH_2$), KNH_2와 $Cd(NH_2)_2$를 들 수 있다. 이들은 금속과 암모니아를 반응시켜 만들 수 있다.

amido group **아미도 기.** 일반식 RC(=O)NR−로 표현되는 치환기 이름. 예를 들어 CH_3C(=O)NH−기는 아세트아미도 기라고한다.

amidomalonate synthesis **아미도말로네이트 합성법.** 아미노산 합성 방법 중 하나로 말론산 에스터 합성법을 이용하는 방법이다. 다이에틸 아세트아미도말로네이트(diethyl acetamido-malonate)를 강한 염기로 처리하여 음이온을 만들고 일차 할로젠화 알킬과 반응시킨 후에 산 가수분해 시켜 아미노산을 합성하는 방법이다. 예로 아스파르트 산(asparatic acid)의 합성을 들 수 있다.

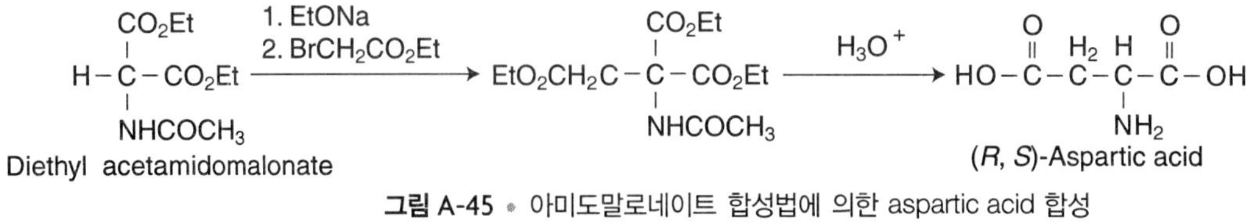

1. EtONa
2. $BrCH_2CO_2Et$
H_3O^+
Diethyl acetamidomalonate
(*R, S*)-Aspartic acid

그림 A-45 ● 아미도말로네이트 합성법에 의한 aspartic acid 합성

amination **아미노화(반응).** 분자에 아미노(amino, $-NH_2$)기를 도입하거나 질소가 포함된 다른 작용기를 환원하여 아미노기로 만드는 반응 후자와 같은 반응은 특별히 환원성 아미노화 반응(reductive amination)이라고 한다. 아미노화 반응의 예로는 할로알케인의 아미노화 반응, 환원성 아미노화 반응은 나이트로 화합물(RNO_2)이나 나이트릴 화합물(RCN)을 환원시켜 아미노기로 변환하는 반응 등을 들 수 있다.

amine **아민류.** 탄화수소의 수소가 $-NH_2$(또는 $-NHR$, $-NR_2$)로 치환된 화합물 또는 암모니아의 수소 원자가 유기 화합물-기(예로서 알킬기)로 치환된 화합물. 아민은 1차(primary, 또는 1°; 질소가 2개의 수소를 가지고 있음, RNH_2로 표기할 수 있음), 2차(secondary, 또는 2°; 질소에 수소가 하나만 있음, R_2NH로 표기할 수 있음) 및 3차(tertiary, 3°; 질소에 수소 대신 2개의 알킬기가 치환되어 있음, R_3N 으로 표기할 수 있음) 등으로 구분한다.

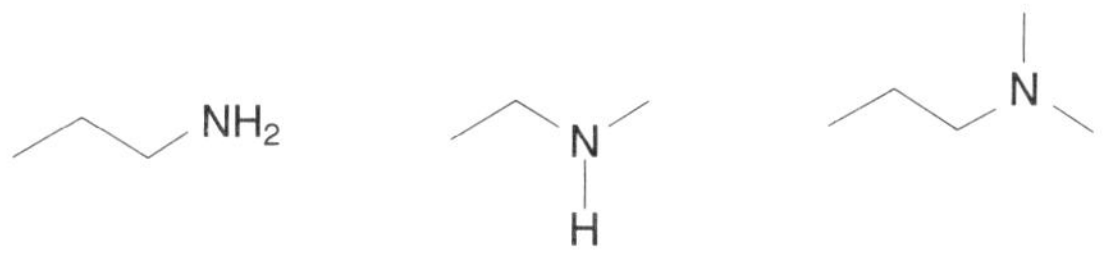

1차 아민 2차 아민 3차 아민

그림 A-46 • 아민의 구분

amine oxide **아민 산화물.** $R_3N^+-O^-$의 일반식을 가지는 3차 아민의 산화물. 예로 트라이메틸아민 옥사이드 trimethylamine oxide $(CH_3)_3NO$를 들 수 있다.

aminium ion **아미늄 이온.** $R_3N^+H(R')$의 일반식을 가지는 아민 염. 예로 1-메틸피리디늄(1-methylpyridinium) 이온, 다이페닐암모늄 이온(diphenylammonium ion) $(Ph-NH_2{}^+-Ph)$ 등을 들 수 있다.

amino acid **아미노산.** 한 분자에 카복시기($-COOH$)와 아미노기($-NH_2$)를 가지고 있는 화합물을 아미노산이라고 하며, 특별히 동일한 탄소 원자에 아미노기($-NH_2$)와 카복시기($-COOH$)를 함께 가지고 있는 아미노산을 α-아미노산이라고 한다. 이 탄소 원자를 α-탄소라고 부른다. 이들은 단백질의 가수분해 최종 생성물이다. 따라서 α-아미노산의 일반식은 $R-CH(NH_2)COOH$로 나타낼 수 있고, 이름을 약한 알파벳 세 글자로 표기하는 약기호를 주로 사용한다. 여기서 R은 수소나 유기 화합물 잔기이며, R에 따라 아미노산의 성질이 달라진다. 자연계에는 약 20종의 아미노산이 존재하며 (표 A-1 참조), 이중 8개 아미노산은 몸에서는 합성되지 않으므로 섭취하여야 한다. 이런 아미노산을 필수 아미노산(essential amino acid)이라고 한다.

또 α-아미노산은 중성 아미노산(neutral amino acid), 염기성 아미노산(basic amino acid) 및 산성 아미노산(acidic amino acid) 등으로 구분한다. 중성 아미노산은 동일한 수위 산과 염기를 포함하고 있는 아미노산이다(예, Val. Leu, Ile 등). 염기성 아미노산은 염기성 작용기를 산성 작용기보다 하나 더 가지고 있는 아미노산들이다(Arg, Lys, His). 산성 아미노산은 염기성 작용기보다 산성 작용기를 하나 더 포

표 A-1 ● 아미노산

이름	약기호	구조	등전점	구분
Alanine	Ala (A)	H_3CCHCO_2H NH_2	6.01	중성
Asparagine	Asn (N)	O $H_2NC-CH_2CHCO_2H$ NH_2	5.41	중성
Cysteine	Cys (C)	$HSCH_2CHCO_2H$ NH_2	5.07	중성
Glutamine	Gln (Q)	O $H_2NC(CH_2)_2CHCO_2H$ NH_2	5.65	중성
Glycine	Gly (G)	CH_2CO_2H NH_2	5.97	중성
Isoleucine	Ile (I)	CH_3 $H_3CH_2CHCCHCO_2H$ NH_2	6.02	중성, 필수
Leucine	Leu (L)	$(H_3C)_2HCH_2CCHCO_2H$ NH_2	5.98	중성, 필수
Methionine	Met (M)	$H_3CS(H_2C)_2CHCO_2H$ NH_2	5.74	중성, 필수
Phenylalanine	Phe (F)	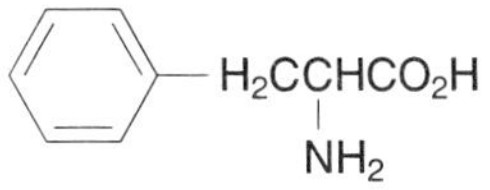 $-H_2CCHCO_2H$ NH_2	5.48	중성, 필수
Proline	Pro (P)	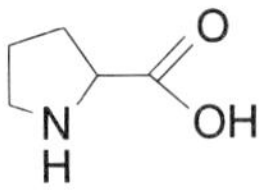 O N OH H	6.30	중성
Serine	Ser (S)	HOH_2CCHCO_2H NH_2	5.68	중성
Threonine	Thr (T)	OH $H_3CHCCHCO_2H$ NH_2	5.60	중성, 필수

Tryptophan	Trp (W)	(indole ring, N-H)—H_2CCHCO_2H / NH_2	5.89	중성, 필수
Tyrosine	Tyr (Y)	HO—(benzene ring)—H_2CCHCO_2H / NH_2	5.66	중성
Valine	Val (V)	$(H_3C)_2HCCHCO_2H$ / NH_2	5.96	중성, 필수
Aspartic acid	Asp (D)	$HOOCH_2CCHCO_2H$ / NH_2	2.77	산성
Glutamic acid	Glu (E)	$HOOC(H_2C)_2CHCO_2H$ / NH_2	3.22	산성
Arginine	Arg (R)	NH ‖ $H_2NCNH(CH_2)_3CHCO_2H$ / NH_2	10.76	염기성
Histidine	His (H)	(imidazole ring, N, N-H)—CH_2CHCO_2H / NH_2	7.59	염기성
Lysine	Lys (K)	$H_2N(H_2C)_4CHCO_2H$ / NH_2	9.74	염기성, 필수

함하고 있는 아미노산이다(예, Glu, Asp). α-아미노산의 카이랄 탄소의 배열은 (*R*)－형 이거나 (*S*)－형이지만 자연에서 발견되는 대부분의 아미노산은 (*S*)－배열을 하고 있다. 아미노산에서는 양성자가 산성자리와(COOH)와 염기성 자리 (NH_2)에서 상호 이동될 수 있다. 따라서 아미노산은 용액의 수소 이온 농도에 따라, 양이온과 음이온을 동시에 가지는 Zwitter 이온 구조가 되기도 하고 양이온만 포함하거나 음이온만 포함하는 구조를 이루기도 한다. 아미노산이 등전점(isoelectric point)과 같은 수소 이온농도의 용액에서는 Zwitter 이온 형태[그림 A-47 (c)]를 이루고 등전점보다 더 염기성 용액에서는 음이온 형태를[그림 A-47 (b)], 등전점 보다 더 산성인 용액에서는 양이온 형태[그림 A-47 (d)]로 존재한다. 이러한 아미노산의 성질 때문에 아미노산을 전기영동법(electrophoresis)으로 분리할 수 있다.

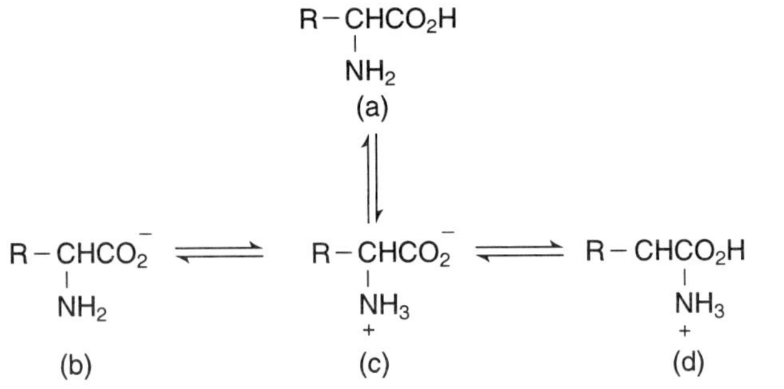

$$R-CH(NH_2)CO_2H \quad \text{(a)}$$

$$\updownarrow$$

$$R-CH(NH_2)CO_2^- \rightleftharpoons R-CH(\overset{+}{N}H_3)CO_2^- \rightleftharpoons R-CH(\overset{+}{N}H_3)CO_2H$$

(b) (c) (d)

그림 A-47 • (a) 중성 형태, (b) 음이온 형태, (c) Zwitter 이온 형태, (d) 양이온 형태

aminolysis

가아민분해반응. 카복실산 유도체가 암모니아나 아민과 반응하여 아마이드($RCONR_2$)를 생성하는 반응. 또는 아민이나 암모니아와 반응하여 어떤 결합이 분해되는 반응.

amino sugar

아미노 당. 하나 또는 그 이상의 OH기가 아미노(NH_2)기로 치환된 당. 아미노당류는 물에 잘 녹지 않아서 갑각류나 곤충의 껍질 성분이 될 수 있다. 예로 2-*D*-글루코사민(2-*D*-glucosamine)을 들 수 있다.

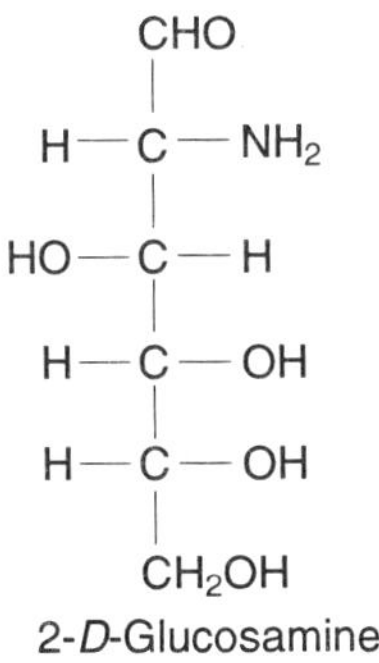

그림 A-48 • 아미노당인 2-*D*-glucosamine 의 구조

ammine

암민. 암모니아 분자가 리간드로 사용되어 배위된 착물. 예로서 헥사암민코발트(III) 이온 $[CO(NH_3)_6]^{3+}$과 같은 착물을 들 수 있다. 이런 착물에 배위되어 있는 NH_3를 암민이라고 부르기도 한다.

ammonia synthesis

암모니아 합성. 상업적으로는 암모니아를 질소와 수소를 Harber 과정을 통해 제조한다. 이 반응은 고온(400~500°C)과 고압(100~1000 atm) 조건에서 소량의 K_2O와 Al_2O_3가 포함된 철-염기 촉매(Fe_2O_4)를 사용하여 수행한다.

$$N_2 + 3H_2 \rightleftharpoons 2\,NH_3 \quad \Delta H = -92\ \text{kJ/mol}$$

ammonium ion

암모늄 이온. R_4N^+의 일반식을 가지는 아민 염. 여기서 R기는 알킬, 아릴 또는 수소

이다. 예로 테트라메틸암모늄 이온(tetramethylammonium ion) $[(CH_3)_4N^+]$, 암모늄 이온(ammonium ion) (H_4N^+)를 들 수 있다.

ammoxidation of propylene **프로필렌의 가암모니아산화반응.** 프로필렌을 산소와 암모니아로 처리하여 아크릴로나이트릴(acrylonitrile)로 만드는 반응. 이 반응은 450°C 반응기에서 10~20초 동안 접촉시켜 수행하며 비스무트 몰리브데이트(bismuth molybdate) 또는 안티모니 옥사이드(antimony oxide) 등으로 촉진될 수 있다. 부산물로 이산화탄소(carbon dioxide), 아세토나이트릴(acetonitrile), 아크롤레인(acrolein) 및 아세트알데하이드(acetaldehyde)가 생긴다.

$$H_2C{=}\underset{H}{C}{-}CH_3 + NH_3 + 3/2\,O_2 \longrightarrow H_2C{=}\underset{H}{C}{-}CN + 3\,H_2O$$

그림 A-49 • 프로필렌의 가암모니아산화반응

AMP adenosine monophosphate의 약기호.

amophorus solid **무정형 고체.** 비결정성 고체를 말함.

amphipathic (or amphiphilic) compound **양쪽친화성 화합물.** 친수성과 소수성 성질을 함께 가지는 화합물.

amphiprotic solvent **양쪽양성자성 용매.** Brønsted 산/염기 특성을 둘 다 가지는 자기-이온화성 용매. 예를 들어 H_2O와 CH_3OH 가 있다.

amphoterism **양쪽성(현상).** 산과 염기 두 가지로 다 작용할 수 있는 성질.

amylase **아밀레이스.** 녹말이나 글리코겐 등과 같은 다당류들을 글루코오스와 말토오스(엿당)으로 분해시키는 과정에 직접적으로 관여하는 효소.

amyloylsis **전분 가수분해.** 산이나 효소에 의해 녹말이 당으로 가수분해되는 반응.

amylopectin **아밀로펙틴.** 녹말의 두 성분 중 하나로서, 가지 구조로 된 다당류이다.

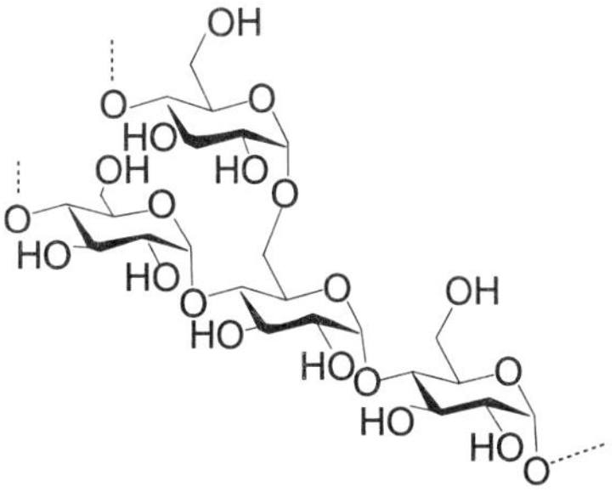

그림 A-50 • 아밀로펙틴의 부분 구조

amylose **아밀로오스.** 100~1000개 정도의 글루코오스 분자가 α-1,4-글루코사이드결합으로 연결된 사슬형 다당류. 녹말의 한 성분이며, 녹말이 수용액 속에서 요오드와 반응하여 푸른색을 나타내는 것은 바로 이 성분 때문이다.

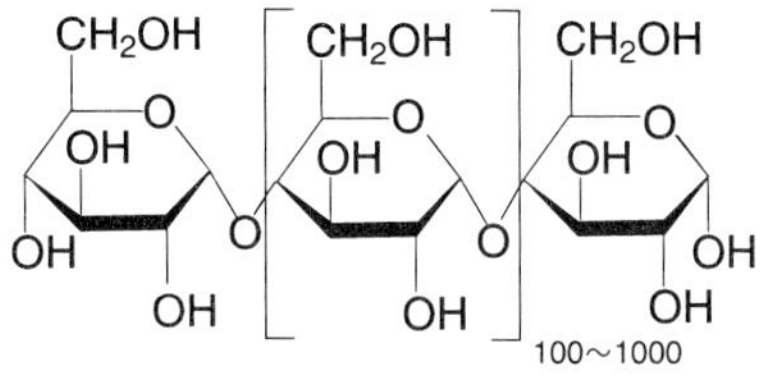

그림 A-51 • 아밀로오스의 부분 구조

anabolism **합성대사.** 단백질이나 지방 등과 같은 생체 성분을 작은 성분 분자나 선구 물질로부터 합성하는 대사. 이 과정에서는 많은 에너지를 필요로 하며, 그 에너지는 ATP가 제공한다.

anaerobic fermentation **무산소성 발효.** fermentation을 보라.

anaerobic oxidation **무산소성 산화.** 산소가 없이 일어나는 산화반응.

anchimeric assistance **분자내 이웃도움.** 반응의 속도결정 단계에서 이웃 기가 참여하는 현상. 이런 현상은 탄소 양이온 중간체가 포함되는 반응에서 자주 나타난다. 즉, 탄소 양이온이 생성되는 과정에서 이웃 기가 참여한다. 이러한 도움은 도움이 없는 반응에서 보다 반응 속도가 더 빠르다.

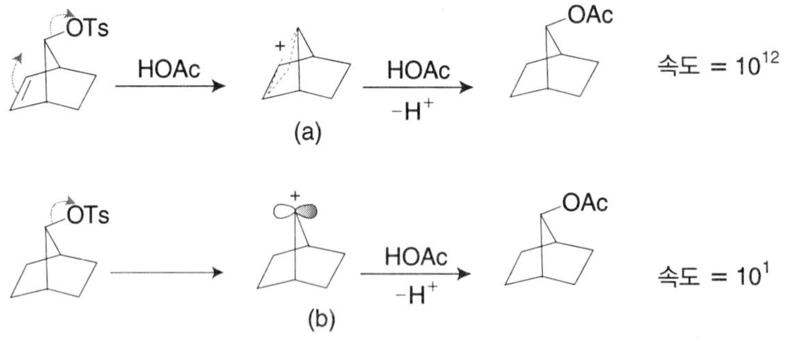

그림 A-52 • 분자 내 이웃도움 반응의 예. (a) 분자 내 이웃도움 반응 (b) 분자 내 이웃 도움이 없는 반응

Andrussov oxidation **Andrussov 산화.** CH_4 (methane)와 NH_3 (ammonia)를 산소와 혼합하여 HCN과 물로 산화시키는 반응[L. Andrussov, *Ber. 60*, 2005(1927)].

angle strain **각 무리(스트레인, 변형).** 정사면체 각에서 벗어난 구조를 가짐으로서 분자의 에너지가 더 높아지는 정도를 말한다. Baeyer 변형이라고도 한다.

angular group **각 치환기.** 두 고리 알케인(bicycloalkane)의 다리목 탄소(bridgehead carbon)에 결합된 원자나 원자단.

anhydride **무수물.** 두 분자의 카복실산이 반응하여 하나의 물 분자를 상실하고 생성된 RC(=O)−O−C(=O)R 형의 구조를 이루는 분자를 일컬음. 또는 물과 반응하여 어떤 주어진 화합물을 만드는 화합물. 예로서 아세트산 2분자가 물을 상실하고 아세트산 무수물을 생성한다.

$$2\,CH_3\overset{\overset{O}{\|}}{C}OH \xrightarrow[-H_2O]{} CH_3\overset{\overset{O}{\|}}{C}-O-\overset{\overset{O}{\|}}{C}CH_3$$

anhydrosugar **무수당.** 당이 분자 내에서 물 분자를 상실하여 C−O−C 형의 고리를 형성하고 있는 당. 예로 3,6-anhydro-*β*-*D*-glucopyranose를 들 수 있다.

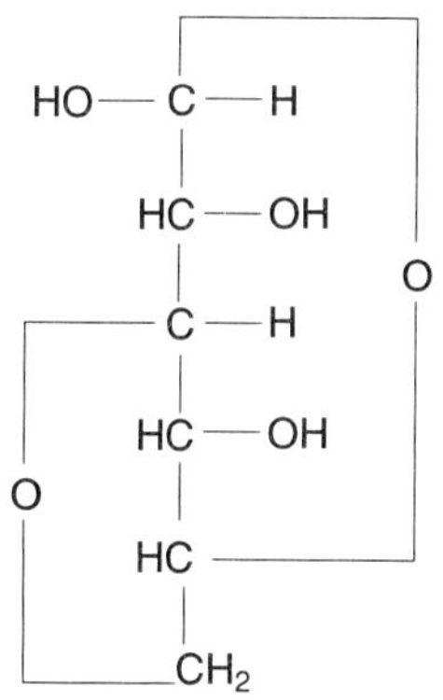

3,6-Anhydro-*β*-*D*-glucopyranose

그림 A-53 ∘ 무수당인 3,6-anhydro-*β*-*D*-glucopyranose 의 구조

anilino group **알닐리노기.** 아닐린(aniline)에서 유도된 C_6H_5NH-기의 이름.

animal fiber **동물 섬유.** 동물이나 곤충에 의해 만들어지는 단백질로 구성된 섬유. 예로 양모나 비단 등이 있다.

anionic acid **음이온 산.** 양성자 주게로 작용할 수 있는 수소를 가지고 있는 음이온. 예를 들어 HCO_3^-, HSO_4^-, $H_2PO_4^-$, HPO_4^{2-} 등을 들 수 있다.

anionic resin **음이온 수지.** ion exchange를 보라.

anisotropic **비등방성.** 모든 방향에 대해 동일한 성질을 갖는 등방성(isotropic)에 반대되는 용어. NMR 분광법에서 분자내 전자들의 회전에 의해 생기는 유도 자기장이 비등방성 효과를 나타내어 화학적 이동값에 영향을 미친다.

anomer **아노머류.** 탄수화물 화학에서 헤미아세탈 또는 아세탈 고리를 형성할 때 생성되는 부분입체 이성질체 에피머를 일컫는 말. 아노머는 아노머 탄소(C-1)의 OH 기가 C-5 의 CH_2OH와 고리평면의 다른 편에 배열된 α-아노머와 같은 편에 배열된 β-아노머로 구분한다. anomerization을 보라.

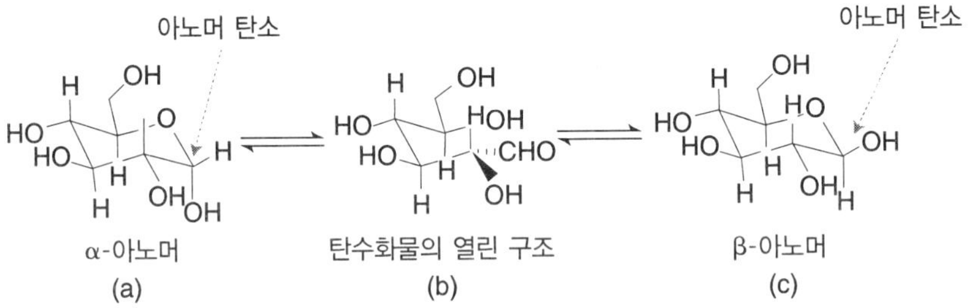

그림 A-54 ∘ 아노머화 반응

anomerization **아노머화.** 탄수화물이 분자내 헤미아세탈 반응을 하여 두 개의 아노머를 형성하는 반응. 이 반응은 상호 변환이 가능하다.

anomeric carbon **아노머 탄소.** 당 분자가 분자내 고리형 헤미아세탈 반응을 일으켜 생성되는 새로운 카이랄 탄소 원자. 이 탄소 원자는 헤미아세탈 반응 전에 카보닐 탄소(C=O)이다.

antarafacial, a, **반대면, 동일면(suprafacial, s)의 반대.** Diels-Alder 반응과 같은 고리화 첨가반응에서, 반대면 고리화 첨가반응은 한 반응물의 같은 면에 있는 오비탈 로브와 다른 반응물의 반대면 오비탈 로브 사이에서 결합성 상호작용으로 일어난다.

anti addition **안티 첨가.** 첨가되는 두 원자나 치환기가 서로 반대편으로 첨가되는 첨가반응. 반대로 같은 편으로 첨가되는 첨가반응은 syn addition이라고 한다.

antiaromatic compound **반방향족성 화합물.** 파이 전자의 비편재화로 에너지가 증가하여 불안정하게 되는 고리형 콘쥬게이션 탄화수소 류. 즉, 4n π 전자를 가진 고리 형이고 평면이며 완전히 콘쥬게이션을 이루는 계. 예를 들어, 사이클로부타다이엔(cyclobutadiene)과 사이클로프로페닐 음이온(cyclopropenyl anion)을 들 수 있다. 또는 Hückel 방향족계에 반대되는 의미의 Hückel-반방향족성을 뜻한다.

antibonding molecular orbital **반결합 분자 오비탈(궤도함수).** 분자를 만드는데 이용된 분리된 원자들의 본래 궤도함수보다 더 높은 에너지를 가지는 분자 오비탈을 말한다. 즉, 원자들이 결합하여 분자를 만들면 결합 분자 오비탈(bonding molecular orbital)과 반결합 분자 오비탈이 생기며, 이 오비탈 에너지 준위는 분자를 만드는 원자 오비탈 에너지 보다 더 높다.

antichlor **탈염소제.** 여분의 염소를 제거하는데 사용되는 약품. 예로 sodium bisulfite와 sodium thiosulfite를 들 수 있다.

anticlinal conformation **안티클리널 형태.** 부분적으로 겹쳐진 형태의 일종으로 Newman 투영식에서 X－C－C－Y의 X와 Y 이면각이 120°로 배열된 형태.

anticodon **역코돈.** mRNA 코돈의 3개 염기에 상응하는 3개 뉴클레오타이드로 되어 있는 단위이다. 각 tRNA 는 어떤 아미노산에 대한 상보적인 특정한 역코돈의 삼중서열을 포함하고 있다. 예를 들어, mRNA의 UUC라는 코돈 서열은 염기 서열이 AAG인 상보적인 역코돈을 가지고 있는 페닐알라닌(phenylalanine) 운반 tRNA에 의해 해독된다.

anti-conformation **안티-형태.** Newman 투영식에서 X－C－C－Y의 X와 Y의 이면각이 180°로 되어 있는 형태. 안티-준평면(anti-periplanar) 형태라고도 한다.

anti-Markovnikov addition **반-Markovnikov 첨가반응.** 파이결합에 H－Z(Z＝할로젠 또는 $-BR_2$ 등이다)가 첨가될 때 H는 치환이 가장 많이 된 탄소로 첨가되고, Z는 치환이 더 적게 된 탄소로 첨가되는 반응을 말하며 이 반응은 Markovnikov 규칙에 반대되므로 이런 명칭으로 부른다.

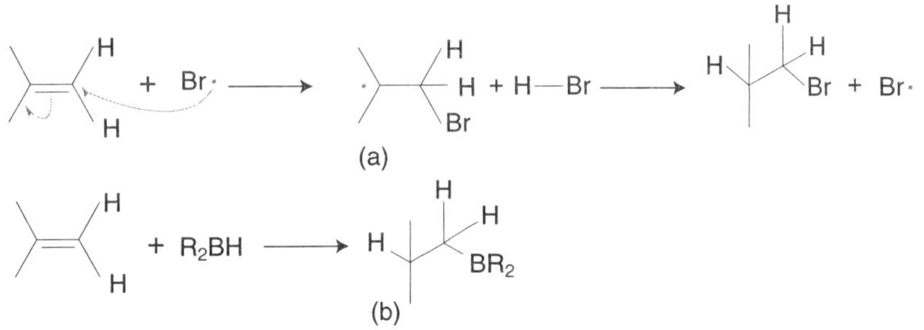

(a) + Br· ⟶ · + H—Br ⟶ + Br·

(b) + R_2BH ⟶ BR_2

그림 A-55 • 반-Markovnikov 첨가반응. (a) HBr의 라디칼 첨가반응. (b) 보레인의 첨가반응

antiperiplanar **안티준평면.** X－C－C－Y 결합을 가지는 유기분자에서 X－C－C－Y가 이루는 평면에 대해 X와 Y가 서로 반대편으로 배열된 구조. 이런 구조를 이루면 E2 제거반응이 유리하다.

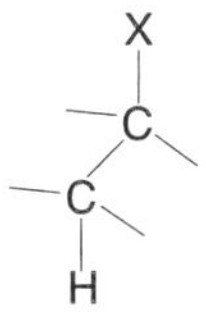

그림 A-56 • X-C-C-H의 안티 준평면 구조

antisymmetric **반대칭성.** 어떤 분자의 진동운동 성질이 대칭 조작을 할 때 음의 값으로 변화면 그 성질을 대칭 조작에 대한 반 대칭성이라고 한다. 예를 들어, 물 분자의 경우 하나의

O−H 결합이 늘어날 때 다른 하나의 O−H 결합은 축소된다. 이것을 분자에 있는 수직 거울 면을 통해 비쳐보면 크기는 동일하지만 방향이 반대가 된다. 따라서 이러한 신축 진동을 거울 면에 비친 것에 대해 반 대칭성이라고 한다.

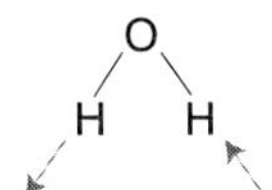

그림 A-57 ◦ 물 분자의 반 대칭성 신축 모형

antioxidant

산화 방지제. 산화되기 쉬운 물질들의 산화되는 속도를 감소시키는 물질. 또는 식품의 부패를 억제하는 등의 목적으로 이용된다. 금속 촉매 산화 반응의 경우는 촉매 역할을 하는 금속 이온을 착물로 만들어 반응성을 떨어지게 하는 킬레이트제 이거나, 자유 라디칼 산화반응의 경우는 라디칼 생성을 억제하거나, 산소 라디칼 같은 라디칼과 더 빠르게 반응할 수 있는 물질들이다. 비타민 E나 β-카로틴들은 천연적인 산화 방지제이다.

API gravity

API 중력. 석유의 밀도를 비교하기 위해 미국 석유 연구소(American Petroleum Institute, API)에서 적용하는 단위.

$$°API = [141.5/\text{비중}(60°F/60°F)] - 131.5$$

apoenzyme

결손 효소. 효소 구성 성분 중에서 비단백질 부분을 일컫는 말. 이 결손 효소가 보조 인자와 결합되어야 완전한 효소로 작용한다.

aprotic solvent

비-양성자성 용매. 특정 반응 조건에서 양성자 주개로 작용할 수 없는 용매를 말한다. 예를 들어, (CH_3CN, acetonitrile), (DMSO, dimethylsulfoxide) 및 (HMPA, hexamethylphosphoramide) 등은 대부분의 경우 비양성자성 용매로 작용한다.

Ar

Aryl기의 약기호.

arabinose

아라비노오스. 알데하이드(−CHO)기와 다섯 개의 탄소를 포함하고 있는 단당류. 아라비노오스는 알도펜토스이고, 천연에는 L-이성질체가 더 풍부하다.

arachno-cluster

거미줄구조 뭉치 화합물. 적당한 다면체의 두 꼭지 점에 골격 원자가 결핍된 구조. 예로서[$Pt(C_2H_4)(PPh_3)_3$]의 뭉치화합물에서는 삼각피라미드 구조에서 두 꼭지 점에 원자가 결핍되어 있다.

Arbuzov reaction

Arbuzov 반응. Michaelis-Arbuzov 반응 이라고도 한다. 트라이알킬포스파이트(tri-alkylphosphite)와 알킬 할라이드를 반응시켜 알킬 포스포네이트 다이에스터(alkylphosphonate diester)를 제조하는 반응[A. Michaelis, R. Kaehne, *Ber. 31*, 1048 (1889)][A. E. Arbuzov, *J. Russ. Phys. Chem. Soc. 38*, 687(1906)].

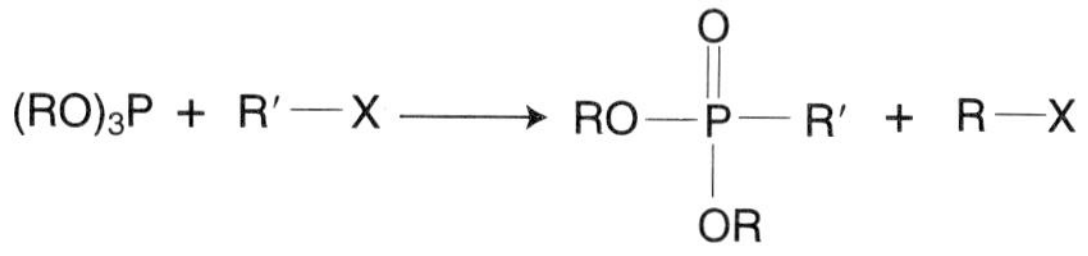

$$(RO)_3P + R'—X \longrightarrow RO—P(=O)(OR)—R' + R—X$$

그림 A-58 • Arbuzov 반응

ArCO Aroyl기의 약기호.

arene **아렌류.** 탄화수소의 한 부류로 벤젠 고리를 가지고 있는 방향족 탄화수소를 말한다. 고리탄소가 콘쥬게이션 되어 있고 큰 공명에너지를 가지는 특성이 있다. 예로서 벤젠(benzene), 톨루엔(toluene), 나프탈렌(naphthalene) 등이 있다.

Arens-van Dorp synthesis **Arens-van Dorp 합성법.** 케톤과 에톡시아세틸렌(ethoxyacetylene)을 반응시켜 알콕시에틴일 알코올(alkoxyethynyl alcohol)을 합성하는 방법[D. A. van Drop, J. F. Arens, *Nature, 160*, 189(1947)].

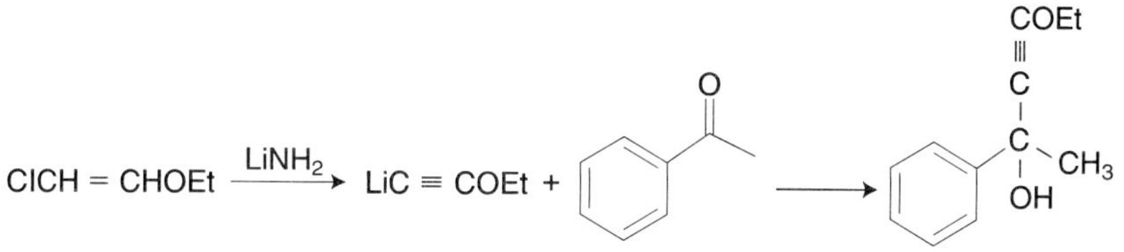

$$ClCH = CHOEt \xrightarrow{LiNH_2} LiC \equiv COEt + C_6H_5COCH_3 \longrightarrow C_6H_5C(OH)(CH_3)C \equiv COEt$$

4-Ethoxy-2-phenylbut-3-yn-2-ol

그림 A-59 • Arens-van Dorp의 알콕시에틴일 알코올 합성법

arenium ion **아레늄 이온.** benzenium ion을 보라.

Arndt-Eister synthesis **Arndt-Eister 합성.** 어떤 카복실산을 카복실산 염화물과 카르벤을 이용하여 탄소가 하나 더 많은 동족체 카복실산으로 변환하는 방법[F. Arndt, B. Eister, *Ber. 68*, 200 (1935)].

$$RCOOH \xrightarrow{SOCl_2} RCOCl + HCl + SO_2$$

$$RCOCl \xrightarrow{2\ CH_2N_2} RCOCHN_2 + CH_3Cl + N_2$$

$$RCOCHN_2 \xrightarrow[Ag_2O]{H_2O} RCH_2COOH$$

그림 A-60 • Arndt-Eister의 카복실산 동족체 합성법

aromatic compound **방향족 화합물.** 평면 고리를 이루고 Hückel 규칙에 맞는[(4n + 2), n = 정수)] 파이 전자를 가지고 있는 콘쥬게이션된 화합물 부류. 즉 방향족성을 가지는 화합물. 방향족 화합물은 매우 안정하며, 알켄 같은 일반적인 불포화 화합물들이 일으키는 첨가 반응 조건에서는 반응하지 않는다.

aromaticity **방향족성.** 평면 고리를 이루고 Hückel의 규칙에 맞는 파이 전자 수[(4n + 2), n = 정수]를 가지는 콘쥬게이션된 화합물들이 나타내는 독특한 성질. 이런 조건을 만족하는 화합물은 파이 결합 전자가 고리를 이루는 원자들에 고르게 분포되어 있어 모든 결합길이와 결합각이 동일하다. 그로 인해서 화합물이 더 안정하고 독특한 반응성을 나타내며 이런 성질을 방향족성이라고 한다. 피리딘(pyridine)과 같은 헤테로 고리 화합물들도 방향족성을 나타낸다.

aromatization **방향족화.** 비 방향족 탄화수소를 방향족 탄화수소로 변화시키는 반응. 예를 들어, 사이클로헥세인(cyclohexane)으로부터 벤젠(benzene)을 만드는 반응 등을 들 수 있다.

aroyl radical **아로일 라디칼.** ArC(=O)· 라디칼을 말함.

aroylation **아로일화(반응).** Meerwein arylation reaction을 보라.

aroyl halide **아로일 할로젠화물.** ArC(=O)X(Ar = 방향족, X = 할로젠)의 일반식을 가지는 화합물 부류. 예로 벤조일 브로마이드(benzoyl bromide)를 들 수 있다.

Arrhenius acid-base theory **Arrhenius 산-염기 이론.** 수용액에서 양성자(H^+)와 수산화 이온(OH^-)의 생성 여부로 산과 염기를 정의하는 이론. 어떤 물질을 물에 녹였을 때, 해리되어 양성자를 내놓는 물질들을 산이라고 한다.

$$HX \rightleftharpoons H^+ + X^-$$

또 물 속에서 수산화 이온(OH^-)을 내놓는 화합물을 염기라고 정의한다.

$$NH_3 + H_2O \rightleftharpoons NH_4^+ + OH^-$$

aryl group **아릴 기.** 방향족 탄화수소로부터 수소 원자 하나가 떨어져 나간 잔여 부분. 엄밀히 말하면 벤젠으로부터 수소 원자가 떨어져나간 페닐기(phenyl, $-C_6H_5$)를 말하는 것이나 오늘날에는 모든 아렌(arene)에 대해 적용하여 사용하고 있다. 약기호로 Ar를 사용한다.

aryl halide **아릴 할라이드.** ArX(Ar = 방향족, X = 할로젠)의 일반식을 가지는 화합물. 예로서 클로로벤젠(chlorobenzene)을 들 수 있다.

aryne **아라인.** 방향족 고리에 삼중결합을 가지고 있는 화학종. 이 삼중결합은 하나의 시그마결합($C_{sp2}-C_{sp2}$), 두 개의 파이결합(하나는 p-p 겹침이고 다른 하나는 $C_{sp2}-C_{sp2}$ 의 겹침으로 만들어짐)을 가지고 있다. 이 두 번째 파이결합은 p-p 겹침에 의한 파이결합보다 약하고 전자의 배치에 따라 단일항(전자쌍을 이루고 있는 상태)과 삼중항(이중라디칼 배치 상태)으로 구분 된다. 대표적인 예로 벤자인(benzyne)과 2, 3-피리다인(2, 3-pyridyne)을 들 수 있다.

A

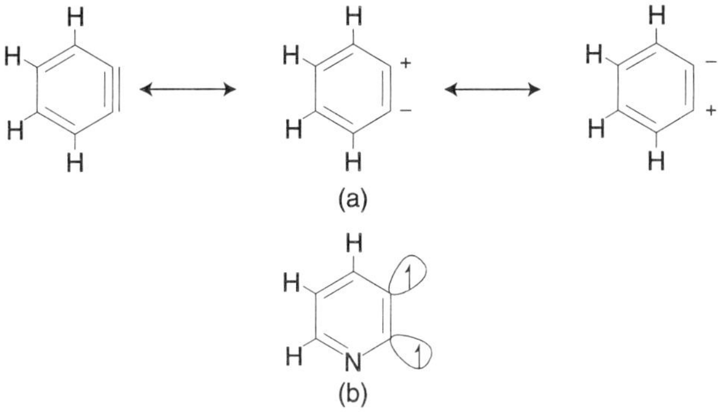

그림 A-61 • (a) 단일항 benzyne, (b) 삼중항 2,3-pyridyne

aryne mechanism **아라인 메커니즘.** 벤자인(benzyne) 메커니즘을 보라.

ascorbic acid **아스코르브산.** 바이타민 C의 다른 이름.

ash **회분(재).** 석탄을 로에서 ~1500°C로 가열한 후에 남는 잔류물.

aspidosperma alkaloid **아스피도스퍼마 알칼로이드.** 인돌(indole) 알칼로이드의 한 부류.

asymmetric atom **비대칭 원자.** 어떤 대칭 요소(대칭면 또는 대칭 축)도 가지지 않은 원자. optical activity을 보라.

asymmetric center **비대칭 중심.** chiral center를 보라.

asymmetric induction **비대칭 유도(유발) 반응.** 새로운 카이랄 중심이 형성될 때 이미 존재하는 카이랄 중심에 의해 입체선택성이 조절되는 반응을 말한다. 이 반응은 한 분자 내에서도 일어나고 다른 분자 간 반응에서도 가능하다.

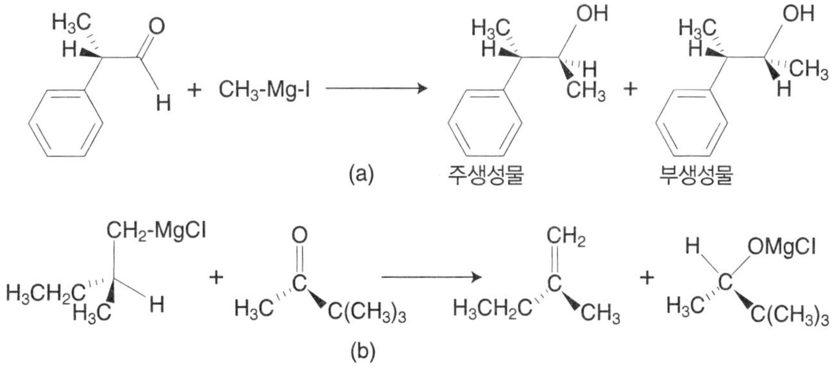

그림 A-62 • 비대칭 유발반응. (a) 분자 내 비대칭 유발반응. (b) 분자 간 비대칭 유발반응

asymmetric molecule **비대칭 분자.** 분자 내에 대칭면 또는 대칭축과 같은 대칭 요소가 존재하지 않는 분자. 비대칭 분자가 되려면 분자 구성 탄소 중 어느 한 탄소에 결합된 원자나 원자단

이 모두 달라야 한다. 예로 alanine은 α-탄소(*표시 탄소)에 네 개 치환기가 모두 다르므로 비대칭 분자이다. 모든 비대칭 분자는 불완전비대칭(dissymmetric) 분자이어야 하지만, 모든 불완전비대칭 분자가 비대칭이어야 할 필요는 없다.

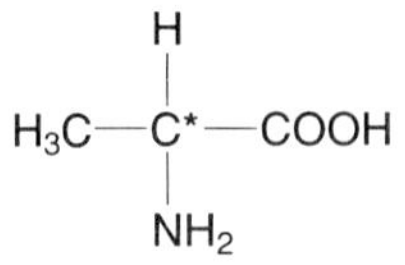

$$H_3C—C^*(H)(NH_2)—COOH$$

그림 A-63 • Alanine의 구조

asymmetric synthesis

비대칭합성. 비대칭 유발반응에 포함된다.

atactic polymer

아택틱(무규칙 배향) 고분자. 고분자 곁가지가 무 규칙적으로 배향된 고분자. polymer를 보라.

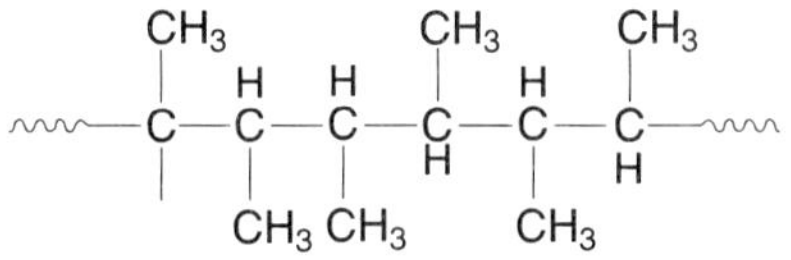

그림 A-64 • 아택틱 고분자

Atom economy (atom efficiency)

원자 경제성(원자 효율성). 반응물질의 원자 중에서 생성물질에 포함된 원자의 비율. 이 비율이 높은 반응은 원자 경제적인 반응(atom econmic reaction)이라고 한다. 원자 경제성은 다음과 같이 계산한다.

원자 경제성 = [(총 생성물 분자 질량) / (모든 반응물 총 분자질량)×100]

atomic orbital

원자 오비탈(궤도함수). 원자의 핵 주변에 전자가 점유하고 있는 공간을 뜻한다. 전자가 점유할 수 있는 각 오비탈에는 두 개씩의 전자를 수용할 수 있다. 원자 오비탈은 s, p, d, f ... 등의 오비탈이 있고 각 오비탈마다 전자를 수용할 수 있는 크기가 다르다. 즉, s^2, p^6, d^{10}, f^{14} 등을 수용할 수 있다. 원자 오비탈은 네 개의 양자수 즉, 주양자수(n) 부양자수(또는 방위양자수)(l) 및 자기양자수(m_l) 및 스핀 양자수(m_s)로 정의할 수 있다.

ATP

adenosine triphosphate의 약기호.

atropisomer

회전장애 이성질체. 어떤 분자의 단일결합 회전이 충분히 느려서 주어진 조건에서 각기 다른 이성질체로 분리할 수 있는 이성질체를 말한다. 그림 A-65에서 오르쏘 위

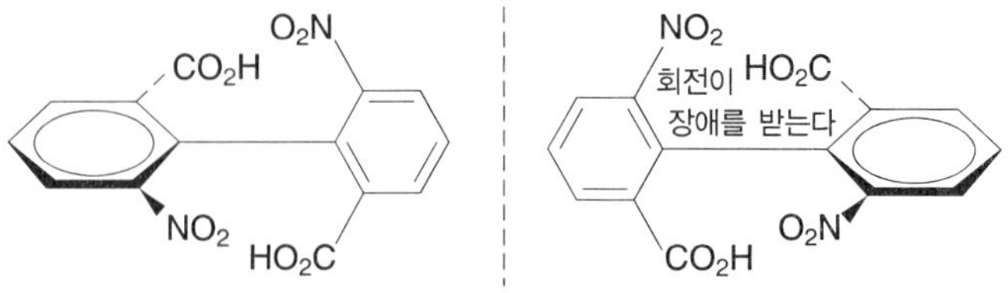

회전이 장애를 받는다

그림 A-65 • 회전장애 이성질체

치에 큰 치환기들이 있어 두 벤젠 고리가 연결된 단일결합의 회전이 자유롭지 않다. 이들은 회전장애 이성질체들이다.

aufbau principle **쌓음 원리.** 바닥상태 원자의 전자를 배치할 때 에너지가 낮은 전자껍질부터 전자를 채운다고 하는 원리.

autoprotolysis **자체 양성자 이전(반응).** 두 분자의 용매 분자 중 한 분자는 Brønsted 산으로 작용하고 다른 한 분자는 Brønsted 염기로 작용하는 반응.

Auwers synthesis **Auwers 합성법.** 쿠마론(coumarone)을 플라본(flavone)으로 고리를 확장하는 방법. [K. V. Auwers *et al. Ber. 41*, 4233(1908)]

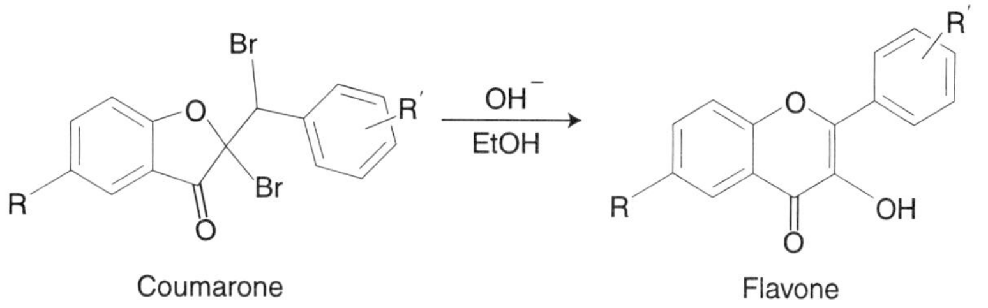

그림 A-66 • Auwers 합성법

auxochrome **조색단.** 발색단 이외의 원자 원자단. 이 조색단들이 발색단에 치환되면 모체 발색단보다 흡수 파장 범위를 이동시키거나 흡수 세기를 변화시킨다.

average (or mean) bond dissociation energy **평균 결합 해리 에너지.** 어떤 분자에서 하나이상의 동일한 결합들이 균일 분해될 때의 평균 엔탈피 변화량. 예를 들어, 메테인(CH_4)이 탄소와 수소 기체로 분해될 때의 총 엔탈피 변화량은 1662 kJ mol^{-1}(397 kcal mol^{-1})이고 C−H의 평균 결합 해리 에너지는 (1662/4) kJ mol^{-1} = 415 kJ mol^{-1}이다.

axial position **축 방향 위치.** 분자의 C3 축과 같은 방향으로 배열된 위치, 사이클로헥세인(cyclohexane)에는 축 방향 수소가 6개 있고, 수평방향 수소가 6개 있다.

azeotropic mixture **불변 끓음 혼합물.** 두 개 또는 그 이상의 화합물이 혼합된 액체가 특정한 온도에서 함께 끓는 혼합물을 말함. 이런 혼합물은 증류 방법으로는 같은 조건에서 성분 화합물을 분리해 낼 수 없다. 이 원리를 이용하여 수분이 포함된 고체를 벤젠 용매 속에 넣고 Dean-Stark 관을 이용하여 포함된 수분 등을 제거하는 데 이용한다.

azetine **아제틴.** 질소를 한개 포함하는 4원자 고리인 아자사이클로뷰테인(azacyclobutane)의 Hantzsch-Widman 식의 이름.

그림 A-67 • Azetine의 구조

azide **아자이드.** RN_3의 일반식을 가지는 화합물 계열. 여기서 R은 H, 지방족 또는 방향족 알킬이다. $-N_3$기를 아지도기(azido −)라고 한다.

azimuthal quantum number, l

방위 양자수. 핵주변의 운동에 의한 전자의 각 운동량에 의해 결정되는 양자수이며 이 값은 l = 0, 1, 2, ... (n−1)이며 n은 주양자수 이다. 방위 양자수 l = 0, 1, 2 및 3은 각기 s, p, d, 및 f 오비탈이라고 한다. 이 오비탈 기호는 원자 스펙트럼 선을 설명하는 단어 sharp, principal, diffuse 및 fundamental로부터 기인한다. 주양자수가 n = 2 이면 방위양자수 l = 0, 1를 가지며 이들은 각기 2s, 2p 오비탈을 가진다.

aziridine

아지리딘. 질소를 한개 포함하는 3원자 고리인 아자사이클로프로페인(azacyclopropane)의 Hantzsch-Widman 식 이름.

HN

그림 A-68 • Aziridine의 구조

azo compound

아조 화합물. RN=NR의 일반식을 가지는 화합물. −N=N−기를 아조(azo−)기라고 한다. 이런 작용기는 빛에 민감하며 많은 아조 염료가 개발되어 사용되고 있다.

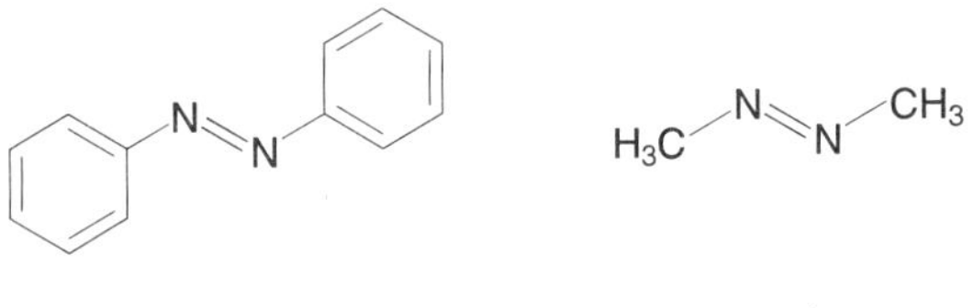

N N　　H_3C N N CH_3

azobenzene　　azomethane

그림 A-69 • 아조 화합물의 예

azolidine

아졸리딘. 질소를 한개 포함하는 5원자 고리인 아자사이클로펜테인(azacyclopantane)의 Hantzsch-Widman식 이름.

NH

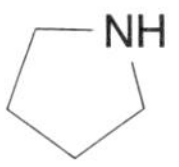

그림 A-70 • Azolidine의 구조

azoxy compound

아족시 화합물. $RN^{+}(-O^{-})=NR$의 일반식을 가지는 화합물.

O^- N^+ N

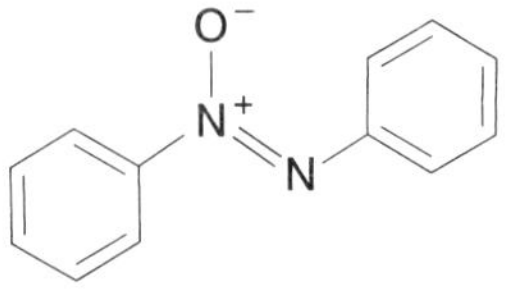

그림 A-71 • Azoxybenzene의 구조

A

$B_{AC}2$ **아실-산소 분해에 의한 염기-촉매 이분자 가수분해 반응.** 염기가 에스터를 공격하여 형성되는 정사면체 이온 중간체를 거쳐 알코올과 카복실산 음이온으로 되는 분해반응을 말한다. **B**ase-catalyzed (**B**) **bi**molecular (**2**) hydrolysis with **ac**yl-oxygen (**AC**) cleavage의 약기호로 표기하는 것임.

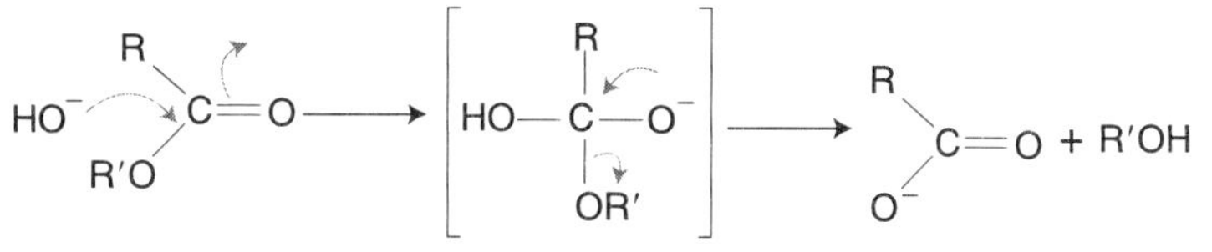

그림 B-1 • $B_{AC}2$ 가수분해 메커니즘

$B_{AL}2$ **알킬-산소 분해에 의한 염기-촉진 이분자 가수분해 반응.** 에스터의 알코올 자리에서 치환반응이 일어나면서 가수분해 되는 반응 메커니즘을 말한다. **B**ase-promoted (**B**) **bi**molecular (**2**) ester hydrolysis with **al**kyl-oxygen (**AL**) cleavage의 약기호로 표기하는 것임.

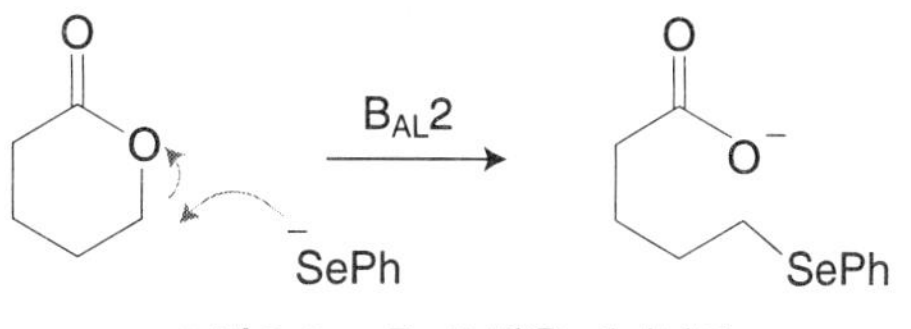

그림 B-2 • $B_{AL}2$ 반응 메커니즘

back bonding **역결합.** 두 원자 간의 결합이 형성될 때에 한 원자의 *d* 오비탈 전자가 다른 원자의 π^* 오비탈에 제공되어 이루어지는 결합을 말한다.

bacteriochlorophyll *a* **박테리오클로로필 a.** 클로로필의 한 가지 유도체로 클로로필의 일부 이중결합이 환원되고 C-2 위치에 아실기를 가지고 있다.

bacteriocide

살균제. 박테리아를 죽이는데 사용하는 물질. 항생제, 방부제도 이에 속한다.

Baekeland (bakelite) process

Baekeland 공정. 페놀(phenol)과 포름알데하이드(formaldehyde)를 반응시켜 *o*-하이드록시메틸페놀(*o*-hydroxymethylphenol)을 합성하고 이들이 더 반응하여 폴리머 구조인 bakelite를 형성하는 공정. Baeyer reaction 또는 Ledere-Manasse reaction 이라고도 한다[A von Baeyer, *Ber.* 5, 280(1872)] [L. Ledererz, *J. Prakt. Chemz.* [2] *50*, 223(1894)] [O. Manasse, *Ber. 27*, 2409(1894)] [L. H. Baekeland, *Ind. Eng. Chem. 1*, 149(1909)].

Bayer-Drewson indigo synthesis

Bayer–Drewson 인디고 합성. *o*-나이트로벤즈알데하이드(*o*-nitrobenzaldehyde)와 아세톤(acetone) 또는 아세트알데하이드(acetaldehyde)와 pyruvic acid을 반응시켜 인디고(indigo)를 합성하는 반응[A. Bayerer, V. Drewson, *Ber. 15*, 2856(1882)].

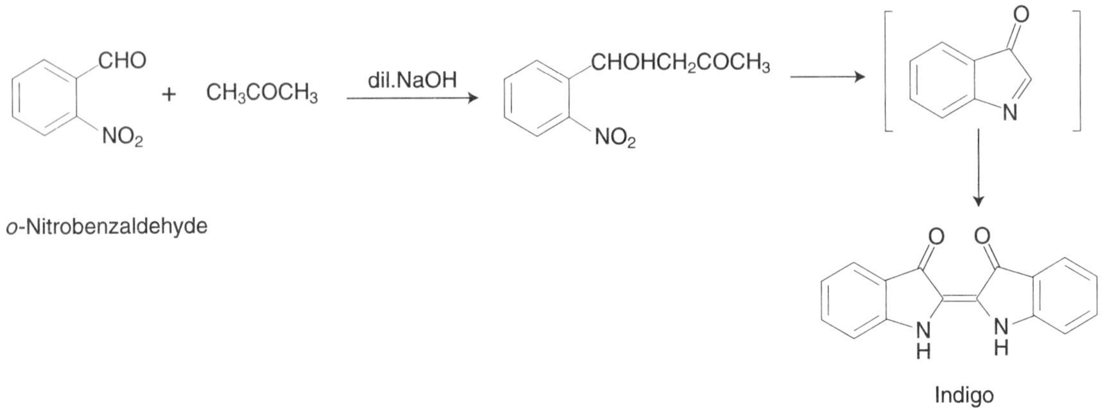

그림 B-3 ● Bayer-Drewson 인디고 합성

Baeyer strain

Baeyer 변형(무리, 스트레인). Angle strain을 보라.

Baeyer-Villiger oxidation

Baeyer–Villiger 산화. 케톤이 과산화산에 의해 에스터로 되는 산화반응. 아이소프로필 메틸 케톤(isopropyl methyl ketone)은 아이소프로필 아세테이트(isopropyl acetate)로 되고, 고리형 케톤을 이 방법으로 산화시키면 락톤을 형성한다[A. von Baeyer, V. Villiger, *Ber., 32*, 3625(1899)].

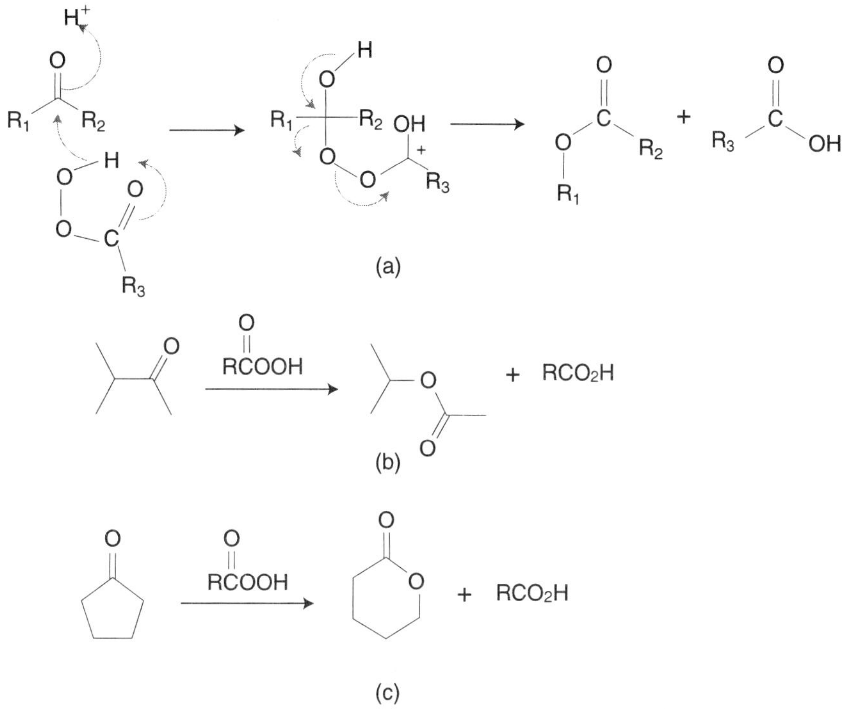

(a)

(b)

(c)

그림 B-4 • Baeyer-Villiger 산화반응. (a) 메커니즘, (b) 아이소프로필 메틸 케톤의 반응, (c) 고리형 케톤(락톤)의 형성 반응

bakelite

베이클라이트. 페놀과 포름알데하이드를 축합시켜 만든 열 경화성 합성수지의 상품명. 이런 류의 중합체를 발견자 L. Baekeland (1863~1944)를 기념하여 그렇게 부른다. 구조는 아래와 같다.

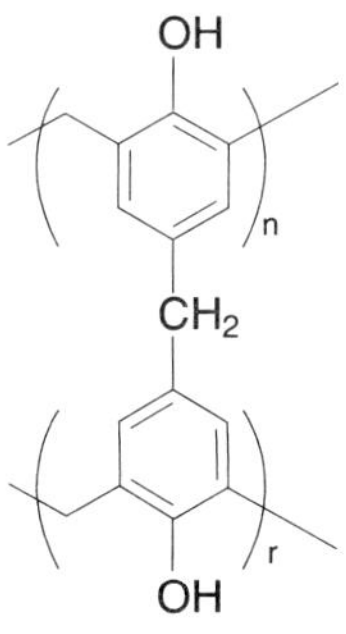

그림 B-5 • 베이클라이트의 구조

Baker-Nathan effect Baker-Nathan 효과. *p*-치환벤질 브로마이드(benzyl bromide)와 피리딘(pyridine)의 반응이나 또 다른 반응과정에서 관찰되는 효과로, 관찰되는 반응 속도가 알킬기의 전자를 밀어주는 유발효과로부터 예견되는 반응 속도와는 반대로 진행되는 효과. 즉, *p*-치환기가 Me > Et > *i*-Pr > *t*-Bu 순으로 빠르게 진행된다는 효과. 이 효과는 불포화 결합과 불포화 탄소에 결합된 포화 탄소 간의 하이퍼콘쥬게이션 또는 전자의 비편재화로 설명한다.

Baker-Venkataraman rearrangement Baker-Venkataraman 자리옮김. *o*-아실옥시케톤(*o*-acyloxyketone)이 염기촉매 자리옮김을 하여 *β*-다이케톤(β-diketone)이 되는 반응[W. Baker, *J. Chem. Soc.* 1381, (1933)][H.S. Mahal, K. Venbkataraman, *J. Chem. Soc.*, 1767(1934)].

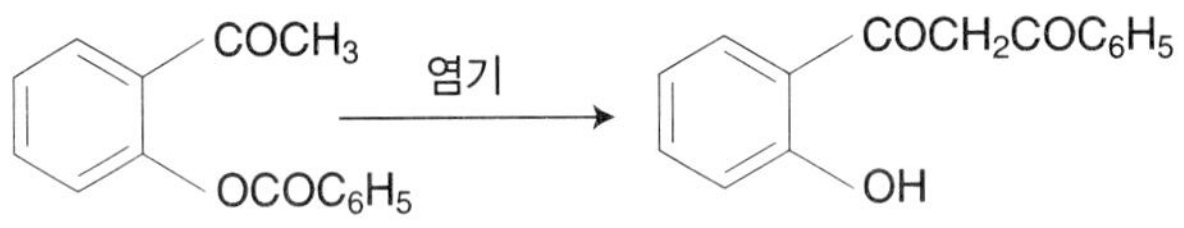

COCH3
OCOC6H5
염기
COCH2COC6H5
OH

그림 B-6 • Baker-Venkataraman 자리옮김

baking soda 베이킹 소다. sodium hydrogencarbonate를 보라.

Baldwin rule Baldwin 규칙. 3-원자 고리부터 7-원자 고리까지의 고리형성 형태에 대한 규칙. 이 규칙은 3 가지를 기준으로 구분한다. 1) 형성되는 고리의 원자 수, 2) 고리가 형성될 때 결합의 분해가 내부에서 일어나는 가 외부에서 일어나는 가에 따라 고리형성이 외향(exo) 또는 내향(endo)중 어느 것으로 일어나는가, 3) 형성되는 고리가 tet, trig 및 dig 인가는 친전자성 탄소에 의존한다. 즉, tetrahedral/sp^3 이면 (tet)로, trigonal/sp^2이면 (trig)로, 또는 digonal/sp이면 (dig)로 된다.

5-exo-tet
6-endo-trig
6-exo-dig
6-endo-tet
5-exo-tet

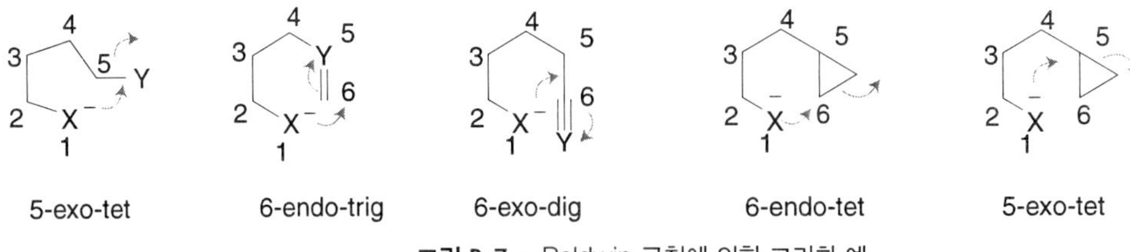

그림 B-7 • Baldwin 규칙에 의한 고리화 예

ball-and-stick model

공–막대 모형. 원자를 공으로 결합을 막대로 표현하여 그리거나 만든 분자 구조 모형. 에테인(ethane, CH_3CH_3)의 공–막대 모형을 나타내었다.

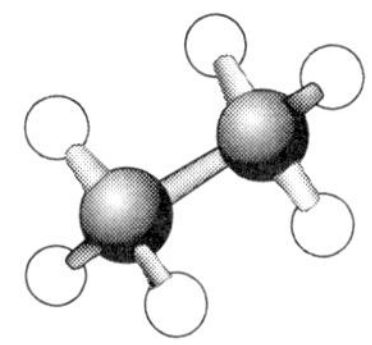

그림 B-8 ∘ Ethane 의 공–막대 모형. 흰색은 수소원자, 회색은 탄소 원자이다.

Bally-Scholl synthesis

Bally-Scholl 합성. 안트라퀴논(anthraquinone) 또는 안트라놀(anthranol)을 황산 존재 하에서 글리세롤(glycerol) 또는 글리세롤 유도체와 반응시켜 메조벤즈안트론(mesobenzanthrone)을 합성하는 반응[O. Bally, *Ber. 38*, 194(1905)][O. Bally, R. Scholl. *Ber. 44*, 1656(1911)].

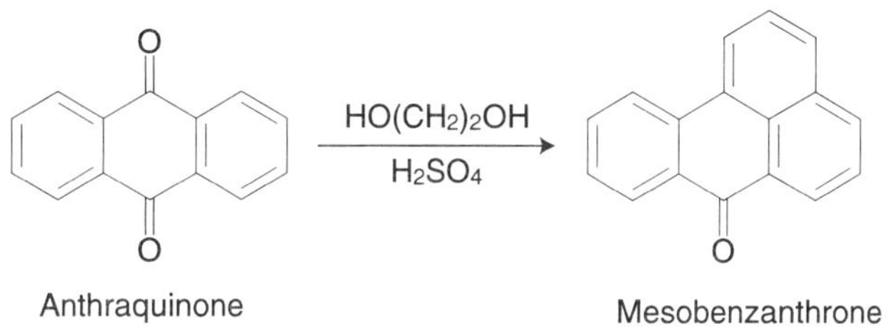

O O Anthraquinone

$HO(CH_2)_2OH$ / H_2SO_4

O Mesobenzanthrone

그림 B-9 ∘ Bally-Scholl 합성

Bamford-Stevens reaction

Bamford-Stevens 반응. 지방족 케톤의 토실하이드라존(tosylhydrazone)을 염기 조건에서 열분해 시키면 알켄과 사이클로프로페인(cyclopropane)을 형성하는 반응. 비양성자성 용매에서 반응할 때 이 반응은 카벤(carbene) 메커니즘을 거쳐 진행되고 양성자성 용매 속에서 반응시키면 탄소 양이온 메커니즘으로 진행된다[W. R. Bamford, T. S. Stevens, *J. Chem. Soc.* 4735(1952)].

염기
H
N—N—Ts
n-BuLi
n-hexane
NaH
N—N—Ts
-Ts⁻
N=N
1,2-H 이동
비양성자성 용매
N≡N
H+
양성자성 용매
H
1,3-H 이동
N ≡ N
H
−N2
H
−H+

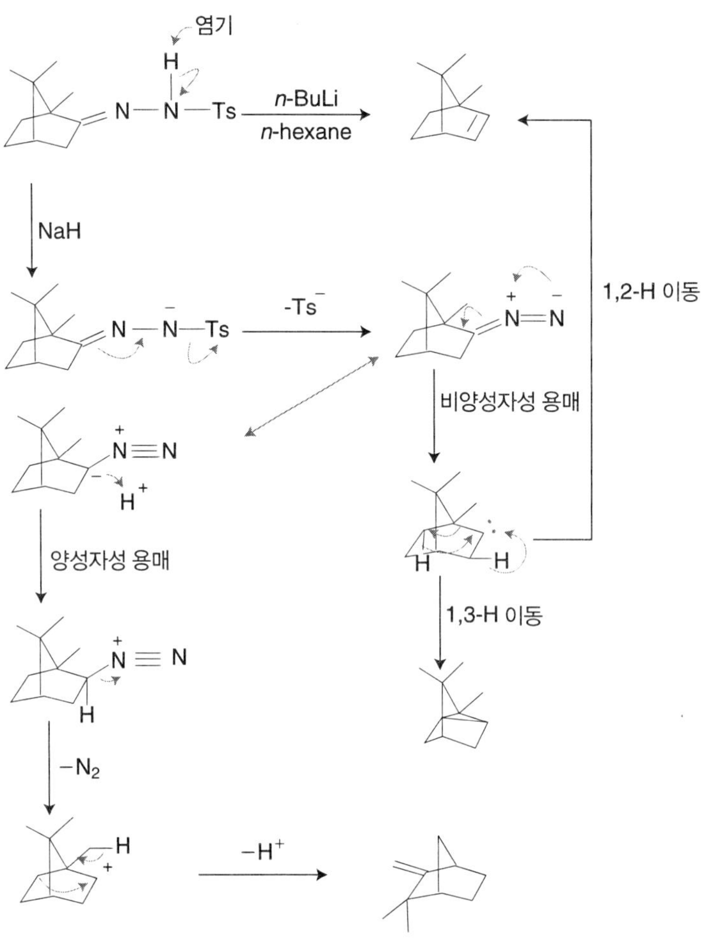

그림 B-10 • Bamford-Stevens 반응

Barbier-Wieland degradation

Barbier-Wieland 분해. 에스터의 α-메틸렌(α-methylene) 기가 제거되어 탄소 수가 하나 더 작은 카복실산으로 되는 반응. 이 반응은 세 단계를 거쳐 진행된다[H. Wieland, *Ber. 45*, 484(1912); P. Baebier, R. Loquin, *Compt. Rend.*, *156*, 1445(1913)].

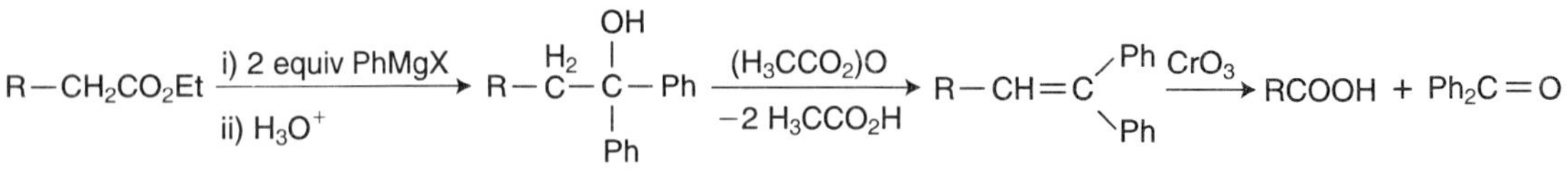

R−CH2CO2Et
i) 2 equiv PhMgX
ii) H3O+
R−CH2−C(OH)(Ph)−Ph
(H3CCO2)O
−2 H3CCO2H
R−CH=C(Ph)Ph
CrO3
RCOOH + Ph2C=O

그림 B-11 • Barbier-Wieland 분해반응

barbital

바비탈. 불면증 치료제로 사용되는 5, 5-diethylpyrimidine-2, 4, 6(1*H*, 3*H*, 5*H*)-trione의 다른 이름.

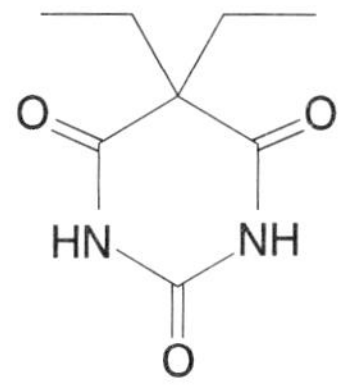

그림 B-12 • Barbital의 구조

Bardhan-Sengupta phenanthrene synthesis

Bardhan-Sengupta 펜안트렌 합성. 2-(*β*-Phenethyl)-1-cyclohexanol 의 고리탈수반응을 시키고 얻어진 물질을 Se으로 탈수반응시켜 펜안트렌(phenanthrene)을 합성하는 반응[J. C. Bardhan, S. C. Sengupta, *J. Chem. Soc.* 2520, 2798(1932)].

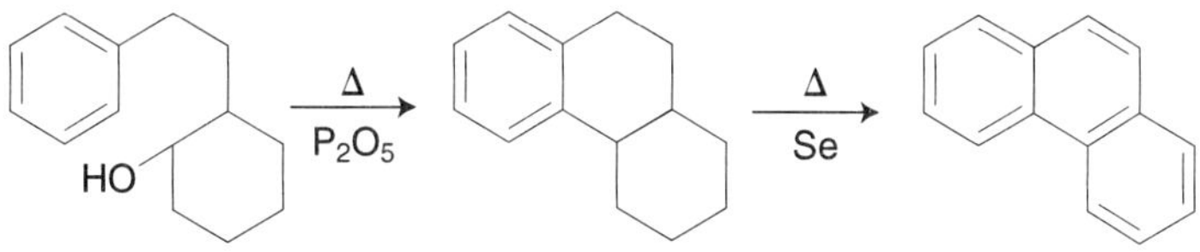

그림 B-13 • Bardhan-Sengupta 펜안트렌 합성

Bernett acylation method

Bernett 아실화 방법. 셀룰로오스(cellulose)같은 하이드록시 화합물을 염소(chlorine)와 SO_2 존재하에서 산 무수물로 아실화하는 방법.

Bart reaction

Bart 반응. 방향족 아민이 디아조늄 이온을 거쳐 아르손산(arsonic acid)로 변환되는 반응.

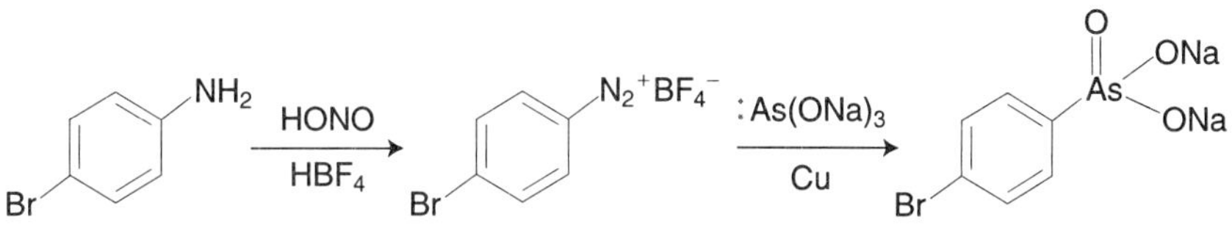

그림 B-14 • Bart 반응

Barton reaction

Barton 반응. 나이트라이트 에스터 화합물을 NO(nitrous oxide)와 알콕시 라디칼(alkoxy radical)로 균일분해시켜 *γ*-옥시이미노 알코올(*γ*-oximino alcohol)을 형성하는 반응. 이 반응은 스테로이드 합성과정에서 발견되었다[D. H. R. Barton, J. M. Gelle, M. M. Pechet, *J. Am. Chem. Soc. 82*, 2640(1960); *83*, 4076(1961)].

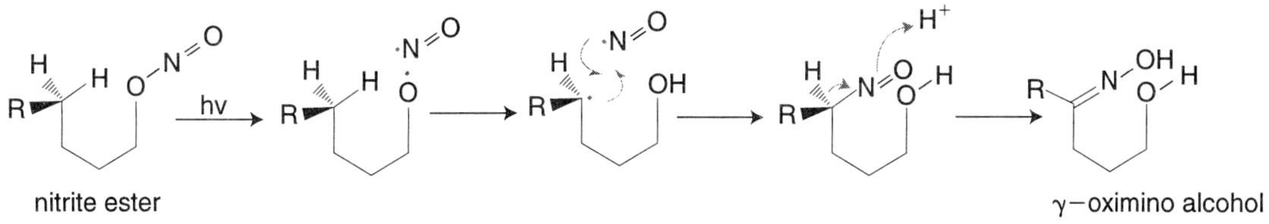

그림 B-15 • Barton 반응

Baudisch reaction

Baudisch 반응. Cu^{2+} 염 존재 하에 NH_2OH, H_2O_2와 벤젠이나 치환 벤젠 유도체를 반응시켜 *o*-나이트로소페놀(*o*-nitrosophenol)을 합성하는 반응[Baudisch *et al. J. Am. Chem. Soc. 63*, 622(1941)].

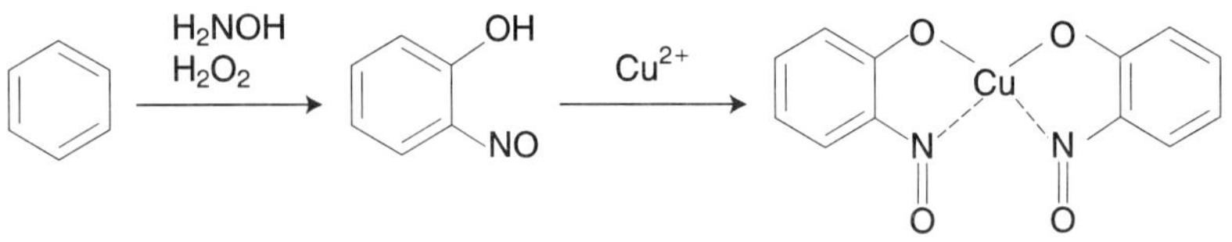

$$\text{C}_6\text{H}_6 \xrightarrow[H_2O_2]{H_2NOH} o\text{-}(OH)C_6H_4(NO) \xrightarrow{Cu^{2+}} \text{Cu complex}$$

그림 B-16 • Baudisch 반응

base

염기. 염기는 각기 다른 이론에 따라 몇 가지로 정의할 수 있다. Arhenius는 양성자성 산과 반응하여 물 분자를 만드는 화합물을 염기라고 정의하였으며, Brønsted-Lowry 산 염기 이론에 의하면 염기는 양성자 받개이다. 가장 보편적인 산 염기이론인 Lewis 이론에 의하면 염기는 전자쌍 주개로 정의한다. Lewis 산 염기 이론은 HASB 이론으로 확장되었고, 이 이론에서는 염기를 무른 염기(soft base)와 굳은 염기(hard base)로 구분한다. HSAB 이론을 보라.

base strength (Basicity)

염기 세기(염기도). Brønsted 염기도는 염기의 해리상수 또는 염기의 짝산의 해리상수를 이용하여 나타내며, 수용액에서는 다음과 같다.

$$K_b(\text{B}) \times K_a(\text{BH}^+) = K_w$$

Lewis 염기의 경우는 산도를 특정한 산의 첨가 생성물의 안정도 상수로 나타내거나 또는 굳기도(hardness) 또는 무름도(softness) 로 나타낸다.

basicity constant

염기도 상수. 염기도 상수 K_b는 수용액 속에서 수산화 이온을 생성하는 반응의 평형상수를 나타내는 것으로서, 수용액에서 어떤 염기에 대해 다음과 같이 정의 된다.

$$\text{B(Brønstead 염기)} + H_2O(\text{기준산}) \rightleftharpoons BH^+ + OH^-,$$

$$K_b(\text{B})\ \text{mol L}^{-1} = [H_2O]K = \frac{[BH^+][OH^-]}{[B]}$$

여기서 K는 평형상수이다. K_b 값이 클수록 강한 염기이다. 염기도 상수는 다음과 같이 음의 대수로 나타내기도 한다.

$$\text{p}K_b = -\log K_b$$

pK_b의 값이 클수록 염기도는 낮다.

basic dye **염기성 염료.** dye를 보라.

batrachotoxin **바트라초톡신.** 남아메리카 나무 개구리 표피에서 분리된 스테로이드 알카로이드 중 하나.

bathochromic shift **장파장쪽 옮김(이동).** 어떤 분자에 새로운 치환기가 도입되어 치환기 도입 전 보다 자외선 스펙트럼의 최대흡광도 흡수띠가 에너지가 낮은 장파장 쪽으로 이동하는 현상. red shift(장파장 쪽이동) 이라고도 한다.

bay region **베이 영역.** 다중 고리 방향족 화합물의 발암성에 특히 활성이 있는 영역 중의 한 부분을 말함.

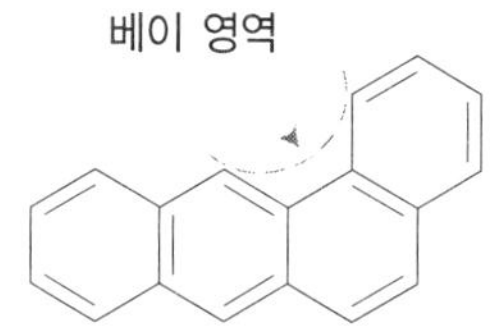

그림 B-17 ◦ 다핵 방향족 화합물의 베이 영역

Béchamp reaction **Béchamp 반응.** H_3AsO_4와 페놀(phenol)이나 방향족 아민을 가열하여 *p*-amino 또는 *p*-hydroxyphenylarsonic acid를 만드는 반응[A. J. Béchamp, *Compt. Rend*, *56*, 1172(1863)].

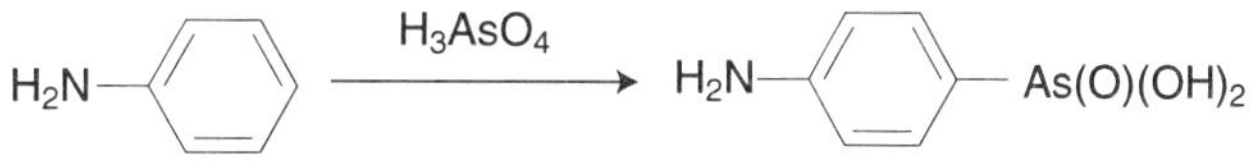

$H_2N-C_6H_5 \xrightarrow{H_3AsO_4} H_2N-C_6H_4-As(O)(OH)_2$

그림 B-18 ◦ Béchamp 반응

Béchamp reduction **Béchamp 환원.** 방향족 나이트로 화합물을 철과 염산 용액에서 상응하는 아미노 화합물로 환원하는 방법.

Beckmann rearrangement **Beckmann 자리옮김.** 양성자성 산이나 루이스 산 촉매에 의해 케톡심(ketoxime)이 카복실산 아마이드로 되는 반응. 나이론 제조에 사용되는 6-카프로락 탐(6-caprolactam)을 사이클로헥산온(cyclohexanone)으로부터 이 방법으로 제조한다[E. Beckman, *Ber. 19*, 988(1886)]. 이 반응은 반응 중에 보다 안정한 탄소양이온을 형성할 수 있으면 아마이드 대신 나이트릴(RCN)로 분해되기도 하며 이런 분해 결과는 “비정상적인 Beckmann 자리옮김반응” 이라고 한다.

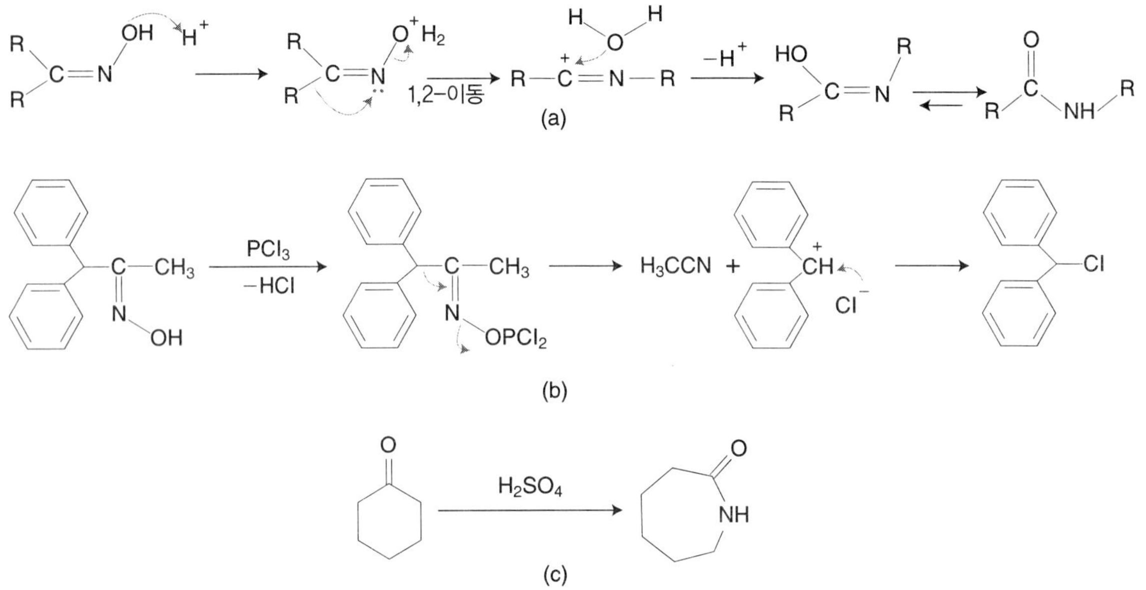

그림 B-19 • (a) Beckmann 자리옮김 반응 메커니즘, (b) 비정상적인 Beckmann 자리옮김 반응, (c) 6-Caprolactam 의 합성.

β-configuration

β-배열. 의자 형태 스테로이드 분자에서 분자의 위쪽으로 배열된 치환기의 배열 또는 평면으로 그린 경우에 분자 평면의 앞쪽으로 배열된 치환기 위치 배열을 말한다.

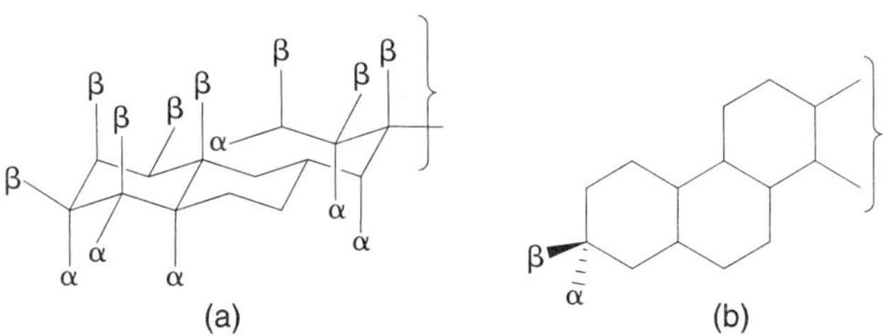

그림 B-20 • α-및 β-배열. (a) 의자 형 스테로이드 분자 일부, (b) 평면 분자 일부

Beer-Lambert law

Beer-Lambert 법칙. 매질을 통과한 빛의 세기 감소와 빛이 통과한 매질의 길이 사이의 관계를 나타내는 식.이 식은 다음과 같다.

$$A = -\log(I/I_o) = \epsilon l c$$

여기서 I_0는 입사 광의 세기, I는 길이가 l인 매질을 통과한 후의 빛의 세기, 그리고 c는 흡광을 일으키는 화학종의 몰농도이다. 또한 ϵ는 흡광계수 그리고 A는 흡광도이다.

Bénary reaction

Bénary 반응. RMgX(Grignard 시약)를 $R_2NCH=CHCOR'$(enamino ketone, aldehyde)과 반응시켜 α, β-불포화 케톤 및 알데하이드를 합성하는 반응[E. Bénary, *Ber. 63*, 1573(1930)].

bending vibration **굽힘 진동.** 원자 간의 결합이 굽혀졌다 펴졌다하는 진동 운동. 이 운동은 분자 평면상에서 일어나는 분자 내 굽힘 진동과 분자평면의 밖으로 일어나는 분자 밖 굽힘 진동이 있다.

Benedict solution **Benedict 용액.** 사이트레이트(citrate) 이온과 Cu^{2+}의 착물을 알칼리에 녹인 용액으로 약한 산화력이 있어 환원당 검출 시험에 이용한다.

Benedict' s test **Benedict 시험.** Benedict 용액을 이용하여 용액 속의 환원당을 검출하는 실험 방법. Benedict 시약을 환원당이 들어 있는 시험 용액에 넣고 가열하면 구리가 환원되어 갈색의 침전을 만든다. 당의 농도가 묽을 때에는 침전이 노란색으로 된다. Benedict 시약은 Fehling 용액 대신 사용되는데, 감도가 더 높다.

bent bond **굽은 결합.** 원자 중심을 연결한 각과 결합 오비탈의 중심을 연결한 각이 다른 결합. 예를 들면 사이클로프로페인(cyclopropane)의 C－C 결합이 굽은 결합이다.

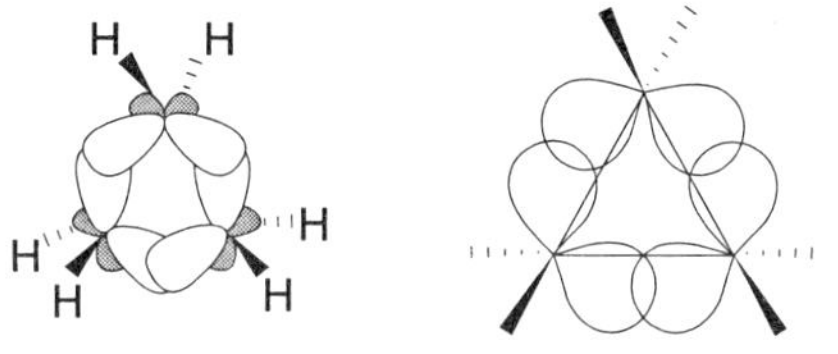

그림 B-21 • Cyclopropane의 굽은 결합

benzal group **벤잘 기.** $C_6H_5CH=$기를 말함. 예로 benzal chloride ($C_6H_5CHCl_2$)를 들 수 있다.

benzenium ion **벤제늄 이온.** 친전자성방향족 치환반응에서 나타나는 사이클로헥사다이에닐(cyclohexadienyl) 양이온. arenium ion이라고도 하며, 역사적인 이유로 Wheland 중간체 또는 시그마 착물(σ-complex) 이라고도 한다.

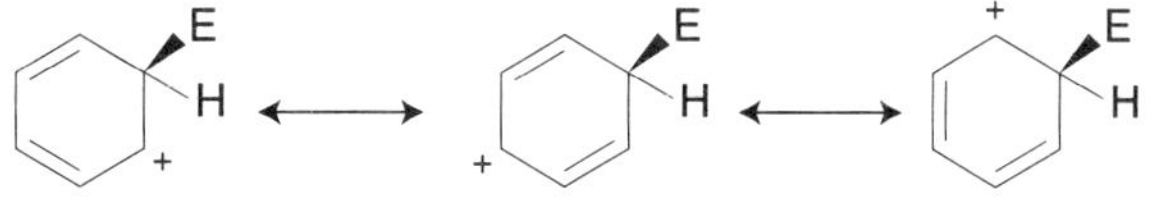

그림 B-22 • 벤제늄 이온의 공명 구조

benzenoids **벤젠 류.** 벤젠(benzene)과 같은 전자 구조를 가지거나 벤젠고리를 가지고 있는 화합물 부류.

benzidine rearrangement **벤지딘 자리옮김(반응).** 하이드라조벤젠(hydrazobenzene)이 산촉매 자리옮김반응을 하여 4, 4′-다이아미노바이페닐(4, 4′-diaminobiphenyl)로 되는 반응. 만일 하이드라조벤젠의 파라 위치에 치환기가 있으면, 즉 *p*-아미노페닐아민(*p*-aminophenylamine), $p-NH_2-C_6H_4-NH-C_6H_4R$ 같은 경우는 세미딘 자리옮김반응(semidine rearrangement)라고 한다.

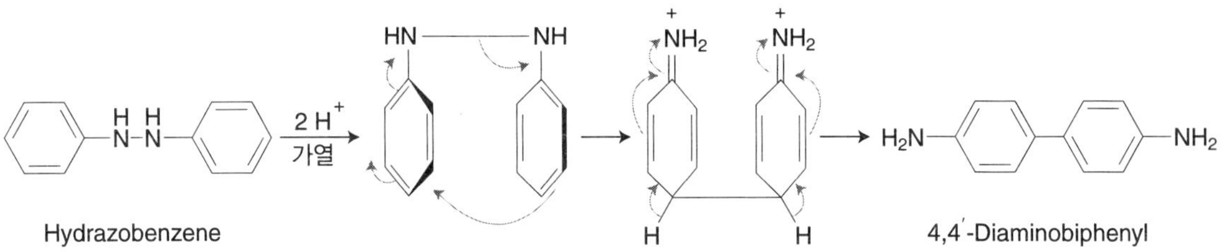

Hydrazobenzene
2 H⁺ 가열
4,4′-Diaminobiphenyl

그림 B-23 • Benzidine 자리옮김 반응

benzilic acid rearrangement

벤질산 자리옮김반응. 벤질(benzil)이 염기 촉매에 의해 자리옮김하여 벤질릭산(benzilic acid)으로 되는 반응을 말하며, 이 반응은 α-메틸렌(α-methylene)기를 가지고 있는 1, 2-다이케톤(1, 2-diketone)에서는 알돌반응과 경쟁적이므로 일반적으로 일어나지 않는다. 그러나 예외적으로 케토핀 산(ketopinic acid)은 이 반응을 일으켜 사이트르 산(citric acid)를 생성한다.

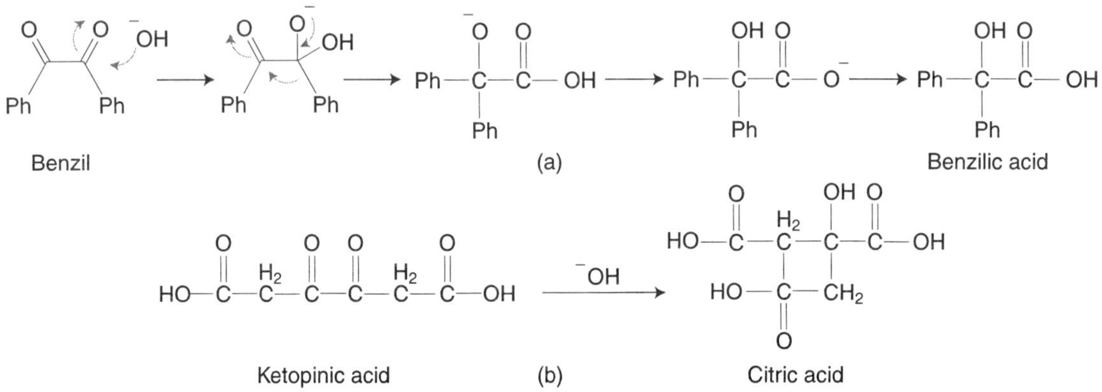

Benzil (a) Benzilic acid

Ketopinic acid (b) Citric acid

그림 B-24 • (a) 벤질릭 산 자리옮김반응. (b) 사이트르 산의 합성

benzoin condensation

벤조인 축합반응. 방향족 알데하이드가 CN^- 이온 촉매에 의해 분자간 축합반응을 하여 아실로인(acyloin)을 생성하는 반응을 말한다. 벤즈알데하이드(benzaldehyde)가 축합반응을 하면 벤조인(benzoin)이 생성된다.

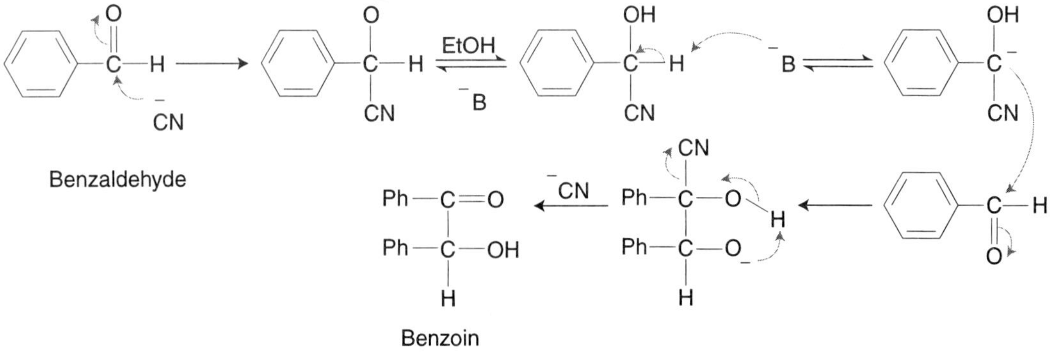

Benzaldehyde
Benzoin

그림 B-25 • Benzoin 축합반응

benzoylation **벤조일화반응.** 어떤 화합물에 benzoyl [$C_6H_5C(=O)-$] 기를 도입하는 반응.

benzyl group **벤질 기.** $C_6H_5CH_2-$기의 이름.

benzylic carbon **벤질자리 탄소.** 벤젠 고리에 직접 결합된 첫 번째 sp^3혼성 탄소 자리, $Ph-CH_2-$에서 CH_2(methylene)가 벤질자리 탄소이다.

benzylic halogenation **벤질자리 할로젠화(반응).** 벤질자리 탄소에서 일어나는 할로젠화반응.

benzyne **벤자인.** 벤젠 고리에 하나의 삼중결합을 가지고 있는 화학종. 브로모벤젠(bromobenzene)을 $NaNH_2$ 같은 강한 염기로 처리하면 HBr이 제거되어 벤자인을 형성한다. 형성된 벤자인은 첨가반응을 일으키며, 이 때 생성된 생성물의 치환기 위치가 다른 혼합생성물이 생성되며 이 결과로 삼중결합이 생성됨을 예측할 수 있다. 이 삼중결합은 이웃한 두 개 탄소의 sp^2 오비탈에 의해 형성된다. 이 벤자인은 단일항과 삼중항 두 가지로 존재할 수 있다.

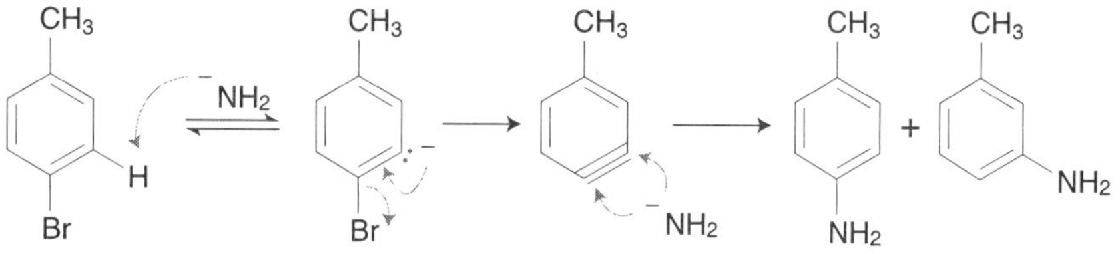

그림 B-26 ◦ 벤자인의 형성 및 반응 메커니즘

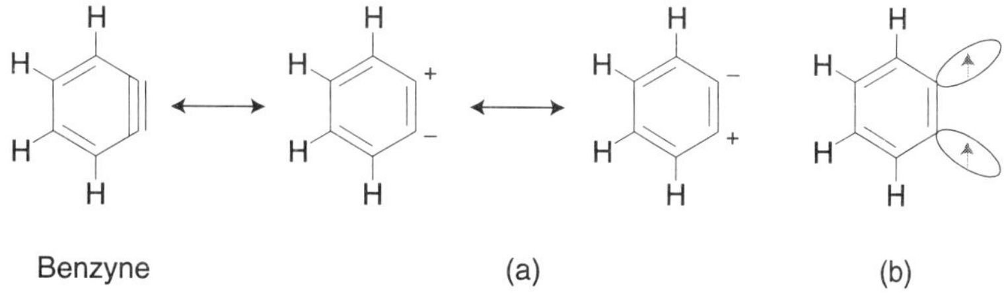

그림 B-27 ◦ 벤자인의 (a) 단일항 및 (b) 삼중항

Bergius process **Bergius 공정.** 석탄을 고온(400°C 이상)과 고압(200기압 이상)에서 직접 수소화 반응시켜 자동차 연료로 쓰기에 적합한 연료를 제조하는 공정을 말함. 이 공정은 F. Bergius가 시도해서 2차 대전 당시 독일에서 이용하였다.

Bergmann azlactone peptide synthesis **Bergmann 아즈락톤 펩타이드 합성법.** 아실화된 아미노산과 알데하이드를 반응시켜 아즈락톤(azlactone)을 만들고 두 번째 아미노산을 반응시켜 아실화된 불포화 다이펩타이드를 만들고 촉매 수소화 및 가수분해를 시켜 다이펩타이드를 만드는 방법 [M. Bergmann, F. Stern, C. Witte, *Ann. 449*, 277(1926)].

Bergmann **Bergmann 분해.** 폴리펩타이드를 아마이드($RCONH_2$), 알데하이드(RCHO), CO_2,

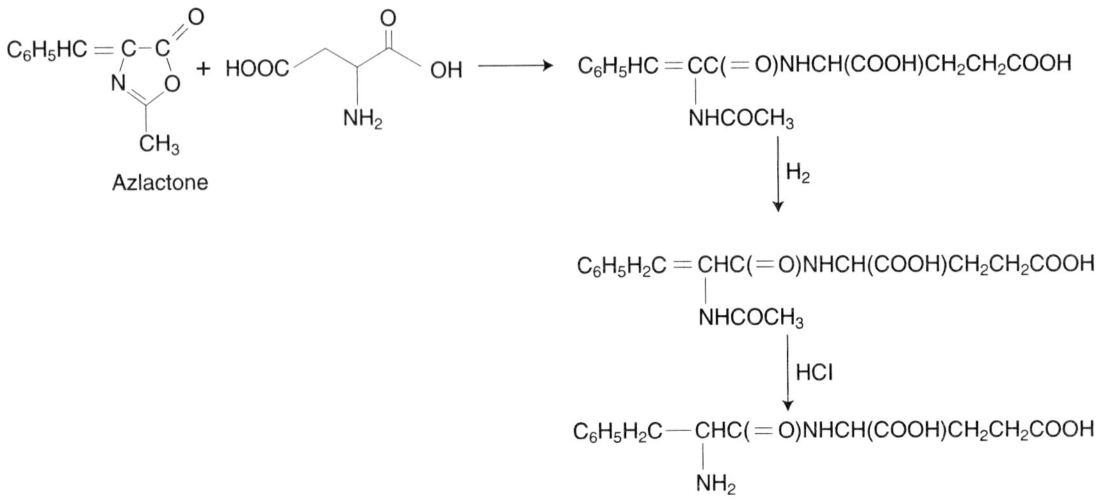

$$C_6H_5HC=C-C(=O)-O-C(CH_3)=N \text{ (Azlactone)} + HOOC-CH_2-CH(NH_2)-C(=O)OH \longrightarrow C_6H_5HC=C(NHCOCH_3)C(=O)NHCH(COOH)CH_2CH_2COOH$$

$$\xrightarrow{H_2} C_6H_5H_2C=C(NHCOCH_3)HC(=O)NHCH(COOH)CH_2CH_2COOH \xrightarrow{HCl} C_6H_5H_2C-CH(NH_2)C(=O)NHCH(COOH)CH_2CH_2COOH$$

Azlactone

그림 B-28 • Bergmann 아즈락톤 펩타이드 합성법

degradation 톨루엔(toluene) 및 암모니아(NH_3)로 분해하는 다단계 분해법[M. Bergmann, *Science, 79*, 439(1956)].

Bernthsen acridine synthesis **Bernthsen 아크리딘 합성.** 다이아릴아민을 $ZnCl_2$ 존재 하에 유기산 또는 산 무수물 속에서 가열하여 5-치환 아크리딘(acridine)을 합성하는 방법[A. Bernthsen, *Ann. 192*, 1 (1878)].

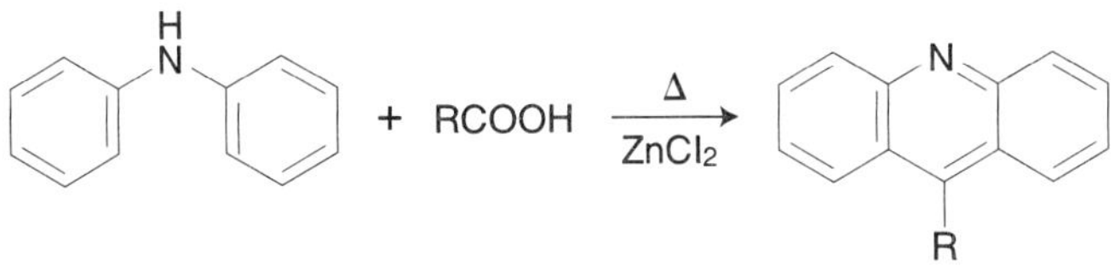

$$\text{Ph-NH-Ph} + RCOOH \xrightarrow[ZnCl_2]{\Delta} \text{9-R-acridine}$$

그림 B-29 • Bernthsen 아크리딘 합성

Berry mechanism of rearrangment **Berry 자리옮김 메커니즘.** 삼각 이중 피라밋 착물에서 핵 위치의 순차교환이 일어나는 메커니즘. 이 회전을 유사회전(pseudorotaion)이라고도 한다[V. K. Dioumaev, K. Plossl, P. J. Carroll, D. H. Berry, *J. Am.Chem. Soc. 121*, 8391(1999)][D. H. Berry, L. J. Procopio, J. *Am. Chem. Soc. 111*, 4099 (1989)].

betaine **베타인.** Zwitter 이온의 특별한 경우로 양이온 자리에 수소를 가지지 않으며 음이온 자리와 양이온 자리가 이웃해 있지 않고 분리되어 있으면서 알짜전하를 가지지 않는 화학종. 예로 (다이메틸설포니오)아세테이트[(dimethylsulfonio)acetate]와 (트리메틸암모니오)아세테이트[(trimethylammonio)acetate]를 들 수 있다.

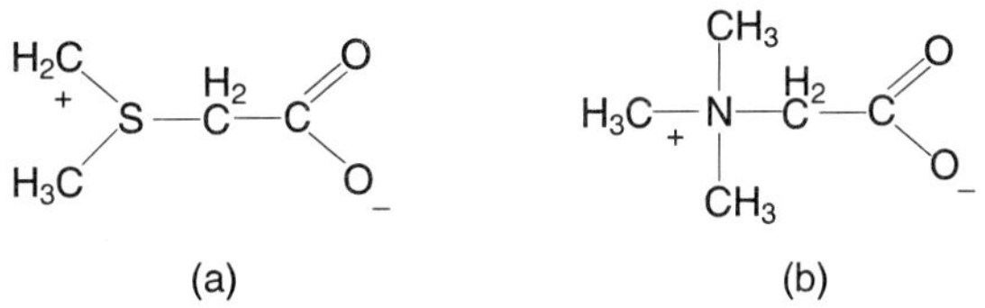

그림 B-30 • (a) (Dimethylsulfonio) acetate (b) (Trimethylammonio) acetate

Betti reaction

Betti 반응. 방향족 알데하이드(ArCHO), 방향족 또는 헤테로고리 일차 아민과 페놀(phenol)을 반응시켜 *o*-아미노벤질페놀(*o*-aminobenzylphenol)을 합성하는 반응[M. Betti, *Gazz. Chim. Ital.* 30 II, 2 (1903)].

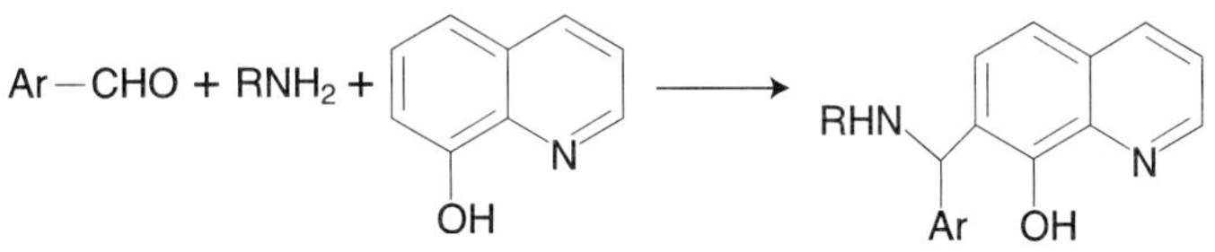

그림 B-31 • Betti 반응

BHC

살충제인 **b**enzene**h**exa**c**hloride(C_6Cl_6)의 약기호. 이 화합물은 벤젠에 염소가 첨가된 고체 화합물이며, 한때 살충제로 이용되었으나 환경에 미치는 영향이 크므로 사용이 금지되고 있다.

BHT

Butylated hydroxy toluene의 약기호. 이 BHT 는 합성 산화방지제로 식품 보존 및 산화 방지용으로 사용된다.

bicyclic compound

두고리 화합물. 한 쌍의 다리목 탄소 원자를 포함하고 있는 화합물로 일반식으로 C_nH_{2n-2}을 가진다. 이 화합물의 일반적인 구조식은 구조식 (a)와 같다. 가장 간단한 두 고리 화합물 중의 하나로 바이사이클로[1.1.0]뷰테인(bicyclo[1.1.0]butane)을 들 수 있다. 두 고리 화합물의 명명은 접두사로 바이사이클로-(bicyclo-)를 붙이고 대괄호 안에 다리 탄소의 수를 표시하고 마지막에 고리를 이루고 있는 탄소 수에 해당하는 알케인의 모체이름을 붙인다.

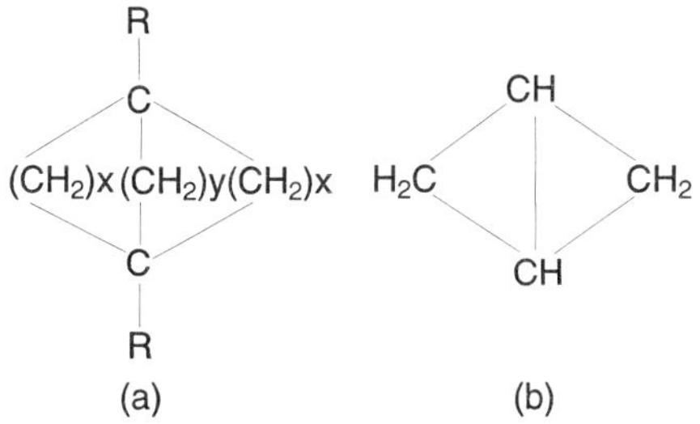

그림 B-32 • (a) 두 고리 화합물의 일반 구조식. (b) bicyclo[1.1.0]butane

bidentate ligand **두자리 리간드.** 두 개의 원자와 어떤 하나의 금속 원자와 착물을 만드는 리간드.

bifunctional **이작용기성(의).** 두 가지 작용기의 성질을 나타내는 것을 표현하기 위해 사용하는 접두사.

bifunctioal molecule **이작용기 분자.** 두 가지 작용기를 포함하고 있는 분자.

bifunctional catalyst **이작용기 촉매.** 두 개의 촉매 자리를 가지고 있어 두 가지의 다른 반응을 할 수 있는 촉매를 말하며, 이중 촉매(dual catalyst) 라고도 한다.

Biginelli reaction **Biginelli 반응.** 알데하이드, β-케토 에스터 및 우레아(urea)를 반응시켜 테트라하이드로피리미딘(tetrahydropyrimidine)을 합성하는 반응[P. Biginelli, *Ber. 24,* 1317, 2962(1891)].

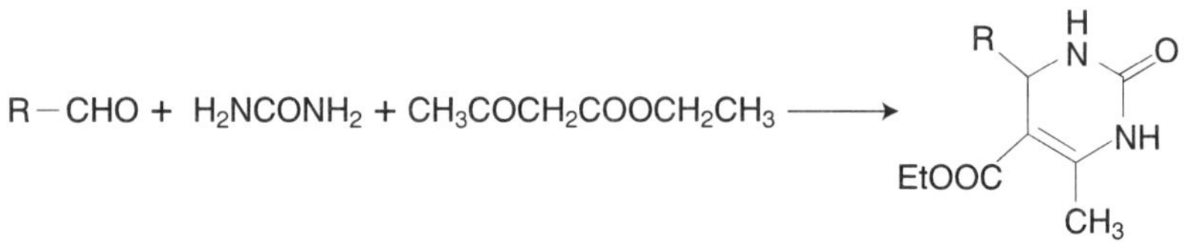

$$R-CHO + H_2NCONH_2 + CH_3COCH_2COOCH_2CH_3 \longrightarrow$$

그림 B-33 ∘ Biginelli 반응

bile pigment **담즙 염료.** 폴포린(porphyrin) 핵의 산화성 분해에 의해 만들어지는 테트라피릴메테인(tetrapyrylmethane) 유도체의 일종.

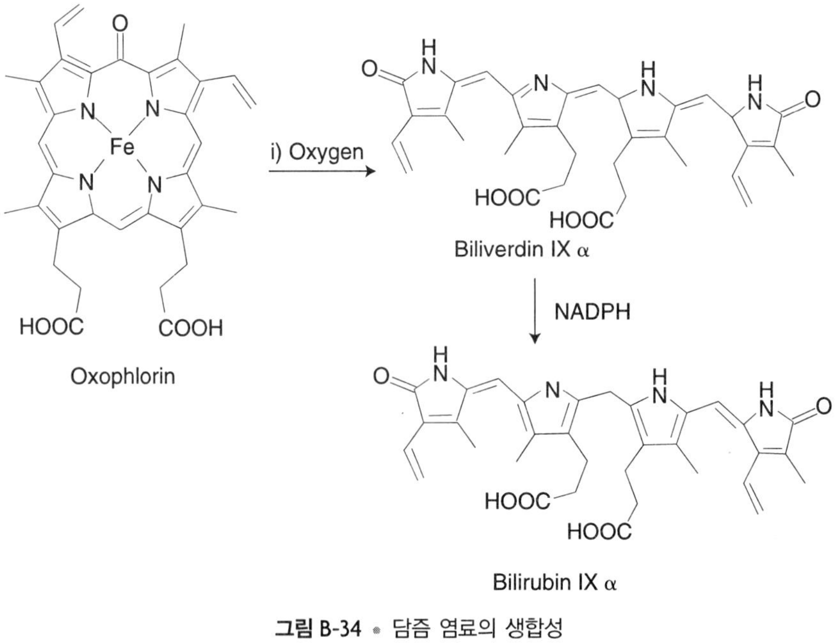

그림 B-34 ∘ 담즙 염료의 생합성

bimolecular reaction **이분자 반응.** 속도결정 단계에서 두 분자가 관여하는 화학 반응을 일컬음.

binary acid **이성분산.** 산성 수소 원자가 산소 이외의 다른 원자에 직접 결합되어 있는 산. 예로서 HCl이나 H_2S 등이다. 옥소산과 구별하기 위해 이러한 이 원소 산들을 수소산(hydracid)이라고도 한다.

bioassay **생물학적 검정(분석).** 시험용 유기체(바이러스, 균, 소형동물 등)를 사용하여 의약품 같은 어떤 물질의 효과를 비교군과 검정하는 방법. 농약 및 의약품 개발에서는 필수적인 과정이다.

biochemical oxygen demand (BOD) **생화학적 산소 요구량.** 물속에 녹아 있는 유기 폐기물은 미생물에 의해 분해되며, 이 미생물들이 소모하는 산소의 양을 생화학적산소 요구량(BOD)이라고 한다. BOD값은 기준량의 산소를 포함하는 시료 물을 5일간 20°C로 유지했다가 남아 있는 산소를 측정하여 계산하며, 이 BOD 값은 물속에 녹아 있는 유기 오염물의 정도를 나타내는 척도로 이용된다. 즉 BOD 값이 높을수록 미생물이 많이 들어 있으며, 따라서 오염도도 높다.

bioelement **생체 원소.** 생체 분자나 생체 기관 속에 들어 있는 원소들을 말한다. 일반적인 생체 원소로는 탄소(C), 수소(H), 산소(O), 질소(N), 포타슘(K), 인(P), 소듐(Na), 칼슘(Ca), 마그네슘(Mg), 구리(Cu) 등이 포함된다.

biofuel **생물 연료.** 메테인(CH_4), 알코올 및 식물 기름 등과 같이 식물로부터 얻어지는 연료이다. 메테인은 음식이나 농산물 쓰레기를 무산소성 조건에서 발효 분해시키면 이산화탄소와 함께 생성되는데, 이 생물가스(biogas)로부터 메테인을 분리하여 연료로 이용한다. 알코올과 휘발유의 혼합물을 가소홀이라고 부른다.

biogas **생물가스.** biofuel을 보라.

biogenesis **생물발생설, 생체내 합성.** 살아있는 유기체로부터 다른 유기체를 만들어내는 원리. 유기체내에서 천연물질을 합성하는 화학적 경로.

biomimetic synthesis **생체모방 합성.** 생체합성을 모방 설계하여 화합물을 합성하는 방법. 이는 생체공학의 한 가지 방법이다. 이 방법에서는 효소 없이 일반적인 유기 시약을 사용하여 수행한다.

biological engineering **생물 공학.** 생물체의 여러 가지 기능을 공학적으로 해석하거나 이용하는 학문 분야.

bioluminescence **생체(물) 발광.** 개똥벌레, 심해어, 발광 박테리아, 그리고 곰팡이 등은 열이 수반되지 않는 빛을 내놓는데, 이러한 현상을 생체(물)발광이라고 한다. 생체(물)발광은 루시페린(luciferin, a pigment)이라고 하는 화합물(생체에 따라 조성이 약간씩 다르다)이 루시페라아제(luciferase)라고 하는 효소에 의해서 산화될 때 나온다.

biomolecule **생체 분자.** 살아 있는 생물의 대사 과정에 관여하는 분자들. 탄수화물, 지질, 단백질, 핵산, 그리고 물 등은 모두 생체 분자들이다.

biose **이당류.** disaccharide을 일컫는 용어.

biosynthesis **생합성.** 생체 세포 속에서 분자가 합성되는 생화학 반응. 일반적으로 간단한 화합물로부터 복잡한 화합물이 생기거나 중합이 일어나는 합성 대사이다.

biotin **비오틴.** 비타민 B 복합체의 한 성분. 카복실화–카복시기이탈반응에서 활성화된 이산화탄소를 전달하는 데 중심적인 역할을 하는 고리형 요소(cyclic urea)이다. 효소에 대한 보조 효소로 작용한다. 장 속의 박테리아에 의해 적당량이 합성 된다.

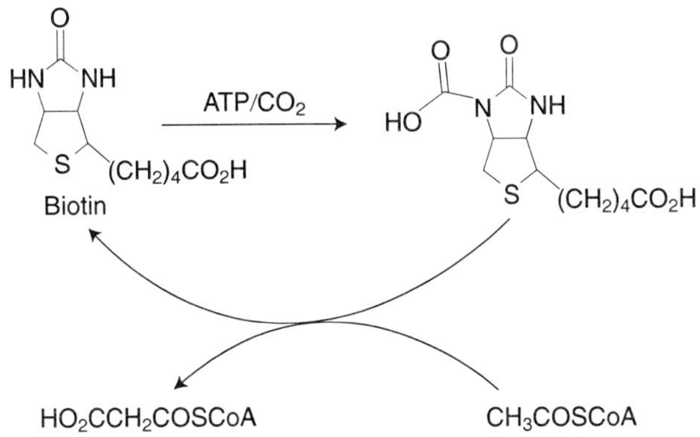

그림 B-35 • 활성 이산화탄소 전달과정에서 biotin의 보조효소로서의 역할

biraical **쌍라디칼, 이가라디칼.** 각기 다른 원자에 라디칼을 이루고 있는 두 개 원자를 가지고 있는 화학종. 이 라디칼들은 다른 전자스핀 다중도를 가질 수 있다.

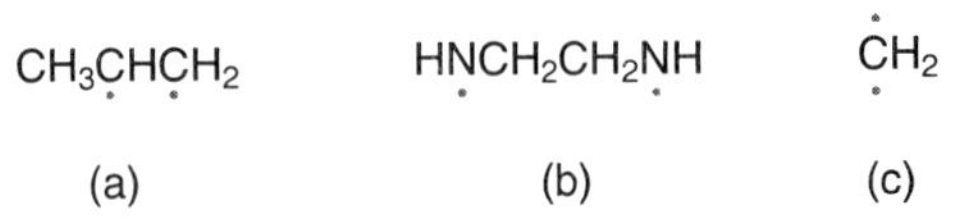

$CH_3\dot{C}H\dot{C}H_2$ (a) $H\dot{N}CH_2CH_2\dot{N}H$ (b) $\ddot{C}H_2$ (c)

그림 B-36 • (a) Methylethylene 이가라디칼, (b) dimethylenediaminyl 이가 라디칼, (c) 삼중항 메틸렌

Birch reduction **Birch 환원.** 벤젠 유도체를 액체 암모니아 속에서 알코올 존재 하에 알칼리 금속과 반응시키면 상응하는 사이클로헥사다이엔(cyclohexa-1, 4-diene) 유도체로 환원되는 반응. 치환기가 전자를 주는 기 이면 생성물(I)이 우세하고, 전자를 당기는 기이면 생성물(II)가 우세하다[A. J. Birch, *J. Chem. Soc.* 430 (1944)].

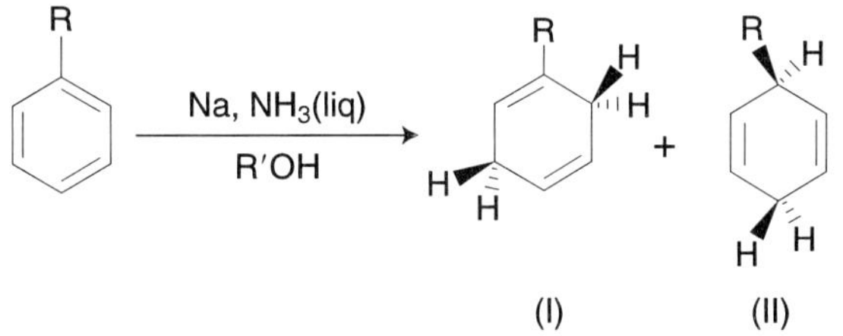

그림 B-37 ◦ Birch 환원 반응. R이 전자를 주는 기이면 생성물(I)이 우세하고 전자를 당기는 기이면 생성물(II)가 우세하다.

Bischler-Möhlau indol synthesis

Bischler-Möhlau 인돌 합성. ω-할로젠노(ω-halogeno) 또는 ω-하이드록시 케톤(ω-hydroxyketone)과 과량의 아닐린(aniline)을 가열하여 2-치환 인돌을 합성하는 방법[A. Bischler, *et al. Ber. 25*, 2860(1892)][R. Möhlau, *et al. Ber. 14*, 171(1881)].

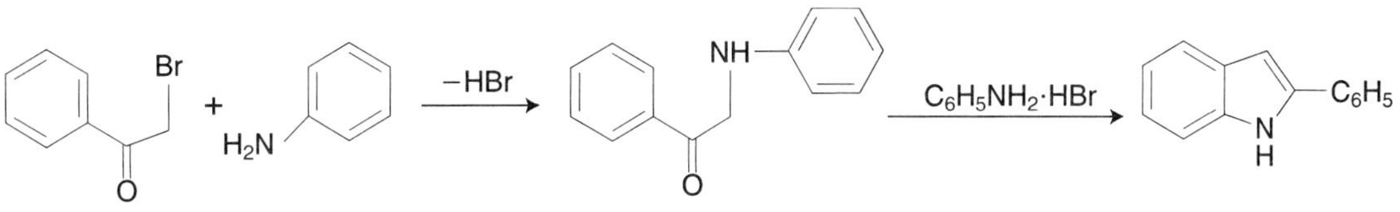

그림 B-38 ◦ Bischler-Möhlau 인돌 합성

Bischler-Napieralski synthesis

Bischler-Napieralski 합성. *N*-아실-β-페닐아민(*N*-acyl-β-phenylamine)의 고리화 반응을 통해 1-치환 아이소퀴놀린(1-substituted isoquinoline)을 합성하는 반응[A. Bischler, B. Napieralski, *Ber. 26*, 1903(1893)].

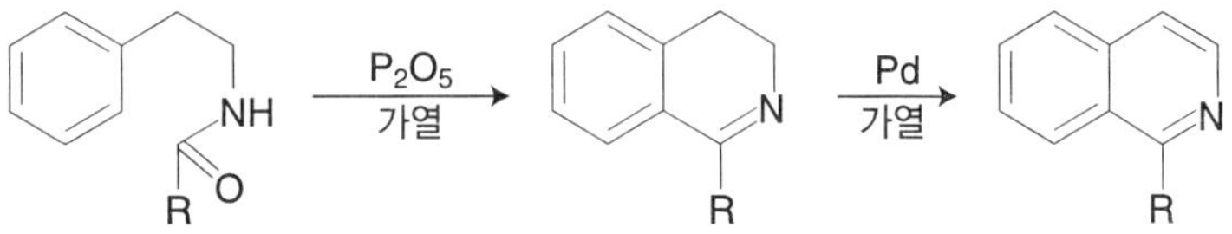

그림 B-39 ◦ Bischler-Napieralski 합성

bisphenol A

비스페놀 A. 에폭시 레진 중 2, 2-bis(*p*-hydroxyphenyl)propane의 상업명.

bisulfate ester

바이설페이트 에스터. 설프릭산(sulfuric acid)의 모노 에스터를 말함. 예로 methyl hydrogen sulfate를 들 수 있다.

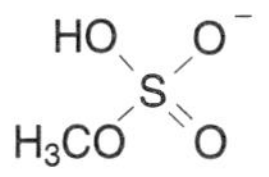

그림 B-40 ◦ Methyl hydrogen sulfate

bitumen

역청. 점도가 크고, 끈적끈적하며 CS_2 (carbon disulfide)에 완전히 녹으며 다중고리 방향족 탄화수소로 된 유기액체 혼합물. 역청은 자연에서 만들어지며 원유의 끈적끈적한 타르형태이다.

bituminous coal

역청탄. coal을 보라.

biuret test

비우렛 시험. 용액 속의 단백질을 검출하는 시험 방법. 단백질 함유 용액에 NaOH나 KOH 용액을 가하여 알칼리성으로 만든 다음, 약 1% 황산구리(II)용액을 한 방울씩 서서히 떨어뜨리면 보라색 띠가 나타난다. 이 반응은 단백질이나 트리펩티드 이상의 단백질 분해물이 일으키는 반응이며, 아미노산이나 다이펩티드를 갖는 화합물은 이러한 반응을 일으키지 않는다. 비우렛은 $H_2NCONHCONH_2$의 화학식을 갖는 화합물의 명칭이며, 이 화합물이 이러한 반응을 일으키기 때문에 이와 같은 명칭이 붙여졌다.

bivalent

이가. 원자가가 2 가인 것을 나타내는 용어. 예를 들어 Ca^{2+}는 칼슘의 bivalent ion이다.

Blaise ketone synthesis

Blaise 케톤 합성법. 카복실산 염화물(RC(=O)Cl)과 유기아연(RZnCl) 화합물을 반응시켜 케톤(RCOR) 과 $ZnCl_2$를 합성하는 반응[E. E. Blaise, A. Koehler, *Bull. Chem. Chim.* [4], *7*, 215(1910)].

Blanc (chloromethylation)reaction

Blanc(클로로메틸화) 반응. $ZnCl_2$ 존재 하에 포름알데하이드(HCHO)와 HCl을 반응시켜 방향족 고리에 CH_2Cl 기를 도입하는 반응[G. Blanc, *Bull. Soc. Chim. France*, [4], *33*, 313(1923)].

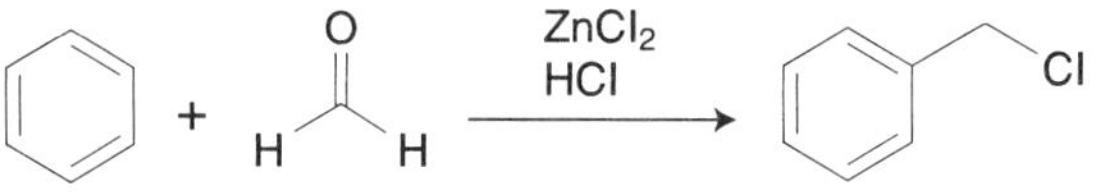

그림 B-41 • Blanc(클로로메틸화) 반응

Blanc reaction

Blanc 반응. 아세트산 무수물(acetic anhydride)과 이중 카복실산(dicarboxylic acid)를 가열하여 고리형 산 무수물이나 케톤을 합성하는 반응. 이 반응은 카복시기의 위치에 의존한다. 즉, 1, 4- 또는 1, 5-이가산은 고리형 무수물을 형성하고, 1, 6-이가산 또는 더 멀리 있는 산들은 케톤을 형성한다. 따라서 이 규칙을 Blanc 규칙이라고도 한다[H. G. Blanc, *Compt. Rend. 144*, 1356(1907)].

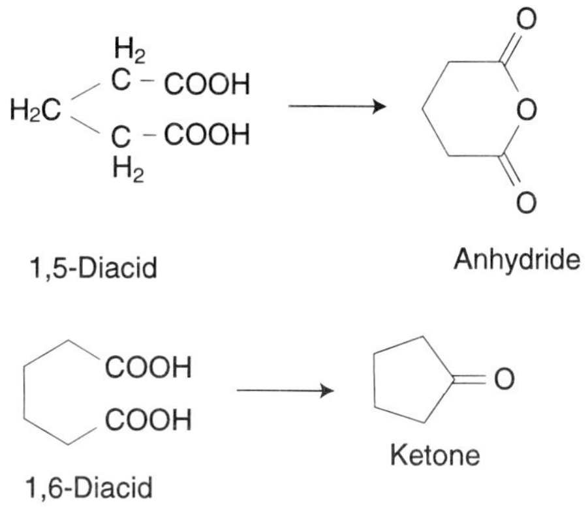

1,5-Diacid → Anhydride

1,6-Diacid → Ketone

그림 B-42 • Blanc 반응

blending octane number **혼합 옥탄가.** 첨가제가 첨가된 후의 가솔린 옥탄가를 말함.

blue shift **청색 이동.** 어떤 분자에 새로운 치환기가 도입되어 치환기 도입 전 보다 자외선 스펙트럼의 최대 흡광도 흡수 띠가 에너지가 더 높은 단파장 쪽으로 이동하는 현상. hypsochromic shift(단파장쪽 옮김)이라고도 한다.

BMR **B**asal **m**etabolic **r**ate (기초 대사율)의 약기호.

boat conformation **보트 형태.** 6-원자 고리의 가리워진 형태를 말하며, 사이클로헥세인(cyclohexane)의 보트 형태를 예로 들 수 있다. a′-위치를 유사축방향(pseudoaxial), b′-위치를 뱃머리수평방향(bowspirit), e′-위치를 유사수평방향(pseudoequatorial), f-위치를 깃대방향(flagpole)이라고 한다.

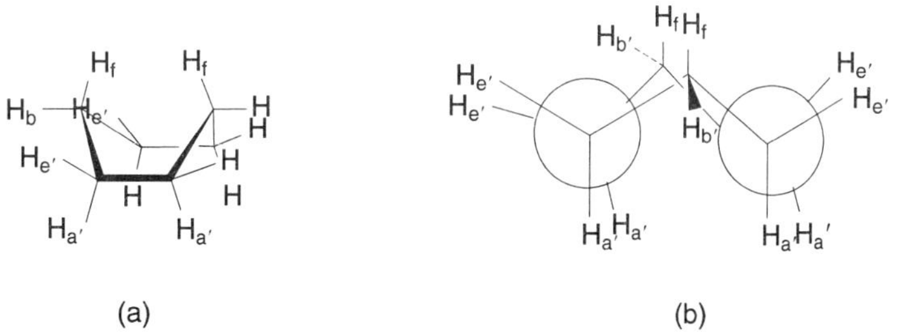

(a) (b)

그림 B-43 • (a) Cyclohexane의 보트 형태와 (b) Newman 투영식으로 그린 모양

Bodroux reaction

Bodroux 반응. 간단한 지방족 또는 방향족 에스터 (RCOOR′)와 R″NHMgI를 반응시켜 치환 아마이드 (RCONHR″)를 합성하는 반응. R″NHMgI 는 일차 또는 이차 아민과 Grignard 시약을 반응시켜 만든다[F. Bodroux, *Bull. Soc. Chim. France, 33*, 831(1905)].

Boeseken' s method

Boeseken 방법. 고리형 당분자에서 이웃한 탄소 원자와 환원된 OH기의 상대적인 배열을 결정하는 방법. 이웃한 탄소원자의 OH 기가 시스로 있으면 boric acid와 착물을 형성하고 용액의 전도도가 증가한다. 그러나, 트랜스 형이면 착물이 형성되지 않으며 용액의 전도도도 증가하지 않는다.

Bogert-Cook synthesis

Bogert-Cook 합성법. β-페닐에틸마그네슘 브로마이드(β-phenylethylmagnesium bromide)와 사이클로헥산온(cyclohexanone)을 반응시켜 얻은 삼차 알코올 분자를 진한 황산으로 처리하여 옥타하이드로펜안트렌(octahydrophenanthrene)을 형성하는 반응[M. T. Bogert, *Science, 77*, 289(1933)][J. W. Cook, C, L. Hewett, *J. Chem. Soc.* 1098(1933)].

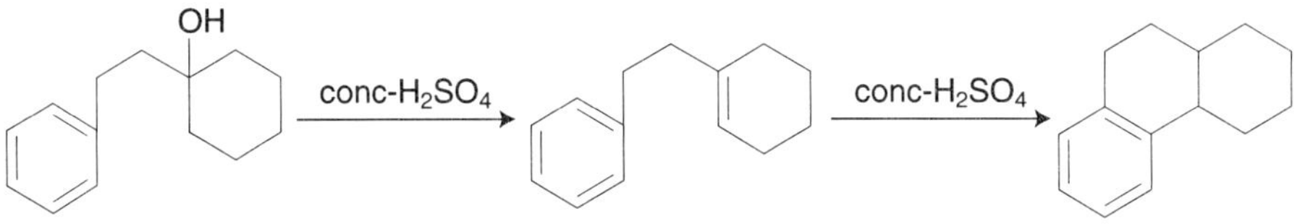

OH

conc-H_2SO_4 → conc-H_2SO_4 →

그림 B-44 • Bogert-Cook 합성법

boghead coal

보그헤드 석탄. 비결합 석탄(nonbonded coal)의 일종.

BOD

생화학적 산소 요구량. **b**iochemical **o**xygen **d**emand의 약기호.

bond angle

결합각. 어떤 분자에서 하나의 원자가 이루고 있는 두 결합사이의 각. 이 결합각은 중심 원자가 이루고 있는 결합의 수에 의존한다.

bond dipole moment

결합 이중 극자(쌍극자) 모멘트. 분자 내에 존재하는 다른 결합과는 독립적으로 어떤 특별한 결합이 가지는 이중 극자 모멘트. 예를 들어, 유기화학에서 몇 가지 중요한 C−Z 결합의 전형적인 이중 극자 모멘트는 다음과 같다: C−H (0.40 D), C−F (1.41 D), C−Cl (1.46 D), C−N (0.22 D), C−O (0.74 D), C=O (2.30 D). 이들 값은 C−Z 결합을 가지는 화합물에서 바뀔 수 있다.

bond dissociation energy

결합 해리 에너지. 결합 해리 에너지는 표준조건에서(298.15 K, 25°C) 특정한 결합이 균일분해 될 때의 엔탈피의 변화량이다. 이 양은 더 정확하게는 표준 결합 해리 에너지이다.

$$A-B \longrightarrow A\cdot + B\cdot$$

예로서 에테인(ethane)에서 C−C 결합과 아세트산(acetic acid)의 O−H 결합의 결합 해리 에너지는 다음과 같다.

$$H_3C-CH_3 \longrightarrow 2\cdot CH_3$$
$$\Delta H^o(CH_3-CH_3) = 368\ KJ\ mol^{-1}(88\ Kcal\ mol^{-1})$$
$$CH_3COO-H \longrightarrow CH_3COO\cdot + H\cdot$$
$$\Delta H^o(CH_3COO-H) = 469\ mol^{-1}(112\ Kcal\ mol^{-1})$$

bond energy **결합 에너지.** 어떤 결합을 끊는데 필요한 에너지. 통상적으로 평균 결합 해리 에너지를 말한다.

bond enthalpy **결합 엔탈피.** 결합 해리 에너지를 말함.

bond length **결합 길이.** 결합하고 있는 두 원자의 핵에 대한 퍼텐셜 에너지 곡선이 최소가 되는 곳에서의 핵간 거리.

bond-line notation **결합-선 표기법.** 하나의 결합을 선으로 표기하는 방법. 이 표기법은 주로 유기화합물 분자를 그리는데 사용한다. 선의 말단과 꺾이는 부분은 탄소가 있는 것으로 생각하고 C−H 결합을 생략하며, 헤테로 원자와 헤테로 원자에 결합한 수소는 원소기호로 표시한다.

B

bond order **결합 차수.** 결합을 이루고 있는 두 원자(이원자 분자나 또는 다원자 분자의 두 토막) 사이의 결합 오비탈의 전자 수(n)와 반결합 오비탈의 전자 수(n^*)의 차를 2로 나눈 값. 즉,

$$b = \frac{1}{2}(n - n^*)$$

여러 가지 분자 성질들은 원자 쌍 사이의 결합 차수와 밀접한 관계가 있다. 예로서 결합 차수가 증가하면 결합 길이가 감소하고, 결합 해리 에너지는 증가하며, 결합의 힘 상수가 증가한다.

bonding molecular orbital **결합성 분자 오비탈.** 분자에서 결합 전자들이 점유하고 있는 오비탈. 결합에 관여하는 원자들의 원자 오비탈들이 선형 결합하여 만든 분자 오비탈은 결합 오비탈과 반 결합 오비탈로 이루어져 있고 이들 수를 합하면 사용된 원자 오비탈의 수와 같다. 결합 오비탈은 성분 원자 오비탈들보다 에너지 준위가 낮다. 결합 오비탈을 차지하는 결합 전자의 수와 반 결합 전자의 수의 차를 2로 나누면 결합 차수가 된다.

bond strength **결합 세기.** 두 원자 간의 결합의 세기를 말하며, 보통 결합 해리 에너지로 나타낸다.

bond stretching strain **결합 신축 변형.** 어떤 결합이 최저 에너지상태의 결합 길이 보다 더 길어지거나 짧아지므로서 유발되는 영구 변형을 말함. 예를 들어, 정상적인 C−C 결합 길이는

1.54 Å인데, 어떤 분자에서는 이 결합길이 보다 길수도 있고 짧아질 수도 있다. 그런 경우 결합의 에너지는 증가된다.

Boord olefin synthesis

Boord 올레핀 합성. 알데하이드와 Grignard 시약을 이용하여 다단계로 올레핀을 합성하는 방법. 이 반응은 입체 특이성 반응이고, 예로서 아세트알데하이드(acetaldehyde)와 *n*-펜틸마그네슘브로마이드(*n*-pentyl margnesium bromide)를 반응시키면 1-헵텐(1-heptene)이 생성되는 것을 들 수 있다[L. C. Swellen, C. E. Boord, *J. Am. Chem. Soc. 52*, 651(1930)].

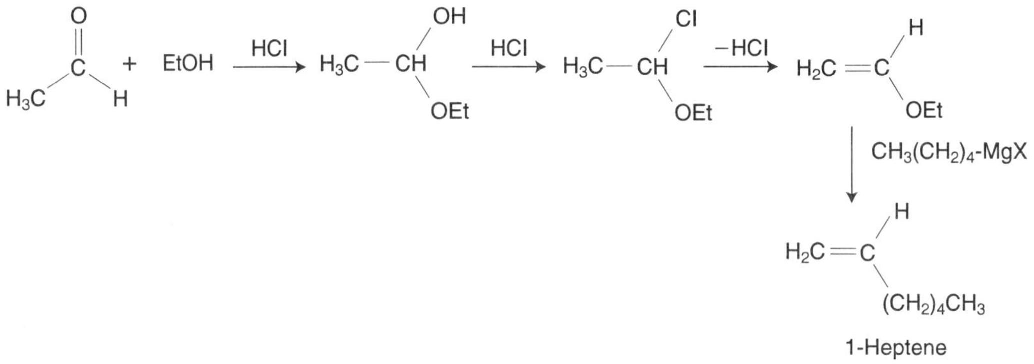

$$CH_3CHO + EtOH \xrightarrow{HCl} H_3C-CH(OH)(OEt) \xrightarrow{HCl} H_3C-CH(Cl)(OEt) \xrightarrow{-HCl} H_2C=CH(OEt) \xrightarrow{CH_3(CH_2)_4\text{-}MgX} H_2C=CH(CH_2)_4CH_3$$

1-Heptene

그림 B-45 ◦ Boord 합성법에 의한 1-heptene의 합성

borane

보레인. 붕소(B)와 수소(H)로 된 이 성분 화합물들을 보레인 이라고 한다. 대부분의 보레인은 붕소화 마그네슘 MgB_2에 산을 가해 만들 수 있다. 가장 간단한 보레인은 다이보레인(diborane, B_2H_6)이고, 이 외에 B_4H_{10}, B_5H_9, B_6H_{12}, 및 $B_{10}H_{14}$ 등이 알려져 있다. 보레인의 구조는 전통적인 이 전자 공유 결합 모형으로는 설명할 수 없으며, 삼 중심 결합 모형을 이용해야 한다(banana bond를 보라). 보레인은 모두 휘발성이며, 반응성이 커서 공기 중에 노출되면 곧 산화된다.

Borsche-Drechsel cyclization

Borsche-Drechsel 고리화(반응). 사이클로헥산온 페닐하이드라존(cyclohexanone phenylhydrazone)을 산 촉매 자리옮김을 시켜 테트라하이드로카바졸 (tetrahydrocarbazole)을 형성하는 반응[E. Drechsel, *J. Prakt. Chem. 38(2)*, 69(1858)][W. Borsche, M. Feise, *Ber. 20*, 378(1904)].

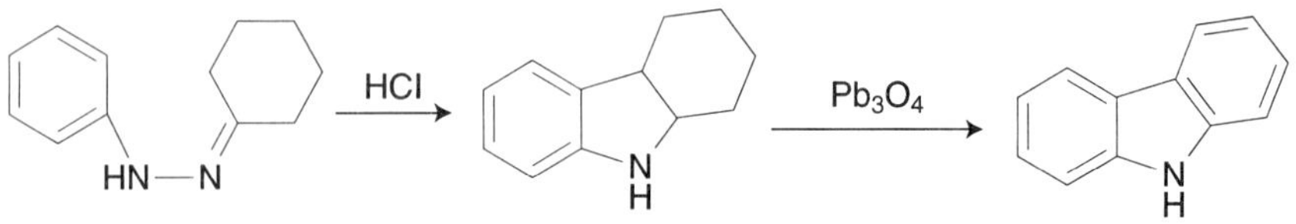

HCl → Pb$_3$O$_4$ →

그림 B-46 ◦ Borsche-Drechsel 고리화반응

boride

보라이드. 보론의 2가 화합물. 예를 들어 Ni_2B, MnB 등을 들 수 있다.

von Braun degradation von Braun 분해. 3차 아민의 알킬기 하나가 CNBr (cyanogen bromide)에 의해 치환되어 알킬 브로마이드(RBr)과 *N*, *N*-이치환 사이안아마이드(*N*, *N*-disubstituted cyanamide)로 분해되는 반응. 이 반응에서 고리형 아민은 비고리형 사이안아마이드를 생성한다. *N*-아실 고리형 아민을 PX_3와 반응시키면 α, ω-다이할로알케인이 합성된다.

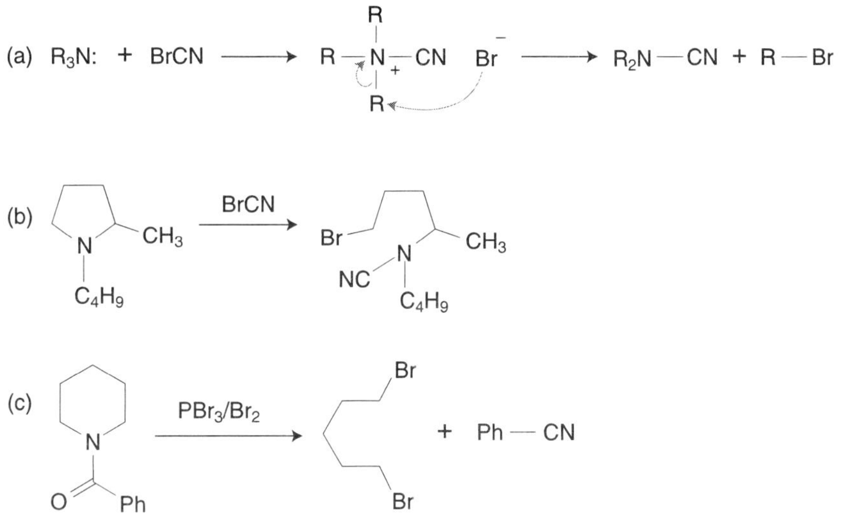

그림 B-47 • von Braun 분해. (a) 일반적인 반응 (b) 고리형 아민의 반응 (c) *N*-아실고리형 아민의 반응

Bouveault aldehyde synthesis Bouveault 알데하이드 합성. *N*, *N*-이치환 포름아마이드(R_2N-CHO) 와 Grignard 시약(R′MgX)을 반응시켜 알데하이드(R′CHO)를 합성하는 방법[L. Bouveault, *Bull. Soc. Chim. France*, *31*, 1306, 1322(1904)].

Bouveault-Blanc reduction Bouveault-Blanc 환원. 에스터(RCOOR)를 Na와 알코올(R′OH)로 반응시켜 알코올을 합성하는 방법[L. Bouveault, G. Blanc, *Compt, Rend. 136*, 1676(1903)].

branched-chain alkane 가지-사슬 알케인. 탄소 주 사슬에 곁가지 사슬을 가지고 있는 알케인류. 예를 들어 2-메틸뷰테인(2-methylbutane)을 들 수 있다. 주 사슬은 뷰테인(butane)이고 2-methyl 이 곁가지 이다.

Bradscher reaction Bradscher 반응. *o*-아실다이아릴알케인(*o*-acyldiarylalkane)을 산촉매 탈수반응을 시켜 다중고리 탄화수소나 상응하는 헤테로고리를 형성하는 반응[C. K. Bradsher, *J. Am. Chem. Soc.*, *62*, 486(1970)].

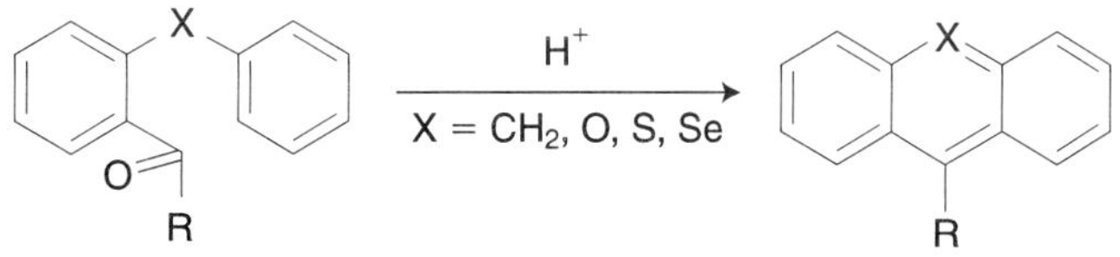

그림 B-48 • Bradscher 반응

Bredt' s rule

Bredt 규칙. 두 고리 화합물에서 베타-제거반응이 일어날 때, 트랜스 이중결합을 포함하는 고리가 최소한 여덟 개의 원자를 가지지 않으면 다리목 원자가 이중결합에 포함되지 않는다는 규칙. 예를 들어 아래 그림에서 n + m > 4이면 다리목 탄소 원자가 이중결합에 포함될 수 있으나, n + m ≦ 4 일 때는 고리 변형이 너무 커서 생성될 수 없다.

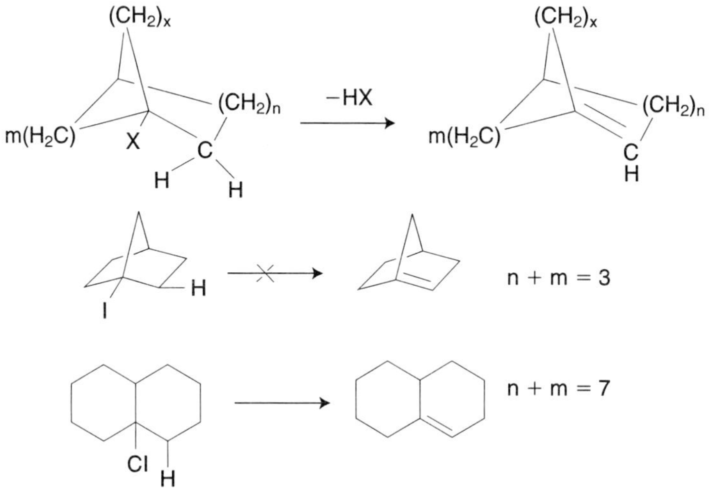

그림 B-49 ◦ Bredt 규칙의 예

bridged cation

다리걸친 양이온. 비고전 이온(nonclassical ion)의 동의어. 아래 그림의 브로모늄 이온(bromonium ion)과 페노늄 이온(phenonium ion)은 고전적인 이온이지만, 삼중심 또는 이중심 이온이므로 때때로 다리걸친 이온이라고 부른다.

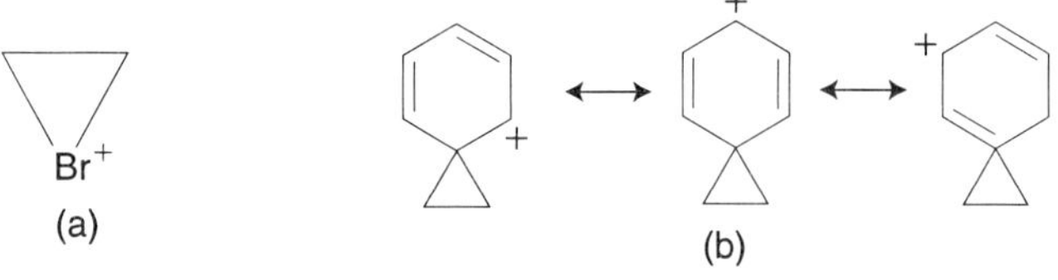

그림 B-50 ◦ 다리걸친 양이온의 예. (a) 브로모늄 이온 (b) 페노늄 이온

bridged carbon atom

다리걸친 탄소 원자. 두 개 또는 그 이상의 고리에 공통으로 포함된 원자를 말함. 화합물 명명에서는 이들 원자중 하나를 1번으로 매긴다. 아래 그림의 bicyclo[2.2.2.] octane에서 1번과 4번 원자가 다리걸친 탄소 원자이다.

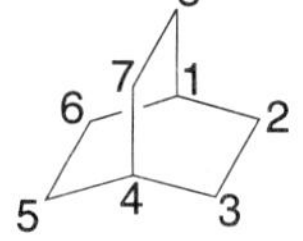

그림 B-51 ◦ Bicyclo [2,2,2] octane

bridged compound **다리 걸친 화합물.** 다리걸친 탄소원자를 가진 두 고리 혹은 그 이상의 고리를 이루는 화합물 부류.

bridging Ligand **다리 구성 리간드.** 리간드의 어느 한 원자가 최소한 두 개 이상의 금속 원자와 자발적으로 결합할 수 있는 리간드를 말함. $Fe_2(CO)_9$는 3개의 다리놓인 CO 리간드를 가지고 있다.

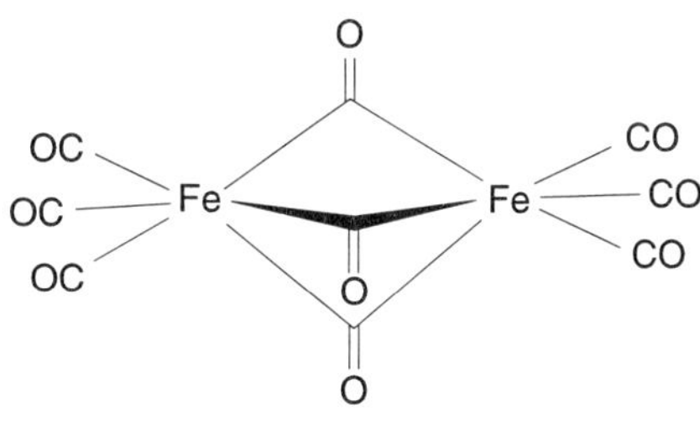

그림 B-52 • $Fe_2(CO)_9$의 구조

bromate **브로메이트.** BrO_3^- 의 화학식을 가지는 화합물.

bromination **브롬화(반응).** 유기 화합물의 수소 H 원자를 브롬 Br 원자로 치환시키는 반응. 할로젠화 반응을 보라.

***α*-bromoester** ***α*-브로모에스터.** 알파(α) 위치에 Br을 가지고 있는 에스터 화합물. 일반식을 $RCHBrCO_2R'$으로 쓴다. α-브로모에스터는 Hell-Volhard-Zelinsky 반응의 주 생성물이고, Reformatsky 반응에서는 출발물질로 사용하여 상응하는 α, β-불포화에스터의 합성에 이용된다.

bromonium ion **브로모늄 이온.** 브롬의 양이온 형태, 즉 Br^+ 이온이다.

***N*-bromosuccinimide** ***N*-브로모석신이마이드.** 약기호는 NBS이며, 브롬화반응의 Br 공급원으로 주로 사용한다.

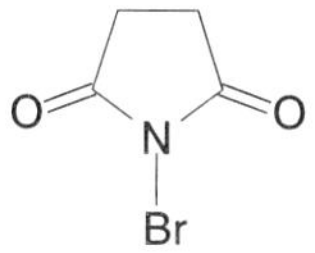

그림 B-53 • *N*-Bromosuccinimide 의 구조식

bromothymol blue **브로모티몰 블루.** 산성 용액 속에서 노란색을, 그리고 알칼리성 용액 속에서 푸른색을 나타내는 산-염기 지시약. pH가 6~8인 영역에서 변색한다.

Brønsted-Lowry classification **Brønsted-Lowry 산-염기 분류.** 이 분류에서는 기준을 양성자로 하여 반응에서 양성자(H^+)를 제공하는 물질은 산이고, 이 양성자를 받는 물질은 염기로 구분한다.

of acid and base 예를 들어, CH_3COOH 는 Brønsted 산 또는 짝산이라고 하고, CH_3COO^-는 짝 염기 또는 Brønsted 염기라고 한다. 또, H_2O는 Brønsted 염기 또는 짝염기라고 하고 H_3O^+는 짝산 또는 Brønsted 염기라고 한다.

BTX Benzene-toluene-xylene 의 약기호.

Bu Butyl 기의 약기호.

Bucherer-Bergs reaction Bucherer-Bergs 반응. 카보닐 화합물과 KCN 및 $(NH_4)_2CO_3$ 를 반응시켜 하이단토인 (hydantoin)을 합성하는 반응[H. T. Bucherer, H. T. Fischbeck, *J. Prakt. Chem.* *140*, 69(1934)].

Büchner funnel Büchner 깔때기. 깔때기의 일종으로, 작은 구멍들이 뚫려 있는 판막을 통해 액체가 흘러나가도록 되어 있다. 판막 위에 거름 종이를 깔고 액체를 흡입 하면서 거른다.

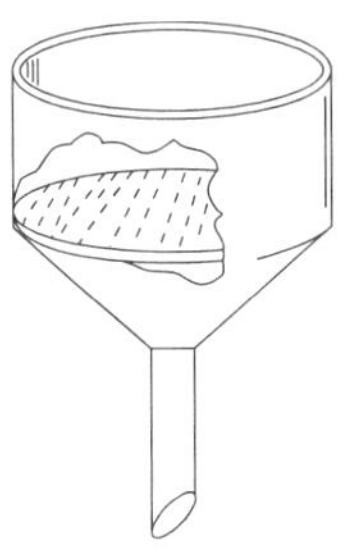

그림 B-54 • Büchner 깔때기 그림

Bucherer carbazole synthesis Bucherer 카바졸 합성법. 나프톨(naphthol)과 아릴하이드라진(aryl hydrazine)과 $NaHSO_3$를 반응시켜 카바졸(carbazole)을 합성하는 반응[H. T. Bucherer, F. Seyde, *J. Prakt. Chem.* *77*(2), 403(1908)].

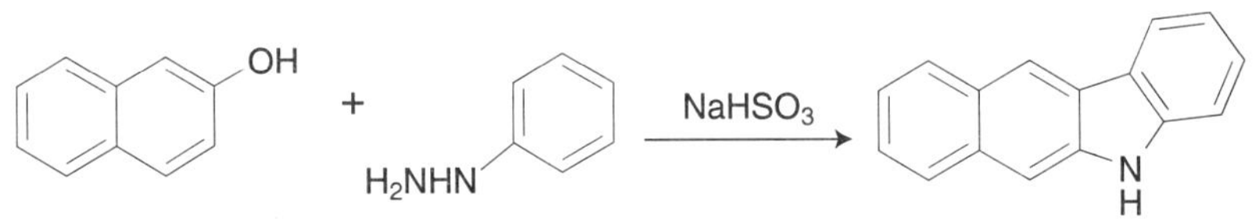

OH + H_2NHN —$NaHSO_3$→ N H

Naphthol Phenylhydrazine Carbazole

그림 B-55 • Bucherer 카바졸 합성법

Bucherer reaction Bucherer 반응. 나프톨(naphthol)을 나프틸아민(naphthylamine)으로 변환하는 반응. 예를 들어, 2-나프톨(2-naphthol)을 암모늄설파이트(ammonium sulfite) 수용액과 반응시키면 2-아미노나프탈렌(2-aminonaphthalene)으로 된다[H. T. Bucherer, J. *Prakt. Chem.* 2. *69*, 49(1904)].

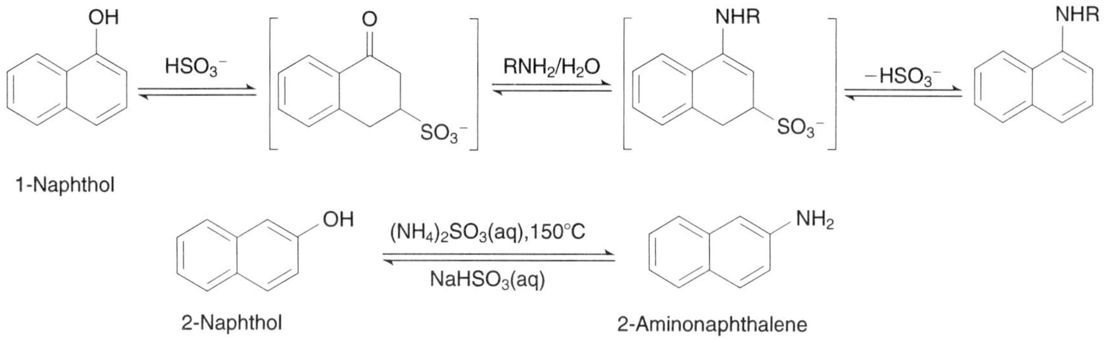

OH $\xrightarrow{HSO_3^-}$ [O, SO_3^-] $\xrightarrow{RNH_2/H_2O}$ [NHR, SO_3^-] $\xrightarrow{-HSO_3^-}$ NHR

1-Naphthol

OH $\xrightarrow[NaHSO_3(aq)]{(NH_4)_2SO_3(aq), 150°C}$ NH_2

2-Naphthol 2-Aminonaphthalene

그림 B-56 • Bucherer 반응의 예

Buchner-Curtius Schlotterbeck reaction **Buchner-Curtius-Schlotterbeck 반응.** 알데하이드와 지방족 다이아조 화합물을 반응시켜 케토 화합물을 합성하는 방법[E. Buchner, T. Curtius, *Ber. 18*, 2371(1885)] [F. Schlotterbeck, *Ber. 40*, 479(1907)].

$$RCHN_2 + R'CHO \longrightarrow RCH_2COR' + N_2$$

buckminster-fullerene **버크민스터풀러렌.** 아래 그림에서와 같이 60개의 탄소 원자가 5-면체 고리와 6-면체 고리들을 이루면서 만든 다면체 탄소 화합물. 노란색의 결정으로서, 벤젠에 녹는다. 처음에 이 화합물은 고출력 레이저를 흑연 표적에 쏘여서 만들었는데, 비활성 조건 속의 흑연 전극 사이에서 전기 방전을 일으켜 만들 수도 있다. 일반적으로 풀러렌(fullerene) 또는 buckyball(바구니공)이라고도 한다. 탄소 원자에 여러 유기 화합물 기가 결합된 많은 유도체들이 합성되었으며, 또한 구 내부에 금속 이온이 갇혀 있는 화합물도 합성되었다.

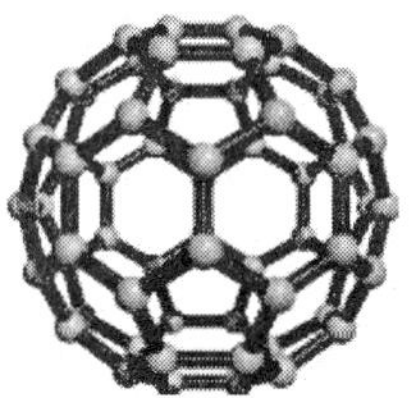

그림 B-57 • 버크민스터풀러렌, C60

buckyball Buckminsterfullerene을 보라.

building-up principle **쌓음 원리.** Aufbau principle 의 동의어.

bullvalene **불발렌.** 탄소 열 개가 세 고리를 이루고 있으며 세 개의 이중결합이 포함된 tricyclo[3.3.2.0^{4,6}]deca-2, 7, 9-triene을 일컫는 다른 이름.

B

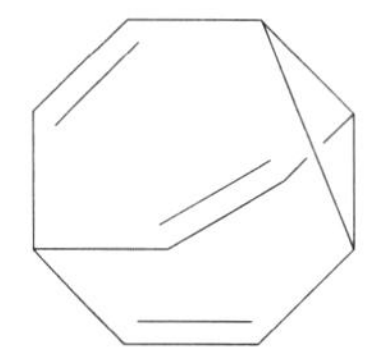

그림 B-58 ◦ Tricyclo[3.3.2.0^{4,6}]deca-2,7,9-triene의 구조

butyl rubber **뷰틸 고무.** 2-메틸프로펜(아이소뷰틸렌: $(CH_3)_2C=CH_2$)와 메틸뷰타-1, 3-다이엔(아이소프렌: $CH_2=C(CH_3)\ CH=CH_2$)을 가열하여 만든 합성 고무의 일종. 아이소프렌은 소량이 첨가된다.

***n*-butyl** ***n*-뷰틸.** $CH_3CH_2CH_2CH_2-$의 이름.

butyryl group **뷰티릴 기.** $CH_3CH_2CH_2C(=O)-$의 이름.

by-product **부산물.** 화학 반응에 의해 주 생성물과 함께 생성되는 화합물. 부산물은 여러 개가 생길 수도 있고, 유용한 것도 있다.

C-13 NMR — **C-13 N**uclear **m**agnetic **r**esonance 의 약기호. ^{13}C NMR로 쓰기도 한다.

Cahn-Ingold-Prelog system(rule) — **Cahn-Ingold-Prelog 계(규칙).** sequence rule 을 보라.

caffeine — **카페인.** 두 고리로 된 질소 헤테로고리 알칼로이드의 한 종류, 커피나 녹차 등에 다량 함유되어 있다.

그림 C-1 • 카페인의 구조

cage compound — **바구니 화합물.** 바구니 모양을 하는 다중 고리 화합물.

cage effect — **바구니 효과.** 용매와 같은 주위 조건에 따라 분자의 어떤 성질에 영향을 미치는 현상.

calciferol (vitamin D_2) — **칼시페롤.** 칼슘 전달 및 뼈의 발달에 포함되는 트라이엔(triene) 알코올 계열 중의 하나이다. 바이타민 D_2는 식물 스테롤인 에르고스테롤(ergosterol)이 빛에 의해 스테롤의 B-고리가 분해되어 9, 10-세코에르고스테롤(9,10-secoergosterol)이 형성되고 이어서 열에 의한 1, 7-시그마트로픽 이동이 일어나 바이타민 D_2가 형성된다.

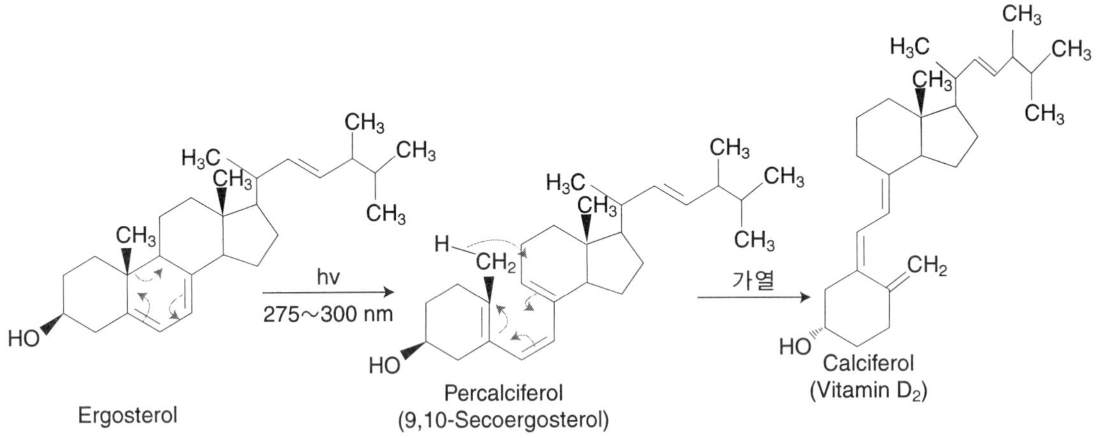

그림 C-2 • Vitamin D_2 의 생합성 메커니즘

Calvin cycle **Calvin 순환.** 광합성의 암반응 과정을 이루는 대사 경로. 이 과정에서는 이산화탄소가 리불로오스 2인산과 반응하여 두 분자의 글리세르산 3인산을 만든다. 이어서 이것은 ATP와 NADPH에 의해 글리세르알데히드 3인산으로 된 다음, 일부는 글루코오스와 프룩토오스로 되고, 일부는 리불로오스 2인산으로 되어 다시 순환 반응을 시작한다.

C

camphor **캄파, 장뇌.** $C_{10}H_{16}$. 모노테르펜에 속하는 고리형 케톤으로서, 흰색의 결정이다. 좀약의 특이한 냄새가 바로 장뇌의 냄새이다. 공업적으로는 셀룰로이드 가소제로 사용된다.

Camps quinoline synthesis **Camps 퀴놀린 합성법.** *o*-아실아미노아세토페논(*o*-acylaminoacetophenone)을 알코올 속에서 NaOH 로 반응시켜 하이드록시퀴놀린(hydroxyquinoline)을 합성하는 반응[R. Camps, *Ber. 22*, 3223(1899)].

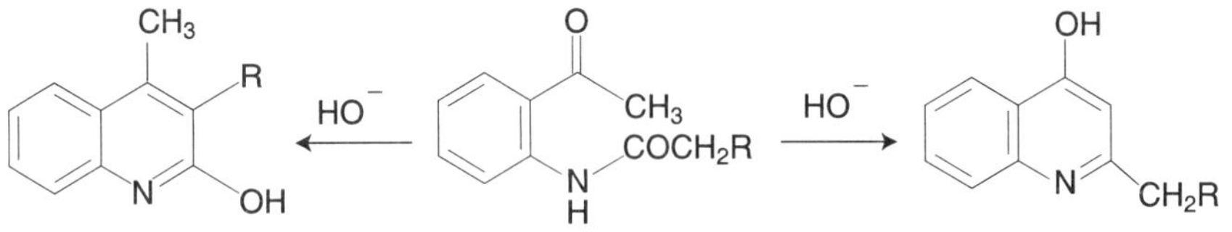

그림 C-3 • Camps 퀴놀린 합성법

camptothecin **캄프토세신.** 인돌 알칼로이드와 퀴놀린 알칼로이드가 접합된 5 고리 화합물로 항암성을 나타낸다.

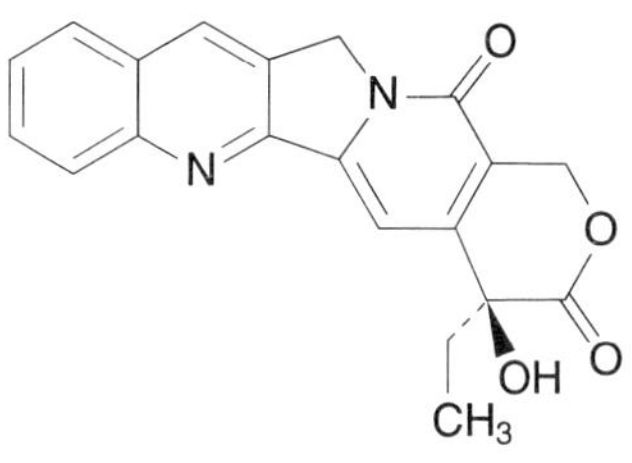

그림 C-4 • Camptothecin의 구조

Cannizzaro reaction

Cannizzaro 반응. 2 몰의 알데하이드가 염기 촉매 하에서 반응하여 카복실산과 알코올로 되는 불균등화반응. 이 반응은 α-수소 원자를 갖지 않는 알데하이드가 강한 염기 속에서 일으키는 것으로서, α-수소 원자가 있는 경우에는 알돌 반응이 일어난다.

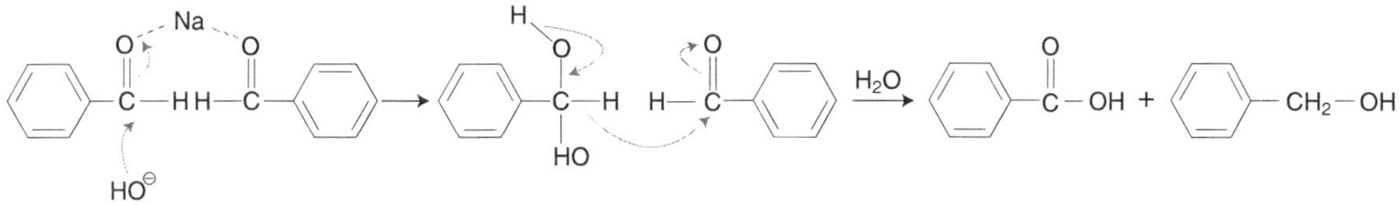

그림 C-5. • Cannizzaro 반응 메커니즘

canonical structure

정준 구조. 벤젠 구조로, 고리이지만 파이결합 대신 교차결합을 가진 구조를 말함. 공명구조의 동의어 같지만 그러나 정확히 동의어는 아니다.

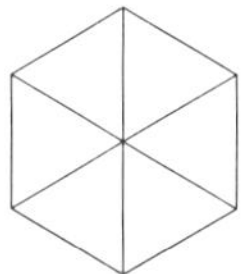

그림 C-6 • Benzene의 정준 구조

cantharidin

칸타리딘. 절지동물의 방어물질 중 하나이며, 모노터펜류의 하나다.

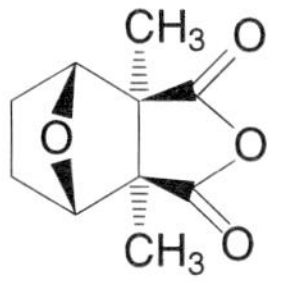

그림 C-7 • Cantharidin 의 구조

caprolactam

카프로락탐. −NHCO−기가 포함되어 있는 고리 화합물을 락탐이라고 하는데, 카프로락탐($C_6H_{11}NO$)은 이 기와 5개의 CH_2로 이루어진 7원자 고리 화합물로서, 흰색의 고체이다. 나일론의 원료로 사용된다. 사이클로헥산온 옥심(cyclohexanone oxime)을 Beckmann 자리옮김반응을 시켜 합성한다. 이 카프로락탐을 중합반응시켜 나이론 6를 합성한다.

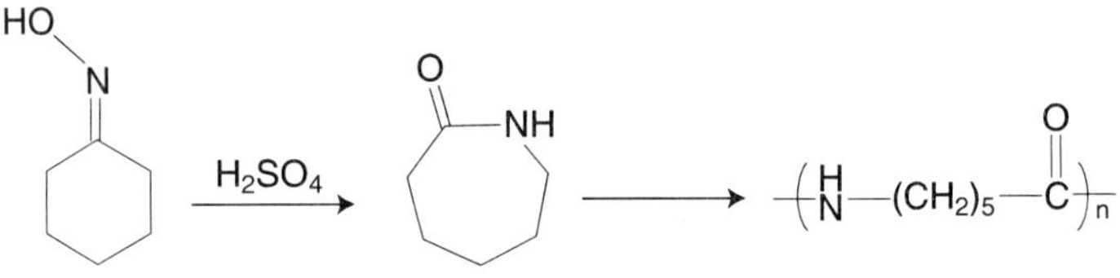

H_2SO_4

6-Caprolactam

Nylon 6

그림 C-8 • 6-Caprolactam의 합성과 Nylon 6의 합성

carbamoyl group

카바모일 기. $-CONH_2$ 기의 이름.

carbanion

탄소 음이온. 탄소 원자가 음전하를 가지고 있는 R_3C^- 형의 유기 이온. 예를 들어, 아이소프로필 음이온과 알릴 음이온을 들 수 있다.

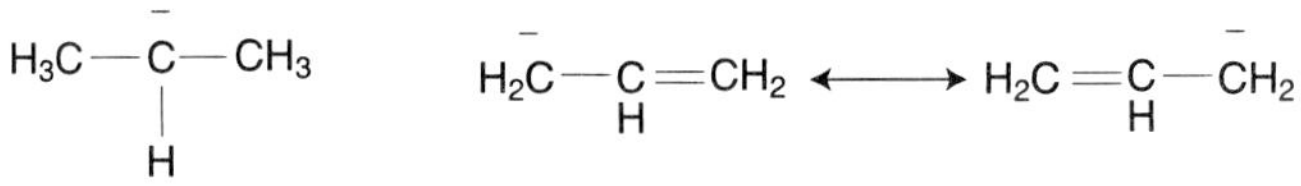

(a)

(b)

그림 C-9 • (a) Isopropyl 음이온 (b) allyl 음이온

carbazole

카바졸. 인돌(indole) 구조에 벤젠 고리가 접합된 세 고리 헤테로고리 방향족 화합물로서, 염료를 만드는 데 사용된다. 구조식의 위치번호는 아래 그림과 같이 정해져 있다. 합성방법으로 Borsche-Drechsel 고리화 반응[E. Drechsel, *J. für Praktische Chemie, 38* (1), 65(1888)] 및 Graebe-Ullmann 반응[O. Bremer, *Justus Liebigs Annalen der Chemie, 514*, 279(1934)]등이 알려져 있다.

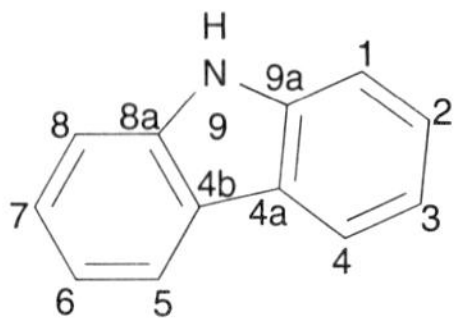

그림 C-10 • 카바졸의 구조

carbene

카벤. 탄소 원자가 2개의 공유결합을 포함하고 있으면서 전하를 띠지 않는 화학종을 말한다. 이들의 일반식은 R_2C: 으로 나타낸다. 이때의 탄소 원자는 6개의 전자로 둘러 싸여있다. 가장 간단한 카벤은 메틸렌(methylene, $:CH_2$)이다. 반응성이 높으며,

많은 유기 화학반응에서 중간체로 존재하기도 한다. 카벤은 단일항 카벤(singlet carbene)과 삼중항 카벤(triplet carbene)으로 구분된다. 단일항 카벤에서는 두 개 전자가 하나의 오비탈에 짝을 짓고 있으며, 삼중항 카벤에서는 두 전자가 각기 다른 오비탈에 하나씩 점유되어 있어 마치 이중 라디칼처럼 행동한다. 이들은 이중 결합을 공격하여 사이클로프로페인(cyclopropane) 유도체를 만들거나, 또는 C−H 결합 사이에 첨가되는 반응을 일으키기도 한다.

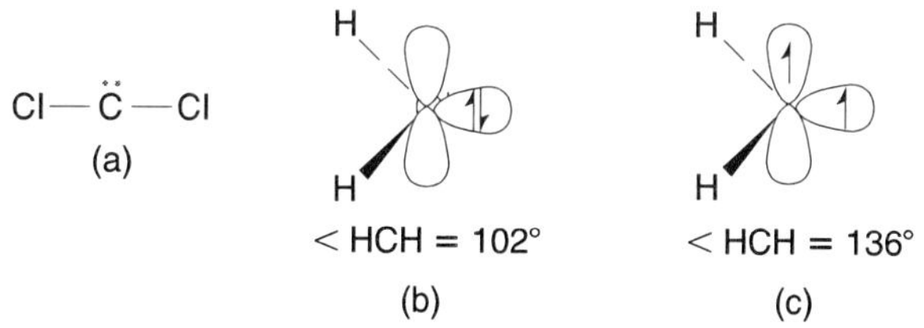

Cl—C̈—Cl
(a)

< HCH = 102°
(b)

< HCH = 136°
(c)

그림 C-11 • (a) Dichlorocarbene (b) 단일항 카벤 (c) 삼중항 카벤

carbenium ion

카베늄 이온. 탄소가 양이온을 띠고 있는 화학종(예, R_3C^+)을 칭하는 용어. 예를 들어 에틸 양이온을 메틸카베늄 이온이라고 한다. 영어이름 접미사 -enium (en-ee-um으로 발음)은 이온 화합물의 양이온 부분을 부르는 이름이다. 다르게는 alkenium ion이라고도 한다.

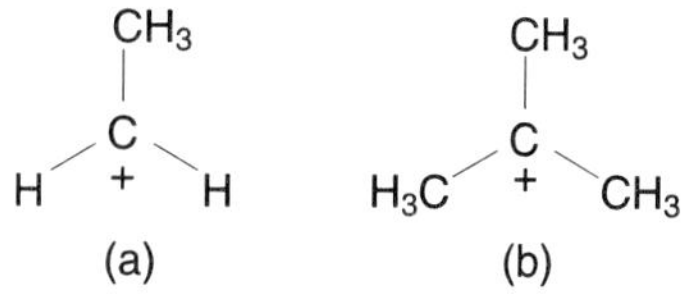

(a) (b)

그림 C-12 • (a) Methylcarbenium(ethyl cation). (b) trimethylcarbenium (*t*-butyl cation)

carbenoid

카벤류(카벤형). 실제로는 자유 카벤이 아니지만, 반응할 때 카벤의 특성을 나타내는 화학종을 말함. 예를 들어 iodomethylzinc iodide(ICH_2ZnI)등을 들 수 있다. 이 화합물은 에텐(ethene)과 반응하여 사이클로프로페인(cyclopropane)을 생성한다 . 이 반응은 Simmons-Smith 반응으로 알려져 있다[H, E, Simmons, R. D. Smith, *J. Am. Chem. Soc. 80,* 5323(1958)].

carbide

카바이드. 금속 원소나, 탄소보다 전기 음성도가 낮은 원소가 탄소와 결합하고 있는 화합물들을 탄화물 또는 카바이드라고 한다. 탄화물은 이온결합형, 공유 결합형, 및 틈새형의 세 가지로 나눌 수 있다. 이온 결합형은 $A1_4C_3$에서와 같이 C^{4-} 이온을 포함하고 있거나, CaC_2에서와 같이 C_2^{2-} 이온을 포함하고 있다. 이들 화합물은 다음 예에서와 같이 쉽게 가수분해되어 탄화수소를 만든다.

$$A1_4C_3 + 12H_2O \rightarrow 3CH_4 + 4Al(OH)_3$$
$$CaC_2 + 2H_2O \rightarrow C_2H_2 + Ca(OH)_2$$

이 화합물들이 이온 결합 화합물이기는 하지만, 상당한 공유 결합성을 가지고 있다. 한편, 탄화붕소(boron carbide, B_4C)나 탄화규소(silicon carbide, SiC)에서는 탄소 원자가 거의 순수한 공유 결합을 이루고 있으며, 상당히 안정하다. 대체적으로 틈새형 화합물은 전이 금속의 탄화물이다. 여기서는 탄소 원자가 금속 격자의 틈새에 들어가 있다. 이러한 틈새형 화합물은 탄소 함량이 증가할수록 경도가 높아진다.

carbinol

카빈올. 메틸알코올(methyl alcohol)을 카빈올이라고 하며, 알코올류를 명명하는 또 다른 방식으로 카빈올을 기준으로 부르기도 한다. 예를 들어, 에탄올(ethanol)을 이 명명법으로는 메틸카빈올(methylcarbinol), 아이소프로필알코올(isopropylalcohol)은 다이메틸카빈올(dimethylcarbinol) 이라고 한다.

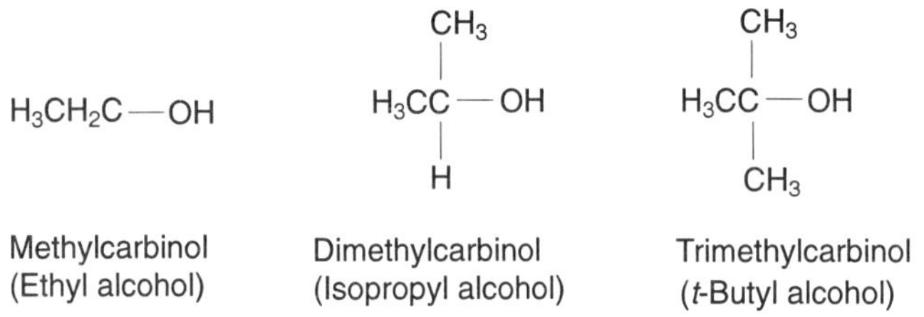

$H_3CH_2C—OH$	$H_3CC(CH_3)(H)—OH$	$H_3CC(CH_3)(CH_3)—OH$
Methylcarbinol (Ethyl alcohol)	Dimethylcarbinol (Isopropyl alcohol)	Trimethylcarbinol (*t*-Butyl alcohol)

그림 C-13 ◦ 몇 가지 카빈올의 예

C

carbinolamine

카비놀아민. 일반식 $R_2C(OH)NR_2$를 가지는 화합물류.

carbocation

탄소양이온. 하나 또는 그 이상의 탄소에 전하를 가지며 짝수의 전자를 가지고 있는 양이온을 말함. 예를 들어, *tert*-뷰틸 (*tert*-butyl) 양이온, 양성자 첨가된 아세톤(acetone) 및 메틸리다인(methylidyne) 등을 들 수 있다. 모든 카베늄 이온 및 카보늄 이온은 탄소양이온이다.

탄소양이온은 양이온이 이웃한 원자와 다중심 결합을 하여 양이온이 비편재화된 비고전 양이온(nonclassical cation; 예 norboryl cation), 양이온이 비편재화 되지 않은 고전 이온(classical cation; 예 CH_3^+) 및 다리놓인 양이온(bridged cation) 등으로 구분한다. 다리놓인 양이온은 비고전 양이온의 동의어로 사용된다.

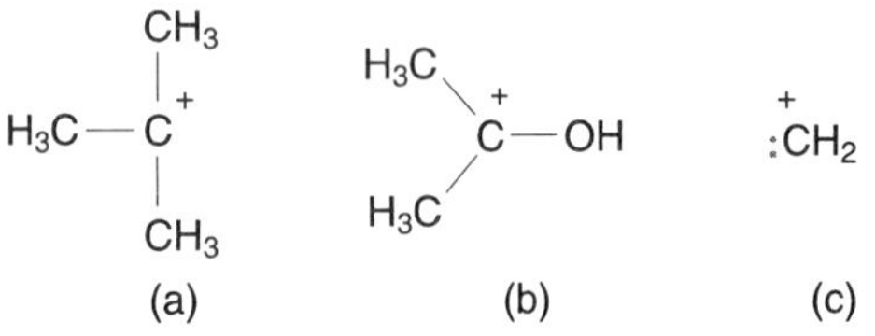

$(CH_3)_2C^+—CH_3$	$(H_3C)_2C^+—OH$	$:CH_2^+$
(a)	(b)	(c)

그림 C-14 ◦ (a) *tert*-뷰틸 양이온 (b) 양성자화된 아세톤 (c) 메틸리다인 양이온

carbocyclic compound

탄소고리 화합물. 탄소로만 고리를 이루고 있는 화합물.

carbodiimide

카보다이이미이드. RN=C=NR의 일반식을 가지는 화학종을 말하며, 모체 카보다이이마이드, HN=C=NH의 H가 R로 치환된 화학종들이다. 대표적인 예로 다이사이클로헥실카보다이이마이드(dicyclohexylcarbodiimide, DCCD)를 들수 있다.

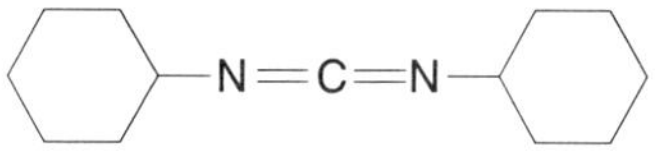

그림 C-15 • Dicyclohexylcarbodiimide의 구조식

carbonate

카보네이트. CO_3^{2-}를 포함화는 화학종. 카보네이트는 Na_2CO_3 같은 무기 카보네이트와 $CH_3OC(=O)OCH_3$ 같은 유기 카보네이트로 구분된다.

carbon

탄소. 원소 기호 C. 주기율표상의 14족에 속하는 비금속 원소. 자연계에는 탄산염과 같은 암석이나, 또는 석탄이나 석유와 같은 화석이 있다. 뿐만 아니라 대기 중에는 이산화탄소(carbon dioxide)로서 존재 한다. 자연계에 존재하는 탄소는 ^{12}C(약 98.89%)와 ^{13}C(약 1.11%) 동위원소의 혼합물이다. 이 외에도 탄소의 동위원소로는 몇 가지가 있는데, 그 중 잘 알려진 것이 ^{14}C이다. 방사성 동위원소는 화학실험에서 추적자로도 사용되며, 고고학적 연대 측정에도 사용된다. 탄소는 다이아몬드, 흑연, 및 풀러렌 같은 세 가지의 결정 상태의 동소체와, 탄소 검정(carbon black)이나 숯과 같은 비결정성 동소체로 존재할 수 있다. 또한 탄소는 다른 탄소 원자와는 물론, 수소, 산소, 질소, 인 등 여러 원자들과 안정한 공유 결합을 형성함으로써 많은 유기화합물을 만든다.

C

carbon assimilation

탄소 동화작용. 대기 중의 이산화탄소가 광합성 과정에서 유기물로 되는 변화를 말함.

carbon black

탄소검정. 탄화수소를 제한된 공기 중에서 연소시킬 때 생기는 고운 분말 상태의 탄소. 인쇄 잉크나 페인트 등의 검은색 안료로 사용되며, 고무의 충전제로도 사용된다. 탄소가 충전된 고무는 단단하며, 잘 마모되지 않는다.

carbon dating

탄소 연대 측정. 생물체로부터 유래된 고고학적 시료의 연대를 측정하는 방법이다. 대기의 상층 권에서는 우주선에 의해 만들어지는 중성자와 질소가 서로 충돌하여 ^{14}C 동위원소를 생성한다. 이와 같이 생성된 ^{14}C는 5740년의 반감기를 가지고 붕괴되면서 대기 중의 $^{14}C/^{12}C$의 존재 비를 일정한 값으로 유지한다. 생물체들은 탄소의 동화 작용에 의해 대기 중의 탄소를 흡수하므로, 살아 있는 생물체 내의 ^{14}C 함량은 대기 중의 값과 동일한 값을 유지하며, 죽은 후에는 방사성 동위원소가 붕괴되기만 하고 보충되지 않는다. 따라서 시료 속의 $^{14}C/^{12}C$비를 측정하면 그 시료의 죽은 시점을 결정할 수 있다.

carbon fiber

탄소 섬유. 합성 섬유의 일종으로 탄소 원자들이 특정한 방향으로 배향된 결정으로서, 고온에서 이용되는 복합 물질의 재료로 사용된다.

carbrohydrate **탄수화물.** $C_n(H_2O)_n$와 같은 화학식을 갖는 다중하이드록시 알데하이드(polyhydroxy aldehyde)[이들은 알도스(aldose) 라고 함] 또는 케톤[이들은 케토스(ketose) 라고 함] 유기 화합물을 말함. 포도당이나 설탕 등은 간단한 탄수화물이며, 녹말이나 셀룰로오스 등은 포도당이 중합된 다당류이다. 탄수화물은 생물체에서 대단히 중요한 역할을 한다. 예로서 포도당이나 설탕은 동물의 에너지원으로서, 녹말은 식물 속의 에너지 저장원으로서, 또한 셀룰로오스는 무척추 동물이나 식물의 구조 요소로서 동식물과 밀접한 관계를 갖는다.

carbonium ion **카보늄 이온.** 초원자가(hypervalent) 탄소 양이온, 즉 양전하를 가진 3 이상의 원자가(배위수)를 가지는 탄소양이온을 말한다. 그러나 일반적으로 탄소양이온을 나타내는 용어로 혼용되고 있다. 예를 들어 놀보린일(norbornyl) 양이온의 C−1, C−2, 및 C−6가 카보늄 이온이다.

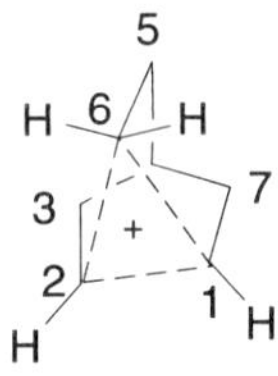

그림 C-16 • Norbornyl 양이온

carbonization **탄화(반응).** 유기물질이 열분해 등에 의해 탄소로 되거나 탄소를 포함하는 물질로 변화하는 과정.

carbonyl group **카보닐 기.** 카보닐 기의 일반 구조식은 C=O 이며, 하나의 탄소가 하나의 산소와 이중결합으로 결합하고 있다. 카보닐 기의 산소는 결합하지 않은 두 개의 비공유 전자쌍을 가지고 있어 염기성 반응자리로 작용하고 카보닐 탄소는 부분적으로 전자가 부족하여 산성자리로 작용한다. 이 작용기는 탄소 작용기 중에서 가장 중요한 작용기이다. 카보닐 기를 포함하고 있는 화합물로서, 알데하이드, 케톤, 카복실산 및 카복실산 유도체들이 있다.

carbonyl condensation **카보닐 축합반응.** 두 개의 카보닐 화합물이 서로 축합반응하여 하나의 생성물을 생성하는 반응. 이 반응은 친핵성 치환반응과 α-치환반응 단계가 조합되어 이루어진다. 알데하이드, 케톤, 에스터, 아마이드 산 무수물 및 나이트릴도 이런 반응을 일으킬 수 있다. 그 예로 알돌축합 반응을 들 수 있다. aldol reaction과 Claisen condensation을 보라.

carbonylation **카보닐화(반응),** 유기화합물에 카보닐 기를 도입하는 반응.

carborane **카보레인.** 카바보레인 carbaborane의 간략한 이름. 다중 보레인 수소화물 polyborane hydride 에 보론 대신 하나 이상의 탄소가 치환된 화학종을 말함.

carboxy end **카복시 말단.** 아미노산이나 펩타이드에서 $-COOH$ 기로 끝나는 말단.

carboxy group **카복시 기.** $-COOH$ 기의 이름.

carboxylate anion **카복실레이트 음이온.** 카복실산 RCOOH이 H를 상실하고 생성된 음이온으로 RCOO－ 의 일반식을 가진다. 한 예로 아세테이트(acetate, $CH_3CO_2^-$) 음이온을 들 수 있으며 이런 음이온은 하나의 음이온이 O－C－O 세 원자에 비편재화 되는 공명안정화로 매우 안정하다. 따라서, 두 개의 C－O 결합은 길이가 동일하고 이중결합과 단일결합의 중간형태 결합으로 되어 있다.

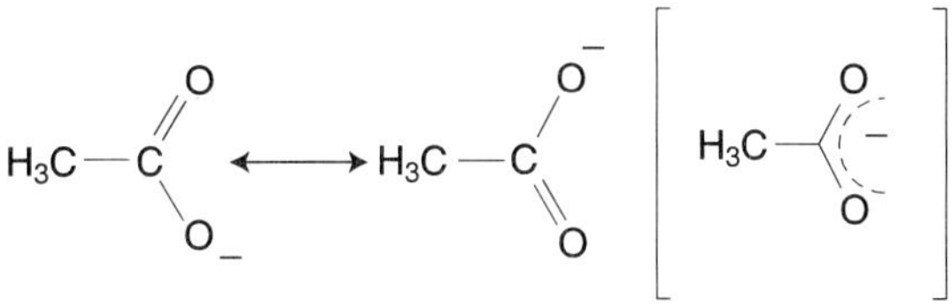

그림 C-17 • Acetate 음이온의 공명구조

carboxylation **카복시화(반응).** 어떤 화합물이 카복실산으로 되는 반응. 예로, Grignard 시약에 CO_2를 반응시켜 산 수용액을 처리하면 카복실산을 형성한다.

carboxylic acid **카복실산.** 하나의 탄소에 카보닐 기 (C＝O)와 하이드록시(OH)기를 함께 가지고 있는 카복시 기 (－COOH)를 포함하고 있는 유기 화합물이다. 일반식은 RCO_2H이다. 가장 간단한 카복실산은 폼산 (formic acid, HC(＝O)OH)이며, 에탄산(ethanoic acid), 즉 아세트산(acetic acid)은 식초의 주성분으로서, 식용으로 사용된다. 카복실산을 R－이 지방족이면 지방족 카복실산(aliphatic carboxylic acid)으로, 또 R－이 방향족이면 방향족 카복실산(aromatic carboxylic acid)으로 구분한다.

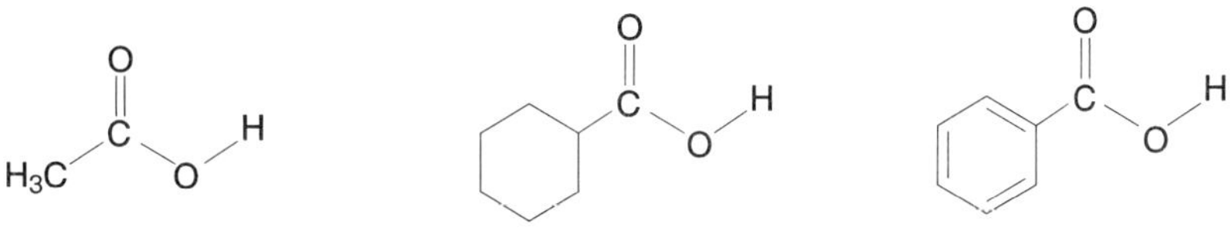

(a) Acetic acid (b) Cyclohexanecarboxylic acid (c) Benzoic aicd

그림 C-18 • (a)와 (b)는 지방족 카복실산이고 (c)는 방향족 카복실산이다.

carbylamine reaction **카르빌아민 반응.** 클로로포름 ($CHCl_3$)와 KOH 를 일차 아민과 반응시키면 상응하는 isocyanide (RNC) 가 형성된다. 이 반응을 이용하여 일차 아민을 검출할 수 있다. 이차 아민과 삼차 아민은 이 반응이 진행되지 않는다. 예로 에틸아민(ethylamine) 반응을 아래에 나타냈다.

$$CH_3CH_2NH_2 + CHCl_3 + 3\,KOH \rightarrow CH_3CH_2N^+ \equiv C^- + 3\,KCl + 3\,H_2O$$

carcinogen **발암 물질.** 암을 유발하는 물질이나 요인들. 예로서 담배 연기, 벤젠 고리를 포함하는 일부 화합물, 그리고 X-선 등을 들 수 있다.

carotene **카로텐.** 카르테노이드 색소 중의 하나. 당근, 토마토, 고추 등의 붉은색은 카로텐 색소에 의한 것이다. α, β, γ및 의 세 이성질체가 존체하는데, 이중에서 β-카로텐이 가장 일반적이다. 이들은 모두 소화 과정에서 분해되어 비타민 A를 만든다.

carotenoid **카로텐류.** 대칭적인 C_{40} 폴리엔(polyene) 계열을 말함. 이것은 게라닐게라닐 파이로포스페이트(geranylgeranyl pyrophosphate) 단위 두개가 머리–머리 형식의 커플링 반응으로 생성된다. 자연계(특히 식물에)에 널리 분포되어 있고 노란색, 주황색, 붉은색, 또는 갈색을 나타내는데, 이러한 색들은 콘쥬게이션 이중 결합의 길이에 따라 좌우된다. 물에는 녹지 않지만, 지방이나 지방을 녹이는 용매에는 녹는다. 천연적으로는 몇 가지가 혼합되어 있으며, 화학적 성질들이 서로 비슷하기 때문에 순수한 상태로 쉽게 분리시킬 수 없다. 이들 중 일부는 동물 체내에서 분해되어 비타민 A를 만든다.

Carroll reaction **Carroll 반응.** 알릴 알코올(allyl alcohol)과 β-케토에스터를 염기촉매 반응시키거나 또는 알릴 아세토아세테이트(allyl acetoacetate)를 가열하여 자리옮김반응을 시켜 γ, δ-불포화 케톤을 합성하는 반응[M. F. Carroll, *J. Chem. Soc.*, 704(1940)].

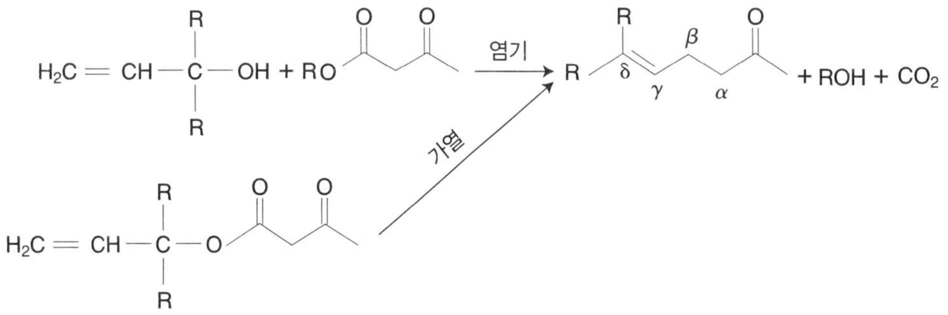

그림 C-19 • Carroll 반응

Cascade reaction **연속단계 반응.** 반응성이 큰 중간체를 거쳐 반응이 연속적으로 진행되는 분자내 유기반응을 말함. Tandem reaction과 혼용되고 있음.

casein **카세인.** 우유 속에 들어 있는 인산 단백질. 포유동물의 효소에 의해 쉽게 소화되며, 인의 주공급원이다.

catabolism **분해 대사.** 생체에서 큰 분자가 작은 분자로 쪼개지는 대사. 일반적으로 이 과정에서는 에너지가 방출된다. 예로서 호흡은 일련의 분해대사이다.

cata-condensed **카타–축합 여러 고리 방향족 화합물.** 고리 탄소 원자가 두 개 이상의 고리에 포함되

polycyclic aromatic compound 는 탄소를 가지고 있지 않는 다중 고리 방향족 화합물. 예를 들면, 나프탈렌(naphthalene), 펜안트렌(phenanthrene), 안트라센(anthracene) 및 벤조[a]안트라센(benzo[a]anthracene)등이 여기에 속한다.

catalysis **촉매 작용.** 촉매를 가하면 반응이 빠르게 진행하는 현상.

catalyst **촉매.** 화학 반응의 활성화 에너지를 낮추어 반응 속도만 증가시키고, 자신은 화학적으로 변하지 않는 물질. 촉매는 반응의 활성화 에너지를 낮추므로 반응속도가 빨라진다. 이론적으로는 사용된 촉매는 반응에서 소모되지는 않으며, 균일촉매와 불균일촉매로 구분한다. 균일촉매(homogeneous catalyst)는 반응 혼합물과 동일한 상을 이루고 있고, 불균일 촉매(heterogeneous catalyst)는 다른 상을 이루고 있다. 균일촉매의 예로 산-촉매 작용을 하는 수소 이온을, 불균일 촉매의 예로 알켄 수소화 반응에 사용하는 Pd/C 등을 들 수 있다.

catalytic activation **촉매 활성화.** 반응성이 비교적 낮은 화합물에 촉매가 작용하여 보다 더 반응성이 좋아지게 하는 변환과정. 예를 들어, 금속 표면에 흡착하거나 직접 배위결합을 이루어 반응성을 증가시키는 과정 등을 말한다.

catalytic cracking **촉매 크래킹.** 원유의 여러 분획을 450~600°C의 활성 촉매 표면으로 통과시켜 분자량을 적게 만드는 공정. 이 경우 흔히 제올라이트(zeolite) 같은 촉매를 사용한다.

catechin **카테킨.** 식물 대사물이며 항산화성 폴리페놀(polyphenol) 플라보노이드(flavonoid)의 한 종류. 구체적으로는 flavon-3-ol 계열 중 하나이다. 이들은 녹차, 코코아 등에 많이 함유되어 있다.

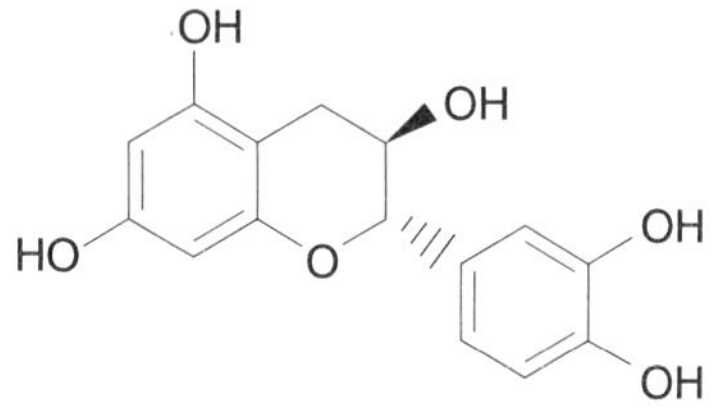

(2*S*, 3*R*)-2-(3,4-dihydroxyphenyl)-
3,4-dihydro-2*H*-chromene-3,5,7-triol

그림 C-20 • 카테킨의 구조와 IUPAC 이름

catechol **카테콜.** 다가 알코올중 하나이며 IUPAC 이름은 1, 2-dihydroxybenzene이다.

catecholamine **카테콜아민.** β-하이드록시에틸아민(β-hydroxyethylamine) 구조를 포함하고 있는 간단한 알칼로이드계를 말함. 이 계열은 페닐알라닌(phenylalanine) 또는 타이로신(tyrocine)으로부터 유도되며, 에피네프린[epinephrine(adrenalin)] 및 도파민(dopamine) 같은 호르몬이 여기에 속한다.

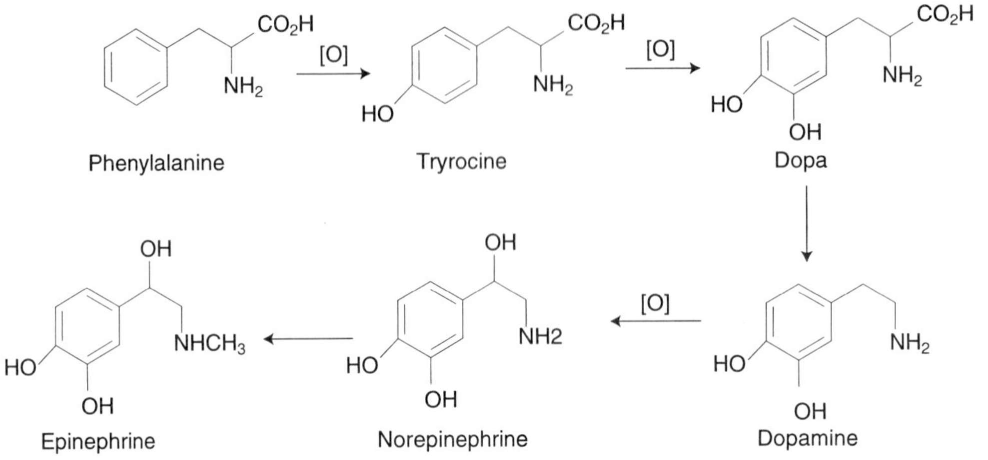

그림 C-21 • Phenylalanine으로부터 주요 카테콜아민의 생합성 과정

catenation **사슬 고리화(반응).** 같은 종류의 원자들이 서로 결합하여 사슬을 형성하는 반응. 탄소나 규소가 이러한 사슬화 반응을 일으킨다.

cation **양이온.** 양전하를 띠고 있는 원자나 원자단을 말함. 예를 들어, 메틸(methyl) 양이온, CH_3^+ 등을 들 수 있다.

cation acid **양이온 산.** 다른 물질에 수소 원자를 주는 양이온.

cationic acid **양이온성 산.** 어떤 물질에 양전하를 전달하는 산.

cellobiose **셀로바이오스.** 두 개의 D-글루코오스가 β-글리코사이드 결합으로 연결된 이당류 화합물로 4-*O*-(β-D-glucopyranosyl)-β-D-glucopyranose을 말한다.

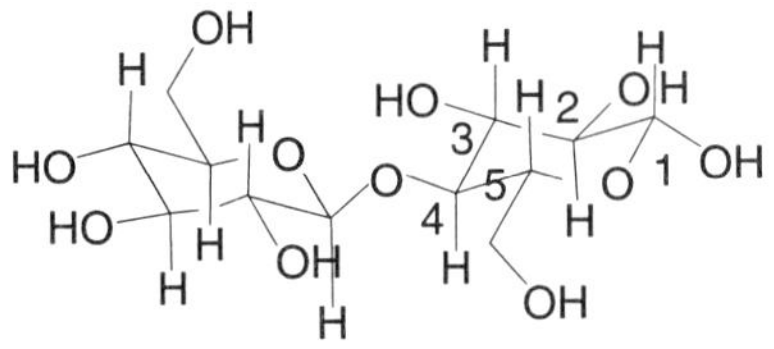

그림 C-22 • 4-*O*-(β-D-Glucopyranosyl)-β-D-glucopyranose (cellobiose)

CFC Chlorofluorocarbon 의 약기호이며, 프레온(freon)이라는 상품으로 제조되는 화합물이다. 햇빛에 의해 분해되어 오존층을 파괴하므로 이의 사용을 억제하고 있다. 예로 $CFCl_3$ (Freon 11)과 CF_2Cl_2 (Freon 12)을 들 수 있다.

celluloid **셀룰로이드.** 질산셀룰로오스와 캄파 가소제로부터 만든 높은 가연성의 투명한 물질. 옛날에는 이 셀룰로이드로 사진 필름을 만들었다.

cellulose **셀룰로오스, 섬유소.** β-D-글루코오스가 글리코사이드 결합(−C−O−C−)에 의해 긴 사슬 형태로 중합된 다당류. 식물을 비롯하여 많은 해조류 및 곰팡이의 세포벽을 이루는 주성분이다. 셀룰로오스가 주성분인 면은 면직물을 만드는 데 이용되며, 펄프로부터 추출한 셀룰로오스는 인조견사를 만드는 데 많이 사용된다. 야채나 식용 셀룰로오스 등으로 셀룰로오스를 많이 섭취하기는 하지만, 사람은 셀룰로오스를 분해시키는 효소를 가지고 있지 않기 때문에 이를 소화시키지는 못한다. 말이나 소와 같은 초식 동물은 그들의 소화 경로에서 박테리아가 셀룰로오스를 가수분해시키기 때문에 이것을 소화시킬 수 있다.

cellulose ethanoate **에탄산-셀룰로오스, 셀룰로오스 에타노에이트.** 셀룰로오스(솜 찌꺼기나 펄프 등)를 무수 에탄산(entanoic anhydride), 에탄산(ethanoic acid), 및 진한 황산의 혼합물로 처리한 다음, 물로 처리하여 얻는 흰색의 화합물. 래커, 와니스, 또는 인조 견사를 만드는 데 사용된다.

cellulose nitrate **질산 셀룰로오스.** 셀룰로오스를 진한 질산으로 처리한 가연성이 매우 높은 물질. 이 화합물은 $-CONO_2$기를 포함하는 에스테르이며, $C-NO_2$기가 포함되어 있지 않으므로 나이트로 화합물은 아니다. 이 화합물은 폭약으로 사용되는데, 흔히 나이트로 셀룰로오스(nitrocellulose)라고 한다.

cetane number **세탄값.** 표준 디젤 기관 속에서 디젤유를 연소시킬 때 나타나는 디젤유의 점화 특성을 나타내는 수치. 실험 대상인 디젤유와 동일한 연소 특성을 갖는 세테인(cetane, hexadecane)과 1-메틸나프탈렌(1-methylnaphthalene)과의 혼합물 속에 들어 있는 세테인(cetane)의 백분율로 나타낸다. 임의로 세테인의 값을 100으로 정하고 1-메틸나프탈렌의 값을 0으로 정하여 사용한다.

chabazite **카바자이트.** 천연에서 생기는 작은 구멍의 제올라이드 일종.

chain-branching explosion **사슬-증식 폭발.** chain reaction과 explosion을 보라.

chain carrier **연쇄 운반체.** 연쇄 반응에서 생성과 분해가 반복되는 중간물질. 예를 들어, 알케인의 염소화 연쇄반응에서 R· 과 Cl· 은 사슬 운반체 이다.

chain-growth polymer **연쇄-성장 중합체.** C=C 결합 화합물에 개시제를 첨가하면 반응성이 큰 중간체가 생성되고, 이것이 두 번째 알켄과 반응하여 새로운 중간체가 생성되고, 또 그것은 세 번째 알켄과 반응하는 식으로 계속 반응하여 중합체가 형성된것.

chain polymerization **연쇄 중합 반응.** 이중결합, 삼중 결합을 포함하는 단위체들이 서로 결합하여 사슬 모양의 중합체를 생성하는 중합반응. 예로, 에틸렌(ethylene)이 폴리에틸렌(polyethylene)을 생성하는 반응을 들 수 있다.

chain reaction

연쇄 반응. 한 반응 단계에서 생성된 중간체가 다른 화학종과 반응하여 반응물과 함께 반응 중간체를 새롭게 만들어 나가는 방식으로 계속되는 연속적인 반응. 이러한 연쇄 전파 역할을 하는 중간체를 사슬 운반체라고 한다. 만약 이 사슬 운반체가 라디칼이면, 그 반응을 라디칼 사슬(또는 연쇄) 반응(radical chain reaction)이라고 한다. 연쇄 반응은 전형적으로 개시단계-전파단계-종결단계 등의 반응 단계들을 거쳐 진행된다. 개시단계(initiation step)는 사슬 운반체를 만드는 과정이다. 개시 단계는 열이나 빛에 의한 분해 과정으로, 일반적으로 과산화물(ROOR) 같은 개시제를 사용한다. 전파 단계(propagation step)에서는 운반체가 반응할 때 마다 또 다른 새로운 운반체가 생성된다. 즉 R · + A ⟶ B + R · 와 같은 형태의 반응이 일어난다 (R· 은 사슬 운반체). 종결 단계(termination step)는 사슬 운반체들이 서로 결합하여 더 이상 반응이 전파될 수 없도록 하는 반응 종결 단계이다.

chair conformation

의자 형태. 의자 모양으로 존재하는 사이클로헥세인(cyclohexane)의 형태. 이 고리의 모든 C−H 결합은 엇갈린 형태로 배열되어 있다.

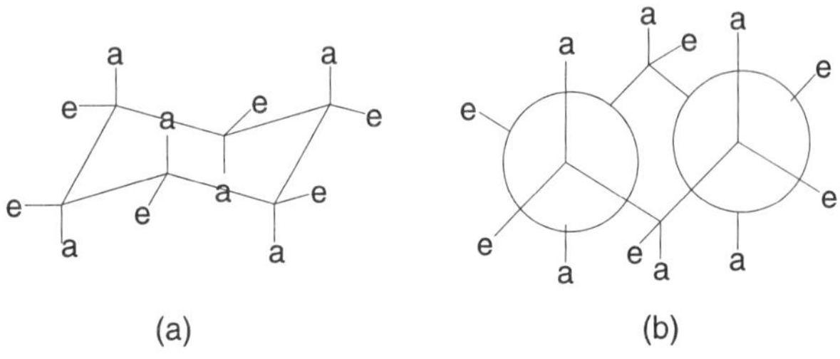

그림 C-23 • 사이클로헥세인의 의자형태 (a) 투시도 그림 (b) Newman 투영식(a=축 방향 수소, e=수평방향 수소)

chalcogen

캘코젠족, 산소족. 주기율표상의 16족의 원소 중 O, S, Se, Te, Po 5가지 원소의 총칭.

chalcogenide

캘코젠 화합물. 금속과 16족 원소로 이루어진 이성분 화합물로서, 산화물, 황화물, 셀렌화물, 및 텔루르화물 등이 있다.

Chapman rearrangement

Chapman 자리옮김. *N, O*-다이아릴벤즈이미데이트(*N, O*-diarylbenzimidate를 열분해시키면 *N, N*-다이알릴벤즈아마이드(*N, N*-diarylbenzamide)가 생성되는 반응 [A. W. Chapman, *J. Chem. Soc. 127*, 1992(1925)].

N,O-Diarylbenzimidate → (Δ) *N,N*-Diarylbenzamide

그림 C-24 • Chapman 자리옮김 반응

charcoal

숯, 목탄. 유기물을 분해 증류시켜 만든 다공성의 탄소, 나무로부터 만든 숯은 연료로 사용된다. 숯은 모두가 다공성이며, 높은 흡착성을 가지고 있어 특정한 기체를 흡착시키거나, 액체 속의 불순물을 제거하는 데 이용한다. 흡착성은 제법과 원료에 따라 매우 다양하며, 숯을 진공 속에서 가열하거나 수증기 처리를 해주면 더욱 다공질로 되어 흡착 능력이 커지는데, 이렇게 만든 숯을 활성탄(active charcoal)이라고 한다. 동물의 뼈를 가열한 다음 인산칼슘을 비롯한 무기염들을 산으로 녹인 것을 골탄이라고 하는데, 이것은 설탕 정제 과정에도 이용된다.

charge transfer complex

전하 이동 착물. CT 착물 또는 전자–주개–받개–착물(electron-donor-acceptor-Complex)라고도 한다. 전하 이동 착물은 전자 주개와 전자 받개 착물로 정의한다. CT 착물은 들뜬 상태에서 주개로 부터 받개로 전하 일부가 이동하여 안정화된다. 대부분의 CT 착물은 자외선-가시선 영역에서 독특한 흡수 띠를 나타낸다.

chelating ligand

킬레이트 리간드. 두 개 또는 그이상의 시그마 결합에 의해 중앙의 금속 원자와 배위되는 리간드를 말함. 금속에 두 원자가 결합하는 리간드를 두자리 리간드(bidendate ligand), 결합자리가 세 개이면 세자리 리간드(tridendate ligand) 라고 한다.

chelation

킬레이트화(반응). 킬레이트 고리를 만드는 반응 또는 과정.

cheletropic reaction

집게 변환 반응, 킬레이트 반응. 채워진 오비탈과 빈 오비탈을 가지고 있는 단일 원자가 반응 화학종을 통해 일어나는 반응. 예를 들어 알켄에 카벤(carbene)이 첨가되는 고리형 첨가반응(cycloaddition)을 들 수 있다.

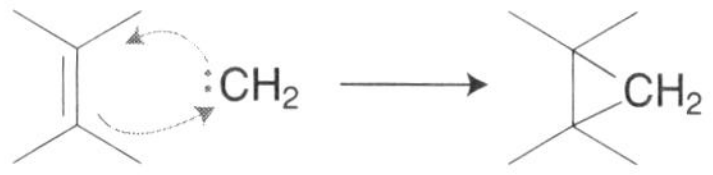

그림 C-25 • 집게 변환 반응의 한 예

chemical analysis

화학 분석. 시료의 화학적 성분과 조성을 알아내는 조작으로서, 목적에 따라 정성 분석과 정량 분석으로 구분할 수 있다. 정성 분석에서는 순수한 미지 시료의 조성을 알아내는 것이 목적이고, 정량 분석에서는 시료 속에 들어 있는 원소나 화합물의 양을 측정하는데 그 목적이 있다.

chemical bond

화학 결합. 분자나 결정에서 원자들을 붙잡고 있는 강한 인력. 화학 결합은 결합 방법에 따라 이온결합, 공유결합, 금속결합, 배위결합 등으로 구분하며 그 세기도 결합의 형태에 따라 각기 다르다.

chemical formula

화학식. 화합물의 원자 정보를 나타내는 식이며, 통상 화학식(formular)이라고 하기도 한다. 이 식으로는 대부분 물질에서 구성 원자 수에 대한 정보는 알 수 있으나 원자들의 배열 방식이나 기하 구조는 알 수 없다. 예를 들어 벤젠(benzene)의 화학식

C

은 C_6H_6 이며 탄소 6개와 수소 6개 원자로 구성되었음을 의미하지만 이 분자의 탄소 6개가 평면 고리를 만들고 있음을 알 수는 없다.

chemical shift

화학적 이동(값). 핵자기 공명 분광법(NMR)이나 Mössbauer 효과에서와 같이 핵의 화학적 환경 변화에 의해 핵에너지(핵의 스핀과 관련된 에너지) 변화가 일어나고, 그 결과 방출되거나 흡수되는 전자기 복사파의 파장이 기준 상태 값으로부터 변화하는 현상을 말하거나, 또는 X-선 광전자 분광학에서와 같이 내부 전자껍질의 에너지 준위가 변하는 것을 말한다.

핵자기 공명 분광법에서는 대상 핵의 공명 진동수와 기준 물질인 테트라메틸실란(tetramethylsilane, TMS)에 있는 양성자(^1H)와 ^{13}C 핵의 공명 진동수 간의 차를 화학적 이동값으로 나타낸다. P-31 NMR의 경우에는 85% H_3PO_4(aq)를 기준 물질로 사용한다. NMR에서 화학적 이동은 다음과 같이 δ척도로 나타낸다.

δ (ppm) = [기준물질 신호로 부터의 거리(Hz)]/[분광기 진동수(MHz)]

chemiluminescence

화학 발광. 두 분자가 발열 반응을 할 때 열 대신 빛을 내며, 이 빛 에너지가 생성물을 들뜨게 하고 이 들 뜬 생성물이 바닥상태로 되면서 빛을 내는 과정을 말함. 예를 들어, 루미놀(luminol)과 과산화수소를 반응시키면 들뜬 3-아미노프탈레이트(3-aminophtalate)가 생기고 이 물질이 바닥 상태의 낮은 에너지 상태로 되면서 내 놓는 에너지가 빛으로 발산된다.

$$\text{Luminol} + H_2O_2 \rightarrow [\text{3-Aminophthalate}]^* \rightarrow \text{3-Aminophthalate} + \text{빛}$$

chemisorption (chemichemical adsorption)

화학 흡착. 기체 또는 액체 분자와 고체 표면간의 화학적 상호작용에 의해 일어나는 흡착과정을 말함.

Chichibabin pyridine synthesis

Chichibabin 피리딘 합성. 가압 조건에서 아민(RNH_2)이나 암모니아(NH_3)를 카보닐 화합물과 반응시켜 피리딘(pyridine)을 합성하는 반응[A. E. Chichibabin, *J. Russ. Phys. Chem. Soc., 37*, 1229(1906)].

Chichibabin reaction

Chichibabin 반응. 아마이드 이온을 이용해 피리딘(pyridine) 고리에 아미노화를 시키는 반응. 만일 오르소 위치가 막히면 이 반응은 파라 위치에서 일어난다[A. E. Chichibabin, O. A. Zeide, *J. Russ. Phys. Chem. Soc., 46*, 1216(1914)].

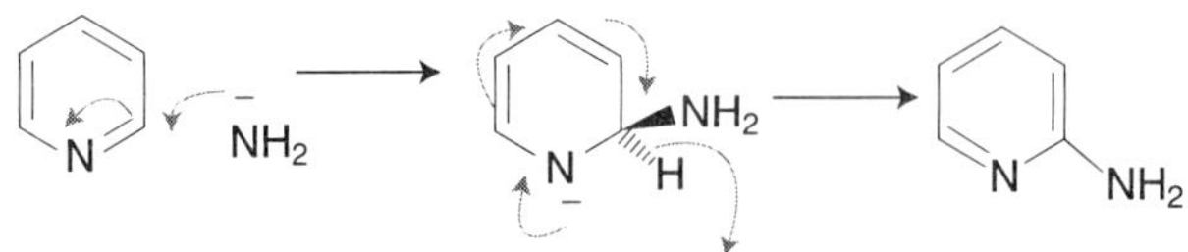

그림 C-26 • Chichibabin 반응의 메커니즘

C

chiral carbon **카이랄 탄소.** 네 개의 다른 치환기를 가지는 정사면체 탄소를 말하며, 카이랄 중심이라고도 한다. 이런 탄소를 포함하고 있는 화합물은 분자가 편광을 회전시키는 광학활성을 나타낸다.

chiral center **카이랄 중심.** 네 개의 다른 치환기를 가지고 있는 정사면체 원자.

chirality **카이랄성.** 한 분자가 그것의 거울상과 포개질 수 없을 때 카이랄성을 갖는 다고 한다. 카이랄성 분자가 충분히 긴 시간 동안 존재할 수 있을 때에는 광학활성을 갖는다. 카이랄성 분자와 그것의 거울상은 편광 회전 크기는 같지만 서로 반대 방향으로 편광면을 회전시킨다. optical activity 를 보라.

chloramine-T **클로라민-T.** p-$CH_3C_6H_4SO_2NH_2$ (p-toluenesulfonamide)와 NaOCl 을 반응시켜 얻는 유도체, p-$CH_3C_6H_4SO_2NClNa$.

chlorate **클로레이트.** ClO_3^-의 화학식을 가지는 이온.

chlorenium ion **클로레늄 이온.** Cl^+ 이온을 지칭하는 말.

chlorination **염소화(반응), 염소 처리.** 유기 화합물의 수소(H) 원자를 염소(Cl) 원자로 치환하는 반응. 또는 수돗물을 염소(Cl_2)로 처리하여 소독하는 것.

chlorins **클로린스.** 빗놓인 이중결합 하나가 환원된 폴피린 유도체(porphyrin derivative)를 말함. 예로 엽록소(chlorophyll)을 보라.

chlorofluorocarbon **클로로플루오로탄소.** CFC라는 약칭이나 프레온(freon)이라는 이름으로 더 잘 알려진 화합물로서, 탄화수소의 수소 원자가 전부 또는 부분적으로 염소 원자와 플루오르 원자 (F)로 치환된 화합물이다. 화학 반응성이 대단히 낮으며, 고온에서도 분해되지 않는다. 에어로졸 분출제, 냉매, 용매, 및 포장 재발포제 등으로 사용된다. CFC 중에서 프레온-12, 즉 $CC1_2F_2$는 성층권으로 확산되어 올라가 광화학 반응에 의해 오존층을 파괴하는 것으로 밝혀졌다.

chlorohydrin **클로로하이드린.** Cl 기와 OH 기가 서로 이웃한 탄소에 존재하는 화합물 부류.

chloronium ion **클로로늄 이온.** R_2Cl^+ 형의 이온을 지칭한 용어, 예 $(CH_3)_2Cl^+$는 dimethylchloronium이온이다.

chlorophyll **엽록소.** 식물의 녹색 안료로서, 엽록소-a와 엽록소-b가 있다. 엽록소 a는 세균을 제외한 모든 광합성 생물 속에 들어 있고, 엽록소-b는 고등 식물이나 녹조 속에 들어 있다. 이 분자들은 광합성 반응에서 일차적으로 빛을 흡수하여, 이 에너지를 화학 에너지로 바꾸어주는 역할을 한다.

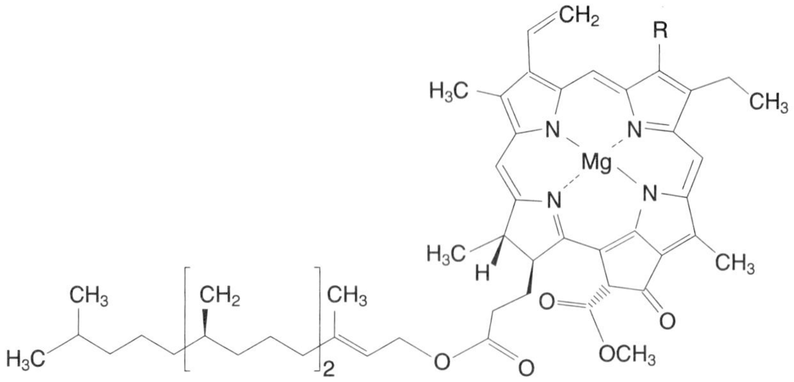

그림 C-27 • 엽록소의 구조

cholesteric mesophase **콜레스테릭 액정상.** 액정 분자가 트위스트 구조와 유사하게 배열된 액정상을 말함.

cholesterol **콜레스테롤.** 동물 조직, 일부 고등 식물, 및 조류 속에 광범위하게 함유되어 있는 스테로이드의 일종으로, 2차 알코올 상태로 존재하기도 하고, 지방산과의 에스테르 형태로 존재하기도 한다. A, B, C 세 개의 6-원자고리와 하나의 5-원자 고리 (D)가 조합되어 있다. 혈장 리포 단백질의 주성분이기도 하며, 세포막을 형성하는 리포-단백질 착물의 주성분이기도 하다. 또한 이 화합물은 담즙산, 성 호르몬, 및 부신피질 호르몬 등 여러 스테로이드의 전구물질이기도 하다. 이것의 유도체인 7-디히드로콜레스테롤은 피부에서 햇빛에 의해 비타민 D_3로 변한다. 그러나 식품을 통해 흡수한 혈중 콜레스테롤의 농도가 지나치게 높아지면 혈관 내벽에 지질이 축적되어 동맥경화증을 일으킬 수 있다.

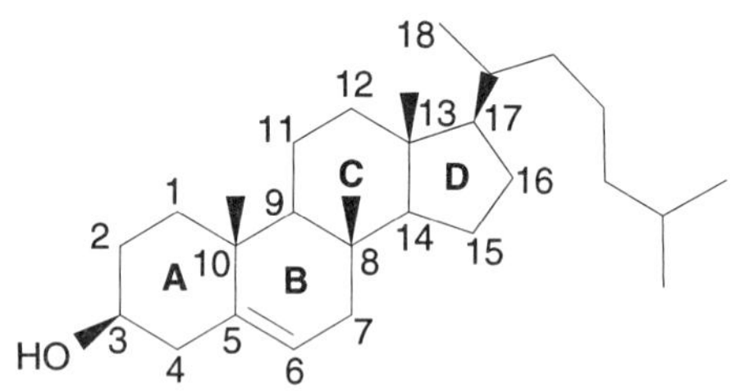

그림 C-28 • 7-Dihydrocholesterol 의 구조

choline **콜린.** *N, N, N*-trimethylethanolammonium hydroxide $[CH_2OHCH_2N^+(CH_3)_3]OH^-$. 레시틴이나 스핀고미엘린과 같은 인지질의 성분을 이루는 아미노알코올로서, 세포막의 삼투압 조절, 혈압 조절, 및 신경 전달 등 여러 중요한 생리 작용에 관여하는 화합물.

chromatogram **크로마토그램.** 크로마토그래피로부터 얻어지는 각 성분 배열 그림.

chromatography **크로마토그래피.** 혼합물의 각 성분들을 물리적 성질, 특히 표면이나 계면에 흡착되거나 용해도 등을 이용하여 분리하거나 분석하는 방법. 크로마토그래피는 시료를 흡착시키는 정지상과 시료를 운반하는 이동상으로 구성되어 있다. 이동상과 정지상의 구조에 따라 크로마토그래피를 여러 가지로 분류한다. 관-크로마토그래피에서는 정지상으로(보통 실리카젤 또는 알루미나) 유리관 속을 충진 시킨 다음 액체 이동상(통상 유기 용매를 사용함)을 통과시켜 각 성분을 분리한다. 종이 크로마토그래피에서는 종이자체를 정지상으로 사용하고 유기용매를 이동상으로 사용하여 시료를 분리한다. 얇은 층 또는 박막-크로마토그래피(thin layer chromatography, TLC)에서는 유리판, 알루미늄판 및 플라스틱 평판 위에 얇게 입힌 정지상(보통 실리카젤) 위로 유기용매 이동상으로 전개시킨다. 한편 이상의 전통적인 방법 보다 분리 시간 및 정확도가 높은 크로마토그래피 원리를 이용하는 기기분석 법으로 기체 크로마토그래피 (gas chromatography, GC) 고성능 액체-크로마토그래피 (high performance(또는 pressure) chromatography, HPLC) 등이 있다. 기체 크로마토그래피는 시료를 기체로 변환하여 관을 통과시켜 분리하므로 적용할 수 있는 시료가 매우 제한적이다. 그러나 고성능 액체 크로마토그래피는 시료를 액체 상태로 관에 통과시켜 분리하므로 광범위한 시료를 적용할 수 있어 유용하다. 크로마토그램에서 시료의 위치를 나타내는 방법으로 종이 크로마토그래피나 얇은막 크로마토그래피는 R_f (rate of flow) = [시료 반점 이동거리]/[전개용매 이동거리]로 나타내고, 관크로마토그래피, GC, HPLC 등에서는 Rt (retention time; 시료 투입시간으로부터 시료 봉우리가 나타나기 까지 걸리는 시간) 또는 Rv (retention volume; 시료 투입 후부터 시료가 분리되어 나오기 까지 사용한 용매 부피)등으로 나타낸다.

chromophore **발색단.** 어떤 분자가 빛을 흡수하거나 색을 띄도록 하는 원자단. 일반적으로 발색단은 주로 불포화결합이거나 비결합 전자쌍을 포함하는 원자단 등이다. 예를 들어 C=C, C≡C, C=N, C≡N 및 C=O 등의 다중결합과 질소나 산소의 고립전자쌍도 발색단에 기여한다.

Chugaev reaction **Chugaev 반응.** 잔테이트(xantate)를 열분해시켜 올레핀(olefin)을 합성하는 반응. [L. Chugaev, *Ber., 32,* 3332(1899)].

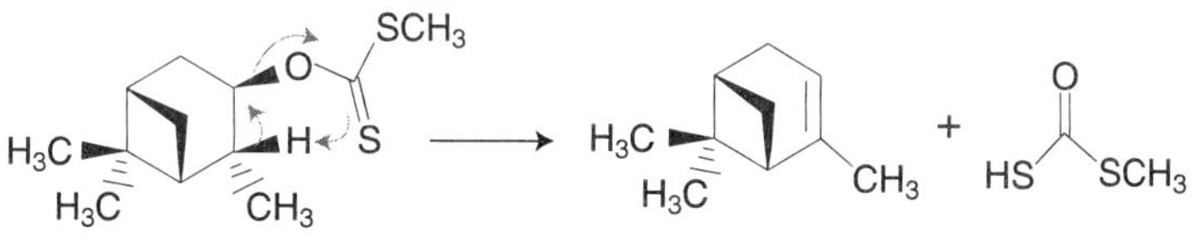

그림 C-29 • Chugaev 반응

Ciamician-Denstedt rearrangement **Ciamician-Denstedt 자리옮김반응.** 클로로포름(chloroform)과 피롤(pyrrole)을 염기용액에서 반응시켜 다이할로젠노사이클로프로페인(dihalogenocyclopropane)을 만들고 이 중간체가 자리옮김반응을 하여 3-할로피리딘(3-halopyridine)을 합성

하는 반응[G. L. Ciamician, M. Denstedt, *Ber. 14*, 1153(1881)].

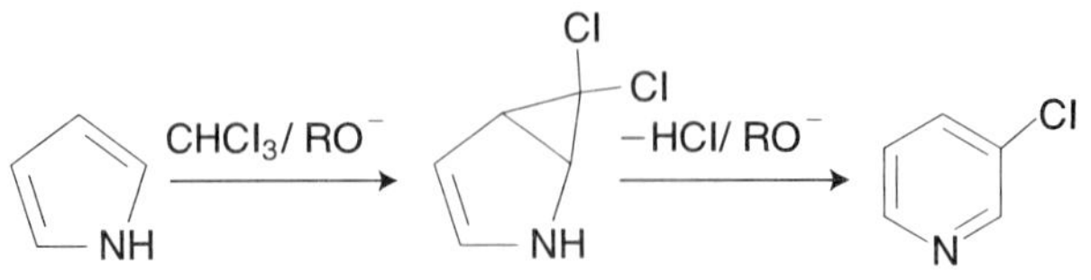

그림 C-30 • Ciamician-Denstedt 자리옮김반응

cis-trans isomerism **시스-트랜스 이성질(현상).** 이중결합 화합물이나 고리화합물에서 시스-이성질체와 트랜스-이성질체가 상호 변환되는 현상. 시스-트랜스 이성질체가 서로 변환되려면 이중결합이 분해되어 단일결합이 되고 단일결합이 회전되어 다시 이중결합이 형성되어만 가능하다. 고리 화합물의 경우는 고리를 이루는 단일 결합이 분해되어 회전한 다음 재결합해서 고리를 이루어야 한다.

cis **시스.** 이중 결합이나 고리에서 동일한 원자나 원자단이 같은 편에 있는 기하구조를 나타내는 용어. 이의 반대가 트랜스(*trans*) 이다.

***cis*-confromation** **시스 형태.** $X-CH_2-CH_2-Y$ 형 분자에서 X−C−C−Y 가 완전히 가려진 형태로, 이때 이면각(dihedral angle)이 0° 인 형태를 말하며, 신준평면(syn-periplanar)라고도 한다.

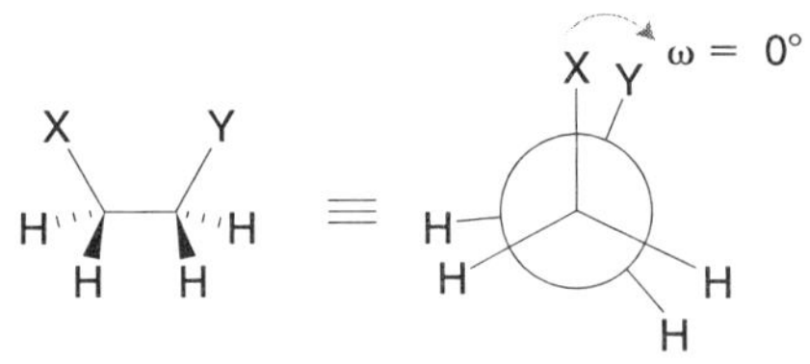

그림 C-31 • 시스-형태 그림

citric-acid cycle **시트르산 회로.** 시트르산 회로는 세포 호흡의 중간 과정 중 하나로, 해당과정을 거친 탄수화물, 지방, 아미노산 등의 대사 생성물을 산화시켜 ATP에 에너지 일부를 저장하고, 나머지를 NAD^+, FAD 등의 중간체의 형태로 전자 전달계에 넘겨주는 과정이다. 최초로 회로를 돌기 시작하는 탄소 화합물이 시트르산(citric acid)이므로 이 명칭이 생겼으며, 발견자의 이름을 따 Krevs 회로(tricarboxylic acid cycle, TCA cycle), 또는 the Szent-Gyürgyi-Krebs cycle 이라고도 한다.

Claisen condensation **Claisen 축합(반응).** 두 에스터 분자가 염기 촉매 반응하여 β-케토에스터를 형성하는 다음과 같은 반응을 말한다[L. Claisen, O. Lowman, *Ber., 20*, 651(1887)].

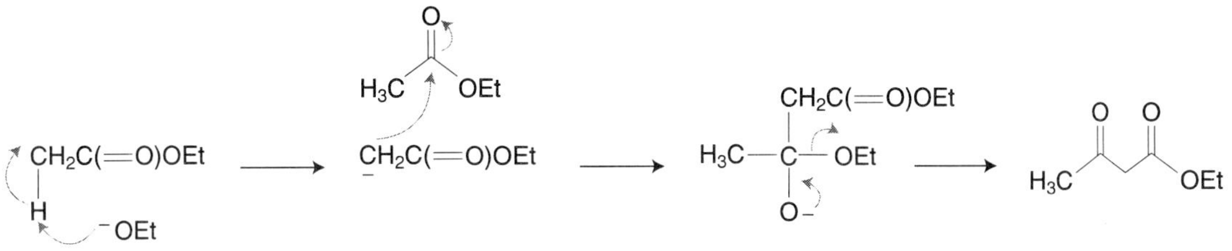

그림 C-32 ◦ Claisen 축합 반응 메커니즘

Claisen rearrangement

Claisen 자리옮김. 알릴 페닐 에터(allyl phenyl ether)가 열에 의해 자리옮김 반응을 하여 *o*-알릴페놀(*o*-allylphenol)로 되는 반응. 만일 오쏘 위치에 다른 치환기가 점유되어 있으면 자리옮김이 파라 위치로 일어나며, 이 자리옮김을 Cope 자리옮김(Cope rearrangement)라고 한다[L. Claisen, *Ber., 45*, 3157(1912)].

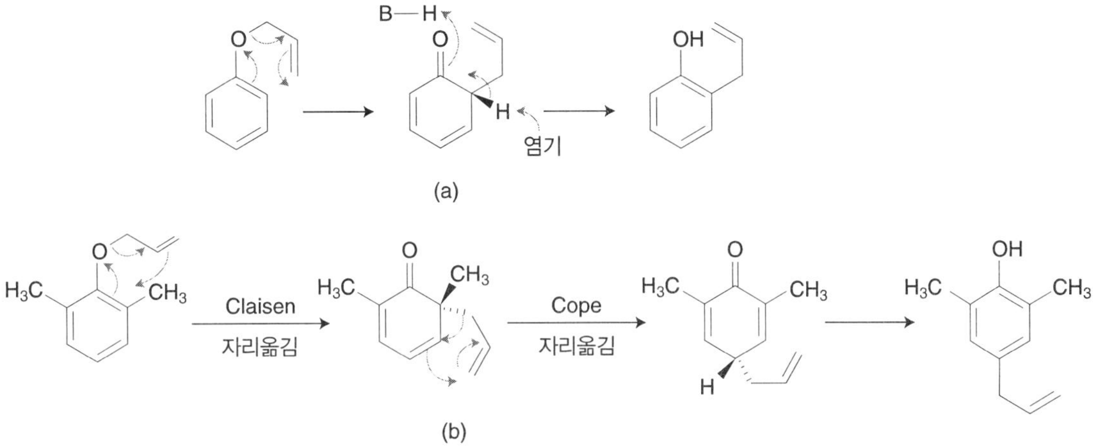

(a)

(b)

그림 C-33 ◦ (a) *o*-Claisen 자리옮김 반응 (b) *p*-Claisen 자리옮김 반응.

Claisen-Schmidt condensation

Claisen-Schmidt 축합반응. 방향족 알데하이드가 지방족 알데하이드나 케톤과 염기 촉매 축합반응을 하여 α, β-불포화 카보닐 화합물을 형성하는 반응. 이 반응은 알돌 축합반응 후에 탈수반응이 일어난 결과이다[L. Claisen, A. Claparede, *Ber., 14*, 2460(1881); J. G. Schimdt, *Ber. 14*, 1459(1881)].

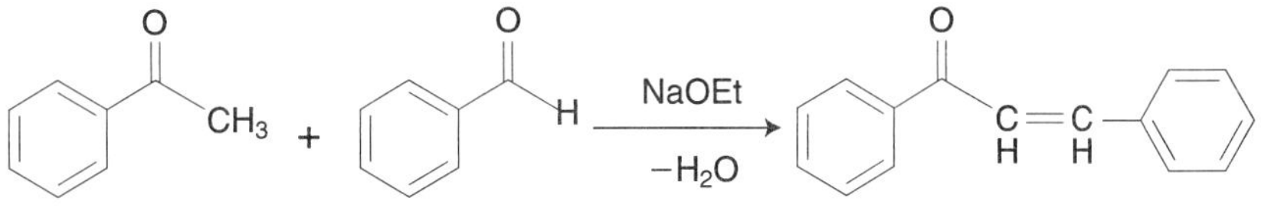

그림 C-34 ◦ Claisen-Schmidt 축합반응

Classical cation **고전적 양이온.** 다중심 결합(multicenter bond)에 의해 양전하가 분포되지 않고 하나의 원자에 양이온이 된 양이온, 즉 CH_3^+나 CH_3CH^+OH 및 R_3C^+ 같은 카베늄 이온(carbenium ion)등은 고전적 양이온이다.

Clemmensen reduction Clemmensen 환원. 활성화된 아연(Zn)과 염산을 이용하여 카보닐 기(C=O)를 CH_2 (methylene)로 환원시키는 반응. 이때 Zn 은 $HgCl_2$ 수용액 소량으로 처리하여 활성화 시킨다[E. Clemmensen, *Ber.*, *46*, 1837(1913)].

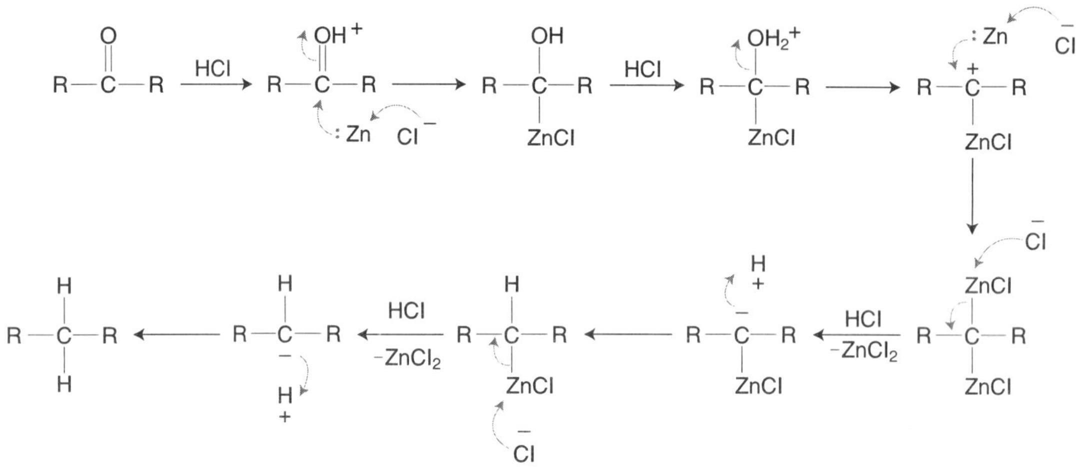

그림 C-35 • Clemmensen 환원 반응 메커니즘

closo-cluster compound **클로소-뭉치 화합물.** 다면체 구조의 각 꼭지점에 금속, 보론, 또는 탄소를 가지고 있는 뭉치 화합물. 원어의 closo- 는 closed- 의미이다.

cluster compound **뭉치 화합물.** 각 금속 원자들이 최소한 두 개의 다른 금속 원자와 직접 결합하여 만들어진 화합물. 이런 금속들의 결합 때문에 금속 뭉치 화합물(metal cluster compound)이라고도 한다. 이런 뭉치 화합물에는 클로소(closo- = closed 란 의미) 구조, 니도(nido- = nest-liked 라는 의미) 구조 및 아라키노(arachno- = cobweb 이란 의미) 구조로 형성된다.

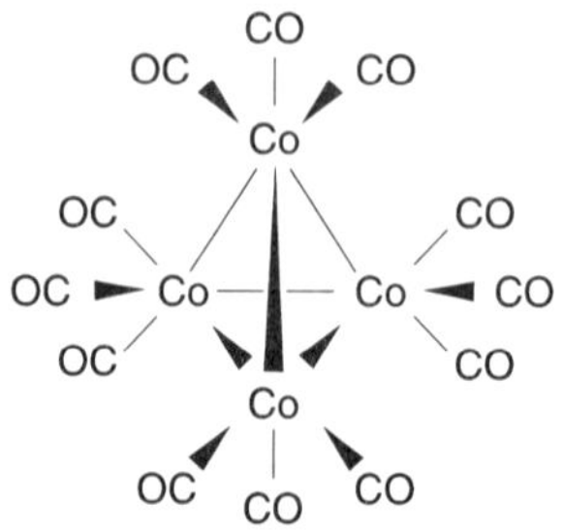

그림 C-36 • 금속 뭉치 화합물의 예

coal gas (town gas) **석탄 가스.** 석탄을 고온에서 공기를 제한적으로 공급하면서 열분해시켜 생산하는 기체이며, 석탄 가스 속에는 탄화수소, 수소, 질소, 일산화탄소, 황화수소, 암모니아, 벤젠 및 타르 등이 들어 있다.

coal gasification **석탄 기체화.** 석탄을 화학적으로 처리하여 일산화탄소(CO)나 수소 같은 기체를 생산하는 방법. 이 과정에서 이산화탄소(CO_2)나 메테인(methane, CH_4) 같은 다른 기체들도 포함된다. 이 방법으로 Lurgi 법, Kopers-Totzek 법 등이 알려져 있다.

coal tar **콜타르.** 석탄을 건류할 때 나오는 타르. 석탄 가스 제조 및 철강 제조에 사용하는 코크스를 제조할 때 부산물로 생산된다. 콜타르 속에 들어 있는 벤젠, 나프탈렌, 메틸벤젠, 페놀 등 많은 방향족 화합물을 증류하고 남은 찌꺼기를 콜타르 피치라고 한다.

coding strand **정보 가닥.** DNA에서 유전자를 가지고 있는 가닥. 또는 의미 가닥(sense strand)이라고도 한다.

codon **코돈.** 유전자 발현에서 하나의 아미노산을 지정하는 mRNA의 유전 정보. RNA의 유전 정보가 되는 염기 서열이 단백질의 아미노산 서열과 대응되는 방식이다. 즉 우라실(U), 시토신(C), 아데닌(A), 및 구아닌(G)의 네가지 RNA 염기가 20종의 아미노산과 대응하기 위해 세 염기 배열이 하나의 암호 단위가 되어 이미노산과 대응한다. 수학적으로 4개의 알맹이가 중복되면서 3개씩 배열되는 방법의 수는 $4^3=64$가 되므로, 아래의 표에서와 같이 RNA의 염기 서열로부터 단백질의 아미노산 서열이

표 C-1 • 단백질 합성 코돈 조합표

첫번째 염기	두번째 염기				세번째 염기
	U	C	A	G	
U	Phe	Ser	Tyr	Cys	U
	Phe	Ser	Tyr	Cys	C
	Leu	Ser	정지	정지	A
	Leu	Ser	정지	Trp	G
C	Leu	Pro	His	Arg	U
	Leu	Pro	His	Arg	C
	Leu	Pro	Gln	Arg	A
	Leu	Pro	Gln	Arg	G
A	Ile	Thr	Asn	Ser	U
	Ile	Thr	Asn	Ser	C
	Ile	Thr	Lys	Arg	A
	Met	Thr	Lys	Arg	G
G	Val	Ala	Asp	Gly	U
	Val	Ala	Asp	Gly	C
	Val	Ala	Glu	Gly	A
	Val	Ala	Glu	Gly	G

충분히 결정될 수 있다. 코돈은 1961년 NIH의 Marshall Nirenberg와 Heinrich J. Matthaei 에 의해 처음 밝혀졌다.

coefficients of atomic orbital **원자 오비탈 계수.** 분자 오비탈에서 각 원자 오비탈이 참여하는 정도를 나타내는 수를 말하며, c_{ij} $(-1 \leqq c_{ij} \leqq +1)$의 값을 가진다. 이 정의는 간단한 파이 전자(Huckel) 이론에서 사용된다.

coenzyme **보조 효소.** 효소 분자와 결합하여 효소의 산화, 환원 및 카복시 기이탈반응 등과 같은 생화학적 반응에 대한 촉매작용을 활성화시켜 주는 비단백질 유기 분자. 일반적으로 보조효소는 기질-효소 작용에서 특정한 기를 내주거나 받는 역할을 한다. 예로 보조효소 A (coenzyme A)가 있고, B_{12} 등 많은 비타민들이 보조효소의 전구물질이다.

cofactor **보조 인자.** 효소가 정상적인 촉매 기능을 나타내는 데 추가적으로 필요한 비단백질 성분. 보조인자는 보조효소와 같은 유기 분자일 수도 있고, 무기 이온일 수도 있다. 또한 보조인자는 효소의 모양을 변화시킴으로써 효소를 활성화시킬 수도 있으며, 화학 반응에 실질적으로 참여하기도 한다.

cokes **코크스.** 역청탄(bituminous coal)을 공기 없이 높은 온도(~800°C)에서 가열시키면 남는 잔유물이다. 코크스는 철을 야금하는 용광로를 비롯하여, 다른 여러 금속들을 환원 야금하는 데 사용된다.

C

coinage metal **주화 금속.** 동전을 만드는데 사용되는 금속들, 즉 Cu, Ag, 및 Au 등을 말함.

collagen **콜라젠.** 동물의 표피, 힘줄, 및 뼈의 연결 조직을 이루는 불용성 섬유상 단백질.

colligative property **총괄성(질).** 용액에 녹아 있는 입자의 농도에 의존하는 용액의 성질을 말함. 즉, 어는점 내림, 끓는점 오름, 증기압 강하 및 삼투압 등이 용액의 총괄성이다.

collision theory **충돌 이론.** 기체상에서 일어나는 이분자간 반응의 경우, 두 분자가 어떤 최소의 에너지를 가지고 충돌해야 반응이 일어날 수 있다는 이론. 이 최소의 에너지가 바로 반응의 활성화 에너지이다. 이 가정에 따라 구한 속도 상수는 다음과 같다.

$$\upsilon_2 = P\sigma\left(\frac{8kT}{\pi\mu}\right)^{1/2} N_A e^{-E_a/RT}$$

여기서 σ는 충돌 단면적, μ는 두 반응 분자의 환산 질량, 그리고 P는 입체 인자, k는 속도상수, R은 기체상수, E_a는 활성화에너지, N_A는 단위부피당 분자수이다. 입체 인자는 반응 분자들이 아무리 큰 활성화 에너지를 가지고 충돌하더라도 특정한 배향 (배향 효과라고 함)을 가지고 충돌하지 않으면 반응이 일어날 수 없다는 가정을 고려해 주기 위해 도입하는 인자이다.

collodion **콜로디온.** 질산셀룰로오스를 에테르나 알코올에 용해시켜 얇게 편 다음, 용매를 증발시켜 만든 필름.

colloid **콜로이드.** 아주 작은 입자(10-10,000 Å)가 분산되어 있는 상으로, 이 콜로이드 계는 아주 독특한 성질을 가진다.

color **색.** 사람은 약 420~700 nm 사이의 파장을 갖는 전자기 복사선을 시각을 통해 여러 가지 색으로 느낄 수 있다. 물질은 여러 가지 방식으로 이러한 복사선들을 내놓는데, 그 메커니즘은 가법적, 감법적 및 산란적인 세 가지로 구분할 수 있다. 가법 발색은 시료가 특정 진동수의 복사선을 방출하고, 이들이 시각을 통해 전부 감지될 때 나타나는 것이다. 따라서 푸른색 형광은 푸르게 감지되고, TV스크린의 형광 물질로부터 나오는 붉은색, 푸른색, 및 녹색의 혼합 빛은 흰색으로 감지된다. 감법 발색은 특정한 진동수가 물체에 흡수 될 때 나타난다. 예로서 백색광으로부터 붉은색과 푸른색 성분을 흡수하는 물체는 녹색으로 보인다. 그러나 보색관계에 있는 색의 한 성분만을 흡수시켜도 똑같은 녹색이 나올 수 있다. 만일 붉은색만 흡수시키면 녹색이 감지된다. 보색은 그림과 같은 색도 바퀴상의 대각선 양쪽 쌍을 가지고 나타낼 수 있다. 마지막으로, 그리드의 조직 변화나 굴절률 변화가 가시광선의 파장과 비슷한 물질에 빛을 쪼일 때에는 회절 현상이 나타나는데, 이러한 발색을 산란 발색이라고 한다.

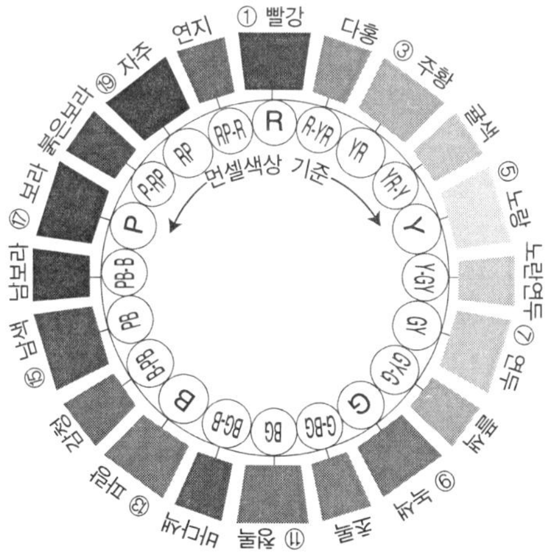

그림 C-37 • 교육부 제정 보색 도표

column chromatography **관-크로마토그래피.** chromatography를 보라.

Combes quinoline synthesis **Combes 퀴놀린 합성.** β-다이케톤과 일차 아릴아민을 반응시키고 얻어진 이민을 산촉매 고리화하여 퀴놀린을 합성하는 방법[A. Combes, *Bull. Soc. Chim. France* *49*, 89(1888)].

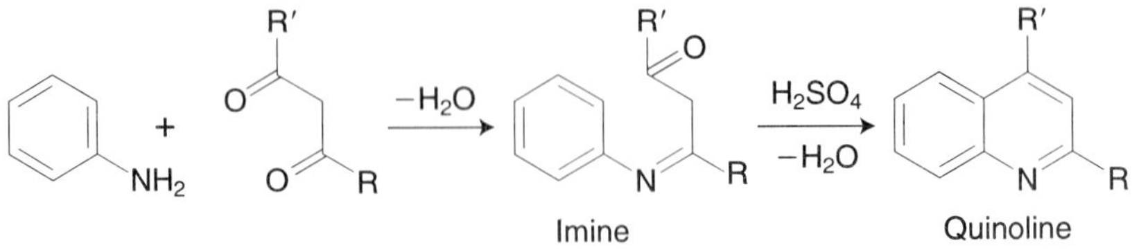

그림 C-38 ∘ Combes 퀴놀린 합성

combinatorial chemistry **조합화학.** 의약품 개발 등에 이용하는 합성 방법으로 한 분자에 구조적으로 관련이 있는 다른 물질들을 동시에 반응시켜 다양한 유도체들을 빠르게 합성하는 방법이다. 이 방법에는 평행 합성(parallel synthesis)과 분리 합성(split synthesis) 두 가지 방법이 있다. 평행 합성에서는 각 화합물을 독립적으로 합성한다. 즉, 하나의 기준 반응물을 고분자 사슬 표면에 연결하고, 여러 개씩 움푹 파인 유리판에 소량씩 놓고, 각 유리판에 서로 다른 구성단위를 가하여 각기 다른 생성물을 합성한다. 분리 합성에서는 초기 반응물을 고분자 사슬에 연결하고 몇 개의 그룹으로 나누어 각 그룹에 다른 구성단위를 가하여 몇 개의 그룹을 결합한다. 재결합된 혼합물을 다시 분리하여 새로운 그룹을 형성하는 방법이다. 이 방법들을 이용하면서 의약품 개발이 훨씬 빨라졌다.

combustion **연소.** 어떤 물질이 산소와 빠른 속도로 반응하면서 열과 빛을 내놓는 산화 반응. 유기 물질이 연소되면 주 생성물로 이산화탄소와 물이 생긴다. 보통 1 몰의 물질을 산소와 반응시켜 모든 탄소를 이산화탄소(carbon dioxide)로 변환 할 때의 반응열을 연소열(heat of reaction)이라고 한다.

common ion effect **공통 이온 효과.** 반응에서 생성되는 어떤 이온을 첨가함으로서 유발되는 효과. 즉 다이페닐메틸 클로라이드(diphenylmethyl chloride)의 용매화 반응에서 염소 이온을 첨가하면 반응 속도가 느려진다.

common name **관용명.** IUPAC 규칙이 정해지기 이전에 이미 사용하던 화합물 이름.

complex **착물.** 유기 및 유기금속화학에서 배위결합된 화합물을 말한다. 즉 $Fe(CO)_5$ 및 $Ca_2[Fe(CN)_6]$ 등은 착물이고 $[Fe(CN)_6]^{4-}$는 착물 이온(complex ion)이다.

concentration constant (K_c) **농도 상수.** 반응의 평형에서 존재하는 생성물과 반응물의 상대적인 양을 농도 단위로 나타낸 반응의 평형 상수.

concerted addition **협동 첨가.** 두 개의 원자나 원자단이 고리형 전이 상태를 거쳐 시스 입체화학으로 파이(π) 또는 시그마(σ) 결합에 일 단계로 동시에 첨가되는 반응을 말함. 예를 들어 알켄(I)이 다이이민(II)에 의해 환원되는 반응을 들 수 있다.

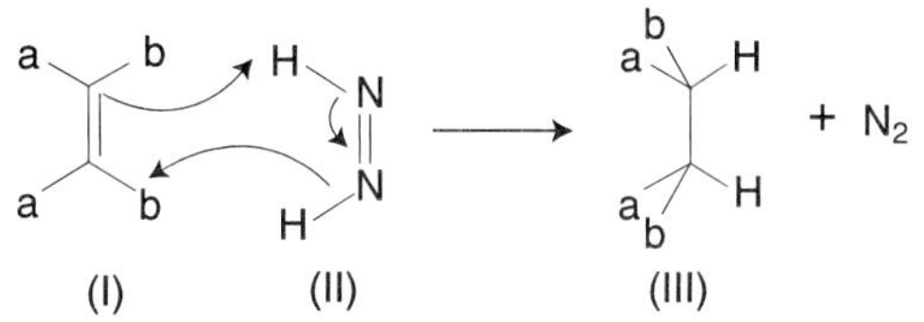

그림 C-39 ◦ Diimine의 협동첨가 반응에 의한 알켄의 환원

concerted reaction **협동 반응.** 반응에서 결합의 형성과 분해 모두가 동일한 단계에서 일어나는 반응. Diels-Alder반응이 하나의 예이다.

concerted unimolecular elimination **협동 단일분자 제거반응.** 일반적으로 한 분자내에서 시스 입체화학적 경로를 거쳐 일어나는 일 단계 동시 제거반응. 잔테이트 에스터(xanthate ester)의 열분해를 예로 들 수 있다.

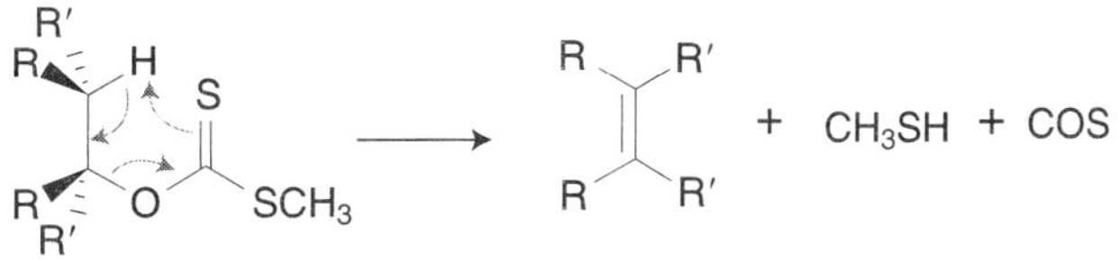

그림 C-40 ◦ Xanthate ester의 열분해반응

condensation polymer **축합 고분자.** 축합 중합반응에서 생성되는 고분자. 예로 폴리에스터 polyester를 들 수 있다.

condensation polymerization **축합중합.** 이작용기 단위체(bifunctional monomer)가 서로 반응하여 물이나 알코올 같은 작은 분자를 상실하면서 고분자를 생성하는 반응.

condensation reaction **축합 반응.** 두 개의 분자가 결합하면서 H_2O와 같은 작은 분자를 내놓고 하나의 큰 분자로 되는 반응.

condensed structure **축약 구조식.** 원자와 원자간 결합을 점이나 선으로 표시하지 않고 간략하게 나타내는 구조식. 예를 들어, CH_4 또는 $CH_3CH_2CH_3$ 등이 그 예이다.

configuration **위치배열, 배열.** 분자 내에서 원자들의 고정된 상대적인 공간 배열을 말함.

conformation **회전배열, 형태.** 분자의 단일 결합 주위의 회전에 의해 나타날 수 있는 여러 가지 가능한 모양들 중 원자들의 특정한 배열을 형태라고 한다. 또한 한 형태와는 다른 형태를 이형태체라고 하며 이들을 형태 이성질체(conformational isomer)라고 한다. 형태 중에서 앞뒤 두 탄소의 특정 결합에 대한 이면각(dihedral angle)이 0°인 형태를 가려진 형태(eclipsed conformation), 60°인 형태를 엇갈린 형태(staggered conformation), 그리고 180°인 형태를 안티 형태(anti conformation) 이라고 한다.

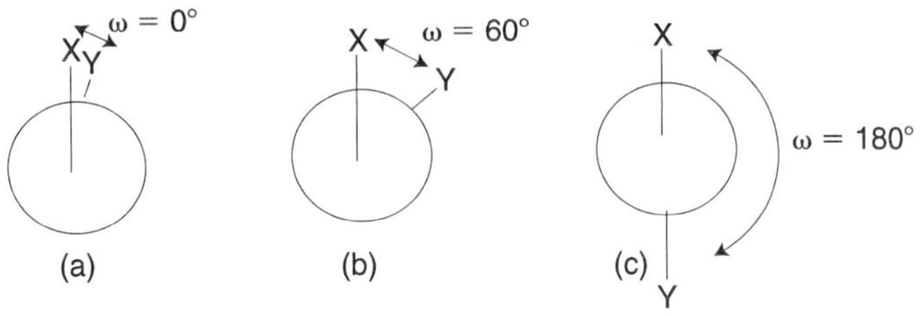

그림 C-41 • (a) 가려진 형태, (b) 엇갈린 형태, (c) 안티 형태

conformational analysis

형태 해석. 주어진 탄소–탄소 결합에 대해 각 탄소에 결합하고 있는 원자들의 이면각과 에너지의 상관관계를 분석하는 행위.

conformational isomer

형태 이성질체, 회전배열 이성질체. conformation을 보라.

conformer

이형태체. conformation을 보라.

conglomerate

라셈 혼합물. 순수한 (+)–거울상이성질체의 결정과 순수한 (−)–거울상이성질체의 결정이 정확히 50 : 50 으로 혼합된 물질. 각각의 결정은 하나의 거울상이성질체이지만, 이들이 잘 혼합된 경우에는 순수한 거울상이성질체보다 더 낮은 녹는점을 나타내며 또한 광학 회전도도 "0"이다. 순수한 거울상이성질체 소량을 집성체에 첨가하면 항상 집성체의 녹는점은 높아진다.

C

coniferyl alcohol

코니페릴 알코올. 리그난(lignan)의 출발물질로 사용되는 아래 구조식의 알코올로 이 화합물의 IUPAC 명명은 4-(3-hydroxypropen-l-yl)-2- methoxyphenol 이다.

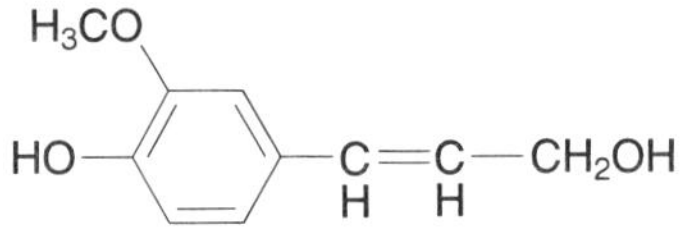

그림 C-42 • Coniferyl alcohol의 구조

coniine

코니아인. 솔송나무(hemlock)로부터 얻어지는 알칼로이드 중 하나로 아래의 구조식을 가지며, IUPAC 명명은 2-propylpiperidine이다.

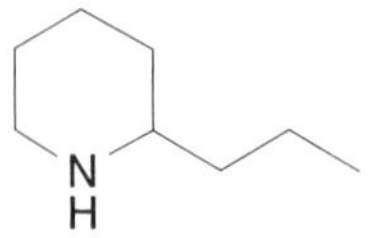

그림 C-43 • Coniine의 구조

conjugate acid, base **짝산, 짝염기.** acid와 base를 보라.

conjugated diene **짝지은 다이엔, 콘쥬게이션 다이엔.** 두 개의 C = C 결합이 하나의 단일결합으로 분리된 결합 형태를 포함하고 있는 탄화수소를 말함. 예로 1, 3-뷰타다이엔(1,3-butadiene)과 1, 3, 5-헥사트라이엔(1, 3, 5-hexatriene)을 들 수 있다. 이런 콘쥬게이션 계는 그렇지 않은 탄화수소 보다 더 안정하다.

(a) (b)

그림 C-44 ∘ (a) 1,3-Butadiene, (b) 1,3,5-hexatriene

conjugated nucleophilic (or Michael) addition **짝지은 첨가반응, 친핵성 콘쥬게이션(또는 Michael) 첨가반응.** 카보닐 기(C = O) 같은 전자를 당기는 기를 가지고 있는 탄소-탄소 파이 결합에서 일어나는 친핵성 첨가반응을 말함. 이 반응에서는 1, 4-첨가반응도 일어날 수 있다.

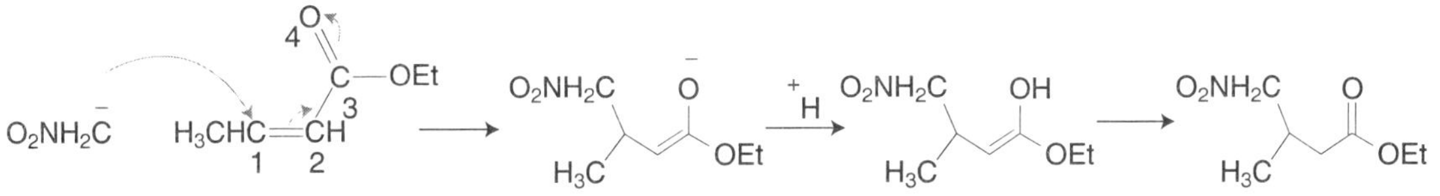

$O_2NH_2\bar{C}$ $H_3CHC{=}CH-C(=O)-OEt$ (1, 2, 3, 4) ⟶ O_2NH_2C, H_3C, O^-, OEt ⟶(H^+) O_2NH_2C, H_3C, OH, OEt ⟶ O_2NH_2C, H_3C, O, OEt

그림 C-45 ∘ Michael 첨가반응 메커니즘

conjugated protein **접합 단백질.** 아미노산 이외에 탄수화물, 지방 또는 핵산 등이 포함된 단백질을 가수분해시키면 탄수화물, 지방, 또는 핵산 등으로 분해된다.

conjugation **콘쥬게이션, 짝지음, 접합.** 단일결합과 불포화결합이 교대로 있는 결합 계. 또는 3 개의 p 오비탈이 연이어 있는 결합 계. 어떤 화합물이 콘쥬게이션 계를 이루고 있으면 그렇지 않은 화합물의 경우와 다르게 화합물이 더 안정하고 다양한 반응성을 나타내므로 유기화학에서 매우 중요하다.

conjugation addition **콘쥬게이션 첨가(반응), 짝지음 첨가(반응).** α, β-불포화 케톤 화합물에서 β-위치에 친핵체가 첨가되는 반응. 1, 4-친핵성 첨가반응 이라고도 한다. 이 반응은 α, β-불포화 케톤 화합물의 공명 구조에서 β-탄소가 친전자성 자리로 되기 때문에 진행된다.

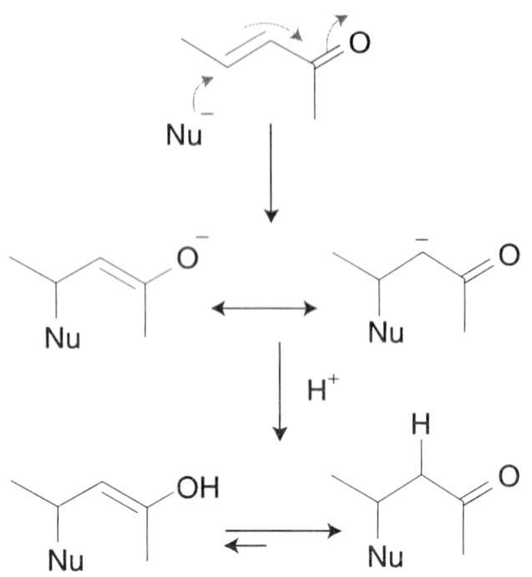

그림 C-46 • 콘쥬게이션 첨가반응 메커니즘

conjunctive name

접속 명명(법). 어떤 치환기를 포함하고 있는 고리 화합물에서 고리화 치환기 구성 성분이 접속되는 점에서 고리와 치환기로부터 하나씩의 수소 원자를 제거하고 그 구성 성분의 이름을 그대로 사용하는 방식의 명명법이다. 예로 2-나프탈렌아세트산(2-naphthaleneacetic acid)은 나프탈렌과 아세트산으로 구성되어 있으므로 2-나프탈렌아세트산이라고 명명한다. 다른 예로 β-클로로-α-메틸-β-3-피리딘에탄올(β-chloro-α-methyl-β-3-pyridineethanol)을 들 수 있다.

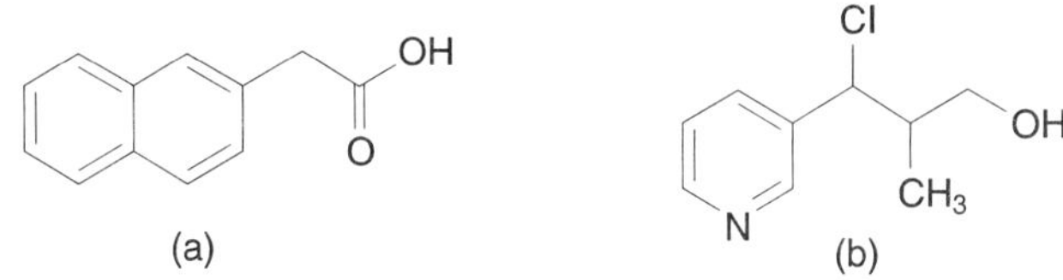

그림 C-47 • (a) 2-Naphthaleneacetic acid, (b) β-chloro-α-methyl-β-3-pyridineethanol

conjugate solution

짝용액. 서로 부분적으로 혼합되는 두 액체를 접촉시켰을 때, 평형을 이루면서 공존하는 두 용액을 짝 용액이라고 한다. 예로서 페놀과 물을 접촉시키면 물이 용해된 페놀과 페놀이 용해된 물의 두 짝 용액이 생긴다.

Conrad-Limpach reaction

Conrad-Limpach 반응. β-다이케토에스터와 일차 아릴아민을 반응시키고 얻어진 이민을 고리화하여 4-하이드록시퀴놀린(4-hydroxyquinoline)을 합성하는 방법 [M. Conrad, L. Limpach, *Ber. 20*, 944(1887); *24*, 2990(1891)].

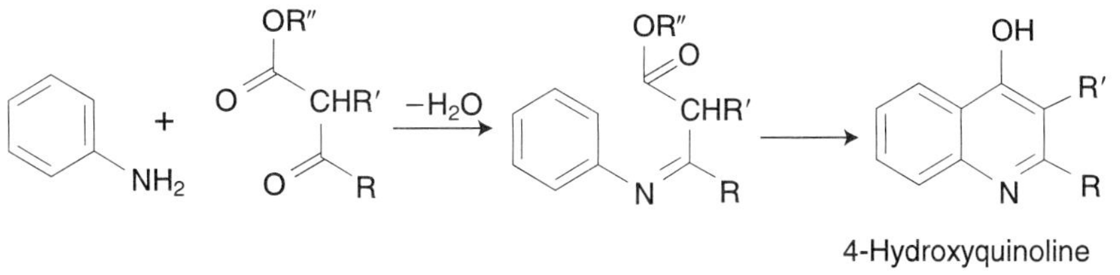

4-Hydroxyquinoline

그림 C-48 • Conrad-Limpach 반응

conrotatory **동일 방향 회전.** 열린 사슬 이성질체의 말단에서 전자 고리화가 일어나는 동안 각 말단 탄소가 결합하여 시그마 결합을 형성하려면 두 탄소가 회전해야하며 만일 두 말단 탄소가 시계 방향(또는 시계 반대방향) 으로 회전하면 고리가 형성(또는 열림) 되는 데 이런 회전을 동일 방향 회전이라 한다.

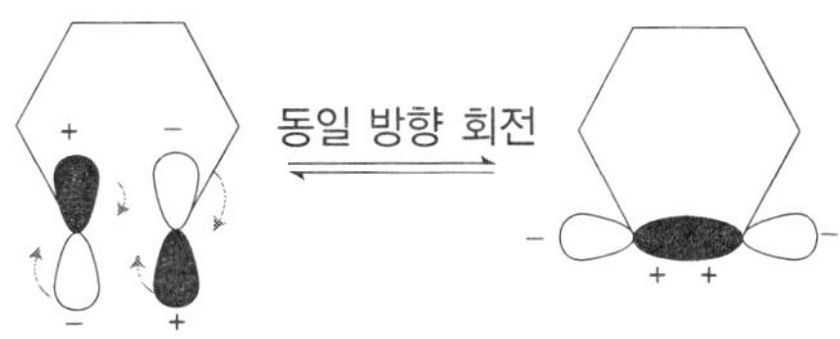

그림 C-49 • 두 말단 탄소의 오비탈이 시계방향으로 동일 방향 회전하여 고리를 형성한다.

consecutive reaction **잇따른 반응, 연속 반응.** A → B → C → …와 같이 여러 반응들이 연달아 일어나는 형식의 반응.

conservation of orbital symmetry **오비탈 대칭 보존.** 고리형 협동반응(pericyclic reaction)에서 반응물의 오비탈 대칭성이 생성물의 오비탈에서도 자연스럽게 보존되는 것을 고리화 협동 반응 중 '전체 오비탈의 대칭성이 보존되었다' 고 말한다. 예를 들어, 뷰타다이엔(butadiene)의 동일방향 회전에 의한 전자고리화 반응 같은 고리화 협동 변환에서 전체 반응동안 C_2 축이 보존된다.

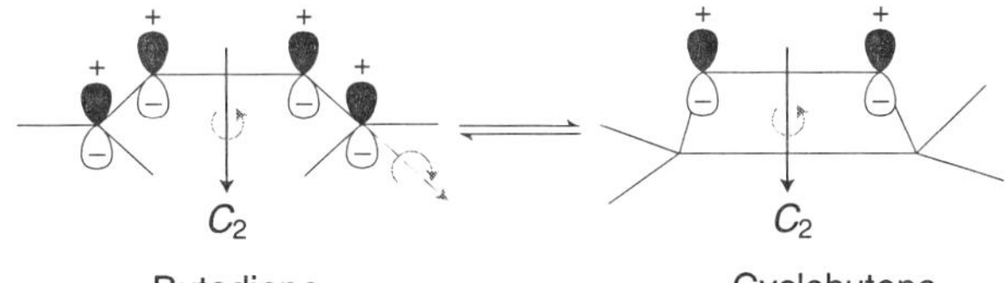

그림 C-50 • Butadiene의 동일방향회전 전자고리화 반응에 대한 오비탈 대칭보존

constitutional repeating unit

구성 반복 단위. 다중 고분자의 가장 작은 반복적인 구조 단위를 말하며, 단일 가닥 고분자에서 이 단위는 2가 기(bivalent group)이다. 아래 구조에서 가능한 한 단위는 A와 B이다. 이들 중 IUPAC에서는 치환기의 위치번호를 가장 작은 수로 나타내기 위해 구성 반복 단위로 단위 B를 택하고 해당 고분자를 구조식 (b)와 같이 쓴다. 만일 R이 페닐(phenyl)이면 이 고분자의 체계적인 IUPAC 이름은 폴리(1-페닐에틸렌)(poly(1-phenylethylene))이다. 그러나, 성장 고분자의 메커니즘을 중요시한다면 단위 A를 구성 반복단위로 택하는 것이 더 좋다. 그럴 경우는 해당 고분자를 구조식 (c)와 같이 쓰는 것이 좋다.

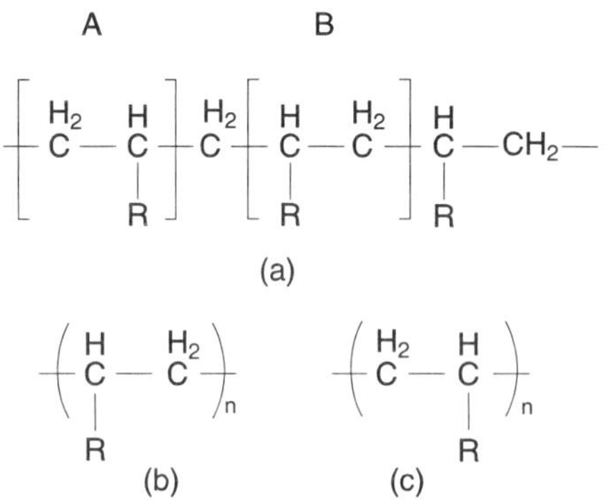

그림 C-51 • 고분자의 구성 반복단위: (a) 가능한 단위 A와 B, (b) IUPAC 단위, (c) 더 우호적인 단위

contact ion pair

접촉 이온쌍. 밀접 이온쌍(tight ion pair)의 동의어

coordinate bond

배위 결합. 어떤 원자의 비결합 전자쌍이 금속 같은 다른 화학종의 빈 오비탈에 전자를 일방적으로 제공하여 형성되는 결합. 예로서 Fe, Cu 등의 금속과 유기 리간드 사이에서 흔히 볼 수 있다.

coordination compound

배위 화합물. 중심에 있는 금속 원자가 이온, 원자 또는 중성분자의 특정한 수와 배위 결합을 이용하여 형성된 화합물을 말하며, 주로 무기 착물이 이에 해당한다.

coordination number (CN)

배위수. 배위 화합물의 중심 금속 원자에 배위결합하고 있는 리간드 원자의 수를 말하며 파이 결합하고 있는 리간드도 배위수에 포함한다. $Fe(CO)_5$에서 Fe의 배위 결합 수는 5이고, $[Fe(CN)_6]^{4-}$에서 Fe의 배위수는 6이다.

coordinative unsaturation

배위불포화. 전이금속 착물의 중심 금속 원자가 비활성 기체 구조보다 적은 유효 원자 번호를 가지면 배위 불포화가 된다고 생각한다. 배위 불포화를 알아내는 방법은 해당 금속의 배위수에 2를 곱하고 d^n 배열의 n을 더하여 18보다 적으면 배위 불포화라고 생각한다. 이 규칙을 "18 규칙"이라고 한다. 예를 들어, $[CoH_3(PPh_3)_3]$ 착물에서 배위수는 6이고 d^6 의 배열을 가지므로, $(6 \times 2) + 6 = 18$이므로 이 금속은 배위가 포화되었다고 한다. 반면에 $[Co(CN)_5]^{3-}$ 착물에서는 배위수가 5이고 d^7 배열을 가지므로 $(5 \times 2) + 7 = 17$ 이어서 배위가 불포화되었다고 생각한다.

Cope elimination

Cope 제거 반응. β-수소를 가지고 있는 트리알킬아민 옥사이드(trialkylamine oxide)가 열분해하여 하나의 알켄과 다이알킬하이드록실아민(dialkylhydroxylamine)으로 분해되는 반응. 이 반응은 시스-제거반응이 일어난다[A. C. Cope, T. T. Foster, P. H. Towle, *J. Am. Chem. Soc.*, *71*, 3929, (1949)].

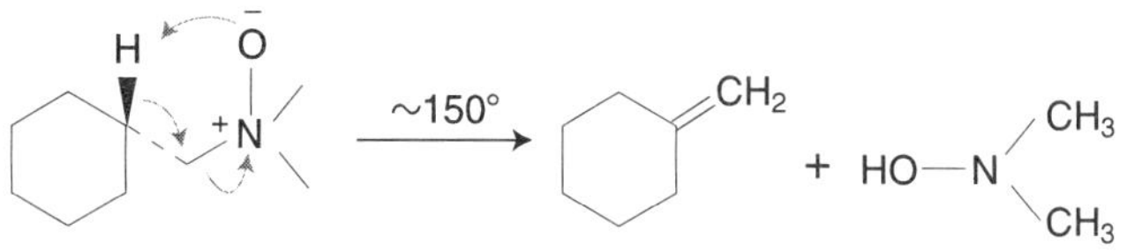

그림 C-52 ◦ Cope 제거반응 메커니즘

Cope rearrangement

Cope 자리옮김. 시스-1, 2-다이바이닐사이클로뷰테인(*cis*-1, 2-divinylcyclobutane)이 열적으로 [3,3]-시그마결합 이동을 일으켜 1, 5-사이클로옥타다이엔(1, 5-cyclooctadiene)을 형성하는 자리옮김반응[A. C. Cope and E. M. Hardy, *J. Am. Chem. Soc.*, *62*, 441(1940)].

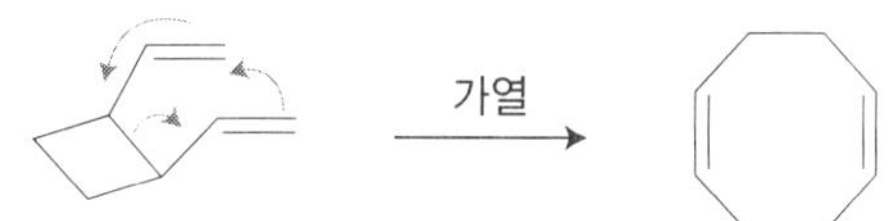

cis-1,2-Divinylcyclobutane　　1,5-Cyclooctadiene

그림 C-53 ◦ Cope 자리옮김

copolymer

공중합체. 두 개 또는 그 이상의 단위체 혼합물로부터 만들어지는 고분자를 말한다. 두 개 또는 그 이상의 단위체가 불규칙적으로 배열된 사슬을 불규칙 공중합체(random copolymer)라고 하며, 단위체가 교대로 배열된 사슬로 된 고분자는 교대 배열 공중합체(alternating copolymer)라고 한다.

Corey-Pauling rules

Corey-Pauling 규칙. 단백질에서 −CO−NH−(펩타이드 결합)과 관련된 수소 결합의 특성을 나타내는 다음과 같은 규칙들.

1. 펩타이드 결합을 이루고 있는 원자들은 모두 동일 평면상에 있다.
2. 하나의 수소 결합 속의 N, H, 및 O 원자들은 대체적으로 직선상에 있다.
3. 모든 −CO기와 −NH기가 결합에 참여한다.

알파-나선과 베타-판 구조는 Corey-Pauling 규칙이 적용되는 중요한 구조이다.

Corey-Winter olefin synthesis Corey-Winter 올레핀 합성. 1, 2-다이올과 싸이오카보닐다이이미다졸(thiocarbonyldiimidazole)로부터 올레핀(알켄)을 합성하는 방법[E. J. Corey, R. A. E. Winter, *J. Am. Chem. Soc., 85*, 2677(1963)].

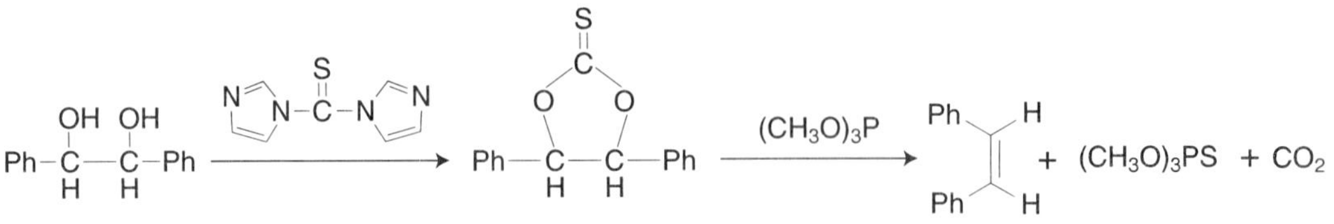

$$PhCH(OH)CH(OH)Ph \xrightarrow{\text{Im-C(=S)-Im}} \text{cyclic thiocarbonate} \xrightarrow{(CH_3O)_3P} PhCH{=}CHPh + (CH_3O)_3PS + CO_2$$

그림 C-54 • Corey-Winter 올레핀 합성

correlation spectroscopy (COSY) 상관 분광법. 여러 가지 이차원 NMR 방법 중 하나이다. 다른 상관 분광법으로 exchange spectroscopy (EXSY), Nuclear overhauser effect spectroscopy (NOESY) 등이 있으며 이러한 이차원 COSY 방법은 동일 핵 또는 이종 핵간 COSY 방법 등 다양하게 개발되어 있다. 이 이차원 COSY 법은 복잡한 분자 구조를 밝히는 데 매우 유용한 방법이어서 유기 화합물이나 천연물의 구조를 밝히는 데 유용하다. 이 방법은 Jean Jeener, a professor (Université Libre de Bruxelles, 1971)에 의해 소개되었다.

corrins 코린스. 바이타민 B_{12}의 기본 고리를 형성하는 코롤(corrole) 핵의 환원형태.

corrole 코롤. 아래 구조를 가지는 변형된 폴피린(porphyrin) 핵.

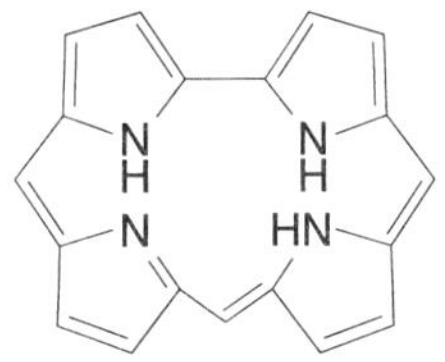

그림 C-55 • Corrole의 구조

COSY 상관 분광법. correlation spectroscopy를 보라.

counter ion 반대 이온, 상대 이온. 반대 전하를 가지는 다른 이온과 회합하는 이온. 소듐 아세테이트(sodium acetate, $CH_3COO^-Na^+$)에서 Na^+ 양이온은 CH_3COO^- 음이온의 반대 이온이다.

covalance 공유 원자가. 다른 원자와 공유할 수 있는 원자의 전자쌍 수. Covalancy 라고 하기도 한다.

covalent bond **공유 결합.** 두 원자가 전자쌍을 공유함으로써 두 원자 사이에 형성되는 결합. 공유 결합의 세기는 핵 사이 영역에서의 전자 밀도가 커질수록 증가한다. 공유 결합을 설명하는 두 가지 이론으로 원자가 결합 이론(valence bond theory, VBT)과 분자 오비탈 이론(molecular orbital theory, MOT)이 있다. 공유 결합은 극성이거나 비극성이다. 극성 결합은 결합에 참여하는 두 원자의 전기음성도 차이에 기인하며, 전기음성도가 큰 원자 쪽으로 공유 전자쌍의 전자밀도가 부분적으로 이동하게 된다.

covalent radius **공유 (결합) 반지름.** 공유 결합을 이루고 있는 원자의 유효 반지름. 간단한 동일한 핵으로 된 이원자 분자의 경우에는 핵간 거리의 절반이 된다. 예로서 Cl_2분자의 경우에는 핵간 거리가 0.198 nm이며, 따라서 이 분자에서 염소 원자의 공유 결합 반지름은 0.099 nm이다. 공유 결합 반지름은 결합의 종류에 따라 다르다. 또한 같은 단일 결합의 경우에도 극성의 정도에 따라 공유 결합 반지름은 약간의 차이를 나타낼 수 있다.

cracking **크래킹.** 화합물을 가열하여 작은 분자로 분해시키는 과정. 크래킹이란 용어는 특히 석유 정제 과정에서 나오는 등유 분획을 작은 탄화수소 분자와 알켄으로 열 분해시키는 공정을 말한다. 크래킹은 휘발유로 사용되는 곁가지형 탄화수소를 만들거나, 또는 에텐과 같은 알켄을 만드는 중요한 공정이다. 실리카-알루미나와 같은 촉매를 이용하면 크래킹 온도를 낮출 수 있을 뿐만 아니라 생성물을 변화시킬 수도 있는데, 이러한 공정을 촉매 크래킹이라고 한다.

Craig method **Craig 방법.** α-아미노피리딘(α-aminopyridine)을 $NaNO_2$와 HX 속에서 반응시켜 피리딘(pyridine)의 α-위치에 할로젠을 도입하는 방법.

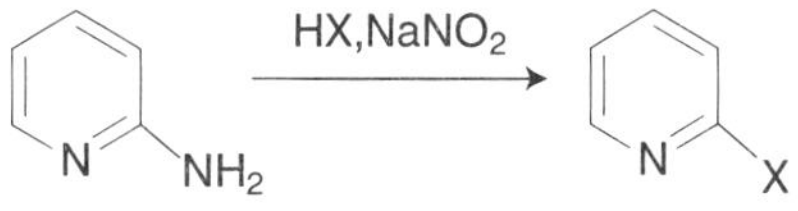

그림 C-56 • Craig 방법

Cram's rule **Cram 규칙.** 1952년 D. J. Cram이 주장한 비대칭 유발에 관한 규칙이다. 즉, 분자 내에 하나의 입체중심이 있고 그 이웃에서 첨가반응이 일어날 때 이웃한 입체중심이 새로운 입체중심의 입체배열을 유도한다는 규칙이다. 이 규칙은 이웃한 입체중심의 입체장애를 바탕으로 한다. 이웃 자리에 카이랄 중심을 가지는 카보닐 기(C=O)에 친핵체가 공격할 때 보다 더 잘 형성되는 에피머(epimer)를 예측할 수 있는 규칙. 아래 그림에서 카보닐 기에 H- 또는 R-가 첨가될 때 가장 작은 치환기가 있는 쪽으로 첨가되는 생성물이 주로 생성된다.

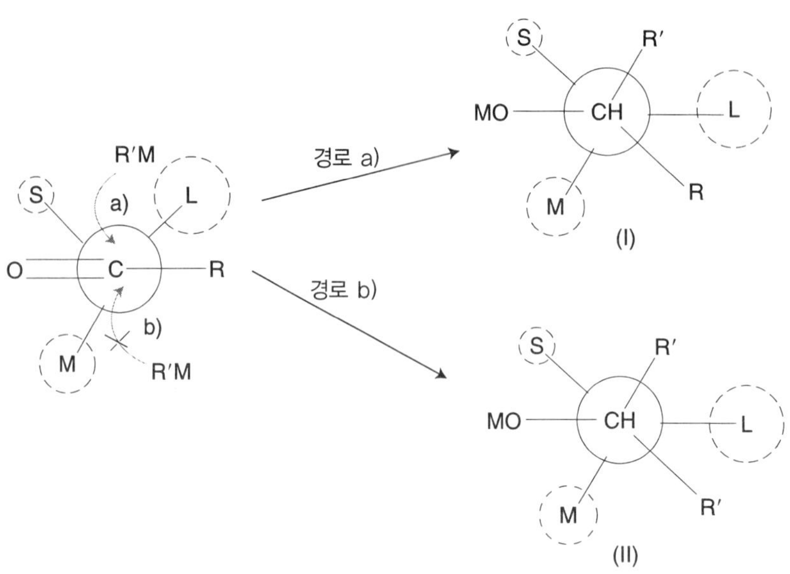

그림 C-57 • Cram 규칙의 적용 예, 생성물 (I) 이 주 생성물이고, 생성물 (II) 가 부생성물이다. L, M, 및 S 는 치환기의 부피 크기를 나타낸 것이다. L = large, M = middle 그리고 S = small 의 약기호이다.

creosote

<u>크레오소트.</u> 목재 크레오소트와 콜타르 크레오소트 두 가지가 있는데, 전자는 나무를 건류하여 얻은 타르를 분별 증류하여 얻는 무색에 가까운 액체로서, 의약용 방부제로 사용되기도 한다. 콜타르 크레오소트는 콜타르를 증류하여 얻는 검은 액체로서, 페놀(phenol)과 크레졸(cresol)의 혼합물이다.

cresol

크레졸. methylphenol의 관용명.

Criegee reaction

Criegee 반응. $Pb(OAc)_4$에 의한 1, 2-글리콜(1, 2-glycol)의 산화성 분해 반응이다 [R. *Criegee, Ber., 64,* 260(1931)].

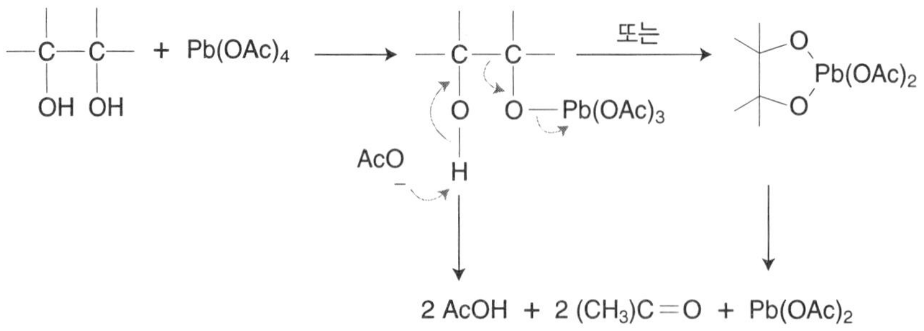

—C—C— (OH OH) + $Pb(OAc)_4$ ⟶ —C—C— (O—H, O—$Pb(OAc)_3$; AcO⁻) —또는⟶ (고리형 O, O—$Pb(OAc)_2$)

⟶ 2 AcOH + 2 $(CH_3)C{=}O$ + $Pb(OAc)_2$

그림 C-58 • Criegee 반응 메커니즘

Cross-conjugated hydrocarbon

교차-콘쥬게이션 탄화수소. 3개의 이중결합을 가지며 두 개 이중결합은 세 번째 이중결합과 콘쥬게이션을 이루지만, 세 개 모두가 콘쥬게이션을 이루지 못하는 탄화수소를 말함. 예로서 3-메틸렌-1, 4-펜타다이엔 (3-methylene-1,4-pentadiene)을 들 수 있다.

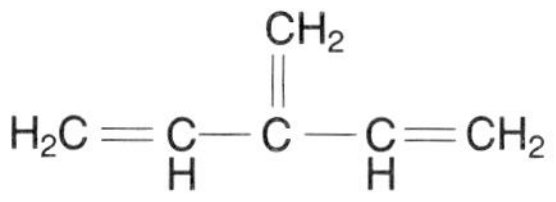

$H_2C=CH-C(=CH_2)-CH=CH_2$

그림 C-59 ◦ 3-Methylene-1,4-pentadiene의 구조

crossed aldol condensation **교차 알돌 축합반응.** 두 개의 다른 알데하이드 간에 일어나는 알돌 축합반응. 이 반응이 일어나려면 두 알데하이드 중 적어도 하나의 알데하이드는 α-수소를 한개라도 가지고 있어야 한다.

cross-linking bond **가교 결합.** 고분자 물질에서 두 개의 긴 사슬을 세로로 결합시켜 주는 짧은 측면 결합. 예로 가교 결합 폴리스타이렌을 들 수 있다.

crown ethers **크라운 에터(또는 에테르)류.** 고리형 에터이며 탄소와 산소로 이루어진 큰 고리를 가지고 있는 유기 분자들로서, 거대 고리의 폴리에터이다. 이 고리의 명명은 x-crown-y-ether 라고 부르며 여기서 x는 고리 전체의 원자수를 나타내고 y는 헤테로 원자수를 나타낸다. 대표적인 예로 18-crown-6-ether를 들 수 있다. 이 고리의 산소 원자들을 이용하여 금속 이온과 착물을 만든다. 이러한 착물을 통해 크라운 에테르는 산화-환원제와 같은 무기 금속염을 유기 용매에 녹여 주기도 한다.

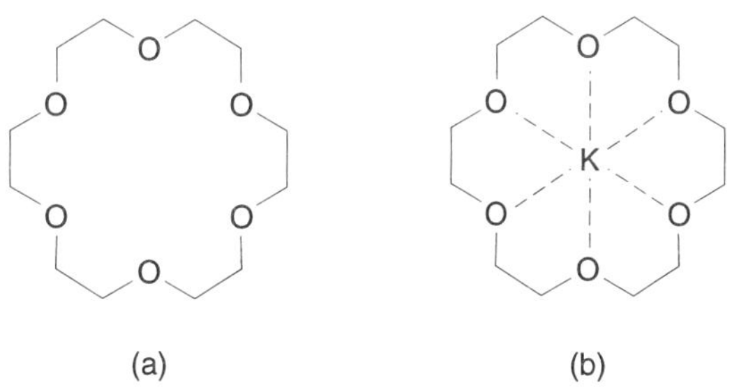

그림 C-60 ◦ (a) 18-Crown-6-ether와 (b) 포타슘 착물

cryoscopic constant **어는점 내림 상수.** 몰 어는점 내림상수(molal freezing point depression constant)의 동의어.

cryptand **크립탄드(주머니형 리간드).** 양이온과 착물을 이룰 수 있는 합성 이 고리-및 다중 고리형 여러 자리 리간드를 이르는 용어.

cryptate **주머니형 화합물(크립탄드 착물).** 주머니형 리간드가 만든 착물을 말함.

crystallization **결정화.** 용액에 녹아 있는 물질을 고체나 결정으로 형성시키는 과정.

crystal field splitting **결정 장 갈라짐.** 전이금속 원자가 리간드와 착물을 형성 할때 리간드가 중심의 금속 원자에 대해 특정한 기하구조를 이루면 전이금속의 겹쳐진 *d* 오비탈 전자가 각기 다른 에너지 준위로 분리되는 현상을 말한다. 예를 들어, $[CoF_6]^{3-}$ 착물에서 착물의 배열이 구형이면 기체상태의 에너지 보다 더 높은 에너지 준위를 가지며, 팔면체 구조를 이루면 *d* 오비탈 에너지 준위가 영향을 받아 분리된다.

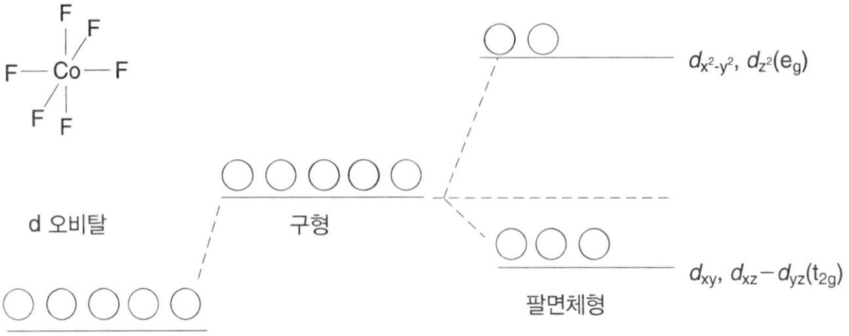

F
F
F—Co—F
F
F
$d_{x^2-y^2}$, $d_{z^2}(e_g)$
d 오비탈
구형
d_{xy}, $d_{xz}-d_{yz}(t_{2g})$
팔면체형

그림 C-61 • $[CoF_6]^{3-}$ 착물의 기체 상태, 구형 및 팔면체에서의 *d* 오비탈 에너지 준위

crystal field stabilization energy, CFSE

결정 장 안정화 에너지. 결정 장(crystal field)에 의한 *d* 오비탈의 분리로 높은 에너지의 오비탈에 점유되었던 전자가 더 낮은 에너지 점유 오비탈로 채워져 안정화 되는 에너지를 말함. 만일 *d* 오비탈이 겹쳐진 채로 남아 있으면 CFSE 는 일어나지 않으며, 또, 만일 금속이 d^{10} 오비탈을 가지면 CFSE 는 "0" 이다.

crystal field theory (CFT)

결정 장 이론. 금속 착물에서의 금속과 리간드간의 상호작용을 설명하는 결합이론. 이 이론에서는 리간드와 중심 금속 원자 간의 정전기적 인력으로 이온 또는 이온–쌍극자 상호작용을 설명하며, 리간드는 단지 중심 원자를 둘러싸고 있는 음전하 점으로만 간주한다.

C-terminal amino acid

C–말단 아미노산. 펩타이드의 오른쪽 말단에 있는 아미노산을 말함. 이 아미노산은 –COOH 기를 가진다.

cumene process

쿠멘법. 벤젠(benzene)으로부터 페놀(phenol)을 합성하는 공업적인 방법. 이 방법에서는 벤젠과 프로펜(propene)의 혼합 증기를 250°C의 높은 온도와 높은 압력 하에서 인산 촉매 위로 통과시켜 일차적으로 쿠멘(cumene, isopropylbenzene)을 만든다.

$$C_6H_6 + CH_3CH = CH_2 \rightarrow [C_6H_5CH(CH_3)_2] \rightarrow C_6H_5OH + CH_3C(=O)CH_3$$

쿠멘의 IUPAC 명은 아이소프로필벤젠(isopropylbenzene)이며, 공기 중에서 산소에 의해 $C_6H_5C(CH_3)_2O_2H$로 산화된다. 이 과산화물을 묽은 산과 반응시키면 페놀과 프로판온(propanone)이 생긴다. 이 반응은 Heinrich Hock (1944)과 R. Údris 및 P. Sergeyev (1942)에 의해 각기 독립적으로 개발되었다[H. Hock and S. Lang, *Berichte der deutschen chemischen Gesellschaft* (A and B Series), *77*, 257-264(1944)].

cumulative double bond

연이은 이중 결합. 이중결합이 연속으로 연결된 이중결합. 예로 $CH_2=C=CH_2$ (allene)을 들 수 있다.

cumulene **큐물렌.** 연속적인 이중결합을 두 개 또는 그 이상으로 포함하고 있는 화합물 계열을 말함. 예로 1, 2, 3-뷰타트라이엔(1,2,3-butatriene)이 있다.

Curtius degradation (rearrangement) **Curtius 분해(자리옮김).** 카복실산(RCOOH)을 아실 아자이드($RCON_3$)로 변화시켜 아민(RNH_2)으로 변환하는 반응. 이 반응에서는 하나의 탄소가 상실된다. 따라서 벤조산(benzoic acid)로 반응하면 아닐린(aniline)이 만들어진다[T. Curtius, *J. Prakt. Chem.* [2] *50*, 275 (1894)].

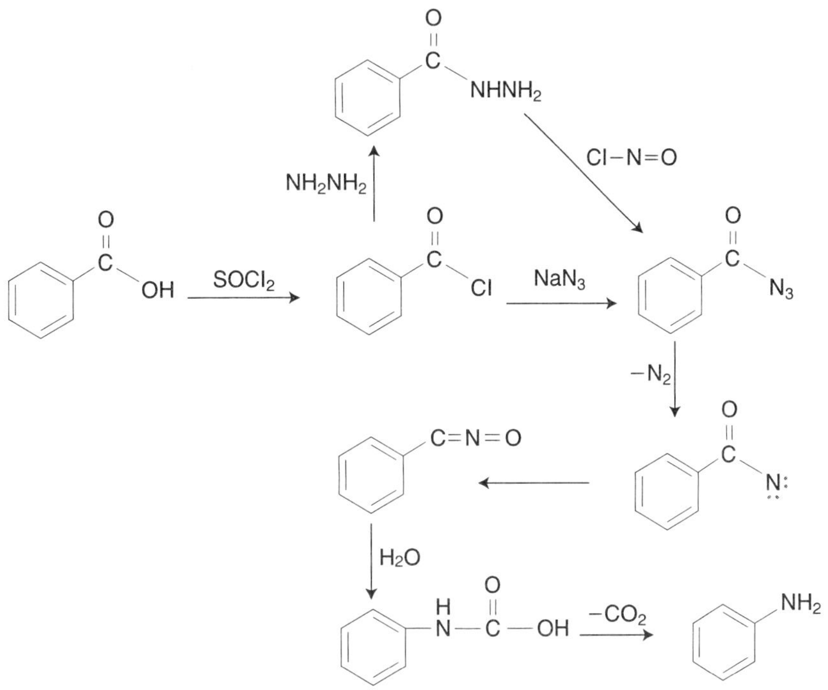

그림 C-62 ◦ Curtius 분해 메커니즘

cyanamide **사이안아마이드화물, 사이안아마이드.** (1) 사이안아마이드화 이온 CN_2^{2-}를 포함하는 무기염을 사이안아마이드화물(염)이라고 한다. 예로서 $CaCN_2$는 사이안아마이드화 칼슘(calcium cyanamide)이다. (2) H_2NCN. 이산화탄소와 아마이드화 나트륨($NaNH_2$)을 반응시켜 만드는 무색의 고체 결정으로서, 사이안아마이드라고 한다. 약한 산성을 나타내며, 물과 에탄올에 녹는다. 산성 용액 속에서 가수분해 되어 요소 $CO(NH_2)_2$로 된다.

cyanate **사이아네이트.** 탄화 수소의 수소가 −OCN 사이아네이토(cyanato) 기로 치환된 화학종을 말하며, ROCN의 일반식으로 나타낸다. 예로 *n*-프로필사이아네이트(*n*-propyl cyanate, $CH_3CH_2CH_2OCN$)과 페닐사이아네이트(phenyl cyanate, PhOCN)을 들 수 있다.

cyanocarbon **사이아노카본(탄소).** 탄화수소의 수소가 모두 CN으로 치환된 화합물류. 예를 들어, $(NC)_2C=C(CN)_2$(tetracyanoethylene) 을 들 수 있다.

cyanocobalamin **사이아노코발아민.** 바이타민 B_{12}을 일컫는 말. 또한 α-(5,6-dimethylbenzimidazoyl) cyanocobamide 라고도 한다.

cyanoethylation **사이아노에틸화 반응.** 어떤 화합물에 $CH_2{=}CHCN$ (acrylonitrile)을 첨가시켜 $-CH_2CH_2CN$ (β-cyanoethyl)기를 도입 하는 반응.

cyanohydrin **사이아노하이드린.** 알데하이드나 케톤 화합물의 카보닐 기에 HCN이 첨가되어 생성된 화합물 계열로 RCH(OH) CN의 일반식으로 표시한다.

cycloaddition **고리화 첨가 반응.** 연결된 두 개의 원자나 원자단이 어떤 파이(π) 계의 말단에 첨가되어 고리를 형성하는 반응. 이 고리화 반응의 메커니즘은 종종 동시성 협동반응이다. 예로서 Diels-Alder 고리화 반응을 들 수 있다.

cycloalkane **사이클로알케인.** 고리를 이루고 있는 포화탄화수소류를 말함. 이들은 C_nH_{2n}의 일반식을 가진다.

cycloalkene **사이클로알켄.** 하나의 이중결합을 포함하고 있는 고리형 탄화수소로 C_nH_{2n-2}의 일반식을 가진다. 예로서 사이클로헥센(cyclohexene)을 들 수 있다.

cyclophane **사이클로페인.** 벤젠의 메타 또는 파라 위치에 이치환된 벤젠류 화합물이 서로 고리를 형성하고 있는 화합물 부류. 이 화합물들의 명명은 [3, 4]paracyclophane처럼 부른다. 즉, 대괄호 안에 벤젠고리에 치환된 치환기의 탄소 수를 표시하고, 이 치환기들의 위치를 표시하는 접두사를 붙여 마지막에 cyclophane을 부친다. 또 다른 예로 [2, 3]metacyclophane 과 [10]paracyclophane가 있다.

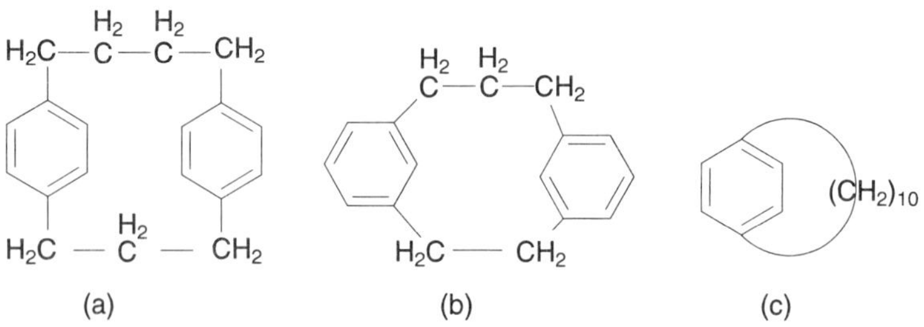

그림 C-63 • (a) [3,4]Paracyclophane, (b) [2,3]metacyclophane 및 (c) [10]paracyclophane의 구조

C

cycloreversion **역고리화 반응.** 고리화 첨가반응의 역반응을 말함. 이 고리 분해 반응에서는 고리화 첨가반응 자체와 동일한 대칭의 선택규칙이 적용된다.

cyanic acid **사이안산**(HOCN). 불안정하며, 폭발성이 있는 산. 이 화합물은 휘발성이 있는 액체로서, 쉽게 중합된다. 또한 물속에서 암모니아와 이산화탄소로 가수분해 된다. 이 화합물은 H−O−C≡N의 구조를 가지며, 이것과 이성질체인 또 하나의 화합물 H−N=C=O는 아이소사이안산(isocyanic acid) 이라고 한다.

cyanide **사이안화물.** 사이안화 이온 CN−를 가지고 있는 무기물들. 사이안화 이온은 헤모글로빈의 철에 배위되어 혈액을 통한 산소의 운반을 방해하는 극히 유해한 물질이므로 주의해야 한다. 예로서 KCN과 NaCN은 모두 극약이다. 또한, 사이안화 이온이 배위된 금속 착물을 뜻하기도 한다.

cyanine dye **사이아닌 염료.** 질소 함유 헤테로 고리에 폴리메타인(polymethine, −CH=(CH=CH)−)기를 가지고 있는 형광 염료들. 생명과학이나 의학 분야 영상 사진에서 광감제로 사용되며 IR부터 UV 영역까지의 스펙트럼에 사용된다. CD-R 및 DVD-R에도 사용되나 화학적으로 불안정하여 오래 사용하지 못한다. 사이아닌에는 열린사슬형 (I) (open chain cyanine 또는 streptocyanine), 헤미사이아닌형 (II) (hemicyanine) 및 닫힌 사슬 사이아닌형 (III) (closed chain cyanine) 등 세 종류가 있다.

$$R_2N^+=CH\,[CH=CH]_n-NR_2 \quad \text{(I)}$$

$$Aryl=N^+=CH\,[CH=CH]_n-NR_2 \quad \text{(II)}$$

$$Aryl=N^+=CH\,[CH=CH]_n-N=Aryl \quad \text{(III)}$$

그림 C-64 • 사이아닌 염료의 예

cyanuric acid **사이아누르산.** $[HOCN]_3$. 시안산의 삼합체로서, 가용성의 흰색 결정.

cyclo- **사이클로−.** 고리 화합물을 나타내는 전치사. 예로서 사이클로헥세인(cyclohexane)을 들 수 있다.

cysteine **시스테인.** 아미노산의 일종으로 $HSCH_2CH(NH_2)COOH$의 구조식을 가진다.

cytochrome **사이토크롬.** 철이 함유된 헴을 가지고 있는 단백질. 미토콘드리아와 엽록체 속에서 $Fe^{3+} + e^- \rightleftharpoons Fe^{2+}$ 반응과 관련된 전자 운반 사슬의 일부분이 되는 화합물이다.

d **우회전성.** 우회전성을 나타내는 "dextrorotatary"의 약 기호. 광학활성을 나타내는 화합물의 우회전성을 표시하게위해 화합물 이름 앞에 접두어로 붙여 사용하며 다르게는 (+)로 표시한다.

d-block element **d-구역 원소.** 4, 5 및 6 주기에 속한 주 전이금속 원소를 칭하는 말.

D configuration **D 배열.** 탄수화물 분자의 배열을 구분하는데 사용하는 기호. 당 분자의 카보닐 (C=O)기를 기준하여 마지막 비대칭 탄소의 OH 기가 관측자가 보는 방향의 오른편에 있으면 D-형 배열이라고 한다. 반대로 OH 기가 왼편에 있으면 L-배열이라고 한다. 이 기호는 화합물 이름 앞에 표기한다.

***d, l*-pair** ***d, l*-쌍.** 비대칭 탄소를 가지고 있는 *d*-형 및 *l*-형 이성질체가 50 : 50으로 혼합된 혼합물을 의미하는데 라세미 혼합물의 동의어이다.

d-π bonding **d-π 결합.** d 오비탈과 이웃한 원자의 p 오비탈이 겹쳐져 만드는 파이 결합, 예를 들어, SO_2와 같이 3주기 원소와 2주기 원소 간의 결합을 들 수 있다. SO_2의 S와 O가 d-π 결합을 이룬다.

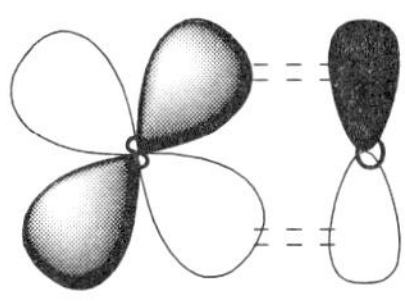

그림 D-1 • 황의 d 오비탈과 산소의 p 오비탈이 겹쳐져 만든 d-π 결합

dacron **다크론.** 폴리에스터의 일종으로 테릴렌(terylene, 또는 mylar)이라고도 한다.

Dakin reaction **Dakin 반응.** 페놀에 포함된 알데하이드 및 아세틸기를 H_2O_2와 반응시켜 OH기로 변환하는 반응[H. D. Dakin, *Am. Chem. J.*, *42*, 477(1909)].

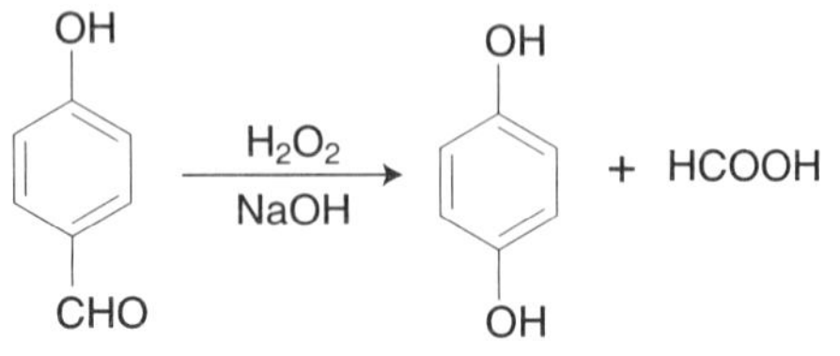

$$\text{HO-C}_6\text{H}_4\text{-CHO} \xrightarrow[\text{NaOH}]{H_2O_2} \text{HO-C}_6\text{H}_4\text{-OH} + \text{HCOOH}$$

그림 D-2 • Dakin 반응

Dakin-West reaction **Dakin-West 반응.** α-아미노산을 아세트산 무수물(acetic anhydride)과 염기조건에서 반응시켜 α-아세트아미도 케톤(α-acetamido ketone)을 합성하는 반응.

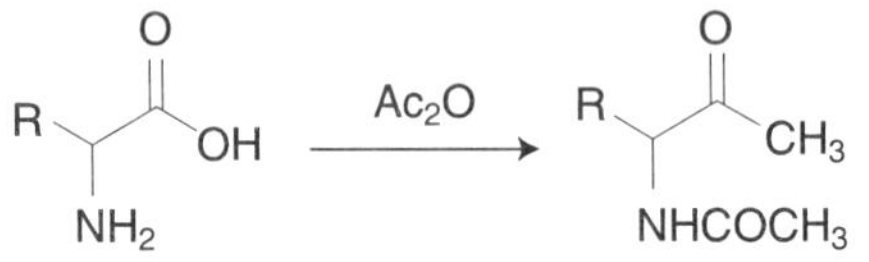

$$\text{RCH(NH}_2\text{)COOH} \xrightarrow{Ac_2O} \text{RCH(NHCOCH}_3\text{)COCH}_3$$

그림 D-3 • Dakin-West 반응

dalton (Da) **달톤.** 원자량 단위의 하나. 산소의 1/16 의 질량. 즉, $1.660538782(83) \times 10^{-27}$ kg에 해당한다.

dark reaction **암반응, 어둠 반응.** 빛이 없는 곳에서 일어나거나 수행하는 반응.

Darzens glycidic ester synthesis; Darzens condensation; Darzens-Claisen reaction **Darzens 글리사이드 에스터 합성; Darzens 축합; Darzens-Claisen 반응.** α-할로에스터(α-halo ester)와 알데하이드(또는 케톤)를 알돌 축합반응 시켜 글리사이드에스터(glycidic ester: oxirane-2-carboxylate)를 합성하는 반응이다. 이 반응 생성물인 옥시란 에스터(oxirane ester)를 가수분해시키면 카복시기 이탈반응을 일으켜 새로운 알데하이드로 변환된다. 따라서 이 반응은 다른 방법으로 합성하기 어려운 알데하이드 합성에 유용하다[G. Darzene, *Compt. Rend. 139*, 1214 (1904)].

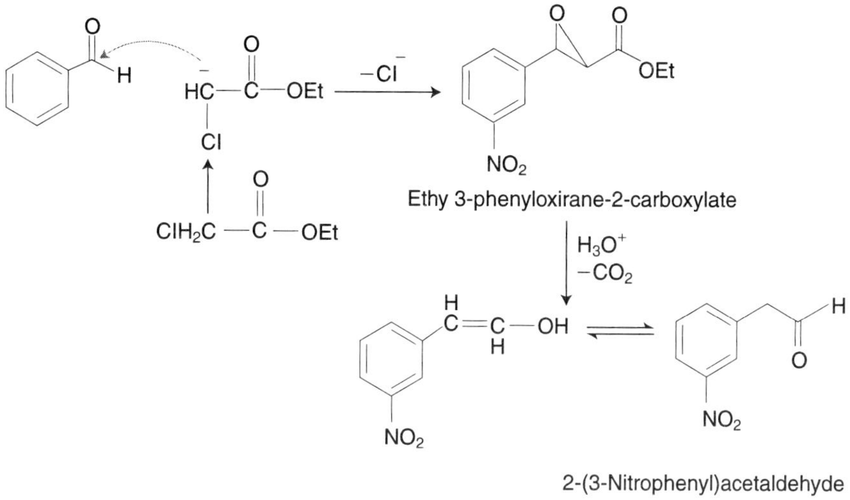
O
H
O
HC—C—OEt
Cl
−Cl⁻
O
ClH₂C—C—OEt
O
O
OEt
NO₂
Ethy 3-phenyloxirane-2-carboxylate
H₃O⁺
−CO₂
H
C=C—OH
H
NO₂
H
O
NO₂
2-(3-Nitrophenyl)acetaldehyde

그림 D-4 ◦ Darzene 글리사이드 에스터 합성 및 생성물 변환

Darzens-Nenitzescu ketone synthesis

Darzens-Nenitzescu 케톤 합성법. 고리알켄를 카복실산 염화물(RCOCl) 또는 산무수물을 Lewis 산 존재 하에 반응시켜 케톤을 합성하는 방법[G. Dazenes, *Compt. Rend. 150*, 707(1910)][C. D. Nenitzescu, I. P. Cantuniari, *Ann. 510,* 269(1934)].

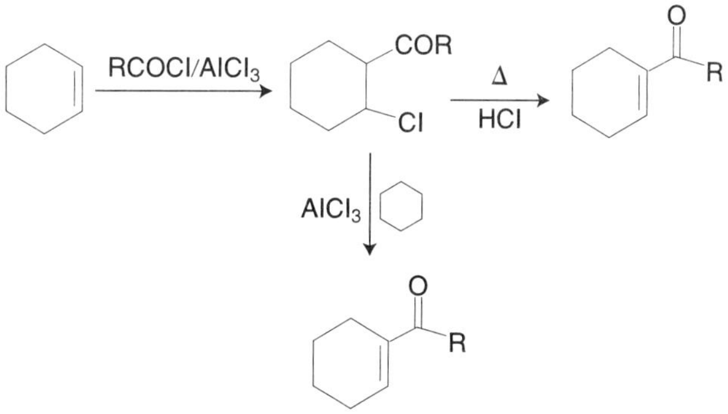
RCOCl/AlCl₃
COR
Cl
Δ
HCl
O
R
AlCl₃
O
R

그림 D-5 ◦ Darzens-Nenitzescu 케톤 합성법

Darzens tetralin synthesis Darzens 테트랄린 합성법. α-벤질-α-알릴아세트산(α-benzyl-α-allylacetic aicd) 형태의 화합물을 진한 황산 속에서 적당히 가열하면 테트랄린(tetralin) 고리화합물이 생성되는 반응[G. Darzens, *Compt. Rend.*, *183*, 748(1926)].

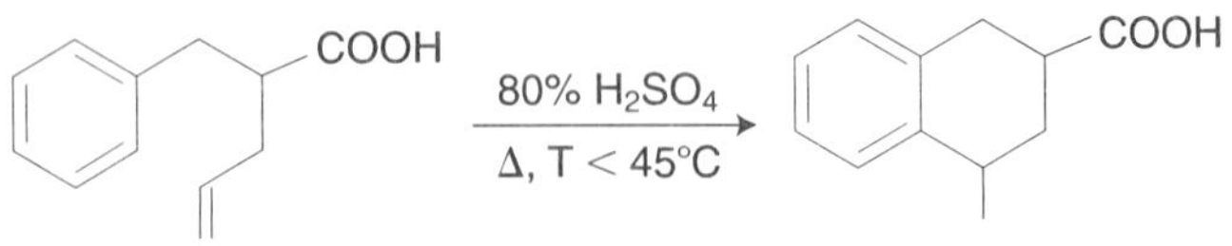

COOH → $80\%\ H_2SO_4$, Δ, T < 45°C → COOH

그림 D-6 • Darzens 테트랄린 합성법

DBT **D**i-*n*-**b**utyl ph**t**halate 합성수지의 약기호.

DCC **D**i**c**yclohexyxl**c**arbodiimide의 약기호.

DDT $(ClC_6H_4)_2CH(CCl_3)$. **d**ichloro**d**iphenyl**t**richloroethane의 약기호로서, 1950~1960년대에 광범위하게 사용되었던 염소 함유 살충제. 이 화합물은 살충제로는 매우 효과적이지만, 대단히 안정하여 분해되지 않고, 먹이 사슬에 들어가 육식 동물의 몸속에 축적되므로 사용이 금지되고 있다.

De Broglie relationship De Broglie 관계식. 어떤 입자(전자)의 파장 (λ)은 de Broglie 식에 의해 결정된다. 즉,

$$\lambda = h/p = h/mv$$

여기서 *h*는 Planck 상수, *p*는 전자의 모멘텀, *m*은 질량 그리고 *v*는 입자의 속도이다.

deacetylation 탈아세틸화(반응), 아세틸기 이탈(반응). 분자로부터 아세틸(acetyl, CH_3CO-)기가 떨어져 나가는 반응. 탈아세틸화 반응이 일어나면 탄소가 두 개 줄어든 생성물이 얻어진다.

deamination 탈아미노화(반응), 아미노기 이탈(반응). 화합물로부터 아미노(amino, NH_2)기가 떨어져 나가는 반응.

Deby unit Debye(데바이) 단위. 쌍극자 모멘트를 나타내는 단위로 $1\ D = 1 \times 10^{-18}$ esu·cm 이다.

decarbonylation 탈카보닐 반응. 분자로부터 하나 또는 그 이상의 CO (carbonyl) 기가 제거되는 반응.

decarboxylation 탈카복실(반응). 분자로부터 이산화탄소(carbon dioxide, CO_2)가 떨어져 나가는 반응.

decomposition 분해. 순수한 화합물이 다른 물질로 변화되는 현상. 분해는 빛, 열, 공기 중 산소 또는 미생물에 의해 일어날 수도 있다.

deconjugation **콘쥬게이션 풀림.** 불포화 결합의 콘쥬게이션 계가 파괴되는 현상.

decoupling **짝풀림.** NMR에서 적당한 진동수의 빛을 쪼여 어떤 핵 간의 짝지음 효과를 부분적으로 또는 완전히 제거하는 방법.

defence substance **방어물질.** 동물, 곤충이나 식물 등이 자신을 보호를 위해 분비 방출하는 물질 특히 절지동물들이나 곤충에서 많이 방출된다.

degeneracy **겹침, 축퇴, 등 에너지 상태.** 다른 파동함수들에 의해 동일한 에너지를 갖는 상태를 말하며, 중복된 상태들의 수를 퇴화도라고 한다.

degenerate orbital **중복된 오비탈.** 동일한 에너지를 가진 오비탈. 예를 들어 2p의 3개 오비탈들은 바닥상태에서 중복되어 있다.

degenerate rearrangement **중복된 자리옮김.** 출발물질과 구별할 수 없는 생성물을 생성하는 자리옮김 반응. 이런 현상은 3 고리가 접합된 유동성 분자(fluxional molecule)에서 관찰된다.

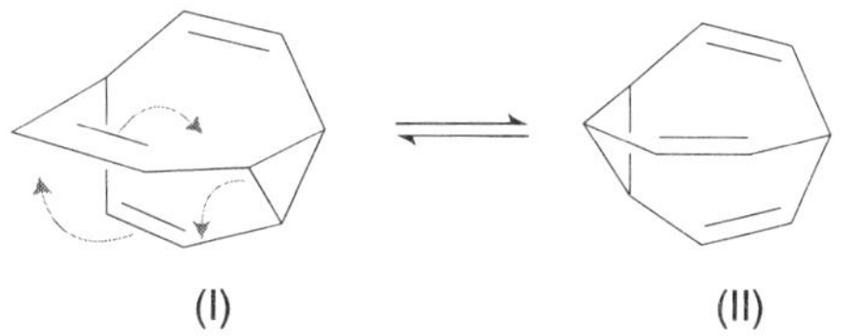

그림 D-7 • 중복된 자리옮김의 예. 반응물 (I)과 생성물 (II) 가 동일하다.

degenerate species **같은 구조 화학종.** 분자식이 동일하고, 구조적으로도 동일하여 서로 구별할 수 없는 화학종. 유동성분자들에서 볼 수 있으며 한 가지 예로 사이클로펜타다이에나이드(cyclopentadienide)를 들 수 있다.

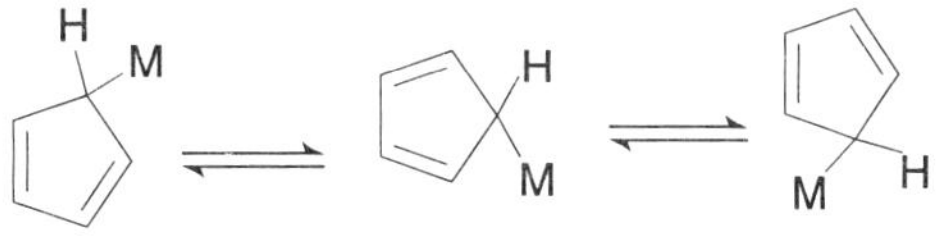

그림 D-8 • Cyclopentadienide의 구조

degree of unsaturation **불포화도.** unsaturated degree 를 보라.

dehydration **탈수(반응).** 어떤 물질로부터 물 분자가 제거되는 반응.

dehydrogenase **탈수소 효소.** 생화학 반응에서 수소 원자들을 제거하는 반응의 촉매 역할을 하는 효소.

dehydrogenation **탈수소(반응).** 어떤 화합물로부터 수소 원자를 제거하는 화학 반응. 유기 화합물이 탈수소 반응을 일으키면 탄소-탄소 단일 결합이 이중 결합으로 변한다. 탈수소 반응은 금속 촉매에 의해 촉진되며, 생화학적 계에서는 탈수소 효소에 의해 촉진된다.

dehydrohalogenation **할로젠화수소 이탈(반응).** 할로젠화 알킬 (RX)로부터 HX가 제거되는 반응.

delayed coking **지체 탄소침적.** 비교적 낮은 온도(~500°C)에서 오랜 시간 가열하여 코크스를 형성하는 공정.

Delépine reaction **Delépine 반응.** 알킬하라이드(RX)와 헥사메틸렌테트라민(hexamethylenetetramine)을 반응시켜 사차암모늄 염을 형성시키고 산가수분해 하여 일차아민을 만드는 반응[M. Delépine, *Compt. Rend. 120*, 501(1895)].

delocalization **비편재화.** 화합물의 결합 전자가 특정한 결합 원자에 속하지 않고 여러 원자에 걸쳐 퍼져 있는 현상을 말하며, 이러한 전자들을 "비편재화 되었다"라고 말한다. 전자의 비편재화가 일어나면 그렇지 않은 경우 보다 더 안정하고, 이 차이 나는 에너지를 비편재화 에너지라고 한다. 예로서 콘쥬게션 이중 결합을 형성하고 있는 π 전자들은 콘쥬게이션 결합계 전체에 속하며, 어느 특정한 결합이나 원자에만 속해 있지 않다. 전자들이 비편재화되어 있을 때에는 편재화 되어 있을 때보다 훨씬 더 안정하다. 벤젠과 같은 방향족 화합물들이 특별히 안정한 것은 이러한 π 결합 전자의 비편재화 때문이다.

D

delocalized bonding **비편재된 결합.** 결합전자가 세 개 또는 그 이상의 원자에 퍼져 있는 결합. 예를 들어, 1,3-butadiene에서 파이 결합 전자에서 볼 수 있다.

delocalized ion **비편재된 이온.** 전하가 하나 이상의 원자에 퍼져 있는 이온을 말하며, 전하 비편재 이온(charge delocalized ion) 이라고도 함. 예를 들어 벤질(benzyl) 음이온 또는 아세틸 양이온(acetyl cation)을 들 수 있다.

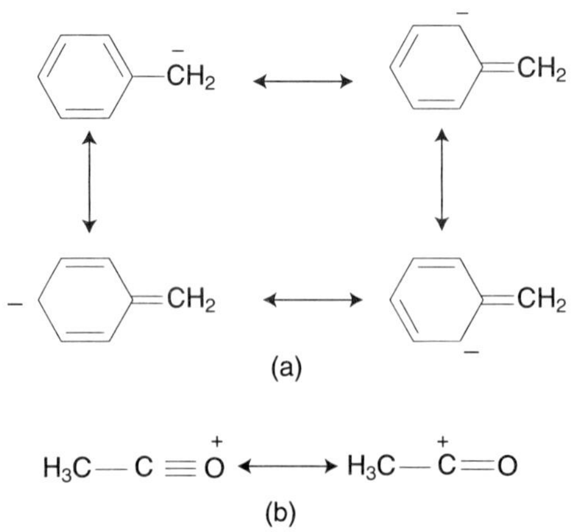

CH_2^- ⟷ $=CH_2$

$=CH_2$ ⟷ $=CH_2$

(a)

$$H_3C-C\equiv\overset{+}{O} \longleftrightarrow H_3C-\overset{+}{C}=O$$

(b)

그림 D-9 • (a) Benzyl 음이온 (b) acetyl 양이온

delocalized π molecular orbital **비편재된 π 분자 오비탈.** 각기 다른 원자에 있는 3개 또는 그 이상의 나란히 있는 π 오비탈의 조합에 의한 분자 오비탈로 통상 파이(π) 분자 오비탈이라고 하기도 한다. 이 오비탈들은 포함된 모든 원자에 포함되어 있다. *n*개의 나란한 원자의 π 오비탈이 선형으로 겹쳐지면(LCAO) nπ 분자 오비탈이 형성되며, 여기서 n은 짝수이다. 예로 1,3-butadiene 의 π 분자 오비탈을 들 수 있다.

De Mayo reaction **De Mayo 반응.** 1,3-다이케톤의 엔올 유도체에 알켄을 광첨가반응시켜 얻어진 고리 중간체를 역-알돌(retro-aldol) 반응을 시켜 1,5-다이케톤을 합성하는 반응[P. de. Mayo, *et al. Proc. Chem. Soc. London*, 119(1962)][P. de Mayo, H. Takeshita, *Can. J. Chem., 41*, 440(1963)].

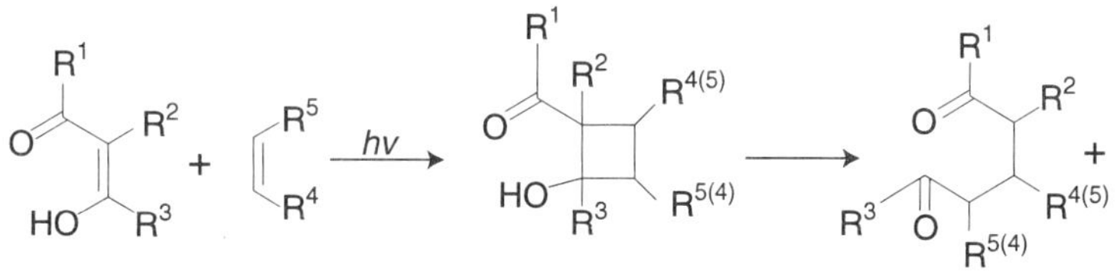

그림 D-10 • De Mayo 반응

Demjanov rearrangement **Demjanov 자리옮김.** 지방족 아민이 다이아조늄 이온이 되고, 다이아조늄 화합물(diazonium compound)이 분해되면서 탄소양이온을 형성한다. 이 양이온이 더 안정한 이온으로 자리옮김을 일으키고 물과 반응하여 알코올을 생성하는 반응이다. 이 반응은 보통 고리확장에 이용한다. 이 고리 확장 반응은 Tieffeneau-Demjanov 고리 확장반응이라고 한다[N. J. Demjanov and M. Lushnikov, *J. Russ. Phys. Chem.* Soc., *35*, 26 (1903)].

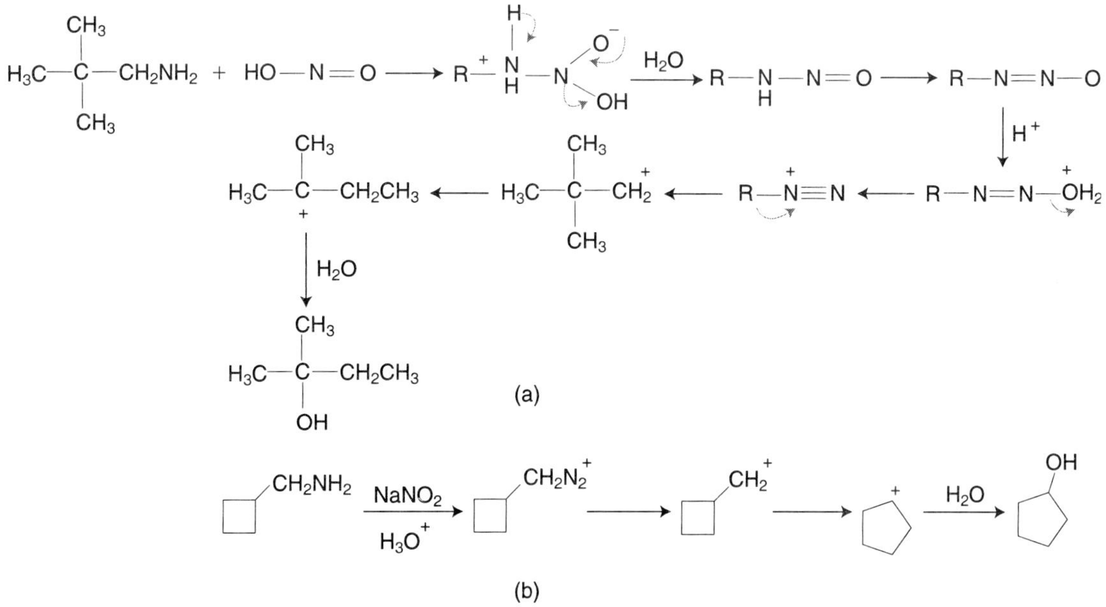

(a)

(b)

그림 D-11 • (a) Demjanov 자리옮김. (b) Tieffeneau-Demjanov 고리 확장반응

denaturation **변성.** 단백질이나 핵산이 구조 변화를 일으켜 그것의 생화학적 기능이 감퇴되거나 상실되는 것을 변성이라고 한다. 변성은 열, 화합물, 또는 pH 변화 등에 의해 일어날 수 있다.

dendrimer **덴드리머, 나뭇가지형 화합물.** 다작용기를 포함하는 작은 분자로부터 나뭇가지처럼 반복적으로 연결되어 만들어진 구형의 큰 분자를 말함. Dendrimer는 그리스 말의 나무를 뜻하는 "δένδρον (pronounced dendron)"으로부터 유래되었다. 덴드리머는 Vögtle (1978)에 의해 처음 만들어졌으며 오늘날 그 독특한 성질 때문에 다양한 분야에서 이용되고 연구되어지고 있다.

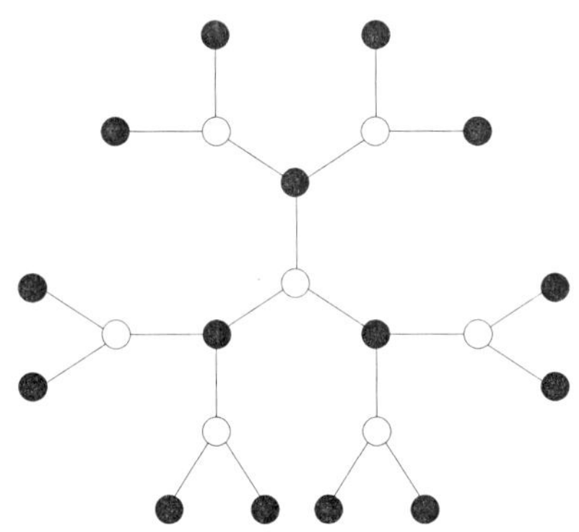

그림 D-12 • Dendrimer의 이미지 구조

density **밀도.** 물질의 단위 부피당 질량을 밀도라고 한다.

deoxyribonucleic acid **데옥시리보핵산.** DNA를 보라.

deoxy sugar **데옥시 당.** 당의 OH 기 하나가 H로 치환된 당. 예로 2-deoxy-*D*-ribose가 있고 이 화합물은 *D*-ribose의 2-번 탄소 OH가 H로 치환된 것이다.

depolarization ratio **감극비, 편광-해소비.** Raman 스펙트럼에서 입사 복사선의 편광면에 수직하게 산란되는 복사선의 세기와 평행하게 산란되는 복사선의 세기 사이의 비율. 대체적으로 이 비가 약 0.75 이상인 선은 편광 해소된 것으로, 그 이하인 것은 편광된 것으로 분류한다. 일반적으로 완전한 대칭 진동들은 편광된 스펙트럼선들을 나타낸다.

depolymerization **해중합(반응).** 중합체가 단위체로 분해되는 반응.

DEPT-NMR DEPT **DEPT 핵자기공명법.** Distortionless Enhancement by Polarization Transfer NMR의 약기호로 나타낸 용어. 분자 내에 있는 탄소 원자의 다중도를 예측하는데 이용하는 ^{13}C NMR 방법이다. 이 방법은 세 단계로 이루어지는데 먼저 넓은띠 짝풀림 스펙트럼을 찍고, DEPT-90이라는 특수한 조건에서 찍으면 CH 탄소 신호만 나타나며, 마지막으로 DEPT-135 조건으로 찍으면 CH_3와 CH 는 양의 신호로 나타나고, CH_2 신호는 음의 신호로 나타나므로 각 탄소의 치환상태를 확인할 수 있어 유용하다.

deprotonation **양성자이탈(반응).** 어떤 분자로부터 양성자(proton, H^+)를 제거하는 과정.

derivative **유도체.** 어떤 모체 화합물로부터 유도된 화합물로서, 처음 모체 화합물의 대부분의 구조를 유지하고 일부 원자나 원자단만이 다른 화합물을 유도체라고 한다. 예로서 클로로메테인(chloromethane)들은 메테인의 유도체들이고, 나이트로벤젠(nitrobenzene)은 벤젠의 유도체이다.

deshielding effect **벗김 효과.** 핵자기 공명 분광법(NMR)에서 전기음성도가 큰 원자나 원자단이 붙어 있는 탄소 원자의 양성자는 양성자 핵 주변에 전자밀도가 감소하여 가리움 효과를 덜 받아 신호가 낮은 장 쪽으로 이동하여 나타난다. 이런 효과를 벗김 효과라고 한다. 반대로 전자를 밀어주는 기가 결합한 탄소의 양성자 핵 주변에는 전자밀도가 높아져 외부자기장을 가려 막는 효과가 더 커서 이 양성자 신호는 높은 장으로 이동하여 나타난다. 이 효과를 가리움 효과(shielding effect) 라고 한다.

desiccant **건조제.** 흡습성이 강하여 다른 물질을 건조시키거나 습기를 제거하는데 이용할 수 있는 물질. 실리카겔, 진한 황산, 오산화인, 및 소다석회(NaOH+CaO) 등이 건조제로 많이 사용된다.

desiccator **데시케이터.** 건조시킬 물질을 넣거나, 건조된 물질을 보존하기 위해 넣어두는 용기. 실험실에서 사용되는 건조용기는 유리나 플라스틱으로 되어 있으며, 그 속에 실리카겔이나 무수 $CaCl_2$ 같은 건조제를 넣어 사용한다. 또한 건조 용기에 유리관 꼭지가 붙어 있어 진공으로 만들 수 있도록 되어 있는 진공 건조용기도 있다.

destructive distillation **분해 증류.** 복잡한 유기 물질이 휘발성 생성물들로 분해되도록 공기를 차단하고 가열한 다음, 생성물들을 증류 응축하는 과정. 예로서 유연탄을 분해 증류하면 콜타르를 얻을 수 있다.

detergent **세탁제.** 유화작용을 할 수 있는 화합물을 말하며, 세탁제를 가하면 세탁 기능이 높아진다. 비누는 옛날부터 세탁제로서 사용되어 왔는데, 이것은 긴 사슬의 지방산나트륨이다.

deuterated compound **중수소화 화합물.** 수소 원자가 중수소 원자로 치환된 화합물.

deuterium isotope effect **중수소 동위원소 효과.** 동일한 자리의 수소 원자 대신 중수소를 치환시키면 반응성이나 반응속도가 차이가 나는 결과를 말함. 반응 메커니즘을 밝히는데 유용하게 이용된다.

Dewar structure **Dewar 구조.** 반대편 원자 간에 하나의 긴 단일 결합을 가진 벤젠 또는 다른 방향족 화합물의 공명구조.

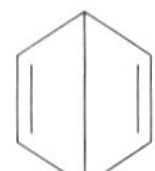 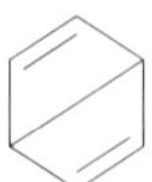 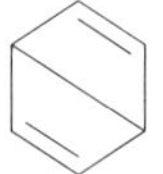

그림 D-13 • Benzene의 Dewar 구조

dextrin **덱스트린, 호정.** 녹말이 아밀라아제 효소에 의해 말토오스로 가수분해되는 과정에서 생기는 중간 단계의 다당류.

dextrorotatory **우회전성, 우선성.** 면편광 빛의 편광면을 시계 방향으로(입사되는 복사선을 마주보았을 때) 회전시키는 화합물의 편광 성질. *d* 또는 +로 이름 앞에 표기한다. 광활성도를 보라.

dialysis **투석.** 녹말이나 단백질과 같은 고분자나, 콜로이드 알맹이와 같은 큰 알맹이가 들어 있는 용액으로부터 그 용액 속에 함께 들어 있는 작은 분자나 이온들만 반투막을 이용하여 선택적으로 걸러내는 방법. 예로서 생체 기관의 세포막은 반투막이다. 따라서 신장이나 인공 신장에서 질소 함유 노폐물이 걸러지는 것이 투석 효과이다.

D

diamond **다이아몬드, 금강석.** 탄소의 동소체로서, 자연적으로는 킴벌라이트라고 하는 화성암 속에 박혀 있기도 하며, 풍화되어 유리된 결정 형태로 산출되기도 한다. 다이아몬드는 입방 결정계에 속하는 결정이며, 경도가 매우 높다. 아래 그림(a)와 같은 단위세포를 가지고 있고, 탄소 원자들이 사면체의 꼭지점을 향하는 4개의 공유 결합으로 서로 다른 탄소 원자들과 결합하고 있는 결정이다. 따라서 결정 전체를 하나의 분자로 생각할 수 있다. 일반적으로 결정 결함이나 C, N, Si 등의 불순물을 포함하고 있다. 무색투명하지만, 노란색, 갈색, 또는 검은색을 띠기도 하고, 빛을 굴절 또는 분산시키는 성질이 커서 옛날부터 보석으로 이용되었으며, 불순물이 많이 포함되어 있어 보석으로 이용하기에 적합하지 않은 것은 연삭이나 연마기기를 만드는 데 이용된다. 오늘날에는 합성 다이아몬드로 산업계의 수요를 충족시켜 주고 있다.

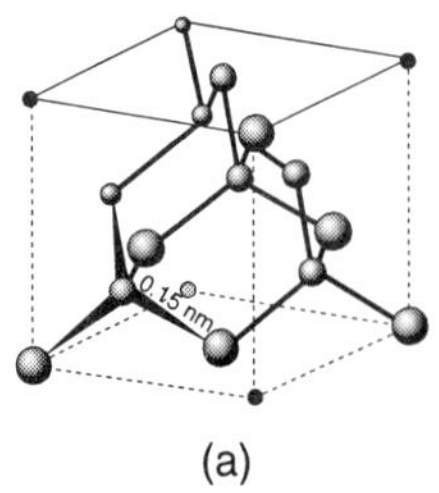

(a)

(b)

그림 D-14 • (a) 다이아몬드의 단위세포 구조. (b) 다이아몬드 보석

diastereoisomer (diastereomer)

부분 입체 이성질체. 비대칭 탄소를 가지면서도 서로 거울상 관계에 있지 않은 입체 이성질체. 하나의 예로 (*2R*, *3R*)-2,3-dibromobutane과 (*2R*, *3S*)-2,3-dibromobutane을 들 수 있다. 즉, (*R*, *S*) 배열인 분자와 (*R*, *R*)의 배열인 분자 간에는 서로 부분입체이성질체 관계에 있다고 한다. 이러한 관계는 짝수의 비대칭 탄소를 가지는 이성질체 사이에서 가능하다.

(2*R*, 3*S*)-2,3-Dibromobutane (2*R*, 3*R*)-2,3-Dibromobutane

그림 D-15 • 부부 입체 이성질체의 예

diasterotopic hydrogen

부분 입체 이성질체성 수소. 어떤 분자 내의 수소 중 하나가 다른 원자로 치환됨으로서 부분입체이성질체가 될 수 있는 수소. 예를 들어 (*R*)-3,4-dihydroxybutanal에서 3번 탄소가 비대칭 탄소이므로, 2번 탄소에 있는 2개 H중 하나가 다른 원자로 치환되면 부분입체이성질체가 만들어지므로 이 두 수소는 부분입체이성질체성 수소이다.

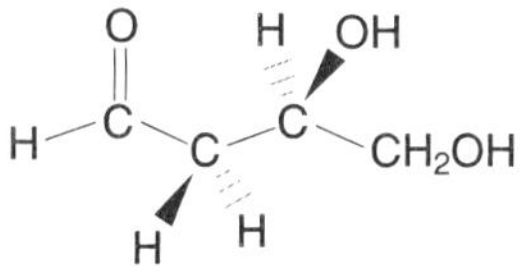

(*R*)-3,4-Dihydroxybutanal

그림 D-16 • (*R*)-3,4-Dihydroxybutanal 의 C2의 두 개 수소가 부분입체이성질체성 수소이다

diatomic molecule

이원자 분자. 2개의 원자로 이루어진 분자. H_2나 O_2와 같이 같은 종류의 두 원자로 이루어진 것은 등핵 이원자 분자, HCl이나 CO와 같이 서로 다른 종류의 두 원자로 이루어진 것은 이종핵 이원자 분자라고 한다.

1,3-diaxial interaction

1,3-이축방향 상호작용(1,3-이수직방향 상호작용). 사이클로헥세인(cyclohexane) 고리의 1-번과 3-번의 치환기가 축 방향으로 배열되면 이들 간의 전자구름의 반발로 인하여 입체적으로 변형이 일어나고 에너지가 높아지는 현상을 말한다. 이런 경우 두 치환기 중 더 부피가 큰 치환기가 수평방향으로 배열하는 것이 더 안정하다. 예로 1-메틸사이클로헥세인(1-methylcyclohexane)을 나타내었다.

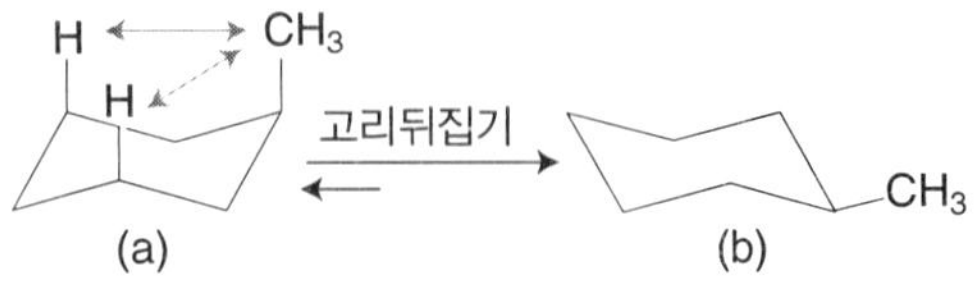

그림 D-17 • 1-Methylcyclohexane의 1,3-이축방향 상호작용. (a) 는 부피가 큰 CH_3가 축 방향으로 있어 각각 3번째 탄소의 축 방향 수소의 전자구름과 반발을 하게 되어 더 불안정하다. 반면에 (b)의 구조는 그런 상호작용이 훨씬 적어서 더 안정하다.

diazane

다이아제인. NH_2-NH_2(hydrazine)의 다른 이름이며, 이것은 두 개 질소를 포함하는 포화 화합물이라는 의미로 포화탄화수소 같이 부르는 이름이다.

diazene

다이아젠. NH=NH의 이름이며 이 화합물을 보통 다이이민(diimine)이라고 부른다.

diazoalkane

다이아조알케인. 알케인에서 동일한 탄소에 결합된 두 수소 대신 다이아조 $=N_2$ 기가 치환된 화학종을 말함. 다이아조메테인(diazomethane, $CH_2=N_2$) 및 다이페닐다이아조메테인(diphenyldiazomethane, $(C_6H_5)_2C=N_2$)을 예로 들 수 있다.

diazo compound

다이아조 화합물. RN=NR의 일반식을 가지는 유기 화합물. 아조 화합물, 다이아조늄 화합물, 및 다이아조메테인 CH_2N_2 등을 다이아조 화합물이라고 한다.

diazonium ion

다이아조늄 이온. $R-N^+\equiv N$의 일반식을 가지는 화합물을 말하며, 보통 반응 중에 이온 염으로 존재하며 이런 염을 다이아조늄 염(diazonium salt) 이라고 하며, 일반적으로 불안정하다. 방향족 아민을 낮은 온도에서 아질산과 반응시키면 다이아조늄 염이 생기며 이 반응을 다이아조화 반응(diazotization, 또는 Griess 반응)이라고 한다[P. Griess, *Ann. 106*, 123 (1958)].

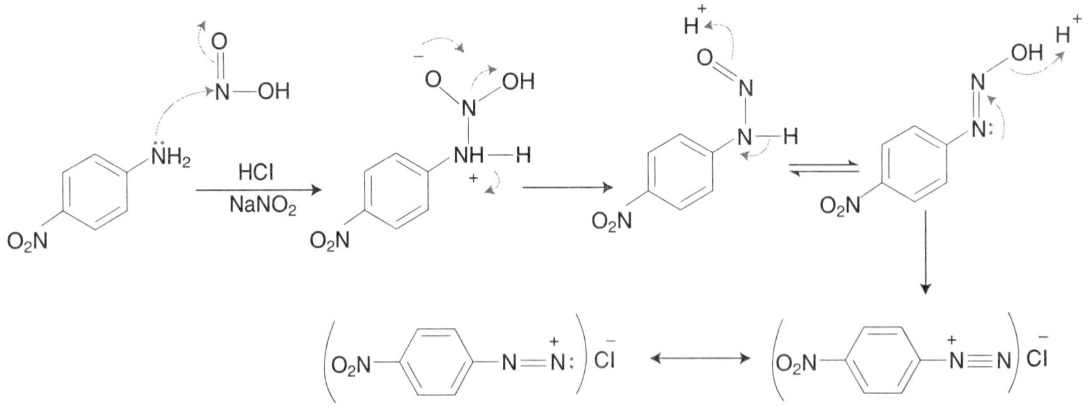

그림 D-18 • 다이아조화 반응과 다이아조늄 이온의 공명구조

diazotization

다이아조화 (반응). diazonium ion를 보라.

dibasic acid **이염기산.** 황산 H_2SO_4이나 탄산 H_2CO_3과 같이 산 염기 반응에서 한 분자 당 2개의 양성자를 내놓을 수 있는 산.

dicarboxylic acid **다이카복실산.** 한 분자에 2개의 카복실 기 $-CO_2H$를 포함하고 있는 분자.

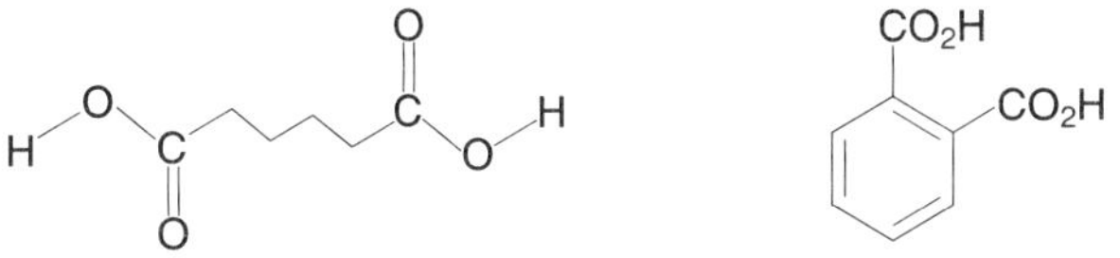

1,6-Hexanedioic acid

1,2-Benzenedicarbocylic acid (Phthalic aicd)

그림 D-19 • 다이카복실산의 예

Dieckman condansation **Dieckman 축합반응.** 다이에스터 $(RO_2C(CH_2)_nCO_2R)$의 염기 촉매에 의한 분자 내에서 축합이 일어나 β-케토에스터를 형성하는 반응. 이 반응에서는 고리가 형성되므로 Dieckman 고리화 반응이라고도 한다. 이 반응은 분자내 Claisen 축합반응이다[W. Dieckman, *Ber.*, *27*, 102 (1894)].

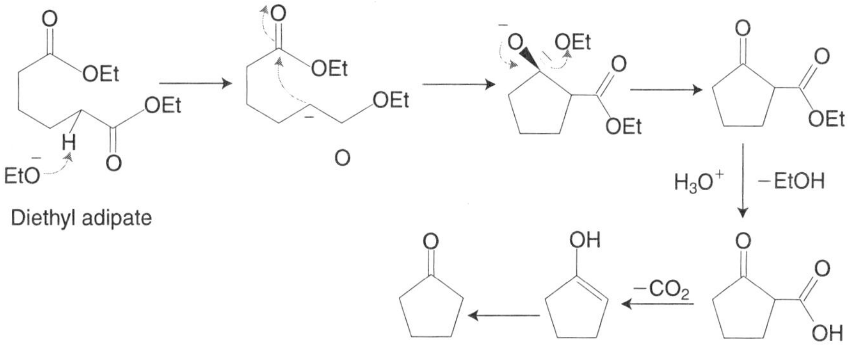

Diethyl adipate

H_3O^+ −EtOH

$-CO_2$

Cyclopentanone

그림 D-20 • Dieckman 축합반응

dielectric constant **유전 상수 (ϵ).** 반대 전하가 서로 잡아 당기는 힘에 대한 용매의 상대적인 영향을 측정한 값이며, 물(ϵ = 80)과 아세토나이트릴(acetonitrile, ϵ = 39) 같은 극성 용매는 유전상수가 낮은 아세톤(acetone, ϵ = 21)이나 벤젠(benzene, ϵ = 2.3) 같은 비극성 용매보다 이온을 더 잘 녹인다.

Diels-Alder reaction **Diels-Alder 반응.** 하나의 단일 결합을 사이에 두고 2개의 이중 결합을 가지고 있는 다이엔(diene)이 이중 결합을 가지고 있는 또 다른 화합물 즉, 친다이엔체(dienophile)와 반응하여 이중결합을 하나 포함하고 있는 고리 화합물을 형성하는 반응이다. 통상 다이엔은 전자가 풍부한 화합물이 유리하고 친다이엔체에는 전자를 당기는 치환기들이 있어야 유리하다. 또, 다이엔의 구조는 가운데 있는 단일 결합을 기준으로 두 이중결합이 동일한 방향으로 배열된 *s*-시스(*cis*)-형이 유리하다. 이 반응의 입체화학은 Alder-Stein 규칙에 따른다. 즉, 다이엔이 친다이엔체에 첨가될 때는 Z(*cis*)-형태로 첨가되며, 고리형 다이엔과 친다이엔체가 반응할 때는 엔도 생성물(endo-product)이 우세하게 생성된다[O. Diels; K. Alder, *Ann., 460*, 98 (1928)] [K. Alder; G. Stein Angew. *Chem. 50,* 510 (1937)].

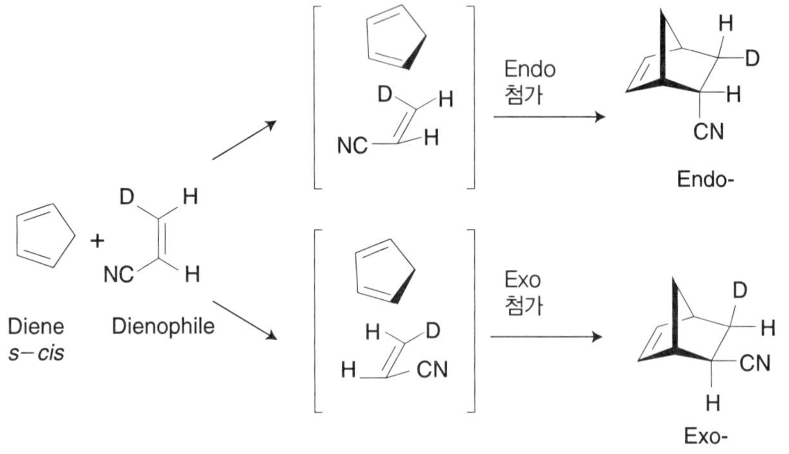

Endo 첨가
Endo-
Exo 첨가
Exo-
Diene *s*−*cis*
Dienophile

그림 D-21 • Diels-Alder 반응

diene

다이엔. 하나의 분자 속에 2개의 이중 결합을 가지고 있는 알켄류. 특히 1,3-뷰타다이엔(buta-1,3-dine)($CH_2=CHCH=CH_2$)에서와 같이 2개의 이중 결합이 하나의 단일 결합을 사이에 두고 이어져 있으면 이런 화합물을 콘쥬게이션 다이엔(conjugated diene)이라고 하며, 1,4-pentadiene ($CH2=CHCH_2CH=CH_2$) 같은 다이엔은 고립된 다이엔(isolated diene), 그리고 allene ($CH_2=C=CH_2$) 같이 이중결합이 연이어 있으면 연이은 다이엔(cumulative diene)이라고 한다.

Dienone-phenol rearrangement

Dienone-phenol 자리옮김반응. 4,4-이치환 사이클로헥사다이엔온(cyclohexadienone)을 산처리하여 3,4-이치환페놀(phenol)로 만드는 반응[K. von Auwers, K. Ziegler, *Ann. 425*, 217(1921)].

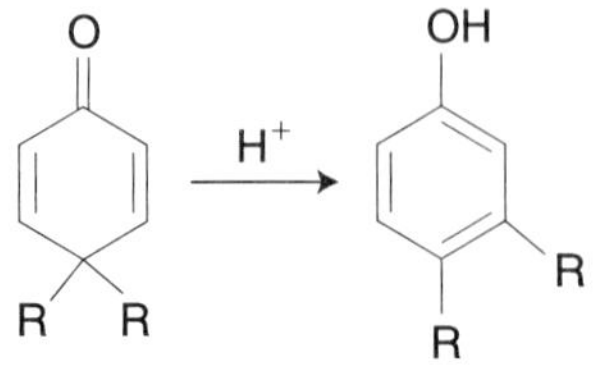

그림 D-22 • Dienone-phenol 자리옮김반응

dienophile

친다이엔체. Diels-Alder에서 다이엔과 반응하는 이중결합을 하나 가지고 있는 화학종을 말함. Diels-Alder 반응을 보라.

diethylene glycol **다이에틸렌 글라이콜.** 3-옥소펜테인-1,5-다이올(3-oxopentane-1,5-diol, $HOCH_2CH_2OCH_2CH_2OH$)의 다른 이름.

diglyme **다이글림.** 다이에틸렌글라이콜 메틸 에터(**di**ethyene **gly**col **me**thyl ether, $CH_3OCH_2CH_2OCH_2CH_2OCH_3$)의 영어 이름의 진한 색 부분으로부터 만들어진 합성어이다.

dihedral angle **이면각.** 비선형(직선이 아닌) A—B—C—D 형 결합 사슬에서 평면 $\overline{ABC}$와 $\overline{BCD}$ 평면 간의 각을 말함. 예를 들어 에테인(ethane, CH_3-CH_3)의 Newman 투영식으로 나타내면 아래 그림과 같다.

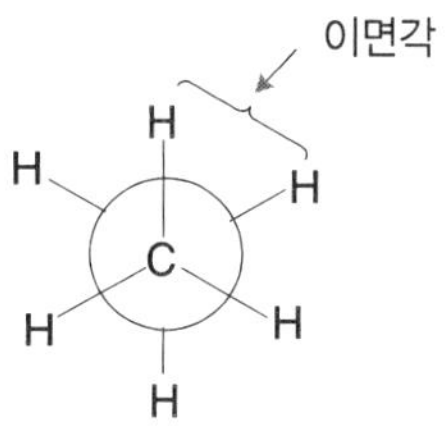

그림 D-23 • Ethane의 Newman 투영식에서 나타낸 이면각

diketone **다이케톤.** 한분자내에 케톤 작용기를 2개 가진 화합물. 예로, 1,3-butadiene [$(CH_3C(=O)CH_2C(=O)CH_3$]이 있다.

dimer **이합체.** 2개의 단위체라고 하는 분자가 결합하여 하나로 된 화학종. 예를 들어 아미노산 두 분자가 펩타이드 결합을 하면 다이펩타이드인 이합체가 형성된다.

dimerization **이합체화(반응).** 단위체 2개가 하나의 화합물로 결합되는 반응.

Dimroth rearrangement **Dimroth 자리옮김반응.** *N*-알킬 또는 알릴화된 이미노헤테로고리를 자리옮김반응하여 상응하는 알킬아미노 또는 알릴아미노헤테로고리로 만드는 반응[O. Dimroth, *Ann.* *364*, 183(1909); *459*, 39(1927)].

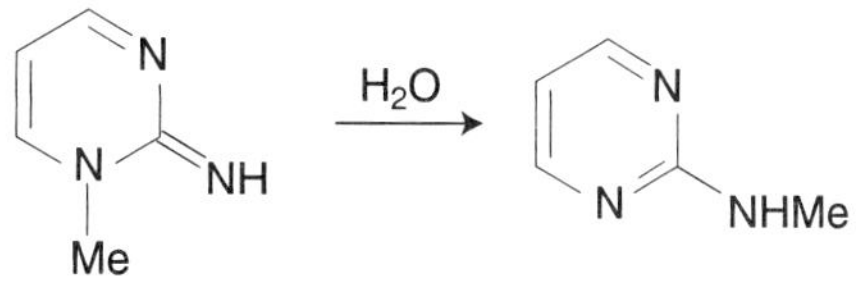

그림 D-24 • Dimroth 자리옮김반응

dinitrogen complex **이질소 착물.** 분자 질소가 하나의 리간드로 작용하여 금속과 배위하여 만들어진 착물. 이런 착물에서는 질소 분자가 질소-질소 삼중결합을 유지한 상태로 착물을 형성한다. 예를 들어 $[Ru(NH_3)_5-N\equiv N-Ru(NH_3)_5]^{4+}$ 같은 착물을 들 수 있다.

D

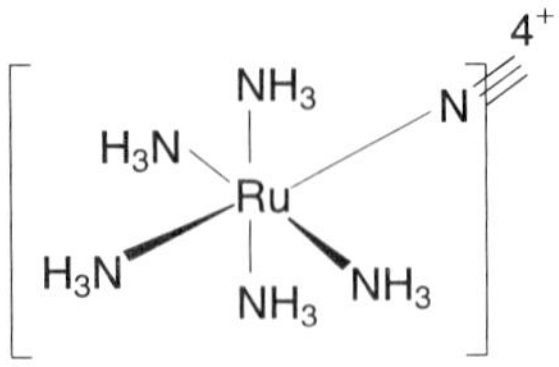

$$\left[\begin{array}{c}\mathrm{Ru(NH_3)_5}-\mathrm{N{\equiv}}\end{array}\right]^{4+}$$

그림 D-25 • 이질소 착물 $[Ru(NH_3)_5\text{-}N{\equiv}N\text{-}Ru(NH_3)_5]^{4+}$의 구조

diol **다이올.** 하나의 분자 속에 2개의 하이드록시기 hydroxy (OH−)를 포함하고 있는 알코올.

diose **2탄소당.** 탄소 원자 2개로 구성된 탄소 당류. $OHC-CH_2OH$ 뿐이다.

dioxygen complex **이산소 착물.** 분자 산소가 리간드로 작용하여 금속과 배위하여 만들어진 착물. 이런 착물에서 산소–산소 결합은 그대로 유지하고 있다. 대부분의 이 산소 착물은 금속과 산소가 삼각형 구조를 이룬다.

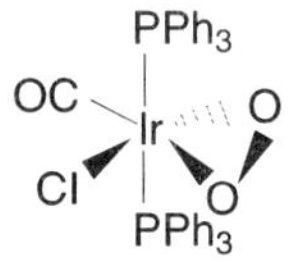

그림 D-26 • 이산소 착물의 예

1,3-dipolar addition **1,3-이중 극성 첨가반응.** 1,3-이중극성 분자 또는 분자 조각이 다른 파이결합을 가진 분자와 고리화 첨가반응을 일으키는 첨가반응. 예로서 아래 반응을 들 수 있다.

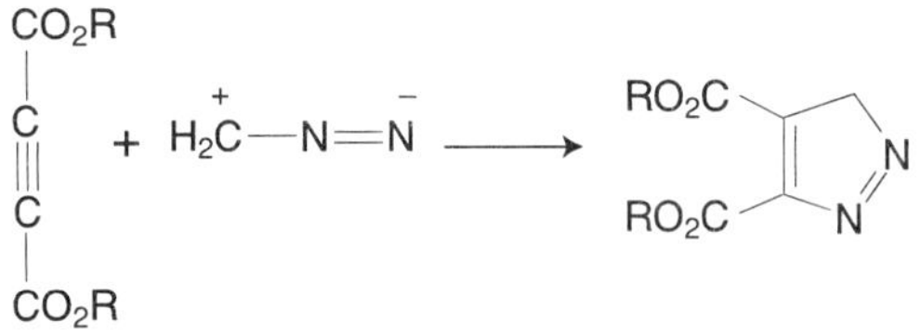

그림 D-27 • 1,3-이중 극성 첨가반응의 예

dipolar ion **이중 극성 이온.** Zwitter ion을 보라.

1,3-dipole **1,3-이중 극자(쌍극자).** 세 개의 원자로 결합된 화학종이 한쪽 말단에 음전하를 가지고 다른 편 말단에는 양전하를 가지면서 두 개의 공명구조를 가지는 화학종. 이런 화학종은 4pπ 전자를 가진다.

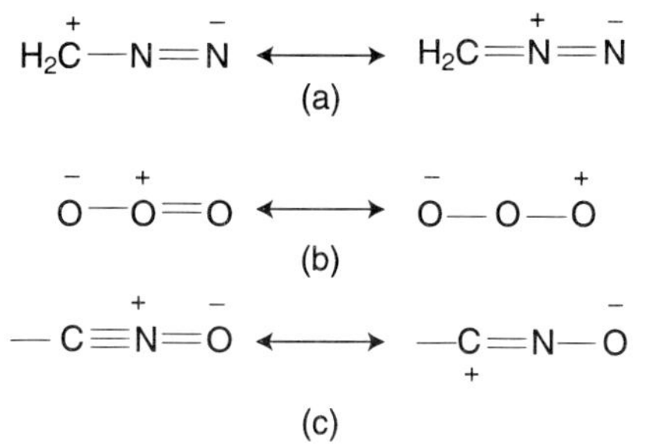

$$H_2\overset{+}{C}-N=\overset{-}{N} \longleftrightarrow H_2C=\overset{+}{N}=\overset{-}{N}$$

(a)

$$\overset{-}{O}-\overset{+}{O}=O \longleftrightarrow \overset{-}{O}-O-\overset{+}{O}$$

(b)

$$-C\equiv\overset{+}{N}=\overset{-}{O} \longleftrightarrow -\underset{+}{C}=N-\overset{-}{O}$$

(c)

그림 D-28 • 1,3-이중 극자 물질의 예 (a) diazo 화합물, (b) ozone, (c) nitril oxide

dipole-dipole interaction **이중 극자(쌍극자)-이중 극자(쌍극자) 상호작용.** 원자나 분자들이 그들의 이중 극자 때문에 나타내는 상호 작용이며, Van der Waals 힘은 이러한 상호 작용에 기인되는 것이다. 이중 극자에는 불균일한 전하 분포에 기인되는 영구 이중 극자와, 전기장이나 근처의 이중 극자에 의해 유발되는 유발 이중 극자가 있다. 따라서 이러한 상호 작용에는 이중 극자와 유발 이중 극자 사이의 상호 작용도 포함된다. 특히 유발 이중 극자-유발 이중 극자 사이의 상호 작용은 한 분자가 전자 밀도 요동에 의해 순간 이중 극자를 만들고, 이 이중 극자가 인접 분자에 이중 극자를 유발시켜 두 순간 이중 극자 사이에 상호 작용이 일어남으로써 생기는 것으로서, London 상호 작용, 또는 분산 상호 작용이라고 한다. 이러한 상호 작용의 예로는 0족 기체 원소의 일원자 분자들 사이나, 수소와 같은 비극성 분자들 사이의 상호 작용을 들 수 있다.

dipole moment (μ) **이중 극자 모멘트, 쌍극자 모멘트.** 전기음성도가 다른 두 원자 간에 결합을 하면 전자가 불균등하게 분포되고 결국 그 결합은 극성 결합이 되며, 전기음성도가 작은 원자는 부분적으로 양전하를 띠고 전기음성도가 큰 원자는 부분적으로 음전하를 띠고 그 결과로 결합은 이중 극자를 이룬다. 따라서 극성 결합을 가진 분자에서 극성 결합, 비 결합 전자쌍 및 분자 대칭성의 종합적인 결과로 이중 극자 모멘트를 가질 수 있다. 이중 극자 모멘트는 두 전하 사이의 거리 (r)와 전하량 (Q)을 곱하여 얻는다. 즉, $\mu = Q \times r$ 이고, 단위는 D (debye, $1D = 3.36 \times 10^{-30}$ C · m) 이다.

diradical **쌍라디칼.** 전하를 띠지 않는 화학종이 두 개의 쌍을 이루지 않은 전자를 가지는 화학종. Biradical이라고도 함. 이 두 개의 전자는 다른 전자 스핀 다중도를 가진다 (electron spin multiplicity). 예로서, methylethylene 이중 라디칼, 삼중항 메틸렌 (triplet methylene, 또는 carbene)을 들 수 있다.

directing group **지향기.** 어떤 분자에 존재하는 치환기가 다음에 도입되는 치환기의 위치를 결정하게 되는 종류들의 치환기를 말함. 즉, 벤젠(benzene) 유도체 반응에서 벤젠에 전자 주개기가 있으면 다음 치환기는 *o*- 또는 *p*- 위치로 치환되고, 전자 당기는 기는 *m*-위치로 치환기가 도입되도록 유도된다. 반응물 벤젠 유도체에 결합된 이들 모든 치환기를 지향기라고 한다.

disaccharide **이당류.** 2개의 단당류 분자가 연결되어 생긴 당. 예로서 설탕은 1개의 포도당 분자와 1개의 과당 분자가 결합된 이당류이다.

dismutaion reaction **불균등화 (반응).** 두 가지의 알켄(alkene) 화합물 간에 알킬리덴(alkylidene) 기의 교환이 일어나는 반응. 올레핀 복분해(oleffin metathesis) 또는 트랜스-알킬리덴화반응(*trans*-alkylidenation)이라고도 한다. 이 반응은 전이금속 착물에 의해 촉진되고 금속 카벤 중간체가 포함된다.

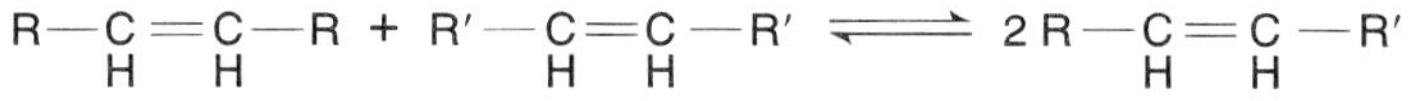

$$R-\underset{H}{C}=\underset{H}{C}-R + R'-\underset{H}{C}=\underset{H}{C}-R' \rightleftharpoons 2\,R-\underset{H}{C}=\underset{H}{C}-R'$$

(R and/or R′ = alkyl, H)

그림 D-29 • 불균등화 반응의 예

***d*-isomer** ***d*-이성질체.** optical activity를 보라.

***D*-isomer** ***D*-이성질체.** absolute configuration을 보라.

disrotatary rotation **반대 방향 회전.** 전자고리화 반응에서 말단이 서로 반대방향으로 회전하여 하나는 시계방향으로 다른 하나는 시계반대방향으로 회전하여 고리화가 일어나는 반응을 반대방향 회전에 의한 고리화가 일어났다고 한다.

dissociation **해리.** 분자나 이온이 더 작은 분자나 이온으로 쪼개지는 변화. 예로서 높은 온도에서 일어나는 요오드화수소(HI)의 다음과 같은 가역 반응을 들 수 있다.

$$2HI(g) \rightleftharpoons H_2(g) + I_2(g)$$

그림 D-30 • 요오드화 수소의 해리 예

가역 해리 반응의 평형 상수를 해리 상수라고 한다. 산이나 염기가 물속에서 일으키는 반응 또한 해리 반응이다. 이러한 경우의 해리 상수를 산 해리 상수 또는 염기 해리 상수라고 한다.

dissymmety **무대칭.** 어떤 분자가 그 분자의 거울상과 포개지지 않을 때 무대칭성 분자라고 한다. 이런 분자는 하나 또는 그 이상의 대칭 축을 포함하고 있다. 예를 들어 *trans*-1,2-dichlorocyclopropane은 무대칭성 분자이다. 이 분자는 C2 축을 가지고 있고 거울상과 포개지지 않는다.

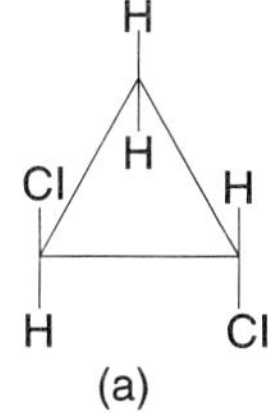

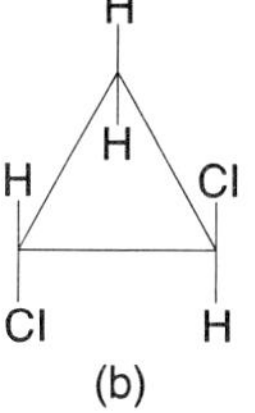

그림 D-31 • 무대칭 분자인 (a) *trans*-1,2-dichlorocyclopropane과 (b) 이 분자의 거울상이성질체

distilland — **증류물.** 증류하려고 플라스크에 넣은 물질.

distillate — **증류액.** 증류 과정에서 증류되어 나오는 물질.

distillation — **증류.** 한 용기에서 액체를 끓여 증기를 발생시켜 이 증기를 응축기를 거쳐 응축시켜 다른 용기(보통 수집기, receiver 라고 함)에 모으는 조작. 증류는 액체의 순도를 높이거나 액체 혼합물을 분리하기 위해 이용되는 중요한 조작법이다. 단순증류(simple distillation), 감압 상태에서 증류하는 진공증류(vacuum dstillation), 수증기를 이용하는 수증기 증류(steam distillation), 분별관을 이용하는 분별증류(fractional distillation) 등이 있다.

disulfide — **다이설파이드.** RSSR 의 일반식을 가지는 황화합물류.

diterpene — **다이터펜.** 아이소펜틸(isopentyl, C5-단위) 단위 4 개로 구성된 터펜 류를 말함. 즉, 다이터펜은 탄소 20개로 구성된 터펜 물질이다.

dithiohemiacetal — **다이싸이오헤미아세탈.** 일반식 RCH(SH)(SR)을 가지는 화합물.이 화합물은 싸이오알데하이드(thioaldehyde)에 싸이올(thiol)을 첨가시켜 만든다. 이 일반식의 탄소에 결합된 H가 알킬기 R로 된 RCR(SH)(SR)경우는 다이싸이오헤미케탈(dithiohemiketal) 이라고 한다.

dithioic acid — **다이싸이온 산.** 일반식 R(C═S)SH를 가지는 화합물. 즉 카복시 기의 산소 두 개가 모두 황(S)으로 치환된 화합물.

Hexanedithioic acid

Naphthalenecarbodithioic acid

그림 D-32 • Dithioic acid의 예

dithioic ester **다이싸이온 산 에스터.** 일반식 RC(=S)SR을 가지는 화합물로 dithioic acid의 에스터 이다.

divalent (or dicovalent) carbon **이가 탄소.** 두 개의 공유결합을 가지고 있는 탄소원자. 이런 탄소는 전하를 띨 수도 있고, 띠지 않을 수도 있다. 예를 들면, 메틸렌(methylene), 메틸메틸렌 라디칼-양이온(methylmethylene radical-cation) 및 페닐메틸렌 라디칼-양이온(phenylmethylene radical-cation)을 들 수 있다.

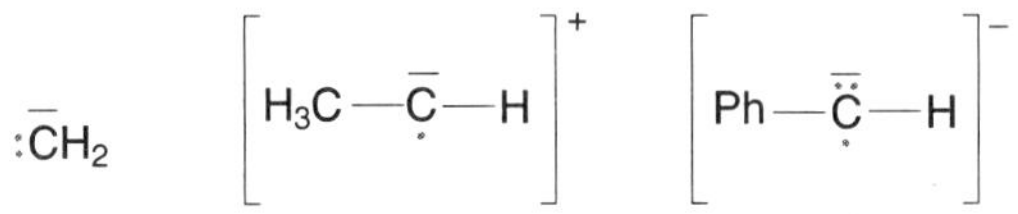

$$:\bar{C}H_2 \qquad \left[H_3C-\dot{\bar{C}}-H\right]^{+} \qquad \left[Ph-\dot{\ddot{C}}-H\right]^{-}$$

(a) (b) (c)

그림 D-33 • (a) Methylene (b) methylmethylene 라디칼 양이온 (c) phenylmethylene 라디칼 양이온

D-line **D선.** 알칼리 금속의 방출 스펙트럼에 나타나는 밀착된 한 쌍의 선들, 나트륨 원자의 경우에 D선 사이의 간격은 $17cm^{-1}$이다. 이 선들은 $3p^1\ {}^2P_{3/2} \rightarrow 3s^1\ {}^2S_{1/2}$ 전이와 $3p^1\ 2P_{1/2} \rightarrow 3s^1\ {}^2S_{1/2}$전이 때문에 나타나며, 이러한 갈라짐은 높은 배치에 나타나는 스핀-궤도 결합 때문에 생긴다.

dl-**isomer** ***dl* 이성질체.** optical activity를 보라.

DME 1,2-**Dim**ethoxy**e**thane의 약어.

DMF N.N-**Dim**ethyl**f**ormide의 약어.

DMP **Dim**ethyl **p**hthalate의 약어.

DMSO **D**imethyl **s**ulf**o**xide의 약어.

DNA (deoxyribonucleic acid) **데옥시라이보핵산.** 세포핵 속의 염색체 주성분으로서, 세포에서 합성되는 단백질의 아미노산 서열을 결정함으로써 유전 특성을 유지시키는 데 중심적인 역할을 하는 물질이다. 이 화합물은 뉴클레오타이드(nucleotide)라고 하는 단위체들이 중합된 고분자 사슬 2개가 나선형으로 꼬여 있는 것이다. 뉴클레오타이드는 질소 헤테로고리 염기, 데옥시라이보스(deoxuribose), 및 인산(phosphate)기의 세 구성 요소로 이루어져 있으며 질소 헤테로고리 염기는 아데닌(adenine), 사이토신(cytosine), 구아닌(guanine), 및 티아민(thymine)이다. 그림에서 나타낸 바와 같이 뉴클레로타이드의 데옥시라이보스가 다른 뉴클레오타이드의 인산기와 축합됨으로써 중합체 사슬이 형성되고, 이 사슬의 질소 헤테로고리 염기들이 이웃 사슬의 염기들과 수소 결합을 함으로써 이중 나사선이 형성된다. 수소 결합은 사이토신과 구아닌 사이에, 그리고 아데닌과 티아민 사이에서만 일어난다. 염기들 사이의 이러한 고유한 짝 짓기 때문에 DNA 한 가닥의 염기 서열이 정해지면 나머지 한 가닥의 염기서열이 자동적으로 결정된다.

세포가 분열될 때에는 DNA의 두 가닥이 풀려 각각 새로운 상대방 가닥의 주형 역할을 함으로써 DNA가 복제된다. 또한 DNA는 세포 밖에서 합성되는 단백질의 아미노산 서열을 결정해 주기도 한다. 이 과정에서는 DNA의 유전 정보, 즉 염기 서열이 RNA 분자로 옮겨져 세포 밖으로 실려 나간다. RNA는 DNA가 복제되는 것과 비슷한 방식으로 DNA로부터 복제되는 분자인데, 티아민 대신에 우라실이 들어가고, 데옥시라이보스 대신에 라이보스가 들어가며, 또한 한 가닥으로만 이루어져 있다. RNA의 염기배열 방식에 대해서는 코돈을 보라.

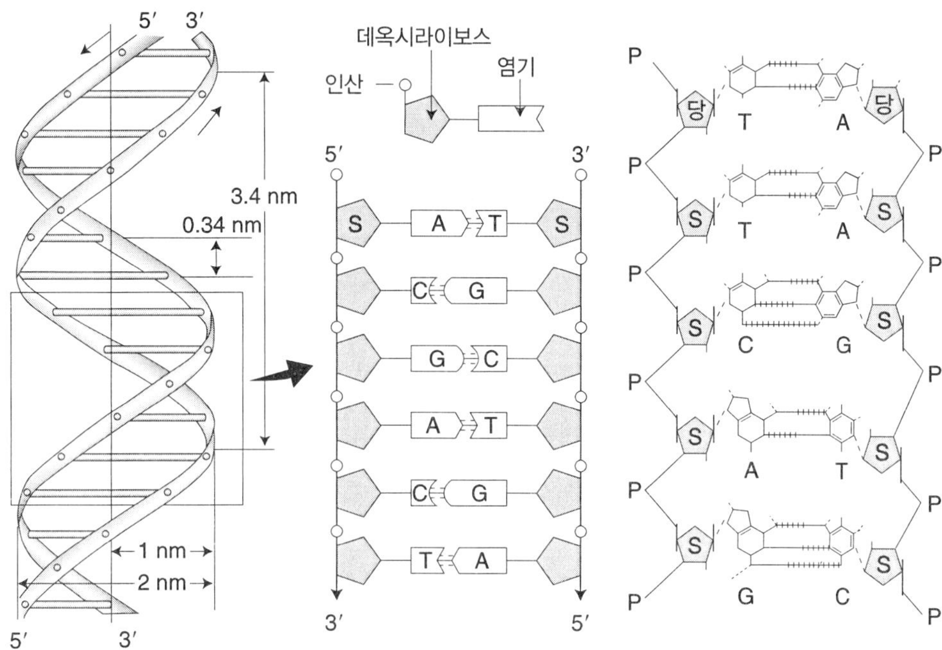

그림 D-34 • DNA의 구조

Doeber reaction

Doeber 반응. 방향족 아민과 알데하이드, 피루브산(pyruvic acid)을 함께 가열하여 치환기가 있는 2-phenyl-quinoline-4-carboxylic acid를 합성하는 반응[O. Doebner, *Ann., 242*, 265(1887); *Ber. 20*, 277(1887)].

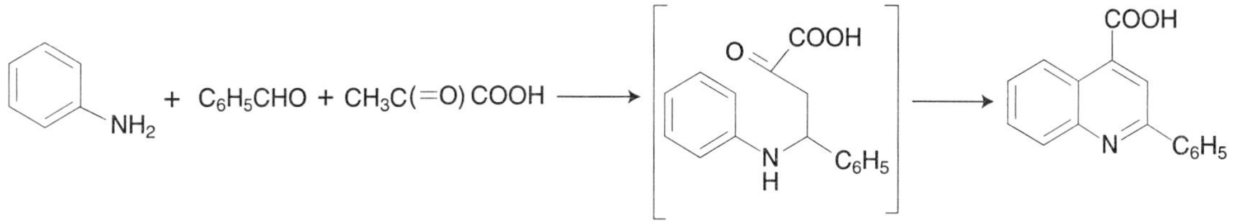

NH_2 + C_6H_5CHO + $CH_3C(=O)COOH$ ⟶ [O, COOH, N, H, C_6H_5] ⟶ COOH, N, C_6H_5

그림 D-36 • Doeber 반응

D

Doebner-von Miller reaction **Doebner-von Miller 반응.** 2 몰의 알데하이드와 아닐린(aniline)을 반응시켜 퀴놀린(quinoline)을 합성하는 반응. 이 반응에서는 알돌 축합반응이 포함된다[O. Doebner; W. von Miller, *Ber. 16*, 2464 (1883)].

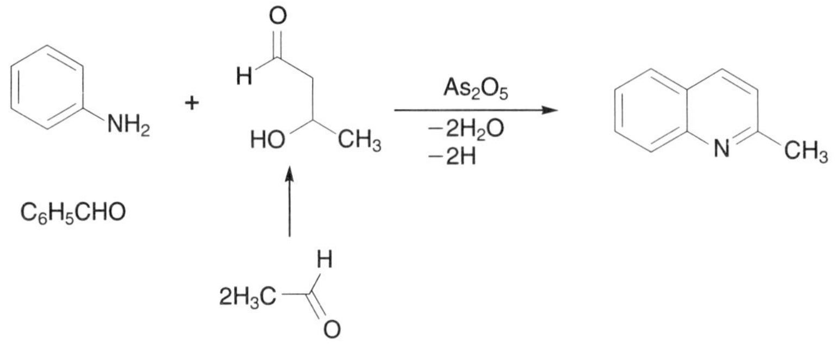

NH2 + H, O, HO, CH3 → As2O5, −2H2O, −2H → N, CH3

C_6H_5CHO

H, $2H_3C$, O

그림 D-35 • Doebner-von Miller 반응

Domino reaction **도미노 반응.** 동일한 조건에서 두 개 또는 그 이상의 결합을 형성하는 반응. 이 반응에서는 앞 단계에서 생성된 작용기가 다음 단계에서 반응자리로 이용된다.

donor numbe (DN) **주개 값.** Lewis 염기도를 나타내는 정량적인 값으로, ND 값이 "0"인 $ClCH_2CH_2Cl$(1,2-dichloroethane) 용매 속에서 표준 Lewis 산인 $SbCl_5$(antimony pentachloride)와 Lewis 염기 간의 1:1 염을 만들 때 엔탈피 값 (kcal 또는 kJ)으로 정의한다. 이 수는 V. Gutmann이 1976년에 소개했다. 같은 방식으로 Lewis 산의 세기는 받개 수(Acceptor Number, AN) 로 나타낸다. 몇 가지 염기의 DN 은 다음과 같다.
Acetonitrile: 14.1 kcal/mol (59.0 kJ/mol), acetone: 17 kcal/mol (71 kJ/mol) methanol: 19 kcal/mol (79 kJ/mol), dimethylformamide: (DMF) 26.6 kcal/mol (111 kJ/mol), dimethyl sulfoxide (DMSO): 29.8 kcal/mol (125 kJ/mol), ethanol 31.5: kcal/mol (132 kJ/mol), pyridine: 33.1 kcal/mol (138 kJ/mol), triethylamine: 61 kcal/mol (255 kJ/mol)

DOP **D**ioctyl **p**hthalate 의 약어. PVC 가소제로 사용함.

dopa **도파.** 4-2-Amino-3-(3,4-dihydroxyphenyl)propanoic acid 의 다른 이름. 이 화합물은 타이로신(tyrosine)으로부터 합성되며 도파민(dopamine) 합성 전구체이다.

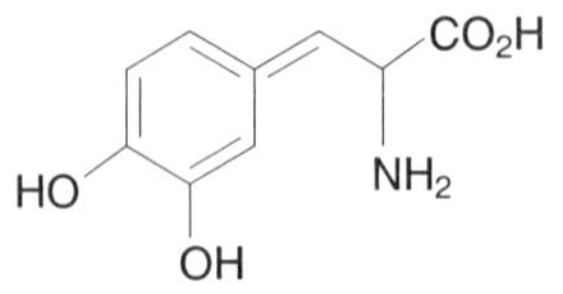

CO_2H, HO, NH_2, OH

그림 D-37 • 도파의 구조

dopamine **도파민.** 4-(2-Aminoethyl)benzene-1,2-diol 의 다른 이름. 이 화합물은 도파(dopa)

로부터 합성되며 놀에피네프린(norepinephrine)과 에피네프린(epinephrine)의 합성 전구체이다.

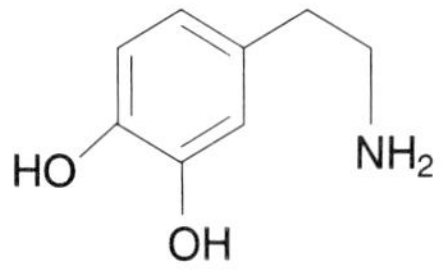

그림 D-38 • 도파민의 구조

DOTG 가황 촉진제로 사용되는 **di**orth**o**to**l**yl **g**uanidine 의 약어.

double bond **이중 결합.** covalent bond를 보라.

Dow process **Dow 공정.** 1) 클로로벤젠(chlorobenzene)을 NaOH로 처리하여 페놀(phenol)을 만드는 반응. 2) 염수를 전기분해시켜 브롬을 얻어내는 공정.

DPN **d**iphosphoryl **p**yridine **n**ucleoside 의 약어.

dry ice **드라이아이스.** carbon dioxide를 보라.

DTPA 킬레이트 시약의 일종. **D**iethylene**t**riamine **p**entaacetic **a**cid 의 약어.

dulcin **둘신.** 1884년 Joseph Berlinerbau가 개발한 인공감미료로 설탕의 250배 정도 당도를 나타낸다. (4-Ethoxypheyl)urea, 4-EtOPh-NHC(=O)NH_2)가 화합물 이름이다 [Goldsmith, R.H. *J. Chem. Educ. 64* (11): 954(1987)].

Duff reaction **Duff 반응.** 산촉매 하에서 헥사메틸렌테트라민(hexamethylenetetramine)을 페놀이나 방향족 아민에 반응시켜 *o*-포밀페놀(*o*-formylphenol) 또는 *p*-포밀아닐린(*p*-formylaniline)을 생성하는 반응[J. C. Duff, E. J. Bills, *J. Chem.* Soc. 1987(1932); 1305(1934); 547(1941)].

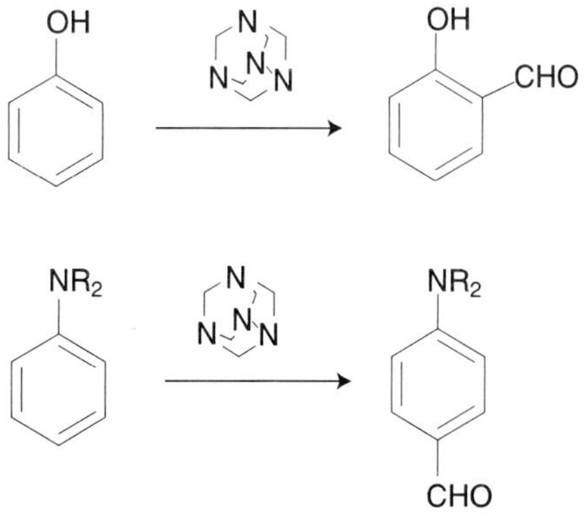

그림 D-39 • Duff 반응

dual function (bifunctional) catalyst **이중 기능 촉매.** 두 개의 다른 촉매자리를 갖고 있어 두 개의 다른 촉매반응을 할 수 있는 촉매.

Dumas' method **Dumas의 방법.** 유기 화합물 속에 들어 있는 질소의 양을 정량하는 방법. 이 방법에서는 무게를 아는 질소가 포함된 시료를 산화구리(II)와 혼합하여 튜브 속에 넣고 가열하면 산화질소가 생기고, 이 기체를 붉게 가열한 구리 위로 통과시키면 질소 기체로 환원된다. 이 질소 기체의 양을 측정하면 시료 속의 질소 함량을 구할 수 있다.

Dutt-Wormall reaction **Dutt-Wormall 반응.** 다이조늄 염과 아릴- 또는 알킬설폰아마이드를 반응시켜 다이아조아미노설피네이트(diazoaminosulfinate)를 형성하고 알칼리 가수분해시켜 아자이드와 상응하는 설핀산(sulfinic acid)를 만드는 반응[P. K. Dutt, H. R. Whitehead, A. Wormall, *J. Chem. Soc. 119*, 2088(1921)].

$$ArN_2Cl + H_2NSO_2R \rightarrow ArN{=}NNHSO_2R + OH^- \rightarrow ArN_3 + HO_2SR$$

dye **염료.** 직물, 가죽 또는 종이에 색깔을 띠게 하는데 이용되는 물질. 염료에는 천연 염료와 합성 염료가 있다. 또는 태양전지에서 빛 에너지를 흡수하여 화학 에너지 변환하는 데 사용하는 유기 분자를 염료라고 한다.

D

dynamite **다이너마이트.** 나이트로글리세린(nitroglycerine)을 7% 이상 포함하는 폭약들을 다이너마이트라고 한다. Alfred Nobel이 처음 발명한 다이너마이트는 나이트로글리세린을 규조토에 흡수시켜 충격에 대한 안정성을 증가시킨 것이다. 현재 사용되고 있는 것들은 질산 암모늄(ammonium nitrate)나 질산 나트륨(sodium nitrate)와 가연성 흡수제를 나이트로글리세린과 혼합한 것이다.

dynel **다이넬.** 합성 섬유인 아크릴 섬유의 일종으로 $CH_2{=}CH(CN)$가 약 55%, $CH_2{=}CH(Cl)$이 약 45% 정도가 포함되어 있다.

E Entgegen의 약기호. *E*, *Z*-명명법에서 우선순위가 큰 치환기가 서로 반대편에 있는 이성질체를 나타내는 기호. 독일어의 "entgegen"에서 유래하였고 영어의 "opposite"라는 의미이다.

E1 **일분자 제거 반응 (elimination unimolecular)을 나타내는 기호.** *E*는 "elimination"의 첫 자로부터 유래되고, 그리고 숫자 1은 "unimolecular"를 의미한다. *E*1 반응은 반응 속도 결정단계에서 반응물 중 단지 하나의 반응물의 농도에만 의존하는 반응이며, 반응 속도식은 1차 반응속도 식을 가진다. 이 반응 중간체는 탄소 양이온이고, S_N1 반응의 경쟁반응이며 3차 할로젠 화합물에서는 잘 일어나나 일차 할로젠이나 메틸 할라이드(methyl halide)에서는 일어나지 않는다. 입체적으로는 시스-또는 트랜스-제거반응이 종종 경쟁적으로 일어난다. 메커니즘은 S_N1 반응을 보라.

E2 **이분자 제거 반응 (elimination bimolecular)을 나타내는 기호.** *E*는 "elimination"의 첫 자로부터 유래되고, 숫자 2는 "bimolecular"를 의미한다. *E*2 반응은 반응 속도 결정단계에서 두 반응물 모두의 농도에 의존하는 반응이므로 2차 반응 속도 식을 가진다. 이 반응은 S_N2 반응의 경쟁반응이며 3차 할로젠 화합물에서는 잘 일어나지 않으나 일차 할로젠이나 메틸 할라이드(methyl halide) 에서는 잘 일어난다. 입체적으로는 트랜스-제거반응이 더 유리하다. 메커니즘은 S_N2 반응을 보라.

***E2C* (elimination bimolecular C)** *E1cb*-유사 전이상태로 진행되는 비양성자성 *E*2 반응에서 염기가 이웃 탄소의 수소를 공격하기보다는 오히려 이탈기를 밀어내는 형식의 전이상태로 진행되는 *E2* 반응.

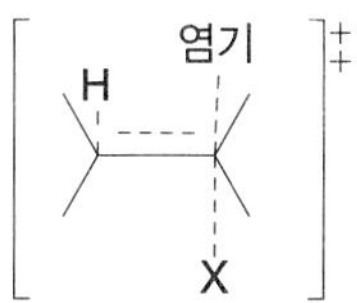

그림 E-1 • *E2C* 반응의 전이상태 구조

E1cb(elimination unimolecular conjugate base) **짝염기 일분자 제거 반응.** 친핵체를 상실하기 전에 양성자를 상실하여 음이온을 형성한 후에 제거반응이 일어나는 다단계 제거반응. 이 반응에서는 중간체로 탄소 음이온이 형성되고 그러기 위해서 음이온이 되는 탄소에 전자를 당기는 치환기가 있어야 유리하다. 입체적으로는 Hofmann 제거반응이 유리하다.

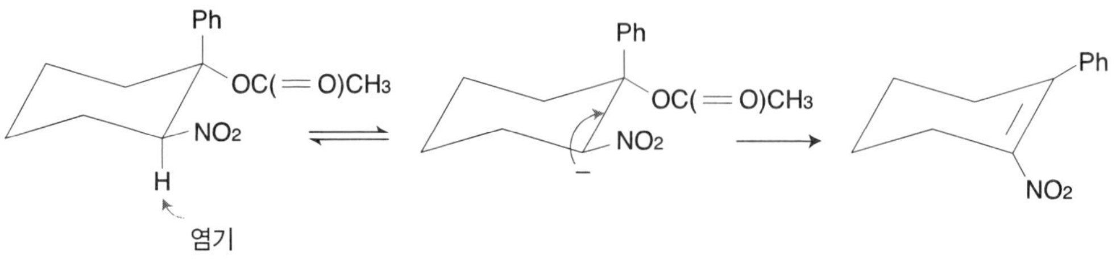

그림 E-2 • *E1cb* 반응의 예

E2H (elimination bimolecular H) *E1cb*-유사 전이상태로 진행되는 비양성자성 *E2* 반응에서 염기가 이웃 탄소의 수소를 공격하여 이탈기를 밀어내는 형식의 전이상태로 진행되는 *E2* 반응.

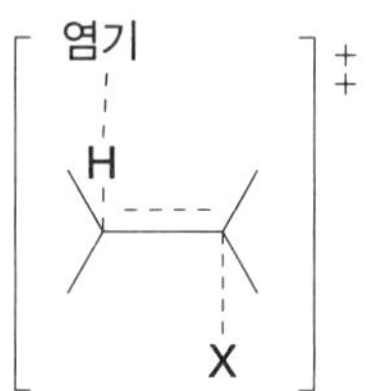

그림 E-3 • *E2H* 반응의 전이상태 구조

ebullioscope constant **끓는점 오름 상수.** 몰 끓는점 오름 상수(molal boiling point elevation constant)의 동의어.

ecdysone **엑다이손.** 스테로이드 호르몬 중 하나로 곤충들이 껍질을 벗는데 관여하는 호르몬이다.

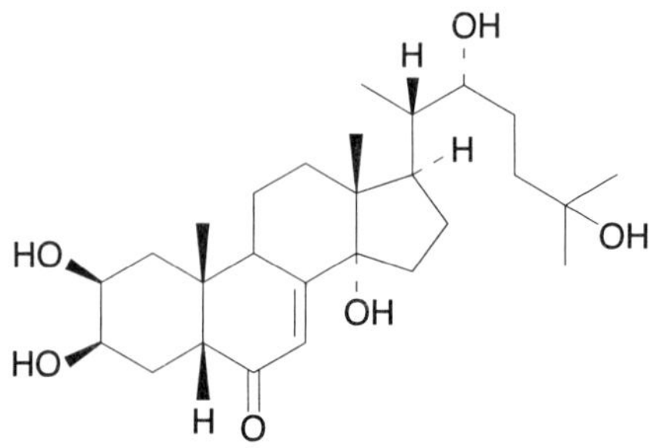

그림 E-4 • Ecdysone의 구조

eclipsed conformation **가려진 형태.** 이면각이 0° 인 형태.

edge-bridging ligand **모서리-다리결합 리간드.** 다각형 금속 클러스터에서 다가형의 한쪽 모서리에서 다리결합을 하는 리간드.

edge-sharing ligand **모서리 공유 리간드.** 모서리-다리결합 리간드 중 다각형을 만들 때 공통적으로 이용되는 리간드를 말함.

Edman degradation **Edman 분해.** 펩타이드에서 *N*-말단 아미노산을 결정하는 방법. 펩타이드에 페닐아이소싸이오사이아네이트(phenylisothiocyanate)를 반응시켜 페닐싸이오카바모일(phenylthiocarbamoyl) 유도체를 형성시키고 가수분해시켜 *N*-말단 아미노산을 분해시킨다[P. Edman, *Acta Chem. Scand. 4, 277*, 283 (1950)].

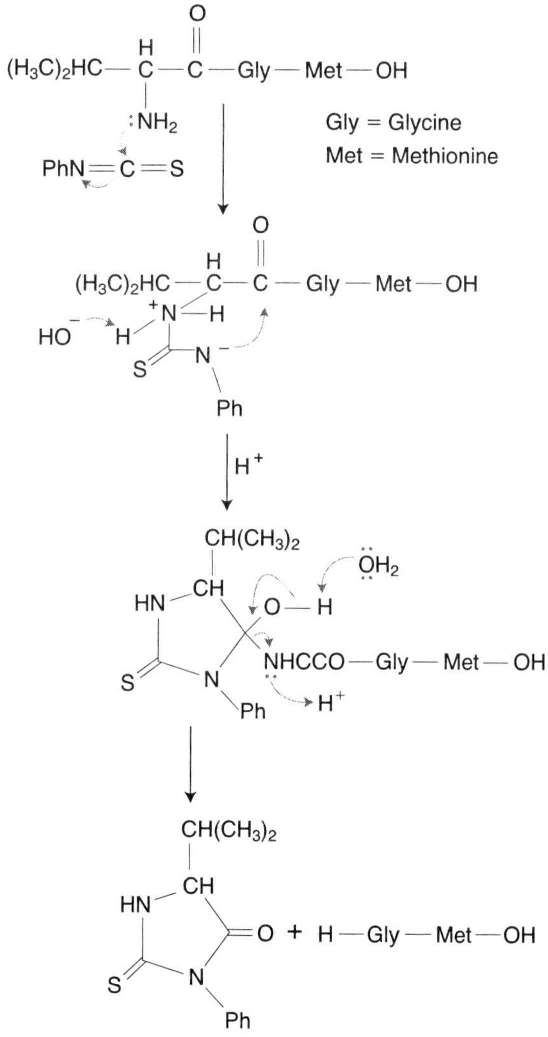

Gly = Glycine
Met = Methionine

그림 E-5 • Edman 분해 반응

EDT Ethylenediamine tartrate $[C_2H_4(NH_2)_2.C_4H_4O_6]$의 약어.

EDTA Ethylenediaminetetraacetic acid $[(HOOCCH_2)_2NCH_2CH_2N(CH_2COOH)_2]$의 약어. 이 화합물은 철, 칼슘, 마그네슘 등의 금속 이온에 가역적으로 배위 결합되는 킬레이트제이며, 이들 금속 이온을 정량 분석하는 데 사용된다.

effective atomic number (EAN) **유효 원자 번호.** 배위 착물에서 중심 금속 원자를 둘러싸고 있는 전자의 수. 유효 원자 번호는 금속의 원자 번호에서 금속의 산화수를 빼고 여기에 리간드가 금속에 제공한 결합 전자 수를 더해서 계산한다.

예를 들어, $[PtCl_3(C_2H_4)]^-$ 착물에서 Pt의 원자번호는 78이고 산화수는 +2이며 리간드가 준 전자 수는 8개이다. 따라서 이 착물의 유효 원자 번호는 EAN = 84이다.

Ehrlich-Sachs reaction **Ehrlich-Sachs 반응.** 활성 메틸렌 기를 포함하고 있는 화합물과 방향족 나이트로소(ArNO) 를 염기 촉매 축합반응을 시켜 아닐(anil)을 합성하는 반응[P. Ehrlich, F. Sachs, *Ber. 32*, 2341(1899)].

$$C_6H_5CH_2CN + C_6H_5NO \rightarrow C_6H_5C(CN){=}NC_6H_5 + H_2O$$

Einhorn-Brunner reaction **Einhorn-Brunner 반응.** 하이드라진(hydrazine) 또는 세미카바자이드(semicarbazide)를 다이아실아민(diacylamine)과 산 촉매 존재 하에서 반응시켜 치환기를 가지는 1,2,4-트리아졸(1,2,4-triazole)을 형성하는 반응[A. Einhorn, et al. *Ann. 343*, 229(1905)][K. Brunner, *Ber. 47*, 2671(1914)].

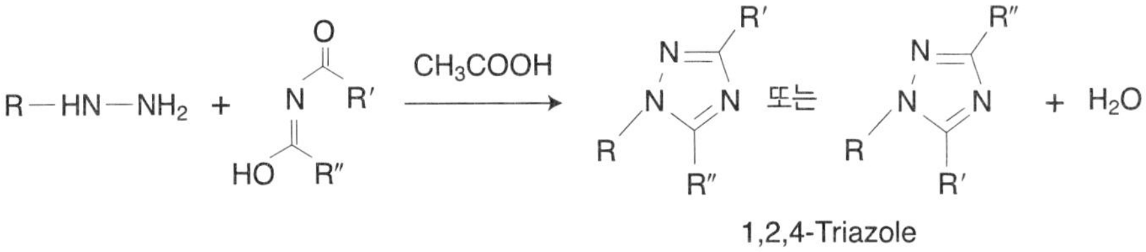

R—HN—NH$_2$ + (HO)(R″)C=N–C(=O)R′ —CH_3COOH→ 1,2,4-Triazole 또는 + H_2O

그림 E-6 ∙ Einhorn-Brunner 반응

elastomer **탄성제.** 고무처럼 힘을 가하면 변형되고, 가해준 힘을 제거하면 다시 원래상태로 회복되는 중합체를 말한다.

Elbs persulfate oxidation **Elbs 퍼설페이트 산화법.** 페놀(phenol)을 $K_2S_2O_8$ (potassium persulfate)로 산화시켜 OH기를 도입하는 반응[K. Elbs, *J. Prakt. Chem. 48*, 179(1893)].

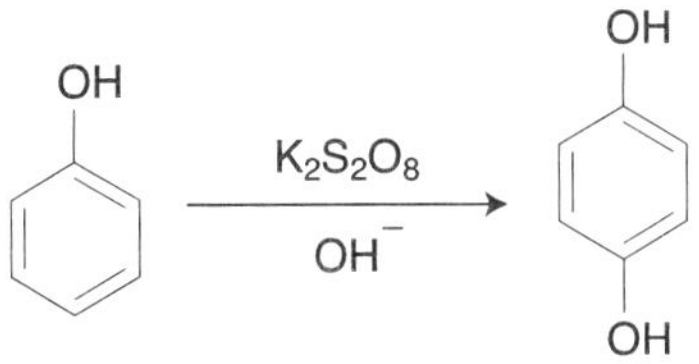

그림 E-7 • Elbs 퍼설페이트 산화법

Elbs reaction **Elbs 반응.** 카보닐 기의 오르쏘 위치에 메틸(methyl)기나 또는 메틸렌(methylene) 기를 가지고 있는 다이아릴 케톤(diaryl ketone)을 가열하여 고리화 탈수반응을 시키면 안트라센(anthracene)을 생성하는 반응[K.Elbs; E. Larsen, *Ber. 17*, 2847 (1884)].

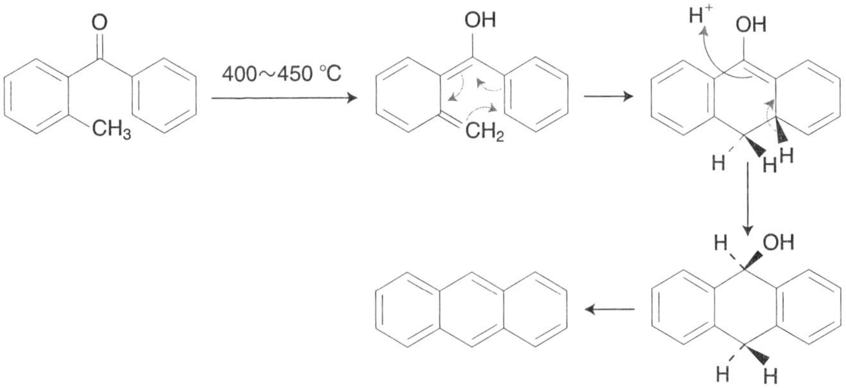

그림 E-8 • Elbs 반응

electric dipole **전기 이중 극자.** 극성결합이 나타내는 이중 극자. 이 경우에는 양전하와 음전하가 동일하지 않다.

electric dipole moment (μ) **전기 이중 극자 모멘트.** 방향성이 있는 벡터량의 전기 이중 극자 모멘트. 이 모멘트는 전하 (q)와 거리 (R)의 곱에 비례한다. 즉 $\mu = qR$. 또 이 모멘트는 D (debye) 단위로 나타내며 $1\ D = 1 \times 10^{-18}$ esu · cm이다.

electrocyclic reaction **전자 고리화 반응.** 시그마 결합이 파이 결합으로 되거나 파이 결합이 시그마 결합으로 되면서 고리가 열리거나 또는 고리가 형성되는 분자내 고리형 협동반응. 예로 1,3-뷰타다이엔(1,3-butadiene)이 사이클로뷰텐(cyclobutene)으로되는 반응을 들 수 있다.

electrodialysis **전기 투석.** dialysis를 보라.

electrofuge, electrofugal **전자 배척 이탈기.** 친전자성 치환반응에서 본래 결합하고 있던 전자쌍을 갖지 않고 이탈되는 이탈기.

electromagnetic field **전자기장.** 적외선, 가시선, 자외선, X-선 등과 같은 복사선이나, 전기장 또는 자기장 등을 말한다.

electromagnetic spectrum **전자기 스펙트럼.** 적외선, 가시선, 자외선, X-선 등과 같은 복사선이나, 전기장 또는 자기장 등을 합쳐 전자기 스펙트럼이라고 한다.

electromer **전자 이성질체.** 전자 분포만이 다른 이성질체.

electron affinity **전자 친화도.** 원자나 어떤 분자가 전자 한 개를 얻어 음이온으로 될 때의 에너지 변화량. 탄소의 전자 친화도는 1.25±0.03 eV이고, 산소는 1.465±0.005 eV이다.

electron configuration **전자 배치(전자배열).** 원자나 분자 오비탈에 전자가 점유하고 있는 상태를 나타내는 목록. aufbau principle을 보라.

electron deficient species **전자 결핍 화학종.** 원자가 최대로 가질 수 있는 원자가 전자 수 보다 적은 전자를 가지고 있는 화학종. 예를 들어, 메틸(methyl) 라디칼($\cdot CH_3$), 메틸(methyl) 양이온($^+CH_3$) 또는 메틸렌(methylene) ($:CH_2$) 등이 있다.

π-electron deficient species **π-전자 결핍 화학종.** 유사한 탄소 방향족 고리 보다 고리 탄소들의 파이 전자 밀도가 더 적은 헤테로 방향족 고리 화합물. 예로서 피리딘(pyridine)을 들 수 있다. 피리딘의 고리탄소에는 벤젠의 고리 탄소보다 파이 전자 밀도가 더 적다. 피리딘의 공명구조를 보라.

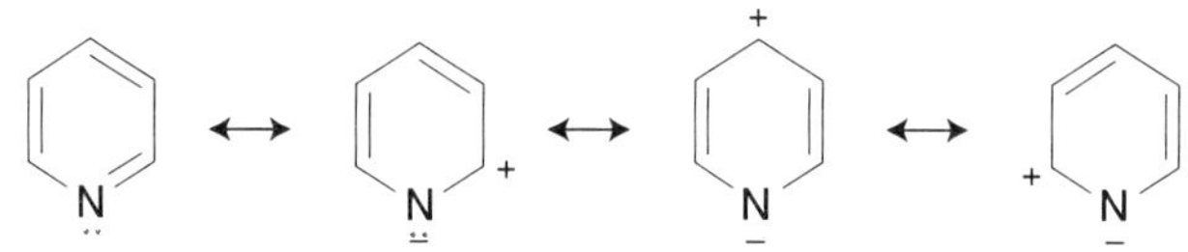

그림 E-9 • Pyridine의 공명구조

π-electron excessive compound **π-전자 과다 화학종.** 전체적으로 비편재화된 것보다 더 많은 비편재화 파이 전자를 가지고 있는 화합물. 예로서, 피롤(pyrrole)과 퓨란(furan)을 들 수 있다. 이들은 각각 6개의 pπ 전자가 5개의 원자에 비편재화되어 있어, 벤젠의 고리 탄소 보다 더 많은 비편재화된 파이 전자를 가지고 있다.

electronegativity **전기음성도.** 원자가 공유 결합이나 이온 결합 등에 의해 화합물을 이룰 때 원자가 전자를 끌어당기는 상대적인 능력. 전기음성도는 주기율표에서 왼편에서 오른편으로 갈수록, 그리고 아래에서 위로 갈수록 크다. 불활성 기체(8A족)의 경우는 팔전자 규칙에 만족함으로 전기음성도를 갖지 않는다. 전기 음성도의 개념을 정량화시키려는 많은 시도가 이루어져 왔는데, Linus Pauling에 의해 그 시도가 처음으로 이루어졌다. 이 척도가 상당히 널리 이용되기는 하지만, Robert Mulliken에 의한 척도 또한 많이 이용되고 있다. Mulliken의 척도는 이온화 에너지 I와 전자 친화도 E_{ea} 사이의 평균치 $1/2(I + E_{ea})$를 이용하여 정의한 것이다. 이 정의가 간단하기는 하지만, 원자가 분자의 일부분이 될 때 가질 것으로 기대되는 배치, 즉 원자의 원자가 상태에 이들 두 양이 의존한다는 복잡성이 따른다.

electronic excited state **전자 들뜸 상태.** 바닥상태보다도 더 높은 에너지를 가지는 원자 또는 분자의 전자 상태.

electronic ground state **전자 바닥상태.** 퍼텐셜 에너지가 최저인 분자 또는 원자의 전자상태. 이런 상태의 전자 배치를 이루는 오비탈의 전자는 최저 에너지를 가진다.

electronic polarization **전자 편극.** polarizability를 보라.

electron paramagnetic resonance (EPR) spectroscopy **전자 상자기성 공명 분광법.** 쌍을 이루지 않는 전자 자기모멘트 때문에 상자기성을 보이는 물질의 자기공명 스펙트럼을 연구하는 분야.

electron spin **전자 스핀.** 모든 전자는 +1/2 또는 −1/2의 스핀을 가지며 이는 전자의 고유한 성질이다. 전자 스핀은 Zeeman 효과로 관찰된다.

electron spin multiplicity **전자 스핀 다중도.** 문제의 어떤 화학종이 자기장에 놓였을 때 관찰되는 스핀 배향의 수. 다중도는 쌍을 이루지 않는 전자 스핀 n과 스핀 각운동량 수 s (±1/2)로 정의한다. 즉, 다중도는 $2|S| + 1$이며 여기서 $|S| = |ns|$이다. 예를 들어, CH_4는 $S = 0$이므로 다중도는 1(단일선, singlet)이다. $CH_3\uparrow$는 $S = 1/2$ 이므로 다중도는 2 (이중선, doublet)이다며, $CH_2\uparrow\uparrow$ 는 $S = 1$이므로 다중도는 3(삼중선, triplet)이다.

electron spin quantum number **전자 스핀 양자수.** 전자의 고유한 각 운동량으로부터 측정하며 기호 m_s로 표시하고 +(1/2) 또는 −(1/2)의 값을 가진다.

elctrophile **친전자체.** 빈 오비탈을 가지고 있어 전자 수용체로 작용할 수 있는 이온이나 분자. 예를 들어 H^+, R_3B, $AlCl_3$, Ag^+ 및 Br^+등을 들 수 있다.

electrophilic addition **친전자성 첨가(반응).** 친전자체 부분이 친핵체 부분보다 먼저 첨가되는 첨가반응. 이런 유형의 반응은 탄소−탄소 다중결합에서 흔히 일어나며, 상대방 분자의 전자 밀도가 큰 부분이 먼저 친전자체부분을 공격하여 첨가되고 탄소 양이온이 중간체로 형성된다. 예로서 알켄의 이중 결합에 HCl이 첨가되는 반응을 들 수 있다.

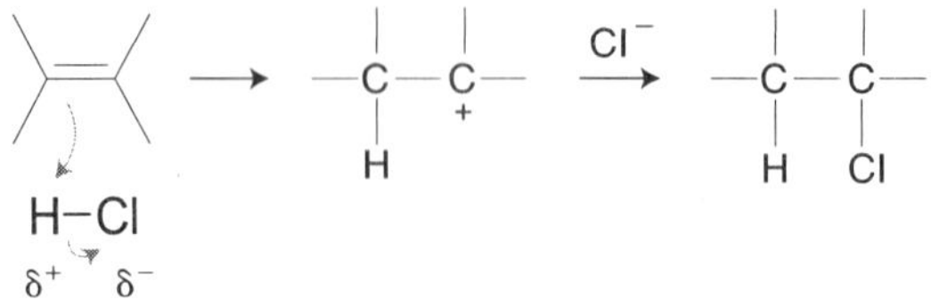

$$\text{C=C} + \overset{\delta^+}{H}-\overset{\delta^-}{Cl} \longrightarrow -\underset{H}{C}-\overset{+}{C}- \xrightarrow{Cl^-} -\underset{H}{C}-\underset{Cl}{C}-$$

그림 E-10 ◦ 친전자성 첨가반응의 예

electrophilic agent **친전자성 시약.** 반응 자리 원자에 전자가 부족하여 부분적으로 양전하를 띄거나 양이온으로 된 시약류. 이런 시약들은 전자가 풍부한 친핵체와 반응한다.

electrophilicity **친전자도.** 친전자체의 상대적인 반응성. 친전자도는 일반적으로 Lewis 산의 산성도가 증가하면 따라서 증가하며, 용매화가 일어나면 친전자도는 감소한다.

electrophilic substitution **친전자성 치환(반응).** 친전자체의 공격으로 시작되는 치환 반응. 예로서 벤젠의 친전자성 치환반응은 양이온이 벤젠 고리의 비편재화된 π전자와 반응하여 반응이 시작되는 친전자성 방향족 치환 반응이다. 벤젠의 나이트로화, 설폰화, 알킬화 및 아실화 또는 할로젠화 반응 등이 그 예이다.

electrophoresis **전기이동(분석법).** 전하를 띤 큰 분자를 전기장 속에서 분리하는 기술. 이 기술을 이용하여 단백질 혼합물(단백질은 수소 이온 농도에 따라 분자의 알짜 전하가 양이온 또는 음이온을 띄거나 알짜 전하가 없는 Ziwiter 이온이 될 수 있다)을 분리하기도 하고, 분석하기도 한다. 이러한 실험을 위한 다양한 장치들이 고안되어 시판되고 있다.

elementary process **단일 단계 과정.** 중간체가 없고 단 하나의 전이상태만을 포함하는 반응. 이런 반응은 화학 양론적 계수(stoichiometric coefficient), 분자도(molecularity) 및 반응 차수(kinetic order)가 모두 동일하다. 이런 반응을 단일 단계 반응(elementary reaction) 또는 반응 단계(reaction step)라고 하기도 한다.

elementary reaction **단일 단계 반응.** elementary process를 보라.

elimination **제거 반응.** 반응 기질로부터 두 개 원자단 또는 원자가 제거되어 분자의 불포화도가 증가하는 반응을 말함. 이러한 반응은 하나의 출발물질이 불포화 화합물을 포함한 두 개의 생성물이 만들어진다. 반응 메커니즘과 입체화학적 관점에서 다양한 종류로 구분된다.

Eltekoff reaction **Eltekoff 반응.** 알켄과 CH_3Cl 이나 CH_3I 를 산화 납이나 산화 칼슘 존재 하에 반응시켜 가지가 많은 탄화수소를 만드는 방법[A. P. Eltekoff, *Ber. 11*, 412(1878)].

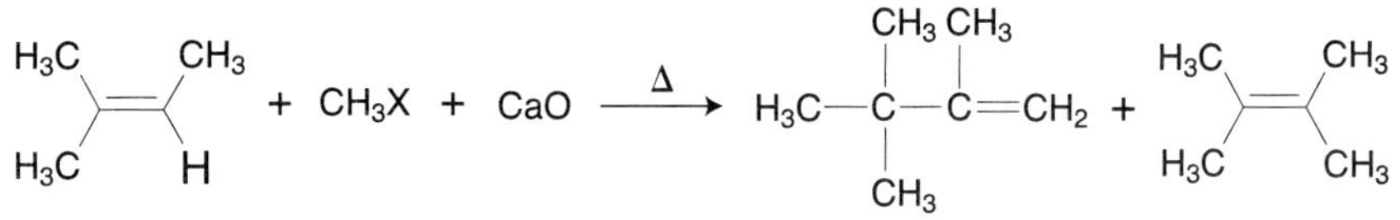

$$(H_3C)_2C{=}CH(CH_3) + CH_3X + CaO \xrightarrow{\Delta} H_3C{-}C(CH_3)_2{-}C(CH_3){=}CH_2 + (H_3C)_2C{=}C(CH_3)_2$$

그림 E-11 ● Eltekoff 반응

eluate **용출액.** 크로마토그래피에서 흡착된 물질을 용리액으로 씻어 내려 얻은 용액.

eluent **용리액, 전개액.** 크로마토그래피에서 흡착된 물질을 씻어 내리는 데 사용되는 용액.

elution **용리, 용출.** 크로마토그래피에서 흡착제에 흡착된 물질(흡착질)을 용액으로 씻어내는 과정. 씻어내는 데 사용되는 용액을 용리액(eluent) 이라고 하며, 흡착된 물질이 포함되어 씻겨 나온 용리액을 용출액(eluate)이라고 한다.

Emde degradation **Emde 분해.** C−N 결합을 환원성 분해하는 Hoffman 분해를 모방한 분해법[H. Emde, *Ber. 42*, 2590(1909)].

Emmert reaction **Emmert 반응.** 피리딘(pyridine)과 케톤을 축합시켜 2-pyridyldialkylcarbinol을 생성하는 반응[B. Emmert, E. Asendorf, *Ber. 72*, 1188(1939)].

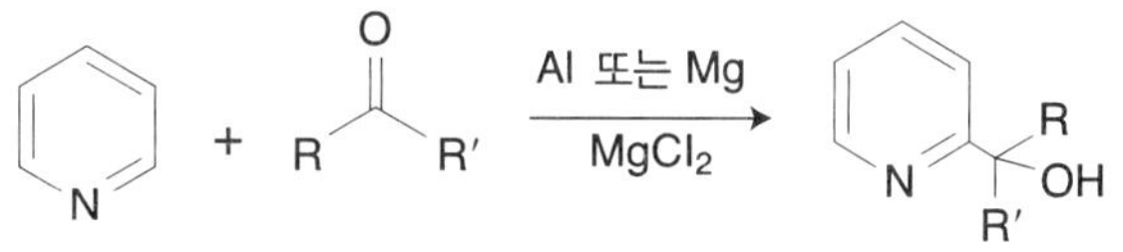

$$\text{pyridine} + R{-}CO{-}R' \xrightarrow[MgCl_2]{\text{Al 또는 Mg}} \text{2-pyridyl}{-}C(R)(R')OH$$

그림 E-12 ● Emmert 반응

emulsifying agent **에멀션화제(또는 유화제).** 에멀션화가 되게 하는 물질. 예로 비누를 들 수 있다.

emulsion **에멀션, 유화.** 두 개의 섞이지 않는 물질 중 하나가 작은 방울로 되어 다른 물질 속에 분산되어 만들어진 콜로이드 계를 말한다.

emulsion polymerization **에멀션 중합반응.** 물에 녹지 않는 단위체 들이 에멀션화제가 들어있는 수용액 매체에서 서로 반응하는 중합반응 과정.

empirical formula **실험식.** 화합물을 구성하고 있는 원소들의 비로 나타낸 식. 이 식으로는 정량적인 원자들의 구성을 알 수 없고 분자량에 적합한 변수를 곱하여 화학식 또는 분자식을 얻을 수 있다. 예를 들어 벤젠(benzene)의 실험식은 CH이고 벤젠의 분자식은 6 × (CH) 즉, C_6H_6이다.

enamine **엔아민.** 일반식 $R_2C = CR - NR'_2$ 를 가지는 화합물 류, 즉 C − C 결합의 한 탄소에 $-NH_2$기를 가졌기 때문에 각 작용기의 계열 이름의 합성어 이다(ene + amine). 이 엔아민 류는 여러 가지 면에서 엔올 음이온과 유사하여 엔올 음이온에서 일어나는 많은 종류의 반응들을 일으킬 수 있다. Stork enamine reaction을 보라.

enantiomer **거울상 이성질체.** 두 개 분자가 서로 포개지지 않는 거울상 관계에 있는 이성질체를 말한다. 따라서 거울상 이성질체는 항상 쌍으로 존재한다. 이 두 거울상 이성질체는 물리적 및 화학적 성질이 동일하지만 편광 회전 성질은 서로 반대이다. 거울상 이성질체가 되려면 분자 내에 비대칭 탄소원자(카이랄 탄소, 카이랄 중심 이라고도 한다)가 존재해야한다. optical activity를 참고하라. 예를 들어 (+)-lactic acid와 (−)-lactic acid는 서로 거울상 관계에 있으며, 이들을 거울상 이성질체라고 한다.

enantiomeric excess (ee) **거울상 초과량.** 거울상 초과량은 한쪽 이성질체가 라세미 혼합물보다 얼마나 더 과잉으로 존재하는가를 나타낸다. 광학적 순도(optical purity)의 동의어로 사용된다.

enantiomorph **거울상(이성질)형태.** enantiomer의 동의어.

enantioselective synthesis **거울상 선택성 합성법.** 요구하는 특정 카이랄 화합물만을 선택적으로 합성하는 방법. 이 방법에는 다양한 촉매들이 이용된다.

enantiotopic face **거울상 유발 면.** S_p(회전 반사)축에 의해서만 변환될 수 있는 파이 오비탈계의 양쪽 면. 파이 결합의 어느 한쪽 면을 반응 시약이 공격하면 하나의 거울상이성질체를 생성한다. 반면에 반대편에서 공격이 일어나면 다른 거울상이성질체가 생성된다. 예를 들어 케톤 화합물에 첨가반응이 일어나면 거울상이성질체가 생긴다.

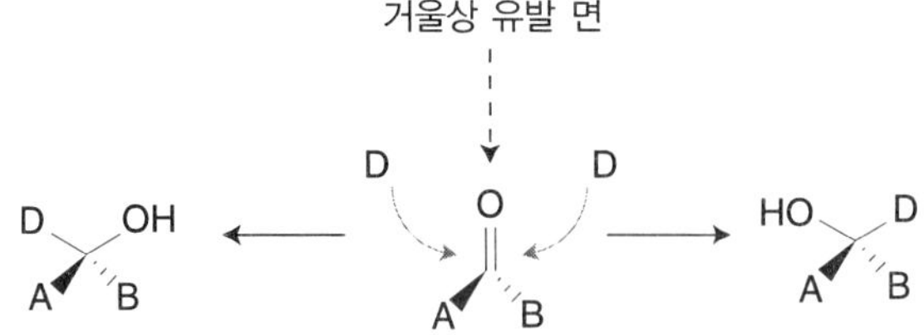

그림 E-13 • 거울상성 면. 케톤에 첨가 반응이 일어나면 거울상 이성질체가 생성된다.

enantiotopic group **거울상 유발 기.** 거울상 유발 수소 대신 다른 원자나 원자단을 말함.

enantiotopic hydrogen **거울상 (이성질) 유발 수소.** 어떤 분자 내에 있는 S_p(회전반사)축에 의해 상호 교환될 수 있는 수소 원자 쌍. 하나의 거울상 유발 수소가 다른 원자나 치환기로 치환되면 비대칭 분자가 되며 거울상 이성질체가 생기게 된다.

encounter controlled rate **확산 지배 속도.** 반응 상대와 충돌하여 매번 반응할 때 마다 100% 효율로 진행되는 이분자 반응 속도(diffusion controlled rate)라고도 한다. 이 이분자 반응은 아래 식에 따라 다음과 같은 최대속도 상수, k_d를 가진다.

$$k_d = (8\ RT/3000\ \eta) \qquad R = \text{기체상수},\ T = \text{절대온도},\ \eta = \text{용매의 점도}$$

enantiotropy **거울상 유발성.** 동일한 물질의 두 가지 고체상이 전이 온도를 사이에 두고 가역적으로 상호 변환되는 현상. 예로서 사방황과 단사황은 95.6°C를 사이에 두고 한 상에서 다른 상으로 가역적으로 변한다.

endo **엔도.** 두 고리 분자(bicyclic molecular)에서 주 다리결합의 반대편에 있는 위치를 나타내는 용어.

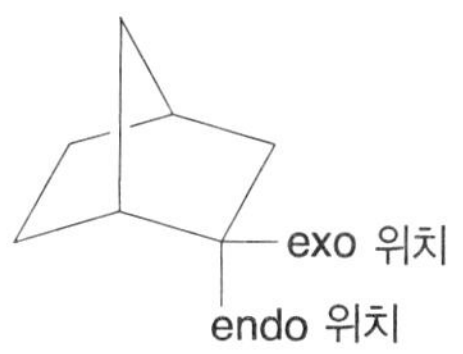

exo 위치
endo 위치

그림 E-14 • 두 고리 화합물에서 엔도와 엑소 위치

endocyclic double bond **고리안 이중 결합.** 고리 화합물의 안쪽에 가지고 있는 이중 결합을 말함.

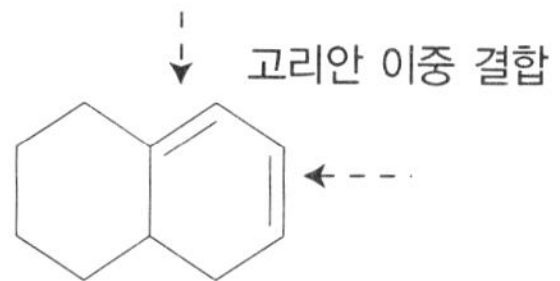

그림 E-15 • 고리안 이중 결합을 가진 화합물의 예

endogeric reaction **흡열 반응.** 반응에서 어떤 형태로 든 에너지를 흡수하는 반응을 말함. endothermic reaction이라고도 한다.

enediol **엔다이올.** 이중 결합 두 탄소에 OH기를 가지고 있는 화합물들의 명칭.

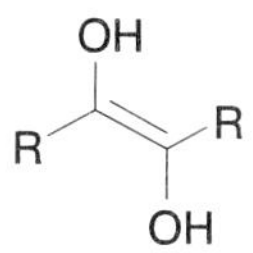

OH
R
R
OH

그림 E-16 • 엔다이올의 일반적인 구조

ene reaction **엔 반응.** 알릴(allyl) 계의 알릴자리 수소가 이중 결합과 엇갈린 첨가반응을 하여 새로운 C－C 결합과 C－H 결합을 형성하여 하나의 알켄이 형성되는 반응이며 매우 일반적인 반응이다.

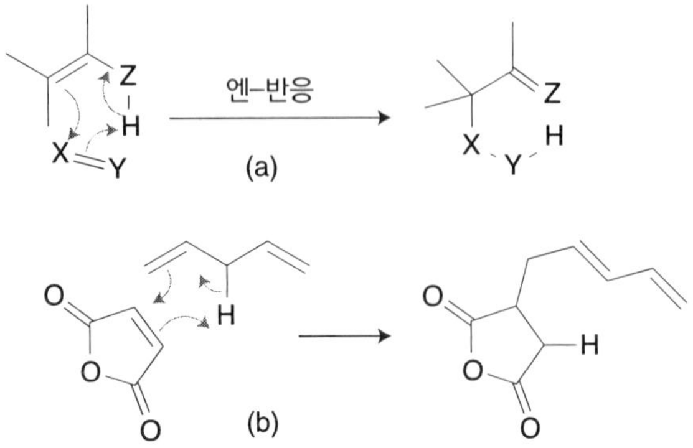

엔-반응

(a)

(b)

그림 E-17 • (a) 엔 반응의 메커니즘. (b) Maleic anhydride의 엔 반응

enium (en-ee-um) ion **에니움 이온.** 어떤 이온종의 양이온 부분을 부르는 일반적인 이름. 일리늄 이온(ylium ion) 이라고도 한다.

enol **엔올 류.** $R_2C=CR(OH)-$기를 가지고 있는 화합물. 케토-엔올 토토머화를 보라. 이런 엔올 류는 자유 화합물로 존재하기는 쉽지 않으며 대부분 케토 화합물의 어떤 평형 상태에서 공존한다. 예로서 사이클로헥산온(cyclohexanone)과 그의 엔올 형을 들 수 있다.

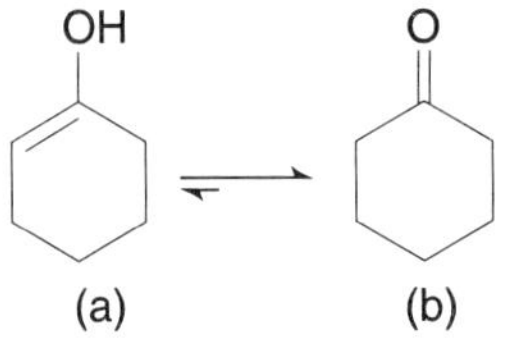

OH O

(a) (b)

그림 E-19 • (a) 사이클로헥산온의 엔올형과 (b) 케토형

enolate anion **엔올 음이온.** 엔올(enol)로부터 양성자가 제거되어 생성된 음이온 종. 케토-엔올 평형이 염기조건에서 일어날 때 이 이온이 존재한다. 예로 아세톤 엔올 음이온(acetone enolate)을 들 수 있다.

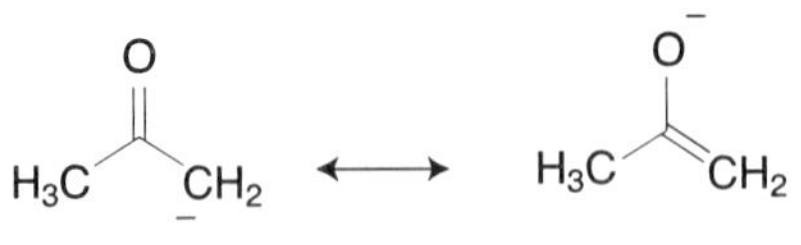

$H_3C-C(=O)-CH_2^- \longleftrightarrow H_3C-C(-O^-)=CH_2$

그림 E-18 • 아세톤 엔올 음이온의 공명 구조

enol-ether **엔올-에터.** 알켄 탄소에 있는 수소 중 하나가 알콕시(alkoxy, RO−) 기로 치환된 화학종. 예로 메틸 바이닐 에터(methyl vinyl ether, $CH_3OCH=CH_2$)를 들 수 있다.

enolization **엔올화(반응).** α-수소를 포함하고 있는 카보닐 화합물이 산 또는 염기 촉매 존재 하에서 엔올 형으로 되는 현상. Tautomerism을 보라.

enol-keto isomer **엔올-케토 이성질체.** 카보닐 기의 이웃 알파 탄소에 수소를 가지고 있으면 이 수소가 산소로 이동하여 엔올을 형성한다. 이들 엔올-케토 이성질체는 평형상태에서 함께 존재한다. 이 평형은 산과 염기에 의해 영향을 받는다. 엔올을 보라.

enone **엔온.** alkene과 ketone의 합성어. 즉 C=C 결합을 포함하고 있는 케톤류를 말함.

envelope conformation **봉투 형태.** 사이클로펜테인(cyclopentane)의 봉투형태 구조.

enzyme **효소.** 생화학 반응에서 촉매 작용을 하는 단백질. 효소는 특정한 기질에 대해서만 촉매 효과를 나타내는 선택성을 가지고 있다.

enzyme kinetics **효소 반응 속도론.** 효소-촉매 반응의 반응 속도를 연구하는 분야를 말한다.

enzyme-substrate complex **효소-기질 복합체.** 기질 분자가 효소의 활성 자리에 결합된 중간체. 기질 분자는 효소-기질 복합체가 된 다음에 화학 변화를 일으켜 새로운 생성물을 만든다.

EP Extra pure의 약어. 아주 순수한 시약을 표현할 때 사용함.

epi- **에피.** 1) 에피머의 하나를 다른 것과 구분하기 위해 접두사로 이름 앞에 붙여 사용한다. 2) 나프탈렌(naphthalene) 또는 이와 유사한 접합고리 화합물의 이치환체에서 치환기가 1,6-위치에 있음을 나타내는 접두사.

epimer **에피머.** 분자의 한개 카이랄 중심 배열만이 다른 부분입체이성질체를 말함.

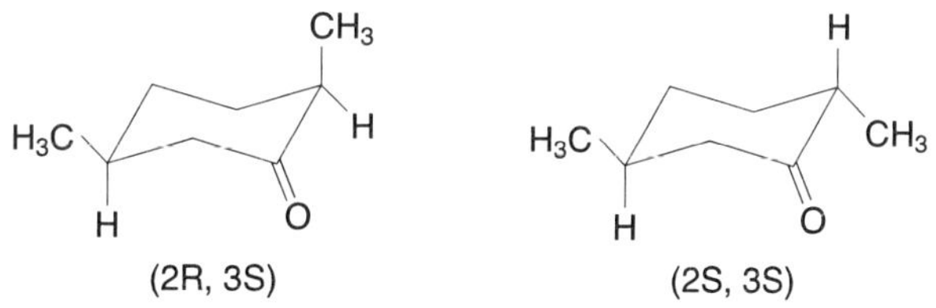

그림 E-20 • 2,5-Dimethylcyclohexane의 에피머들

epimerism **에피머화(반응).** 어떤 분자에 있는 하나의 카이랄 중심 배열이 반전되는 이성질 현상을 말함.

epinephrine **에피네프린.** 아래의 구조를 가지는 화합물로 아드레날린(adrenalin)이라고도 한다.

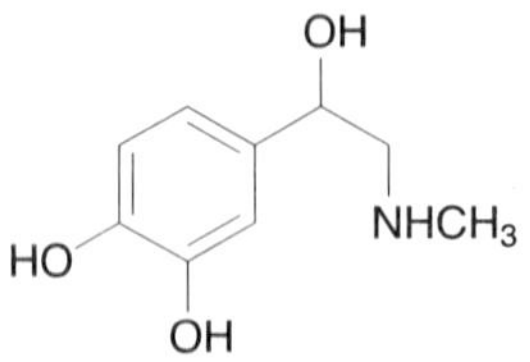

그림 E-21 • 에피네프린의 구조

epoxidation **에폭시화(반응).** C = C 결합을 가진 화합물을 에폭시화물로 변환하는 반응.

epoxides **에폭시화물.** 산소 원자 하나와 탄소 원자 2개가 3-원자 고리를 이루고 있는 고리 형 에테르라고 볼 수 있다. 이 화학종은 옥시란(oxirane) 이라고도 한다.

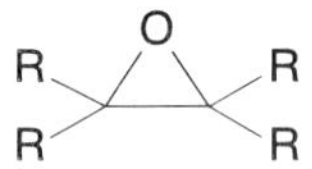

그림 E-22 • 에폭사이드의 일반적인 구조

epoxy resin **에폭시 수지.** 에폭시 화합물과 페놀을 공중합시켜 만든 합성수지. 이 수지는 비교적 분자량이 적고, −O− 결합과 에폭시기를 가지고 있으며, 점성이 높은 액체이다. 과량의 에피클로로하이드린(epichlohydrin)과 다이하이드록시(dihydroxy) 화합물을 축합시켜 만든다. 가장 흔하게 사용되는 것이 2,2-bis(p-hydroxyphenyl)propane을 사용하며 이들이 반응하여 생성된 수지가 비스페놀 A(bisphenol A)이다.

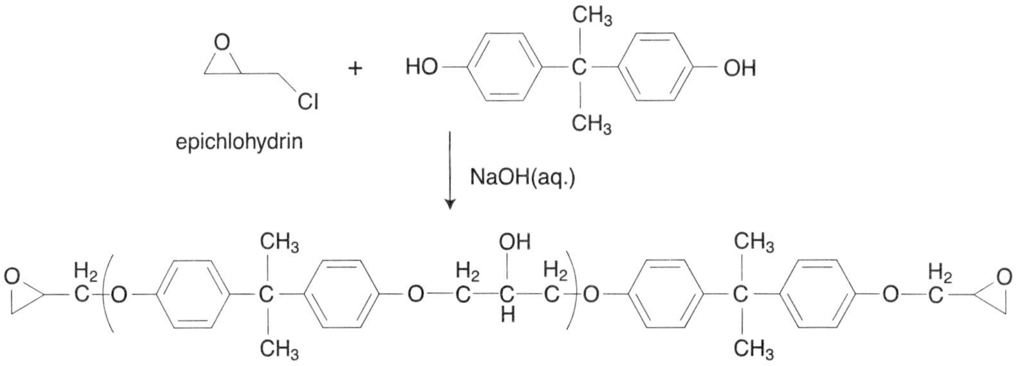

그림 E-23 • Bisphenol A 의 합성

equatorial bond **수평 방향 결합, 적도 방향 결합.** 사이클로헥세인(cyclohexane)에서 분자 평면에 수평인 결합 형태를 말함.

equilibrium **평형.** 일반적으로 반응의 평형은 정반응 속도와 역반응 속도가 동일할 때 이루어진다. 반응의 평형은 양 방향 화살표를 이용하여 $A \rightleftharpoons B$ 로 나타낸다.

equilibrium constant

평형 상수. 화학 반응의 평형 상수(K)는 평형 상태에서의 반응물질들에 대한 농도로부터 계산한다.

$$\mathrm{aA + bB} \underset{K_{-1}}{\overset{K_1}{\rightleftharpoons}} \mathrm{cC}$$

$$\mathrm{K} = \frac{[\mathrm{C}]^c}{[\mathrm{A}]^a[\mathrm{B}]^b} = \frac{\mathrm{K}_1}{K_{-1}}$$

여기서 a, b 및 c는 각 화학종의 몰수이고, [A], [B], [C] 는 각 화학종의 농도(부분압력, 몰 분율, 몰농도, 활동도 및 퓨가시티(fugacity)이다. k_1과 k_{-1}은 정반응과 역반응의 속도이다.

반응의 평형 상수는 다음과 같이 Gibbs 자유에너지와 관계가 있다.

$$-RT\ln K = \Delta G^\circ$$

equivalent faces

동등 면. 회전 축 C_p ($\infty > p > 1$)에 의해 교환될 수 있는, 파이(π) 오비탈계의 양쪽 면을 말하며, 이런 면을 가진 화합물에 첨가반응이 일어나면 어느 면으로 첨가되더라도 동일한 화학종이 된다. 아래의 두 화합물을 예로 들 수 있다.

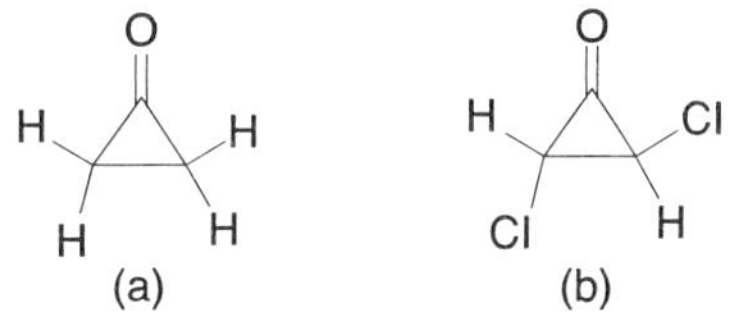

그림 E-24 ∙ 동등 면을 가진 화합물의 예

equivalent group

동등 기. 회전 축 C_p ($\infty > p > 1$)에 의해 상호교환 될 수 있는 원자나 원자단을 말하며, 대칭교환자리 수소와 유사어이나 다른 원자들에 대해서는 잘 사용하지 않는다.

equivalent hydrogen

동등 수소. homotopic hydrogen(대칭 교환 자리 수소)의 동의어로 정확한 표현이 아니어서 활용도는 적다. 대칭 교환 자리 수소는 어떤 대칭조작에 의해서로 동일한 대칭성을 나타내야하지만 대칭적으로 동일한 모든 수소가 대칭 교환 자리 수소가 되지는 않는다.

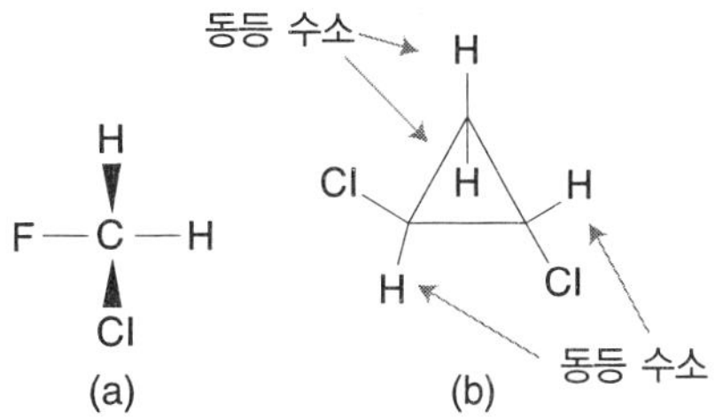

그림 E-25 ∙ (a) 대칭 교환 자리 수소가 아닌 화합물과 (b) 대칭 자리 수소를 가진 화합물의 예

equivalent weight **당량, 등가 무게.** 주어진 물질의 1 당량의 질량. gram equivalent라고도 한다.

ergosterol **에르고스테롤.** 바이타민 D_2의 합성 출발물질인 식물성 스테롤(sterol)의 일종.

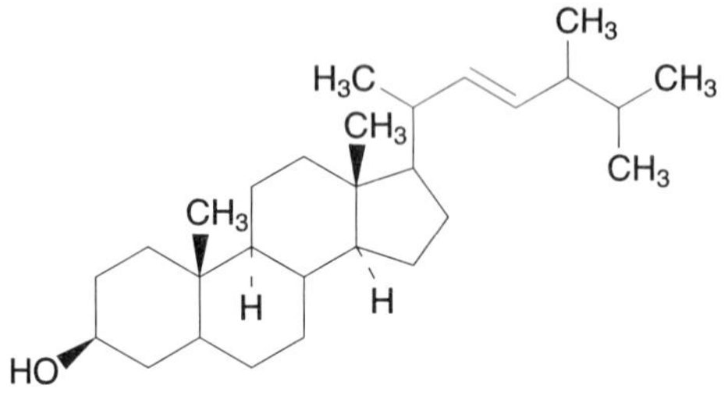

그림 E-26 • Ergosterol의 구조

ergot alkaloid **에르고트 알카로이드.** 아미노산 트립토판(tryptopan)과 단일 아이소프렌 단위로부터 합성되는 인돌 알카로이드(indole alkaloid)의 작은 계열 화합물들을 말함. 예로 라이서직 산(lysergic acid)를 들 수 있다.

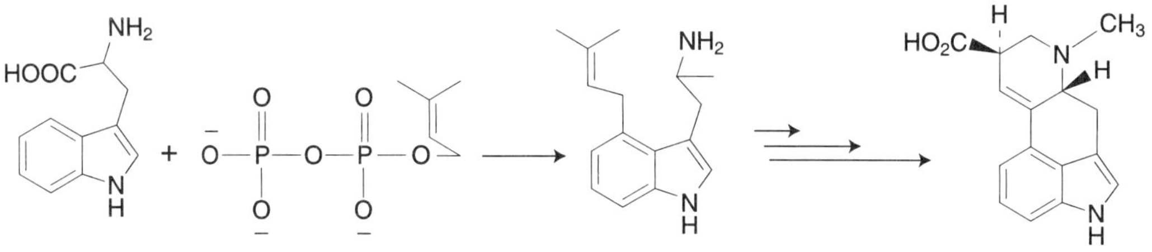

그림 E-27 • Lysergic acid의 합성과정

Erlenmeyer-Plöchl azlactone/amino acid synthesis **Erlenmeyer-Plöchl 아즈락톤/아미노산 합성.** 아실글라이신(acylglycine)을 아세트산무수물 존재 하에 분자내 축합을 시켜 아즈락톤(azlactone)을 만들고, 이 아즈락톤을 카보닐 화합물과 반응하여 가수분해시키면 불포화 α-아실아미노산(α-acylamino acid)로 되는 반응[E. Erlemyer, *Ann. 275*, 1(1893)][J. Plöchl, *Ber. 17*, 1616(1884)].

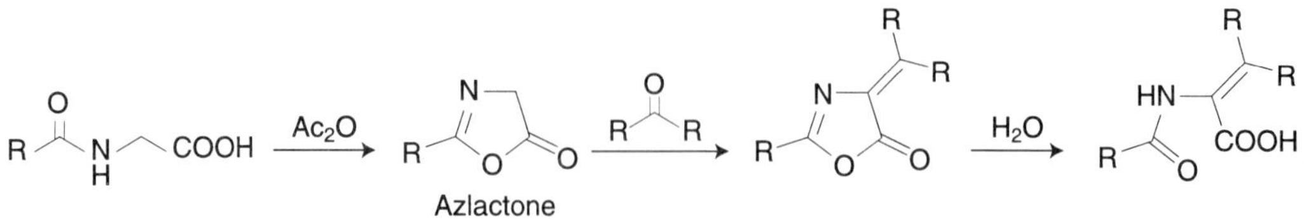

그림 E-28 • Erlenmeyer-Plöchl 아즈락톤/아미노산 합성

erythro **에리트로.** 사탄소 알도스 에리트로즈(4 carbon aldose erythrose)의 두 개 이웃한 카이랄 중심과 유사한 배열을 가지는 *d*, *l*-쌍의 이름에 붙이는 접두사. 즉 다른 두 치환기가 에리트로즈와 같이 배열된 화합물을 나타낸다.

HOH$_2$C, CHO, HO, OH, H, H (a)　HO, Br, H_3C, CH_3, H, H (b)

그림 E-29 ◦ (a) Erythrose, (b) erythro-3-bromo-2-butanol의 구조

Eschweliler-Clarke reaction

Eschweliler-Clarke 반응. 일차 아민이나 이차 아민을 포름알데하이드(formaldehyde)와 포름산(formic acid)의 혼합물로 환원성 아미노화 반응을 시켜 삼차 아민으로 변환시키는 반응[W. Eschweiler, *Ber. 38*, 880(1905); H. T. Clarke, H. B. Gillespie, S. Z. Weisshaus, *J. Am. Chem. Soc.*, *55*, 4571(1933)].

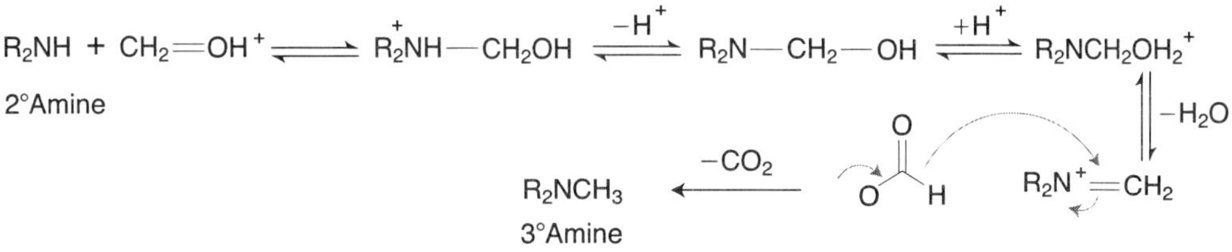

$$R_2NH + CH_2{=}OH^+ \rightleftharpoons R_2\overset{+}{N}H{-}CH_2OH \underset{}{\overset{-H^+}{\rightleftharpoons}} R_2N{-}CH_2{-}OH \overset{+H^+}{\rightleftharpoons} R_2NCH_2OH_2^+ \overset{-H_2O}{\rightleftharpoons} R_2N^+{=}CH_2 \xrightarrow{HCOO^-,\ -CO_2} R_2NCH_3$$

2°Amine → 3°Amine

그림 E-50 ◦ Eschweliler-Clarke 반응 메커니즘

essential amino acid

필수 아미노산. 동물 체내에서 합성되지 않기 때문에 음식물로서 섭취해야 하는 아미노산. 인체의 필수 아미노산은 발린 L-(+)-valine (Val), 루이신 L-(+)-leucine (Leu), 아이소루이신 L-(+)-isoleucine (Ile), 트레오닌 L-(+)-threonine (Thr), 메티오닌 L-(+)-methionine (Met), 페닐알라닌 L-(+)-phenylalanine (Phe), 트립토판 L-(+)-tryptophan (Trp) 및 라이신 L-(+)-lysine (Lys) 등 8가지이다. 필수 아미노산은 단백질 합성에 필수적이며, 이것이 부족하면 성장 장애 등의 증상이 나타난다.

essential double bond

필수 이중 결합. 전하가 분리된 화학종을 포함하고 있지 않으면서 모든 공명구조에서 이중결합으로만 쓸 수 있는 콘쥬게이션 계의 이중결합을 말함. 예를 들어, 아래 그림의 전하를 띄지 않은 butadiene의 이중결합은 필수 이중결합이고, 벤젠의 이중결합은 필수 이중결합이 아니다.

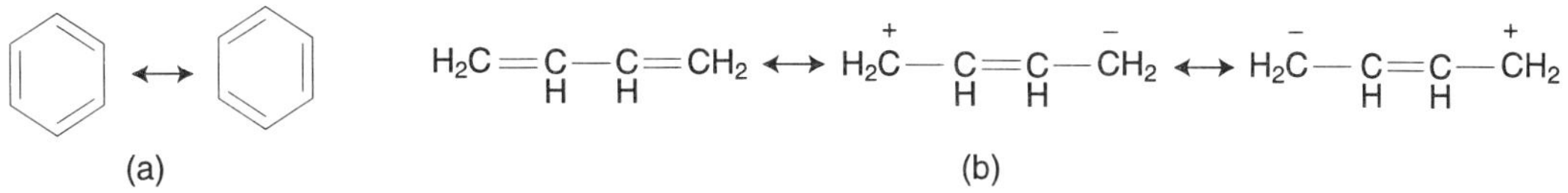

(a)

$$H_2C{=}CH{-}CH{=}CH_2 \leftrightarrow H_2\overset{+}{C}{-}CH{=}CH{-}\overset{-}{C}H_2 \leftrightarrow H_2\overset{-}{C}{-}CH{=}CH{-}\overset{+}{C}H_2$$

(b)

그림 E-31 ◦ Benzene의 공명 구조와 butadiene의 공명 구조

essential fatty acid

필수 지방산. 사람의 음식물 속에 일반적으로 들어 있어야 하는 지방산. 모든 필수 아미노산은 탄화수소 사슬상의 동일한 두 위치에 모두 시스-이중결합을 가지고 있으며, 리놀레닉산(linolenic acid, C18)에 관련된 다중 불포화 지방산 (polyunsaturated fatty acid) 이다. 따라서 프로스타글란딘의 선구 물질로서 작용할 수 있다.

Linoleic acid (C18)

γ-Linoleic acid (C18)

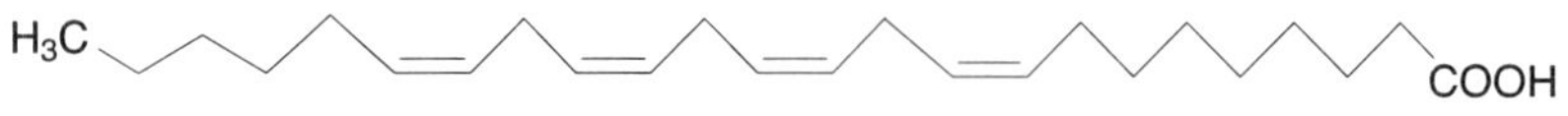

Arachidonic acid (C20)

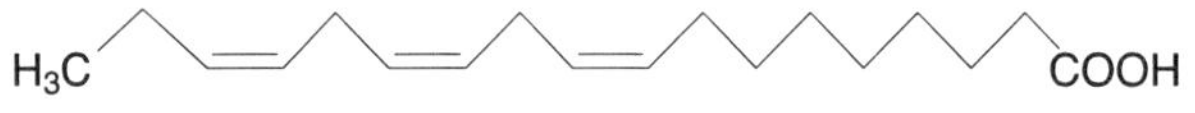

Linolenic acid (C18)

그림 E-32 • 필수 불포화 지방산의 종류

essential oil **정유.** 여러 식물 성분을 증류하여 얻을 수 있는 향기 나는 기름. 이 기름은 통상 복잡한 혼합물이며 터펜(terpene)이 풍부하다.

essential single bond **필수 단일 결합.** 전하 분리가 되지 않은 화학종의 모든 공명구조에서 단일결합으로만 표기 할 수 있는 콘쥬게이션 계의 단일 결합. 예로 essential double bond를 보라.

ester **에스터.** RCO_2R의 일반식을 가지는 화합물로, 알코올 ROH와 산 R′COOH을 반응시켜 만들 수 있다. 간단한 탄화수소기를 포함하는 에스터는 향기로운 휘발성 물질이며, 식품 첨가제 등으로 이용된다.

esterification **에스터화(반응).** 산과 알코올이 반응하여 에스터와 물을 만드는 다음과 같은 반응.

$$CH_3OH + C_6H_5COOH \rightarrow CH_3O(O=)CC_6H_5 + H_2O$$

그림 E-33 • Benzoic acid의 에스테르화 반응.

estrone **에스트론.** 스테로이드의 일종으로 여성 호르몬이다.

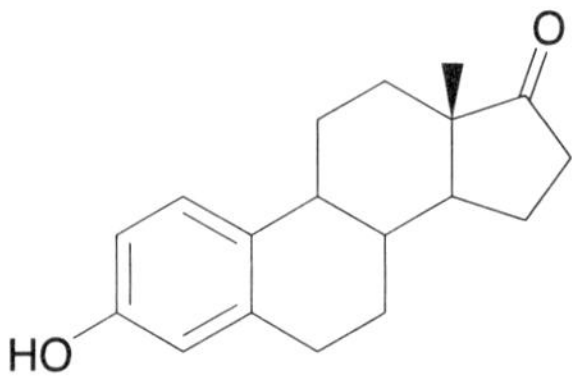

그림 E-34 • 에스트론의 구조

Étard reaction **Étard 반응.** 크로밀 클로라이드(chromyl chloride)를 이용하여 아릴메틸(aryl-methyl)기를 알데하이드 기로 산화시키는 반응[A. L. Étard, *Compt. Rend.*, *90*, 534, (1880)].

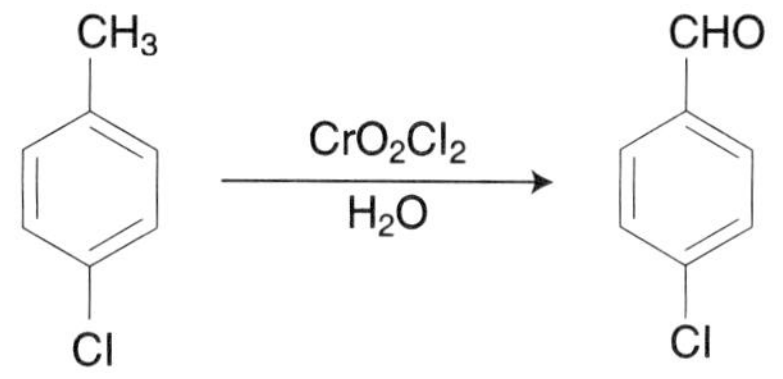

$$\text{4-ClC}_6\text{H}_4\text{CH}_3 \xrightarrow[H_2O]{CrO_2Cl_2} \text{4-ClC}_6\text{H}_4\text{CHO}$$

그림 E-35 ● Étard 반응에 의한 알데하이드의 합성

ether **에테르, 에터.** 일반식 ROR를 가지는 화합물로 이들은 분자에 C−O−C기가 포함된 유기 화합물이다. 즉, 탄화수소의 수소 하나가 알콕시 (RO−, 또는 ArO−)로 치환된 화합물이다. 가장 간단한 에테르는 다이에틸에테르(diethyl ether, $CH_3CH_2OCH_2CH_3$)이다. 다이에틸에테르는 유기 용매로 많이 사용되며, 마취제로도 사용된다. 이들은 휘발성과 가연성이 높은 화합물이다.

ethylidene **에틸리덴 기.** $CH_3CH=$기의 이름.

ethynylation **에틴일화.** 알데하이드(RCHO) 와 아세틸렌(acetylene)을 반응시켜 아세틸렌 유도체를 만드는것.

evaporation **증발.** 액체로 있는 물질이 기체 상태로 변환되는 과정.

evaporator **증발기.** 물질을 증발시키는데 사용하는 장치. 보통 감압 하에서 할 수 있도록 고안된 증발기를 감압 증발기라고 한다.

excimer **엑시머, 들뜬 이합체.** 들뜬 상태로만 존재할 수 있는 AA* 형태의 이합체이다. 두 성분이 서로 다른 AB* 형태의 이합체를 들뜬복합체라고 하는데, 엑시머는 들뜬복합체의 일종으로 볼 수 있다.

exciplex **들뜬 복합체.** excimer를 보라.

excitation **들뜸.** 핵, 전자, 원자, 이온, 및 분자가 에너지를 얻어 바닥 상태 보다 높은 에너지 상태로 변하는 과정을 말한다. 또한 바닥 상태와 들뜬 상태 사이의 에너지 차를 들뜸 에너지라고 한다.

exhaustive methylation **완전 메틸화(반응).** 일차, 이차 또는 삼차 아민이 4차 암모늄 이온으로 완전히 메틸화되는 메틸화반응을 말함. 이런 메틸화 반응은 Hofmann 제거반응에 이용한다.

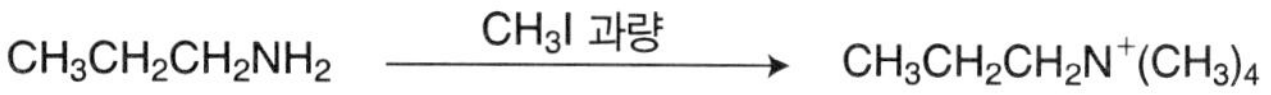

$$CH_3CH_2CH_2NH_2 \xrightarrow{CH_3I\ 과량} CH_3CH_2CH_2N^+(CH_3)_4$$

그림 E-36 ● Propylamine의 완전메틸화 반응

exclusion principle **배타 원리.** Pauli exclusion principle을 보라.

exo **외향.** 이중 고리 분자에서 주 다리에 더 가까이 있는 위치를 말하며, 이 위치는 덜 가려져 있거나 더 바깥쪽(외향)으로 있는 것으로 생각한다. endo를 보라.

exocyclic double bond **고리밖 이중 결합.** 고리 화합물에서 고리밖에 위치한 이중결합. 예로 메틸렌사이클로 헥세인(methylenecyclohexane)에서 메틸렌 이중결합을 들 수 있다.

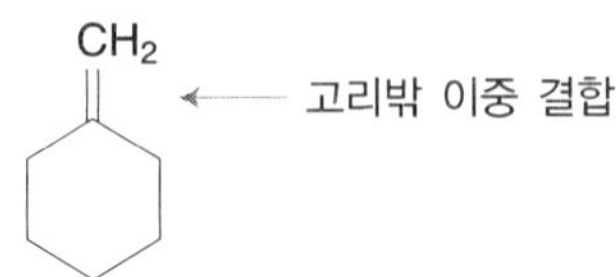

그림 E-37 • 고리밖 이중 결합의 예

exoergonic process **자유 에너지 감소 과정.** exoergic process의 동의어

exon **엑손 발현구역.** DNA 염기 서열 중 단백질의 구성 정보를 담고 있는 부분이다. 진핵세포의 DNA에는 원핵세포의 DNA와 달리 실제로 단백질을 합성 정보를 갖는 부분과 그렇지 않은 부분이 섞여서 존재하고 있다. 앞에서 언급한 부분을 발현구역, 후자를 인트론(intron)이라고 한다

explosion **폭발.** 일반적으로 "평형상태에 있던 물질계가 어떤 원인에 의해서 주위의 압력을 급격히 상승시키는 현상"을 말한다. 폭발 현상을 유형별로 구분하면 단순한 물리적 폭발과 격렬한 연소현상에 속하는 화학적 폭발로 구분된다. 고무풍선의 폭발은 물리적 폭발이고, 가스나 화약 등이 급격히 반응하면서 폭발하는 것은 화학적 폭발이다. 화약류의 폭발은 주로 산화반응에 의해 일어난다.

explosive **폭발물.** 폭발을 일으킬 수 있는 물질. 보통 열에 대해 불안정하기 때문에 보다 정확한 정의는 열역학적으로 불안정하여 작은 자극에도 쉽게 폭발할 수 있는 균일 또는 불균일한 물질계이다.

explosive limit **폭발 한계.** 폭발물질이 공기나 산소와 일정비율로 혼합되어 불씨가 있으면 폭발할 수 있는 농도 범위를 말함. 예를 들어 펜테인(pentane)이 공기중에 1.5~7.5% 농도로 존재할 때 불씨가 가해지면 폭발한다.

extent of reaction **반응 진척도, 반응도.** 반응이 얼마나 진행되었는가를 나타내는 것으로 반응속도를 나타내는데 유용하게 사용된다.

extraction **추출.** 선택적 용해성을 이용하여 혼합물로부터 각각의 성분을 분리해 내는 방법.

extractive distillation **추출 증류법.** 시료의 증기-액체 혼합물을 포함하고 있는 증류관에 시료보다 더 높은 끓는점을 가지는 용매를 첨가하여 상대적으로 휘발성을 더 높여 증류하는 증류 방법을 말함.

Exxon donor solvent (EDS) process **엑손 주개 용매 공정.** 석탄을 기름으로 변환하는 탄화수소 액화법으로, 촉매 없이 주개 용매의 수소를 석탄에 전달하여 기름으로 만든다. 석탄을 액화시킨 후에 변환된 석탄과 용매를 진공 증류시킨다. 이 공정은 Exxon 회사에서 개발한 공정이다.

E

FAD **flavin adenine dinucleotide의 약칭.** 이것은 리보플라빈(바이타민 B_2)의 유도체로서, 여러 생화학 반응에 관여하는 중요한 보조 효소이다. 시트르산 순환 과정중에서 수소를 받아 $FADH_2$로 되고, 이 $FADH_2$는 FAD로 환원되면서 한 분자당 2개의 ATP를 만들어낸다.

fat **지방.** 상온에서 고체인 트라이글리세라이드가 주성분인 지방질 혼합물. 지방은 동식물의 체내에 널리 분포되어 있는 에너지 저장원으로서, 탄수화물보다 두 배나 많은 칼로리 값을 갖는다. 불포화도가 특히 높은 식물성 지방은 실온에서 액체이며, 그리하여 기름(유)이라고 한다.

fatty acid **지방산.** 식물이나 동물로부터 생성되는 긴 사슬의 카복실산. 즉 탄화수소 사슬과 말단 카복시기 ($-CO_2H$)로 이루어져 있다. 이들의 사슬에는 가지가 없고 보통은 짝수의 탄소 수로 되어 있다. 사슬에 불포화 결합(이중결합 등)을 가지고 있지 않은 포화 지방산(saturated fatty acid)과 불포화 결합을 가지고 있는 불포화지방산(unsaturated fatty acid)으로 구분한다. 고체 동물지방에는 이들 산이 글리세롤(glycerol)의 트라이에스터(triesters)나 콜레스테롤(cholesterol)의 에스터로 존재하며, 식물 기름에서는 트리글리세라이드(triglyceride)와 시스토스테롤(sistosterol)의 에스터로 존재한다.

(a) Triglyceride (b) Cholesterol ester (c) β-Sistosterol ester

그림 F-1 • (a)는 동물과 식물 모두에서 발견됨. (b)는 동물에서 발견됨, (c)는 식물에서 발견됨

Favorskii(or y)-Babayan Synthesis　Favorskii(or y)-Babayan **합성.** 케톤과 말단 아세틸렌을 무수 알칼리 존재 하에 반응시켜 아세틸렌성 알코올을 합성하는 반응[A. Favorskii, *J. Russ. Phys. Chem. Soc. 37*, 643(1905)][A. Babayan, B. Akopian, R. Gyuli-Kevyhan, *J. Gen. Chem. (USSR)*, *9*, 1631(1939)].

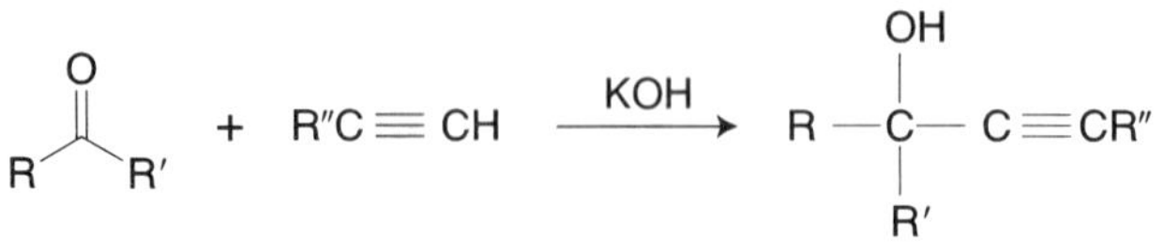

그림 F-2 • Favorskii(or y)-Babayan 합성

Favorskii(or y) rearrangement　Favorskii(or y) **자리옮김.** α-할로케톤이 염기 촉매에 의해 자리옮김하여 카복실산으로 변환되는 반응[A. E. Favorsky, *J. Prakt. Chem.*[2], *88*, 658(1913)].

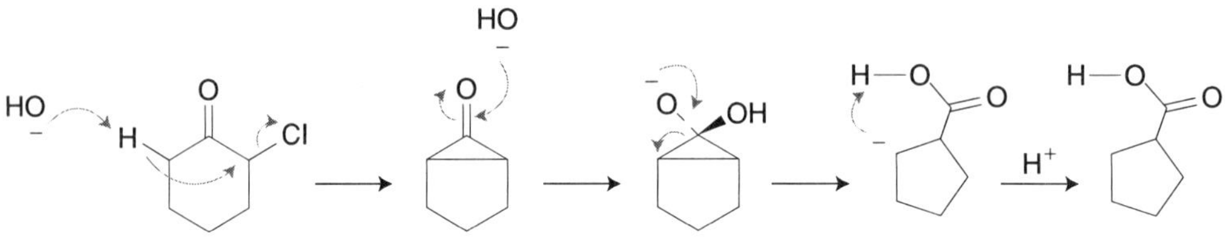

그림 F-3 • Favorskii 자리옮김 반응 메커니즘

Fehling' s test　Fehling**의 시험.** 용액 속에 들어 있는 환원당이나 알데하이드를 검출하는 화학 시험법. Fehling A 용액[황산구리(II) 용액]과 Fehling B 용액(sodium tartrate 용액)을 같은 양으로 혼합한 다음 시험 용액에 넣고 가열하면, 환원당이 있을 경우에는 구리가 환원되어 벽돌색 침전을 만든다.

Feist-Bénary synthesis　Feist-Bénary **합성.** α-할로제노 케톤 또는 에테르와 1,3-다이카보닐 화합물을 피리딘(pyridine) 존재 하에 반응시켜 퓨란(furan)을 합성하는 반응[F. Feist, *Ber. 35*, 1539(1902)][E. Bénary, *Ber. 44*, 489(1911)].

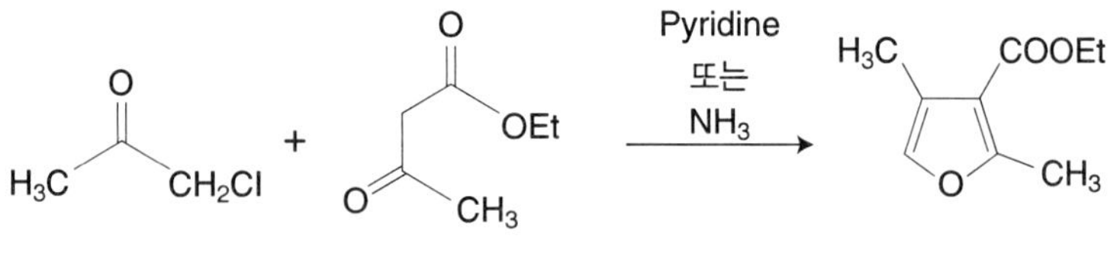

그림 F-4 • Feist-Bénary 합성

f-electron　**f-전자.** 원자의 f 껍질에 있는 전자들.

Fenton reaction　Fenton **반응.** α-하이드록시 산을 Fenton 시약(H_2O_2와 Fe^{2+})로 산화시켜 α-케토산을 만드는 반응[H. J. Fenton, *Proc. Chem. Soc. 9*, 113(1893)].

fermentation

발효. 효모와 같은 미생물이 나타내는 무산소성 호흡. 예로서 알코올 발효를 들 수 있는데, 여기서는 해당 과정의 최종 산물인 피루브산(pyruvic acid, $CH_3COCOOH$)이 에탄올(ethanol)과 이산화탄소(CO_2)로 변환된다.

Ferrario reaction

Ferrario 반응. 다이페닐 에테르(diphenyl ether)를 $AlCl_3$ 존재 하에 황과 반응시켜 페노자싸이인 phenoxathiin을 합성하는 반응. [E. Ferraro, *Bull. Soc. Chim. France*, [*4*]*9*, 536(1911)]

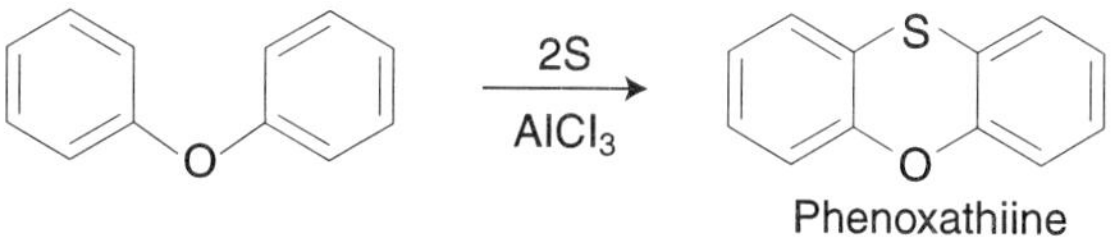

O — 2S, $AlCl_3$ → S, O

Phenoxathiine

그림 F-5 ● Ferrario 반응

ferrocene

페로센. $Fe(C_5H_5)_2$. 아래 그림에서와 같이 2개의 사이클로펜타다이엔(cyclopentadiene) 고리가 평행하게 포개져 있고, 그 사이에 철 원자가 샌드위치 상태로 끼어 있는 화합물. 사이클로펜타다이에닐(cyclopentadienyl, C_5H_5-)고리의 π 오비탈과 Fe^{2+}의 d 오비탈이 중첩되어 결합을 이룬다. 이 화합물은 C_5H_5 고리에 친전자성 치환을 일으키기도 하며, $(C_5H_5)_2Fe^+$ 이온으로 산화되기도 한다. 페로센과 비슷한 구조의 착물들을 메탈로센(metallocene)이라고 한다. 페로센의 온전한 이름은 bis(pentahaptocyclopentadienyl) iron(II) 이다.

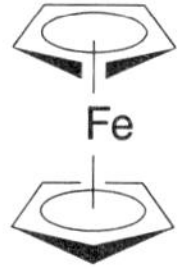

그림 F-6 ● Ferrocene의 구조

FH_4

tetrahydrofolic acid의 약기호.

fibrous protein

섬유상 단백질. 폴리 펩타이드 사슬이 나란히 연결되어 필라멘트모양을 이루는 단백질. 이 단백질은 질기며 물에 녹지 않으므로 자연계에서 손톱, 말굽, 뿔 그리고 근육 같은 구조물질의 성분이다.

field effect

장효과. 분자 내의 관심 있는 부분과 떨어져 있는 단일극자 또는 이중 극자간의 분자 내 쿨롱(Coulomb) 상호작용. 이 효과는 결합을 통해서 나타나고 실험적으로 측정 가능한 효과이며, 단일극자의 전하, 이중 극자의 이중 극자 모멘트의 거리에 의존한다. 장 효과는 화합물의 반응성, 산성 및 염기성 등과 관련이 있다.

filtration

거르기. 거름종이나 유리 거르게 등을 이용하여 용액으로부터 고체를 분리시키는 과정. 특히 액체를 진공 속으로 뽑아내는 여과를 진공여과라고 한다.

fine chemicals **정밀 화학 제품.** 비교적 소량을 높은 순도로 만들어야 하는 화학제품. 예로서 염료나 의약품을 들 수 있다.

fingerprint region **지문 영역.** 적외선 스펙트럼에서 1500~250 cm^{-1} 영역을 말함. 이 영역에서 각 화합물들은 복잡하지만 독특한 스펙트럼 양상을 보이므로 화합물의 확인에 유용한 영역이다.

Finkelstein reaction **Finkelstein 반응.** 알킬 할라이드(RX, X = Cl, Br)를 아세톤(acetone) 용액에서 NaI와 반응시켜 상응하는 알킬 아이오다이드(RI)로 만드는 반응[H. Finkelstein, *Ber. 43*, 1528(1910)].

Fischer assay **Fischer 분석.** 셀레 기름(shale oil)의 양을 평가하는 표준방법의 하나.

Fischer esterification **Fischer 에스터화 반응.** 기체상태의 HCl을 촉매로 사용하는 에스터화 반응이며, 이 반응은 가역반응이므로 생성되는 물을 충분히 제거하여야 반응이 정반응으로 진행하는데 유리하다. Fischer-Speier 에스터화 반응이라고도 한다[E. Fischer, A. Speier, *Ber. 28*, 3252(1895)].

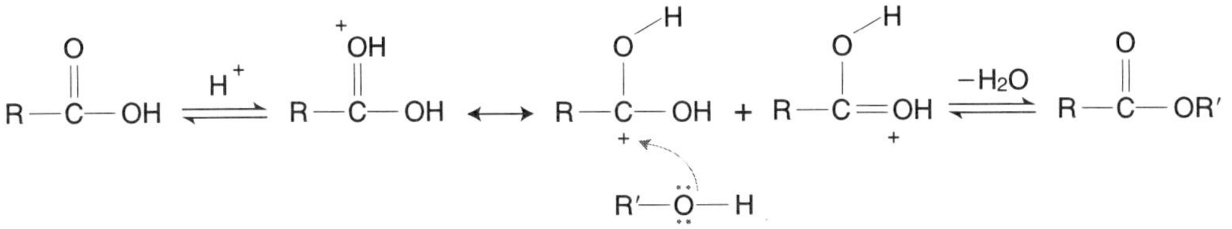

그림 F-7 • Fischer 에스터화 반응

Fischer-Hepp rearrangement **Fischer-Hepp 자리옮김반응.** 방향족 아민의 *N* – nitroso (–N = O)기가 고리의 파라-위치로 자리 옮김을 하는 반응[O. Fischer, E. Hepp, *Ber.19*, 2991(1886)].

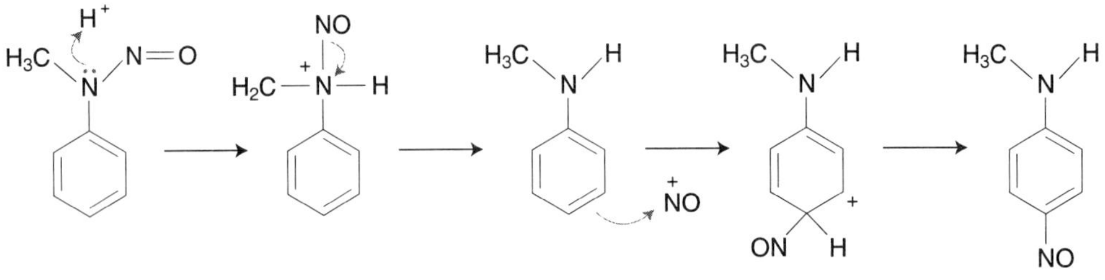

그림 F-8 • Fischer-Hepp 자리옮김 반응 메커니즘

Fischer indole synthesis **Fischer 인돌 합성.** 페닐하이드라존(phenylhydrazone)과 Lewis 산을 반응시켜 인돌(indole)을 합성하는 방법. 이 방법은 인돌을 합성하는 가장 유용한 방법이다[E. Fischer, E. Jourdan, *Ber. 16*, 2241(1883)].

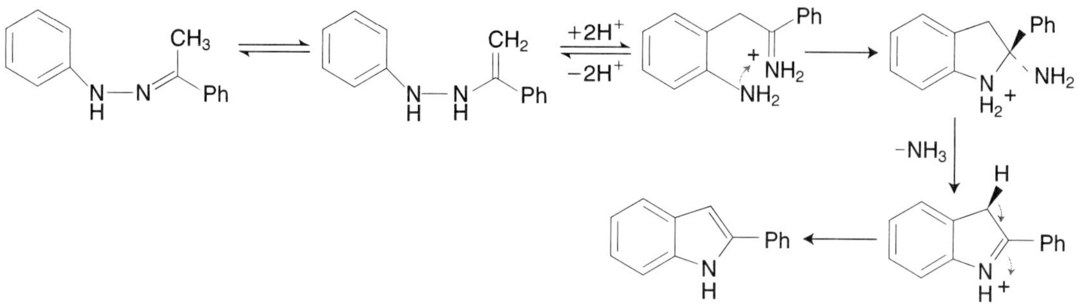

그림 F-9 • Fischer 인돌 합성 메커니즘

Fischer oxazole synthesis

Fischer 옥사졸 합성법. 방향족 알데하이드(ArCHO)와 알데하이드사이아노하이드린(RCHOHCN)을 건조시킨 에테르 속에서 반응시켜 옥사졸(oxazole)을 합성하는 방법[E. Fischer, *Ber. 29*, 205(1896)].

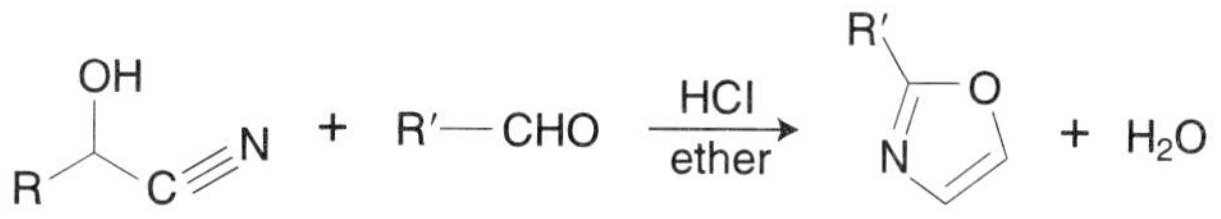

그림 F-10 • Fischer 옥사졸 합성법

Fischer peptide synthesis

Fischer 펩타이드 합성법. α-Cl, α-BrCHRCOCl과 아미노산 에스터($H_2NCHR'COOEt$)를 반응시키고, 가수분해시켜 폴리펩타이드를 합성하는 방법[E. Fischer, *Ber. 36*, 2982(1903)].

Fischer phenylhydra-zine synthesis

Fischer 페닐하이드라진 합성법. 다이아조 화합물과 과량의 $NaHSO_3$를 반응시키고 가수분해시켜 산처리하여 아릴하이드라진($ArNHNH_2$)을 합성하는 방법[E. Fischer, *Ber. 8*, 589(1875)].

Fischer projection

Fischer 투영식. 카이랄성 분자의 삼차원 배열을 평면으로 그리는 한 가지 방법. 각 카이랄 탄소의 왼편과 오른편에 두 개의 치환기는 탄소 면의 앞으로 나오도록 그리고, 나머지 두 개의 치환기는 탄소 면의 뒤편 위와 아래에 하나씩 배열한다.

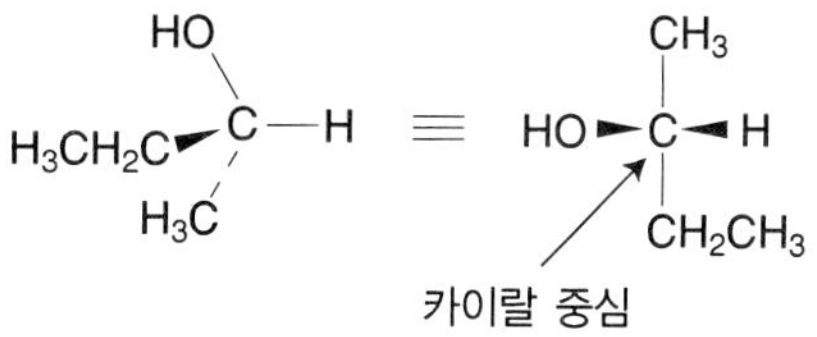

카이랄 중심

그림 F-11 • Fischer 투영식

Fischer-Tropsch Process Fischer-Tropsch 공정. Fischer와 Tropsch가 개발한 합성 가스를 탄화 수소와 분자량이 적은 산소화 화합물로 촉매 변환시키는 공정을 말한다. 이 반응은 전체적으로 높은 발열반응이며, 촉매로는 cobalt-thoria 지지촉매 또는 철지지 촉매를 사용하고 반응 온도는 대략 250~300°C, 그리고 압력은 1 atm에서부터 약 20 atm 범위에서 진행한다.

$$n\,CO + 2n\,H_2 \rightarrow (CH_2)n + nH_2O \qquad \Delta H = -192\ KJmol^{-1}$$

Fittig reaction Fittig 반응. 다음 예에서와 같이 방향족 할로젠화물과 알케인의 할로젠화물을 나트륨과 반응시켜 벤젠(benzene) 고리에 알킬기를 도입시키는 방법이다.

$$C_6H_5Cl + CH_3Cl + 2Na \rightarrow 2NaCl + C_6H_5CH_3$$

flagpole position 깃대 위치. 사이클로헥세인(cyclohexane)의 보트 형태에서 보트의 머리와 끝에 있는 탄소에서 위쪽으로 배열된 결합의 위치를 말함.

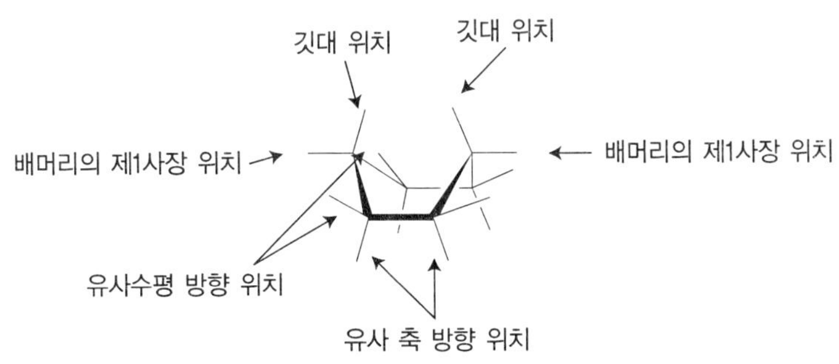

그림 F-12 • Cyclohexane 결합 배열의 종류

flame ionization detector (FID) 불꽃 이온화 검출기. 유기 화합물을 수소 불꽃으로 이온화 시켜 생성된 이온을 반대 이온의 전극으로 측정하는 검출기로 기체크로마토그래피(GC) 검출기로 사용된다. 열전도 검출기 보다 103 배나 더 정확하다.

flash point 발화점, 인화점. 어떤 물질이 공기 중에서 발화될 수 있도록 가열해야 하는 온도. 예를 들어 가솔린의 발화점은 약 −45°C이고 윤활유의 발화점은 230°C이다.

flavin adenine dinucleotide 플라빈 아데닌 뉴클레오티드. FAD를 보라.

flavonoid 플라본족 화합물. 식물의 꽃, 뿌리, 줄기, 및 잎 등에 들어 있는 페닐계 식물성 색소들. 아릴-치환 벤조파이란(aryl-substituted benzopyran) 탄소 골격을 가지고 있다.

F

Flood reaction **Flood 반응.** 헥사알킬다이실옥산(hexaalkydisiloxane, $R_3SiOSiR_3$)을 NH_4X(X=F, Cl) 존재 하에서 진한 황산으로 처리하여 트리알킬실릴 클로라이드(trialkysiliyl chloride)를 합성하는 방법[E. A. Flood, *J. Am. Chem. Soc.* 55, 1735(1933)].

fluorescein **플루오레신.** $C_{20}H_{12}O_6$. 노란색을 띤 붉은색 염료로서, 물에 녹으면 녹색의 형광을 수반하는 노란색을 나타낸다. 물의 흐름을 추적하는 데 사용된다.

fluorescence **형광.** 빛이나 다른 파장의 전자기 복사선을 흡수한 물질에 의해 방출되는 빛을 말한다. 대부분의 경우 형광은 흡수된 복사선의 파장보다 긴 파장의 빛을 방출한다.

fluorocarbon **플루오르화탄소.** 탄화수소의 수소 원자들이 플루오르 원자로 치환된 화합물. 이 화합물은 내열성이 크며, 석유 등의 유기 용매에 대한 안정도가 높기 때문에 특수한 목적의 고분자 물질을 만드는 데에도 이용된다. 클로로플루오로탄소(chlorofluorocarbon, Freon)도 플루오르화탄소의 일종이다.

fluxional molecule **유동성 분자.** 빠른 자리옮김이 겹쳐 일어나 개별적인 자리옮김을 구분할 수 없는 분자. 이 자리옮김에서는 결합의 재생성이나 또는 원자나 원자단의 이동이 포함된다. 예로서 불발렌(bullvalene)이나 금속이 시그마결합을 하고 있는 사이클로펜타다이엔(cyclopentadiene) 등을 들 수 있다.

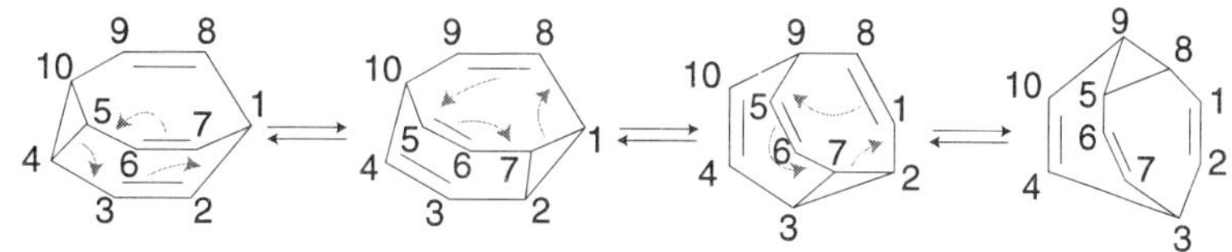

그림 F-13 • Bullvalene의 자리 옮김

folic acid **엽산.** 바이타민 B 복합체의 한 성분 바이타민. 이것의 활성 형태인 테트라하이드로엽산 (tetrahydrofolic acid)은 퓨린 아미노산과 피리미딘의 대사와 관련된 반응에서 보조 효소로 작용한다. 장 박테리아에 의해 합성되며, 녹색 야채 등 식품 속에 널리 분포되어 있다. 이것이 결핍되면 성장 장애나 영양 실조 등을 일으킨다.

forbidden reaction **금지 반응.** 오비탈 대칭성이 보존되지 않는 고리형 협동반응, 즉, 반응물의 점유 오비탈이 같은 대칭성을 가지는 생성물의 점유 오비탈로 변형될 수 없는 반응을 말함.

forbidden transition **금지 전이.** 선택 규칙 때문에 일어날 수 없는 두 에너지 준위 사이의 전이. 금지 전이는 허용 전이에 비해 확률이 훨씬 낮기는 하지만 여러 가지 이유로 일어날 수는 있다.

formal charge **형식 전하.** 원자의 원자가 전자수와 해당 원자가 분자 내 결합에서 가지는 전자수의 차이를 말한다. 형식 전하를 아는 것은 화합물의 성질을 이해하는 데 도움이 된다.

형식전하는 다음과 같이 계산할 수 있다.

형식전하 = (원자전자수) − (결합성 전자 수의 절반) − (비결합전자수)

formalin **포르말린.** 포름알데하이드(formaldehyde, HC(=O)H)의 40% 수용액으로서, 약간의 메탄올(methanol)이 안정제로 포함되어 있는 무색의 자극성이 강한 액체. 살균제나 생물 표본의 보존액으로 사용된다.

formation constant **형성 상수.** 어떤 구성 요소로부터 형성되는 화학종의 경향을 나타내는 평형상수를 말하며 안정도 상수(stability constant) 라고도 한다. 형성상수는 불안정상수(instability constant)의 역수이다. 예로서, 25°C에서 피리딘(pyridine)과 은 이온의 반응에서 Ag (pyridine)$^+$ 이온의 형성 상수는 1.0×10^2 L mol^{-1}이다.

$$Ag^+ + \text{Pyridine} \rightleftharpoons \text{Ag (Pyridine)}^+$$

formula **화학식.** chemical formula를 보라.

formula weight **화학식량.** 화학식으로부터 계산한 화합물의 몰(mole) 질량. 몰 분자 질량을 사용할 수 없는 이온 결합 화합물에 사용된다.

formylation **포밀화(반응).** 어떤 분자에 −CHO기를 도입하거나 형성 시키는 반응.

formyl group **포밀 기.** −CHO기의 이름.

Forster reaction **Forster 반응.** 일차 아민과 알데하이드를 축합하여 이민을 만들고 여기에 RCl을 첨가하고 가수분해 시켜 이차 아민을 형성하는 반응[M. O. J. Forster, *J. Chem. Soc.* *75*, 934(1899)].

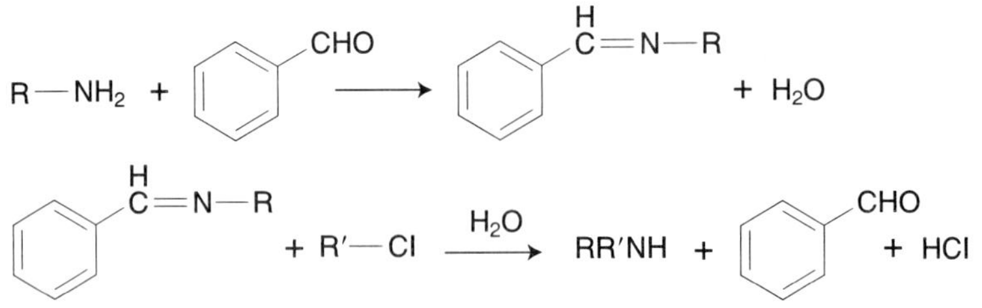

$$R-NH_2 + C_6H_5CHO \longrightarrow C_6H_5CH{=}N-R + H_2O$$

$$C_6H_5CH{=}N-R + R'-Cl \xrightarrow{H_2O} RR'NH + C_6H_5CHO + HCl$$

그림 F-14 • Forster 반응

Forster reaction **Forster 반응.** α-옥시미노케톤과 NH_2Cl을 반응시켜 다이아조케톤(diazoketone)을 합성하는 반응[M. O. J. Forster, *J. Chem. Soc.* *107*, 260(1915)].

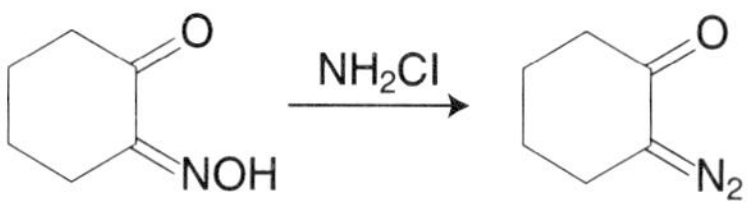

$$\text{(2-hydroxyiminocyclohexanone)} \xrightarrow{NH_2Cl} \text{(2-diazocyclohexanone, } =N_2\text{)}$$

그림 F-15 • Forster 반응

fractional crystallization **분별 결정화.** 가용성 고체 혼합물을 뜨거운 용매에 녹여서 그 용액을 서서히 냉각시키면서 용해도가 가장 낮은 물질(용질)부터 먼저 결정으로 형성시키는 방법. 용액의 온도를 적절히 조절하면 용질들을 차례로 한 가지씩 결정으로 분리시킬 수 있다.

fractional distillation **분별 증류.** 액체 혼합물을 끓는점이 가장 낮은 액체부터 증류하고 그 다음 끓는점이 높은 액체를 증류하는 방식으로 순차적으로 각 성분을 분리하는 증류 방법. 실험 장치와 방법은 액체 혼합물이 담긴 증류 플라스크 상부에 수직 분별관을 연결한 다음, 액체 혼합물로부터 올라온 증기가 분별관을 따라 올라가면서 응축과 증발을 연속적으로 되풀이하도록 하여 액체 혼합물을 성분별로 분리시키는 방법이다. 분별관 속에는 유리구슬이나 유리관 토막들이 채워져 있으며, 액체로부터 나온 증기는 증류관을 따라 올라가다가 응축되어 액체 쪽으로 다시 흘러내린다. 공업적으로는 유리 토막 대신 구멍이 뚫린 접시 모양 판들이 일정한 간격으로 쌓여 있는 높은 분별 탑을 이용하여 매우 효과적인 분별 증류를 한다. 정유 공장의 높은 탑이 바로 이러한 증류탑이다.

fractionating column **분별 증류관.** 분별 증류에 사용하는 관. 실험실에서 이 유리관에 작은 유리구슬을 채워서 사용하지만 공업적으로는 다양한 종류의 분별관이 고안되어 사용되고 있다.

fragmentation **조각내기.** 질량분광법에서 분자이온을 생성하기 위해 전자빛살을 쪼이면 생성된 분자 이온(M^+)이 다시 여러 가지 이온종과 중성 조각으로 분해되는 과정을 말함. 예를 들어, *n*-hexane 의 분자 이온인 $[CH_3(CH_2)_4CH_3]^{+\cdot}$은 다시 $[CH_3(CH_2)_3CH_2)]^+$, $[CH_3(CH_2)_2CH_2)]^+$, $[CH_3CH_2CH_3)]^+$, $[CH_3CH_2]^+$ 등으로 토막이 난다.

Franchimont reaction **Franchimont 반응.** α-브로모카복실산(α-bromocarboxylic acid) 유도체를 KCN과 반응시켜 이합체인 1, 2-다이카복실산을 만드는 반응[A. P. N. Franchimont, *Ber.* 5, 1048(1872)].

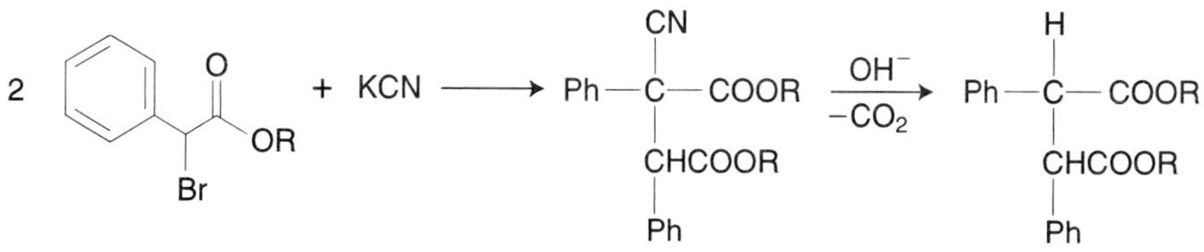

$$2\ PhCH(Br)COOR + KCN \longrightarrow Ph-\underset{\underset{Ph}{|}}{\underset{CHCOOR}{|}}\overset{CN}{\overset{|}{C}}-COOR \xrightarrow[-CO_2]{OH^-} Ph-\underset{\underset{Ph}{|}}{\underset{CHCOOR}{|}}\overset{H}{\overset{|}{C}}-COOR$$

그림 F-16 • Franchimont 반응

Frankland-Duppa reaction

Frankland-Duppa 반응. 다이알킬옥살레이트(dialkyl oxalate)와 알킬할라이드(RX)를 Zn 또는 Zn 아말감과 산 존재 하에서 반응시켜 α-하이드록시카복실산 에스터(α-hydroxycarboxylic acd ester)를 만드는 반응[E. Frankland, *Ann. 126*, 109(1863)].

$$\text{ROOC—COOR} + 2\text{R}'\text{I} + 2\text{Zn} + (2\,\text{HCl}) \rightarrow \text{R}'\text{R}'\text{C(OH)COOR} + \text{ROH} + \text{ZnI}_2 + \text{ZnCl}_2$$

그림 F-17 ◦ Frankland-Duppa 반응

Frankland synthesis

Frankland 합성. 알킬아이오다이드 (RI)와 Zn을 반응시켜 R_2Zn과 ZnI_2를 생성시키는 반응[E. Frankland, *Ann. 71*, 213(1849)].

free energy of activation

활성화 자유 에너지. 반응물과 전이상태 간의 Gibbs 자유에너지의 차이를 말함, $\Delta G^{\ddagger}$로 표기함.

free energy diagram

자유 에너지 도표. 반응의 반응물, 전이상태, 중간체 및 생성물의 상대적인 Gibbs 자유에너지를 나타내는 도표.

free radical

자유 라디칼. 홀수의 원자가전자를 가지고 있는 원자나 원자단. 자유 라디칼은 이온이 생성되지 않은 채로 결합이 끊어지는 광분해 반응이나 열분해 반응에 의해 생긴다. 일반적으로 자유 라디칼은 홀수의 원자가전자 때문에 반응성이 매우 높다. 라디칼이 이온을 띠면 라디칼 이온이라고 한다.

free radical addition

자유 라디칼 첨가반응. 불포화 결합을 가지는 화합물에 자유 라디칼이 첨가되는 반응. 이 반응이 일어나면 또 다른 새로운 라디칼이 형성되고 이 새 라디칼은 세 가지 반응이 가능하다. 즉, (a)치환반응, (b)알짜 첨가반응에 의해 종결되거나 또는 (c)중합반응을 할 수 있다.

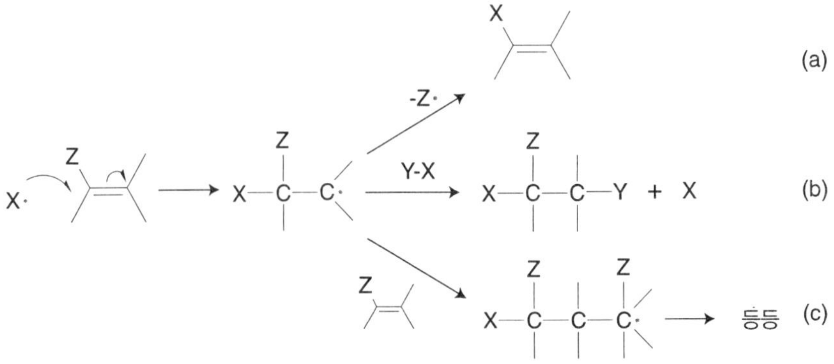

그림 F-18 ◦ 자유 라디칼 반응. (a) 치환반응, (b) 첨가반응, (c) 중합반응

free radical polymerization **자유 라디칼 중합반응.** 자유 라디칼에 의해 반응이 개시되어 단위체가 중합반응을 하는 반응을 말함. 이런 반응은 개시, 전파 및 종결 세 단계를 거치는 사슬반응으로 진행된다.

free swelling index (FSI) **자유 팽창 지수.** 석탄이 굳어지는 특성을 측정하여 나타내는 값을 말한다. 통상 표준시료를 빠르게 800°C 까지 가열하였다가 냉각시켜 측정한다. 만일 잔류물이 분말이면 FSI 값은 "0"이다.

freeze drying **동결 건조(법), 얼려 말리기.** 식품, 혈장, 및 효소 등 열에 민감한 물질을 탈수 건조시키는 데 이용되는 방법. 이 방법에서는 대상 물질을 급속-냉동시킨 다음, 생성된 얼음을 감압 하에서 승화시켜 제거한다.

freezing point depression **어는점 내림.** colligative property를 보라.

Frémy' s radical **Frémy 라디칼.** 포타슘 나이트로소다이설포네이트(potassium nitrosodisulfonate)를 말함. Frémy 라디칼은 페놀(phenol)을 퀴논(quinone)으로 산화시키는 Teuber 반응에 이용된다.

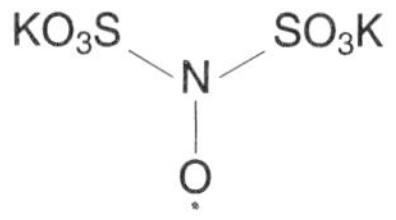

$KO_3S-N(-O^{\bullet})-SO_3K$

그림 F-19 • Frémy 라디칼의 구조

Freund reaction **Freund 반응.** Na (Freund) 또는 Zn(Gustavson) 와 열린사슬 이할로화합물을 반응시켜 고리 탄화수소를 합성하는 반응. Gustavson 반응이라고도 한다[A. Freund, *Monatsh*, *3*, 625(1882)][G. Gustavson, *J. Prakt. Chem.* [*2*] *36*, 300(1887)].

freon **프레온.** chlorofluorocarbon을 보라.

Friedel-Crafts reaction **Friedel-Crafts반응.** 할로젠화 알킬의 알킬기나, 할로젠화 아실의 아실기를 벤젠 고리에 치환시켜 알킬벤젠이나 알킬-아릴 케톤을 만드는 반응[C. Friedel, J. M. Crafts, *Comt. Rend.*, *84*, 1329, 1450(1877)].

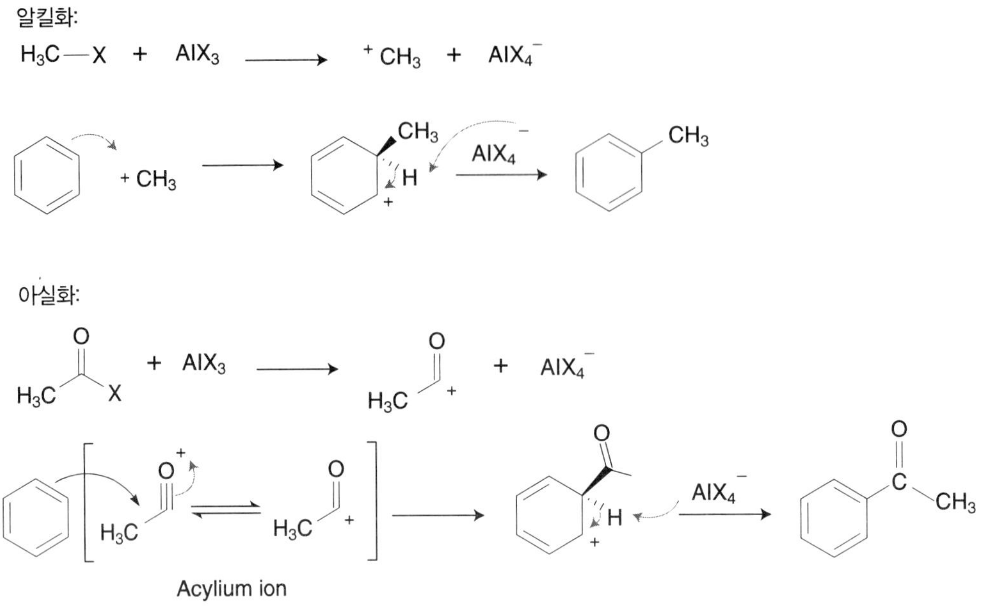
알킬화:
H3C—X + AlX3 → +CH3 + AlX4−
+CH3
CH3
H
AlX4
CH3
아실화:
O
H3C X
+ AlX3
O
H3C
+ AlX4−
O
H3C
O
H3C
Acylium ion
O
H
AlX4−
O
C
CH3

그림 F-20 • Friedel-Crafts 알킬화반응 및 아실화반응

Friedländer synthesis

Friedländer 합성. *o*-아미노벤즈알데하이드(*o*-aminbenzaldehyde)와 케톤의 염기촉매 축합을 통한 퀴놀린(quinoline)의 합성 방법[P. Friedländer, *Ber. 15*, 2572 (1882)].

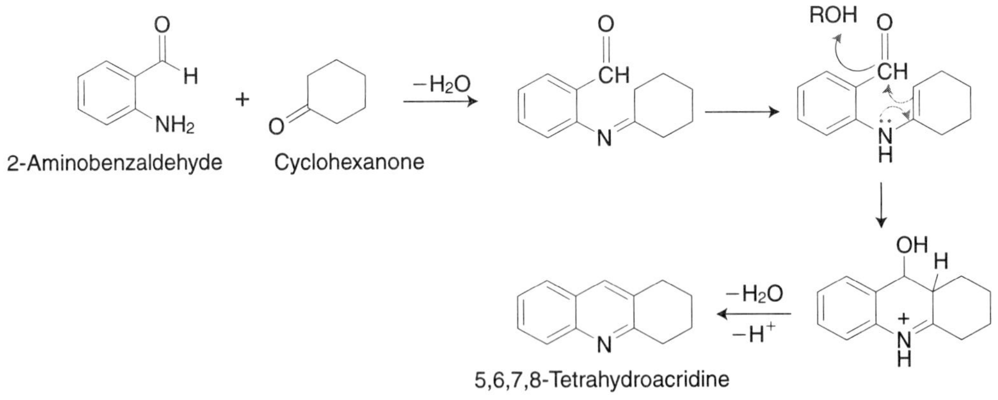
O
H
NH2
2-Aminobenzaldehyde
+
O
Cyclohexanone
−H2O
O
CH
N
ROH
O
CH
N
H
OH
H
N
H
−H2O
−H+
N
5,6,7,8-Tetrahydroacridine

그림 F-21 • Triedländer 합성 메커니즘

Fries rearrangement

Fries 자리옮김. 페닐(또는 나프틸) 에스터 phenyl(or naphthyl) ester가 Lewis 산 촉매 자리옮김반응에 의해 *o*- 또는 *p*-아실페놀(*o*-or *p*-acylphenol)로 되는 반응[A. Fries; G. Fink, *Ber. 41*, 4271(1908)].

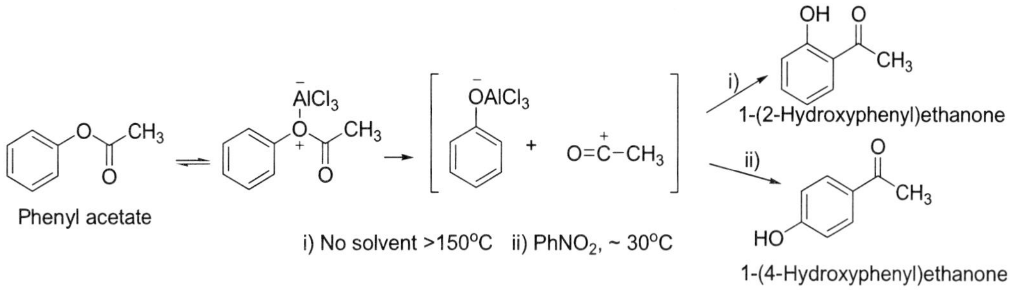

Phenyl acetate

i) No solvent >150°C ii) $PhNO_2$, ~ 30°C

1-(2-Hydroxyphenyl)ethanone

1-(4-Hydroxyphenyl)ethanone

그림 F-22 • Fries 자리옮김반응 메커니즘

Fritsch-Buttenberg-Wiechell rearrangement **Fritsch-Buttenberg-Wiechell 자리옮김.** 1,1-다이아릴-2-할로에틸렌(1,1-diaryl-2-haloethylene)을 강염기로 처리하면 다이아릴 아세틸렌(diaryl acetylene)으로 되는 반응[P. Fritsch, *Ann. 279*, 319(1894)][W. P. Buttenberg, *Ann. 279*, 327(1894)][H. Wiechell, *Ann. 279*, 332(1894)].

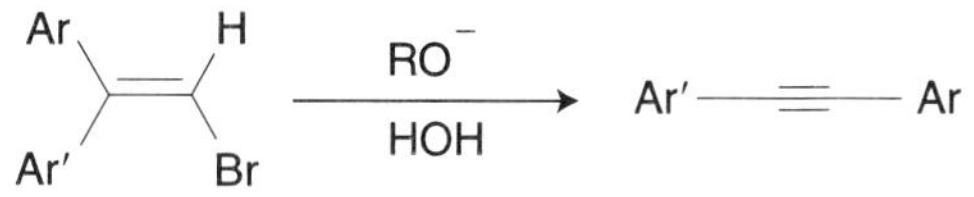

그림 F-23 • Fritsch-Buttenberg-Wiechell 자리옮김

frontier orbital **프론티어 오비탈.** 분자의 최고 점유 분자 오비탈(HOMO)과 최저 비점유 분자 오비탈(LUMO)을 분자의 경계 오비탈이라고 한다. 경계 오비탈은 주로 분자의 화학적 성질과 분광학적 성질을 좌우하기 때문에 대단히 중요하다. HOMO에서 LUMO로의 전이는 최소-에너지 전자 전이에 해당한다. 이 이론은 K. Fukui에 의해 개발되었다[K. Fukui, *J. Chem. Phys. 20*, 722(1952)].

Frost circle **Frost 원.** 내접 다각형을 이용하여 방향족 고리의 상대적인 에너지를 예견하는 방법[A. A. Frost, *J. Chem. Phys., 21*, 572(1953)].

fructose **과당.** $C_6H_{12}O_6$. 6-탄소 당의 하나로서, 포도당의 입체 이성질체이다. 프락토오스는 녹색 식물, 과일, 꿀 등에 들어 있으며, 포도당이나 설탕보다 훨씬 더 달다. 천연 프락토오스는 형태가 D형이지만, 광학적으로는 좌선성이다.

FT-IR **Fourier-변환 적외선 분광법.** Fourier transform IR의 약기호.

FT-NMR **Fourier-변환 핵자기 공명.** Fourier transform NMR의 약기호.

Fujimoto-Belleau reaction

Fujimoto-Belleau 반응. 일차 할로젠으로 만들어진 Grignard 시약과 엔올 락톤(enol lactone)을 반응시켜 α-치환 또는 α, β-불포화 고리형 케톤을 합성하는 반응[G. I. Fujimoto, *J. Am. Chem. Soc. 73*, 1856(1951); B, Belleau, *J. Am. Chem. Soc. 73*, 5441(1951)].

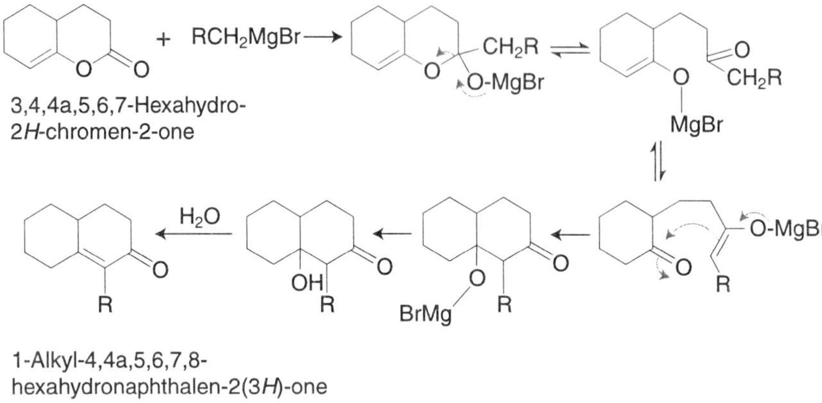

+ RCH2MgBr
3,4,4a,5,6,7-Hexahydro-2H-chromen-2-one
CH2R
O-MgBr
CH2R
MgBr
O-MgBr
H2O
OH
BrMg
R
1-Alkyl-4,4a,5,6,7,8-hexahydronaphthalen-2(3H)-one

그림 F-24 • Fujimoto-Belleau 반응의 메커니즘

fullerene

풀러렌. buckminsterfullerene을 보라.

Fulminate

풀르미네이트. $RON^+ \equiv C^-$의 일반식을 가지는 화학종. 탄화수소의 수소가 풀르미네이트(fulminate)($-ON^+ \equiv C^-$)기로 치환된 것이다. 예로 *n*-프로필 풀르미네이트(*n*-propyl fulminate, $CH_3CH_2CH_2-ON^+ \equiv C^-$)를 들 수 있다.

fulminic acid

풀르민 산. $HON^+ \equiv C^-$의 식을 가지는 화합물.

functional group

작용기. 분자의 고유한 화학적 및 물리적 특성을 나타내게 하는 원자나 원자단. 예로서 할로알케인의 할로젠 원자, 알코올의 −OH, 알데하이드의 −CHO, 카복실산의 −COOH 등을 들 수 있다.

furanose

퓨라노오스. 4개의 탄소 원자와 1개의 산소 원자로 이루어진 다섯 원자 고리인 퓨란(furan) 고리를 가지고 있는 당. 예로 α-*D*-글루코퓨라노오스(α-*D*-glucofuranose)를 들 수 있다.

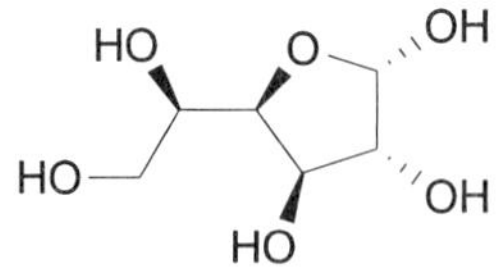

HO
O
OH
HO
OH
HO

그림 F-25 • α-*D*-glucofuranose 의 구조

fused aromatic ring

접합 방향족 고리. 두 개의 탄소원자가 두 개 또는 그 이상의 고리에 공통으로 포함되는 방향족 고리 화합물. 예를 들어 파이렌(pyrene)을 들 수 있다.

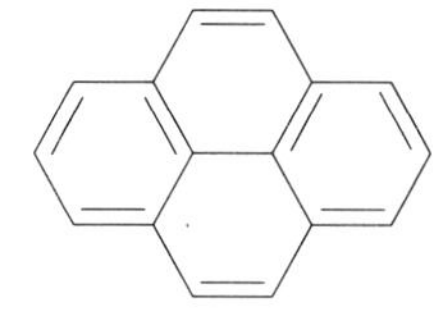

그림 F-26 • Pyrene의 구조

Gabriel-Colman reaction

Gabriel–Colman 반응. 프탈이미도아세틱 에스터(phthalimidoacetic ester)를 $NaOCH_2CH_3$로 처리하여 아이소퀴놀린(isoquinoline) 유도체를 합성하는 반응[S. Gabriel, J. Colman, *Ber. 33*, 980, 996, 2630(1900)].

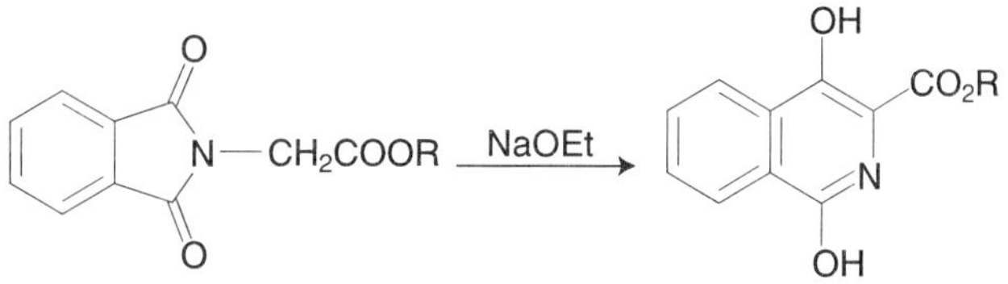

N—CH_2COOR $\xrightarrow{NaOEt}$ (OH, CO_2R, N, OH)

그림 G-1 • Gabriel–Colman 반응

Gabriel ethylenimine method

Gabriel 에티렌이민 방법. 지방족 이웃자리 할로아민으로부터 HX를 제거하여 아지리딘 aziridine (ethyleneimine)을 합성하는 방법.[S. Gabriel, *et al. Ber. 21*, 1049(1888)] [W.Marckwald, *et al. Ber.* 32, 2036(1899)]

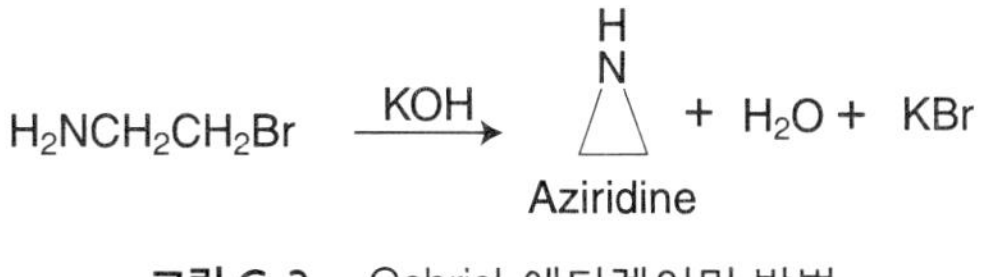

$H_2NCH_2CH_2Br \xrightarrow{KOH}$ Aziridine $+ H_2O +$ KBr

그림 G-2 • Gabriel 에티렌이민 방법

Gabriel synthesis

Gabriel 합성. *N*-알킬프탈이마이드(*N*-alkylphthalimide)에 하이드라진(hydrazine, NH_2NH_2)을 반응시켜 일차 알킬 아민을 합성하는 방법[S. Gabriel, *Ber. 20*, 2224 (1887).

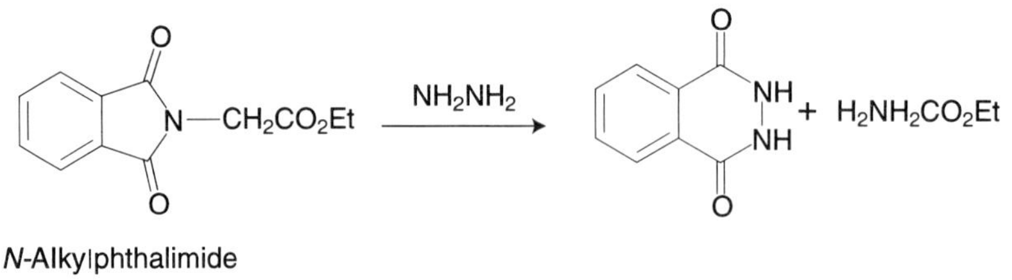

N-Alkylphthalimide

NH_2NH_2

$H_2NH_2CO_2Et$

그림 G-3 ◦ Gabriel 합성법

galactaric acid **갈락타르산.** *D*-(+)-galactose나 *L*-(−)-galactose를 산화시켜 만드는 이카복실산.

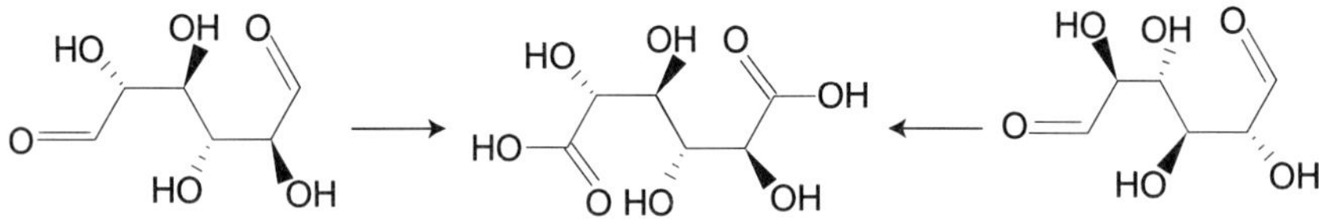

D-(+)-galactose galactaric acid L-(−)-galactose

그림 G-4 ◦ D-(+)-Galactose 또는 L-(−)-galactose부터 galactaric acid의 합성

gas chromatography (GC) **기체 크로마토그래피.** chromatography를 보라.

gasohol **가소홀.** 가솔린(gasoline)과 알코올(alcohol)의 합성어(*gaso* + *hol*).

gas-liquid partition chromatography **기체-액체 분배 크로마토그래피.** 시료 혼합물을 기체화시켜 불활성 기체를 이용해 다공성 지지체에 분산되어 있는 분배용 액체위로 통과시켜 분리하는 분배형 크로마토그래피로 휘발성 물질의 분리에 유용한 방법이다. glpc, vpc 또는 glc 로 약해서 표기한다.

gas oil **가스유, 경유.** 끓는점 범위가 180~400℃ 이고 비중이 0.84인 원유 성분을 말하며, 이것을 디젤 연료로 사용한다.

gasoline **가솔린, 휘발유.** 끓는점이 30~180℃ 이고 비중이 0.75인 원유 성분을 말하며 휘발유 또는 나프타(naphtha)라고 부른다.

Gastaldi synthesis **Gastaldi 합성.** 아미노사이아노메틸 케톤(aminocyanomethyl ketone) 2 분자를 고리화하여 다이사이아노피라진(dicyanopyrazine)을 합성하는 반응[G. Gastaldi, *Gazz. Chim. Ital. 51*, 233(1921)].

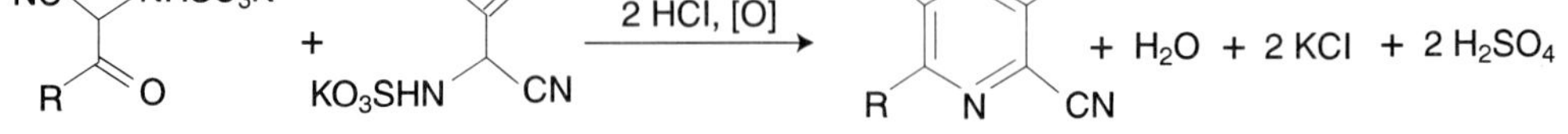

2 HCl, [O]

+ H_2O + 2 KCl + 2 H_2SO_4

그림 G-5 ◦ Gastaldi 합성

Gatterman aldehyde synthesis

Gattermann 알데하이드 합성. Lewis 촉재 존재 하에서 방향족 물질에 HCN을 반응시키고 가수 분해하여 페놀의 알데하이드나 에테르를 합성하는 방법[L. Gattermann, *Ber. 31*, 1149(1898)].

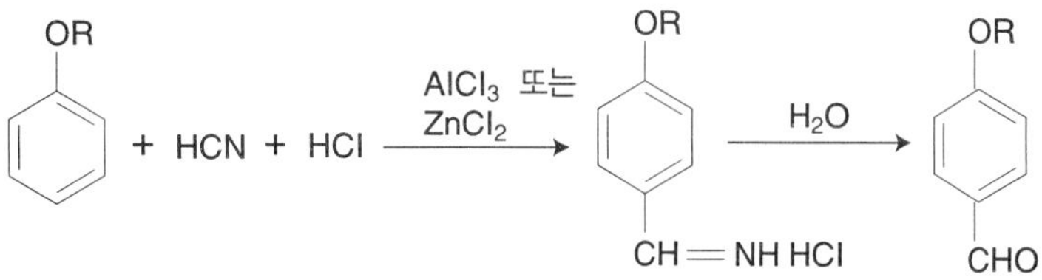

그림 G-6 • Gatterman 알데하이드 합성

Gattermann-Koch synthesis

Gattermann-Koch 합성. CuCl (cuprous chloride)와 $AlCl_3$ (aluminum trichloride)의 존재 하에서 일산화탄소(carbon monoxide, CO)와 HCl 혼합기체를 이용하여 치환된 방향족 고리에 포밀(formyl, CHO) 기를 치환시키는 반응. [L. Gattermann, J. Koch, *Ber. 30*, 1622 (1897).

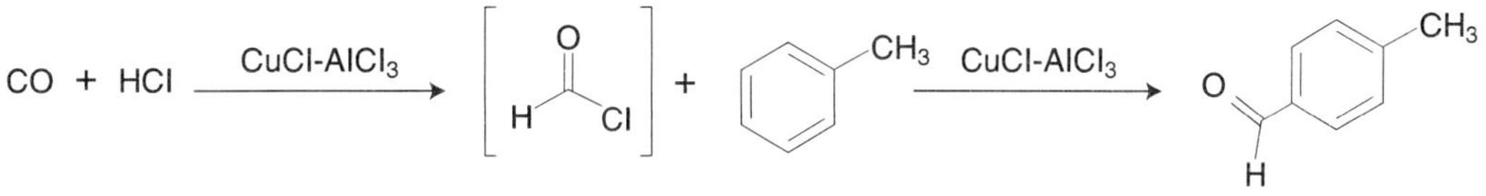

그림 G-7 • Gattermann-Koch 합성법에 의한 4-methylbenzaldehyde의 합성

gauche conformation

고쉬(빗놓인) 형태. 엇갈린 형태 중 하나로 X−C−C−Y 형태에서 X와 Y 간의 이면각이 60°인 형태를 말함. 이런 형태는 엇갈린 형태이라도 에너지가 높아 불안정하다.

gegen ion

상대 이온. 카운터 이온의 동의어인 독일어.

gel

젤. 단단한 고체나 젤리 모양으로 엉킨 친용매성 콜로이드. 젤에서는 분산매 분자들이 매질 전체를 통해 느슨하게 연결된 망 조직을 이루고 있다. 예로서 실리카젤이나 한천과 같은 것이 젤이다.

gelatin(e)

젤라틴. 콜라겐을 물속에 넣고 끓인 다음, 용액을 증발시키면 얻어지는 무색 또는 열은 노란색의 수용성 단백질. 물을 흡수시키면 부풀고 뜨거운 물에 녹지만, 냉각시키면 다시 젤로 된다. 사진 에멀젼이나 접착제로 사용되며, 젤리와 같은 식품을 만드는 데에도 사용된다.

gel filtration

젤거르기, 젤 여과. 세파덱스(Sephadex)와 같은 3차원의 망상조직을 갖는 젤을 관속에 채운 다음 액체 혼합물을 통과시키는 관-크로마토그래피의 일종. 액체 혼합물 속의 작은 분자들은 겔의 구멍 속으로 들어갔다 나오기 때문에 느린 속도로 관을 흘러내리며, 큰분자들은 구멍 속으로 들어가지 못하기 때문에 빠른 속도로 관을 통과한다. 이 크로마토그래피법은 혼합물을 알갱이 크기에 따라 분리시키는 데 효과적으로 이용되며 ,특히 단백질과 같은 큰 분자들을 분리시키는 데 자주 이용된다.

gel permeation chromatography **젤투과 크로마토그래피.** 젤을 이용하여 분자의 크기에 따라 분리하는 크로마토그래피 과정. 큰 분자가 빠르게 용출되고 작은 분자는 느리게 나온다.

***gem* (geminal)** **같은 자리.** 원자나 기가 분자내의 동일한 한 원자에 결합된 상태를 나타내는 약기호.

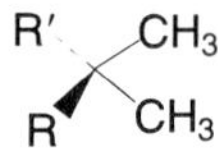

그림 G-8 • *gem*-Methyl 기들

geminate pair **중첩 쌍.** 하나의 라디칼이 용매 우리(solvent cage)에서 다른 라디칼 반대 편과 화합되어 있는 시스템을 일컫는 말로 radical pair 라고도 한다.

geometical isomer **기하 이성질체.** 분자식은 동일하나 기하구조가 다른 이성질체. 즉 *E*, *Z*, *cis*, *trans* 등과 같은 부분입체이성질체 부류가 여기에 해당한다.

gerade **점(g) 대칭.** 독일어의 even이라는 의미이며, 대칭 중심이 하나인 CO_2 같은 선형 분자가 진동할 때 대칭적인 진동을 하면 *g*로 표시하고 반대칭적인 진동을 하면 u (ungerade, 영어의 uneven)로 표시한다.

Gilman reagent **Gilman 시약.** 일반식 $R_2Cu^-Li^+$ 을 가지는 시약을 말하며, 할로젠 화합물과의 유기금속 짝지음 반응에 유용하게 사용된다. 대표적으로 $(CH_3)_2Cu^-Li^+$ (lithium dimethylcopper)를 들 수 있다.[H. Gilman, R. G. Jones, L. A. Woods, *J. Org. Chem. 17* (12), 1630(1952)].

glacial acetic acid **빙초산.** 물이 포함되지 않은 순수한 아세트 산(acetic acid)을 말함.

Glaser reaction **Glaser 반응.** 물 또는 피리딘(pyridine) 속에서 일가 구리 이온을 이용하여 산화성 커플링(coupling) 반응을 시켜 말단 알카인을 다이인(diyne)으로 변환시키는 반응.[C. Glaser, *Ber.*, *2*, 422 (1869)]

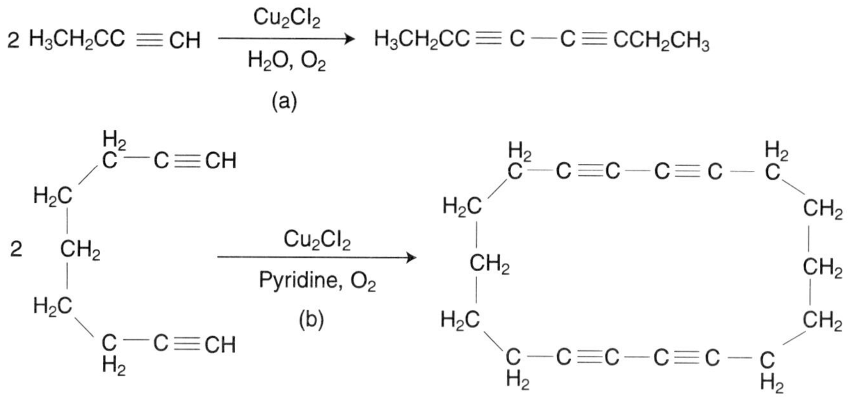

$$2\ H_3CH_2CC \equiv CH \xrightarrow[H_2O,\ O_2]{Cu_2Cl_2} H_3CH_2CC \equiv C-C \equiv CCH_2CH_3$$

(a)

(b) Cu_2Cl_2, Pyridine, O_2

그림 G-9 • Glaser 반응의 예 (a) 물속에서의 반응 (b) pyridine에서의 반응

globular protein **구형 단백질.** 구형 모양의 삼차원 모양을 이루는 단백질류. 이런 단백질은 물에 용해되며 세포 내 이동이 용이하다. 대부분의 효소들이 구형 단백질로 이루어 졌다.

globulin **글로불린.** 혈액, 달걀, 우유, 및 식물의 씨 등에 들어 있는 구형 단백질로서, 일반적으로 비 수용성이다.

Gogte synthesis **Gogte 합성.** 아실 치환 글루타코닉 무수물(glutaconic anhydride)의 자리옮김반응에 의해 α-피론(α-pyrone)을 합성하는 방법[C. R. Gogte, *Proc. Indian Acad. Sci. 7A*, 214(1938)].

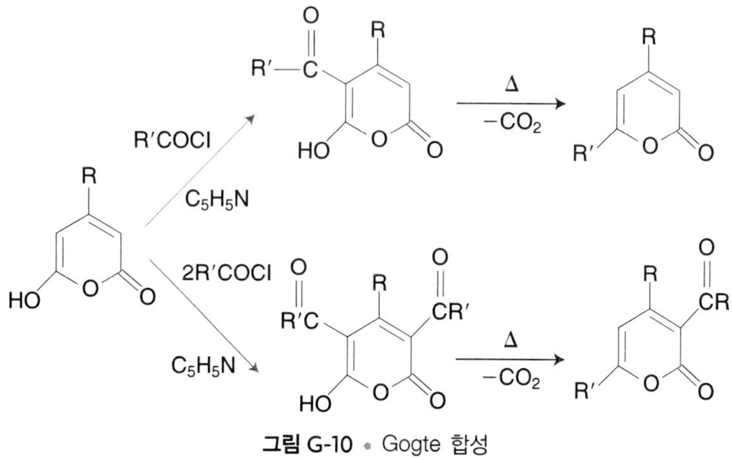

R'COCl, C_5H_5N; 2R'COCl, C_5H_5N; Δ, $-CO_2$

그림 G-10 • Gogte 합성

glucosan **글루코산.** 덱스트린, 녹말, 셀룰로오스 등과 같이 가수분해에 의해 글루코오스로 되는 다당류들.

glucose **글루코오스.** $C_6H_{12}O_6$. 자연계에서 널리 산출되는 6탄소 단당류로서, 흰색의 결정이며, 포도당이라는 관용명으로 더 잘 알려져 있다. 자연계에서 산출되는 것은 우선성이다. 글루코오스와 그것의 유도체들은 에너지 대사과정에서 결정적으로 중요한 역할을 하는 에너지원이며, 또한 녹말이나 셀룰로오스 등 여러 다당류의 성분이기도 하다.

glutamine **글루타민.** amino acid를 보라.

glycaric acid **글리칼산.** 알도스를 산화시켜 만든 말단에 두 개의 카복시기를 가진 탄수화물 유도체. HOOC−(CHOH)n−COOH 형의 구조식을 가진다. 예를 들어 *D*-(+)-galactose나 *L*-(−)-galactose를 산화시키면 galactaric acid가 만들어진다.

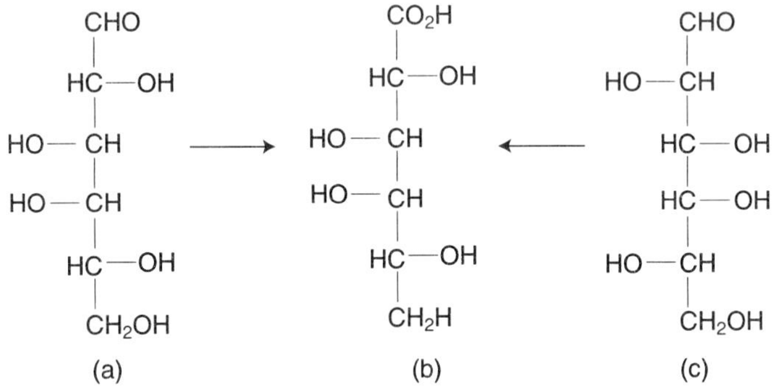

CHO / HC—OH / HO—CH / HO—CH / HC—OH / CH_2OH (a) ⟶ CO_2H / HC—OH / HO—CH / HO—CH / HC—OH / CH_2H (b) ⟵ CHO / HO—CH / HC—OH / HC—OH / HO—CH / CH_2OH (c)

그림 G-11 ◦ Glycaric acid 의 합성. (a) *D*-(+)-Galactose, (b) galactaric acid, (c) *L*-(−)-galactose

glyceride **글리세라이드.** glycerol을 보라.

glycogen **글리코젠.** *D*-글루코스(*D*-glucose)의 아주 큰 중합체로 약~10^6 단위의 *D*-글루코스 단위로 되어 있다. 이 중합체는 인슐린의 작용으로 α-글리코사이드 결합을 이루어 만들어진다. 동물 체내, 특히 간과 근육 세포 속에 많이 들어 있는 다당류. 간장 글리코젠은 에너지를 체내에 저장하는 데 이용되며, 근육 글리코젠은 근육 수축의 에너지원으로 이용된다.

glycogenesis **글리코젠 합성.** 글루코오스로부터 글리코젠이 생성되는 대사 반응. 고등 동물에서는 이 반응이 주로 간장과 근육 속에서 인슐린의 자극으로 일어나는데, 우선 글루코오스가 6-인산 글루코오스로 된 다음, 1-인산 글루코오스와 유리딘-2-인산 글루코오스를 거쳐 글리코젠으로 된다. 이 반응은 탄수화물을 체내에 저장하는 반응인 동시에, 체액 속의 당의 양을 조절하는 역할도 한다.

glycogenolysis **글리코젠 분해.** 췌장에서 분비되는 글루카곤 호르몬과 부신수질에서 분비되는 아드레날린 호르몬의 작용으로 일어나는 글리코젠의 분해 반응. 이 호르몬들은 간장 글리코젠의 글루코오스 분자를 인산화 시켜 1인산 글루코오스를 거쳐 6-인산 글루코오스로 변화시킨다. 이어서 이것이 탈 인산가수분해효소에 의해 글루코오스로 된다. 근육에서는 글리코젠으로부터 생긴 6-인산 글루코오스 분자가 피루브산(pyruvic acid, $CH_3COCOOH$)로 해당되면서 ATP를 만든다. 또한 피루브산은 간으로 운반되어 글루코오스로 변하기도 한다. 따라서 근육 글리코젠은 혈액 글루코오스의 간접적인 공급원이 되기도 한다.

glycols **글리콜류.** 두 개의 하이드록시(OH)기를 포함하고 있는 화합물 부류의 이름. 예로 에틸렌 글리콜(ethylene glycol (1, 2−ethanediol) 및 프로필렌 글리콜(propylene glycol (1, 2− propanediol) 등을 들 수 있다.

glyconic acid **글리콘산.** 당의 −CHO 기가 $-CO_2H$ 기로 된 일염기산을 말하며 알돈산(aldonic acid) 라고도 한다. 예로 *D*-글루코오스 (*D*-glucose)로부터 산화되어 생기는 *D*-글루콘산 (*D*-Gluconic acid)를 들 수 있다.

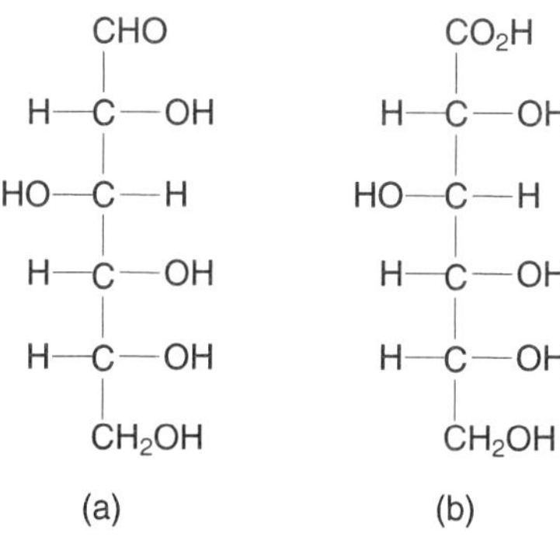

그림 G-12 • (a) *D*-Glucose의 구조, (b) *D*-gluconic acid의 구조

glycolysis **해당(작용).** 글루코오스 분자가 피루브산 (pyruvic acid)으로 분해 될 때 나오는 에너지로 ATP가 생성되는 일련의 생화학적 반응. 글루코오스 한 분자는 두 번의 인산화 반응을 통해 갈라지면서 2개의 인산-3 탄소 당을 만든다. 그리고 이것이 피루브산으로 되는데, 이들 과정에서 2개의 ATP 분자가 생긴다. 호흡 과정에서는 피루브산이 Krebs 순환에 합류된다. 그러나 산소 공급이 부족할 때에는 피루브산이 무산소성 산화 과정에 의해 여러 생성물들을 만든다. 프룩토오스나 갈락토오스와 같은 단당류들과 글리세롤도 분해 과정에서 글루코오스의 해당 경로를 따른다.

glycoprotein **당 단백질.** 폴리펩타이드 곁가지에 공유결합으로 연결된 과당을 포함하는 단백질류.

glycoside **글리코사이드, 배당체.** 알도스(aldose)의 고리형 아세탈(cyclic acetal)에 대한 일반적인 이름. 예로 메틸 *β*-*L*-글루코피라노스 (methyl *β*-*L*-glucopyranose)를 들 수 있다.

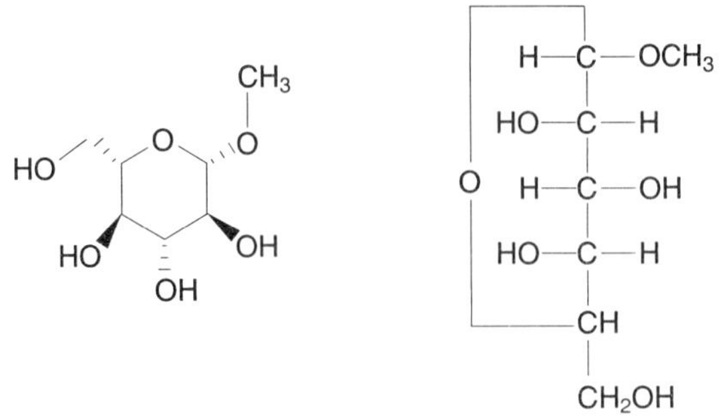

$H-C-OCH_3$
$HO-C-H$
$H-C-OH$
$HO-C-H$
CH
CH_2OH

그림 G-13 • Methyl β-*L*-glucopyranose의 구조

glycosidic bond(link) **글리코사이드 결합.** 이당류와 올리고당을 포함한 다당류에서 단당류 단위들을 연결시키고 있는 화학 결합. 이 결합은 어떤 당 분자의 1번 탄소 원자의 하이드록시(OH)기와 다른 당 분자의 4번 탄소 원자의 하이드록시(OH)기가 축합 중합된 것이다. 이 그림에서와 같이 1번 탄소 원자의 하이드록시(OH)기가 글루코오스 고리의 아래에 있는 것을 *α*-글리코사이드(*α*-glycoside) 결합, 이것이 고리 위로 올라가 있는 것을 *β*-글리코사이드(*β*-glycoside) 결합이라고 한다. 녹말은 글루코오스 분자들이 *α*-글리코사이드 결합에 의해 중합된 것이고, 셀룰로오스는 글루코오스 분자들이 *β*-글리코사이드 결합에 의해 중합된 것이다.

G

glyme **글림.** 글리콜 메틸 에터 **gly**col **m**ethyl **e**ther ($CH_3OCH_2CH_2OCH_3$)을 이르는 용어로, (gly + m + e)의 합성어이다.

Gomberg-Bachmann synthesis **Gomberg–Bachmann 합성.** 방향족 용매에서 염기 존재 하에 다이아조늄 염(diazonium salt)을 분해시켜 라디칼 반응에 의해 바이아릴(biaryl)을 합성하는 반응[M. Gomberg, W. E. Bachmann, *J. Am. Chem. Soc. 40*, 2339 (1924)].

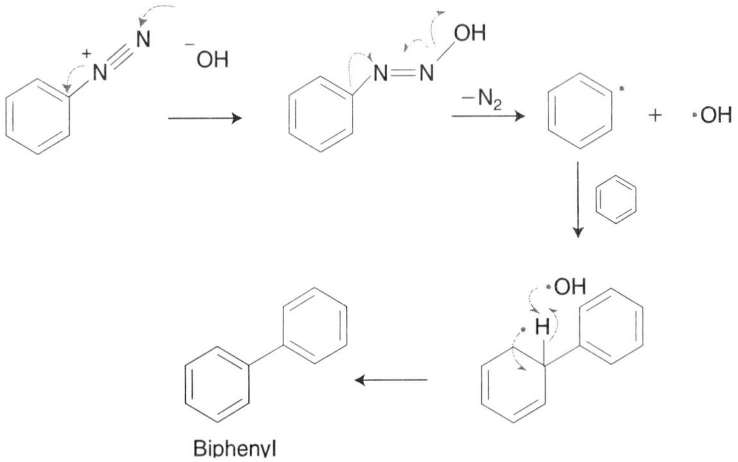

$-N_2$ · $+ \cdot OH$ · Biphenyl

그림 G-14 • Gomberg-Bachmann 합성 메커니즘

Gomberg free radical reaction **Gomberg 자유라디칼 반응.** 트리아릴메틸 할라이드 (triarylmethyl halide, Ar_3CX)와 Zn를 반응시켜 상응하는 탄소 라디칼을 만드는 반응[M. Gomberg, *J. Am. Chem. Soc. 22*, 757 (1900)].

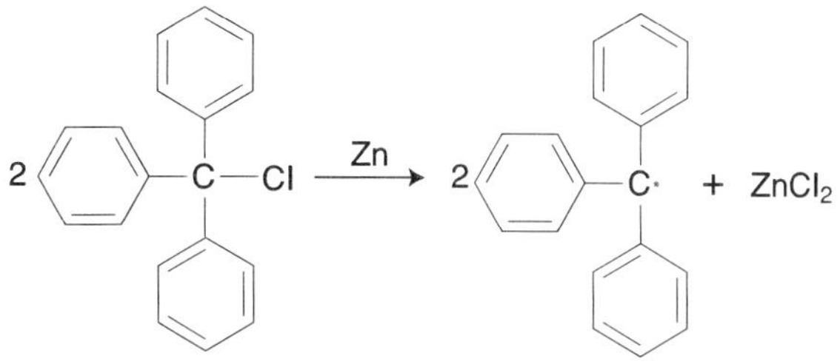

$$2\,Ph_3C{-}Cl \xrightarrow{Zn} 2\,Ph_3C\cdot + ZnCl_2$$

그림 G-15 • Gomberg 자유라디칼 반응

Gould-Jacobs reaction **Gould-Jacobs 반응.** 아닐린(aniline)과 다이에틸에톡시말로네이트(diethyl ethoxymalonate)를 고리화하여 4-하이드록시퀴놀린(4-hydroxyquinoline)을 합성하는 반응. [R. G. Gould, W. -A. Jacobs, *J. Am. Chem. Soc. 61*, 2890(1939)]

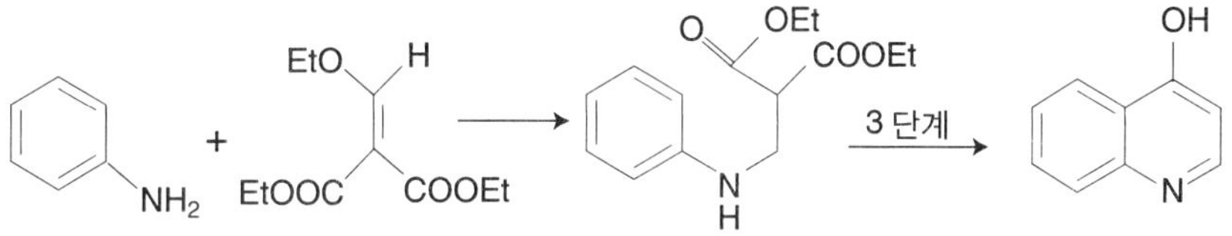

NH₂ + EtO, H, EtOOC, COOEt → O, OEt, COOEt, N H → 3 단계 → OH, N

그림 G-16 • Gould-Jacobs 반응

Graebe-Ullmann synthesis **Graebe-Ullmann 합성.** 2-aminodiphenylamine과 HNO_2를 반응시켜 벤조트리아졸 (benzotriazole)을 만들고 이를 분해시켜 카바졸 (carbazole)을 합성하는 반응 [C. Graebe, F. Ullmann, *Ann. 291*, 16(1896)].

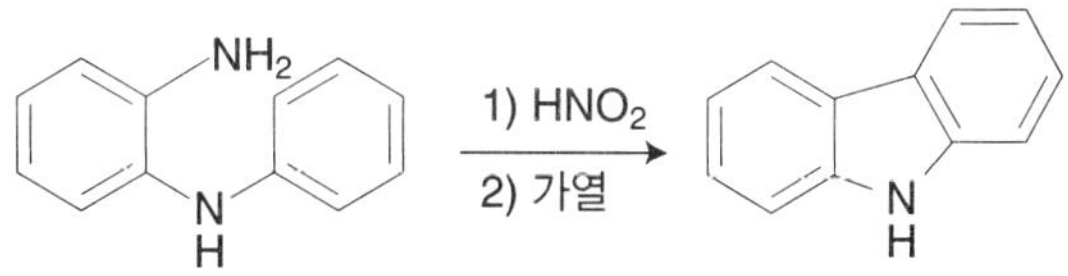

NH₂, N H → 1) HNO_2 2) 가열 → N H

그림 G-17 • Graebe-Ullmann 합성

gram-equivalent weight **그램 당량.** 화합물의 양을 g 단위로 나타낸 당량.

gram-molecular weight **그램-분자량.** g 단위로 나타낸 분자량.

G

graphene **그래핀.** 일-원자 두께의 평면 구조를 이루는 탄소의 동소체. 이 구조에서 탄소는 sp^2 혼성상태이고 C−C 결합길이는 0.142 nm이며, 벌집 모양의 육각형 밀집 구조를 이루고 있다.

그림 G-18 • 그래핀의 구조

graphite **흑연.** 탄소의 동소체로서, 육방 결정계에 속하는 검은색의 결정. 자연계에 널리 분포되어 있으며, 우리나라에서 산출되는 무연탄 속에도 상당량이 미세한 결정 상태로 들어 있다. 흑연의 탄소 원자들은 sp^3 혼성 결합으로 육각형의 망상 구조를 이루고, 이 면들이 포개져 있다. 이 면들은 화학 결합이 아닌 약한 Van der Waals힘으로 결합되어 있으며, 그리하여 탄소 원자면 사이의 간격은 C−C 결합 길이인 0.141 nm보다 훨씬 더 긴 0.335 nm가 된다. 이러한 구조 때문에 층-밀리기가 쉽게 일어날 수 있으며, 그리하여 흑연을 고체 윤활제로 사용할 수 있다. 연필의 심은 흑연을 점토와 섞은 것으로서, 흑연의 윤활성을 이용한 것이다. 흑연은 열과 전기의 좋은 도체이며, 전극이나 고온 장치에도 사용된다. 흑연은 카본블랙과 같은 비결정형 탄소를 고온으로 처리하여 만들기도 한다.

greases **그리스 또는 윤활유.** 금속성 비누 같이 높은 온도에서 끓는 농화유(濃化油). 예를 들어 지방산 염인 리튬 스테아레이트(lithium stearate)를 들 수 있다.

green chemistry **녹색 화학.** 화합물의 합성 과정에서 보다 친환경적인 방법과 기술을 사용하는 화학을 말함.

Griess reaction **Griess 반응.** Diazonium ion을 보라.

Grignard reagent

Grignard 시약. CH_3MgCl, C_2H_5MgBr 등과 같이 일반식 RMgX로 표시되는 마그네슘의 유기 금속 화합물. 여기서 R은 유기 화합물이고, X는 할로젠 원자이다. 이 시약은 에테르 속에서 할로알케인과 마그네슘을 반응시켜 만들 수 있으며, 일반적으로 분리시키지 않은 채로 반응에 이용한다. 이 시약은 아래의 반응에서와 같이 H_2O, ROH, RNH_2와 같은 양성자성 물질이나 알데하이드, 케톤, 나이트릴과 같은 불포화 결합과 반응하는 등 다양한 반응성을 가지고 있다. [V. Grignard, *Compt. Rend. 130*, 1322(1900)]

$$CH_3MgCl + H_2O \rightarrow CH_4$$
$$CH_3MgCl + CH_3CHO \rightarrow (CH_3)_2CHOH$$
$$CH_3MgCl + C_2H_5OH \rightarrow C_2H_5CH_3$$

Grignard reaction

Grignard 반응. 본래는 Grignard 시약을 케톤이나 에스터와 반응시켜 3차 알코올, 그리고 알데하이드와 반응시켜 1차 알코올 만드는 반응을 말하는 것이었으나 오늘날에는 Grignard 시약을 사용하는 반응을 통칭하는 용어가 되었다. [V. Grignard, *Compt. Rend*, 130, 1322 (1900)]

Grob fragmentation reaction

Grob 조각내기 반응. 네 원자 사슬을 포함하는 탄소-탄소 결합 분해 방법. 이 반응은 중간 크기 고리 합성에서 중요한 반응이다. [C. A. Grob, W. Baumann, *Hev. Chim. Acta*, 38, 594 (1955)]

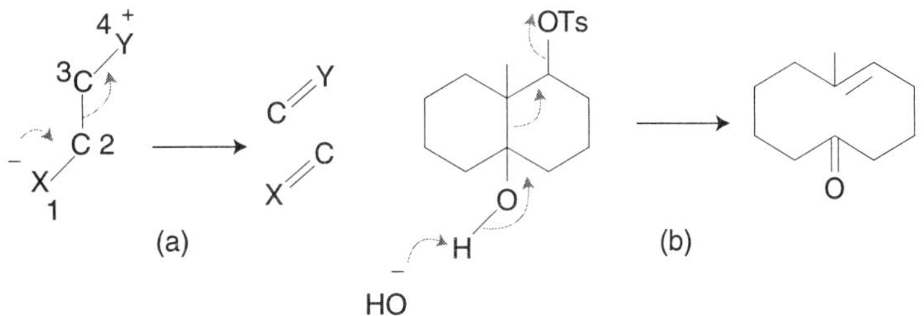

그림 G-19 ◦ (a) Grob 토막내기 반응, (b) 중간크기 고리 합성의 예

ground state

바닥 상태. 원자나 분자 등 계의 위치 에너지가 최저인 상태를 바닥상태라고 한다. 바닥상태에서도 계가 에너지를 갖는 경우가 있으며, 이 에너지를 영점 에너지라고 한다.

group transfer reaction

기 전달반응. 하나 또는 그 이상의 원자나 원자단의 전달이 포함되는 고리형 협동 반응 과정. 예로서 파이 결합과 다이이마이드(diimide, HN=NH)가 반응하여 질소와 에테인(ethane)을 합성하는 반응을 들 수 있다.

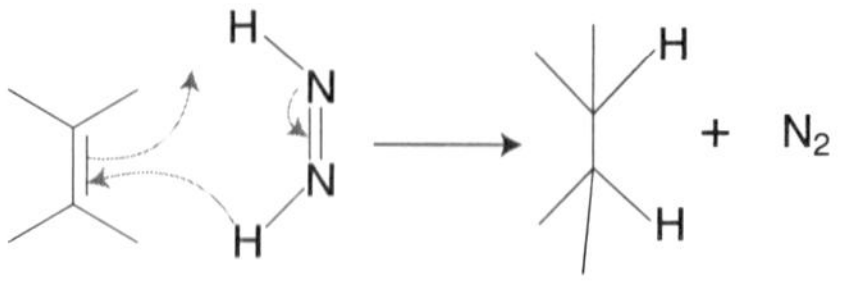

그림 G-20 • 기 전달 반응의 예

Grundmann aldehyde synthesis

Grundmann 알데하이드 합성. 아실(acyl) 또는 아로일(aroyl) 할라이드가 상응하는 알데하이드로 변환되는 반응. [C. Grundmann, *Ann.*, *524*, 31 (1936)]

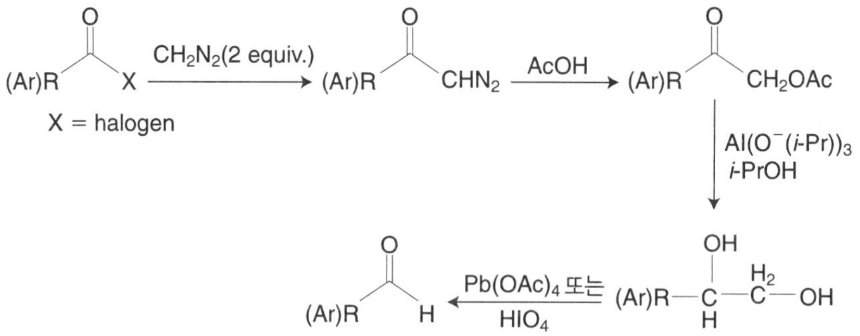

그림 G-21 • Grundmann 알데하이드 합성 메커니즘

Guareschi-Thorpe condensation

Guareschi-Thorpe 축합. 암모니아(ammonia) 존재 하에서 사이아노아세틱 에스터(cyanoacetic ester)와 아세토아세틱 에스터(acetoacetic ester)를 반응시켜 피리딘(pyridine) 유도체를 만드는 반응. [I. Gurareschi, *Mem. Reale Accad. Sci. Torino II*, *46*, 7, 11, 25(1896)][H. Baron, F. G. P. Renfry, J. F. Thorpe, *J. Chem. Soc. 85*, 1726(1904)]

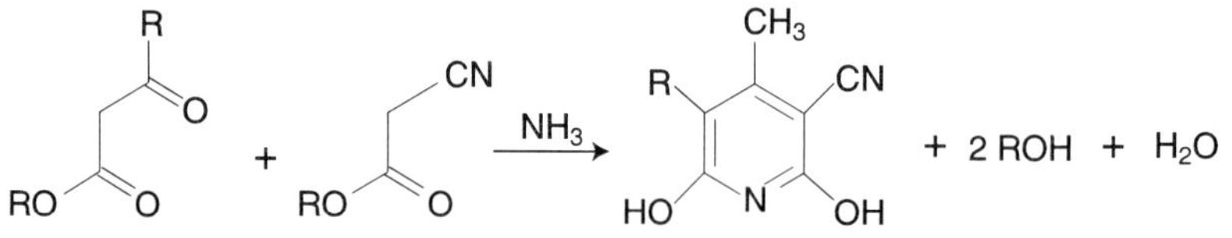

그림 G-22 • Guareschi-Thorpe 축합

Gutknecht pyrazine synthesis

Gutknecht 피라진 합성. 아이소나이트로소 케톤(isonitroso ketone)을 환원시켜 α-아미노 케톤(α-amino ketone)을 고리화하여 다이하이드로피라진(dihydropyrazine)을 형성하는 반응. 이 중간체를 Hg_2O 또는 $CuSO_4$ 또는 공기 중 산소로 산화키면 상응하는 피라진(pyrazine)이 얻어진다. [H. Gutknecht, *Ber. 12*, 2290(1879)]

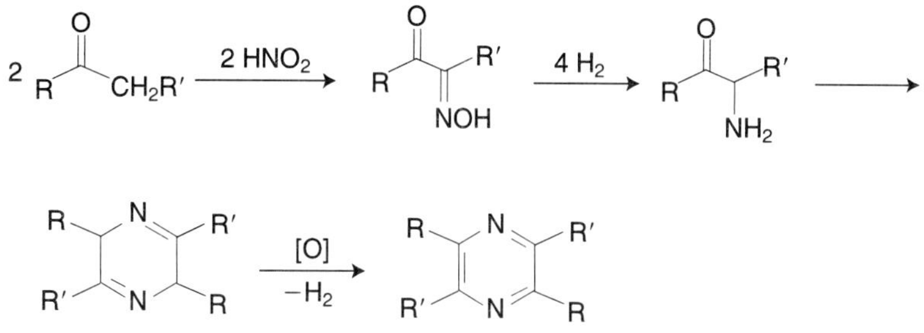

그림 G-23 • Gutknecht 피라진 합성

gutta-percha

구타페르차. 아이소프렌(isoprene)단위로 만들어지는 천연고무의 이성질체로 각 이중결합 주변의 배열이 모두 트랜스 또는 (*E*)- 형태로 배열된 이성질체를 말함. 반대로 모두 시스 또는 (*Z*)- 배열을 하고 있는 것은 천연 고무이다. 구타페르카는 천연고무에 비해 탄성이 작으나, 전기절연성이 크고 산 알칼리 등에 잘 침식되지 않으므로, 해저전선의 절연제 등으로써 이용된다.

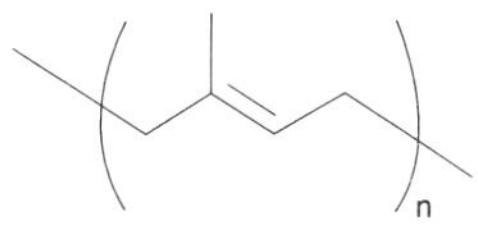

그림 G-24 • 구타 페르차 중합체

gyromagnetic ratio

자기회전 비율. magnetogyric ratio의 동의어.

Haber process

Haber 공정. K_2O나 Al_2O_3 같은 산화물을 소량 포함하는 철-염기 촉매(Fe_3O_4) 존재하에 고온(400~500°C), 고압(100~1,000 atm) 조건에서 질소와 수소를 반응시켜 암모니아(ammonia, NH_3)를 합성 하는 과정으로 F. Haber가 개발한 공정이다. Haber-Bosch 공정이라고도 한다.

$$N_2 + 2H_2 \rightleftharpoons 2NH_3 \quad \Delta H = -92\ kJmol^{-1}\ (-22\ kcal\ mol^{-1})$$

Hagemann ester

Hagemann 에스터. Ethyl 2-methyl-4-oxocyclohex-2-enecarboxylate 의 다른 이름. 이 화합물은 천연물 합성에 중요한 출발물질이다.

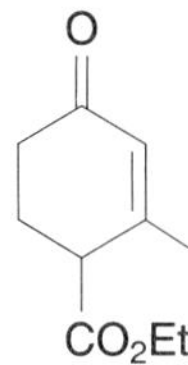

Ethyl 2-methyl-4-oxocyclohex-2-enecarboxylate

그림 H-1 • Hagemann 에스터의 구조

halenium ion (X^+)

할레늄 이온. 양이온을 띠는 할로젠 이온을 말함. 예를 들어, 브로메늄(bromenium, Br^+) 이온을 들 수 있다.

half-life

반감기. 반응이 초기 농도의 절반으로 진행되는데 소요되는 시간을 말함. $t_{1/2}$로 표기한다. 예를 들어 1차 반응에서 속도식은 다음과 같고, 1차 반응에서는 반감기는 초기 농도에 무관하다.

$$\text{속도} = k[A] = -d[A]/dt$$

이 반응에서 A의 반감기는 아래 식으로 주어진다.

$$t_{1/2} = \frac{\ln [A]/[A/2]}{K} = \frac{0.0693}{K}$$

halide **할로젠화물.** 할로젠을 포함하는 화합물 부류. 금속과 할로젠 간의 화합물은 이온 결합이다. 그러나 베릴륨(Be)이나 알루미늄(Al)과 같은 금속의 할로젠화물은 대체적으로 공유 결합성이다. 유기 화합물의 경우에 할로젠화 알킬(alkyl halide)이나 할로젠화 아실(acyl halide) 등의 경우와 같이 할로젠화물이라는 명칭을 사용할 때도 있지만, 클로로메테인(chloromethane), 디클로로에테인(dichloroethane) 등과 같이 '할로(halo)' 라는 접두사를 사용하기도 한다.

Haller-Bauer reaction **Haller-Bauer 반응.** 펜아실(phenacyl, $R'CH_2COPh$) 화합물을 $NaNH_2$ 존재하에서 할로젠화 알킬(RX, alkyl halide)과 반응시켜 삼치환 아세트산으로 변환시키는 반응. 만일 적당한 치환기를 도입하면 락탐 고리도 합성할 수 있다[A. Haller, E. Bauer, *Compt. Rend.*, *148*, 70 (1909)].

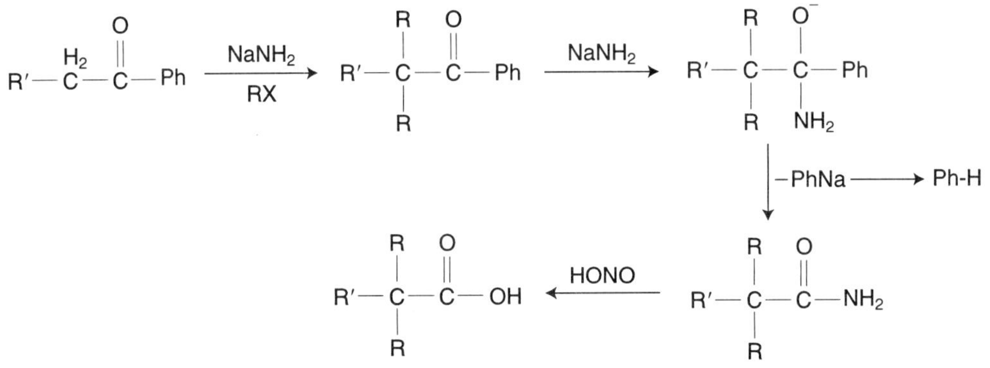

$$R'-CH_2-C(=O)-Ph \xrightarrow[RX]{NaNH_2} R'-CR_2-C(=O)-Ph \xrightarrow{NaNH_2} R'-CR_2-C(O^-)(NH_2)-Ph$$

$$\xrightarrow{-PhNa \rightarrow Ph\text{-}H} R'-CR_2-C(=O)-NH_2 \xrightarrow{HONO} R'-CR_2-C(=O)-OH$$

그림 H-2 • Haller-Bauer 반응의 메커니즘

haloalkane **할로알케인.** 알케인의 수소 원자가 할로젠 원자로 치환된 화합물. 할로젠화물의 다른 이름.

halocarbonyl group **할로카보닐기.** −COX (X= 할로젠)기를 말함.

haloform reation **할로폼 반응.** 메틸케톤으로부터 할로폼을 만드는 데 이용되는 반응. 예로서 염소산 나트륨을 이용하여 프로판온(propanone)으로부터 클로로폼(chloroform)을 만드는 다음과 같은 반응을 들 수 있다. 이 반응은 메틸 케톤을 검출하는 데 이용되기도 한다. 한편 할로폼 반응은 $RCH(OH)CH_3$와 같은 화학식의 2차 알코올이나 에탄올을 이용하여도 일어난다.

$$CH_3COCH_3 + 3\ NaOCl \longrightarrow CH_3COCCl_3 + 3\ NaOH$$

$$CH_3COCCl_3 + NaOH \longrightarrow NaOCOCH_3 + CHCl_3$$

그림 H-3 • 할로폼 반응

halogenation

할로젠화(반응). 어떤 화합물에 할로젠 원자를 첨가시키는 화학 반응. 더 구체적으로, 할로젠의 종류에 따라 할로젠화 반응을 플루오르화, 염소화, 또는 브롬화 반응이라고 나타내기도 한다.

halohydrin

할로하이드린. $R_2C(OH)-C(X)R_2$의 일반식을 가진 이웃한 두 탄소 원자에 할로젠 원자와 하이드록시(OH)기를 함께 가지고 있는 화합물 계열. 할로젠이 Br이면 브로모하이드린 (bromohydrin)이라고 하고, Cl이면 클로로하이드린(chlorohydrin)이라고 한다.

H_3C Br HO CH_3 (a)

OH Cl (b)

그림 H-4 • (a) 3-Bromo-2-butanol과 (b) 2-chloro-1-phenylethanol의 구조

halonium ion

할로늄 이온. 할로젠이 양이온을 띄는 RX^+R (X= 할로젠)형의 할로젠 화합물. 가장 간단한 예로 R이 H인 $H-X^+-H$ (X = F, Cl, Br, I)을 들 수 있다. X가 F 이면 플로늄(fluoronium), Cl이면 클로늄(chlonium), Br이면 브로모늄(bromonium) 그리고 I 이면 아이도늄(iodonium)이라고 한다. 또한 종종 3 원자 고리를 이루는 할로젠 이온도 할로제늄(halogenium) 이온이라고 한다.

Hammick reaction

Hammick 반응. α-피콜리닉산(α-picolinic acid) 또는 관련 산을 알데하이드 (RCHO) 같은 카보닐 화합물과 반응시켜 새로운 C−C 결합을 형성하는 반응. [P. Dyson, D. L. Hammick, *J. Chem. Soc.* 1724 (1937)]

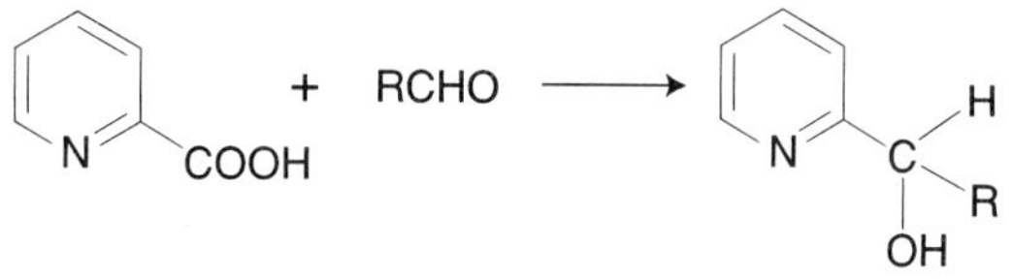

N COOH + RCHO ⟶ N C H R OH

그림 H-5 • Hammick 반응

Hammett acidity function Harmmett **산도 함수.** $H°$로 표시한다. Acidity function을 보라.

Hammett equation Hammett **방정식.** Hammett 규칙을 나타내는 방정식. 이 방정식은 다음과 같다.

$$\log \frac{K_z}{K_o} = \rho\,\sigma$$

여기에서 k_z는 특정 치환기를 가진 화학종에서의 속도 상수, k_o는 치환기를 포함하지 않은 화학종의 반응 속도 상수, ρ(rho)는 치환기 효과에 대한 반응의 민감도를 특정 짓는 수, σ(sigma) 상수는 치환기의 전자적 효과(electronic effect)를 나타내는 상수이다. σ(sigma) 상수는 benzoic acid의 산 해리 상수 K_o와 치환기를 포함하고 있는 benzoic acid의 산 해리 상수 K_z 로부터 얻을 수 있다.

$$\sigma = \log \frac{K_z}{K_o}$$

Hammond postulate Hammond **가설.** 어떤 반응의 전이상태 에너지가 반응물 에너지와 유사하면 전이상태 구조가 반응물에 더 유사하고, 생성물에 더 유사하면 전이상태 구조는 생성물에 더 유사하다는 가설로 G. S. Hammond 가 제안하였고, 때로 Hammond-Leffler 가설이라하기도 한다. 이러한 반응물, 생성물 및 전이상태의 에너지 준위는 반응 에너지도표를 사용해 나타낼 수 있다[G. S. Hammond, *J. Am. Chem. Soc. 77*, 334-338(1955)].

Hantzsch pyridine synthesis Hantzsch **피리딘 합성.** 암모니아(ammonia) 존재 하에서 1몰의 알데하이드와 2몰의 β-다이카보닐(β-dicarbonyl)을 반응시켜 알킬피리딘을 합성하는 반응[A. Hantzsch, *Ann.* 215, 1 (1882)].

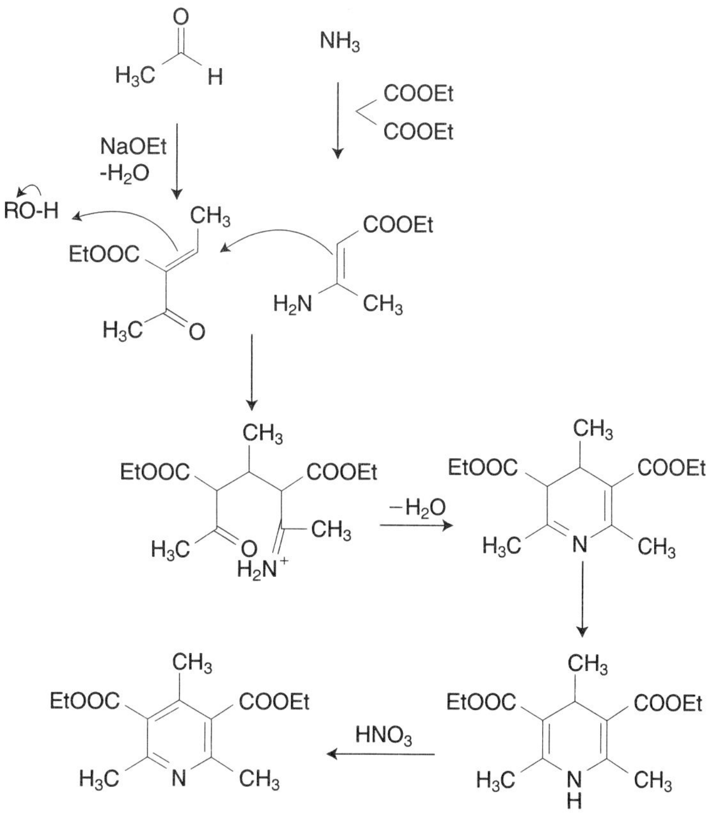

그림 H-6 • Hantzsch pyridine 합성 반응 메커니즘

Hantzsch pyrrole synthesis

Hantzsch 피롤 합성. 암모니아(ammonia) 또는 아민 존재 하에서 α-클로로메틸 케톤(α-chloromethyl ketone)과 β-케토에스터(β-ketoester)를 반응시켜 피롤(pyrrole) 유도체를 합성하는 반응[A. Hantzsch, *Ann. 23*, 1474 (1890)].

Hantzsch-Widman heterocyclic nomenclature

Hantzsch-Widman 헤테로고리 명명법. Hantzsch-Widman 이 제안한 헤테로고리 명명법. 치환 명명법에서 사용하는 접두사에 구별되는 접미사를 첨가하여 명명하는 방법.

표 H-1 • 간단한 헤테로고리 계의 명명 예

포화 고리에서 원자 수(헤테로 원자)	치환식 이름	H.W 식 명명	관용명
3(N)	azacyclopropane	aziridine	ethylenimine
3(O)	oxacyclopropane	oxirane	ethyleneoxide
3(S)	thiacyclopropane	thiirane	episulfide
4(N)	azacyclobutane	azetine	trimethyleneimine
4(O)	oxacyclobutane	oxetane	trimethylene oxide
4(S)	thiacyclobutane	thietane	trimethylene sulfide
5(N)	azacyclopentane	azolidine	pyrrolidine
5(O)	oxacyclopentane	oxolane	tetrahydrofuran
5(S)	thiacyclopentane	thiolane	tetramethylene sulfide

hapto

합토. 착물에서 중심 금속 원자와 결합하고 있는 리간드의 파이 (π)계에서의 탄소 원자의 수를 구분하기 위해 파이 (π)결합 리간드의 이름에 붙이는 접두사. 만일 두 원 자가 결합하면 접두사를 "dihapto"로 붙이고, 만일 하나의 알릴 allyl기가 파이 결합하고 있으면 "trihapto" 등으로 붙인다. 만일 파이 결합에 포함되지 않는 하나의 파이 계를 가지고 있으면 그것은 "monohapto" 리간드이다. "hapto"의 기호로 η(eta)를 일반적으로 사용한다. 따라서 "dihapto"는 η2, "trihapto"는 η3로 표기한다. 드물지만 그리스 대문자 H로 표기하기도 한다. 예를 들어 페로센 ferrocene은 bis(pentahaptocyclopentadienyl)iron(II)이다.

hard acid

굳은 산. 편극도가 낮고, 전기음성도가 크고, 높은 양의 산화 상태를 갖는 크기가 작은 Lewis산. 이들은 낮은 준위의 빈 오비탈을 가지고 있다. 예로서 H^+나 Li^+를 들 수 있다.

hard base

굳은 염기. 편극도가 낮고, 아주 전기 음성적인 전자 주개이며, 산화되기 어려운 Lewis 염기. 쉽게 들뜰 수 있는 외각 전자를 가지고 있지 않다. 예로서 H_2O, OH^-, CH_3O^-, 및 F^- 등을 들 수 있다.

hard-soft acids and bases (HSAB)

굳은-무른 산 염기. Lewis 산과 염기의 산도 및 염기도를 정량적으로 구분한 이론. 상대적 개념이며, 반응 진행여부를 예측하는데 효과적인 방법이다. 굳은 산은 굳은 염기와 무른 산은 무른 염기와 반응을 더 잘한다. hard 및 soft acid, hard 및 soft base를 보라.

표 H-2 ◦ 산 염기의 굳은–무른 산 염기로의 구분

산		염기	
굳은산	무른산	굳은 염기	무른 염기
H^+, Li^+, Na^+	Cu^+, Ag^+, Au^+	H_2O	R_2S
Mg^{2+}, Mn^{2+}	$Pd^{2+}+$, Pt^{2+}	HO^-	RS^-
Al^{3+}, Sc^{3+}	Tl^{3+}, $Tl(CH_3)_3$	F^-	CN^-
Cr^{3+}, Co^{3+}	RS^+	AcO^-	C_2H_4
Si^{4+}, Ti^{4+}	I^+, Br^+	ROH	C_6H_6
BF_3, $B(OR)_3$	BH_3	R_2O	H^-
RSO_3^+, SO_3	I_2, Br_2	RO^-	R^-
RCO^+, CO_2		RNH_2	CO

Harreis ozonolysis reaction

Harries **가오존분해반응.** 알켄과 오존(O_3)를 반응시켜 분자오존화물(molozonide)과 오존화물(ozonide) 중간체를 거쳐 환원성 분해를 시키면 알데하이드나 케톤을 생성하는 반응[C. Harries, *Ann. 343*, 311 (1905)].

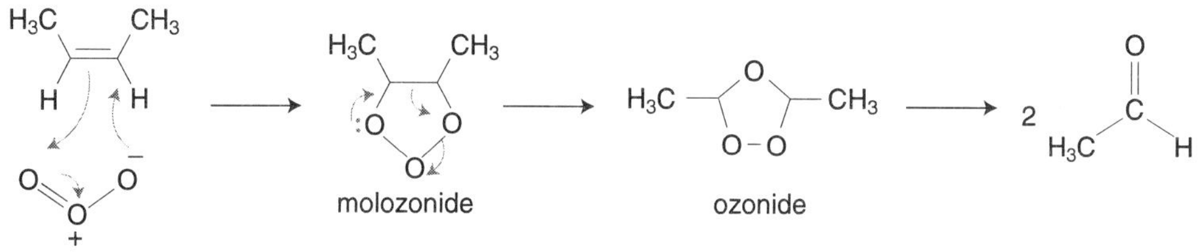

molozonide

ozonide

그림 H-7 ◦ Harries 가오존분해반응 메커니즘

Haworth formular

Haworth **구조식.** 당 분자의 반–아세탈 또는 아세탈의 오각형 및 육각형 구조를 그리는 방법으로, 고리 탄소를 평면에 그리고(앞으로 나오는 결합들을 진하게 표시한다) 각 탄소의 치환기 결합을 수직선으로 나타내어 그린다.

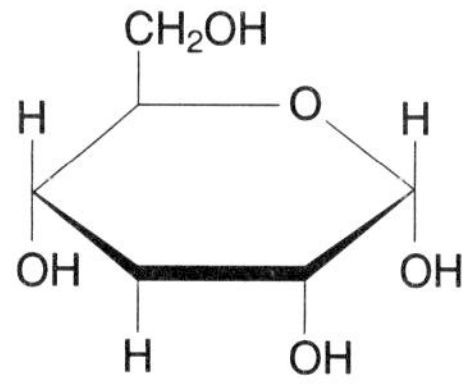

그림 H-8 ◦ *α-D*-Glucose의 Haworth 구조식

Haworth methylation

Haworth 메틸화(반응). 단당류와 다이메틸 설페이트(dimethyl sulfate) 및 30% NaOH 용액을 반응시켜 메틸화된 메틸 글라이코사이드(methylated methyl glycoside) 형성하는 반응[W. N. Haworth, *J. Chem. Soc. 107*, 13 (1915)].

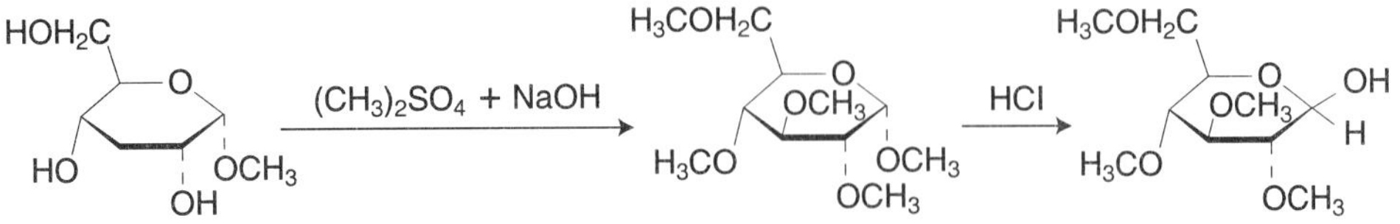

그림 H-9 • Haworth 메틸화(반응)

Haworth phenanthrene synthesis

Haworth 펜안트렌 합성. 방향족 화합물에 지방족 이염기성산으로 아실화하고 형성된 β-아로일프로피온산을 환원하고 고리화하여 펜안트렌(phenanthrene)을 합성하는 방법[R. D. Haworth, *J. Chem. Soc.* 1125, 2717(1932)].

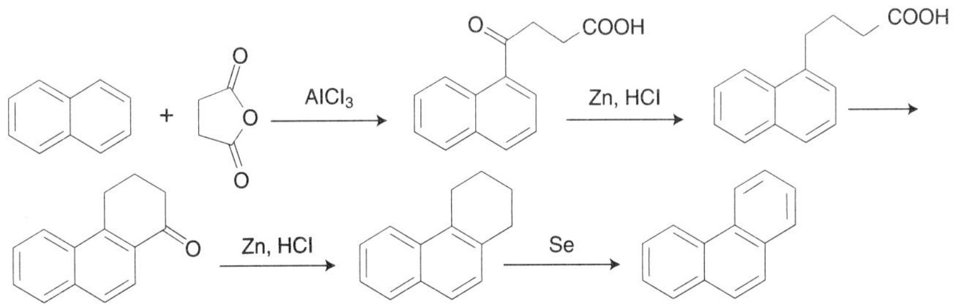

그림 H-10 • Haworth 펜안트렌 합성

Hayashi rearrangement

Hayashi 자리옮김. *o*-벤조일벤조산(*o*-benzoylbenzoic acid)을 황산이나 P_2O_5를 처리하여 일어나는 자리옮김 반응[M. Hayashi, J. *Chem. Soc.* 2516 (1927)].

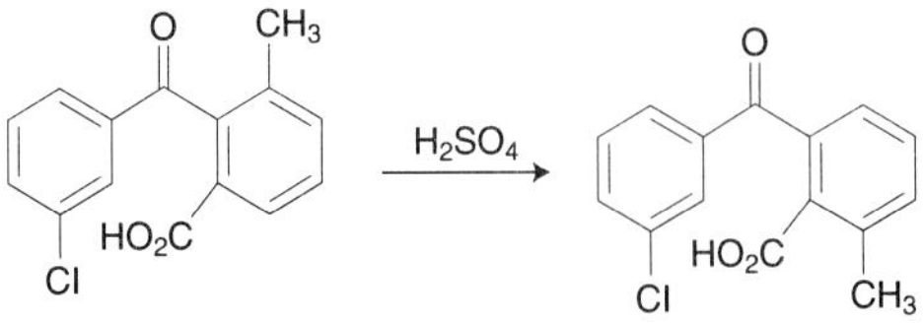

그림 H-11 • Hayashi 자리옮김

H-Coal process

H-석탄 공정. 황 함량이 높은 석탄을 보일러 연료나 합성 오일로 변환시키는 수소액화공정을 말함.

HCFC

Hydrochlorofluorocarbon의 약기호

HFC CH_2FCF_3(hydrofluorocarbon, HFC-134a)의 약기호. 이 HFC는 성층권에 도달하기 전에 분해된다.

Head-to-Head orientation **머리-머리 배열.** 바이닐 고분자(vinyl polymer) 구조에서 치환기가 가장 많은 말단 탄소와 다음에 오는 단위체의 치환이 가장 많이 된 탄소와의 첨가반응에 의해 생성되는 분자 구조 배열.

Head-to-Tail orientation **머리-꼬리 배열.** 바이닐 고분자(vinyl polymer) 구조에서 치환기가 가장 많은 말단 탄소와 다음에 오는 단위체의 치환이 가장 적게 된 탄소와의 첨가반응에 의해 생성되는 분자 구조 배열.

heat of combustion **연소열.** 어떤 화합물이 표준 조건에서 완전히 연소할 때 방출하는 열.

heat of formation **생성열.** 표준조건에서 구성 성분으로부터 어떤 물질이 형성될 때의 방출되거나 흡수하는 열.

heat of reaction **반응열.** 화학반응 동안에 흡수되거나 방출되는 열.

heavy water **중수.** 물의 2 개 수소가 중수소(D)로 치환된 D_2O 를 말함.

Helferich method **Helferich 방법.** 아세틸화된 당을 페놀 (phenol)과 $ZnCl_2$ 존재하에서 가열하여 아노머 탄소(anomeric carbon)만 페닐(phenyl)기로 변환되는 방법[B. Helferich, E. Schmitz-Hillebrecht, *Ber. 66*, 378 (1933)].

Hell-Volhard-Zelinsky reaction (HVZ) **Hell-Volhard-Zelinsky 반응.** 카복실산에 PBr_3/Br_2를 반응시켜 α-bromoacyl bromide[RCHBrC(=O)Br]를 형성시키고 알코올과 반응시켜 α-bromoester [RCHBrC(=O)OR]를 합성하는 반응[C. Hell, *Ber. 14*, 891 (1881); J. Volhard, *Ann., 242*, 141 (1887); N. Zelinsky, *Ber. 20*, 2026 (1887)].

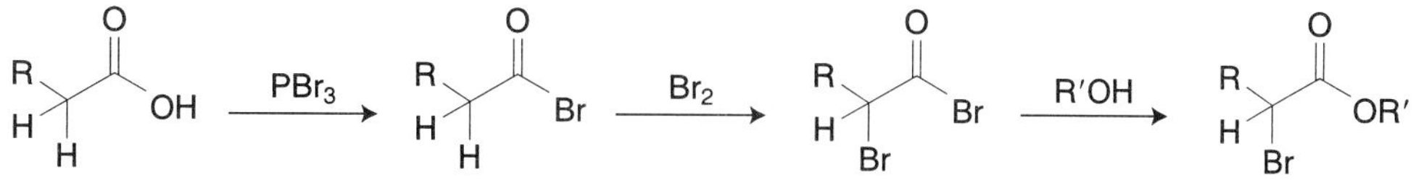

$$RCH_2COOH \xrightarrow{PBr_3} RCH_2COBr \xrightarrow{Br_2} RCHBrCOBr \xrightarrow{R'OH} RCHBrCOOR'$$

그림 H-12 • Hell-Volhard-Zelinsky 반응 메커니즘

heme **헴.** 프로토포르피린(protoporpyrin) IX의 네 질소 원자가 그림에서와 같이 철(Ⅱ)에 배위되어 착물을 형성하고 있는 철 함유 초분자 화합물로서, 헤모글로빈(hemoglobin), 마이오글로빈(myoglobin), 또는 사이토크롬(cytochrom)을 만드는 보결원자단이다. 헴의 철 원자는 가역적으로 산소와 결합하기도하며, 사이토크롬 C에서는 철(Ⅱ) ⇌ 철(Ⅲ) 변환에 의해 전자를 전달하기도 한다.

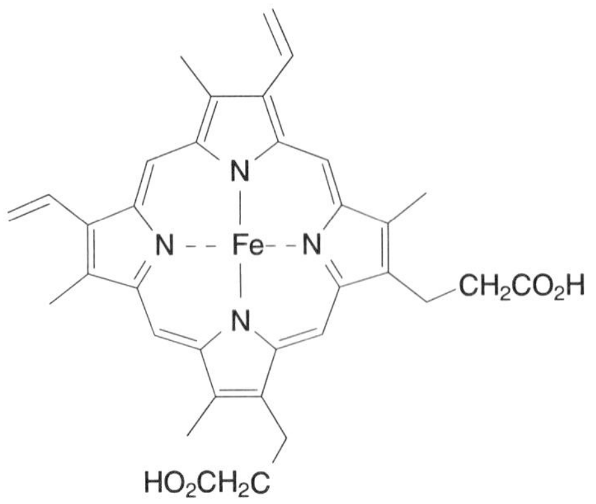

그림 H-13 ◦ 헴의 구조

hemiacetal

반아세탈. 알데하이드나 케톤의 카보닐에 알코올 한 분자가 첨가 반응하여 형성된 생성물로 알데하이드는 일반식 RCH(OH)(OR′)을 갖는 반아세탈을 만들고, 케톤은 RCR(OH)(OR′)의 일반식을 갖는 반아세탈을 형성한다. 케톤으로부터 만들어지는 생성물을 반케탈(hemiketal)이라고도 한다. 예를 들어 1-아이소프로폭시에탄올(1-isopropoxy-ethanol)은 아세트알데하이드(acetaldehyde, CH_3CHO)와 아이소프로판올(isopropanol, $HOCH(CH_3)_2$)로부터 만들어진 반아세탈이다. 이러한 구조는 탄수화물 화학에서 중요하다.

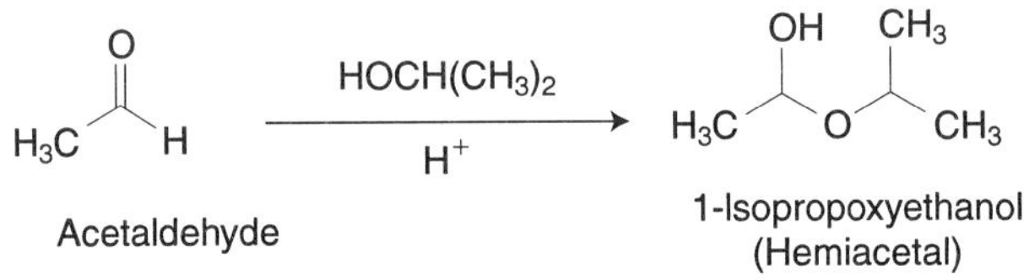

그림 H-14 ◦ 반아세탈 형성 반응

hemicellulose

헤미셀룰로오스. 식물 세포벽을 구성하는 주요 성분으로 알도펜토스 단위를 포함하는 다당류로 구성되어 있으며, 셀룰로오스와는 관계가 없다.

hemiketal

반케탈. 케톤의 카보닐에 알코올 한 분자가 첨가 반응하여 형성된 생성물로 RCR(OH)(OR′)의 일반식을 갖는다. Hemiacetal을 보라 .

hemiterpene

헤미터펜. 하나의 아이소펜틸(isopentyl, C5, isoprene) 단위만 가지고 있는 터펜류.

hemoglobin

헤모글로빈. 동물의 혈액 속에서 산소 운반 역할을 하는 구형 단백질의 일종.척추 동물의 헤모글로빈은 각각 한 쌍씩의 α-폴리펩티드 사슬과 β-폴리펩티드 사슬의 네 폴리펩티드 사슬로 이루어진 글로빈 단백질에 4개의 헴분자가 결합된 것이다. 글로빈의 폴리펩티드 사슬들은 각각 헴기를 둘러싸고 접혀져 있다. 헤모글로빈은 적혈세포 속에 들어 있다. 헤모글로빈의 헴기들은 각각 하나의 산소 분자와 결합하여 옥시헤모글로빈(oxihemoglobin)을 만들며, 산소를 필요로 하는 조직에 산소를 내어

주고 다시 헤모글로빈으로 환원된다. 또한 헴기들은 일산화탄소와도 결합하며, 잘 이탈되지 않으므로 심하면 중독으로 산소 공급이 적어 사망하게 된다.

Henry reaction **Henry 반응.** 염기 촉매에서 알데하이드와 나이트로파라핀(nitroparaffin)을 알돌-축합반응 시켜 나이트로 알코올(nitroalcohol)을 만드는 반응[L. Henry, *Compt. Rend. 120*, 1265 (1895)].

heptalene **헵탈렌.** 유사방향족 화합물의 일종으로 아래 구조를 가지는 화합물.

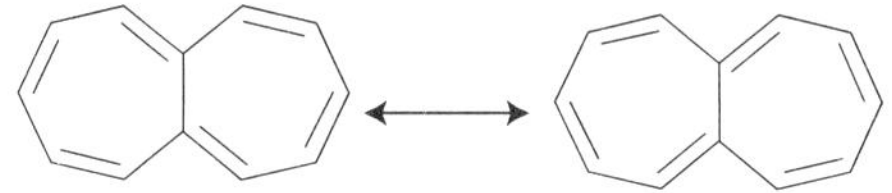

그림 H-15 • Heptalene의 구조

Herzig-Meyer determination of *N*-Alkyl group **Herzig–Meyer *N*–알킬기 결정법.** *N*-알킬아민(R_3N)을 HI(hydriodic acid)와 환류 시키면 사차 알킬암모늄아이오다이드(R_3NHI)가 형성되고 이 화합물이 알킬아이오다이드(R-I)와 아민(RRNH)으로 되는 반응[J. Herzig, H. Meyer, *Ber. 27*, 319(1894)].

heteroaromatic compound **헤테로방향족 화합물.** 방향족 탄화수소의 −CH= 기가 하나 이상의 질소, 산소 또는 황 같은 헤테로 원자로 치환된 화합물 부류. 산소나 황을 포함하고 있는 헤테로방향족 화합물은 보통 5-원자 고리이고 질소를 포함하는 헤테로 방향족 화합물은 모든 형태의 고리 화합물에서 발견된다. 예로 아래 화합물들이 있다.

1*H*-pyrrole

furan

thiophene

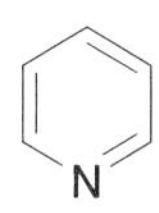
pyridine

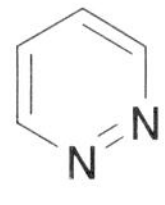
pyridazine

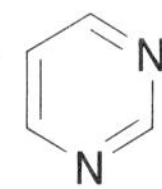
pyrimidine

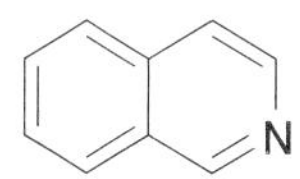
isoquinoline

그림 H-16 • 헤테로방향족 화합물의 예

heteroatom **이종 원자, 헤테로 원자.** 탄소와 수소 이외의 원자를 일컬음. 예로서 질소(N), 산소(O), 황(S) 및 인(P) 원자 등은 헤테로 원자이다.

heterocycle **헤테로고리.** 탄소와 수소 원자 이외의 원자가 고리에 포함된 고리화합물 류. 예를 들어 pyridine, thiophene 등을 들 수 있다.

heterogeneous catalysis **불균일 촉매 반응.** 분리된 상(phase)으로 구성된 촉매 계. 이 촉매는 통상 반응물과 생성물이 기체이거나 액체인 경우에 고체 상태 물질을 촉매로 이용하는 경우이다.

heterolytic bond dissociation energy **불균일 결합 해리 에너지.** 결합이 불균일 해리될 때의 엔탈피 변화량. 즉, A-B 결합이 해리되어 A^+ 와 B^- 로 되는 결합 해리에서의 엔탈피 변화량이다.

heterolytic cleavage **불균일 분해.** 결합이 불균등하게 분해되어 이온을 형성하는 분해 방법. 즉, A-B 결합이 A^+ 와 B^-로 분해 되며, 양이온은 전기음성도가 적은 원자에서 생기고 음이온은 전기음성도가 큰 원자에서 형성된다.

heterolytic fission **불균일 분해.** homolytic cleavage의 동의어.

Heumann-Pfleger indigo synthesis **Heumann-Pfleger 인디고 합성법.** 페닐글라이신(phenylglycine)을 인독실(indoxyl)로 변환하고 공기 산화시켜 인디고(indigo)를 만드는 반응.

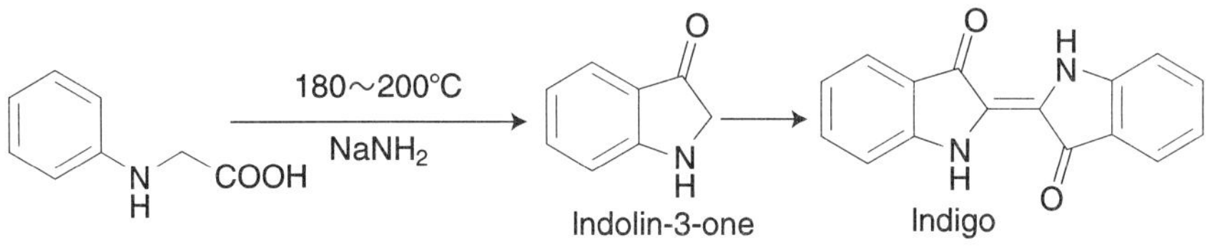

180~200°C
NaNH2
COOH
Indolin-3-one
Indigo

그림 H-17 ◦ Heumann-Pfleger 인디고 합성법

hexose **육탄당, 헥소오스.** 여섯 개의 탄소를 포함하는 당. 예를 들어 *D*-(+)-글루코오스(D-(+)-glucose)가 있다.

high-density polyethylene **고밀도 폴리에틸렌.** 기본적으로 선형이며 결정성이 매우 높고 밀도가 0.95~0.97 gcm^{-3}이며 약 135℃에서 녹는다. 흔히 Ziegler-Natta 촉매를 이용해 제조한다.

high performance liquid chromatography(HPLC) **고성능 액체 크로마토그래피.** 액상 분배 크로마토그래피의 일종으로 오늘날 화학, 생명 과학 및 의학 등 다양한 분야에서 화합물의 정량분석에 폭넓게 사용된다. chromatography 를 보라.

highest occupied molecular orbital **최고 점유 분자 오비탈.** 바닥상태에서 전자가 점유하는 가장 높은 에너지 준위의 분자 오비탈. 줄여서 HOMO라고 부른다. HOMO 바로 위의 분자 오비탈을 최저 비점유 오비탈(LUMO)이라고 한다. HOMO와 LUMO는 한 분자의 두 경계 오비탈이 된다.

high spin complex **고스핀 착물.** 특별히 d^n 전자배치를 하고 있고 특별한 기하구조를 가지는 착물에서 n개의 전자가 낮은 에너지 상태의 오비탈을 모두 채우기 전에 더 높은 에너지 상태의 d오비탈을 채우고 있는 착물을 말함. 예를 들어 $[Co(F_6)]^{3-}$은 고스핀 착물이고, $[Co(NH_3)_6]^{3+}$는 저스핀 착물이다.

H

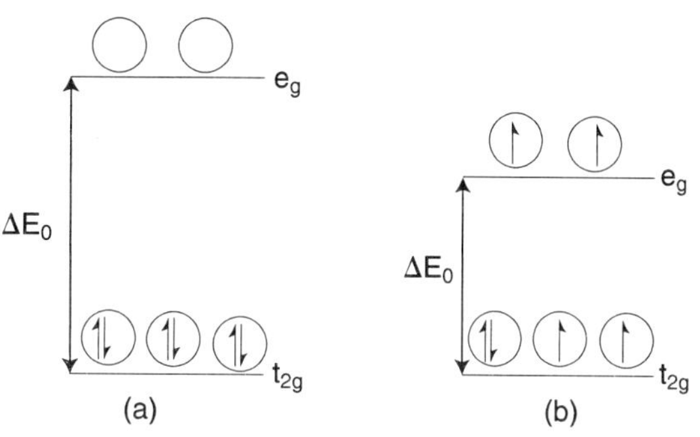

그림 H-18 ◦ (a) 저스핀 착물인 $[Co(NH_3)_6]^{3+}$의 전자배치, (b) 고스핀 착물인 $[Co(F_6)]^{3-}$의 전자배치

Hilbert-Johnson reaction

Hilbert–Johnson 반응. 2,4-다이알콕시피리미딘(2,4-dialkoxypyrimidine)과 할로젠 당(halogenose)을 반응시켜 상응하는 피리미딘 뉴클레오사이드(pyrimidine nucleoside)를 합성하는 방법[T. B. Johnson, G. E. Hilbert, *Science*, *69*, 579 (1929)].

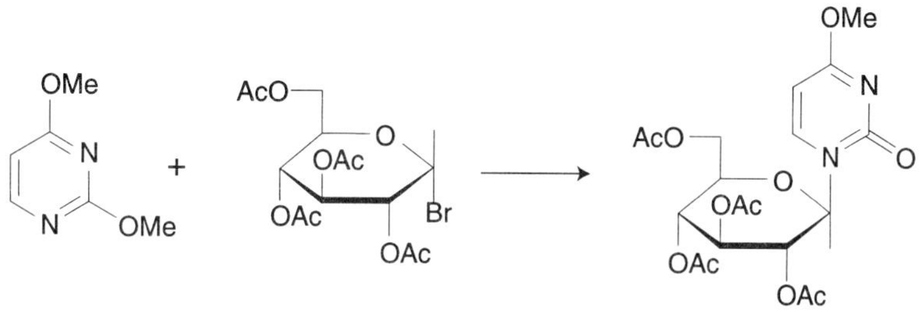

그림 H-19 ◦ Hilbert-Johnson 반응

Hinsberg oxindole synthesis

Hinsberg 옥신돌 합성. 이차 아릴 아민과 글리옥살(glyoxal)에 $NaHSO_3$를 첨가한 시약을 반응시켜 옥신돌(oxindole)을 형성하는 반응[O. Hinsberg, *Ber*. *21*, 110 (1888)].

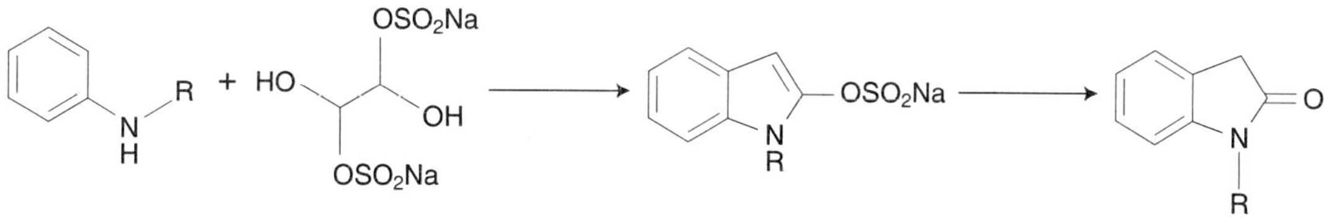

그림 H-20 ◦ Hinsberg 옥신돌 합성

H

Hinsberg reaction(test)

Hinsberg 반응(시험). 일차 또는 이차 아민을 RSO_2Cl를 반응시켜 설폰아마이드(sulfonamide, RSO_2NHR 또는 RSO_2NR_2) 를 만드는 반응. 이 반응이 삼차 아민에서는 일어나지 않으며, 일차아민 생성물은 알칼리 용액에서 녹으나 이차 아민 생성물은 녹지 않으므로 아민의 구분과 분리에 이용된다[O. Hinsberg, *Ber. 23*, 2962 (1890)].

Hinsberg sulfone synthesis

Hinsberg 설폰 합성. 퀴논(quinone)을 묽은 설핀산(sulfinic acid)용액에서 첨가반응시켜 설포닐퀴놀(sulfonylquinol)을 만든 반응[O. Hinsberg, *Ber. 27*, 3259(1894)].

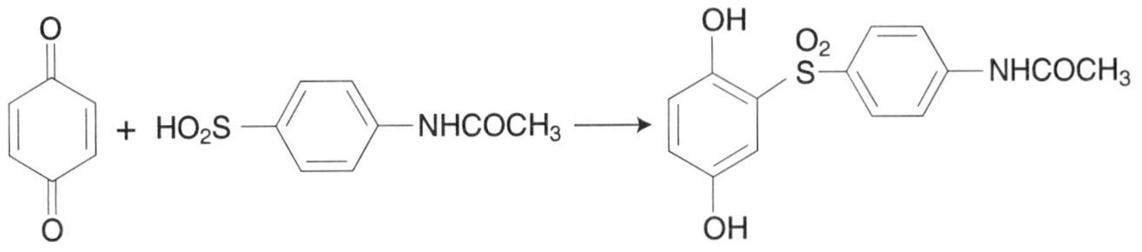

그림 H-21 • Hinsberg 설폰 합성

Hinsberg synthesis of thiophene derivative

Hinsberg 싸이오펜 유도체 합성법. α-다이케톤[RC(=O)C(=O)R]과 다이알킬 싸이오아세테이트(dialkyl thioacetate)를 반응시켜 싸이오펜 카복실산(thiophene carboxylic acid)를 합성하는 방법[O. Hinsberg, *Ber. 43*, 901 (1910)].

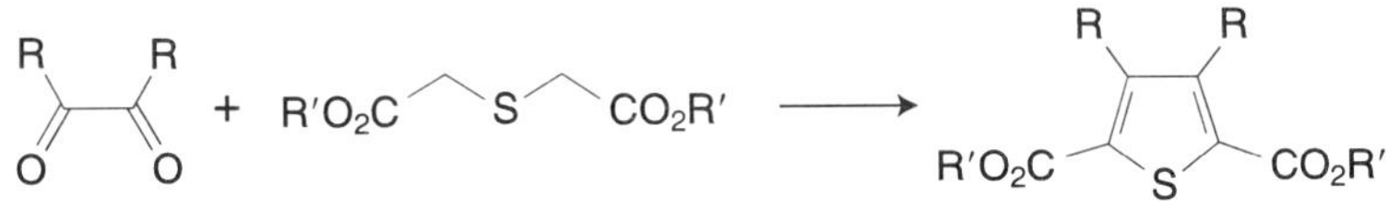

그림 H-22 • Hinsberg 싸이오펜 유도체 합성법

HMPA

비양성자성 용매인 **hexa**methyl**p**hosphor**a**mide의 약자

HMPT

Hexa**m**ethyl**p**hosphorous **t**riamide의 약자.

Hoch-Campbell azirididne synthesis

Hoch-Campbell 아지리딘 합성. 케톡심(ketoxime, RRC=NHOH)과 Grignard 시약(RMgX)을 반응하고 가수분해시켜 삼원자 고리 화합물인 아지리딘(aziridine)을 합성하는 반응[J. Hoch, *Compt. Rend. 198*, 1865 (1934); K. N. Campbell, J. F. McKenna, *J. Org. Chem. 4*, 198 (1939)].

Hofmann degradation (or rearrange ment)

Hofmann 분해(자리옮김). 아마이드를 염기성 수용액에서 브롬(Br_2)과 반응시켜 아이소시아네이트(isocyanate)로 만들고 이를 분해시켜 아민으로 변환시키는 반응. 이 반응의 전체 결과는 아마이드의 카복시기 이탈반응이므로 탄소 수가 하나 적은 아민이 생성된다[A. W. Hofmann, *Ber.* 14, 2725 (1881)].

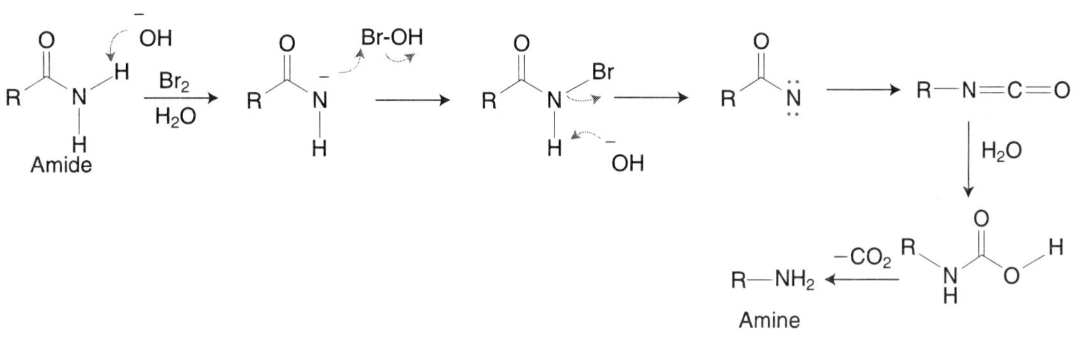

그림 H-23 • Hofmann 분해 반응 메커니즘

Hofmann elimination

Hofmann 제거반응. 아민 염을 이용하여 치환이 가장 적게 되어 있는 알켄을 합성하는 제거반응. 이 반응은 특히 사슬 말단에 이중결합을 도입하는데 유용한 반응이다.

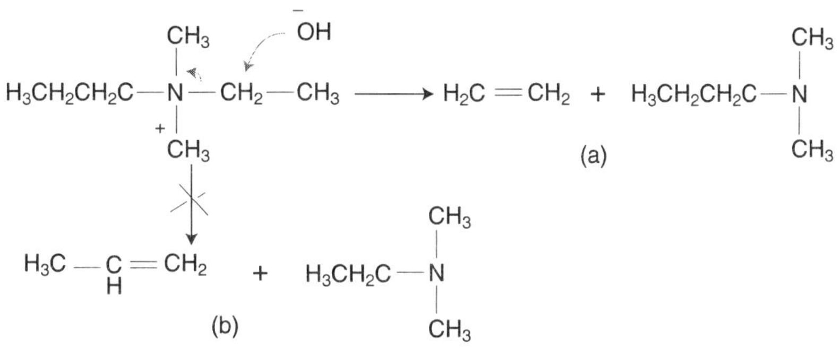

그림 H-24 • Hofmann 제거반응의 메커니즘. (a)와 같이 진행되고 (b)와 같이 치환이 더 많이 된 알켄이 생성되지 않는다.

Hofmann isonitrile synthesis

Hofmann 아이소나이트릴 합성. 일차 아민(RNH_2)과 $CHCl_3$를 NaOH 존재하에 반응시켜 아이소나이트릴(RNC)를 합성하는 반응. 이 반응은 Carbylamine reaction이라고도 한다[A. W. Hofmann, *Ann. 146*, 107 (1868)].

Hofmann-Löffler-Freyrtag reaction

Hofmann-Löffler-Freyrtag 반응. 양성자화된 *N*-할로아민을 열이나 빛을 이용하여 HX를 제거하고 고리화시키는 반응. 이 반응은 5-원자 고리를 합성하는데 특히 유용하다[A. W. Hofmann, *Ber. 16*, 558 (1883); K. Löffler, C. Freytag, *Ber. 42*, 3427 (1909)].

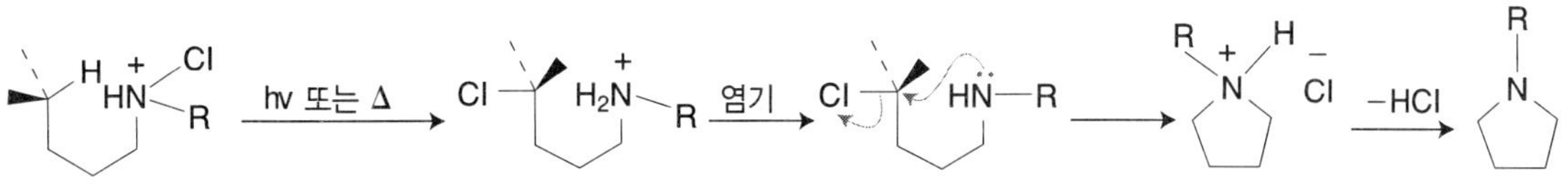

그림 H-25 • Hofmann-Löffler-Freyrtag 반응 메커니즘

Hofmann-Martius rearrangement Hofmann-Martius **자리옮김.** N-알킬아닐린 하이드로할라이드(N-alkylaniline hydrohalide, $C_6H_5NHR \cdot HX$)를 가열하면 $o-$ 또는 $p-$알킬아닐린($o-$ or $p-$alkylaniline)으로 변환되는 반응[A. W. Hofmann, C. A. Martius, *Ber. 4*, 742 (1871)].

Hofmann orientation Hofmann **배열.** Hofmann 제거반응에 유리한 아민 염의 배열.

Hofmann reaction Hofmann **반응.** 일차 아마이드($RCONH_2$)를 NaOH/Br 또는 소듐 하이포브로마이트 (sodium hypobromite)로 처리하여 RNCO(isocyanate)를 거쳐 일차아민(RNH_2)으로 변화시키는 반응[A. W. Hofmann, *Ber. 14*, 2725(1881)].

Hofmann rearrangement Hofmann **자리옮김.** Hofmann degradation을 보라.

holoenzyme **완전 효소.** 결손효소와 보조인자가 합쳐진 효소를 일컫는 말. 완전효소가 되어야 효소로서의 기능을 할 수 있다.

homo- **호모-.** 화학명명법에서 사용되는 접두사로 호모(homo)는 잘 알려진 골격 구조에 분자를 이루는 원자나 원자단이 첨가된 것을 나타내기 위해 사용한다. 예를 들어 스테로이드 골격의 5-원자 고리에 탄소 원자가 첨가되어 6-원자 고리로된 D-호모스테로이드(D-homosteroid)를 들 수 있다.

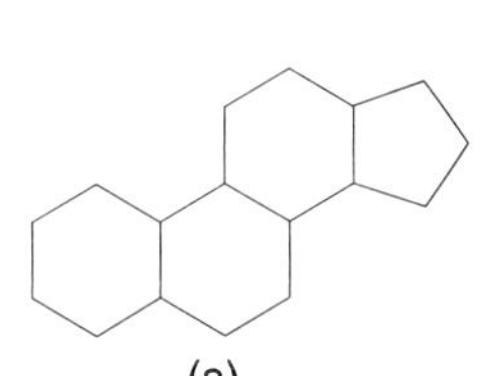

(a) (b) (c) (d)

그림 H-26 ∘ (a) 스테로이드 기본 골격 구조, (b) D-homosteroid의 구조, (c) L-cysteine의 구조, (d) homocysteine의 구조

HOMO **최고 점유 분자 오비탈.** **h**ighest **o**ccupied **m**olecular **o**rbital을 보라.

homogeneous **균일.** 단일 상과 관계되는 형용사. 예로서 균일 혼합물, 균일 촉매 등과 같이 사용한다.

homogeneous catalysis **균일 촉매 반응.** 반응물과 동일상에서 작용하는 촉매 작용.

homolog **동족체.** 두 화합물 사이에 $-CH_2-$ 단위 개수만이 다른 화합물.

homologation **동족(체)화.** 반응물질이 또다른 동족계열로 되는 반응. 예를 들어 한 알도스에 Kiliani-Fischer 합성을 하면 탄소수가 다른 알도스로 된다.

homologous series **동족 계열.** 동일한 작용기를 가지고 있으면서 그 화학식들이 일정한 원자단 (예, -CH_2-)만큼씩만 다른 일련의 화합물들을 동족 계열이라고 한다. 예로서 메탄올(CH_3OH, methanol), 에탄올(CH_3CH_2OH, ethanol), 프로판올($CH_3CH_2CH_2OH$, propanol) 등은 모두 동일한 작용기를 가지고 있으면서 그 화학식들이 -CH_2-단위 수에서만 차이를 나타내는 동족 계열화합물이다. 동족 계열 화합물은 하나의 일반식으로 나타낼 수 있다. 예로서 알케인은 일반식 $CH_3(CH_2)_nCH_3$로 표시되며, 알코올은 일반식 $CH_3(CH_2)_nCH_2OH$로 표시된다.

homolytic cleavage **균일 분해.** 화합물의 결합이 전하를 갖지 않는 2개의 자유 라디칼로 분해되는 현상. 한편 화합물이 서로 다른 전하를 갖는 두 이온으로 갈라지는 변화를 불균일 분해라고 한다. 예로서 $Cl_2 \rightarrow 2Cl\cdot$는 균일 분해이고, $HCl \rightarrow H^+ + Cl^-$는 불균일 분해이다.

homopolymer **동종 중합체.** 단일 단위체로만 형성된 중합체. 예로 poly(vinyl chloride)와 polyethylene을 들 수 있다.

homotopic hydrogen **대칭 교환자리 수소.** $C_p(\infty > p > 1)$대칭 회전축에 의해 교환될 수 있는 수소 원자들. 대칭 교환자리 관계는 원자들의 치환 시험으로 알 수 있다. 예를 들어 NH_3와 CH_3Cl 의 3개 수소, $CH_2 = CH_2$나 또는 CH_4의 4개 수소, 벤젠(benzene)과 CH_3CH_3의 6개 수소를 들 수 있다.

Hooker reaction **Hooker 반응.** 2-하이드록시-3-알킬-1,4-퀴논(2-hydroxy-3-alkyl-1,4-quinone)을 묽은 알칼리 용액에서 $KMnO_4$와 반응시켜 고리를 열고 다시 고리화하여 하이드록시(OH)기와 탄소수가 하나 감소한 알킬(R)기의 위치가 교환되는 반응[S. C. Hooker, *J. Am. Chem. Soc. 58*, 1174(1936)].

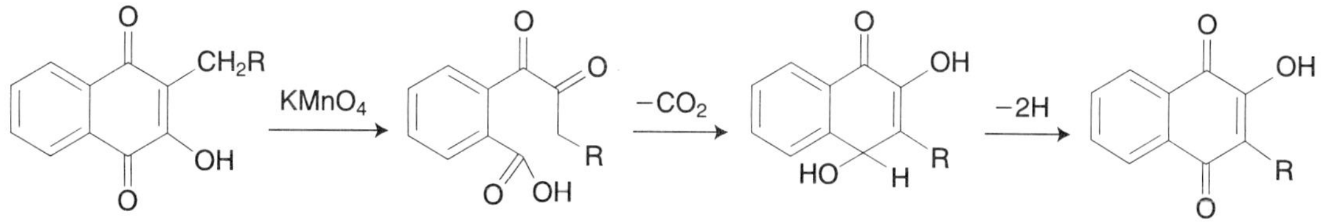

그림 H-27 ◦ Hooker 반응

hormone **호르몬.** 특별한 내분비선이나 조직으로부터 생기는 물질로 분비되어 혈액 속으로 들어가면 세포에 의해 흡수된다. 세포에 흡수된 호르몬은 세포 화학(cell chemistry)을 조절한다. 호르몬은 생화학적으로 여러 가지 역할을 하며 여러 부류가 있다. 예를 들어 스테로이드 호르몬(steroid hormone)도 한 종류이다.

Horner-Emmons reaction **Horner-Emmons 반응.** 알데하이드나 케톤의 카보닐기를 R_2C=CR_2인 올레핀(olefinic group)으로 변환하는 방법. 반응은 포스포네이트(phosphonate)의 탄소 음이온이 카보닐 탄소를 공격하여 진행된다. 이 반응은 Wittig 반응과 같다[L. Horner, H. Hoffman, H. G. Wippel, *Ber. 91*, 61 (1958); W. S. Wadsworth, W. D. Emmons,

J. Am. Chem. Soc. 83, 1733 (1961)].

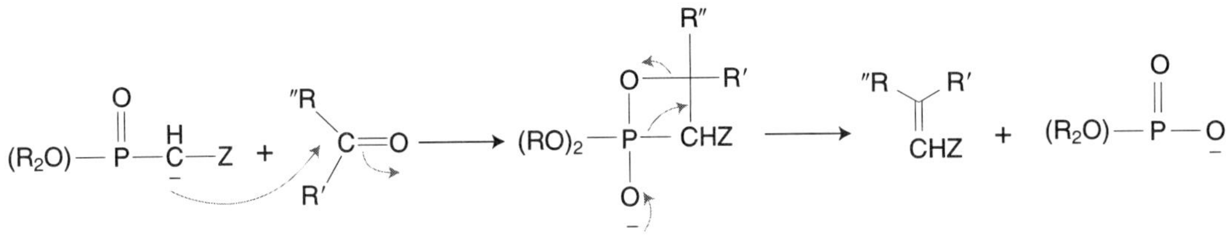

$$(R_2O)-\overset{O}{\overset{\|}{P}}-\overset{H}{\underset{-}{C}}-Z + \underset{R'}{\overset{''R}{C}}=O \longrightarrow (RO)_2-P(-O^-)(-O-CR''R'-CHZ) \longrightarrow {''R}R'C=CHZ + (R_2O)-\overset{O}{\overset{\|}{P}}-O^-$$

그림 H-28 • Horner-Emmons 반응의 메커니즘

Houben-Fischer synthesis

Houben-Fischer 합성. Houben 합성에 의해 합성하는 trichloromethyl aryl ketimine을 염기성 가수분해를 시켜 방향족 나이트릴(ArCN) 을 합성하는 반응. 이 경우 산 가수분해시키면 케톤($ArCOCCl_3$)이 얻어진다.[J. Houben, W, Fischer, J. *Prakt. Chem. [2]*, 123, 89, 262, 313(1929)]

Houben-Hoesch reaction

Houben-Hoesch 반응. 지방족 나이트릴(aliphatic nitrile)과 페놀(phenol) 유도체를 산성조건에서 반응시켜 아실페놀(acylphenol)을 합성하는 반응[K. Hoesch, *Ber. 48*, 1122 (1915); J. Houben, *Ber. 59*, 2878 (1926)].

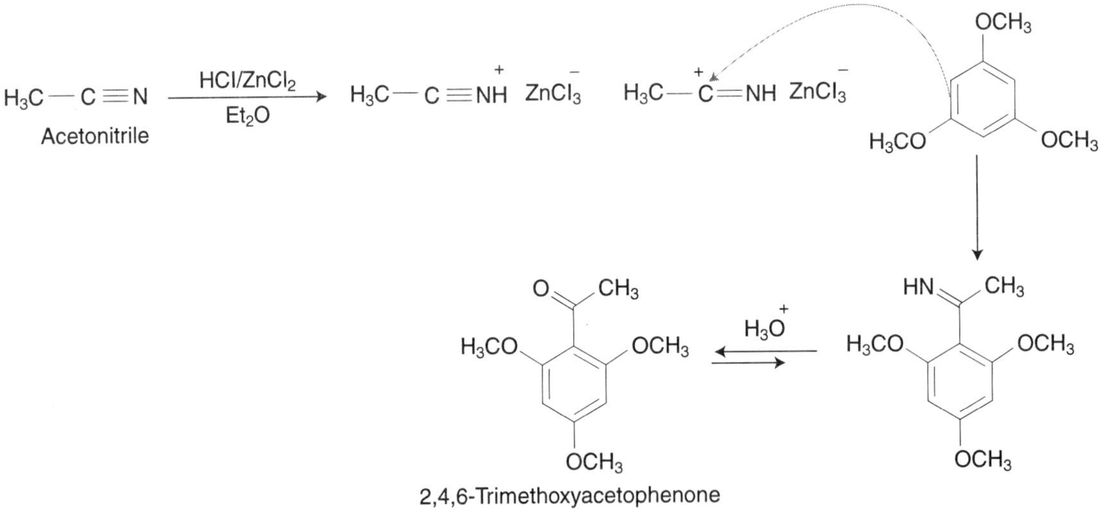

$$H_3C-C\equiv N \xrightarrow[Et_2O]{HCl/ZnCl_2} H_3C-C\equiv \overset{+}{N}H\ \overset{-}{ZnCl_3} \quad H_3C-\overset{+}{C}=NH\ \overset{-}{ZnCl_3}$$

Acetonitrile

OCH$_3$, H$_3$CO, OCH$_3$ → HN=C(CH$_3$)–Ar ⇌ ($H_3\overset{+}{O}$) O=C(CH$_3$)–Ar

2,4,6-Trimethoxyacetophenone

그림 H-29 • Houben-Hoesch 반응 메커니즘

HPLC

고성능 액체 크로마토그래피. chromatography를 보라.

HSAB

HSAB. **h**ard and **s**oft **a**cids and **b**ases를 보라.

Huang-Minlon modification

Huang-Minlon 변형반응. Wolff-Kishner 환원 반응을 높은 끓는점 용매에서 수행한 반응.

Hückel-Möbious (H-M) approach Hückel–Möbious(H–M) **접근법.** 고리형 협동반응의 전이 상태에서 오비탈의 고리형 배열이 주어진 고리를 형성하는데 유리한 허용된 배열인지를 빠르게 예측할 수 있는 방법. 만일 이 배열에서 노드(node)가 없거나 원자들 간의 노드가 짝수이고 전자가 4n+2이면, 그 전이 상태 배열은 안정화되고 반응이 진행된다. 이 배열을 Hückel의 배열 이라고 한다. 또 한편, 만일 원자 간의 노드 수가 홀수이면 반드시 전자수가 4n개 이어야 전이 상태가 안정화된다. 이 배열을 Möbious 배열이라고 한다. 이 접근법과 다른 방법은 경계–오비탈 접근법(frontier-orbital approach)이 있다.

표 H-3 ◦ Hückel–Möbious(H–M) 접근법

과 정	노드수	배 열	전자 수	허용/금지 여부
반대방향 고리열림/닫힘과정	0	Hückel	4	금지
동일방향 고리열림/닫힘과정	1	Möbious	4	허용
$[4_s + 2_s]$ 고리첨가반응	0	Hückel	6	허용
$[2_s + 2_s]$ 고리첨가반응	0	Hückel	4	금지
$[1_a, 5_s]$ 시그마결합 이동	1	Möbious	6	금지

Hückel molecular orbital method Hückel **분자오비탈 방법.** 콘쥬게이션 계에서 파이 전자들의 에너지를 계산하는 방법.

Hückel's rule Hückel **규칙.** 평면 단일 고리 화합물의 경우 4n + 2 (n은 0, 1, 2, 3...의 정수)개의 pπ 전자가 고리에 비편재화 되어 있으면 열역학적으로 안정하다. 즉 방향족성을 띤다고 하는 규칙. 예를 들어 벤젠(benzene), 사이클로펜타다이엔일(cyclopentadienyl) 음이온, 사이클로프로페닐(cyclopropenyl) 양이온 등을 들 수 있다.

Hund's rule Hund **규칙.** 에너지가 모두 동일한 겹친 오비탈(degenerate orbital)에서 전자는 두 번째 전자가 채워지기 전에는 모두 한개 씩의 전자만 채워져야 한다는 규칙. 예를 들어 질소의 경우 2p 궤도에는 세 개의 전자가 각 오비탈에 한 개씩만 점유하고 있다.

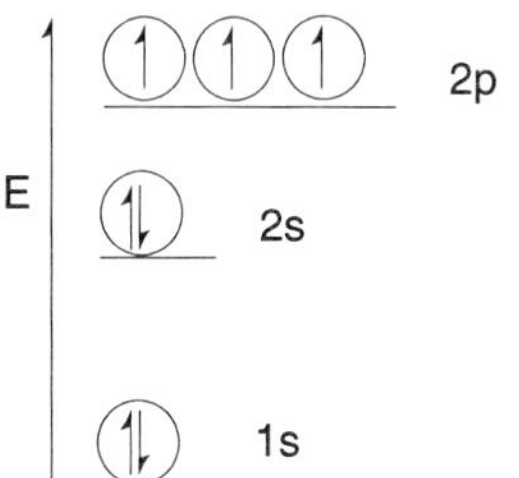

그림 H-30 ◦ 질소 원자의 바닥상태 전자배치

Hunsdiecker reaction Hunsdiecker **반응.** 카복실 산은 염을 CCl_4 용매 속에서 브롬(Br_2)과 반응시켜 브롬화물을 제조하는 반응[C. Hunsdiecjer, H. Hunsdiecker, E. Vogt, U.S. Patent 2,176,181 (1939); *Chem. Abstr., 34*, 1685 (1940)].

H

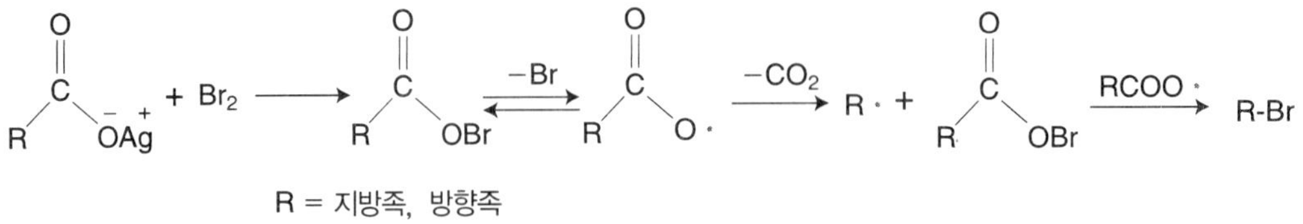

$$RCOO^{-}Ag^{+} + Br_2 \longrightarrow RCOOBr \underset{}{\overset{-Br}{\rightleftarrows}} RCOO\cdot \xrightarrow{-CO_2} R\cdot + RCOOBr \xrightarrow{RCOO\cdot} R\text{-}Br$$

R = 지방족, 방향족

그림 H-31 • Hunsdiecker 반응의 메커니즘.

Hybridization

혼성화. 동일한 원자에 속하는 2개 이상의 오비탈이 혼합되어(이론적으로) 공간 분포가 다른 동일한 수의 새로운 오비탈을 형성하는 현상을 혼성화라 한다. 새로 형성된 각 오비탈들은 혼성 전의 각 오비탈 특성의 일부를 가진다. 혼성은 사용되는 원자 오비탈들의 에너지가 유사하여야 한다. 혼성 오비탈의 특성은 방향성이며 그 때문에 다른 원자들과 더 잘 결합하게 된다. 가장 대표적으로 탄소 원자는 2s 및 2p 오비탈이 혼성화 되어 $2sp^3$, $2sp^2$ 및 2sp 등 세 개의 혼성 오비탈을 이룬다. 예로서 메테인(methane, CH_4)은 정사면체분자 모양을 하고 있고, 4개의 시그마 결합이 동일한 세기 및 길이를 가지며, 109.5°의 결합각을 가진다. 에텐(ethene, $CH_2=CH_2$)의 각 탄소는 $2sp_2$ 혼성을 하고 있어 3개의 시그마 결합(2개의 C−H와 하나의 C−C)을하고 있고, 혼성에 사용되지 않은 하나의 2p 오비탈이 다른 탄소의 2p 오비탈과 겹쳐져 하나의 파이 결합을 형성한다. 또, 에타인(ethyne, $CH\equiv CH$, acetylene)의 각 탄소는 2sp 혼성을 하고 있으며, 2개의 시그마 결합(C−H와 C−C 각 하나씩)과 2개의 2p 오비탈 간의 겹침으로 2개의 파이 결합을 이루고 있다.

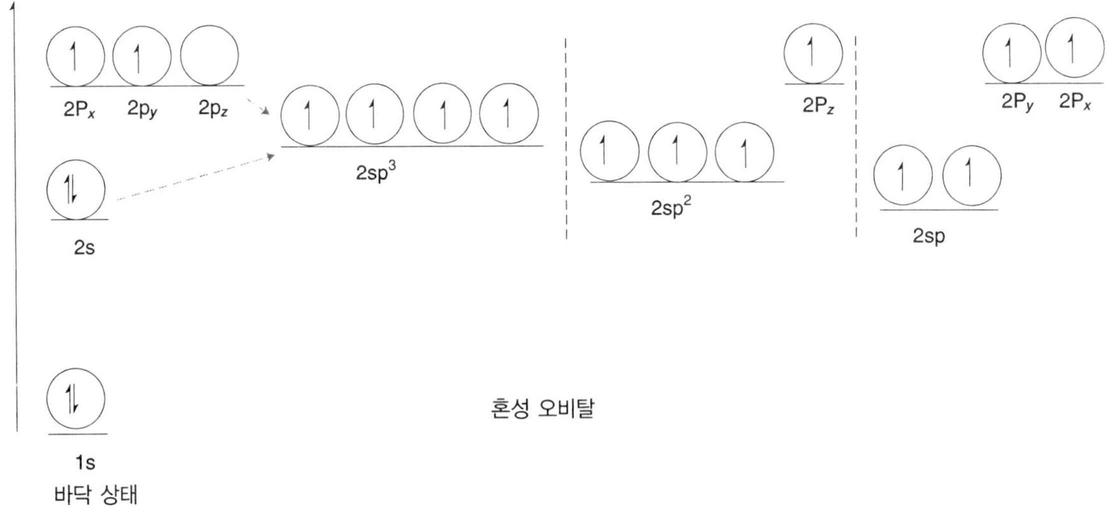

그림 H-32 • 탄소의 혼성화

Hybridization index

혼성화 지수. 혼성 오비탈을 나타내는 기호에서 p 오비탈 또는 d 오비탈의 상 첨자로 나타낸 값. 예를 들어, sp^x에서 x를 말하며 $[x/(1+x)]\times 100$은 p 오비탈의 혼성에 사용된 퍼센트를 나타낸다. sp^3 오비탈에서 혼성화 지수는 3이고 이는 p 오비탈이 75%에 해당 한다는 것을 나타낸다. $sp^{0.894}$인 오비탈의 경우 p 오비탈의 혼성화 지수는 0.894이고 p 오비탈이 혼성 오비탈의 47.2%에 해당한다.

hydrazobenzene rearrangement **하이드라조벤젠 자리옮김.** Benzidine rearrangement를 보라.

hydration **수화(작용).** 물 분자가 알켄이나 알카인에 첨가되어 알코올(ROH)로 되는 반응. 예로 에틸렌(ethylene)을 H_3PO_4촉매 존재하의 수화반응을 예로 들었다. 다르게는 수용액에서 물 분자가 용질과 상호작용하는 현상을 말한다. solvation을 보라.

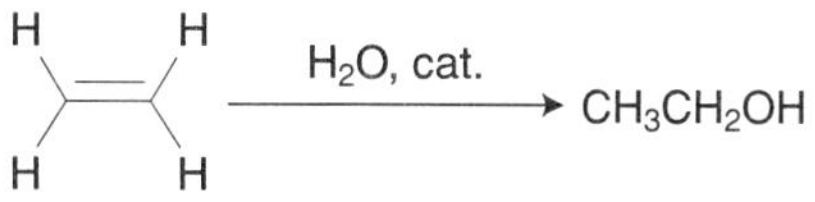

$$H_2C{=}CH_2 \xrightarrow{H_2O,\ cat.} CH_3CH_2OH$$

그림 H-33 ◦ 에틸렌의 수화반응

hydrazones **하이드라존.** 일반식 RRC = NNH_2을 가지고 있는 화합물로서, 카르보닐 화합물(알데히드나 케톤)이 하이드라진(hydrazine, NH_2NH_2)과 반응하여 생기는 화합물이다. 하이드라존은 유용한 화합물이고, 특히 Japp-Klingemann 반응의 중요한 중간체이다.

hydride affinity **수소음이온 친화도.** 어떤 화학종의 수소음이온과의 표준 반응 엔탈피의 값을 말함. 수소음이온 친화도는 불균일 결합 해리 에너지[$D(A^+-H^-)$]와 같으며, Lewis산의 기체 상태 산도로 측정한다. 수소음이온 친화도가 높을 수록 더 강한 산이다.

$$A^+ + H^- \rightarrow AH$$

$$\text{수소음이온 친화도 }(A^+) = \Delta H^\circ_f(A^+) + \Delta H^\circ_f(H^-) - \Delta H^\circ_f(AH)$$

hydride shift **수소화물 옮김.** 수소 음이온이 한 자리에서 다른 자리로 이동하는 현상. 1,2-hydride shift라고도 한다. 이 현상은 탄소 양이온에서 흔하게 일어난다.

hydroboration **수소붕소 첨가(반응).** 알켄이나 알카인 같은 불포화 탄화수소에 보레인(borane, BH_3)을 반응시키면 B-H 결합에 첨가되어 유기보레인(RBH_2)을 생성한다. 보레인 한 분자에 세 개의 알켄이 첨가될 수 있으며, 생성된 R_3B(trialkylborane)를 염기성 용액에서 H_2O_2 수용액으로 처리하면 세 분자의 알코올이 생성된다. 이 반응 전체를 hydroboration-oxidation reaction이라고 한다. 이 반응의 결과는 수소붕소첨가반응에서 첨가되는 붕소의 입체장애 때문에 반-Markovnikov 생성물을 생성한다.

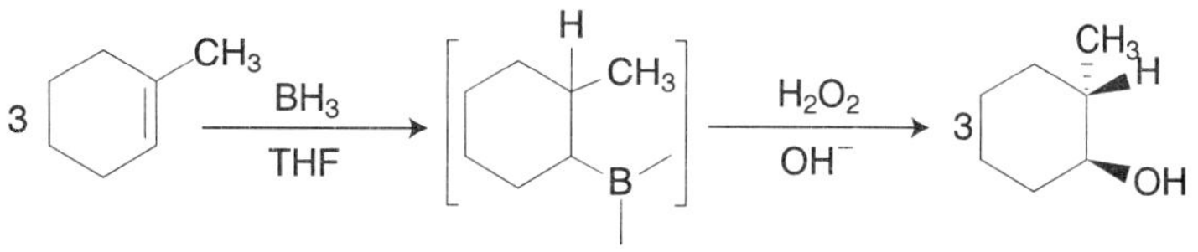

3 (1-methylcyclohexene, CH_3) $\xrightarrow[THF]{BH_3}$ [H, CH_3, B] $\xrightarrow[OH^-]{H_2O_2}$ 3 (CH_3, H, OH)

그림 H-34 ◦ 1-Methylcyclohexene의 수소붕소 첨가반응-산화반응

hydrocarbon **탄화수소.** 탄소와 수소만을 포함하고 있는 화합물 계열을 말함. 탄화수소는 알케인 같은 포화탄화수소(saturated hydrocarbon)와 알켄이나 알카인 같은 불포화 탄화수소로 구분한다. 또, 지방족 탄화수소(aliphatic hydrocarbon; 알케인, 알켄 및 알카인이 여기에 속함)와 벤젠(benzene) 같은 방향족 탄화수소(aromatic hydrocarbon)으로 구분하기도 한다.

hydrochloric acid **염산.** 염화수소의 수용액. 물 속에서 염화수소는 다음과 같이 하이드로늄 이온과 염화 이온으로 완전히 해리된다.

$$HCl + H_2O \rightarrow H_3O^+ + Cl^-$$

hydroclone **하이드로클론.** 현탁액을 원뿔형 소용돌이 장치를 통과시켜 고체와 액체를 분리하는 기구 예로서 사이클론 추출기(cyclone extractor)를 들 수 있다.

hydroformylation **수소폼일화첨가(반응).** 알켄을 코발트($Co_2(CO)_8$)나 로듐 촉매 존재 하에서 합성 가스(CO 와 H_2 포함됨)와 반응시켜 탄소 원자가 하나 더 많은 알데하이드로 산화시키는 반응이다. 합성 가스를 160~200°C에서 200 atm으로 반응시키며, 상업적으로 알코올을 합성하는 데 중요한 반응이다.

$$CH_3CH{=}CH_2 + CO + H_2 \xrightarrow{Co_2(CO)_8} CH_3CH_2CH_2CHO + CH_3CH(CH_3)CHO$$

그림 H-35 • 수소폼일화(첨가)반응

hydrogenation **수소화(반응), 수소첨가(반응).** 불포화 결합에 수소분자가 첨가되는 반응. 이 반응은 반응 활성화 에너지가 매우 크므로 촉매가 필요하며, Pd/C 촉매 또는 PtO_2 촉매 등을 사용하여 수소화반응을 수행한다. PtO_2 촉매를 특별히 Adam' s 촉매라고 한다.

hydrogen bond **수소 결합.** 산소나 질소와 같은 전기 음성도가 큰 원자들이 수소와 결합하고 있으면, 수소 원자가 부분적으로 전자가 부족한 양이온성(δ^+로 표시함)을 띠고 이 부분적 양이온성 수소 원자가 다른 분자(또는 동일 분자내 일수도 있다)의 산소나 질소 같은 고립전자쌍을 가지고 있는 원자들과 결합을 형성한다. 이 결합을 수소 결합이라고 하며, 이 결합은 순수한 공유결합 보다는 약하지만, 약 20 $kJmo1^{-1}$에 해당하는 강한 분자 간 상호 작용이다. 수소 결합의 세기는 전기 음성적인 원자의 전기음성도에 비례한다. 분자의 끓는 점, 분자 구조, 증기압 등 여러 가지 성질에 영향을 미친다. 수소 결합은 O(또는 N, 할로젠)····H−N(또는 O, 할로젠)와 같이 표시한다. 물이 나타내는 여러 가지 비정상적인 성질들은 거의 전적으로 물 분자들 사이의 수소 결합에 기인된다. 뿐만 아니라, 수용액 속의 용질들은 대부분이 물 분자와 수소 결합을 이루고 있다.

hydrogen deficiency **수소 결핍.** 불포화 탄화수소의 수소 원자 수가 포화 탄화수소의 수 보다 얼마나 더 부족한가를 나타내는 것을 말하며, 이는 보통 수소 결핍 지수(index of hydrogen deficiency, *i*) 또는 불포화 지수(index of unsaturation, *i*)라고 하기도 한다. 불포화 지수는 아래 식으로 계산 한다. 여기서 X와 Y는 탄소와 수소의 수이다. 예를 들어 에텐(ethene, CH_2CH_2)은 에테인(ethane, CH_3CH_3)보다 수소가 2개 부족하며 불포화 지수는 1이다.

$$i = \frac{(2X + 2) - Y}{2}$$

hydrogen flame detector **수소불꽃 검출기.** 운반 기체로 수소를 사용하는 기체-액체 크로마토그래피에 사용하는 검출기. 이 검출기는 순수한 수소를 태울 때 불꽃과 시료에 존재하는 소량의 유기물로 같은 양의 수소를 묽혔을 때의 불꽃 광도의 차이를 측정하여 검출한다.

hydrogenolysis **가수소 분해 반응.** C−C 결합이나 탄소-헤테로 원자 결합이 수소에 의해 분해되는 반응. 예를 들어 $C_6H_5CH_2OR$을 수소와 반응시키면 $C_6H_5CH_3$와 알코올(ROH)로 분해된다.

hydrolysis **가수분해(반응).** 친핵성 치환반응에서 물이 반응시약으로 작용하는 반응. 예로서 할로알케인과 물이 반응하여 알코올로 변환 되는 S_N1 반응을 들 수 있다.

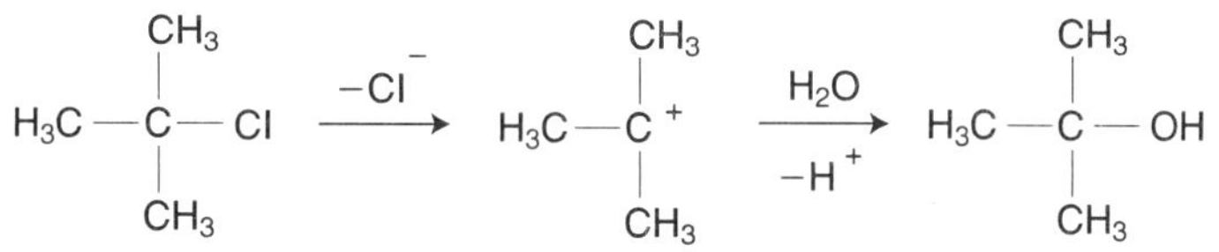

$$(CH_3)_2C(CH_3)\text{—}Cl \xrightarrow{-Cl^-} (CH_3)_2C^+(CH_3) \xrightarrow[-H^+]{H_2O} (CH_3)_2C(CH_3)\text{—}OH$$

그림 H-36 • 가수분해 반응의 예

또 하나의 예로는 에스테르가 카복실산과 알코올로 되는 다음과 같은 반응을 들 수 있다.

$$CH_3COOCH_3 \rightarrow CH_3COOH + CH_3OH$$

Hydroperoxide **과산화수소물.** 일반식 ROOH를 가지는 탄화수소 류. 예를 들어 *tert*-butyl hydroperoxide ($(CH_3)_3COOH$)를 들 수 있다.

hydroniumion **하이드로늄 이온** (H_3O^+). 수화된 H^+ 이온으로서, 수용액 속에 존재할 수 있는 가장 센 산이다. 이보다 더 센 산들을 수용액 속에서 가수분해 되어 하이드로늄 이온의 수준으로 평준화된다. 예로서 하이드로늄 이온보다 더 센 산인 질산은 수용액 속에서 가수분해 되어 하이드로늄 이온과 질산 이온으로 된다. 물속에는 항상 하이드로늄 이온이 수산화 이온과 함께 들어 있다.

hydrophilic **친수성.** 물에 대한 친화력이 있는 경우에는 친수성, 친화력이 없는 경우에는 소수성(hydrophobic)이라고 한다. 예로서 친수성 물질은 물에 잘 녹으며, 소수성 물질은 유기 용매에 잘 녹는다. 예를 들어 비누의 $-CO_2^-$ 부분은 친수성 부분이고 탄화수소 사슬 부분은 소수성 부분이다. 비누분자는 이 두 부분이 공존하기 때문에 비누로서의 역할을 할 수 있다.

hydroxamic acid **하이드록사믹산.** 일반식 RC(=O)NHOH를 가지는 화합물류. 예로서 $C_6H_5C(=O)NHOH$를 들 수 있다. 이 시약은 Lossen 자리옮김반응에서 중요하다.

hydrophobic **소수성.** hydrophilic을 보라.

hydroxyaldehyde **하이드록시알데하이드.** OH 기와 −CHO 기를 포함하고 있는 화학종.

hydroxylamine **하이드록실아민.** R_2NHOH의 일반식을 가지는 화학종. 이 화합물들의 이름은 하이드록실아민(NH_2OH)으로부터 생겼다. 예로 *N*-phenylhydroxylamine을 들수 있다.

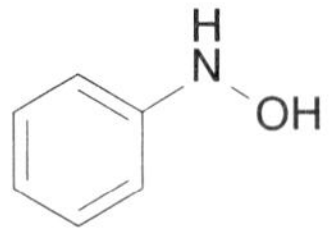

그림 H-37 • *N*-phenylhydroxylamine의 구조

hydrosol **하이드로졸.** 졸을 만드는 연속 매질이 물인 졸. 만일 공기가 매질이면 에어로졸이 된다.

hydroxide **수산화물.** OH^- 이온을 가지고 있는 금속 화합물이나, 하이드록시(OH)기가 금속 원자에 결합되어 있는 화합물. 전형적인 금속의 수산화물은 염기이며, 준금속의 수산화물은 양쪽성이다.

hydroxide ion **수산화 이온**(OH^-). 수용액 속에 존재할 수 있는 가장 센 염기이며, 이보다 더 센 염기들은 수용액 속에서 가수분해 되어 수산화 이온의 수준으로 평준화된다. 예로서 수산화 이온보다 더 센 염기인 NH_2^-이온은 물속에서 NH_3와 수산화 이온으로 가수분해된다.

hydroxyl group **하이드록시기.** −OH기의 이름.

hydroxylation **하이드록실화(반응).** 어떤 분자에 하이드록시(OH)기를 도입하는 반응.

hygroscopic **흡습성.** 대기 중의 수분을 흡수하는 성질. 조해성과 혼동하면 안 된다.

hyperconjugation **하이퍼콘쥬게이션.** 시그마 오비탈이 이웃한 빈 파이 또는 p 오비탈과 겹치는 현상. 이 용어는 Robert S. Mulliken J.에 의해 처음 소개되었다. 이런 현상은 탄소 양이온에서 잘 인식되고 있다. 특히 3차 탄소 양이온이 1차 탄소 양이온 보다 더 안정한 것은 탄소 양이온의 빈 오비탈과 이웃한 탄소의 C—H의 시그마 오비탈과의 하이퍼콘쥬게이션으로 설명된다. 다른 예로 cyclopentadiene에서는 CH_2의 C—H 시그마 오비탈과 파이 결합 오비탈이 하이퍼콘쥬게이션을 한다. 이런 경우는 σ-콘쥬게이션 이라고도 한다[Robert S. Mulliken *J. Chem. Phys.* 7(5), 339(1939)].

hyperchromic effect **흡광 증가효과.** 어떤 분자에 새로운 치환기가 도입되어 치환기 도입 전 보다 자외선 스펙트럼의 흡광세기가 증가하는 현상.

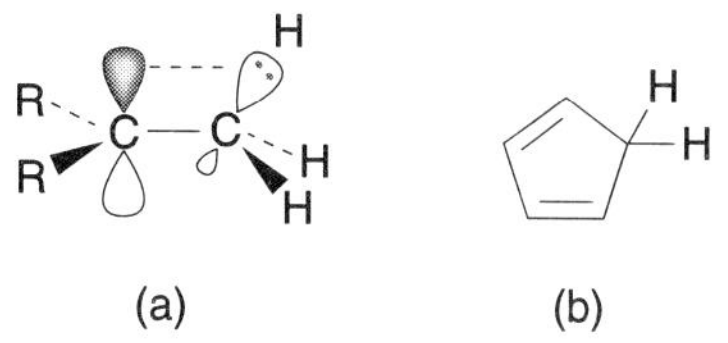

(a) (b)

그림 H-38 ∘ (a) 하이퍼콘쥬게이션 현상과 (b) cyclopentandiene의 구조

hypervalent **초원자가.** 원자가 껍질에 8개 보다 하나 또는 그 이상의 더 많은 전자를 포함하고 있는 화학종으로 팔전자 규칙의 예외이다. 예를 들어 PCl_5 (phosphorus pentachloride), SF_6(sulfur hexafluoride), ClF_3(chlorine trifluoride) 및 I_3^- 이온(triiodide 이온) 등이 있다. 초원자가 분자는 Jeremy I. Musher에 의해 1969 처음 정의되었다. 초원자 아이오딘(hypervalent iodine)은 유기화학에서 유용한 시약이다. 초원자가 화학종의 명명은 N—X—L 방식으로 부른다. 여기서 N은 결합에 포함된 원자가전자수이고, X는 중심 원자, 기호 L은 중심 원자의 리간드 수이다. 따라서, XeF_2는 10—Xe—2로, PCl_5는 10—P—5로, SF_6는 12—S—6로 표기한다.

hypsochrome **단파 조색단.** 모체 분자에 도입되면 단파장쪽 이동을 유도하는 조색단.

hypochromic effect **흡광 감소 효과.** 어떤 분자에 새로운 치환기가 도입되어 치환기 도입 전 보다 자외선 스펙트럼의 흡광세기가 감소하는 현상.

hypovalent **저원자가.** 원자가 껍질에 8개 보다 적은 수의 전자를 포함하는 화학종으로 팔전자 규칙의 예외이다. 예를 들어 카르벤(carbene, H_2C:)를 들 수 있다.

hypsochlomic shift **청색 이동, 단파장쪽 옮김(이동).** 어떤 분자에 새로운 치환기가 도입되어 치환기 도입 전 보다 자외선 스펙트럼의 최대흡광도 흡수 띠가 에너지가 더 높은 단파장 쪽으로 이동하는 현상. Blue shift(청색 이동)이라고도 한다.

Hz **헤르츠.** 국제 진동 단위 수; 1Hz = 1 cycle/second, c/s, cm^{-1} 등으로 나타냄.

Iboga alkaloid — **이보가 알칼로이드.** 3,5-다이메틸옥테인(3,5-dimethyloctane) 골격을 포함하고 있는 모노터펜 인돌 알칼로이드(monoterpene indole alkaloid) 착물의 한 종류. 이 알칼로이드는 트립토판(tryptophan)으로부터 트립타민(tryptamine)과 모노터펜류인 세콜로가닌(secologanin)을 거쳐 합성된다.

ignition temperature — **발화(점화) 온도.** 공기와 증기 혼합물이 불꽃이 없어도 자연 발화되는 온도. spontaneous ignition temperature라고도 한다. 예를 들어 CS_2를 100°C로 가열하면 발화된다.

imide — **이미드류.** 고리형 이차 아마이드류. 예로 숙신이마이드(succinimide)를 들 수 있다.

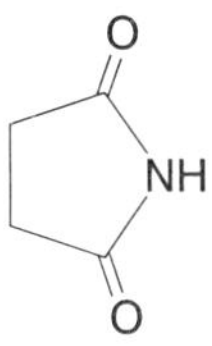

그림 I-1 • Succinimide의 구조

imido group — **이미도 기.** =NH기, 즉 이미노(imino)기 라고도 함.

imine — **이민류.** RCH=NH 또는 R_2C=NH의 일반식을 가지는 화학종. =NH기는 이미노(imino)기라고 한다.

iminium ion — **이미늄 이온.** $R_2C=N^+RR'$의 일반식을 가지는 화학종. 예로 사이클로헥산이미늄 이온(cyclohexaniminum ion)을 들 수 있다. 이 이온은 Mannich 반응에서 중요하다.

index of hydrogen deficiency — **수소 결핍 지수.** hydrogen deficiency를 보라.

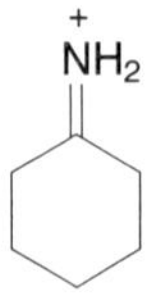

그림 I-2 • Cyclohexaniminium 이온 구조

index of unsaturation **불포화 지수.** hydrogen deficiency를 보라.

indigo **인디고, 쪽.** $C_{16}H_{10}N_2O_2$, indigo feras 속의 일년생 식물을 지칭하기도 하지만, 화학에서는 그 잎으로부터 추출한 남색의 천연 염료를 말한다. 주로 합성하여 사용하고 있다.

indole alkaloid **인돌 알칼로이드.** 인돌(indole) 고리를 포함하고 있는 알칼로이드류.

induced dipole moment **유도 이중 극자(쌍극자) 모멘트.** polarizability를 보라.

inductive effect **유발 효과.** 분자의 특정 원자나 작용기가 전자를 자기 쪽으로 끌어당기거나 밀어주는 효과로서, 결합하고 있는 두 원자나 원자단의 전기음성도 차이가 원인이 된다. 어떤 공유 결합에서 유발효과가 생기면 결합은 극성공유 결합이 되므로 유기 반응에서 매우 중요하다.

infrared spectroscopy **적외선 분광법.** 적외선 영역 중에서 4000~200 cm^{-1} 영역의 복사선은 원자나 분자의 진동 운동과 기체 분자의 회전 운동을 들뜨게 할 수 있다. 분자 내 특정 결합들의 이러한 운동 방식에 따라 적외선 영역 복사선이 흡수되는 파장을 조사 분석하는 분광법이 적외선 분광법이다. 이 분광법을 이용하여 분자 내에 존재하는 특정 작용기나 결합을 예측할 수 있다. 예로서 C−H 결합의 신축 진동은 2900 cm^{-1} 부근, 아미노기의 N−H 결합의 신축 진동은 3200 cm^{-1} 부근, 그리고 C≡C 결합의 신축 진동은 2100 cm^{-1} 부근의 복사선을 흡수한다. 그러나 분자들은 다양한 진동 방식들을 가지며, 따라서 스펙트럼도 복잡하다.

inhibitor **억제제(저해제).** 어떤 반응을 억제하는 물질.

initiation step **개시 단계.** chain reaction을 보라.

initiator **개시제.** 열분해나 광분해 반응에 의해 라디칼을 형성하여 라디칼 연쇄반응 등을 개시하는 물질. radical chain reaction을 보라.

inscribed polygon method **내접 다각형 법.** 방향족 화합물의 전자배치를 예측하는 방법 중 하나. Frost circle을 보라.

insertion reaction **삽입 반응.** A−M−L형 착물에서 M−L 시그마 결합이 분해되고 A가 삽입되어 M−A−L로 되는 반응. 다르게는 이동삽입(migratory insertion)이라고도 한다.

insulator **절연체, 단열제, 부도체.** 전기에서 전류 흐름을 방해하는 물질.

instability constant **불안정도 상수, K_d.** 특정 화학종의 해리 정도를 나타내는 평형 상수.

insulin **인슐린.** 췌장에 있는 langerhans섬의 β세포로부터 분비되는 호르몬 단백질. 이 호르몬은 체세포, 특히 간과 근육에서 글루코오스를 흡수하는 작용을 촉진시킴으로써 혈중 글루코오스 농도를 조절하는 역할을 한다. 인슐린은 아미노산 서열이 처음으로 밝혀진 단백질이며(1955년), 총 51개의 아미노산 분자로 이루어져 있다. 인슐린의 분비량이 감소하면 혈액 속의 글루코오스의 농도가 증가하여 소변을 통해 글루코오스가 배출되는 이른바 당뇨증이 나타난다.

interfacial tension **계면 장력.** 서로 포화된 액체간의 경계면에서의 표면장력을 말함.

intermediate **중간체.** 반응 출발물질이 생성물로 되기 전에 생성되는 비교적 안정한 중간 물질. 반응 중에 에너지가 높은 전이 상태가 하나 이상 존재하면 (즉 2단계 이상의 반응) 두 전이 상태 사이에 이들보다 에너지가 낮은 화학종이 존재한다. 이 화학종을 중간체라고하며 전이 상태 구조보다 훨씬 안정하며 어떤 것은 분리되거나 검출될 수 있으나 대부분 분리되지 않는다. 반응물, 생성물, 전이 상태 및 중간체의 에너지 관계를 반응 에너지 도표로 나타낸다.

intermolecular **분자간(의).** 동일하든 동일하지 않는 분자이든 두 개 그이상의 분자와 분자 사이의 어떤 관계를 나타낼 때 사용되는 용어.

intermolecular force **분자간 힘.** 분자들 사이에 작용하는 상호 인력과 반발력. 분자간 힘의 원인이 되는 상호 작용은 매우 다양하다. 1) 이온과 극성 분자의 전기 쌍극자 모멘트 사이에 작용하는 정전기적 상호 작용을 이온−쌍극자 상호 작용(ion-dipole interaction), 2) 극성 분자들의 부분 전하들 사이에 작용하는 정전기적 상호 작용인데, 이것을 쌍극자-쌍극자 상호 작용(dipole-dipole interaction), 3) 한 분자의 전기적 쌍극자가 인접 분자를 편극시킨 다음 그 유발 쌍극자와 일으키는 상호 작용인 쌍극자-유발 쌍극자 상호 작용(dipole-induced dipole interaction) 및 4) 한 분자의 전자밀도가 순간적으로 쌍극자로 되고, 이 순간 쌍극자에 의해 인접한 분자가 편극 됨으로써 순간적으로 형성된 쌍극자들 사이에 나타나는 상호 작용을 유발 쌍극자−유발 쌍극자 상호 작용(induced dipole-induced dipole interaction)이라고 하는데, 이것은 London 상호 작용 또는 분산상호 작용이라고도 한다. 또한 5) 분자 간 수소 결합(intermole -cular hydrogen bond)이 있고 이 결합 힘은 매우 크고 전기음성도 차이가 클수록 세기도 더 강하다. 이러한 분자 간 상호작용은 그 작용력의 크기에 따라 물질의 물리적 성질 및 구조 등에 다양한 영향을 미친다.

I

intimate ion pair **인접 이온쌍**. 밀접 이온쌍의 동의어. tight ion pair를 보라.

intramolecular **분자 내(의)**. 한 분자 내에서의 어떤 관계를 나타낼 때 사용되는 용어.

internal alkyne **내부 알카인**. 일반식 RC≡CR을 가지는 알카인류. 즉 C≡C 결합이 사슬 중간에 위치한 알카인류이다.

inverse isotope effect **역 동위원소 효과**. 중수소화 된 화합물의 반응이 중수소화 되지 않은 화합물의 반응보다 더 빠른 반응 현상을 말한다.

inversion of configuration **배열의 반전**. 분자의 한 배열이 상대적으로 정반대인 다른 배열로 반전되는 현상. 이런 반전은 S_N2 반응에서 특징적으로 관찰된다. 예를 들어, (*S*)-2-아이오도뷰테인((*S*)-2-iodobutane)을 브롬 이온과 반응시키면 (*R*)-2-브로모뷰테인((*R*)-2-bromobutane)으로 변환된다. 즉 출발물질의 (*S*)-배열이 생성물에서 (*R*)-배열로 반전되었다.

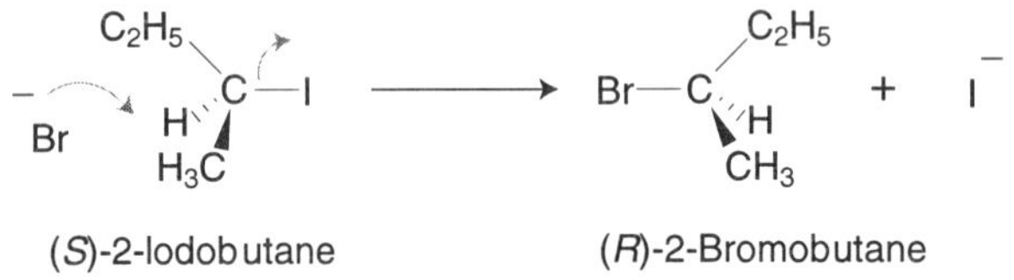

C_2H_5, ^-Br, H, C—I, H_3C ⟶ Br—C, C_2H_5, H, CH_3 + I^-

(*S*)-2-Iodobutane (*R*)-2-Bromobutane

그림 I-3 • (*S*)-2-Iodobutane과 브롬 음이온 반응에 의한 배열의 반전

inversion operation **반전 조작**. 분자의 중앙에 위치한 반전 중심에서 분자 내의 동일한 거리의 어떤 점으로 선을 따라 이동시키는 행위. 배열의 반전이 그 예이다.

inversion isomer **반전 이성질체**. 비결합 전자쌍을 포함하고 있는 원자에서 배열이 반전되어 생길 수 있는 배열이 각기 다른 이성질체. invertomer(반전체)라고도 한다. 예를 들어, *N*-methylethylamine 등과 같이 암모니아나 아민 또는 인 3가 화합물 같은 화학종에서 볼 수 있다.

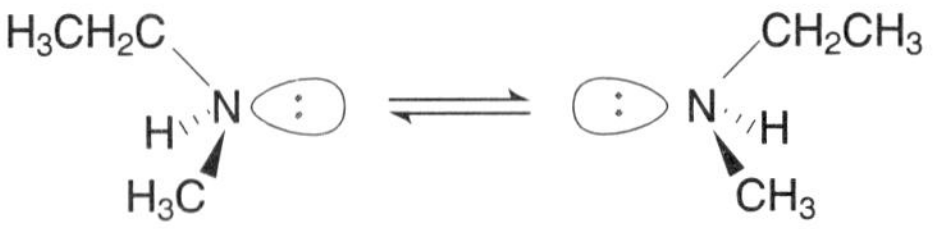

H_3CH_2C, H, N, (:), H_3C ⇌ (:), N, CH_2CH_3, H, CH_3

그림 I-4 • *N*-Methylethylamine의 두 반전 이성질체

invertomer **반전체**. inversion isomer를 보라.

invert soap **반전 비누**. 양이온 계면활성제의 동의어. 계면활성제의 극성 부분이 음이온이 아니라 양이온이기 때문에 이렇게 부른다.

in Vivo (in Life) **생체에서.** 특정한 생화학적 변환이 살아있는 세포에서 수행하는 것을 나타내는 용어로, 약물이나 농약 등의 실험에서 자주 이용된다.

in Vitro (in Glass) **실험관에서.** 특정한 생화학적 변환이 살아있는 세포 없이 수행하는 것을 나타내는 용어로, 약물이나 농약 등의 실험에서 자주 이용된다.

iodine value **아이오딘 값.** 지방이나 식물유 속의 불포화도. 즉 다중 결합의 수를 나타내는 척도로서, 일정한 조건하에서 주어진 시간 동안에 시료 100g에 흡수되는 요오드의 양으로 나타낸다.

iodoform **아이오도폼(요오드폼).** haloform reaction을 보라.

ion **이온.** 양전하 또는 음전하와 같은 전하를 띠는 원자나 원자단. 양전하를 갖는 이온을 양이온(cation), 음전하를 갖는 이온을 음이온(anion)이라고 한다. 원자 하나로 구성된 단원자 이온도 있고, 여러 개의 원자 집단으로 구성된 이온도 있다.

ion-dipole interaction **이온-이중 극자 상호작용.** 이온과 이중 극자간의 작용 현상. 이런 현상은 이중 극자를 가지는 분자에 의한 이온의 용매화 등에서 볼 수 있다. 대부분의 무기물이 물에 용해되는 것은 이러한 현상에 의해 녹는다. intermolecular force를 보라.

ion exchange **이온 교환.** 용액과 그 용액이 접하고 있는 고체 사이에서 동일 전하의 이온들이 교환되는 현상. 이온 교환을 목적으로 다양한 이온 교환 물질들이 합성되어 다양하게 이용되며, 합성 이온-교환 수지가 한 가지 예이다. 이 수지는 특정한 이온기가 붙어 있는 3차원적 교차-결합의 혼성 중합체이다. 이온기가 음전하를 띠고 있는 수지를 음이온 수지라고하며, 이 수지는 양이온 교환제로 이용된다. 즉 이 기에 붙어 있는 M^+이온이 용액 속의 다른 양이온과 교환된다. 한편 양이온 수지는 붙어 있는 이온기가 양전하를 가지고 있으며, 따라서 음이온 교환제가 된다.

ionic bond **이온 결합.** 반대되는 전하의 이온들 사이에 형성되는 결합을 이온 결합이라고 한다. 이온 결합은 정전기적 상호 작용에 의해 뭉쳐진 화합물에서 나타나며, 이온 결합 화합물은 대체적으로 용융점이 높은 고체이다.

ionic radius **이온 반지름.** 결정을 이루는 이온들이 일정한 크기를 갖는 구라고 생각하고 정한 각 이온들의 반지름. 결정성 고체에서 두 이온 사이의 핵간 거리는 X선 회절법 등으로 상당히 정확하게 결정할 수 있다. 예로서 NaF 결정에서 Na^+와 F^- 이온들 사이의 거리는 231pm이다. 이와 같이 실험적으로는 항상 두 이온 사이의 핵간 거리만이 결정되는데, 이러한 핵간 거리를 두 구형 이온들의 반지름의 합으로 가정하는 것이다. 이온 반지름은 주기율표상의 한 족에서는 아래로 내려갈수록 커지며, 한 주기에서는 왼쪽에서 오른쪽으로 갈수록 작아진다. 또한 양이온은 그것의 어미 원자보다 훨씬 작고, 음이온은 어미 원자보다 훨씬 크다.

ionization **이온화.** 전기적으로 중성인 원자나 분자가 이온으로 되는 변화를 이온화라고 한다. 이온화는 여러 가지 방식으로 일어나는데, 그 중 한 가지는 HCl 이나 NH_3와 같은 화합물들은 물에 녹을 때 다음과 같이 이온화된다.

$$HCl + H_2O \rightarrow H_3O^+ + Cl^-$$
$$NH_3 + H_2O \rightarrow NH_4^+ + OH^-$$

다른 예로서 금속 나트륨과 염소가 반응하여 다음과 같이 각각 양이온과 음이온으로 되는 반응을 들 수 있다.

$$2Na + Cl_2 \rightarrow 2(Na^+Cl^-)$$

ionization constant **이온화 상수.** 어떤 화학종이 이온으로 해리되는 정도를 나타내는 평형 상수를 말함.

ionization energy **이온화 에너지.** 기체 상태의 어떤 분자나 원자로부터 한 개 전자를 떼어내는데 필요한 에너지를 이온화 에너지라고 한다. Ionization potential이라고도 한다. 첫째 이온화에 이어 전자를 하나 더 떼어내는 데 필요한 최소의 에너지를 둘째 이온화 에너지라고 하며, 계속해서 전자를 하나 더 떼어내는 데 필요한 에너지를 셋째 이온화 에너지라고 한다. 둘째 이온화 에너지는 단일 전하의 양이온을 이온화시키는 데 필요한 에너지이므로, 첫째 이온화 에너지보다 훨씬 더 크다. 마찬가지 이유로, 셋째 이온화 에너지는 둘째 이온화 에너지보다 훨씬 더 크다. 원소들의 이온화 에너지는 주기율표상의 한 주기에서는 왼쪽에서 오른쪽으로 갈수록 증가하며, 한 족에서는 아래로 내려갈수록 감소한다.

I

ionization potential **이온화 퍼텐셜.** ionization energy를 보라.

ion pair **이온 쌍.** 양이온과 음이온이 가까이 회합하여 하나의 단위로 거동하는 것을 나타내는 일반적인 용어.

ionophore **이온원, 이온 운반체.** 이온이 지방질 박막을 통해 운반되는 것을 촉진시켜주는 비교적 작은 지용성(소수성) 분자또는 리간드. 이온 운반체는 박막과 반응하여 이온이 통과할 수 있는 통로를 형성하는 것과 이온과 착물을 형성하여 그 이온을 박막 너머로 운반하는 것 두 가지로 구분한다. 몇 가지 이온 운반체를 예로 들면 다음과 같은 것들이 있다. 2,4-dinitrophenol (H^+), beauvericin (Ca^{2+}, Ba^{2+}), calixarene, calcimycine (A23187), carbonyl cyanide, *m*-chlorophenyl hydrazone, crown ether, gramicidin A(H^+, Na^+, K^+), lonomycin(Ca^{2+}), lasalocid, monensin (Na^+, H^+), nigericin(K^+, H^+, Pb^{2+}), nonactin(ammonium ionophore I), nystatin, perfluorooctanesulfonamide (H^+), proton ionophore II(4-nonadecylpyridine), proton ionophore III (*N*,*N*-dioctadecylmethylamine), salinomycin (K^+), valinomycin (K^+).

ipso substitution **입소 치환.** 벤젠(benzene)고리의 치환반응에서 치환기가 있는 같은 자리로 치환이 되는 반응. 즉, 동일자리 치환반응이다.

irreversible process **비가역 과정.** 어떤 계(system)가 어느 순간에 평형 상태로 있지 않게 되는 화학적 또는 물리적 변화과정. 계의 변화가 반대 방향으로 진행될 수 있다고 해도 실제로 모든 변화는 비가역적이다. 즉, 어떤 주어진 조건에서 방향이 한 방향으로만 진행되면, 예를 들어 A → B 로만 되면, 이 반응은 비가역적이라고 한다.

IR spectroscopy **적외선 분광법.** infrared spectroscopy를 보라.

isoalkane **아이소알케인.** 말단에서 두 번째 탄소에 하나의 메틸(methyl)기를 가지고 있는 가지친 알케인 부류를 지칭함. 예를 들면 아이소펜테인(isopentane)이 있다.

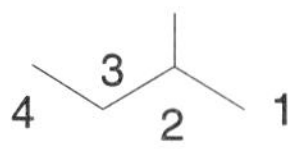

4 3 2 1

그림 I-5 • Isopentane의 구조

isoalkyl **아이소알킬.** 아이소알케인의 곁가지를 가지지 않은 말단 메틸(methyl)기로부터 수소가 제거된 알킬기. 예를 들어 아이소프로필(isopropyl) 또는 아이소부틸(isobutyl)기 등이 있다.

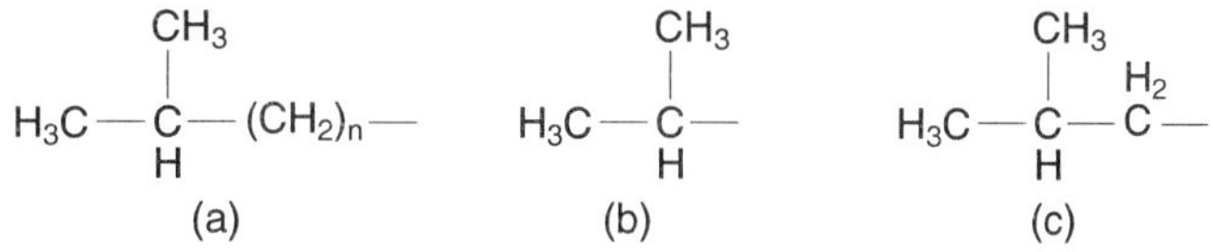

(a) $H_3C-CH(CH_3)-(CH_2)_n-$ (b) $H_3C-CH(CH_3)-$ (c) $H_3C-CH(CH_3)-CH_2-$

그림 I-6 • (a) Isoalkyl기의 일반 구조. (b) isopropyl의 구조 (c) isobutyl기의 구조

isocyanate **아이소사이아네이트.** RN = C = O의 일반식을 가지는 화학종. 예를 들어 페닐 아이소사이아네이트(phenyl isocyanate, carbonylaminobenzene)을 들 수 있다.

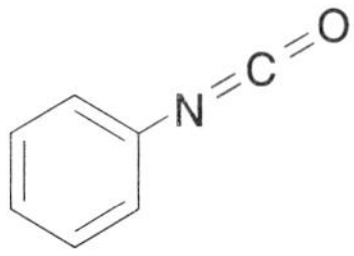

N=C=O

그림 I-7 • Phenyl isocyanate의 구조

isocyanide **아이소사이아나이드.** $RN^+\equiv C^-$ 구조를 가지는 화학종. 어떤 특정한 화합물의 경우는 아이소사이아나이드(RNC)와 상응하는 RCN은 이성질체가 될 수 있으며, 그런 이유로 때때로 아이소사이아나이드를 아이소나이트릴(isonitrile)로 부르기도 한다. 예로 페닐 아이소사이아나이드(phenylisocyanide)을 들 수 있다.

isoelectric point (pI) **등전점.** 아미노산은 한 분자 내에 양이온과 음이온을 동시에 가질 수 있는 쯔비터 이온이다. 아미노산의 양이온 형태와 음이온 형태의 농도가 같아지는 pH를 등전점이라고 한다. 등전점에서는 전기장에 노출시켜도 단백질은 이동하지 않는다. 등전점에서 아미노산의 쯔비터 이온 농도는 최대가 된다. 아미노산의 특성은 이 등전점에 의존하며 등전점은 치환기 R기에 의존한다.

isomerization **이성질화(반응).** 어떤 분자나 화학종이 동일한 분자식을 가지는 다른 분자나 화학종[이들을 이성질체(isomer)라고 함]으로 되는 현상. 즉 한 이성질체가 다른 이성질체로 변환되는 현상이나 반응을 말한다.

isomer **이성질체.** 동일한 분자식을 가지면서 분자 구조나 원자들의 공간 배열이 다른 화합물들을 이성질체라고 하며, 하나의 이성질체가 다른 이성질체로 변환되는 것을 이성질 현상(반응)이라고 한다. 이성질체는 분자 구조가 다른 구조 이성질체(structural isomer), 작용기의 위치만이 다른 위치 이성질체(position isomer), 배열이 다른 치환기의 공간 배열만이 다른 입체 이성질체(stereoisomer), 광학적 성질이 다른 광학 이성질체(optical isomer) 등이 있다.

isonitrile **아이소나이트릴.** 일반식 RNC로 표현되는 유기 화합물. 나이트릴(RCN)은 R− 결합이 탄소 원자에 붙어 있지만, 아이소나이트릴에서는 R− 결합이 질소 원자에 붙어 있다.

isoprene **아이소프렌.** $CH_2=C(CH_3)CH=CH_2$. 체계적인 명칭은 2-메틸부타-1,3,-디엔 (2-methylbuta-1,3-diene)이다. 터펜이나 천연 고무의 단위 구조이며, 합성 고무를 만드는 데 사용된다.

그림 I-8 • Isoprene의 구조

isoprene rule **아이소프렌 규칙.** 아이소펜틸(isopentyl, isoprene) C_5- 단위의 머리-꼬리 결합에 의해 만들어지는 탄소골격을 가지는 터펜(terpene)류를 지칭하는 용어로 본래는 regular isoprene rule이라고 하였다. 비록 이들 C_5- 단위가 아이소프렌 탄소 골격을 가졌지만, 아이소프렌은 천연물이 아니고 또한 터펜 생합성에서 항상 아이소프렌이 포함되지는 않는다.

isoquinoline alkaloid **아이소퀴놀린 알칼로이드.** 벤질테트라하이드로아이소퀴놀린(benzyltetrahydroisoquinoline) 탄소 골격을 가지는 알칼로이드 계열. 이들 계열은 타이로신 (tyrosine)으로부터 C_6-C_2-N-C_2-C_6 전구체인 놀라우다노솔린(norlaudanosoline)의 페놀성 짝지음 반응에 의해 만들어진다. 잘 알려진 이 계열 알칼로이드로는 양귀비에서 추출되는 몰핀(morphine)을 들 수 있다.

isoster **등입체(물질), 동배체.** 비슷한 전자 배치를 하고 있는 원자나 원자단.

isotactic polymer **동일 배열 중합체.** 반복 단위에서 오로지 한가지 배열 골격을 가지는 입체규칙성 중합체(tatic polymer)를 말함. 예를 들어 동일배열 폴리프로필렌의 중합체 사슬을 들 수 있다.

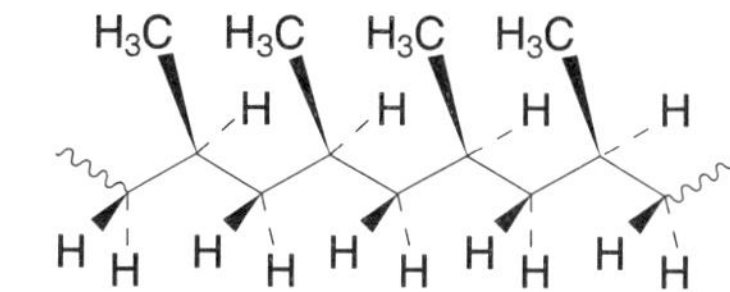

그림 I-9 • Isotatic polypropylene의 부분 구조

isothermal process **등온 과정(공정).** 어떤 계(system)가 일정한 온도에 머물러 있어 동일한 내부 에너지를 가지고 있는 동안에 일어나는 과정 또는 공정을 말함.

isothiocyanate **아이소사이오사이아네이트.** 일반식 RN=C=S를 가지는 화학종. 예로써 isothiocyanatobenzene을 들 수 있다.

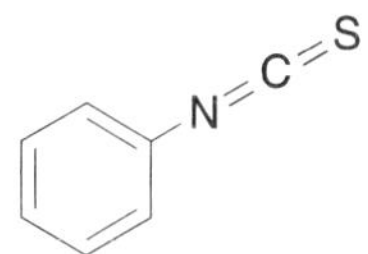

그림 I-10 • Isothiocyanatobenzene의 구조

isotope effect **동위 원소 효과.** 관찰하려는 화합물의 특정 원자를 동위원소로 치환시키면 본래 화합물 보다 반응성이나 반응속도 등이 달라지는 효과. 예를 들면 어떤 분자의 반응자리 C−H 결합을 C−D로 변환시키면 반응속도가 달라진다.

isotope labelling **동위 원소 표지.** 관찰하려는 어떤 화합물의 원자 중 하나를 동위원소로 변환시키는 과정. 동위원소 표지는 반응 메커니즘 연구나 약물의 생체 분해 및 약리작용 기전 연구에 유용하게 사용된다.

isotopiccally labled compound **동위 원소 표지 화합물.** 동위원소를 포함하는 화합물. 예를 들어 2번 탄소에 ^{13}C 동위원소를 가지는 [2−^{13}C]propanoic acid ($CH_3-{}^{13}CH_2CO_2H$) 등을 들 수 있다.

isotropic **등방성(의).** 모든 방향에서 동일한 특성을 가지는 성질을 나타내는 수식어. 예로서 모든 액체는 등방성이며, 입방 결정계에 속하는 결정들은 등방성이지만, 그 외의 결정계에 속하는 결정들은 비등방성(anisotropy)이다.

ium(ee-um) ion **이윰 이온.** 닫혀진 전자 껍질을 가지는 탄소 또는 실리콘 이외의 전하를 띤 비금속 원자들의 명명에 사용하는 어미. 예를 들어 1-메틸피리디늄 이온(1-methyl-pyridinium ion)과 다이에틸옥소늄 이온(diethyloxoniumion)을 들 수 있다.

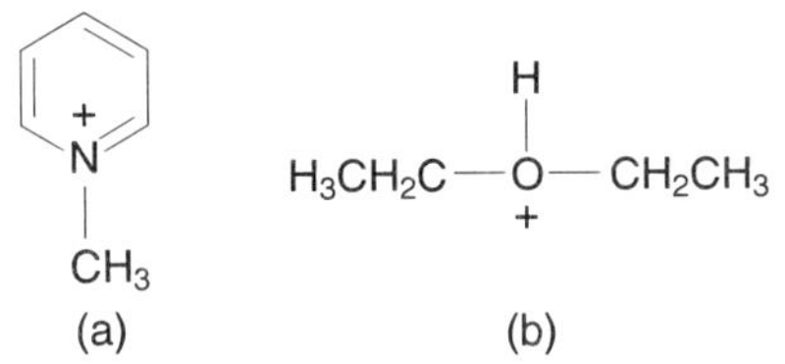

(a) (b)

그림 I-11 • (a) 1-Methylpyridinium ion과 (b) diethyloxonium ion

IUPAC system of nomenclature

IUPAC명명법. 국제 순수 및 응용화학회(International Union of Pure and Applied Chemistry)에서 정한 화합물의 체계적인 명명규칙.

Ivanov reagent

Ivanov 시약. 아릴 아세트산(aryl acetic acid)와 과량의 Grignard 시약을 반응시켜 만드는 시약($C_6H_5CH=C(OMgCl)_2$). 이 시약은 카보닐 화합물의 축합 반응에 주로 사용한다[D. Ivanov, A. Spassoff, *Bull. Soc. Chim. France*, *49*, 19, 375 (1831)].

I

Jablonski diagram

Jablonski **도표**. 분자 내 전자 에너지 상태와 이 전자들 간의 전이를 나타내는 도표.

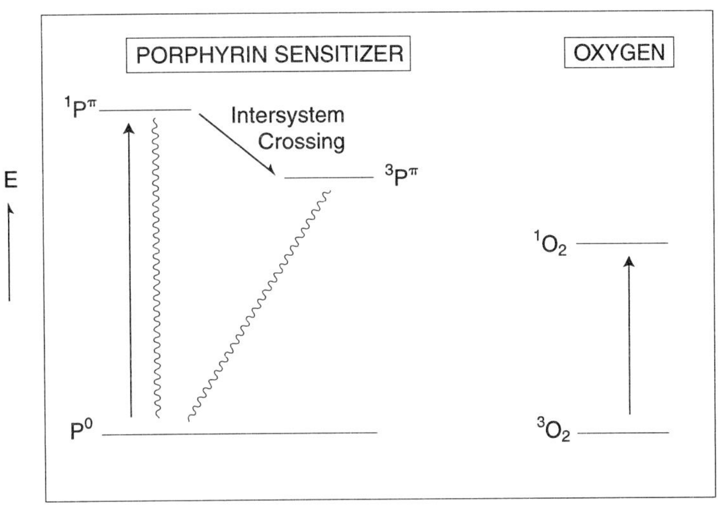

그림 J-1 ◦ Jablonski 도표의 예

Jacobsen rearrangement

Jacobsen **자리옮김**. 폴리메틸벤젠(polymethylated benzene)을 진한 황산으로 처리하여 자리옮김을 한 폴리메틸벤젠술폰산(polymethylated benzenesulfonic acid)을 만드는 반응. 반응 중에 황산기는 제거된다. 할로젠화된 폴리메틸벤젠의 경우는 같은 반응 조건에서 분자 간 할로젠 전달도 일어날 수 있다[O. Jacobsen, *Ber. 19*, 1209 (1886)].

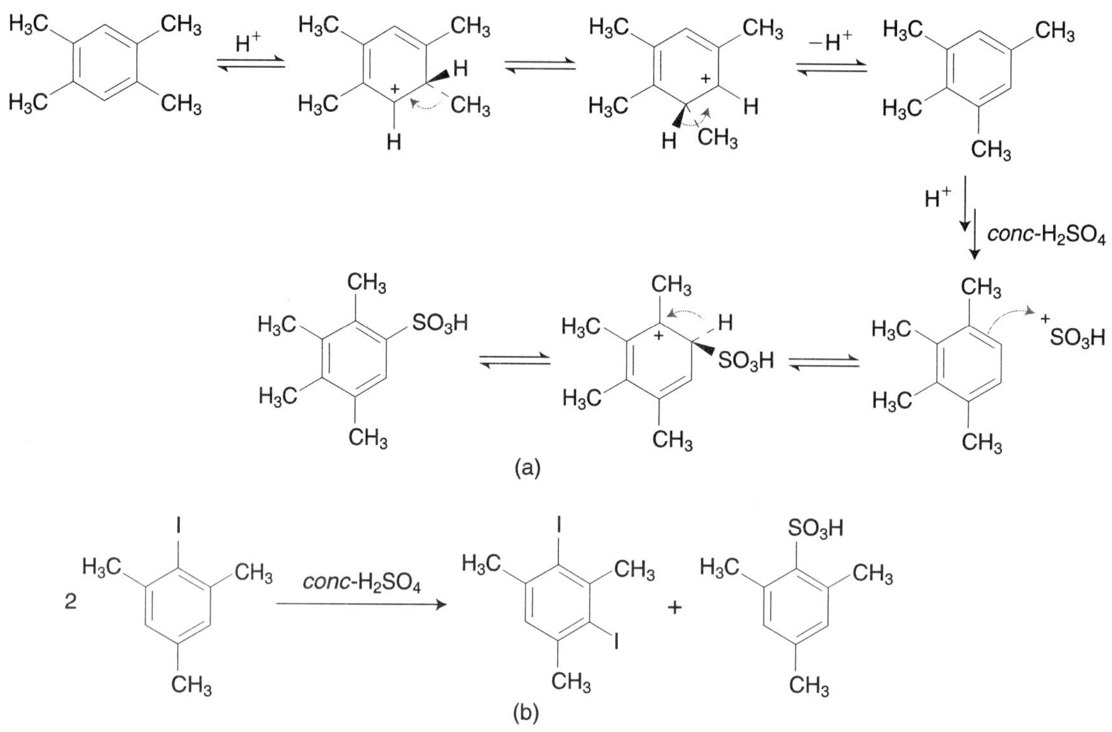

그림 J-2 ● (a) 방향족 탄화수소의 Jacobsen 반응 (b) aryl iodide의 반응

Janovsky reaction

Jacobsen 반응. *m*-다이나이트로벤젠(*m*-dinitrobenzene)과 α-메틸렌을 포함하는 케톤이나 알데하이드를 강염기 존재 하에 반응시켜 카보닐 화합물이 도입된 Meisenheimer 착물을 형성하는 반응[J. V. Janovsky, L. Erb, *Ber. 19*, 2155 (1886)].

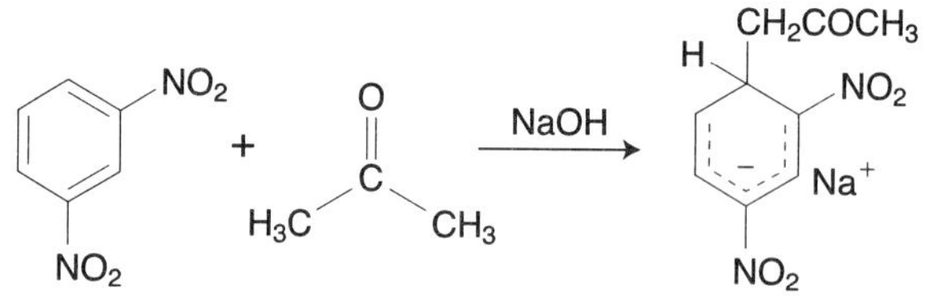

그림 J-3 ● Jacobsen 반응

Japp-Klingemann reaction

Japp-Klingemann 반응. 활성 메틸렌으로부터 형성되는 안정한 탄소 음이온과 다이아조늄(diazonium) 이온을 반응 시켜 하이드라존을 형성하는 반응. 이 반응은 분자 간 반응이며, 때로 분자 내 반응도 일어나 고리를 형성할 수도 있다[F. R. Japp, F. Klingemann, *Ann. 247*, 190 (1888)].

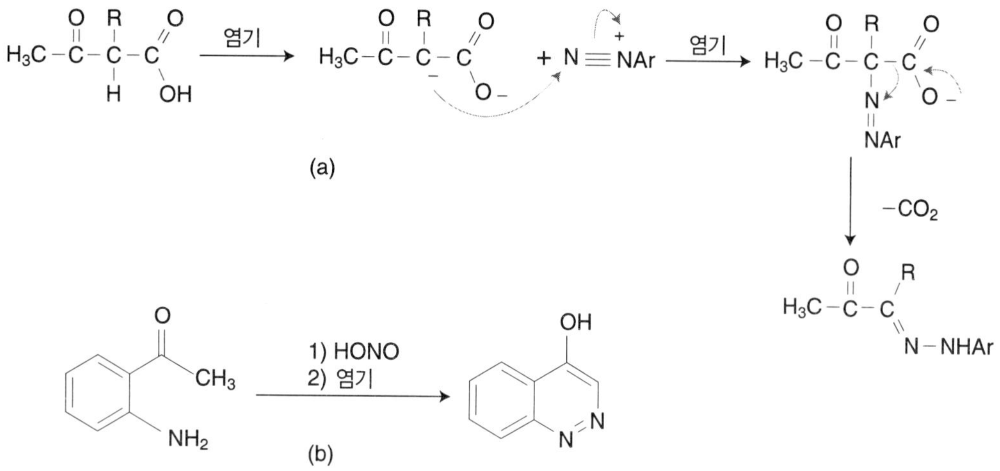

그림 J-4 • (a) 분자간 Japp-Klingemann 반응. (b) 분자 내 Japp-Klingemann 반응에 의한 고리화 반응

Jones oxidation

Jones 산화. 일차 또는 이차 알코올을 산화시켜 카복실 산이나 케톤으로 만드는 방법[K. Bowden, I. M. Heilbron, E. R. H. Jones, B. C. L. Weedon, *J. Chem. Soc.* 39 (1946)].

Jourdan-Ullmann-Goldberg synthesis

Jourdan-Ullmann-Goldberg 합성. 치환기를 가지는 다이페닐아민(diphenylamine)을 합성하는 방법[F. Jourdan, *Ber. 18*, 1444 (1885); F. Ullmann, *Ber. 36*, 2382 (1903); I. Goldberg, *Ber*, *39*, 1691 (1906)].

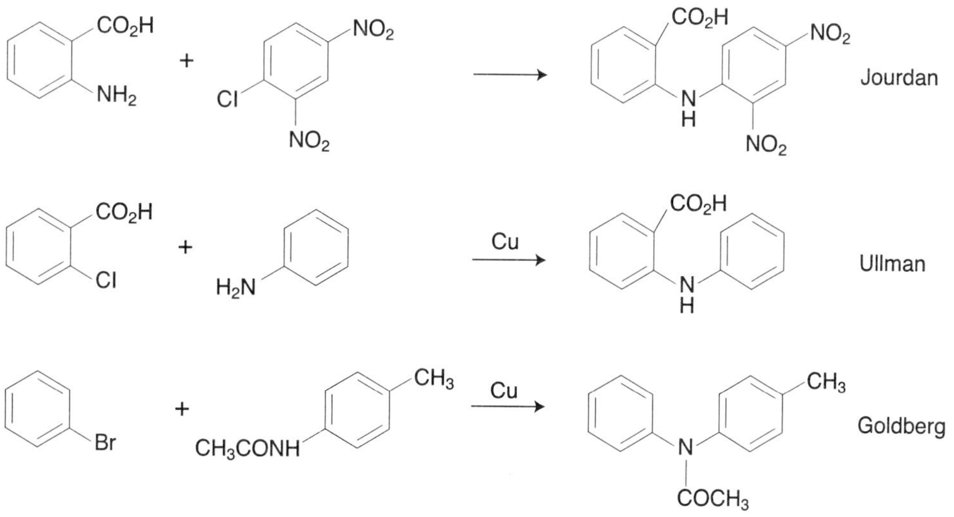

그림 J-5 • Jourdan-Ullmann-Goldberg 합성

Juvenile hormone of insect

곤충의 유충 호르몬. 곤충이 유충 단계에서 생산하는 호르몬.

K equilibrium constant **평형 상수.** equilibrium constant를 보라.

K_a acid dissociation constant **산 해리 상수.** acid dissociation constant를 보라.

K_b base dissociation constant **염기 해리 상수.** base dissociation constant를 보라.

k rate constant **속도 상수.** 반응식에서 반응물과 생성물의 농도로 속도를 나타내는 비례상수. 속도 상수는 농도에 무관하지만, 반응의 특성이나 온도에 의존한다. 식 (a) 와 같은 경우의 속도 상수 단위는 $Lmol^{-1}s^{-1}$이고, 식 (b)와 같은 경우는 s^{-1}의 단위를 가진다.

(a) $$A + B \longrightarrow C$$

$$속도 = -\frac{d[A]}{dt} = -\frac{d[B]}{dt} = k[A][B],\ Lmol^{-1}s^{-1}$$

(b) $$A \longrightarrow C$$

$$속도 = -\frac{d[A]}{dt} = k[A],\ s^{-1}$$

Kekulé ring Kekulé **고리.** 3개의 콘쥬게이션된 이중결합을 가지고 있는 여섯 원자 고리를 말함. 예로 벤젠(benzene) 고리를 들 수 있다. 또 다르게 나프탈렌(naphthalene)은 3개의 중요한 공명 구조를 가지며, 구조식 (a)는 두 개의 Kekulé 고리를 갖지만 구조식 (b)와 (c)는 하나씩의 Kekulé 고리 만을 가진다.

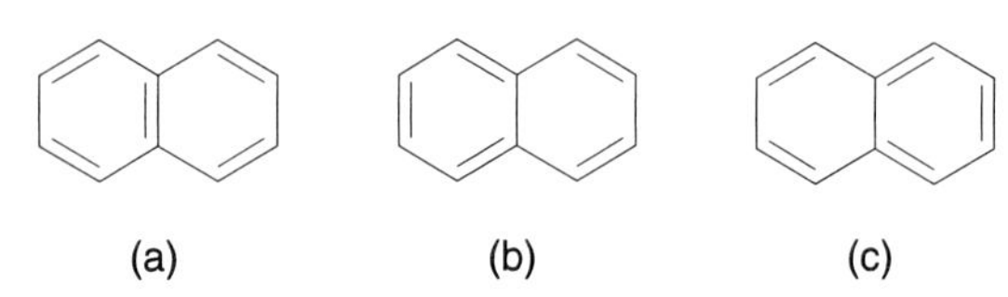

그림 K-1 • Naphthalene의 공명 구조

Kekulé structure

Kekulé 구조. 두 개의 전자를 공유하여 생성되는 공유결합을 간단히 하나의 선으로 표시한 구조. 단일 결합은 하나의 선으로 표시하고 다중 결합은 두 개 또는 세 개의 선으로 표시한다. 이 방식으로 벤젠(benzene) 구조를 아래와 같이 그릴 수 있다.

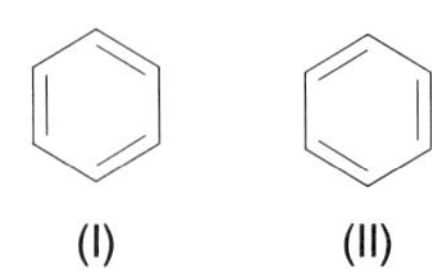

그림 K-2 • Benzene의 Kekulé구조

K-electron

K-전자. K 껍질에 있는 전자.

KEL-F

KEL-F. Poly(1-chloro-1,2,2-trifluoroethylene)를 나타내는 약기호.

Kendall-Mattox reaction

Kendall-Mattox 반응. α-브로모케톤(α-bromoketone)을 페닐하이드라존(phenylhydrazone) 또는 세미카바존(semicarbazone)을 거쳐 콘쥬게이션 케톤으로 변환시키는 반응[V. R. Mattox, E. C. Kendall, *J. Am. Chem. Soc. 70*, 882(1948)].

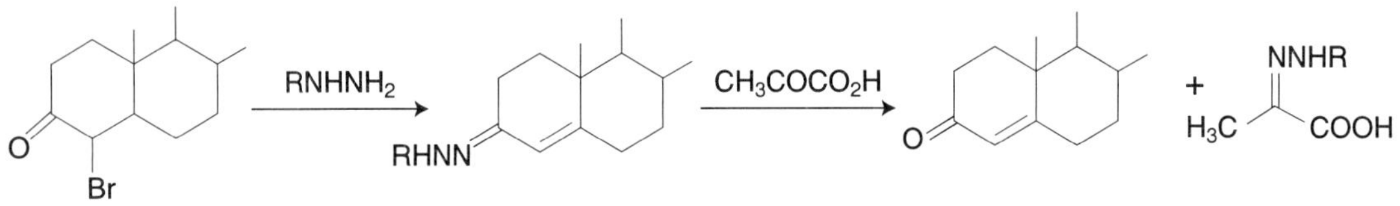

그림 K-3 • Kendall-Mattox 반응

keratin

케라틴(각질). 머리털, 깃털, 발굽, 및 뿔 속에 들어 있는 각질 성분으로서, 섬유상 단백질들이 인접 시스틴 성분들 사이의 이황화 결합에 의해 서로 연결된 것이다.

kerogen

케로젠. 기름의 전구체로 암석(shale) 속에 있는 왁스 같은 유기물질로 열분해로 얻어진다.

kerosine[kerosene]

등유. 밀도가 0.78~0.81g/cm^3 인 투명한 액체 탄화수소. 원유를 150°C~275°C로 분별 증류하여 얻으며, 분자 당 탄소수가 6~16개인 탄소 사슬 혼합물이다. 발화점은 37~ 65°C(100 ~ 150°F)이고 자동 발화점은 220°C(428°F)이다.

ketal

케탈류. 케톤에 알코올이 첨가되어 생긴 화합물로 케톤의 카보닐 산소 대신 두개의 알콕시기를 가지는 $R_2C(OR)_2$의 일반식을 가진다. 오늘날에는 아세탈로 통칭하기도 한다. 케톤 한 분자와 알코올 한 분자가 첨가되면 헤미케탈이 생기고, 알코올 두 분자가 첨가되면 완전한 케탈이 생긴다. 예로서 1,1-dimethoxy-*n*-butylbenzene을 들 수 있다.

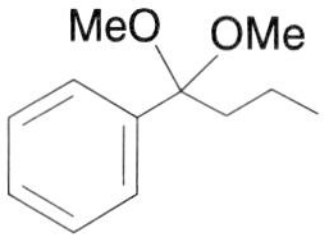

MeO OMe

그림 K-4 • 1,1-Dimethoxy-*n*-butylbenzene의 구조식

ketene **케텐.** RCH=C=O의 일반식을 가지는 화학종으로 반응성이 크고, 특히 Wolff 자리옮김 반응 등에서 유용하며 다이아조케톤(diazoketone)의 자리옮김 반응에 의해 생성된다.

ketimide **케티마이드류.** 일반식 $R_2C=NC(=O)R$로 표시되는 화학종.

ketimine **케티민류.** 일반식 $R_2C=NH$로 표기되는 화학종. 케톤과 암모니아를 반응시켜 만든다.

keto acid **케토 산.** $R(CH_2)_aCO(CH_2)_bCO_2H$ 의 일반식을 가지는 화학종으로 다른 카보닐 기를 더 가지고 있는 카복실산 류를 말함. 추가로 더 가지고 있는 카보닐 기의 위치를 그리스 문자(α, β, γ.... 등)로 표시한다. 예를 들면, $CH_3C(=O)CH_2CH_2CO_2H$는 γ-케토발레익 엑시드 (γ-ketovaleic acid, levulinic acid)로 명명한다.

a-ketocarbene **α-케토카르벤.** 2가 공유결합 탄소에 최소한 하나의 아실기를 가지고 있는 카르벤류로 $RC(=O)CR$의 일반식을 가진다. 예로 아세틸카르벤 (acetylcarbene)을 들 수 있다.

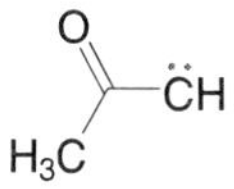

O
C̈H
H_3C

그림 K-5 • Acetylcarbene의 구조

keto-enol isomer **케토-엔올 이성질체.** 케톤 형 화합물의 카보닐기 이웃한 탄소 원자의 수소가 카보닐기 산소로 이동하여 생기는 이성질체들. 케톤 형 이성질체를 케토(keto)형 토토머라고 하고, 알코올 형 토토머를 엔올(enol)형이라고 한다. 이 이성질화를 토토머화 (tautomerism) 이라고 하며, 이 반응은 가역적이다.

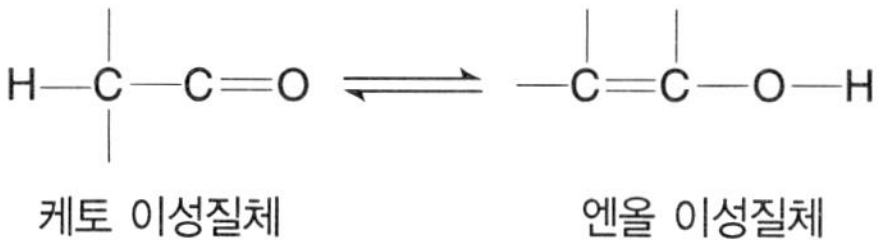

$$H-\overset{|}{\underset{|}{C}}-C=O \rightleftharpoons -\overset{|}{C}=\overset{|}{C}-O-H$$

케토 이성질체 엔올 이성질체

그림 K-6 • 케토-엔올 이성질화

K

keto-enol tautomerism **케토-엔올 토토머화(현상)**. keto-enol isomer 또는 tautomerism을 보라.

keto form **케토형**. keto-enol isomer 또는 tautomerism을 보라.

ketohexose **케토헥소스**. 케톤 기를 가지는 육탄당류의 계열 이름.

α-ketol **α-케톨**. 일반식 RC(=O)RCH−OH으로 표현되는 케톤의 알파 탄소에 알코올 기를 가지는 화학종. 이 화학종은 RCOH=RCOH의 일반식을 가지는 엔다이올(endiol)의 케토 이성질체이다. 케톨은 **ket**one과 alcoh**ol**로부터 유도되었다.

ketone **케톤**. 일반식 $R_2C=O$를 가지는 카보닐 화합물. IUPAC 명명법에 의하면, 케톤의 이름은 접미사 '-온'-one으로 끝난다. 예로서 CH_3COCH_3는 프로판온(propanone, 관용명은 아세톤, acetone), $CH_3COC_2H_5$는 뷰탄온(butanone)이다.

ketoic acid **케톤 산**. 카보닐기를 포함하는 카복실산 류. 아세토아세트산(acetoacetic acid)가 한 예이다.

ketose **케토오스**. 케톤기를 가지고 있는 단당류로서, 탄소 원자 수에 따라 케토펜토오스(ketopentose), 케토헥소오스(ketohexose) 등으로 부른다. 단당류를 보라.

K

ketoside **케토사이드**. 가수분해하면 케톤이 생성되는 배당체.

α-ketonitrene **α-케토나이트렌**. 하나의 공유결합을 하고 있는 질소에 아실기가 결합된 결합된 화학종으로 일반식 $RC(=O)N^-$을 가진다. 예로서 벤조일나이트렌(benzoylnitrene)을 들 수 있다. 나이트렌을 보라.

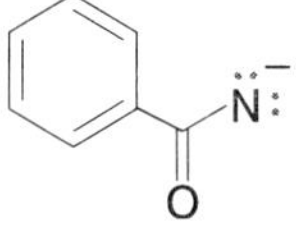

그림 K-7 • Benzoylnitrene의 구조

ketopentose **케토펜토오스**. 케톤기를 가지고 있는 오탄당 류를 말함.

ketose **케토오스**. 케톤기를 포함하고 있는 당류. 예를 들어 D-(−)-프락토오스(D-(−) fructose)는 여섯 개 탄소로 구성된 케토오스(즉, 케토헥소오스 라고함)이다.

ketoxim **케톡심**. 일반식 $R_2C=NOH$로 표시되는 화학종.

Kevlar **케블라**. 방향족 폴리아마이드로된 합성 섬유인 아라마이드(aramid)의 다른 이름.

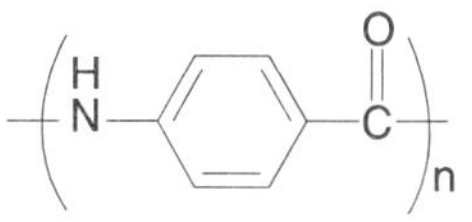

그림 K-8 • Kevlar의 부분 구조

Kiliani-Fischer cyanohydrin synthesis **Kiliani–Fischer 사이아노하이드린 합성.** 알도스를 사이아노하이드린 중간물질을 거쳐 탄소 수가 하나 더 늘어난 다른 알도스로 변환하는 합성 방법[H. Kiliani, *Ber.* *18*, 3066 (1885); E. Fische, *Ber.* *22*, 2204 (1889)].

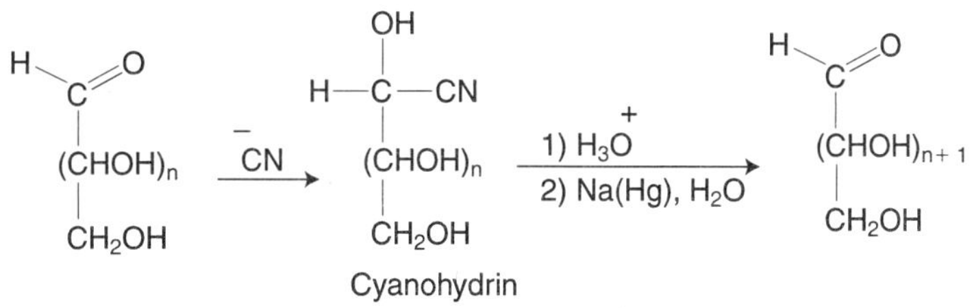

Cyanohydrin

그림 K-9 • Kiliani-Fischer 사이아노하이드린 합성법

kinetic control **속도론적 지배(반응).** 생성될 수 있는 가능한 각 생성물의 상대적인 양이 생성물의 안정도 $\Delta G°$가 아니라, 각 생성물이 얼마나 빨리 형성되는 가에 따라 결정되는 반응을 말함. 생성물의 안정도 $\Delta G°$에 의해 지배를 받는 반응은 열역학적 비배 반응이라고 한다.

kinetic effect **반응 속도론적 효과.** 열역학적 결과보다는 반응 속도에 의존하는 화학적 효과.

kinetic isotope effect **속도론적 동위원소 효과.** 어떤 물질에 동위원소가 치환됨으로 해서 일어나는 반응 속도의 변화를 말하며 일반적으로 속도 상수의 비로 표시한다. 즉, k_{light}/k_{heavy} 식으로 나타낸다.

kinetic energy **운동 에너지.** 구성하고 있는 입자의 운동에 의해 나타나는 물질의 에너지.

kinetic order **반응 차수.** order of reaction을 보라.

kinetic product **속도론적 생성물.** 속도론적 지배를 받아 형성된 생성물.

kinetics **반응 속도론(반응역학).** 반응의 속도를 다루는 과학의 영역.

kinetic stability **속도론적 안정성.** 어떤 물질이 특정한 반응에 대해 반응을 하지 않으려는 물질의 반응 저항성. 이러한 반응의 반응 속도 상수는 매우 적다. 예를 들어 에테인(ethane)은 브롬(bromine)과 반응하지 않지만, 에틸렌(ethylene)은 같은 조건에서 매우 잘 반응한다. 반응 속도론적 안정성은 활성화 에너지와 관련이 있다.

Kishner cyclopropane synthesis

Kishner 사이클로프로페인 합성. α,β-불포화 케톤 또는 알데하이드를 NH_2NH_2와 반응시켜 피라졸린(pyrazoline)고리를 만들고 이를 분해시켜 사이클로프로페인(cyclopropane) 고리를 만드는 반응[N. M. Kishner, A. Zavadovskii, *J. Russ. Phys. Chem. Soc. 43*, 1132(1911)].

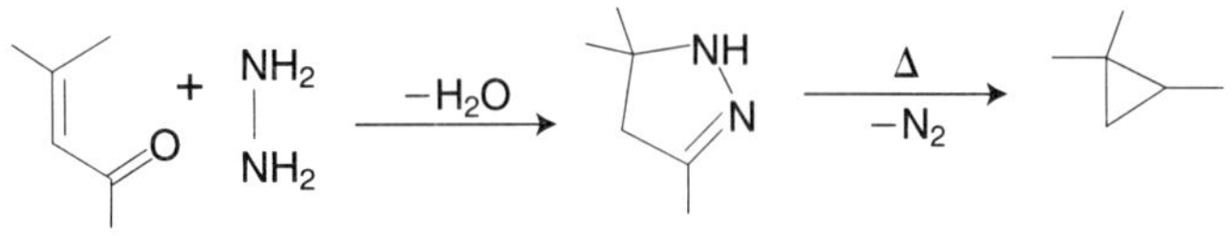

$$\text{(4-methylpent-3-en-2-one)} + NH_2NH_2 \xrightarrow{-H_2O} \text{pyrazoline} \xrightarrow[-N_2]{\Delta} \text{cyclopropane}$$

그림 K-10 • Kishner 사이클로프로페인 합성

Kjeldahl's method

Kjeldahl 방법. 유기 화합물 속의 질소 함량을 측정하는 방법. 이 방법에서는 시료를 황산구리(Ⅱ) 촉매와 함께 진한 황산 속에 넣고 가열하여 질소를 황산암모니아로 변화시킨다. 이어서 여기에 알칼리를 가한 후 가열하여 암모니아를 유리시킨 다음, 이것을 표준 산 용액에 흡수시켜 정량한다. 이 정량결과로부터 시료 속의 질소 함량을 계산한다.

knocking

노킹. 불꽃-점화 방식의 내연 기관에서 연료가 비정상적인 속도로 연소되면서 내는 금속성 소음. 내연 기관의 연소실에서는 점화 플러그로부터 연료-공기 혼합물이 점화되어 불꽃 앞머리의 미반응 혼합물을 가열 발화시킨다. 그러나 조건에 따라서는 화염 전방의 미연소 연료 혼합물이 연소 생성 기체의 팽창에 의한 충격파 때문에 미처 불꽃이 다가오기 전에 일시에 폭발적으로 연소되는 경우가 생기는데, 이것이 노킹의 원인이 된다. 노킹은 압축비를 조절하여 연료-공기 혼합물의 와류를 막거나, 테트라에틸납(Ⅳ)(tetraethyl lead)과 같은 노킹 억제제를 사용하거나, 또는 연료 분자를 개질하는 등의 방법을 이용하여 억제할 수 있다. 테트라에틸납은 공해 유발 물질로 판명되어 지금은 사용하지 않는다.

Knoevenagel reaction

Knoevenagel 반응. 말론산(malonic acid) 또는 그들의 에스터 유도체가 알데하이드나 케톤과 아민-촉매 반응을 일으켜 α,β-불포화 카복실산을 형성하는 반응이다. 이 반응에서 말론산은 다른 활성 메틸렌(activated methylene)으로 대치할 수도 있다[E. Knoevenagel, *Ber.*, *31*, 2596 (1898)].

K

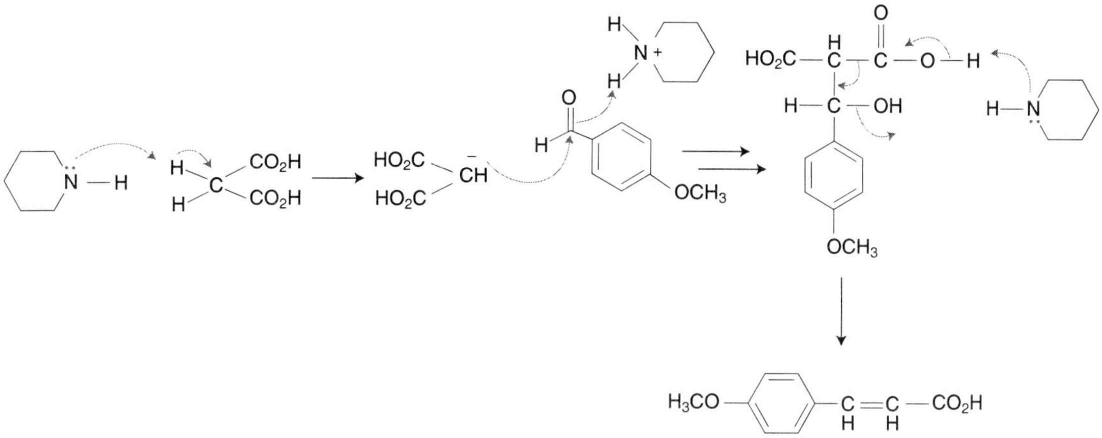

그림 K-11 • Knoevenagel 반응 메커니즘

Knoop-Oesterlin amino acid synthesis

Knoop–Oesterlin 아미노산 합성. α-옥소 산(α-oxo acid)를 암모니아와 반응시킨 후 플라티늄, 팔라듐 또는 Raney 니켈 촉매 존재 하에서 수소화 시켜 α-아미노산을 합성하는 방법[F. Knoop, H. Oesterlin, *Z. Physiol. Chem.* *148*, 294 (1925)].

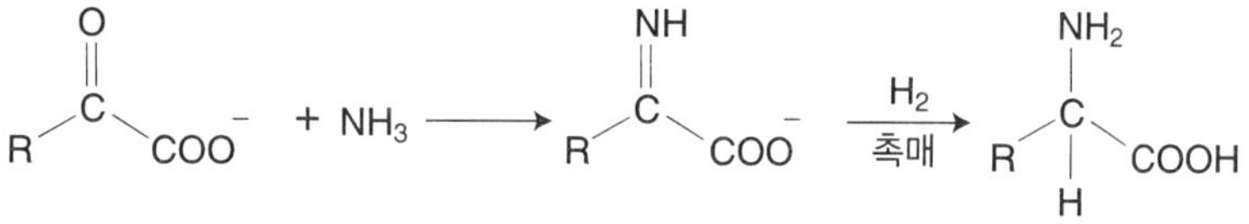

그림 K-12 • Knoop-Oesterlin 아미노산 합성

Knorr-Paal synthesis

Knorr–Paal 합성. 1,4-다이케톤(1,4-diketone)과 적당한 무기 탈수제를 반응시켜 퓨란(furan), 피롤(pyrrol) 또는 사이오펜(thiophene)을 합성하는 반응.

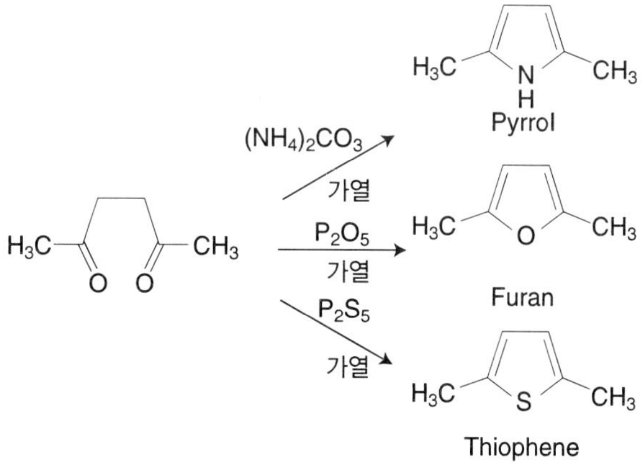

그림 K-13 • Knorr-Paal 합성 메커니즘

Knorr pyrazole synthesis

Knorr 피라졸 합성. 1,3-다이카보닐 화합물을 하이드라진(hydraine), 하이드라자이드(hydrazide), 세마이카바자이드(semicarbazide) 또는 아미노구아니딘(aminoguanidine) 등을 반응시켜 피라졸(pyrazole) 이성질체를 합성하는 방법[L. Knorr, *Ber. 16*, 2587(1883)].

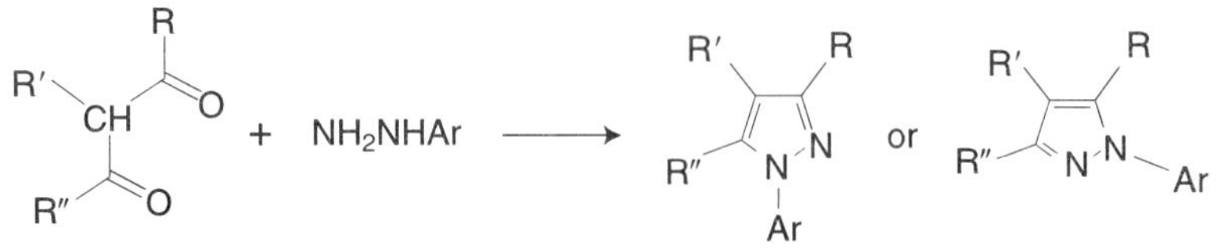

그림 K-14 • Knorr 피라졸 합성

Knorr pyrrole synthesis

Knorr 피롤 합성. α-아미노 케톤과 α-CH_2 를 포함하는 카보닐 화합물을 반응시켜 피롤(pyrrole)을 합성하는 반응[L. Knorr, *Ber. 17*, 1635(1884)].

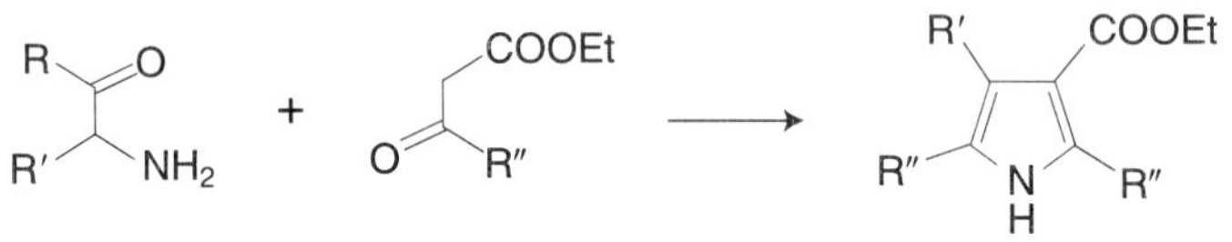

그림 K-15 • Knorr 피롤 합성

Knorr quinoline synthesis

Knorr 퀴놀린 합성. β-케토에스터와 아릴아민을 100°C 이상 온도에서 반응시켜 α-하이드록시퀴놀린(α-hydroxyquinolione)을 합성하는 방법[L. Knorr, *Ann. 236*, 69(1886)].

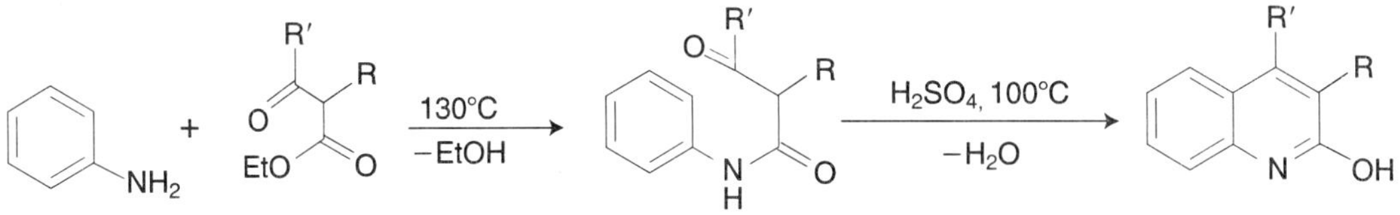

그림 K-16 • Knorr 퀴놀린 합성

Koch-Haaf reaction (carboxylation)

Koch-Haaf 반응(카복시화). 알켄을 황산에 녹여 일산화탄소를 가하여 가지친 카복실산을 합성하는 반응. 이 반응은 마지막 단계에서 물로 반응을 정지시킨다[Von H. Koch; W. Haaf. *Ann. 618*, 251(1958)].

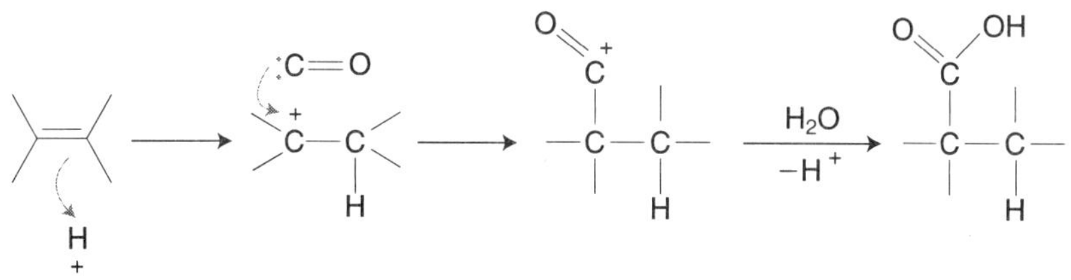

그림 K-17 • Koch-Haaf 반응 메커니즘

Kochi reaction

Kochi 반응. 카복실 산과 $Pb(OAc)_4$ 및 LiCl를 반응시켜 카복실 기를 염소로 치환시키는 반응. 이 반응의 초기 단계는 카복실산과 $Pb(OAc)_4$가 착물을 형성하고 형성된 착물이 두 번째 단계에서 라디칼 반응을 일으켜 생성물을 형성한다[J. K. Kochi, *J. Am. Chem. Soc. 87*, 2500 (1965)].

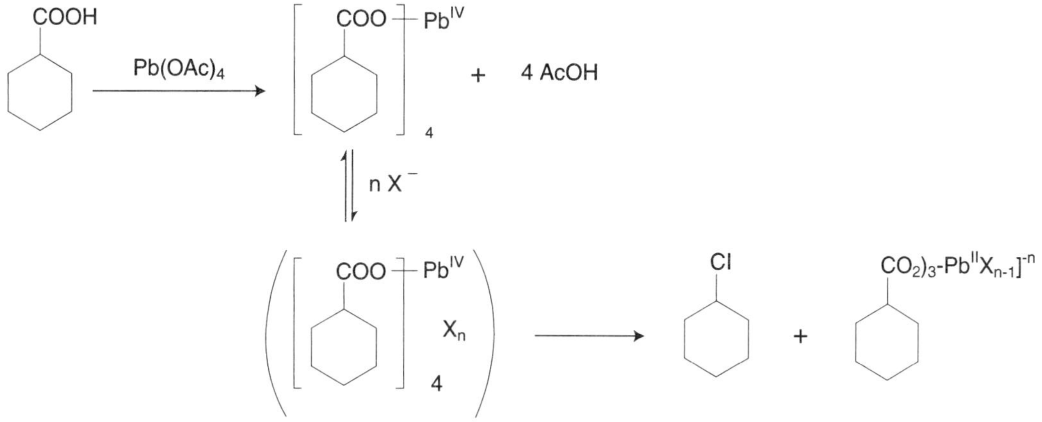

그림 K-18 • Kochi 반응

Kodel

코델. 주사슬에 사이클로헥세인(cyclohexane) 고리와 테레프탈레이트(terephthalate) 단위를 포함하고 있는 폴리에스터의 상품명.

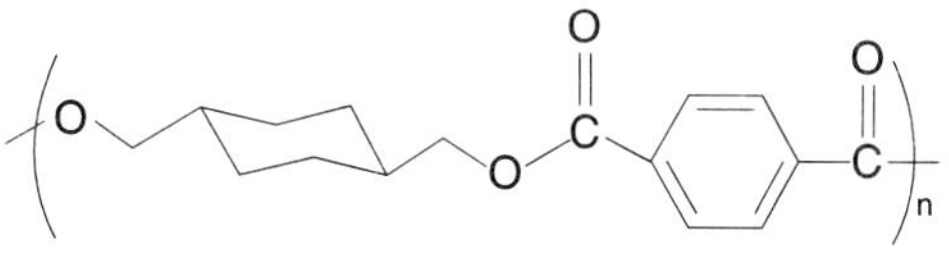

그림 K-19 • 코델의 부분 구조

Koenigs-Knorr reaction

Koenigs-Knorr **반응.** 글리코실 할라이드(glycosyl halide)와 알코올이 반응하여 글리코사이드를 생성하는 반응[W. Koenigs, E. Knorr, *Ber.* deutschen *chem. Gesellschaft 34* (1), 957(1901)].

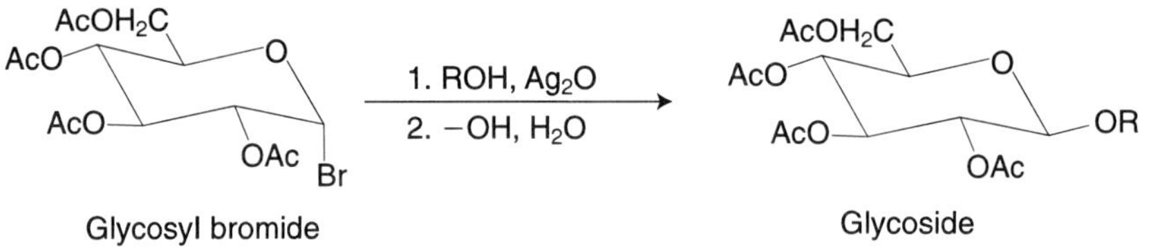

그림 K-20 • Koenigs-Knorr 반응

Kolbe hydrocarbon synthesis

Kolbe **탄화수소 합성법.** 카복실산 염의 전기분해에 의해 R-R 형 탄화수소를 합성하는 방법. Kolbe electrolytic synthesis라고도 한다.

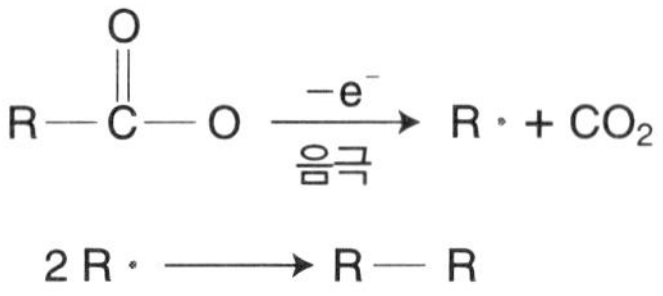

$$R-\overset{O}{\overset{\|}{C}}-O \xrightarrow[\text{음극}]{-e^-} R\cdot + CO_2$$

$$2R\cdot \longrightarrow R-R$$

그림 K-21 • Kolbe 탄화 수소 합성법

Kolbe-Schmitt reaction

Kolbe Schmitt **반응.** 페놀레이트(phenolate)를 이산화탄소로 카복시화반응시켜 방향족 하이드록시 산을 합성하는 반응[H. Kolbe, *Ann. 113*, 125(1860)].

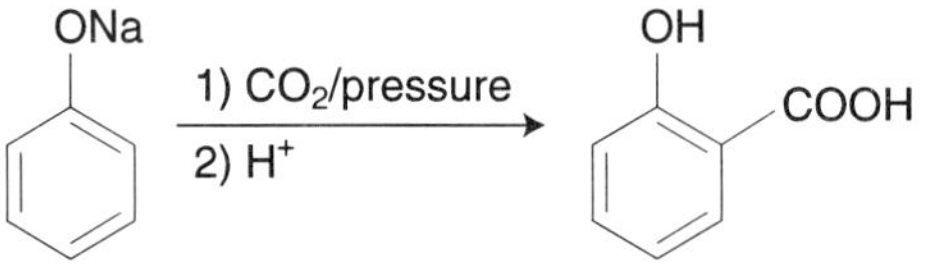

그림 K-22 • Kolbe-Schmitt 반응

Koppers-Totzek gasifier

Koppers-Totzek **기화법.** 건조시켜 가루로 만든 석탄과 산소 혼합물을 대기압 하에서 1650°F 의 수직 반응 조에 넣어 4개의 공축 버너를 통과시켜 석탄을 기화하는 방법. 모든 종류의 석탄에 이용할 수 있는 상업적인 기화법이다.

Kostanecki reaction (acylation)

Kostanecki **반응(아실화반응).** *o*-아실페놀 (*o*-acylphenol)로부터 크로몬(chromone)과 쿠마린(coumarin)을 합성하는 방법[S. von Kostanecki, A, Rozycki, *Ber. 34* 102(1901)].

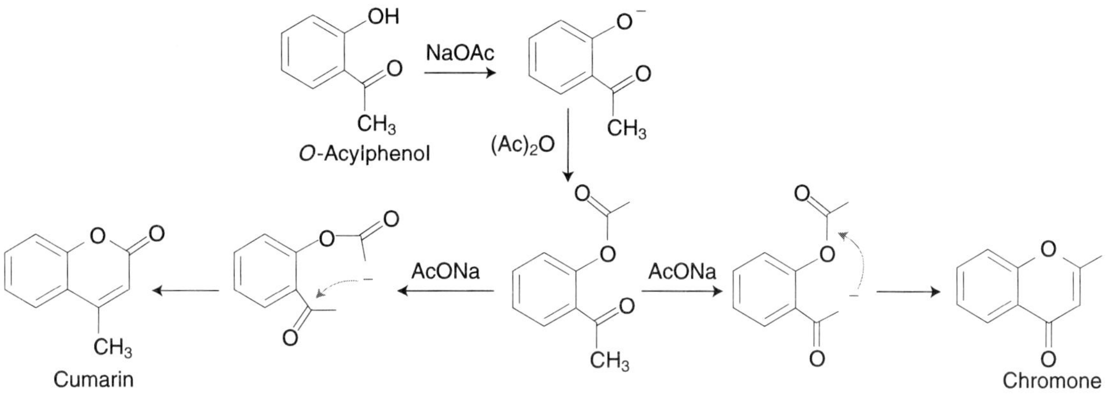

그림 K-23 • Kostanecki 반응 메커니즘

Krafft degradation

Krafft 분해. 분자량이 큰 카복실산을 탄소수가 하나 더 적은 카복실산으로 변환시키는 방법. 즉, 알칼리 토금속 염과 상응하는 아세테이트(acetate)를 건조 증류시켜 만든다[F. Krafft, *Ber. 12*, 1664(1879)].

K region

K 영역. 다중 고리 방향족 탄화수소에서 발암성과 관련이 있는 일부 영역. 예를 들어 테라펜(teraphene)을 나타냈다. 그 외에 L 영역과 베이 영역(bay region)도 있다.

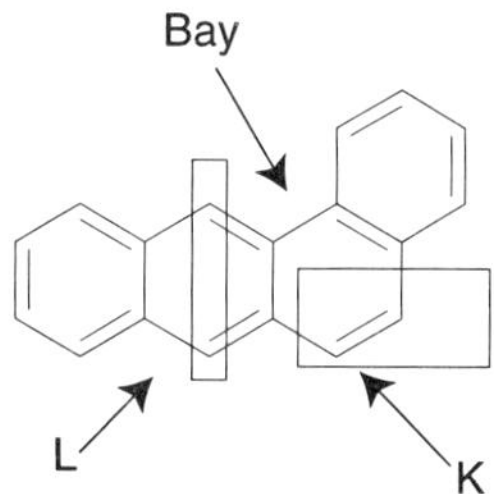

그림 K-24 • Teraphene의 구조와 영역

Krebs cycle

Krebs 순환. 동식물이나 미생물 등의 호기성 대사 과정에 관여하는 일련의 생화학적 반응들로 이루어진 순환으로서, 트리카르복실산 순환이라고도 한다. 이 순환은 미토콘드리아 속의 효소에 의해 일어나며, 다음 그림에서와 같이 당이나 카복실산이 분해되어 생긴 아세틸 CoA가 옥살로아세트산과 반응하여 시트르산으로 되는 반응으로 시작되었다가, 다시 처음의 옥살로아세트산으로 되돌아가는 총 7종의 반응들로 이루어져 있다. 이 순환 과정을 통해 아세틸 CoA의 아세틸기가 2개의 CO_2 분자와 물로 산화되며, 이 산화 에너지로 아세틸 CoA 한 분자당 12개의 ATP 분자가 만들어진다. Krebs 순환은 탄수화물과 지방의 분해, 그리고 에너지 생성과 관련될, 뿐만 아니라 여러 생체 분자들의 합성과도 관련되는 중요한 대사 경로의 일부분을 이룬다.

Kröhnke aldehyde synthesis

Kröhnke 알데하이드 합성법. 벤질할라이드(benzyl halide)를 피리딘 염으로 만들어 *p*-nitrosodimethylaniline과 반응시켜 벤즈알데하이드(benzaldehyde)로 변환시키는 방법[F. Kröhnke, E. Börner, *Ber. 69*, 2006 (1936)].

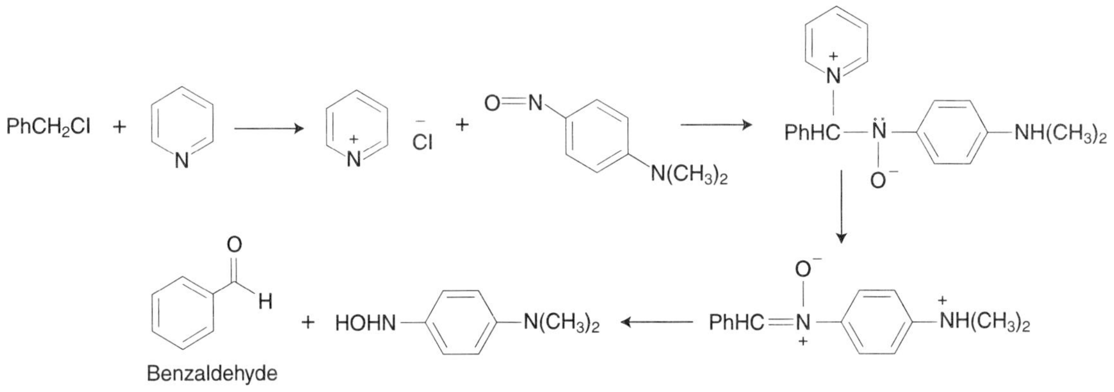

그림 K-25 • Kröhnke 알데하이드 합성법 메커니즘.

Kuherov reaction

Kuherov 반응. 아세틸렌 탄화수소를 $HgSO_4$(mercuric sulfate) 또는 BF_3(boron trifluoride) 촉매 존재 하에서 묽은 황산으로 수화시켜 카보닐 화합물을 만드는 반응[M. Kuherov, *Ber. 14*, 1540(1881)].

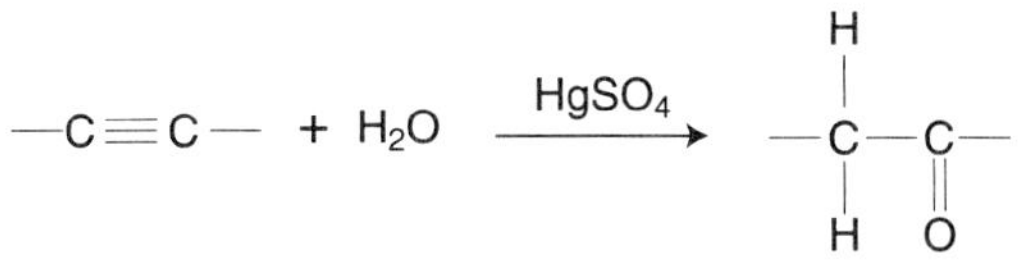

그림 K-26 • Kuherov 반응

Kuhn-Winterstein reaction

Kuhn–Winterstein 반응. 1,2-글리콜(1,2-glycol)을 P_2I_4(diphosphotetraiodide)와 반응시켜 트랜스-알켄으로 변환하는 방법[R. Kuhn, A. Winterstein, *Helv. Chim. Acta* 11, 87(1928)].

l 좌회전성을 나타내는 "levorotatory"의 약기호. 광학활성을 나타내는 화합물의 좌회전성을 표시하기위해 화합물 이름 앞에 접두어로 붙여 사용하며 다르게는 (−) 기호로도 표시한다.

***L* configuration** *L* **배열.** *D* configuration을 보라.

labelling **표지 히기.** 화합물의 반응 경로나 생화학적 경로를 추적하기 위해 화합물 속의 안정한 원자를 같은 원소의 동위원소로 치환하는 것. 수소 원자의 경우에 중소를 표지 원자로 사용한다. 표지 원자로 치환된 표지 화합물은 보통의 화합물과 화학적 성질이 비슷하기 때문에, Geiger 계수관이나 질량 분석계를 이용하여 표지 원자의 행방을 추적하면 화합물이 반응 과정에서 만들어내는 중간 생성물을 통해 반응 경로를 밝혀낼 수 있다. 그리하여 표지 원자를 추적자라고도 한다. 표지 화합물을 이용하여 반응 경로를 알아내는 간단한 예로서 다음과 같은 에스테르화 반응을 들 수 있다.

$$CH_3COOH + C_2H_5{}^{18}OH \rightarrow CH_3CO^{18}OC_2H_5 + H_2O$$

이 방법에 의해 밝혀진 바에 의하면, 에스테르화 반응에서 생성되는 물의 산소 원자는 산의 히드록시기가 떨어져 나와 생긴 것이라 밝혀졌다.

lactam **락탐.** −NH−CO−기가 고리의 일부분을 형성하고 있는 분자 내 고리형 아마이드류. 이 화합물은 한 분자 내의 $-NH_2$기와 −COOH기가 축합되어 생긴 고리이다. 락탐은 다음과 같이 질소 원자상의 수소 원자가 카르보닐 산소 원자로 이동하여 -N=C(OH)−기를 만들고 있는 락팀(lactim) 토토머와 평형을 이룬다. 대표적으로 카프로락탐(caprolactam)을 들 수 있다.

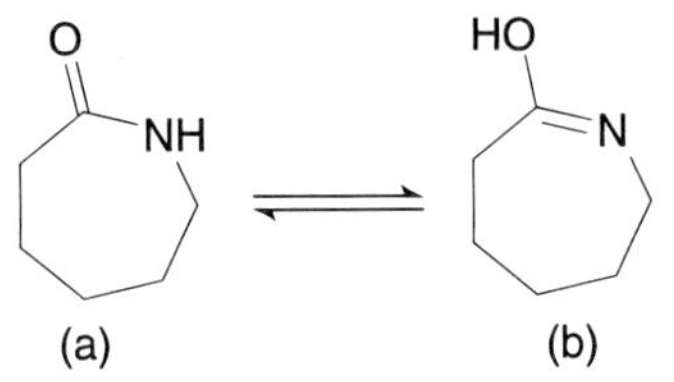

그림 L-1 • (a) Caprolactam과 (b) caprolactim의 구조

lactide **락타이드.** α-하이드록시 산(α-hydroxy acid)로부터 만들어지는 고리형 분자간 이중 에스터 화합물. 예를 들어 1,4-dioxane-2,5-dione을 들 수 있다.

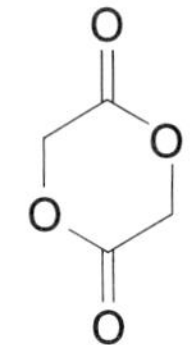

그림 L-2 • 1,4-Dioxane-2,5-dione의 구조

lactim **락팀.** lactam를 보라.

lactol **락톨.** 하이드록시알데하이드(hydroxyaldehyde)류. 즉, 헤미아세탈이나 헤미케탈의 고리형 동등체이다.

lactone **락톤.** $-COO-$기가 고리의 일부를 이루고 있는 유기 화합물로서, 한분자 내의 $-OH$기와 $-COOH$기가 축합된 분자내 고리형 에스테르이다. 이러한 분자 내 에스테르화 반응은 $\gamma-$히드록시카복실산이나 $\delta-$히드록시카복실산에서 쉽게 일어나며, 각각 $\gamma-$락톤과 $\delta-$락톤을 만든다. $\beta-$락톤은 4-원자 고리 화합물로서, $\beta-$히드록시카복실산으로 부터 직접 생성되지 않으며, 간접적으로 합성해야 한다.

lactone acid **락톤산.** 락톤 결합을 가지는 유기 산.

lactose **젖당, 유당.** 글루코오스와 갈락토오스가 축합된 이당류로서, 젖샘에서 생산되는 당이다. 예로서 우유 속에는 약 4.7%의 젖당 들어 있다.

Ladenburg rearrangement **Ladenburg 자리옮김.** 알킬- 또는 벤질피리디늄 할라이드를 200~350°C로 가열하면 알킬- 또는 벤질피리딘(alkyl- or benzylpyridine)으로 되는 반응[A. Ladenburg, *Ber. 16*, 410(1883)].

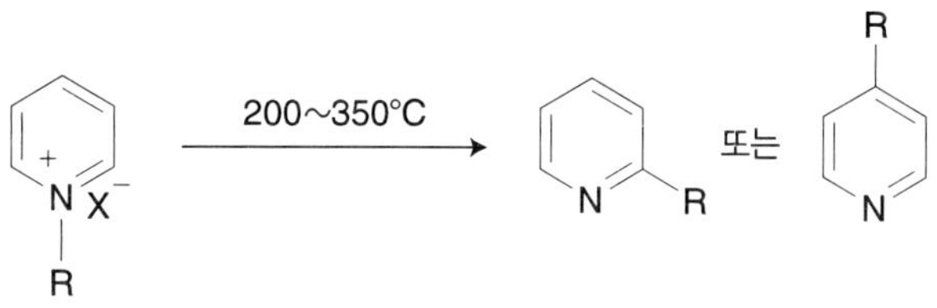

$$\text{N-R pyridinium } X^- \xrightarrow{200\sim350°C} \text{2-R pyridine 또는 4-R pyridine}$$

그림 L-3 ◦ Ladenburg 자리옮김

lake **레이크.** 유기 염료를 무기 산화물이나 염과 결합시켜 만든 안료. 이러한 무기 산화물이나 염을 섬유에 먼저 흡착시킨 다음, 유기 염료를 반응시켜 색을 띠게 하는 것이 매염 염색이다. 레이크는 페인트나 인쇄용 잉크로 사용된다.

Larmor frequency **Larmor 진동수.** 자기장 속에서 핵자기 쌍극자가 갖는 세차 운동의 진동수, 핵의 자기 회전비가 γ이고, 자기장의 세기가 B일 때의 진동수는 다음과 같다.

$$\nu_L = \frac{[\gamma]B}{2\pi}$$

자기장의 진동수가 Larmor 진동수와 같을 때 공명이 일어난다.

LCAO **L**inear **c**ombination of **a**tomic **o**rbital(원자 오비탈의 선형 결합)의 약기호.

LDA **L**ithium **d**iisopropyl**a**mide ($[(CH_3)_2CH]_2NLi$)의 약기호.

leaded gasoline **유연 휘발유.** 연소 촉진제로 TEL(tetraethyl lead)를 소량 포함하고 있는 휘발유. 오늘날에는 환경 오염으로 TEL을 사용하지 않는다.

leaving group **이탈기.** 치환 반응 도중에 출발물질로부터 떨어져 나가는 화학종. 이탈기는 전하를 가질 수도 있고 중성 일 수도 있으며, 원자이기도하고 원자단일 수도 있다.

Lebedev process **Lebedev 공정.** 에탄올(ethanol)을 촉매 열분해시켜 부타다이엔(butadiene)을 합성하는 공정. 이때 촉매는 실리케이트(silicate), 알류미늄(aluminum) 및 ZnO가 사용된다[S. V. Lebedev, *Zh. Obsch Khim. 3*, 698(1933)].

Lehmstedt-Tănăsescu reaction **Lehmstedt-Tănăsescu 반응.** *o*-나이트로벤즈알데하이드(*o*-nitrobenzaldehyde)와 할로벤젠(halobenzene)을 촉매로 nitrous acid를 포함하는 진한 황산 존재하에서 반응시켜 아크리돈(acridone, 10-hydroxyacridone)을 제조하는 반응[K. Lehmstedt, *Ber. 65*, 834 (1932); I. Tănăsescu, *Bull. Soc. Chim. France 41*, 528(1927)].

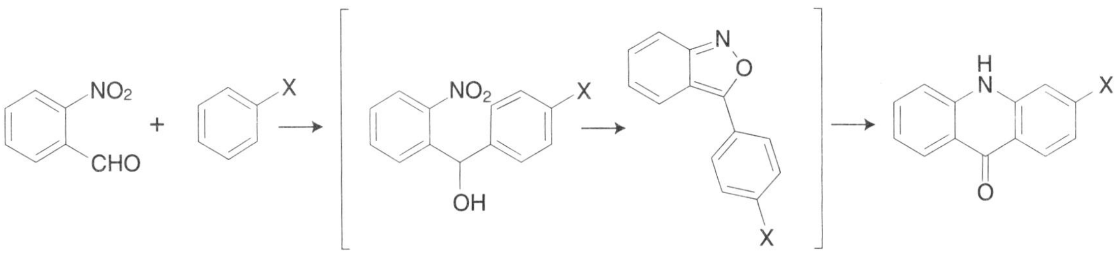

NO2 + X → [NO2 X OH → N O X] → H N X O

그림 L-4 • Lehmstedt-Tănăsescu 반응

Lett nitrile synthesis Lett 나이트릴 합성. 방향족 카복실산과 KSCN을 가열하면 나트릴(RCN)과 이산화탄소(CO_2)을 생성하는 반응[E. A. Letts, *Ber. 5*, 669(1872)].

Leuckart reaction Leuckart 반응. 케톤을 암모늄 포르메이트(ammonium formate) 또는 DMF (dimethyl formamide)와 반응시켜 아민을 제조하는 반응[R. Leuckart, *Ber., 18*, 2341(1885)].

$$C_6H_5C(=O)CH_3 + NH_4^{+-}OCOH \longrightarrow C_6H_5CH(NH_2)CH_3$$

(a)

$$\text{cyclooctanone} + \text{DMF} \xrightarrow[190°C]{HCOOH,\ H_2O} \text{cyclooctyl-}N(CH_3)_2$$

(b)

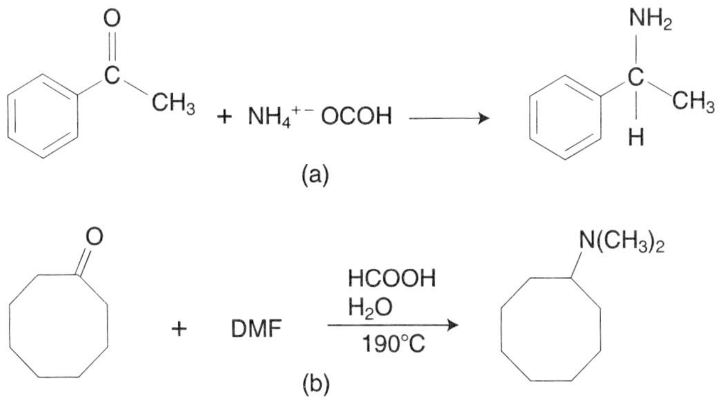

그림 L-5 • Leuckart 반응, (a) ammonium formate의 사용 예. (b) DMF 사용의 예

Leuckart thiophenol reaction Leuckart 싸이오페놀 반응. 다이아조잔테이트(diazoxantate, ArN_2Cl)를 상응하는 아릴잔테이트(ArSCSOR)로 만들어 알칼리 가수분해 시키면 아릴 싸이올(ArSH)을 생성하거나 온화하게 가열하면 아릴 싸이오에터(ArSR)를 생성하는 반응[R. Leuckart, *J. Prakt. Chem. [2] 41*, 179(1890)].

Leuckart-Wallarch reaction Leuckart-Wallarch 반응. 일차 또는 이차 아민을 카보닐 화합물, 폼산(formic acid)과 반응하여 환원성 알킬화하는 반응[R. Leuckart, *Ber. 18*, 2341(1885); O. Wallarch, *Ann, 272*, 100 (1892)].

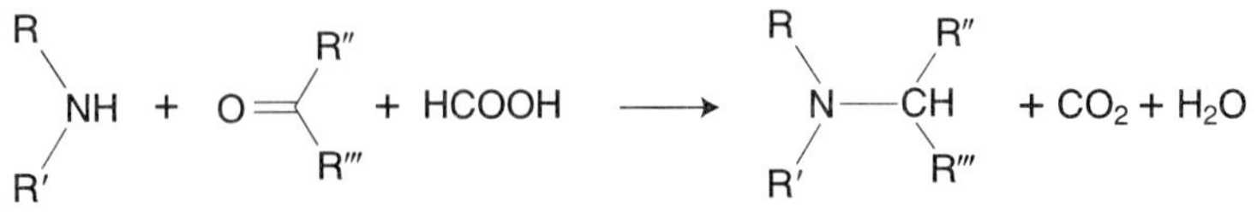

$$RR'NH + O{=}CR''R''' + HCOOH \longrightarrow RR'N{-}CHR''R''' + CO_2 + H_2O$$

그림 L-6 • Leuckart-Wallarch 반응

leveling effect of solvent **용매의 평준화 효과.** 어떤 용매 속에서 그 용매의 짝산 보다 더 강한 산이 특별히 많이 존재할 수 없게 되는 효과. 유사하게 어떤 용매 속에서 그 용매의 짝 염기보다 더 강한 염기가 특별히 많이 존재할 수 없다. 예를 들어, HCl, HBr 및 HI를 각 각 분리하여 물속에 두면, 일정시간 후에 세가지 용액의 H_3O^+의 농도는 동일하게 된다. 물의 짝산인 H_3O^+보다 세 개의 hydrohalic acid가 더 강한 산이다. 그러나 이들 산의 모든 가용한 양성자는 물과 양성자화 되므로 HX가 절대량 존재 할 수 없다.

$$HX + H_2O \rightleftharpoons H_3O^+ + X^-$$

levorotatory **좌회전성, 좌선성.** 면편광 빛의 편광면을 반시계 방향으로 회전시키는 화합물의 편광 성질. 광 활성도와 "*l*"을 보라.

Lewis acid **Lewis 산.** 전자쌍을 받아 드릴 수 있는 화학종을 말하며 Lewis가 규정하였으므로 Lewis 산이라 한다. acid를 보라.

Lewis base **Lewis 염기.** 전자쌍을 줄 수 있는 화학종을 말하며, Lewis가 규정하였으므로 Lewis 염기라고 한다. base를 보라.

Lewis adduct **Lewis 첨가생성물.** Lewis 산과 Lewis 염기가 반응하여 생성한 화학종.

LFD Least fatal dose (최소 치사량)의 약기호.

Lieben Iodoform reaction **Lieben 아이오도폼 반응.** 아이오딘을 이용한 할로폼반응. haloform reaction을 보라[A. Lieben, *Ann.* (*Suppl.*) *7*, 218(1870)].

Liebig condenser **Liebig 냉각기.** 곧은 유리관 주위를 동심 유리관으로 둘러싼 다음, 그 속으로 냉각수가 흐르도록 만든 실험실용 냉각관.

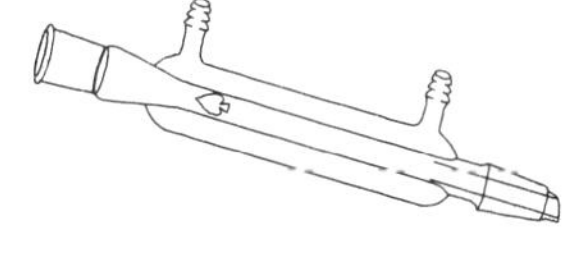

그림 L-7 • Liebig 냉각기

ligand **리간드.** 중심 금속 원자를 둘러싸는 이온, 원자 또는 중성분자를 말한다. 리간드는 여러 자리성 리간드(ambident ligand), 다리놓는 리간드(bridging ligand), 킬레이트 리간드(chelating ligand), 모서리-다리놓는 리간드(edge-bridging ligand), 모서리 공유 리간드(edge-sharing ligand) 또는 면-다리놓는 리간드(face-briging ligand) 등으로 구분한다.

ligand field theory (LFT) **리간드장 이론.** 결정 장 이론의 단점을 보완하기 위해 변형한 이론이며, 조정된 결정장 이론(adjusted crystal field theory)이라고도 한다. 배위를 이온 결합성 뿐 아니

L

라 공유 결합성도 동시에 고려하여 수정 정립된 이론. 중심 금속의 d, s 및 p 원자가 오비탈이 팔면체 착물의 금속-리간드 결합 축에 위치한 6개의 리간드 오비탈들과 분자 오비탈을 만든다는 관점에서 출발한 이론이다.

lignan

리그난 류. 식물에서 발견되는 화합물 부류이며 식물 에스트로겐(phytoestrogen)의 주 계열 중 하나이다. 코니페릴 알코올(coniferyl alcohol) 두 분자가 커플링하여 두개의 에테르 고리를 포함하고 있는 페놀 유도체인 피놀레시놀(pinoresinol)도 한예이다.

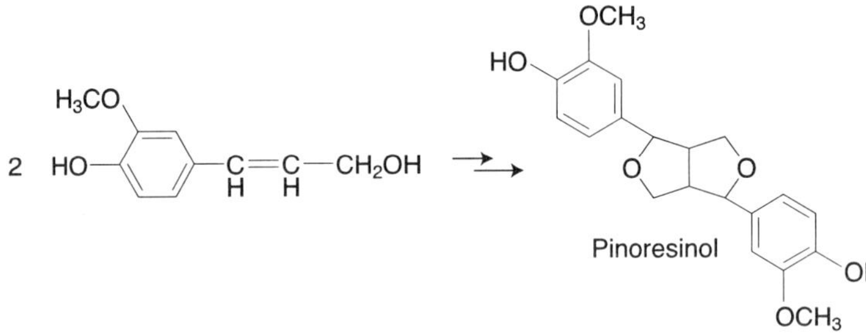

그림 L-8 • 리그난 일종인 pinoresinol의 합성

lignin

리그닌 류. 목재 속에 셀룰로오스와 함께 포함되어 있으며, 식물 세포막들 사이의 중간층을 구성하는 중합체 고분자 물질. 리그닌은 침엽수, 활엽수 등 식물의 종류에 따라 구성 단위의 종류와 조성이 다르다.

Lindlar catalyst

Lindlar 촉매. 미세한 Pd 금속을 calcium carbonate 지지체에 침전시킨 다음 $Pb(OAc)_4$와 방향족 아민인 퀴놀린(quinoline)으로 처리하여 활성을 감소 시킨 촉매이다[H. Lindlar, R. Dubuis, *Org. Synth.*, *Coll.* Vol. 5, 880 (1973); H. Lindlar, *Helv. Chim. Acta 35*, 446 (1952)].

linear combination of atomic orbitals (LCAO)

원자 오비탈 선형 조합. 원자 오비탈의 가감에 의해 분자 오비탈을 형성하는 방법. 조합되는 원자 오비탈의 수와 분자 오비탈의 수는 같다.

linkage isomerism

결합 이성질(현상). 조성은 동일하지만 리간드와 금속의 연결방식만 다른 이성질 현상 예를 들면 $[(NH_3)_5Co-SCN]^{2+}$(보라색)과 $[(NH_3)_5Co-NCS]^{2+}$(오랜지색)을 들 수 있다.

lipid

지방질. 물에는 녹지 않고 비극성 유기 용매에만 녹는 생체 유기 화합물로서, 크게 복합 지방질과 단순 지방질의 두 가지로 나눈다. 전자는 글리세라이드(동식물의 지방과 기름)를 포함한 긴 지방산의 에스테르, 당지방질, 인지방질, 및 왁스 등이고, 후자는 스테로이드류와 테르펜류 등이며, 지방산은 포함되지 않는다.

지방질은 생체 내에서 다양한 역할을 수행한다. 예로서 지방과 기름은 동식물의 에너지를 저장하는 역할을 하며, 인지방질과 스테롤(콜레스테롤 등)은 세포막의 주요 성분이며, 왁스는 몸체 표면의 방수제 역할을 한다.

lipoic acid (thiotic acid) **리포산.** 반응성이 좋은 다섯 원자 고리의 다이설파이드이다. 이 물질은 수소 전달 및 아실-전달 보조 효소의 역할을 한다.

S–S H COOH

그림 L-9 • Lipoic acid의 구조

lipolysis **지방 분해.** 생체 속에서 일어나는 저장 지방질의 분해. 생물체 내에 가장 장기적으로 저장되는 에너지원은 지방이나 기름 등의 트리글리세라이드이다. 에너지원은 지방이나 기름 등의 트리글리세라이드가 지방 분해 효소에 의해 글리세롤과 지방산으로 분해되며, 이 분해 생성물들이 필요한 조직으로 운반된 다음에 산화되면서 에너지를 내놓는다.

lipophilic **지방 친화성.** 물질의 지방 친화적인 성질을 나타내는데 사용하는 접두어.

lipoprotein **지방(질) 단백질.** 보결 원자단이 지방이나 지질인 콘쥬게이트 단백질.

liquefied natural gas **액화 천연 가스.** liquefied petroleum gas를 보라.

liquefied petroleum gas **액화 석유 가스.** 가압하여 액체 상태로 저장한 프로페인(propane)과 뷰테인(butane)이 주성분인 석유 가스. 가정용 연료나 내연 기관 등의 연료로 사용된다. 메테인(methane)을 주성분으로 하는 압축 액체인 액화 천연 가스도 비슷한 제품이다. 그러나 메테인(methane)의 임계 온도가 −83℃이므로 가압만으로는 이것을 액화시킬 수 없으며, 따라서 온도를 임계 온도 이하로 낮춘 다음에 가압해야 하고, 액화 후에도 단열 용기 속에 넣어 낮은 온도로 보관해야 한다.

liquid chromatography **액체 크로마토그래피.** 고체 또는 액체 정지상에 액체 이동상을 통과시켜 분리하는 크로마토그래피 법. HPLC 법 등 다양한 방법들이 개발되어 있다.

liquid crystal **액정.** 통상적인 액체와 고체의 중간 성질을 가지는 물질. 이 물질은 액체 같으나 고체상태 처럼 배열한다. 액정은 크게 열방성 액정(thermotropic liquid crystal)과 유방성 액정(lyotropic liquid crystal)으로 분류된다. 열방성 액정은 열에 의해서만 분자구조가 변하는 타입이지만 유방성 액정은 열 이외 다른 영향에 의해서도 바뀌는 성질을 가지고 있다. 열방성 액정은 온도전이형, 유방성 액정은 농도전이형이라 부른다.

이 분자들은 액체의 구조 특성과 고체의 구조 특성을 나타내는 준결정상이며, 구조 특성에 따라 담석상, 네마틱상, 및 스멕틱상 등으로 분류한다.

liquid-liquid partition chromatography **액체-액체 분배 크로마토그래피.** 정지상이 불활성 고체 표면에 고정되어 있는 액체인 크로마토그래피.

living polymer **활성 고분자, 리빙 중합체.** 종결반응이 일어날 수 없는 조건에서 만들어지는 고분자를 말함. 즉, 단위체만 공급되면 사슬이 계속 자랄 수 있는 조건에서 만들어지는 고분자를 말한다. 이런 중합체는 사슬 성장을 종결시킬 수 있는 불순물이 없는 음이온성 중합 조건 하에서 조심스럽게 조절하여 만든다. 예로서 나프탈렌(naphthalene)을 소듐(sodium, Na) 금속으로 처리하여 반응시키는 스타이렌(styrene)의 음이온 중합반응을 들 수 있다.

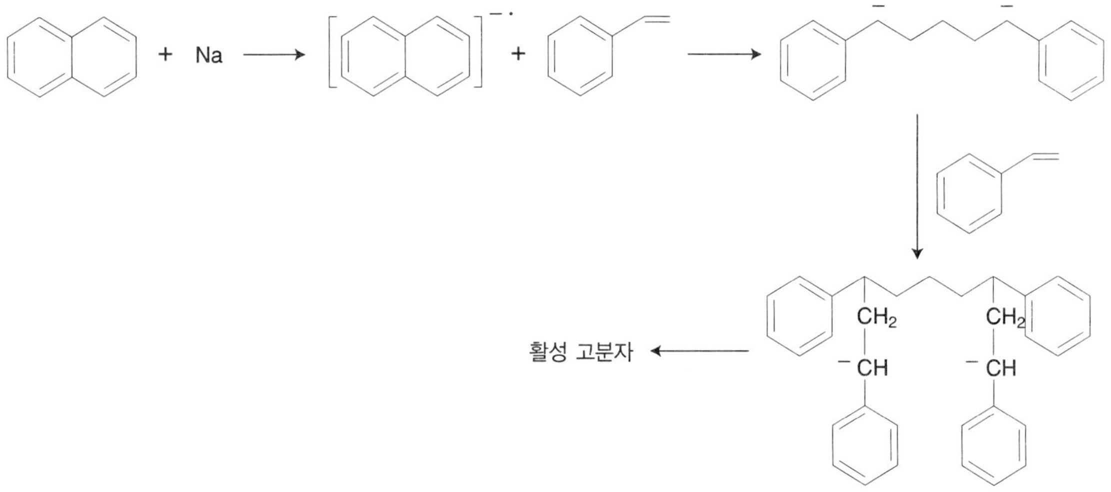

그림 L-10 • Styrene의 활성 고분자 합성 과정

LNG **액화 천연 가스.** 액체로 저장하기 위해 약 −160℃ 로 냉각시킨 천연 가스를 말함. liquefied natural gas의 약자. 액화 석유 가스를 보라.

localized bonding **편재(치우쳐 있는) 결합.** 오로지 이웃한 두 원자 간에 만 이루어진 결합. 결국 두 원자 사이의 전자 밀도가 가장 높다. 이런 결합은 원자가결합 이론 또는 분자 오비탈 이론에서 이론적으로만 다룬다.

localized ion **편재된 이온, 치우쳐 있는 이온.** 전하가 어느 한 원자에만 치우쳐 있는 이온을 말하며 charge localized ion이라고도 한다. 예를 들어 *tert*-뷰틸 *tert*-butyl($(CH_3)_3C^+$)이온은 가운데 탄소 원자에만 양전하를 띤다.

London dispersion force **런던 분산력.** 전하를 띄지 않는 분자들에서 이웃한 두 원자들의 전자들에 의해 생기는 일시적인 쌍극자간의 상호 작용력이다. 때로는 유발 쌍극자-유발 쌍극자 인력(induced dipole-induced dipole attraction) 이라고도 한다. 이 힘은 비극성 분자들의 물리적 성질에 영향을 미칠 만큼 충분히 큰 힘이다. 런던 분산력은 극성 비극성인 모든 분자에서 생길 수 있으며 크기는 분자의 크기에 영향을 받으며, 분자의 모양에도 영향을 준다. 분자 내 어떤 원자의 전자가 대칭적인 전자 배치를 이룬다고 해도 이웃한 원자의 전자 배치는 얼마간 비대칭적인 전자 배치를 이루게 되고 그런 결과로 그 원자에는 일시적으로나마 부분적으로 양전하나 음전하를 가질 수 있게 된다. 그 영향으로 다른 이웃한 분자의 어떤 원자가 영향을 받아 일시적으로나마 얼마간의 극성을 띄게 된다.

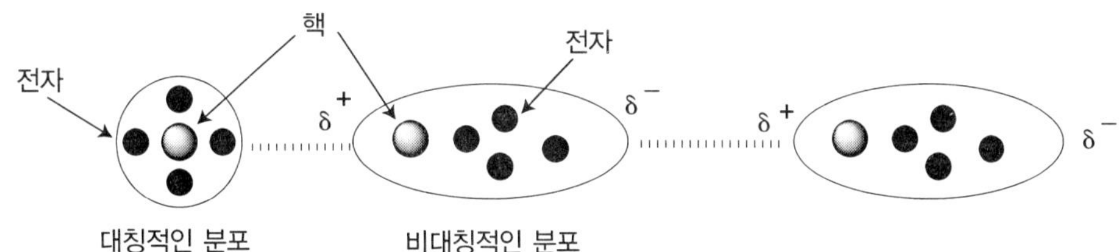

그림 L-11 ∘ 런던 분산력의 생성 및 작용 기전

lone pair electron

고립 (전자)쌍 전자. 동일한 원자 오비탈 속에 들어 있는 원자가-전자쌍으로서, 화학결합에 직접 관여하지 않고 있는 전자쌍. 또는 비결합 전자 쌍(nonbonding electron)이라고도 한다. 예로서 암모니아 분자(NH_3)에서 질소 원자는 5개의 원자가-전자 중에서 3개를 수소 원자와 공유 결합을 형성하는 데 사용하며, 나머지 2개를 고립 전자쌍으로 가지고 있다. 또한 물분자(H_2O)에서도 산소 원자는 6개의 원자가-전자 중에서 2개를 수소 원자와 공유결합을 형성하는 데 사용하며, 나머지 4개를 고립 전자쌍으로 가지고 있다. 일반적으로 고립 전자쌍을 가지고 있는 화합물은 Lewis 염기로서 배위 화합물을 만든다.

loose ion

유리 이온. 각 개별 이온이 하나 또는 그 이상의 용매 분자에 의해 분리되어 있는 이온을 말하며, 용매 분리 이온 쌍(solvent separated ion pair) 이라고도 한다. 이들의 입체 화학은 반응 조건에 의존하며 이런 이온 쌍은 $R^+||X^-$로 표기한다.

Lossen rearrangement

Lossen 자리옮김 반응. RC(=O)NHOH (hydroxamic acid)가 Hofmann형의 자리옮김 반응을 하여 탈수되고 아민을 형성하는 반응[W. Lossen, Ann. 161, 347 (1872)].

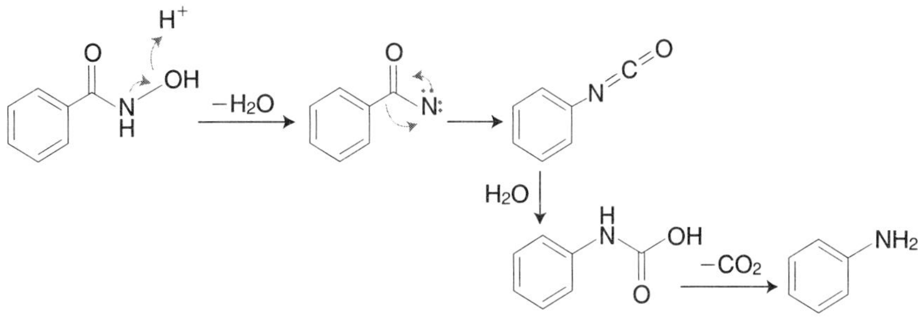

그림 L-12 ∘ Lossen 자리옮김에 의한 aniline 합성

low-density polyethylene **저밀도-폴리에틸렌.** 곁가지를 가진 폴리에틸렌 고분자로 부분적으로 결정성을 가지며 약 115°C에서 녹으며, 밀도가 0.91-0.94g/cm이다. 곁가지는 길수도 있으나 탄소수가 하나부터 4개까지인 짧은 것들도 있고 대부분 에틸(ethyl, CH_3CH_2-) 또는 *n*-뷰틸 (*n*-butyl, $CH_3CH_2CH_2CH_2-$)이다. 저밀도 폴리에틸렌은 중합반응 개시 단계에 소량의 산소 존재 하에서 100~3000 atm에서 만들어진다.

low spin complex **저 스핀 착물.** 특별히 d^n 전자배치를 하고 있고 특별한 기하구조를 가지는 착물에서 n개의 전자가 가능한 한 가장 낮은 에너지 준위의 오비탈에 분포된 착물을 말함. 예로 $[Co(NH_3)_6]^{3+}$를 들 수 있다. high spin complex을 보라.

LPG (liquefied petroleum gas) **액화 석유 가스.** 천연가스나 석유 정제 물로부터 회수하는 프로페인(propane)과 뷰테인(butane)의 혼합물.

L region **L 영역.** 다중 고리 방향족 탄화수소에서 발암성과 관련이 있는 일부 영역. K region을 보라.

LSD 환각제인 **l**y**s**ergic acid *N*, *N*-**d**iethylamide의 약자.

lubricating oil **윤활유.** 움직이는 고체 간의 마찰을 감소시키는데 사용되는 기름. 보통 원유를 진공증류하여 얻은 높은 온도(375~475°C)에서 끓는 분획이다. 합성 윤활유도 있는데 일반적인 것으로 세바식 산(sebacic acid) 또는 1,10-decadioic acid의 에스터가 있다.

Lucas test **Lucas 시험.** 낮은 분자량의 알코올을 구분하는 방법. 1차, 2차 및 3차 알코올에 Lucas 시약(*conc*-HCl + $ZnCl_2$)을 반응시키면 반응 용액의 혼탁도로 반응 진행 정도를 알 수 있다. 예를 들어 1-pentanol, 2-pentanol 및 2-methyl-2-butanol에 Lucas 시약을 반응 시키면 3차 알코올인 2-methyl-2-butanol은 즉시 혼탁해지고, 2차 알코올인 2-pentanol 은 3~5분 정도 지나면 혼탁해지지만 1차 알콜인 1-pentanol은 반응 하지 않는다. 이 반응은 S_N1 반응이 우세하다.

Lurgi coal gasification **Lurgi 석탄 기체화법.** 독일의 Lurgi 회사에서 개발한 석탄의 기체화 방법. 석탄을 25기압, 570~700°C 기화기에서 작동하여 기체화를 시킨다.

luminescence **발광.** 온도 상승 이외의 다른 원인에 의해 물질이 빛을 내놓는 현상. 즉 물질의 구성 원자가 온도 상승 이외의 다른 원인에 의해 들뜬 상태로 올라갔다가 바닥 상태로 되돌아갈 때 전자기 복사파의 광자를 방출하는 현상이 발광이다. 따라서 발광은 원자를 들뜨게 하는 원인에 따라 몇 가지로 구분할 수 있다. 만약 광자에 의해 원자들이 들뜰 때에는 광-발광, 전자에 의해 들뜬 때에는 전기 발광, 그리고 화학 반응에 의해 들뜰 때에는 생체 발광이라고 한다. 일반적으로 들뜸의 원인이 제거된 후에도 상당한 시간 동안 지속되는 발광이 인광이며, 지속되지 않는 것이 형광이다.

LUMO **최저 비점유 분자 오비탈.** frontier orbitals를 보라.

L

lyophilic **친액성.** 용매에 대한 친화력이 있다는 수식어로 사용된다. 예로서 친액체성 콜로이드는 용매와의 친화력이 커서 안정한 콜로이드 상태를 유지할 수 있다. 특히 용매가 물일 경우에는 친수성이라고 한다. 한편 용매에 대한 친화력이 없는 경우의 수식어는 소-액체성 즉, 소액성(lyophobic)이다.

lyophobic **소액성.** lyophilic을 보라.

lyotropic liquid crystal **유방성 액정.** 두 성분의 혼합에 의해 형성된 액정으로, 둘 중 하나는 물 같은 극성이 매우 큰 물질이다. 액정의 두 번째 중요 그룹으로 생명계에서 발견된다.

macromolecule **거대 분자.** 천연 및 합성 중합체를 비롯하여, 헤모글로빈 등 원자 질량이 수천~수백만에 이르는 대단히 큰 분자류.

macrolide **머크로라이드.** 거대고리 락톤을 포함하고 있는 화합물류. 본래는 에리스로마이신(erythromycin) 같은 거대고리 락톤에 적용하는 용어였으나, 오늘날에는 탄소 골격 거대고리를 가지고 있지 않는 락톤 및 락탐 등도 머크로라이드로 취급한다.

Madelung indole synthesis **Madelung 인돌 합성법.** *N*-acyl-*o*-toulidine을 염기 촉매 열고리화시켜 인돌(indole)을 합성하는 방법[W. Madelung, *Ber.*, *45*, 1128 (1912)].

그림 M-1 ◦ Madelung 인돌 합성 법

magic acid **요술산.** FSO_2OH 와 SbF_5가 같은 몰수로 혼합된 산을 말하며, 초 강산의 한 종류이다.

magic-angle spinning **요술-각 자전 법:** 고체 상태 핵자기 공명에서 스펙트럼 선폭을 작게 하는 경우에 이용되는 방법 이 방법에서는 평행자기 쌍극자 사이의 상호 작용과 화학적 이동의 비등방성의 두 가지가 모두 $1\text{-}\cos^2\theta$에 비례한다. 여기서 θ는 분자의 주축과 외부 자기장 사이의 각도이다. $1\text{-}\cos^2\theta = 0$이 되도록 하는 각 θ를 요술 각이라고 하는데, 그 값은 54.75°이다. 요술 -각 자전 법에서는 시료를 외부 자기장에 대해 이 각도로 빠르게 자전시킴으로써 쌍극자-쌍극자 상호 작용과 화학적 이동의 비등방성을 평균하여 0이 되도록 해준다. 자전 진동수는 4~5kHz 정도로 해준다.

magnetic moment **자기 모멘트.** 전류가 흐를 때에는 항상 자기장이 생긴다. 원자 내에서의 전자의 궤도 운동이나 스핀 운동은 작은 고리 모양의 전류와 같으며, 따라서 각각 각운동량에 상응하는 자기장을 만들어낸다. 이 자기장의 크기를 나타내는 자기 쌍극자 모멘트는 벡터량이며, 이들의 벡터 합이 원자의 자기 모멘트가 된다.

magnetic quantum number **자기 양자수.** 오비탈 각 운동량의 공간 배향을 결정 하는 양자수. 이 양자수는 m 또는 m_l 로 나타내며 $+l$ 부터 $-l$ 까지의 값을 가진다. 예를 들어 주양자수 (n)가 $n = 2$이고 부양자수 (l)가 $l = 1$이면 m은 $+1, 0, -1$의 값을 가진다.

magnetogyric ratio **자기회전 비율.** 원자계의 자기 모멘트 m과 각운동량 l 사이의 비, 즉 $m = \gamma_e l$로 주어지는 γ_e를 자기 회전 비율이라고 한다.

Malaprade reaction **Malaprade 반응.** 연이어 두 개의 하이드록시(OH)기를 가지거나 하이드록시(OH)기와 아미노(NH_2)기를 연이어 가지는 화합물을 HIO_4와 반응시켜 C−C 결합을 분해시키고 알데하이드(RCHO)를 만드는 반응. 이 반응은 "periodic acid oxidation"이라고도 한다[L. Malaprade, *Bull. Soc. Chim. France* [4] *43*, 683(1928)].

malonic ester synthesis **말론산 에스터 합성법.** 말론산 에스터를 아실화 또는 알킬화 시켜 치환된 아세트산(acetic acid) 유도체를 합성하는 방법.

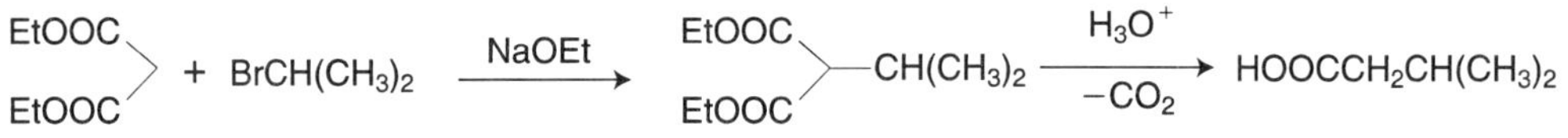

$$(EtOOC)_2 + BrCH(CH_3)_2 \xrightarrow{NaOEt} (EtOOC)_2\text{—}CH(CH_3)_2 \xrightarrow[-CO_2]{H_3O^+} HOOCCH_2CH(CH_3)_2$$

그림 M-2 • 말론산 에스터 합성법

Mannich base **Mannich 염기.** $RC(=O)CH_2CH_2NH^+R_2Cl^-$의 일반식을 가지는 β-아미노- 케톤(β-amino-ketone)류. 이 들은 아민(RNH_2), HCOH(formaldehyde) 또는 다른 알데하이드 및 탄소 산으로부터 만들 수 있다.

Mannich reaction **Mannich 반응.** 케톤이 산 촉매 하에서 이차 아민과 반응하여 탈수되고 이미늄 이온이 형성되는 반응. 이 이미늄 이온은 전자가 풍부한 이중결합과 반응을 잘하고 이런 반응도 Mannich 반응으로 취급한다[C. Mannich, W. Krosche, *Arch. Pharm.* *250*, 647 (1912)].

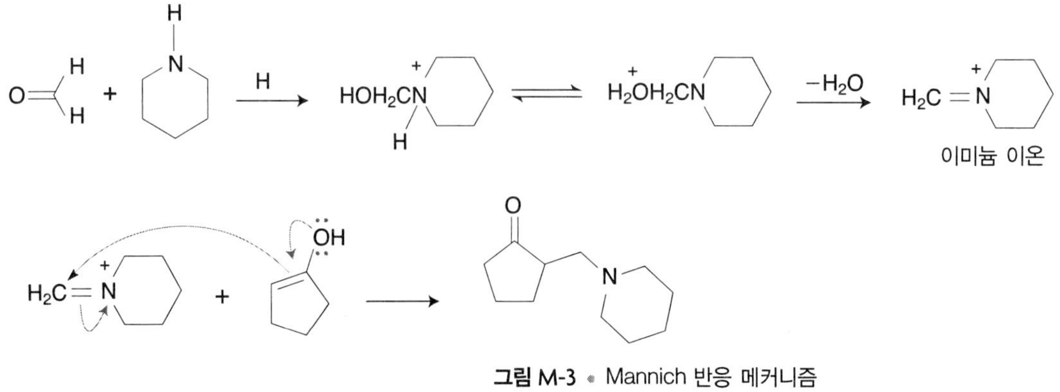

그림 M-3 • Mannich 반응 메커니즘

malt **엿기름.** 양조 과정에서 보리를 발아시켜 말린 것으로서, 이 과정에서 보리속의 녹말이 β-아밀라아제에 의해 가수분해 되어 말토오스로 된다. 엿기름 제조 공정은 맥주나 위스키를 만드는 하나의 과정이다.

maltose **말토오스, 맥아당.** 글루코오스 두 분자가 축합된 당으로서, 녹말이 아밀라아제에 의해 가수분해되어 생긴다. 보리를 발아시킨 다음에 말린 엿당 속에 들어 있다.

mannitol **마니톨.** 일반식 $C_6H_8(OH)_6$을 가지는 만노오스나 프룩토오스로부터 유도되는 다가 알코올, 균류에 들어 있는 가용성 당이며, 또한 갈색 조류의 중요한 탄수화물 저장원이다. 마니톨은 일부 식품의 감미료로 사용되기도 한다.

Markovnikov rule **Markovnikov 규칙.** 비대칭 알켄에 HX가 첨가될 때 H는 치환기가 적은 이중결합 탄소로 첨가되고 X는 치환이 더 많이된 탄소 원자로 첨가된다는 규칙이다. 이 법칙은 알켄에 양성자가 먼저 첨가되어 탄소 양이온 중간체를 형성하므로 성립된다. [W. Markownikoff, *Annalen der Pharmacie 153* (1), 228(1870)]

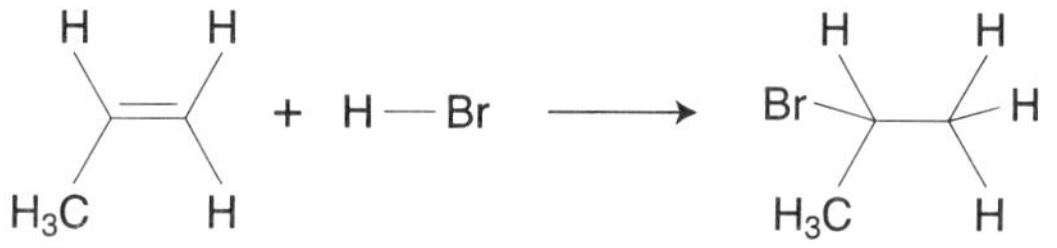

그림 M-4 ◦ Markovnikov 규칙에 적용된 반응

marsh gas **늪기, 소기.** 늪에서 식물이 부패되므로 발생하는 메테인(methane).

Martinet dioxindole synthesis **Martinet 다이옥신돌 합성.** 다이에틸 2-옥소말로네이트(diethyl 2-oxomalonate(mesoxalic acid 에스터))와 방향족 아민 또는 아미노 퀴놀린(quinoline)을 반응시켜 *N*-alkyl-3-hydroxyindolin-2-one(dioxindole)을 합성하는 방법[A. Guyot, J. Martinet, *Compt. Rend. 156*, 1625(1913)].

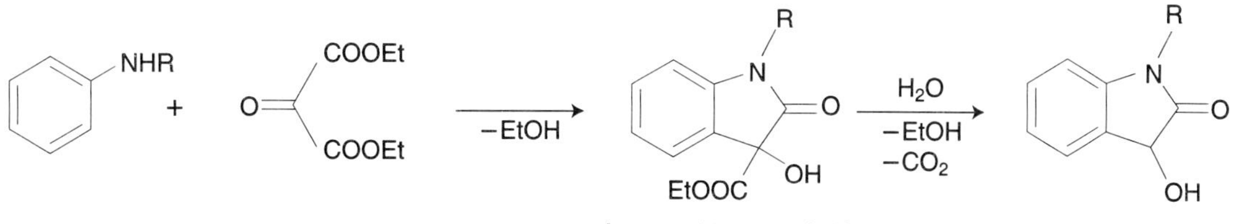

그림 M-5 ◦ Martinet 다이옥신돌 합성

mass defect **질량 결손.** 원자 질량과 원자를 구성하고 있는 입자들의 질량의 합과의 차이를 말함. 원자 질량은 원자 구성 입자 질량 합보다 항상 적다 , 그 이유는 $E = mc^2$이기 때문이다.

mass number **질량수.** 양성자와 중성자의 수를 합한 수. 때로는 atomic mass number 또는 nucleon number라고도 한다.

mass spectroscopy (MS) **질량 분석법.** 질량분석법은 하전된 화학종의 질량/전하 (m/z)의 비를 측정하여 해당 화학종의 질량을 분석하는 분석법이다. 특히 고성능 질량 분석법(HRMS)를 이용하면 유효 숫자 소수 4째 자리까지의 정확한 질량을 측정할 수 있어 유용하다. MS는 시료를 전하를 띄게하고 전하를 띤 화학종들을 전자기장에서 분리하여 질량/전하 비를 측정하는 식으로 자료를 얻는다. MS는 3가지 중요 부분으로 구성된다. 중성 분자를 이온화 시키는 장치와 전자기 장에서 분리하는 장치 그리고 검출기로 구성된다. MS는 오늘날 유기물 및 펩타이드 단백질 등과 같은 다양한 화합물의 물리적, 화학적 성질 연구 및 분석에서 매우 일반적으로 이용되고 있다.

Maxam-Gilbert method **Maxam-Gilbert 방법.** DNA 서열 결정 방법 중 하나로 1976~1977년에 A. Maxam, W. Gilbert가 개발하였다. 이 방법은 특정한 염기를 이용하여 연속적으로 분해하는 DNA의 화학적 변환을 기초로 한다[A. M. Maxam, W. Gilbert, Proc. *Natl. Acad. Sci.* U.S.A. *74* (2), 560 (1977)].

McFadyen-Stevens reaction **McFadyen-Stevens 반응.** *N*-아로일-*N′*-벤젠설폰일하이드라진 *N*-Aroyl-*N′*-benzenesulfonylhydrazine을 고온에서 염기 촉매 반응을 시켜 상응하는 알데하이드로 변환시키는 반응[J. S. McFadyen, T. S. Stevens, *J. Chem. Soc.*, 584 (1936)].

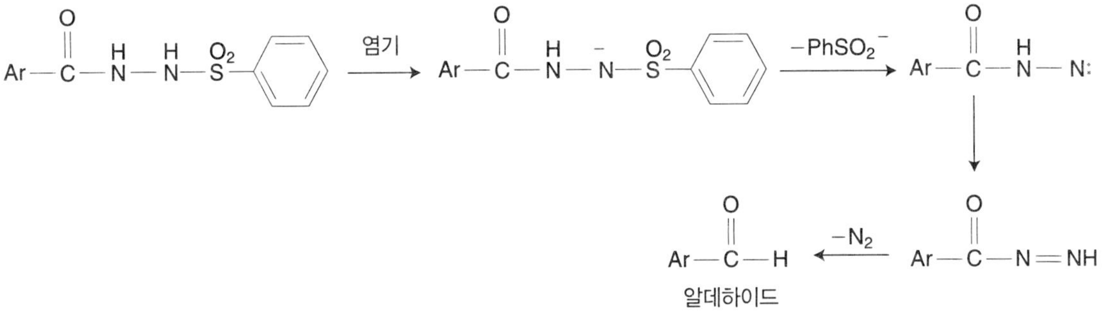

그림 M-6 • McFadyen-Stevens 반응의 메커니즘

McLafferty cleavage **McLafferty 분해.** 케톤의 γ-수소와 카보닐 산소사이에서 반응이 일어나 알켄과 케톤으로 분해되는 반응. 이 분해는 Norrish-II형 분해와 유사하다.

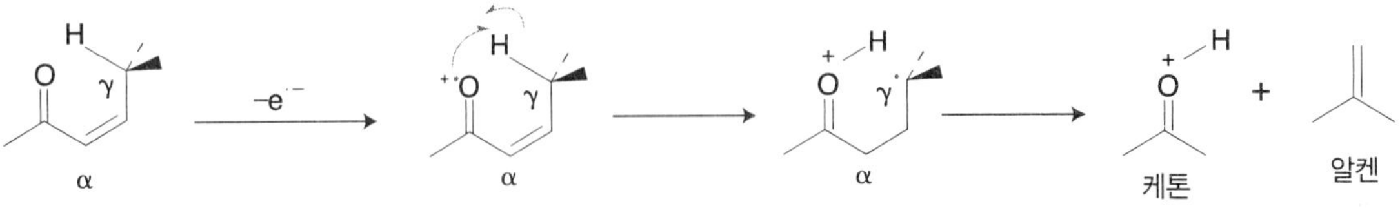

그림 M-7 • McLafferty 분해 메커니즘

McLafferty rearrangement **McLafferty 자리옮김.** 질량분석기에서 일어나는 반응 중 하나로 카보닐기를 가지는 화합물에 γ-수소가 산소로 이동하여 알켄과 엔올 이온 라디칼로 분해되는 반

응. 카보닐 화합물의 구조적 정보를 얻는데 유용하다[F. W. McLafferty, *Anal. Chem. 31* (1), 82(1959)].

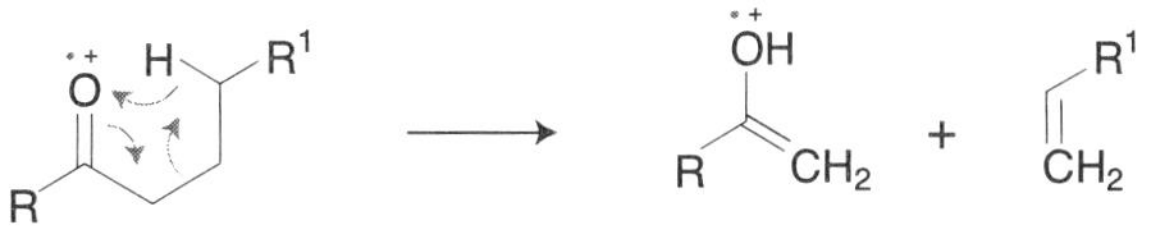

그림 M-8 • McLafferty 자리옮김 메커니즘

Me group **메틸 기.** CH_3-기의 약기호.

mechanism **메커니즘.** 특정한 화학 반응이 일어나는 과정을 분자 수준에서 전이상태 및 중간체의 형성과정과 기하구조 및 에너지 등을 자세히 설명하는 것.

Meerwein arylation reaction **Meerwein 아릴화반응.** 활성화된 바이닐 수소 원자를 아릴 기로 치환시키는 반응. 이 반응에는 Cu^{2+} 촉매가 필요하다[H. Meerwein, E. Buchner, K. van Emster, *J. Prakt. Chem.*, [2] *152*, 237(1939)]

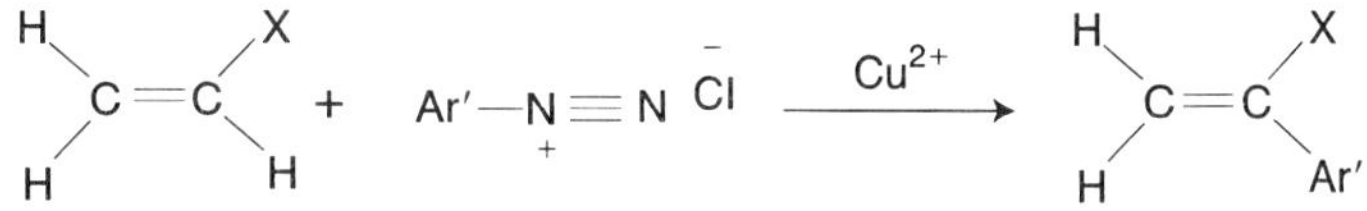

X = −COR, −CN, −Ar

그림 M-9 • Meerwein 아릴화 반응

Meerwein-Ponndorf-Verley reduction **Meerwein-Ponndorf-Verley 환원법.** 케톤의 카보닐 기를 알루미늄 아이소프로폭사이드(aluminum isopropoxide($Al[OCH(CH_3)_2]_3$))로 처리하여 알코올로 환원시키는 반응[H. Meerwein, R. Schmidt, *Ann.*, *444*, 221(1925); W. Ponndorf, *Angew. Chem.*, *39*, 138 (1926); A. Verley, *Bull. Soc. Chim., France*, [4] *37*, 537, 871 (1925)]

$$R_2C{=}O + Al[OCH(CH_3)_2]_3 \xrightarrow{H_3O^+} R_2HC-OH$$

그림 M-10 • Meerwein-Ponndorf-Verley 환원법

melting point (mp) **녹는점.** 물질의 고체상과 액체상이 주어진 압력 하에서 평형을 이루는 온도. 녹는 온도라고도 한다. 특히 압력이 1 atm일 때의 녹는점을 정상 녹는점이라고 한다.

Meisenheimer complex **Meisenheimer 착물.** 하나 이상의 전자를 당기는 치환기(할로젠 또는 나이트로기 등)가 있는 벤젠(benzene) 유도체가 친핵성 방향족 치환반응을 할 때 생기는 음이온 중간체를 말함. 이 중간체는 반응 중 음이온을 상실하고 방향족성을 회복한다.

Meisenheimer rearrangement — **Meisenheimer 자리옮김.** 삼차아민옥사이드(R_3N-O)가 *O,N,N*-삼치환 하이드록실아민(hydroxylamine, R_2N-OR)으로 되는 자리옮김반응[J. Meisenheimer, *Ber.* 52, 1667(1919)].

menaquinone (vitamin K2) (MK-n) — **멘나퀴논.** 테르펜(terpene) 곁가지에서 아이소프렌(isoprene) 단위의 수만 다른 메틸나프토퀴논(methylnaphthoquinone) 계열을 일컬음. 멘나퀴논은 식물 퀴논인 필로퀴논(phylloquinone)으로부터 생긴다.

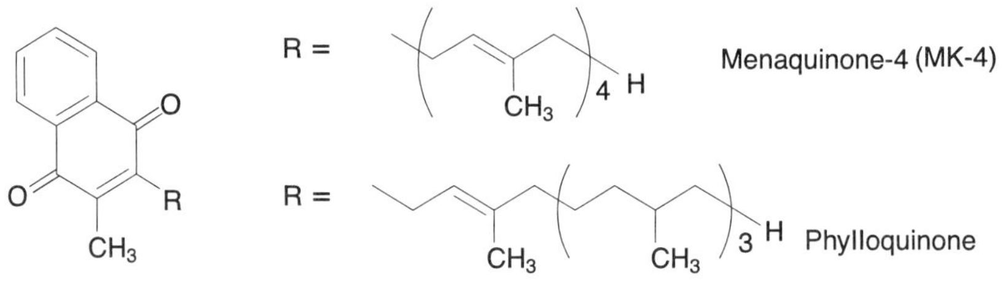

O O R CH3
R = CH3 4 H Menaquinone-4 (MK-4)
R = CH3 CH3 3 H Phylloquinone

그림 M-11 • Menaquinone과 phylloquinone의 구조

meniscus — **메니스커스.** 가는 관 속에 들어 있는 액체 표면에 형성되는 곡면.

MeO − group — **메톡시 기.** CH_3O-기의 약기호.

mercaptans — **메르캅탄류.** 일반식 RSH를 가지는 화합물류 thiol이라고도 한다.

Merrifield solid-phase synthesis — **Merrifield 고체상 합성.** 고분자 지지체를 이용하여 단계적으로 사슬을 확장하여 거대한 펩타이드를 합성하는 방법. 이 방법에는 여러 단계를 거친다[R. B. Merrifield, *J. Am. Chem. Soc. 85*, 2149(1963)]

meso — **메소.** 분자 내 두 개 또는 그 이상의 비대칭 중심을 가지고 있으나, 분자내의 대칭면이나 대칭 중심에 의해 광학적으로 활성이 나타내지 않는 부분입체이성질체. 메소 화합물은 물리적 및 화학적 성질이 다르다.

meso carbon atom — **메소 탄소 원자.** 다중 고리 방향족 화학종에서 세 고리 계의 중간에 있으면서 다른 고리에 접합되지 않은 고리를 말함. 예를 들어 안트라센(anthracene)의 9,10 탄소와 나프타센(naphthacene)의 5, 6, 11, 12-탄소 원자를 말한다.

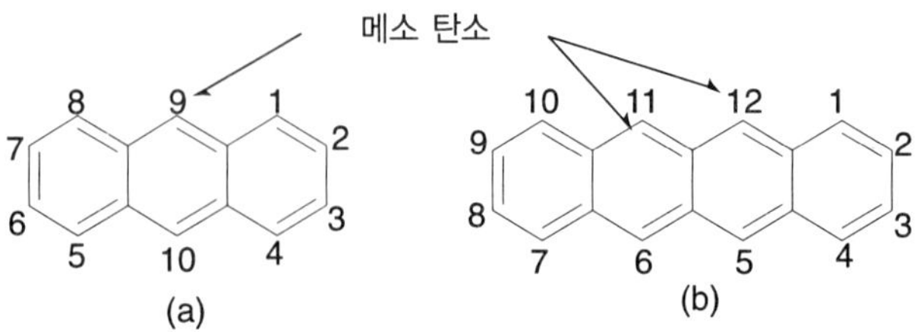

그림 M-12 • (a) Anthracene (b) naphthacene의 구조

mesophases **준결정상, 액정상, 이중상.** 액정분자에서 나타나는 안정한 상으로 결정성 고체에서부터 액체 상태까지에 걸쳐 나타난다.

meso-substitution **메소-치환.** 벤질자리에 치환반응이 일어나는 반응. 칼릭스아렌(calixarene) 등에서 관찰된다.

meta- **메타.** 벤젠(benzene)고리의 1,3-위치에 치환기 두 개가 결합된 유도체에 붙이는 접두사. 줄여서 *m*-으로 표시하기도 한다. 예로서 *m*-크시렌 (*m*-xylene)은 1,3-다이메틸벤젠(1,3-dimethylbenezene)이다, 1,2-이치환 유도체는 오르토(ortho-, *o*-), 그리고 1,4-이치환유도체는 파라(para-, *p*-)라는 접두사를 사용한다.

metabolism **대사.** 생체 내에서 원형질이 생성되고, 유지되고, 파괴되는 데 관련되는 물리적 및 화학적 변화와, 생체가 필요로 하는 에너지를 만들어내는 데 관여되는 반응들 모두를 대사라고 한다. 대사 과정에 생성되는 생성물 또는 중간물질들을 대사 물질(metabolite)이라고 한다. 동물의 경우에는 음식을 소화하는 과정에서 이러한 대사 물질들이 유도되며, 식물의 경우에는 외부로부터 공급되는 이산화탄소, 물, 그리고 일부 무기물로부터 대사 물질들이 유도된다. 대사는 합성 대사와 분해 대사들로 이루어지며, 이들은 대사 경로라고 하는 여러 반응 단계를 거쳐 일어난다. 예로서 Krebs 순환을 들 수 있다.

metabolite **대사 물질.** 대사 중에 생성되는 중간물질 또는 생성물을 말함.

meta director **메타 지향기.** 벤젠 고리 친전자성 치환반응에서 두 번째 치환기가 메타 위치로 치환되도록 하는 치환기. 즉, $-NO_2$, $-CN$ 및 $-COR$ 같은 전자를 끌어당기는 기들을 말한다. 이런 치환기가 벤젠 고리에 결합되어 있으면, 두 번째로 치환되는 기가 메타 위치로 치환되는 것이 중간체인 시그마(σ) 착물을 더 안정하게 함으로 메타 생성물을 주로 생성하게 한다.

metal cluster compound **금속 뭉치 화합물.** 금속-금속 결합에 의해 서로 잡혀 있는 금속들의 뭉치. 예로서 $[Co_4(CO)_{12}]$와 $[Fe_5(CO)_{15}C]$ 등이 있다.

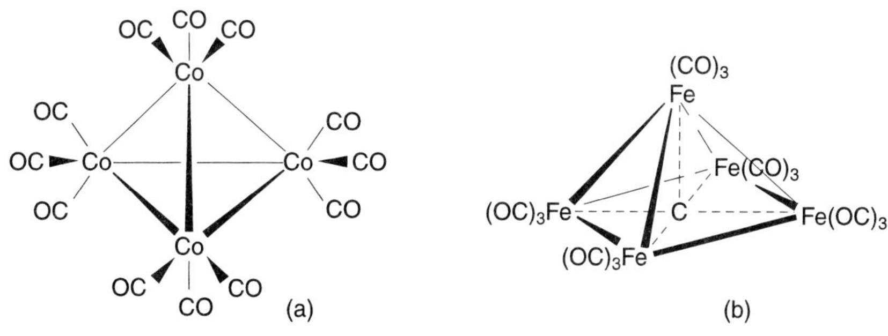

그림 M-13 • 금속 뭉치 화합물 (a) $[Co_4(CO)_{12}]$와 (b) $[Fe_5(CO)_{15}C]$의 구조

metallocene **메탈로센.** $[M(\eta^5\text{-}C_5H_5)_2]$의 구조식을 가지는 유기 금속 화합물의 계열이름. η5, (pentahapto로 발음함)는 페로센의 다섯 개의 탄소가 모두 동등하게 결합하고 있음을 나타낸다. 페로센(ferrocene)에서는 M이 Fe이다. 이 화합물에서는 금속이 π전자를 통해 배위되어 있다. 페로센을 보라.

Metamaterial **메타물질.** 자연에서 발견되지 않는 성질을 가진 인공합성물질.

metastable phase **준안정상.** 열역학적으로는 불안정하지만, 속도론적 이유 때문에 안정한 상으로 전이되지 못하는 상. 예로서 과열 액체나 과냉각 액체는 준안정상이다.

metathesis **상호 교환 반응.** 반응하는 두 화학종 간에 결합의 교환이 포함되는 반응. 예를 들어 AX + BY → AY + BX로 되는 반응을 말한다. 이때의 화학종은 이온이거나 공유결합물질이다. 이 부류의 반응으로 산-염기 중화반응, 용액의 침전반응, 산과 탄산염의 반응, 올레핀 상호 교환 반응 등을 들 수 있다.

(a) $HCl(aq) + NaOH(aq) \rightarrow NaCl(aq) + H_2O(l)$

(b) $AgNO_3(aq) + NaCl(aq) \rightarrow AgCl(s) + NaNO_3(aq)$
$2AgNO_3(aq) + CaCl_2(aq) \rightarrow 2AgCl(s) + Ca(NO_3)_2(aq)$

(c) $CH_3COOH(aq) + NaHCO_3(aq) \rightarrow CH_2COONa(aq) + CO_2(g) + H_2O(l)$

(d) $R^1R^2C{=}CR^3R^4 + R^5R^6C{=}CR^7R^8 \longrightarrow R^1R^2C{=}CR^5R^6 + R^3R^4C{=}CR^1R^1$

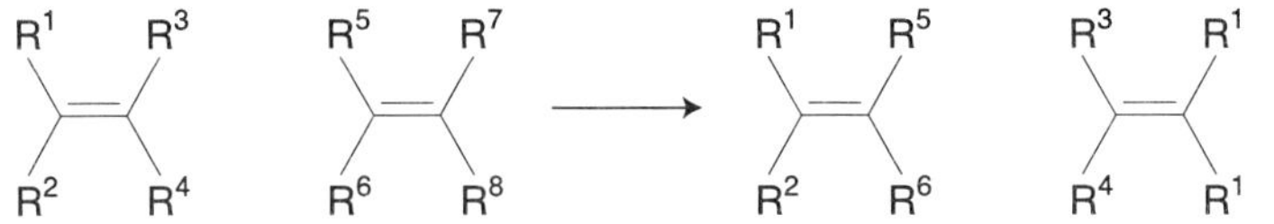

그림 M-14 • (a) 산-염기 반응 (b) 침전반응, (c) 산-탄산염 반응 및 (d) 올레핀의 상호 교환 반응

methanol synthesis **메탄올 합성.** 합성가스를 200~300 기압에서 산화 아연(zinc oxide)를 포함하는 chromium oxide 촉매와 300~400°C에서 반응시켜 메탄올을 합성하는 방법.

methine group **메틴 기.** 하나의 C−H에 이중결합 하나와 단일 결합 하나로 구성된 작용기를 말하며 주로 메테인(methane)으로부터 유도된다. 다르게는 methylidine 또는 methyne으로 부르기도 한다.

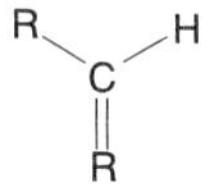

$R{-}CH{=}R$

그림 M-15 • Methine기의 구조

methoxy group **메톡시 기.** CH_3O-기의 이름.

methylation **메틸화(반응).** 분자 내에 메틸기 $-CH_3$를 첨가시키는 반응. 예로서 Friedel-Crafts 반응에서와 같이 수소 원자를 메틸기로 치환시키는 반응도 메틸화 반응의 한 예이다. 생체에서는 *S*-adenosylmethionine이 메틸화에 유용하게 사용된다.

methylene **메틸렌.** H_2C의 일반식을 가지는 가장 간단한 카르벤으로서, 반응성이 매우 높은 화합물. 카르벤을 보라. 화합물에 포함되어 있는 2가의 $-CH_2$-기 또는 $=CH_2$ 기를 메틸렌(methylene)기라고 한다. 예를 들어 CH_2Cl_2를 관용명에서는 methylene chloride라고 명명한다.

methyl group **메틸기.** $-CH_3$기의 이름.

methl orange **메틸오렌지.** 산-염기 지시약으로 사용되는 유기 염료. pH = 3.1 이하에서는 붉은색을 pH = 4.4 이상에서 노란색을 나타낸다.

Meyer synthesis **Meyer 합성.** 지방족 할라이드(RX)를 MNO_2(metal nitrite)와 반응시켜 RONO (alkyl nitrite)와 RNO_2(nitroalkane)을 합성하는 방법. 이 방법을 Victor-Myere synthesis라고도 한다[V. Meyer, O. Stuber, *Ber*. 5, 203(1872)].

Meyers aldehyde synthesis **Meyers 알데하이드 합성법.** 알킬하라이드(RX)를 2-lithiomethyl-tetrahydro-3-oxazine과 반응시키고 환원하여 가수분해시켜 알데하이드로 변환시키는 반응[A. I. Meyers, A. Nabeya, H. Adickes, I. Politzer, *J. Am. Chem. Soc.* 91, 763 (1969)].

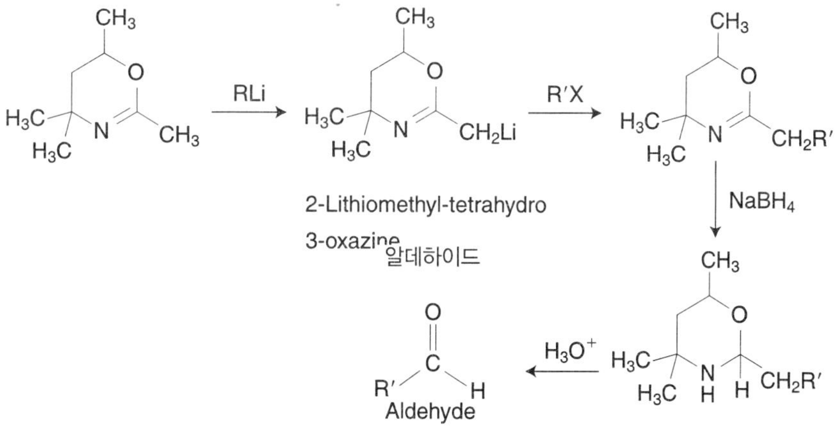

RLi
R′X
NaBH4
H_3O^+
2-Lithiomethyl-tetrahydro 3-oxazine
알데하이드
Aldehyde

그림 M-16 • Meyers 알데하이드 합성법

Meyer-Schuster rearrangement **Meyer-Schuster 자리옮김.** 치환된 프로파길릭 알코올(propargylic alcohol)이 산 촉매 자리옮김 반응을 하여 상응하는 α,β-불포화케톤(또는 알데하이드)를 생성하는 반응. 이 반응의 중간체는 알렌성 화학종(allenic species)이다[K. H. Myer, K. Schuster, *Ber*., 55, 819 (1922)].

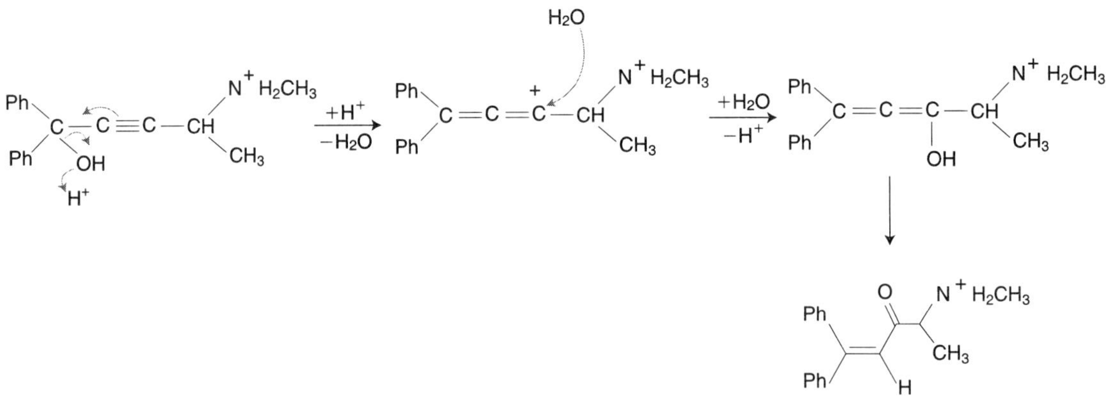

그림 M-17 • Meyer-Schuster 자리옮김

Michael addition (reaction) **Michael 첨가반응(반응).** 탄소 음이온이 전자가 부족한 C=C 결합에 첨가되는 반응. 이 경우의 이중결합은 일반적으로 콘쥬게이션된 이중결합이다. 이 반응에서 탄소 음이온을 제공하는 물질을 Michael 주개 물질이라고 하고, α, β-불포화카보닐 화합물을 Michael 받개라고 한다. 이 반응은 Michael reaction 또는 Michael condensation 이라고 하기도 한다[A. Michael, *J. Prakt. Chem.* [2] *35*, 349 (1887)].

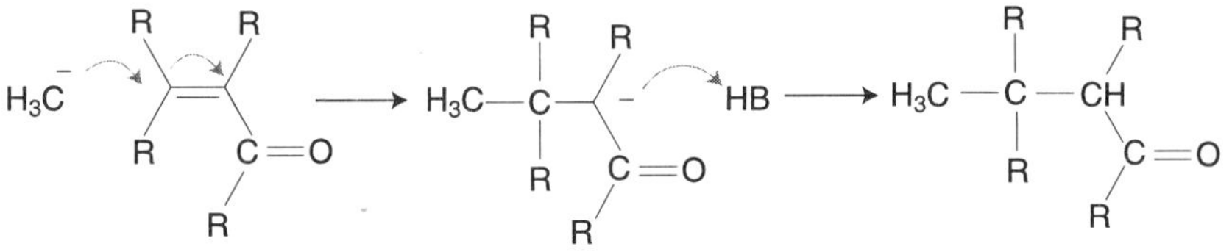

그림 M-18 • Michael 첨가반응의 한 예

Michaelis-Arbuzov reaction **Michaelis–Arbuzov 반응.** Arbuzov reaction을 보라.

micelle **마이셀.** 액체 콜로이드 속에 계면할성제 분자가 분산된 집합체. 비누나 세제 분자와 같이 긴 소수성기와 친수성기를 가지고 있는 분자들은 임계 마이셀 농도 이상의 농도에서 마이셀을 형성한다. 마이셀의 모양은 대략 구형이며 마이이셀 모양과 크기는 계면활성제 분자의 기하구조, 용액의 계면활성제 분자의 농도, 온도, pH 및 이온 세기에 의존한다.

micro- **마이크로.** 미터 제도에서 백만분의 1을 나타내는 접두사로서, 기호 μ로 나타낸다. 예로서 1μ는 10^{-6}m이다.

microscopic reversivility **미시적 가역성.** 반응의 평형에서 한 화학종이 출발물질의 생성물로 되는 중간물질이면, 생성물이 출발물질로 변환될 때도 정확히 동일한 화학종이 역반응의 중간물질이 된다는 사실을 말함. 즉, A ⇌ B ⇌ C의 평형 반응에서 A가 C로 변하는데 중간물질 B를 거쳐야 한다면, C가 A로 변환될 때도 반드시 B의 중간물질을 거쳐야 한다는 것이다.

microwaves **마이크로파.** 0.001~0.03m 사이의 파장을 갖는 전자기 복사파.

microwave spectroscopy **마이크로파 분광법.** 기체 분자의 회전에 의해 일어나는 전자기 복사선의 흡수 및 발광에대해 연구하는 분광법. 분자의 회전 전이는 전자기 스펙트럼의 마이크로파 영역에서 일어난다. Rotational spectroscopy라고도 한다.

Mignonac reaction **Mignonac 반응.** 알데하이드나 케톤을 Ni 촉매 존재 하에 액체 암모니아와 무수 에탄올(ethanol)속에서 반응시켜 아민으로 변환하는 반응[G. Mignonac, *Compt. Rend. 172*, 223(1921)].

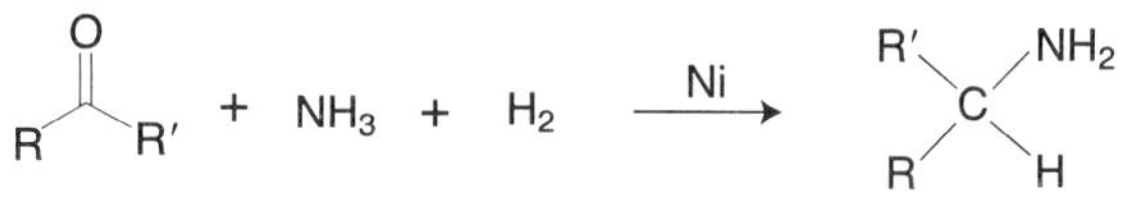

$$\mathrm{RC(=O)R'} + NH_3 + H_2 \xrightarrow{Ni} \mathrm{RR'CH(NH_2)}$$

그림 M-19 • Mignonac 반응

migratory aptitude **이동 용이도.** 반응 도중에 다른 원자나 원자단이 또 다른 원자나 원자단으로 변할 때 이들의 상대적인 속도를 비교할 때에 사용하는 용어. 이동 용이도는 반응 형태와 반응 조건의 함수 이다. 예를 들어 피나콜 자리옮김 반응에서 몇 가지 유도체의 이동 용이도는 *p*-methoxyphenyl(500), *p*-toyl(15.7), *m*-toyl(1.95), *m*-methoxyphenyl(1.6), phenyl(1,0) 및 *p*-chlorophenyl(0.66)이다. 즉 이 반응에서 전자를 주는 기는 유리하다.

Milas hydroxylation of olefin **Milas 올레핀 하이드록시화(반응).** 알켄을 과산화수소(hydrogen peroxide)와 오스뮴, 바나듐, 크로뮴과 같은 금속의 산화물 또는 빛 촉매 하에 반응시켜 시스-다이올(cis-diol)을 합성하는 반응[N. A. Milas, *et al. J. Am. Chem. Soc. 58*, 1302(1936)].

Millon's reagent **Millon's 시약:** 단백질을 검출하는데 사용되는 질산수은(II)과 아질산의 용액. 시료를 이 시약에 넣고 95°C에서 약 2분간 가열해 준다. 시료 속에 단백질이 들어 있을 때에는 적갈색 침전이 생긴다.

Mitsunobu reaction **Mitsunobu 반응.** 알코올을 Ph_3P(triphenylphosphine)과 diethyl azodicarboxylate (DEAD)를 이용하여 에스터 같은 다른 작용기 화합물로 변환하는 반응[O. Mitsunobu, Y. Yamada, *Bull. Chem. Soc. Japan, 40*, 2380-2382(1967)].

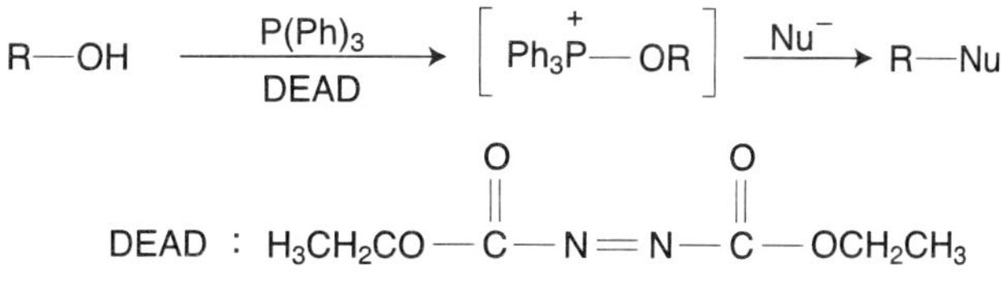

$$\mathrm{R{-}OH} \xrightarrow[\text{DEAD}]{P(Ph)_3} \left[Ph_3\overset{+}{P}{-}OR \right] \xrightarrow{Nu^-} \mathrm{R{-}Nu}$$

$$\text{DEAD : } H_3CH_2CO{-}C(=O){-}N{=}N{-}C(=O){-}OCH_2CH_3$$

그림 M-20 • Mitsunobu 반응 메커니즘

M

MK-4 **엠케이-4.** menaquinone-4의 약기호

MMT **엠엠티.** methylcyclopentadienylmanganesetricarbonyl의 약어.

Möbius aromaticity **Möbius 방향족성.** Möbius 방향족성은 1858년 Möbius와 Listing에 의해서 제안된 방향족성의 특별한 형태이다. MO이론에서 통상 Hukel의 방향족성과 반대되는 특성을 보이는 홀수 개의 다른 위상 겹침을 보이는 단일고리 배열을 이루는 화합물의 방향족성을 말함. 이계열중 가장 작은 화합물은 *trans*-benzene이고, 이런 화합물들이 자연에 존재하지는 않지만 Edger Heibronner(1964)은 이론적으로 [4n] 파이전자를 가지는 Möbius 방향족의 합성 가능성을 처음 제안하였고, 2003년에 Rainer Herges가 tetradehydrodianthracene으로부터 Möbius 방향족 화합물을 처음 합성하였다.

Möbius strip **Möbius 벗기기.** Möbius 방향족성을 설명하는 데 사용하는 계의 일종.

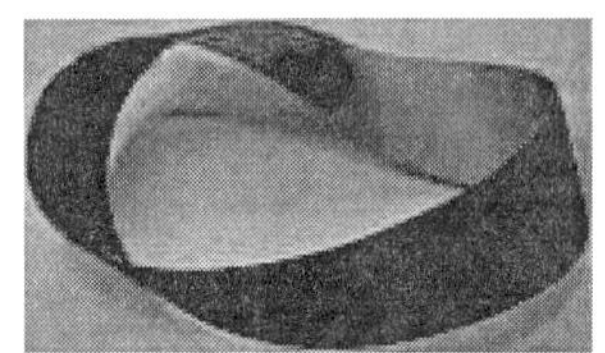

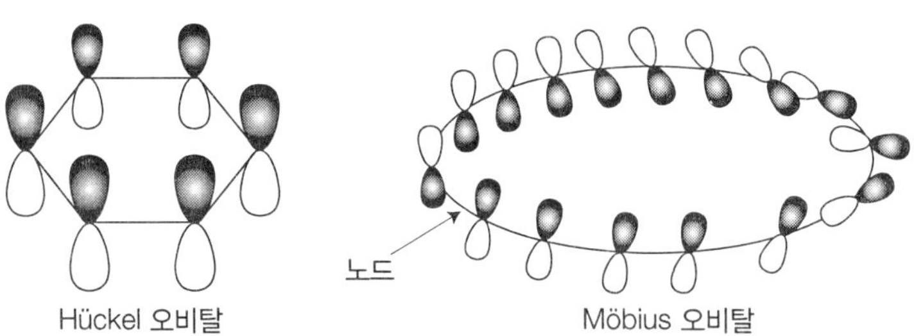

그림 M-21 • Möbius 방향족 구조 .

molal concentration **몰랄 농도.** 용매 kg 당 용질의 몰수로 나타내는 농도 단위.

molality **몰랄 농도.** 용매 질량으로 용질의 양을 나누어 나타내는 농도. 즉, mol/kg으로 나타내는 농도. molal concentration의 동의어.

molar absorption coefficient **몰흡수 계수, 몰흡광 계수.** Beer-Lambert 법칙을 보라.

molar concentration **몰농도.** 용매 1L 당 용질의 몰수로 나타내는 농도.

molar conductivity **몰 전도도.** 전해질 용질의 전도도를 전해질의 몰농도로 나눈 값을 말함. 즉, $\Lambda m = k/c$ 여기서 k는 측정한 전도도 이고 c는 전해질의 농도이다.

molarity **몰농도.** 용매 1L에 녹아 있는 용질의 몰수로 나타내는 농도. molar concentration 이라고도 한다. 즉 mol/L로 나타낸다.

molar mass **몰 질량.** 단위 몰 질량, 즉 1mol의 질량을 말한다. 예로서 1mol의 원자의 질량은 몰 원자 질량, 1mol의 분자의 질량은 몰 분자 질량이다. 몰 질량은 일반적으로 g/mol로 표시한다. 몰 질량은 물질마다 다르다.

molar volume **몰 부피.** 주어진 온도와 압력에서 어떤 물질 1mole이 점유하는 부피를 말함. 몰 부피(Vm)는 몰 질량(M)을 질량 밀도(ρ)로 나누어 얻는다. 즉, $V_m = M/\rho$이다

mole **몰.** 어떤 물질 Avogadro 수 ($6.022142 \times 10^{23}\ mol^{-1}$) 만큼을 1몰이라고 한다.

molecular exclusion chromatography **분자 배재 크로마토그래피.** gel permeation chromatography의 다른 이름.

molecularity **분자도.** 일 단계 원소 반응에서 포함되는 화학종의 수. 다단계 반응의 전체 반응을 설명할 경우에는 분자도라는 용어를 사용하지 않는다.
예를 들어 $A + B \rightarrow C \rightarrow D$의 2단계 반응에서 첫 단계에서의 분자도는 2(이분자 반응)이고 두 번째 단계의 분자도는 1(일분자 반응)이다.

molecular orbital energy diagram (MOED) **분자 오비탈 에너지 도표.** 원자 오비탈의 선형결합에 의한 분자 오비탈의 형성을 상대적인 에너지 준위 도표로 나타낸 그림.

molecular orbital (MO) **분자 오비탈.** 하나 이상의 원자들이 결합하여 만들어진 분자의 오비탈.

molecular beam **분자살.** 낮은 압력 하에서 원자, 분자, 또는 이온 등의 알맹이가 모두 같은 방향을 향하여 서로 거의 충돌하지 않고 날아가는 알맹이 흐름. 분자살은 기체나 증기를 좁은 구멍에 이어서 여러 개의 집속기를 통과시켜 진공화된 장치 속으로 날아 들어가도록 하여 만든다. 분자살은 속도 분포 폭이 좁으며, 경우에 따라서는 알맹이들이 특정한 내부 상태나 배향을 가지도록 할 수 있다. 표적과 충돌하여, 산란되는 알맹이들은 이온화시켜 탐지할 수도 있으며, 분광법으로 진동이나 회전 상태 변화를 알아낼 수도 있다.

molecular ion **분자 이온.** 질량 분석법에서 분자량을 측정하는 기준으로 사용하는 봉우리에 해당하는 이온 종을 말한다. 이 분자 이온은 중성분자로부터 하나의 전자만을 상실한 이온 종이다. 통상 M^+로 표기한다. 이 이온의 질량/전하 (m/z)의 비를 곧 시료 분자의 분자량이다. 이 봉우리를 어미 봉우리(parent peak)라고도 한다.

molecular isomerism **분자 이성질화.** 분자식은 동일하지만 물리적 화학적 성질이 다른 이성질체들의 성질.

이러한 차이는 분자 구조상의 차이에 기인한다. 구조 이성질현상, 입체 이성질현상, 거울상 이성질현상 등이 있다.

molecular mass **분자 질량.** 어떤 물질 한 분자의 질량. 보통 분자량이라고 부른다.

molecular refractivity **분자 굴절도.** refractive index를 보라.

molecular sieves **분자체.** 정교하고 일정한 크기의 다공성 물질을 말하며 기체나 액체의 흡수제로 사용한다. 알루미노실리케이트, 활성탄, 실리카 겔, 제올라이트, 기타 합성 유기물 등도 분자체로 사용된다.

molecular solid **분자 고체.** 독립된 단위의 분자들이 Van der Waals 힘과 같은 분자 간 상호 작용에 의해 뭉쳐 있는 고체.

molecular weight **분자량.** 분자를 구성하고 있는 원자 질량의 합. molecular mass를 보라.

molecule **분자.** 화합물의 성질을 유지하는 범위 내에서 최소 단위가 되는 알맹이. 공유 결합 화합물의 경우에는 분자가 물질에 따라 고유한 조성을 갖는 독립된 알맹이로서 존재하며, 성분 원자들이 공유 결합이나 배위 결합을 하고 있다.

mole fraction **몰분율.** 몰 분율(x_i)은 어 떤 한 성분의 양(η_i)을 혼합물의 모든 성분(n_{tot})으로 나눈 값을 말한다. 즉, $x_i = \eta_i/n_{tot}$이다.

molozonide **분자오존화물.** Harreis ozonolysis reaction를 보라.

monoatomic molecule **일원자 분자.** 아르곤(Ar)이나 헬륨(He) 등과 같이 하나의 원자로 이루어진 분자.

monobasic acid **일염기산, 1가산.** 산의 역할을 하는 수소 원자를 하나만 가지고 있는 산. 예로서 HCl와 HNO_3는 1가산이다.

monomer **단위체.** 이합체, 삼합체, 또는 고분자 중합체의 반복 단위가 되는 분자.

monosaccharide **단당류.** 묽은 산에 의해 더 이상 작은 단위로 가수분해되지 않는 탄수화물. 분자를 이루는 탄소 원자 수에 따라 3-탄소 당, 4-탄소 당, 5-탄소 당 등으로 분류한다. 그리고 이들이 알데하이드기와 케톤기 중 어느 것을 갖느냐에 따라 알도오스(aldose)와 케토오스(ketose)로 나뉜다. 예로서 알데하이드기를 가지고 있는 3-탄소 당은 알도트리오스(aldotriose), 케톤기를 가지고 있는 6-탄소 당은 케토헥소오스(keto-hexose)라고 한다. 알도오스와 케토오스를 환원당이라고 하는데, 이것은 이들 기가 산화되어 해당하는 산으로 되면서 환원 작용을 나타내기 때문이다.

monoterpene **모노터펜.** 아이소펜틸(isopentyl) 단위(C_5)를 두 개 가지는 터펜(C_{10})유.

mordant **매염제.** 매염 염색이라고 하는 염색 과정에서는 무기 산화물이나 염을 섬유에 먼저 흡착시킨 다음, 이 흡착된 물질과 반응하여 색을 나타내는 염료로 염색을 한다. 이와 같이 섬유에 먼저 흡착시키는 물질을 매염제라고 하며, 매염제와 반응하여 색을 나타내는 염료를 매염 염료라고 한다. 이때 나타나는 색은 같은 염료라 하더라도 매염제에 따라 다를 수 있다.

mRNA **전령 RNA.** messenger RNA의 약 기호. DNA로부터 단백질 합성이 일어나는 세포 속의 라이보솜으로 유전정보를 운반한다.

MTBE **엠티비이.** methyl *tert*-butyl ether의 약 기호.

multicenter bonding **다중심 결합.** 한 쌍의 전자가 두 개 이상의 원자에 포함되어 결합을 형성하는 결합을 말하며, 넓은 의미로는 비편재화결합에 해당한다. 즉 이 중심, 삼 중심 결합 등이 여기에 해당한다. 예를 들어 두 개 전자가 세 개의 원자와 결합하고 있는 경우 (3중심-2전자 결합)를 들 수 있다. B_2H_6에서의 B−H−B 결합이 그렇다.

Multi component reaction(MCR) **다중 성분 반응.** 세 개 또는 그 이상의 반응물이 반응하여 하나의 생성물을 생성하는 반응

multiple bond **다중 결합.** 두 원자가 두 개 이상의 전자쌍을 공유함으로써 형성된 결합. 이러한 결합에서는 시그마(σ) 결합이 일차적으로 큰 기여를 하고, 파이(π) 결합이 이차적인 기여를 한다.

multiplicity **다중도.** 원자 스펙트럼에서 다 전자 원자의 에너지 준위를 Russell-Saunders 결합으로 설명하는 데 이용되는 양으로서, 전체 전자스핀 양자수가 S일 때 2S + 1이 된다. S = 0이면 다중도는 1이 되며, S = 1이면 다중도는 3이 된다. 다중도가 1인 상태를 단일항 상태, 다중도가 3인 상태를 삼중항 상태라고 한다. 또 electron spin multiplicity를 보라.

mutarotation **변광회전(현상).** 하나의 순수한 거울상 이성질체 용액이 에피머화 반응이나 또는 구조적인 변화에 의해 광-활성도가 변하는 현상. 이때 평형에서 회전 값은 영(0)이 되지 않는다.

myoglobin **마이오글로빈.** 근육 조직 속에 산소 운반체로서 널리 퍼져 있는 구형 단백질. 단일 폴리펩티드 사슬과 헴(heme)기가 들어 있으며, 헴 기에 산소 분자가 가역적으로 결합된다. 마이오글로빈은 근육의 운동이 활발하여 산소 요구량이 혈액으로부터의 공급량을 초과할 때 산소를 내놓는다.

M

n+1 rule n + 1 **규칙:** 핵자기공명분광법(NMR)에서 이웃한 탄소 원자에 양성자가 n개 결합되어 있으면 신호가 n+1개로 갈라져 나타난다는 규칙. 이 규칙에 따라 갈라지는 스핀 다중도와 신호의 세기는 파스칼의 삼각형으로 예측가능하다. 아래에 n이 5개 까지의 다중도와 세기를 나타내었다. 즉 n = 5이면 신호가 6개 나타나며 각 신호의 세기는 1:5:10:10:5:1의 비로 나타난다.

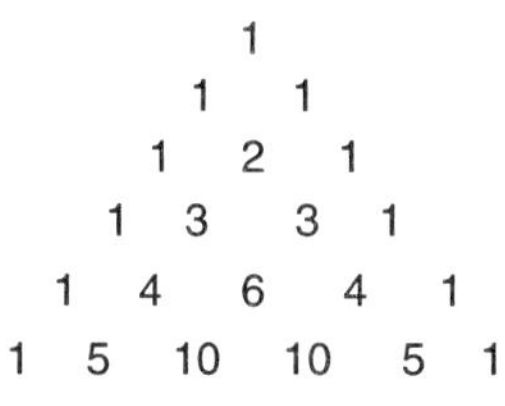

그림 N-1 • Pascal의 삼각형

NAD **니코틴아미드 아데닌 다이뉴클레오티드.** **N**icotineamide **A**denine **D**inucleoside의 약기호. 비타민 B 복합체 중의 니코틴산으로부터 유도되는 보조효소의 일종으로, 수소전달 보조효소이다. NAD는 양전하를 가지고 있으며, 1개의 양성자와 2개의 전자를 받아 환원상태의 NADH로 될 수 있다. 이 NADH는 식품의 산화 과정에서 생긴다. NADH는 전자 운반 사슬에 2개의 전자를 내주고(양성자와 함께) 다시 NAD^+로 되는데, 이 과정에서 하나의 NADH 분자 당 3개의 ATP 분자를 만들어낸다.

NAD에 하나의 인산기가 더 결합되어 있는 NADP, 즉 니코틴아미드 아데닌 다이뉴클레오티드 인산은 NAD와 비슷한 역할을 수행하는데, 이것은 합성 대사 과정에서 NADH 대신에 NADPH의 형태로 되어 양성자 주개의 역할을 한다. NAD와 NADP에 관여하는 효소는 서로 다르다.

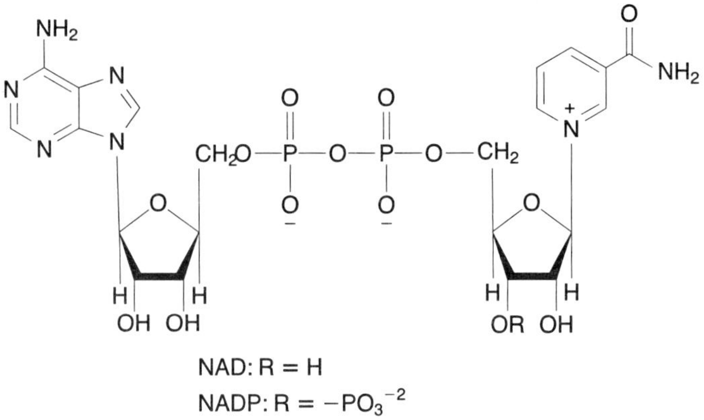

NAD: R = H

NADP: R = $-PO_3^{-2}$

그림 N-2 • NAD와 NADP의 구조

NADP

니코틴아미드 아데닌 다이뉴클레오티드인산. **N**icotineamide **A**denine **D**inucleoside **P**hosphate의 약기호. NAD를 보라.

Nametkin rearrangement

Nametkin 자리옮김반응. 캄펜 하이드로클로라이드(camphene hydrochloride)에서 CH_3기가 이동되어 엑소(exo) 이중결합이 형성되는 자리옮김으로 카보늄 이온 이동의 특별한 경우이다[S. S. Nametkin, *Ann. 432*, 207 (1923)].

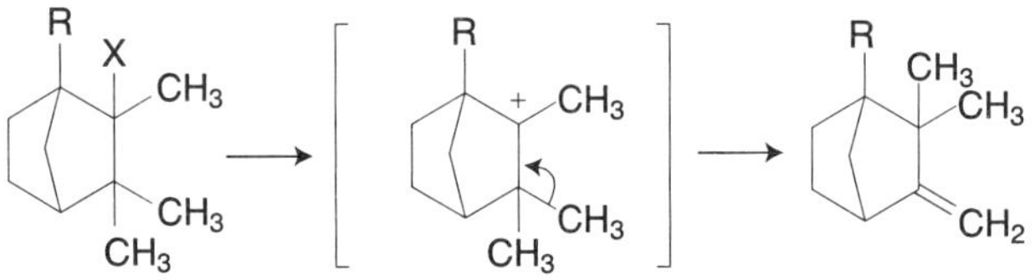

그림 N-3 • Nametkin 자리옮김반응

naphtha

나프타. (1) 석유, 콜타르, 혈암을 증류하여 얻는 끓는점이 낮은 탄화수소. (2) 150~200℃ 사이에서 나오는 석유의 증류분.

naphthalene

나프탈렌. $C_{10}H_8$. 흰색의 휘발성 고체로서, 좀약의 냄새를 갖는 방향족 탄화수소. 원유 속에 소량이 들어 있으며, 일부 합성수지의 원료 물질로 사용된다.

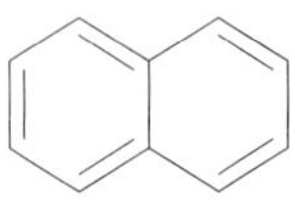

그림 N-4 • Naphthalene의 구조

naphthol

나프톨. $C_{10}H_7OH$. 나프탈렌의 수소 원자 하나가 −OH기로 치환된 화합물로서, α-와 β-의 두 가지 이성질체가 존재한다. 이 중에서 β-나프톨(naphthalene-2-ol)은 고무의 항산화제로 사용된다.

Natta process

Natta법. Ziegler-Natta 촉매를 이용한 중합체 합성 공정.

natural gas

천연 가스. 지각 속의 다공성 퇴적암 속에서 나오는 기체상 탄화수소들의 혼합물. 보통 천연 가스는 석유와 함께 나오는데, 주로 메테인(methane, 60~80%), 에테인(ethane, 5~9%), 프로페인(propane, 3~18%), 및 2~14%의 더 큰 분자의 탄화수소로 되어 있다. 또한 이산화탄소, 질소, 산소, 황화수소 등도 약간 들어 있다. 석유와 마찬가지로 천연 가스는 유기물이 분해되어 생긴 것으로, 연료로 사용되며, 에너지 함량이 900~1300 Btu SCF^{-1}에 해당한다.

natural product

천연물. 넓은 의미로 자연의 식물, 동물, 곤충 및 파충류 등 생물에서 얻는 물질을 일컫는 말.

Nazarov cyclization reaction

Nazarov 고리화반응. 다이바이닐(divinyl) 또는 아릴바이닐 케톤(allylvinyl ketone)의 산촉매 고리화반응. 이 고리화에서는 사이클로펜텐논(cyclopenteneone)이 형성된다[I. N. Nazarov, I. B. Torgov, L. N. Terekhova, *Izv. Akad. Nauk S.S.S.R., Otd. Khim. Nauk* 200 (1942)].

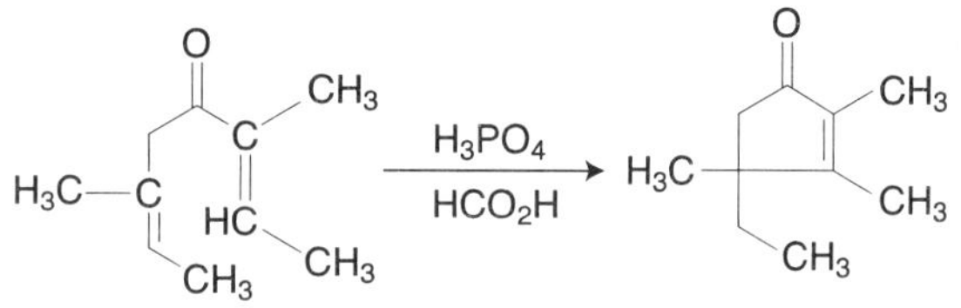

그림 N-5 • Nazarov 고리화반응

NBA

N-Bromoacetamide의 약기호.

NBS

N-Bromosuccinimide의 약기호.

NCS

N-Chlorosuccinimide의 약기호.

Neber rearrangement

Neber 자리옮김. 케톡심의 설폰산 에스터($R_2C{=}NOSO_2R$)를 KOEt로 처리하여 α-아미노 케톤[α-amino ketone, $RCH(NH_2)C({=}O)R$]을 합성하는 반응[P. W. Neber, A. v. Friedolsheim, *Ann. 449*, 109 (1926)].

Nef reaction

Nef 반응. 일차 또는 이차 나이트로파라핀(nitroparaffin)을 황산으로 처리하여 상응하는 알데하이드나 케톤을 만드는 반응[J. U. Nef, *Ann. 280*, 263 (1894)].

Nef synthesis

Nef 합성. 알데하이드나 케톤에 NaC≡CH를 첨가하여 아세틸렌카비놀[acetylenic carbinol, RR′(OH)C≡CH]을 합성하는 반응. [J. U. Nef, *Ann*, *308*, 281 (1899)]

neighboring-group mechanism

이웃-원자단 메커니즘. 반응자리 탄소 이웃에 (즉, 이탈기의 β-위치) 비 결합 전자쌍을 가지는 화합물의 반응이 예상 보다 반응속도가 빠르고 카이랄 탄소의 배열이 보존되는 반응의 메커니즘. 이 메커니즘은 기본적으로 두 번의 S_N2 메커니즘을 거친다.

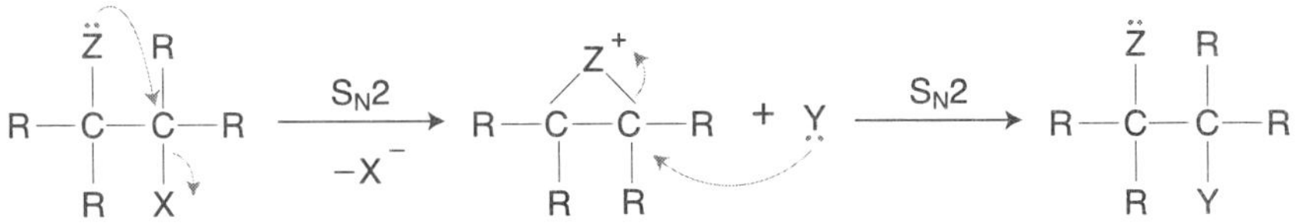

그림 N-6 • 이웃-원자단 메커니즘

Neighboring group participation **이웃 원자단 참여반응.** 분자 내의 어떤 원자단이 다른 작용기의 반응에 참여하는 반응. 이 반응 유형은 탄소 양이온으로 될 수 있는 탄소의 이웃 원자단이 비결합 전자쌍(RO−, RS− 등)이나 파이 전자를(불포화 결합) 포함하고 있는 원자단이 있는 화합물이 탄소 양이온이 포함되는 반응을 할 때에 가장 많이 관찰된다.

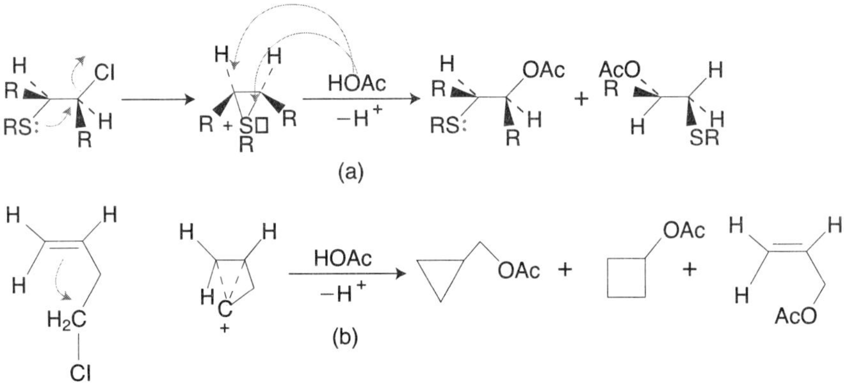

그림 N-7 • 이웃 원자단 참여반응 (a) 비결합 전자쌍 참여 반응 (b) 파이 전자 참여 반응

nematic mesophase **실모양 액정상, 네마틱 액정상.** 액정 분자가 스메틱 상태의 특성을 나타내지는 않지만 어느 정도 나란하게 배열된 상태의 액정상을 말한다.

Nenitzescu indole synthesis **Nenitzescu 인돌 합성법.** *p*-벤조퀴논 (*p*-benzoquinone)과 *β*-아미노아크릴릭 에스터 (*β*-aminoacrilic ester)를 축합시켜 5-하이드록시인돌(5-hydroxyindole)을 합성하는 반응[C. D. Nenitzescu, *Bull. Soc. Chim. Romania*, *11*, 37(1929)].

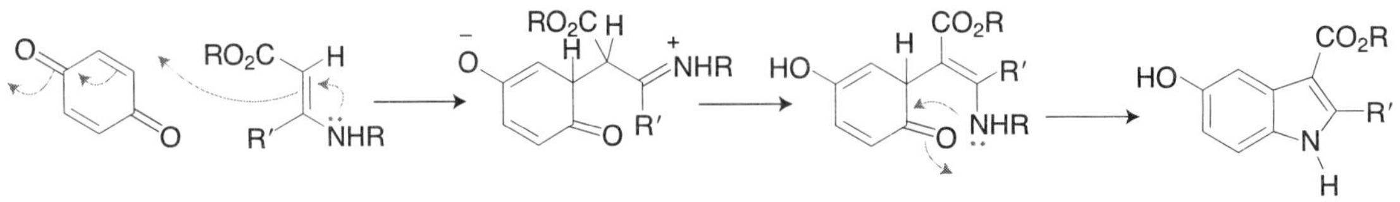

그림 N-8 • Nenitzescu 인돌 합성법

Nenitzescu reductive acylation **Nenitzescu 환원성 아실화(반응).** 고리알켄에 산 염화물(RCOCl)을 $AlCl_3$ 존재 하에 반응시켜 아실화 하는 반응. 이 반응은 5-원자 또는 6-원자 고리에서는 고리 크기에 변화가 없으나 7-원자 고리에서는 6-원자 고리로 고리가 축소된다[C. D. Nenitzescu, E. Cioranescu, *Ber. 69*, 1820(1936)].

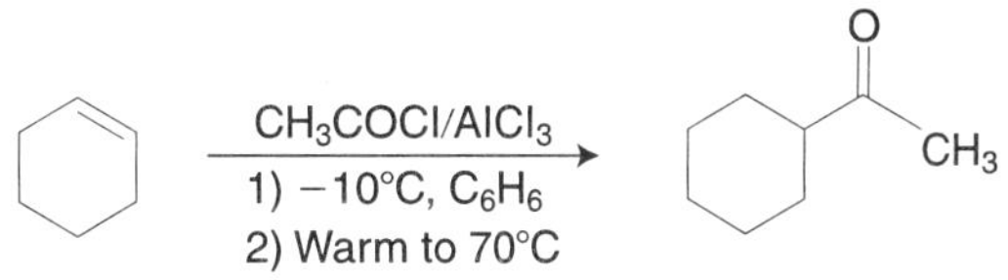

$$\text{cyclohexene} \xrightarrow[\text{1) } -10^\circ\text{C, } C_6H_6 \text{ 2) Warm to } 70^\circ\text{C}]{CH_3COCl/AlCl_3} \text{cyclohexyl}-C(=O)CH_3$$

그림 N-9 • Nenitzescu 환원성 아실화(반응)

neo- **네오.** $(CH_3)_3C-$라는 치환기가 있을 때 주로 사용하는 접두사. 예로 neopentane $[CH_3)_3CCH_3]$를 들 수 있다.

neoprene **네오프렌.** 2-클로로부타-1,3-디엔(2-chlorobuta-1,3-diene)을 중합시켜 만든 합성 고무. 화공 약품에 대한 저항이 높아 천연 고무 대용으로 자주 사용된다.

neutral specie **중성 화학종.** uncharged species의 동의어. 즉, 음전하 또는 양전하를 띄지 않은 화학종.

Newman projection **Newman 투영(도).** 탄소-탄소 결합 축을 통해 바라보는 방법으로 두 탄소 원자에 있는 결합 원자들의 공간 배열 관계를 나타내는 방식. 앞 탄소를 하나의 원으로 나타내고 앞 탄소에 결합된 3개 결합(그림의 H_a)은 원의 중심까지 연결된 선으로 나타내고 뒤 탄소의 결합(그림의 H_b)은 원 둘레까지만 선을 연결하여 나타낸다. 이때 앞 탄소의 결합과 뒤 탄소의 결합 간의 각을 이면각(dihedral angle)이라고 한다.

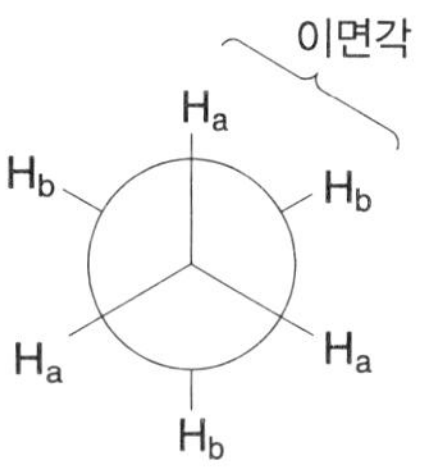

그림 N-10 • CH_3CH_3의 엇갈린 형태의 Newman 투영(도). H_a는 앞 탄소의 결합 수소이고 H_b는 뒤 탄소의 결합 수소이다

nicotinamide adenine dinucleotide **니코틴아마이드 아데닌 다이뉴클레오타이드.** NAD를 보라.

nicotinamide adenine dinucleotide phosphate **니코틴아마이드 아데닌 다이뉴클레오타이드 인산.** NADP를 보라.

nicotinic acid **니코틴산.** 바이타민 B 복합체 중의 한 성분 비타민. 이것은 동식물의 체내에서 트립토판(tryptophan, 아미노산의 일종)으로부터 만들어지며, 이것의 아마이드 유도체인 니코틴아마이드는 보조 효소 NAD와 NADP의 성분이다. Vitamin B complex를 보라.

nido-cluster

니도-뭉치. 새 집 모양의 거대 다면체 보레인(macropolyhedral borane)의 뭉치 화합물.

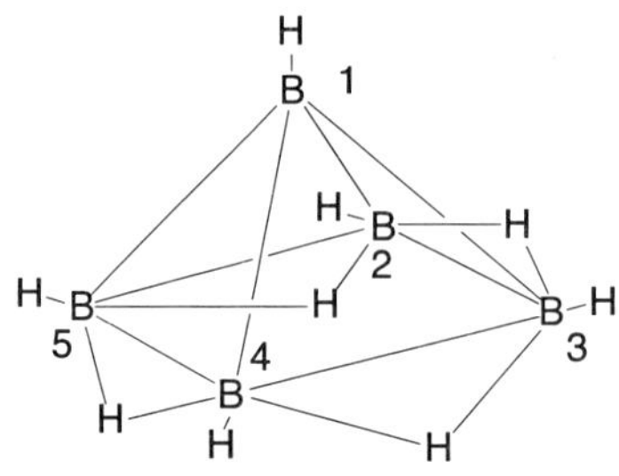

그림 N-11 • B_5H_9 니도-뭉치 구조

Niementowski quinazoline synthesis

Niementowski 퀴나졸린 합성. *o*-아미노벤조산(*o*-aminobenzoic acid, anthranilic acid)와 아마이드($RCONH_2$)를 고리화시켜 4-oxo-3,4-dihydroquinazoline을 합성하는 반응[S. v. Niementowski, *J. Prakt. Chem.* [2] *51*, 564(1895)].

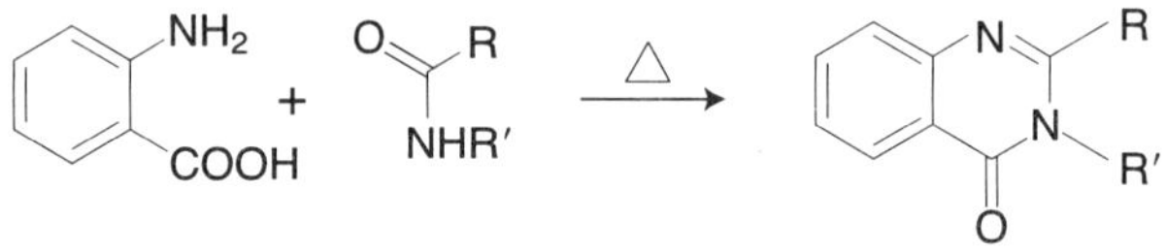

그림 N-12 • Niementowski 퀴나졸린 합성

Niementowski quinoline synthesis

Niementowski 퀴놀린 합성. *o*-아미노벤조산(*o*-aminobenzoic acid, anthranilic acid)과 카보닐 화합물(RCOR′)을 고리화시켜 γ-hydroquinoline을 합성하는 반응. [S. v. Niementowski, *Ber. 27*, 1394(1894)]

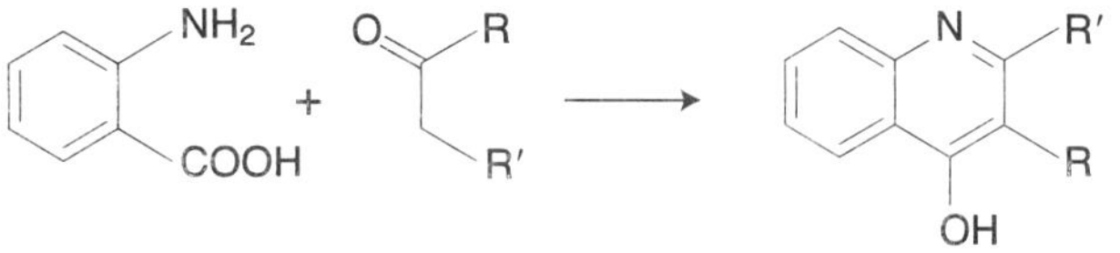

그림 N-13 • Niementowski 퀴놀린 합성

Nierenstein reaction

Nierenstein 반응. 다이조메테인(diazomethane, CH_2N_2)과 아로일 클로라이드(ArC(=O)Cl)를 반응시 ω-클로로아세토페논(ω-chloroacetophenone, ArC(=O)CH_2Cl)을 합성하는 반응[D. A. Clibbenz, M. Nierenstein, *J. Chem. Soc.*, 107, 1491(1915)].

NIH shift

NIH 이동. 알킬치환 방향족 화합물을 monooxygenase로 처리하여 아렌옥사이드(arenoxide)를 형성시키고 옥시란 고리 열림과 알킬기 자리옮김 반응이 일어나 페놀(phenol) 유도체를 만든다. 이 반응은 생체에서 널리 일어나며 NIH(National

Institute of Health)에서 발견하였으므로 NIH 이동이라고 부른다[G. Guroff, J. W. Daly, D. M. Jerina, J. Renson, B. Witkop, S. Underfriend, *Sicence*, *157*, 1524 (1967)].

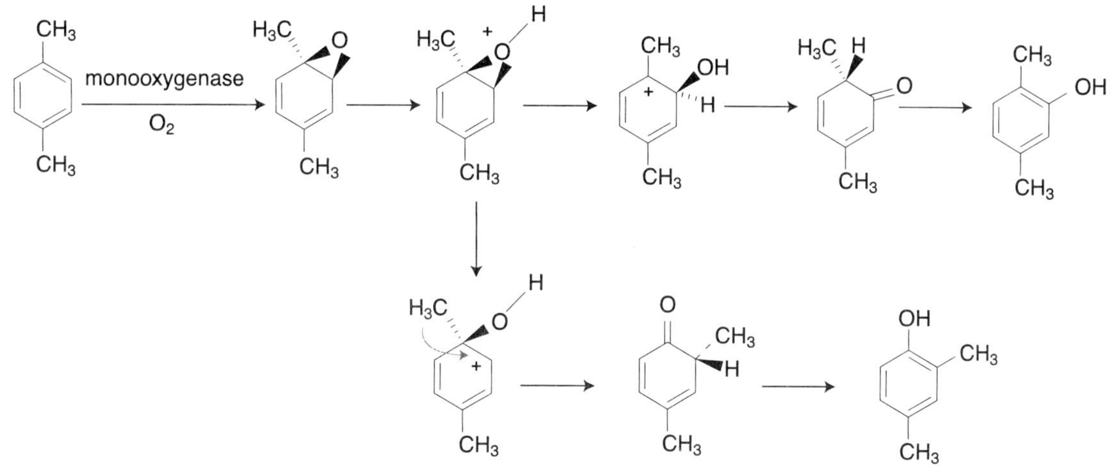

그림 N-14 • NIH 이동의 메커니즘

ninhydrin **닌하이드린.** 아미노산과 반응하여 푸른색을 나타내는 유기 화합물로서, 크로마토그래피에서 단백질 중의 아미노산 함량을 분석하는 데 사용된다.

nitration **나이트로화(반응).** 분자에 나이트로(NO_2)기를 첨가하거나 치환시키는 반응. 나이트로화 반응은 진한 질산과 황산의 혼합물을 이용하여 일으킬 수 있다.

nitrene **나이트렌.** 질소 원자가 1가이면서 전하를 띠지 않는 화학종으로 일반식 RN으로 나타내며 이 질소는 6개의 원자가 전자를 가지고 있어 전자가 부족한 화학종이다. 전자가 쌍을 이루는 단일항(singlet) 상태와 이중 라디칼로 된 삼중항(triplet) 상태가 있다. 예를 들어 페닐나이트렌(phenylnitrene)을 들 수 있다.

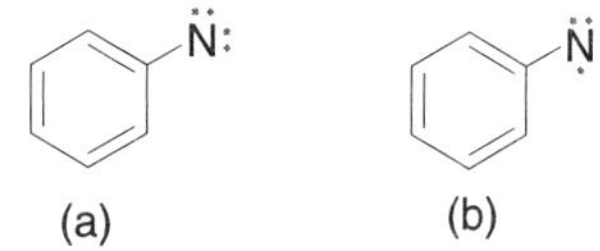

그림 N-15 • Phenylnitrene의 구조 (a) 단일항 상태, (b) 삼중항 상태

nitrenium ion **나이트레늄 이온.** 일반식으로 R_2N^+로 나타내며, 질소 원자가 양이온을 띠는 화학종 예를 들어 다이페닐나이트레늄(diphenylnitrenium) 이온을 들 수 있다. -enium ion은 질소, 산소 및 할로젠 같은 원자들이 양이온으로 존재할 때 붙이는 어미이다.

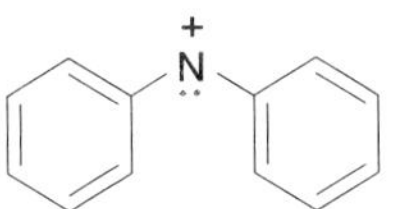

그림 N-16 • Diphenylnitrenium 이온의 구조

nitrification **질산화(반응) (질소화 작용).** 식물이나 동물의 배설물과 시체 속에 암모니아 등과 같은 형태로 들어 있는 질소가 박테리아에 의해 산화되어 1차적으로 아질산염으로 된 다음, 이어서 질산염으로 되는 화학 변화. 질산염은 식물의 뿌리에 의해 흡수 되며, 따라서 질산화 반응은 질소 순환 과정의 중요한 부분이다.

nitrile **나이트릴.** 일반식 R≡CN을 가지는 화학종의 계열 이름이다. 나이트릴은 가수분해하면 아마이드 중간체를 거쳐 카복실산으로 된다. 따라서 카복실산 유도체로 구분한다. 이 계열 화합물의 주 작용기인 −C≡N를 치환기로 명명할 때는 사이아노(cyano-)로 부른다. CH_3CN (acetonitrile)이 가장 간단한 나이트릴 화합물이다.

nitro compound **나이트로 화합물.** 탄소 원자에 나이트로(NO_2)기가 결합되어 있는 유기 화합물. 이 화합물들은 나이트로화 반응에 의해 만들 수 있으며, 환원시키면 방향족 아민으로 된다. 예로서 나이트로벤젠(nitrobenzene)은 페닐아민(phenylamine, aniline)으로 환원시킬 수 있다.

nitrogen anion (nitranion) **질소 음이온.** 질소 원자가 두 개의 전자쌍을 가지고 있어 음이온으로 되는 화학종. 예를 들어 $NaNH_2$의 질소 원자가 여기에 해당한다. nitranion이라는 용어는 자주 사용되지 않지만 체계적인 명명에서 사용된다.

nitrogenous base **질소성 염기.** 질소 원자가 들어 있는 염기성 화합물. 질소성 염기는 주로 핵산의 성분인 아데닌(adenine), 구아닌(guanine), 사이토신(cytosine), 및 사이민(thymine) 등과 같은 고리 화합물을 지칭한다.

nitrogen rule **질소규칙.** 질소를 포함한 화합물의 질량분석 스펙트럼에서 홀수 개의 질소 원자를 포함하는 분자는 홀수 값의 분자 이온 m/z를 나타내며, 영(zero)를 포함한 짝수 개의 질소를 가지면 짝수의 분자 이온 m/z를 나타낸다는 규칙.

nitrone **나이트론.** RCH=N(−O)R의 일반식을 가지는 화학종의 계열 이름이다. 즉 Schiff 염기(RCH=NR)의 질소 원자에 하나의 산소가 결합된 화학종이다. (*E*)-ethylidenemethylazone oxide를 들 수 있다.

그림 N-17 • (*E*)-Ethylidenemethylazone oxide의 구조

nitronium ion **나이트로늄 이온.** NO_2^+ 이온 또는 nitrylion이라고 한다.

nitroparaffin **나이트로파라핀.** nitromethane(CH_3NO_2)이나 1-nitropropane($CH_3CH_2CHNO_2$) 같이 극성이 매우 크고 끓는점이 높은 나이트로(NO_2)기를 포함하는 지방족 화합물.

nitrosamine **나이트로소아민.** RR′NN=O의 일반식으로 표현되는 발암성 화합물들. 이 일반식에서 R과 R′은 가능한 모든 구조의 유기 기들이다. 이 화합물들은 담배 연기의 성분으로서 폐, 간 및 신장 등의 생체 기관에 암을 유발시키는 것으로 알려져 있다. 가장 간단한 나이트로소아민은 R과 R′이 모두 메틸기인 다이메틸나이트로소아민이다.

nitrosation **나이트로소화(반응).** −NO기를 도입하거나 이 치환기로 치환시키는 반응.

nitroso compound **나이트로소 화합물.** −NO기를 포함하는 화학종.

nitrosonium ion **나이트로소늄 이온.** NO^+ 이온.

nitryl ion **나이트릴 이온.** NO_2^+. 질산과 황산의 혼합물이나, 질산 속에 산화질소가 녹아 있는 용액 속에 들어 있는 양이온. $NO_2^+ClO_4^-$와 같은 나이트릴염이 분리되기는 하지만, 반응성이 매우 높은 불안정한 이온이다. 이 이온은 유기 화학에서 나이트로화 반응을 일으키기 위해 즉석에서 만들어 사용한다.

NMR **n**uclear **m**agnetic **r**esonance의 약기호.

nodal point **마디점.** 어떤 파에서 파의 방향이 변하는 위치.

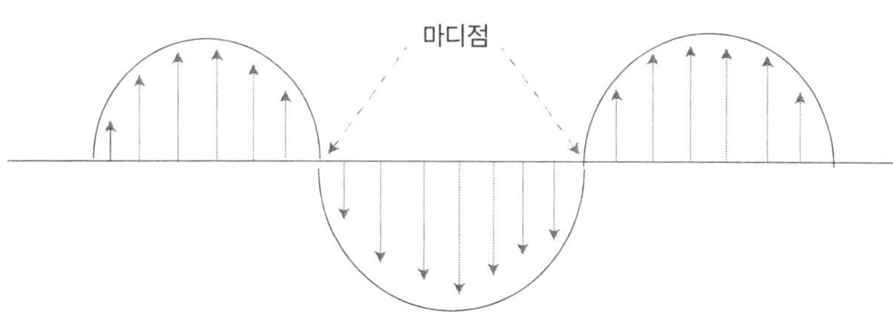

그림 N-18 • 정류 파의 예

normal alkane **노말 알케인.** 직선-사슬 알케인의 다른 이름. 약기호로 *n*−을 사용한다. strait-chain alkane이라고도 한다.

Normant reagent **Normant 시약.** 바이닐마그네슘 할라이드(vinylmagnesium halide, R_2C=CRMgX)를 말함. 이 시약은 전형적인 Grignard 시약처럼 거동한다[H. Normant, *Compt. Rend., 240*, 214(1955)].

nonaromatic **비방향족.** 방향족 또는 반방향족이 되기 위한 네 개의 조건 중 하나 이상의 조건이 결여된 화합물. 예를 들어 1,3-cyclohexadiene이 그 예이다.

nonalternant hydrocarbon **비교대 탄화수소.** 홀수의 콘쥬게이션 고리를 포함하고 있는 탄화수소. 예로 아줄렌(azulene), 풀벤(fulvene) 및 풀루란텐(fluoranthene) 등을 들 수 있다. 이런 화합물에서는 분자 내 각 탄소들의 성질이 다르다.

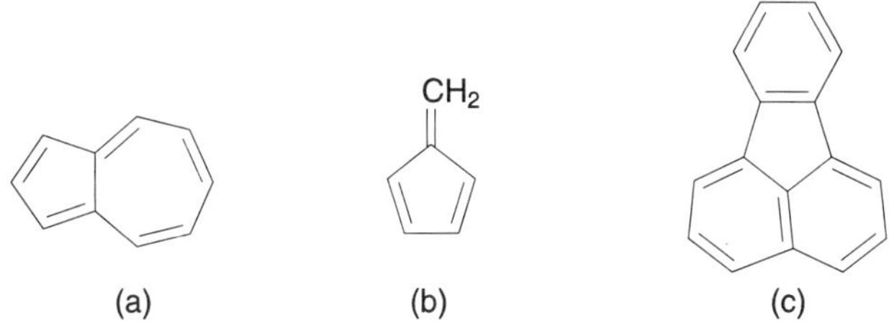

그림 N-19 • (a) azulene, (b) fulvene, (c) fluoranthene

nonbenzenoid aromatic compound **비벤젠-방향족 화합물.** 공명 안정화 또는 방향족성을 가지지만 벤젠고리가 아닌 다른 고리를 가지고 있는 방향족 화합물. 예로서 사이클로펜타다이엔일(cyclopentadienyl) 음이온 $C_5H_5^-$와 트로필륨(tropylium) 양이온 $C_7H_7^-$등을 들 수 있다.

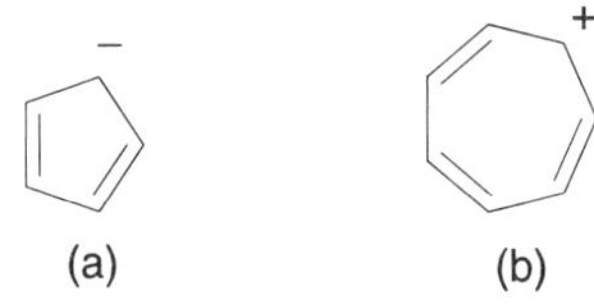

그림 N-20 • 비벤젠 방향족의 예: (a) cyclopentadienyl 음이온. (b) tropylium 양이온의 구조

non-bonding atomic orbital **비결합 원자 오비탈.** 고립전자쌍이 점유하고 있는 원자 오비탈로, 점유되었을 때 두 인접 원자 사이의 결합 오비탈이나 반결합 오비탈이 되지 않는 분자 오비탈.

non-bonding molecular orbital **비결합 분자 오비탈.** 결합에 관여하지 않는 전자들이 점유하고 있는 분자 오비탈. 예를 들어 물 분자 산소의 두 개 고립전자쌍은 비결합 sp^3 오비탈에 점유되어 있다.

nonclassical cation **비고전 양이온.** 전하가 닫힌 다중심 결합(closed multicenter bonding)에 비편재화된 양이온. 예로서 놀보닐(norbonyl) 양이온 (a)을 들 수 있다. 이 양이온을 두 공명구조 (b)로 그릴 수 있으나 실제는 혼성구조 (c)와 같을 것이다. C-6 탄소는 5가이고, C-1과 C-2 는 4가 탄소 이다.

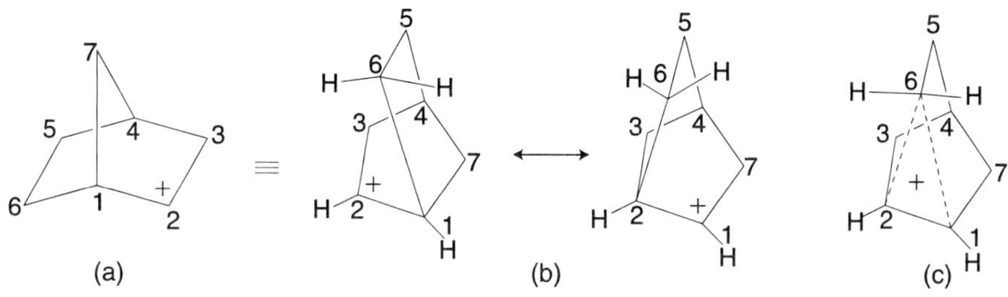

그림 N-21 ◦ (a) Norbonyl 구조와 (b) 공명 구조 및 (c) 혼성 구조

nonequivalent hybrid atomic orbital **비동등 혼성 원자 오비탈.** 오비탈의 혼성에서 사용되는 원자 오비탈이 각기 다른 양으로 사용되어 혼성 오비탈을 형성한 원자 오비탈. 즉, *2s* 와 *2p* 오비탈이 혼성을 할 때 *2p* 오비탈이 더 많이 사용되고 *2s* 오비탈이 더 적게 혼성하는 경우를 말한다. 예를 들어 *s* 오비탈과 p_z 오비탈의 혼성에서 한 혼성 오비탈에는 52.8%($sp^{1.12}$)의 *p* 오비탈이 사용되고 다른 혼성 오비탈에는 47.2%($sp^{0.89}$)의 *p* 오비탈이 사용될 수 있다. 이런 화합물이 CO이다. CO에서는 산소와 결합한 탄소의 *sp* 혼성 오비탈은 다른 탄소의 *sp* 오비탈에서 보다 *p* 오비탈이 더 많이 사용된다.

non-competetive inhibition **비경쟁 방해.** 저해재가 효소의 활성을 저해하는 효소 방해의 한 유형. 자세히 말하면 어떤 효소 저해제가 효소와 효소–기질 복합체 둘 다에 대해 동일한 친화력을 가지는 저해제의 효소 방해 반응을 말한다.

non-nucleophilic base **비친핵성 염기.** 입체장애가 커서 친핵성이 좋지 못한 염기를 말함. 예를 들어 potassium *tert*-butoxide($KOC(CH_3)_3$)가 그 예이다.

nonpolar compound **무극성 화합물.** 영구 쌍극자 모멘트를 가지고 있지 않은 공유 결합 분자로 이루어진 물질. CO_2, CH_4 및 벤젠(benzene) 등은 무극성 화합물이다.

nonreducing sugar **비환원당.** 용액에서 알데하이드나 케톤기를 가지는 당. 이런 당들은 Maillard 반응과 Benedict 반응에서 환원제로 작용할 수 없으므로 이렇게 부른다.

nor- **놀-.** 유기 분자 골격구조에서 하나의 원자가 제거된 것을 표현 할 때 사용하는 접두사. 예로서 19-nortestosterone은 testosterone의 C-19 methyl기가 없다.

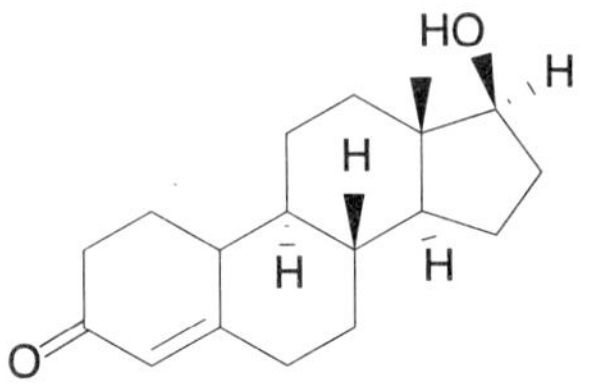

그림 N-22 ● 19-Norsteroid의 구조

normal isotope effect **정상 동위원소 효과.** 가벼운 동위원소의 반응속도가 무거운 동위원소의 반응 속도보다 빠른 동위원소 효과를 말하며 보통 kinetic isotope effect라고 한다.

Norrish type I cleavage **Norrish 분해 반응 I 형태.** 카보닐 기의 산소 원자 n오비탈과 π*오비탈로부터 균일 분해가 일어나 아실(acyl) 라디칼과 알킬 라디칼로 분해되는 분해반응 형태로 고리 케톤의 고리 분해반응에서 발견된다[R. G. W. Norrish, C. H. Bamford, *Nature*, *138*, 1016 (1936); *140*, 195 (1937)].

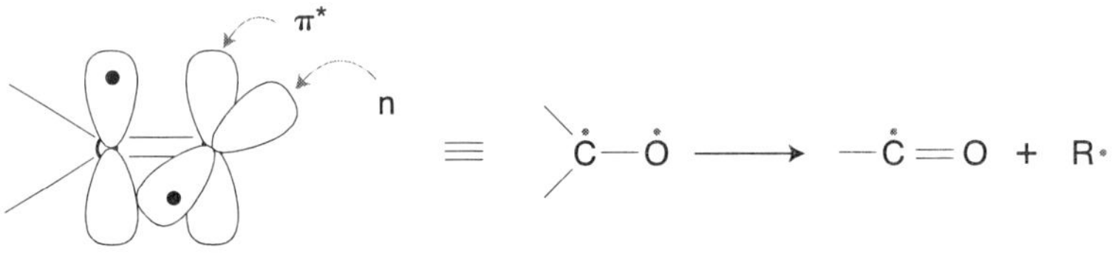

그림 N-23 ● Norrish 분해반응 I 형태의 메커니즘

Norrish type II cleavage **Norrish 분해 반응 II 형태:** 카보닐 기의 산소 원자 n오비탈과 π*오비탈로부터 균일 분해가 일어나 아실(acyl) 라디칼과 알킬 라디칼로 분해되는 Norrish 분해반응 I 형태가 카보닐기의 γ-수소와 반응하여 알킬기가 제거되는 형태의 분해반응이다. 예로서 페닐 *n*-프로필 케톤 (phenyl *n*-propyl ketone)이 아세토페논(acetophenone)과 에텐(ethene)으로 분해되는 반응을 들 수 있다. 메커니즘은 McLafferty 분해반응과 유사하다[R. G. W. Norrish, C. H. Bamford, *Nature*, *138*, 1016(1936); 140, 195 (1937)].

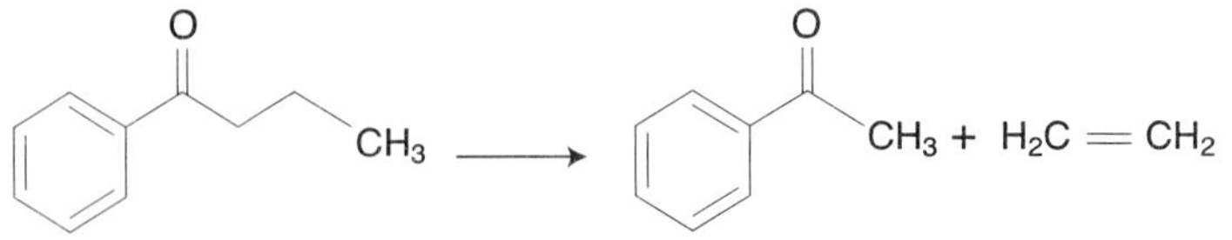

그림 N-24 ● phenyl *n*-propyl ketone의 Norrish 분해반응 II 형태의 분해

***N*-terminal amino acid** ***N*-말단 아미노산.** 펩타이드의 왼편 말단에 있는 아미노산. 이 아미노산은 치환되지 않은 amino($-NH_2$)기를 가진다.

nuclear magnetic moment **핵자기 모멘트.** nuclear magnetic resonance를 보라.

nuclear magnetic resonance (NMR)

핵자기 공명. 스핀을 갖는 핵은 외부 자기장 속에서 세차운동을 하여 스핀이 반대로 변할 수 있다. 이때 스핀이 회전에 필요한 각운동량(Larmor의 세차 진동수)과 동일한 외부 에너지를 흡수하게 되며, 이런 현상을 공명이라고한다. 이 공명에 필요한 파장을 측정하여 해당 원자핵에 대한 물질 내의 자기적 조건을 측정할 수 있다. 핵자기공명은 분자의 물리 · 화학 · 전기적 성질을 알아내기 위한 분자 분광법의 일종으로 사용된다. 핵자기공명 분광법(NMR)이 대표적인 기기이며, 또한 자기 공명 영상법(MRI)도 이 기본 원리를 이용한 것이다. 핵자기공명은 양자 컴퓨터를 개발하기 위한 기술로도 사용되고 있다.

nuclear magnetic resonance spectroscopy (NMR)

핵자기 공명 분광법. 핵자기 공명 원리를 이용하여 화합물 특히 유기화합물의 분자 구조 정보를 얻는 분광법. 핵에 공명을 일으키기 위해 외부 자기장을 쪼이면 핵 주위의 전자로부터 기인하는 유도자기장이 외부 자기장이 핵에 도달하는 것을 방해하게 되는 가려막기효과(shielding effect)가 생긴다. 이런 가려막기 효과는 전적으로 핵 주우이의 전자 밀도에 의존하므로 특정 핵 의 가려막기 정도는 주변 원자들의 전기음성도에 영향을 받는다. 이런 가려막기 효과의 차이를 기준 물질인 tetramethylsilane(TMS)의 가려막기 효과의 차이로 측정하여 분자의 구조적 정보를 얻을 수 있다. 핵들은 같은 분자 속에서도 화학적 환경이 서로 다르기 때문에, 공명을 일으키는 진동수가 조금씩 다르게 나타난다. 따라서 자기성 핵을 갖는 분자를 자기장에 노출시키면서 고주파 영역 전자기복사선의 공명 흡수 진동수를 측정하면 화학적 이동을 보여주는 스펙트럼을 얻을 수 있다. 또한 자기성 핵들은 같은 분자 속의 이웃 치환기 속에 들어 있는 자기성 핵과 스핀-스핀 상호 작용을 일으키며, 이 결과로 신호가 일정한 유형으로 갈라지는데 이를 스핀-스핀 갈라짐 현상이라고 한다. NMR분광법을 이용하면 유기분자의 탄소 골격, 이웃한 탄소들의 양성자 수를 알 수 있어, 구조분석, 혼합물 정량 등 다양하게 이용되고 있다. 가장 흔히 사용되는 핵이 ^{1}H와 ^{13}C이고 ^{2}H, ^{10}B, ^{11}B, ^{14}N, ^{15}N, ^{17}O, ^{19}F, ^{23}Na, ^{29}Si, ^{31}P, ^{35}Cl, ^{113}Cd, ^{129}Xe, ^{195}Pt 등도 고성능 NMR에서 이용되고 있다. 최근에는 다차원 NMR, 고체 NMR 등을 찍을 수 있는 다양한 NMR이 개발 시판되고 있다.

nuclear Overhauser effect

핵 Overhauser 효과. 핵자기 공명에서 공명 신호 세기를 증가시키는데 이용 하는 효과로서, 여기서 한 핵종의 전형적인 Boltzmann 분포에 따른 상태들 사이의 큰 개체 수 분포차를 스핀 완화 과정을 이용하여 다른 핵종으로 넘어가도록 하여 후자의 공명 신호 세기를 증가시킨다. 예로서 C-13 핵을 양성자와 결합시키면 C-13의 공명 신호 세기가 거의 3배로 증가한다.

nuclear quadrupole resonance spectroscopy (NQR)

핵사중극자 공명 분광법. NMR과 관련된 화학분석용 분광법. NMR과는 달리 NQR은 정지 자기장이 없는 환경에서 수행한다. NMR에서는 핵스핀 ≥ 1/2인 핵들을 이용한다. 반대로. NQR에서는 핵스핀 ≥ 1인 ^{14}N, ^{35}Cl and ^{63}Cu 등은 전기장에서 분리되는 전기적 사중극자 모멘트를 가진다. 많은 NQR 전이 진동수는 온도에 의존한다.

nuclear spin **핵스핀.** 핵스핀은 핵의 기본적인 특성이며, 핵의 알짜 내부 각운동량이다. 핵스핀은 NMR에서 매우 중요하며 핵의 붕괴 및 반응 등에서도 중요하다.

nucleofuge **핵배척 이탈기.** 친핵성 치환반응 또는 분자의 남아 있는 부분에 결합된 결합에서 전자쌍을 가지고 이탈되는 치환반응에서의 이탈기를 말함.

nucleophilicity **친핵성.** 친핵체의 상대적인 반응성. 일반적으로 친핵성도는 주기율표에서 아래로 갈수록 즉 원자번호가 증가 할수록 증가한다. 동일한 공격 원자를 가지는 친핵체의 경우는 염기도가 증가하면 친핵성도 증가하고 용매화가 커지면 따라서 감소한다. 친핵성도의 상대적인 크기는 반응조건과 기질에 따라 다르나, 전형적인 순서는 $RS^- > R_3P > I^- > CN^- > R_3N > RO^- > Br^- > PhO^- > Cl^- > RCO_2^- > F^- > CH_3OH > H_2O$이다.

nucleophile **친핵체.** 문자적으로는 "핵을 좋아하는"(nucleous loving)이라는 의미이다. Lewis 염기처럼 전자쌍 주게를 말함. 즉, 상대방 분자의 전자 밀도가 낮은 부분에 전자를 제공할 수 있는 원자와 이온이나 분자. 예로서 OH^-와 H_2O 등을 들 수 있다.

nucleophilic acyl substitution **친핵성 아실치환반응.** 카복실 유도체가 친핵체와 하는 치환반응. 이 반응의 결과는 친핵체에 아실기가 도입된 생성물을 얻는다.

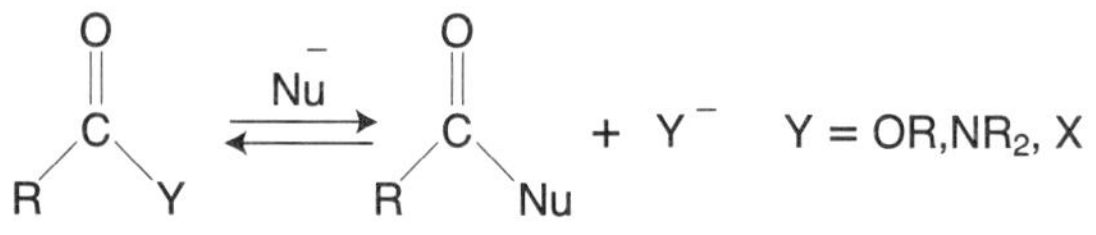

$$R\text{-}C(=O)\text{-}Y \xrightleftharpoons{Nu^-} R\text{-}C(=O)\text{-}Nu + Y^- \qquad Y = OR, NR_2, X$$

그림 N-25 • 친핵성 아실치환반응

nucleophilic addition **친핵성 첨가(반응).** 친핵체가 상대방 분자의 전자 밀도가 낮은 부분을 공격함으로써 시작되는 첨가반응. 알데히드와 케톤은 카르보닐기의 편극(탄소가 양으로) 때문에 이러한 친핵성 첨가 반응을 일으킨다.

nucleophilic substitution **친핵성 치환(반응).** 분자 속의 원자단이나 원자가 다른 친핵체에 의해 치환되는 반응. 친핵성 치환반응은 S_N1(Nucleophilic Substitution monomolecule)과 S_N2(Nucleophilic Substitution bimolecule)의 두 메커니즘에 따라 일어날 수 있다. 예로서 친핵체인 OH^- 이온이 치환되어 들어가는 다음과 같은 반응은 S_N2 반응이다.

$$CH_3Cl + OH^- \rightarrow CH_3OH + Cl^-$$

S_N1 메커니즘에서는 다음과 같이 우선 카보늄 이온이 형성된다.

$$C(CH_3)_3Cl \rightarrow C(CH_3)_3^+ + Cl^-$$

이어서 이 카보늄 이온이 친핵체와 반응한다.

$$C(CH_3)_3^+ + OH^- \rightarrow C(CH_3)_3OH$$

카보늄 이온은 평면 구조를 가지고 있으므로, OH^-는 이평면을 상하 어느 쪽에서나 공격할 수 있다. 따라서 3개의 R기가 모두 다를 경우에는 좌선상과 우선성인 광 활성 물질이 똑같이 들어 있는 라세미 혼합물이 최종적으로 생성된다. 한편 S_N2 메커니즘에 의하면, OH^-가 Cl 원자의 반대쪽으로부터 접근하며, 이와 동시에 Cl 원자가 멀어져간다. 즉 이분자 반응이 일어난다. 결과적으로 이 분자는 우산살을 뒤집어 놓은 것과 같은 형태의 생성물을 만드는데, 이러한 효과를 Walden 반전이라고 한다. 이러한 반전으로 인해 원래의 분자가 광 활성을 가지고 있을 경우에 반대 방향의 광 활성을 갖는 분자가 생기게 된다.

nucleoside **뉴클레오사이드.** 라이보오스(ribose)나 데옥시라이보오스(deoxyribose)와 같은 당이 퓨린 purine이나 피리미딘(pyrimidine)과 같은 헤테로 염기 분자와 결합된 화합물 계열. 이런 화합물은 DNA 및 RNA의 기본 골격을 이루는 화합물들이다. 예로서 아데노신(adenosine)이 있다.

nucleotide **뉴클레오타이드.** 뉴클레오사이드에 인산기가 결합된 화합물 계열. DNA와 RNA는 뉴클레오타이드들이 중합된 긴 사슬(폴리-뉴클레오타이드)이다.

Nujol® **누졸.** 유동 파라핀. 적외선 분광기에 고체 시료를 반죽할 때 주로 사용하는 물질의 상품 명.

number-average molecular weight **수평균 분자량.** 고분자의 구성 분자의 수로 계산한 분자량. 예를 들어 폴리에틸렌(polyethylene) 5합체(분자량: 28 × 5 = 140) 4몰과 10합체 (분자량:10 × 28= 280) 9몰로 되어 있다. 이 폴리에틸렌의 수평균분자량은 [4(5 × 28) 9 + 9 (10 × /28)] 13 = 237이다. 이 수평균 분자량은 분자량이 적은 화학종의 퍼센트에 따라 민감하게 변한다.

nylon **나일론.** 한 분자의 아미노기와 다른 분자의 카복시기를 축합 중합시켜 만든 폴리아마이드계 중합 고분자. 나일론-6($[NH(CH_2)_5CO]_n$), 나일론-6,6($[NH(CH_2)_6NHCO(CH_2)_4CO]_n$), 및 나일론-6,10 ($[NH(CH_2)_6NHCO(CH_2)_8CO]_n$) 등 여러 종류가 있으며, 이들의 분자 질량은 12000~15000 정도이다. 나일론-6은 6-아미노헥산산(6-aminohexanoic acid)의 중합체, 나일론-6,6은 헥산디산(hexanedioic acid)과 1,6-디아미노헥세인 1,6-diaminohexane 사이의 공중합체, 그리고 나일론-6,10은 1,6-디아미노헥세인(1,6-diaminohexane)과 데카디산(decanedioic acid)사이의 공중합체이다. 일반적으로 나일론은 인장 강도가 높고, 내굴곡성이 크며, 가볍고, 염색성이 뛰어나 의복, 어망, 타이어 코드 등으로 널리 사용되고 있다.

o- ortho- 위치를 나타내는 약기호.

octane number **옥테인값.** 가솔린 내연 기관의 노킹 억제 정도를 나타내는 수치. 시험대상 가솔린과 동일한 노킹 억제 효과를 나타내는 *iso*-옥테인($(CH_3)_3CCH_2CH(CH_3)_2$, 옥테인값 = 100)와 *n*-헵테인(*n*-heptane, 옥테인값 = 0)의 혼합물 속에 들어 있는 *iso*-옥테인의 부피 백분률을 이용하여 60부터 100까지로 나타낸다.

octet rule **팔전자 규칙.** 원자의 최외각 전자가 8개(ns^2np^6)를 이루면 안정하다는 규칙.

olefin **올레핀류.** C=C 결합을 하나이상 포함하고 있는 알켄의 동의어

olefin metathe sis **올레핀 상호 교환(반응).** 두 올레핀 사이에서 RCH=C(aklylidene)기의 교환을 포함하는 반응. 이 반응은 전이금속 착물에 의해 촉매화된다. 이 반응은 *trans*-alkylidenation 또는 dismutation reaction이라고도 한다.

$$R-\underset{H}{C}=\underset{H}{C}-R + R'-\underset{H}{C}=\underset{H}{C}-R' \rightleftharpoons 2\ \ R-\underset{H}{C}=\underset{H}{C}-R'$$

그림 O-1 • 올레핀 상호 교환 반응

oligomer **소중합체.** 약 20개 미만의 단위체들로 이루어진 중합체. 예로서 올리고당, 올리고뉴클레오타이드, 올리고펩타이드 등을 들 수 있다.

oligopeptide **올리고펩타이드.** 두 개 또는 세 개 이상 10개 미만의 아미노산들로 구성된 펩타이드류.

oligosaccharide **과당, 올리고당, 사카라이드.** 두 개부터 여덟개 당 단위체로 구성된 당류를 말함. Oligose라고도 한다.

onium ion **오늄 이온.** 헤테로원자가 양이온을 가지는 화합물 이름의 어미. 예를 들면 tetraethylammonium 이온, triethyloxonium 이온 및 diphenyliodonium 이온 등이 있다.

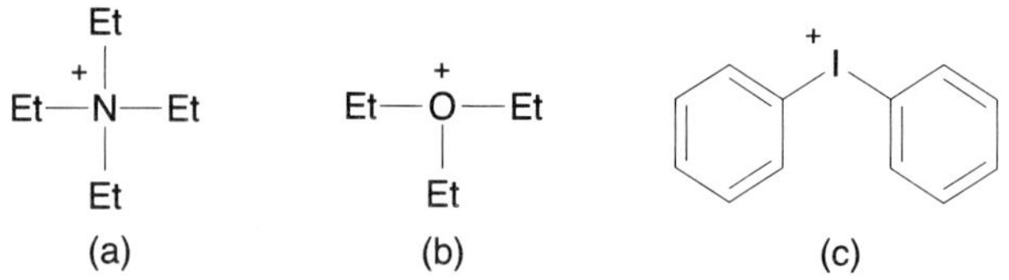

Et—N^+(Et)—Et (a) Et—O^+(Et)—Et (b) Ph_2I^+ (c)

그림 O-2 • (a) Tetraethylammonium 이온, (b) triethyloxonium 이온 및 (c) diphenyliodonium 이온의 구조

Oppenauer oxidation

Oppenauer 산화. 이차 알코올을 aluminum alkoxide 촉매로 산화반응을 시켜 상응하는 케톤으로 변환하는 반응이다. 이 반응은 Meerwein-Ponndorf-Verley 환원 반응의 역반응이다. 특히 이 반응은 알릴 알코올(allyl alcohol)을 α,β-불포화 케톤으로 변환하는데 유용한 반응이다[R. V. Oppenaur, *Rec. Trav. Chim. Pays-Bas, 56,* 137 (1937)].

$$R_2CHOH + Al[OC(CH_3)_3]_3 \rightleftharpoons HOC(CH_3)_3 + R_2CHO\text{-}Al[OC(CH_3)_3]_2$$

$$(CH_3)_2C{=}O + R_2CHO\text{-}Al[OC(CH_3)_3]_2 \rightleftharpoons [(H_3C)_3CO]_2Al(OCHR_2)(O{=}C(CH_3)_2)$$

$$\rightleftharpoons [(H_3C)_3CO]_2Al(O{=}CR_2)(OCH(CH_3)_2) \rightleftharpoons R_2C{=}O + Al[OC(CH_3)_3]_2$$

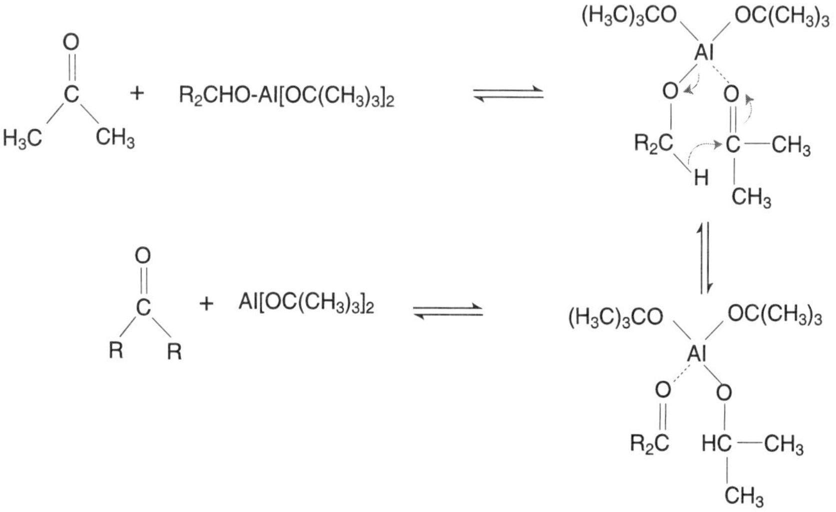

그림 O-3 • Oppenauer 산화의 메커니즘

optical activity

광학 활성도. 비대칭 탄소를 가지고 있는 어떤 분자에 면편광 빛을 쪼이면 시료를 통과해 나올 때 편광면이 회전되는 성질. “optical acitive” 라는 용어를 “chiral” (카이랄성)로 혼용해서 사용한다. 광학 활성도를 나타내는 분자들은 대칭면을 갖지 않는다. 하나의 탄소 원자가 네 개의 다른 작용기와 결합하고 있는 유기 화합물들이 이러한 예인데, 이러한 화합물들을 카이랄성 화합물이라고 하며, 비대칭 중심이 되는 탄소 원자를 카이랄 중심이라고 한다, 이 현상은 시료 분자가 비대칭이어서 서로 거울상이 되는 두 이성질체로 존재할 수 있기 때문에 나타나는 현상이다. 이 중 한 거울상 이성질체는 편광면을 왼쪽으로 회전시키고, 다른 이성질체는 편광면을 오른쪽으로 회전시킨다. 시료가 빛살을 오른쪽으로 회전시키면 우선성이라고 하며, *d* 또는 (+)로 표시를 이름에 덧 부친다. 또한 시료가 빛살을 왼쪽으로 회전시키면 좌선

성이라고 하며, *l* 또는 (−)의 표시를 이름에 덧 부쳐 표시한다. 두 이성질체가 같은 양으로 들어 있는 시료는 광학 활성도를 나타내지 않는데, 이러한 혼합물을 라세미 혼합물이라고 한다. 라세미 혼합물은 *dl* 또는 (±)의 표지를 붙인다. 비대칭 원자를 두 개 이상 갖는 분자는 그 일부가 나머지 부분과 거울상이 되는 메조(meso-)형 화합물을 만들 수 있는데, 이러한 화합물은 광학 활성도가 나타나지 않는다.

자연계의 많은 화합물들이 광학 활성도를 나타내는데, 특이하게도 한 가지 이성질체들만이 존재한다. 예로서 포도당은 우선성을 갖는 것만이 자연계에 존재하며, 그것의 거울상 이성질체는 실험실에서 합성될 뿐이다. 이들 카이랄성 분자들의 구조에 대해서는 절대 배열을 보라.

optical antipode **광학 이성질체.** 거울상 이성질체(enantiomer)의 동의어.

optical isomer **광학 이성질체.** 비대칭 중심을 가지고 있는 분자는 서로 거울상이 되는 두 이성질체를 만들 수 있다. 이러한 두 이성질체를 광학 이성질체라고 한다.

optical purity **광학 순도.** *d,l*-쌍 또는 *d,l*-혼합물에서 한 거울상 이성질체의 순도를 나타내는 값. 광학 순도는 다음 식으로 나타낼 수 있다. 예를 들어, 75%의 *d* 이성질체와 25%의 *l* 이성질체로 된 혼합물의 광학 순도는 (2 × 75) − 100 = 50%이다.

$$\text{광학 순도} = 2(\text{과량으로 있는 광학이성질체의 \%}) - 100$$

optical rotation **광회전.** 편광이 광학활성 물질을 통과할 때 회전된 편광의 각. 이 각은 편광계로 측정한다.

optical stability **광학 안정도.** 주어진 조건에서 순수한 거울상이성질체의 라세미화에 대한 저항 정도. 광학 안정도가 높을수록 라세미화가 잘 일어나지 않는다.

optical yield **광수득률.** 순수한 거울상 이성질체의 반응으로부터 생성되는 생성물의 광학적 순도를 말함. 화학적 생성물 수득률과는 관계가 없다.

orbital **오비탈.** 원자나 분자에 전자가 점유된 공간 또는 파동함수.

order of reaction **반응 차수.** 반응 속도에 영향을 주는 반응물의 농도로 측정하여 나타내는 수로 지수로 나타낸다. 즉 아래 속도 식에서 반응물 A에 대해서는 1차 반응이고 반응물 B에 대해서는 2차 반응이라고 말한다.

$$\text{반응 속도} = k\,[A]^1[B]^2$$

organoborane **유기보레인.** 일반식 $(RO)_3B$, $(RO)_2B(OH)$, 및 $ROB(OH)_2$ 등의 $B(OH)_3$(boric acid)의 에스터 류의 계열 이름. 예를 들어, $B(OEt)_3$, $B(OH)(OEt)_2$ 및 $B(OH)_2$ (OEt)를 들 수 있다.

O

organometal carbene 유기금속 카르벤. 일반식으로 M=CR$_2$ 식으로 표현할 수 있는 금속 원자가 결합된 2가 탄소화합물(carbene). 예로서 크로뮴 카르벤 착물을 들 수 있다.

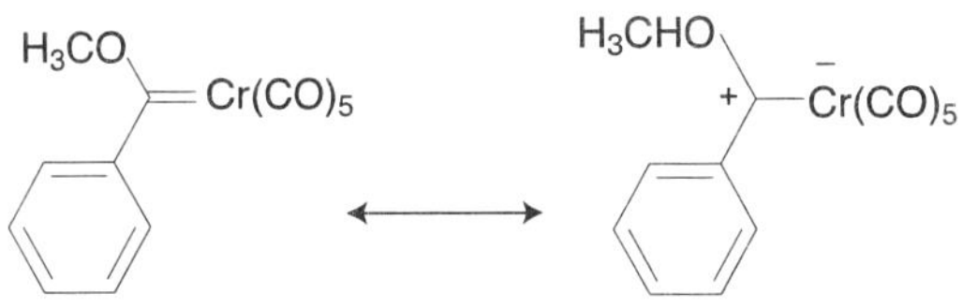

그림 O-4 ◦ 크로뮴 카르벤 착물의 공명구조

organometal carbyne 유기금속 카빈. 일반식 M≡C−R을 가지는 금속과 1가 탄소가 결합한 화합물 계열. 예로서 Br(CO)$_4$W≡CPh 등을 들 수 있다.

organometallic compound 유기금속 화합물. 유기 화합물의 하나 또는 그 이상의 탄소 원자에 금속이 직접 결합되어 있는 화합물. 유기금속 화합물은 알킬리튬(alkyl lithium, RLi)에서와 같이 금속과 탄소 원자가 단일 결합을 이루고 있는 것도 있지만, 착물이나 메탈로센(metallocene)에서와 같이 이중 결합의 π 전자가 금속과 결합되기도 한다.

organometallic π complex 유기금속 파이 착물. 착물을 이루는 중심 금속 원자의 오비탈과 최소한 하나의 파이 전자계가 겹쳐지는 리간드를 포함하고 있는 유기금속 착물. 예를 들면, 금속의 빈 오비탈에 알켄의 파이 전자가 채워져 시그마 결합을 만들거나[그림 (a)], 또는 금속의 *d* 오비탈에 리간드의 반결합 오비탈과 겹쳐져 *d*-π* 역결합(back bonding)을 형성하는 경우[그림 (b)]를 들 수 있다.

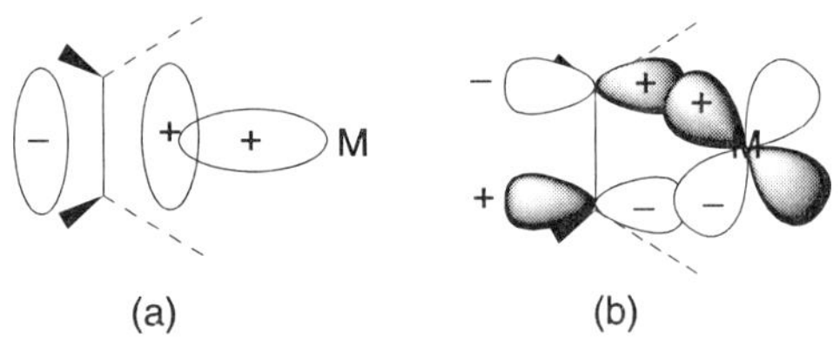

그림 O-5 ◦ (a) 파이 착물의 시그마 결합 형성. (b) *d*-π* 역결합 형성

organophosphorus compound 유기인 화합물. 인(P)에 최소한 하나 이상의 알킬기 또는 아릴기가 결합된 화학종.

organosulfur compound 유기황 화합물. 탄소와 황을 함께 포함하고 있는 화학종.

orientation effect 배향효과. 방향족 화합물에서 반응물에 이미 존재하는 치환기가 다음에 도입되는 치환기의 도입 위치에 영향을 미치는 효과.

orlon 오를론. 85%의 CH$_2$CHCN(vinyl cyanide)와 다른 바이닐 단위체로 구성된 아크릴

섬유의 한 종류. 다르게는 acnian, creslan으로 부르기도 함.

ortho- **오쏘-.** 벤젠 고리의 1,2-위치에 두 치환기가 들어간 벤젠(benzene) 화합물에 붙이는 접두사. 줄여서 o-로 나타낸다, 한편 1,3-위치에 두 치환기가 들어간 것을 메타(meta-, *m*-), 그리고 1,4-위치에 들어간 것은 파라(para-, *p*-)라고 한다.

orthoester **오쏘에스터.** 일반식 $RC(OR)_3$을 가지는 화학종. 예를 들어 $HC(OCH_2CH_3)_3$ (ethyl orthoformate)를 들 수 있다.

orthohydrogene **오쏘수소.** 수소 분자의 두 핵이 평행스핀을 갖는 수소 분자를 일컫는 용어. 반대로 두 양성자 핵스핀이 서로 반대인 수소는 파라수소(parahydrogen)이라고 한다.

ortho-para director **오쏘-파라 지향기.** 벤젠의 친전자성 치환반응에서 치환기를 가진 벤젠 유도체가 반응을 할때 벤젠 고리에 이미 치환된 치환기에 의해 두 번째 치환되는 치환기가 오쏘- 또는 파라-위치로 치환되도록 하는 치환기를 말함. 예를 들어 전자를 밀어주는 알킬(R)기, 하이드록시(OH)기, 아미노(NH_2)기, 알콕시(RO)기 등이 여기에 해당한다.

orthogonal orbital **직교 오비탈.** 오비탈이 서로 수직으로 있는 두 오비탈을 말하며, 이 두 오비탈의 겹침(시그마 결합 형성을 위한)은 항상 "0"이 되며 이것은 파이 결합을 형성할 수 있다는 것을 의미한다.

orthonormal orbital **직교정규 오비탈.** 정상오비탈과 직교 오비탈로 이루어진 오비탈의 한 조.

osazone **오사존.** 당과 페닐하이드라진(phenylhydrazin)을 반응시키면 두개의 페닐하이드라진을 포함하는 생성물이 형성된다. 이 생성물을 오사존이라고 한다. 예로서 *D*-glucose phenylosazone을 들 수 있다.

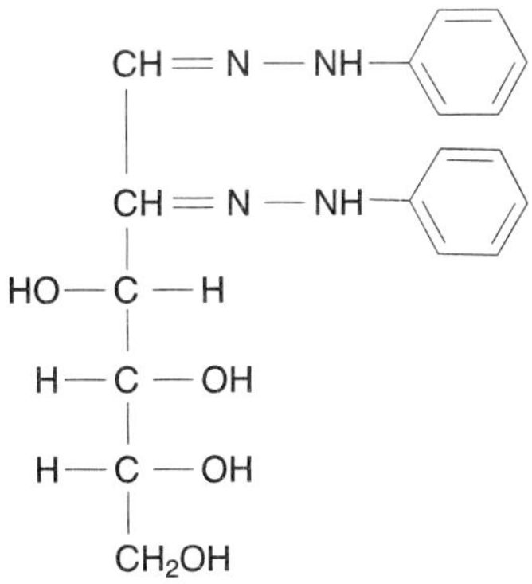

```
CH═N—NH—C6H5
|
CH═N—NH—C6H5
|
HO—C—H
|
H—C—OH
|
H—C—OH
|
CH2OH
```

그림 O-6 ◦ *D*-Glucose phenylosazone의 구조

osmosis **삼투 현상.** 용액중의 성분 중 어떤 한 가지 형태의 분자만이 반투막을 통과하는 현상.

osmotic pressure **삼투압.** 농도가 다른 두 용액을 반투막으로 막아 놓았을 때 용질의 농도가 낮은 쪽에서 용질의 농도가 높은 쪽으로 용매가 이동하는 현상에 의해 생기는 압력.

out-in isomer **외부−내부 이성질체.** 다리목에 질소가 존재하는 세 고리 이 아민 염에서 N—H 결합이 분자 고리 밖으로 배열된 것은 외부−이성질체(out-isomer), 안쪽으로 배열된 것은 내부−이성질체(in-isomer)로 구분한다.

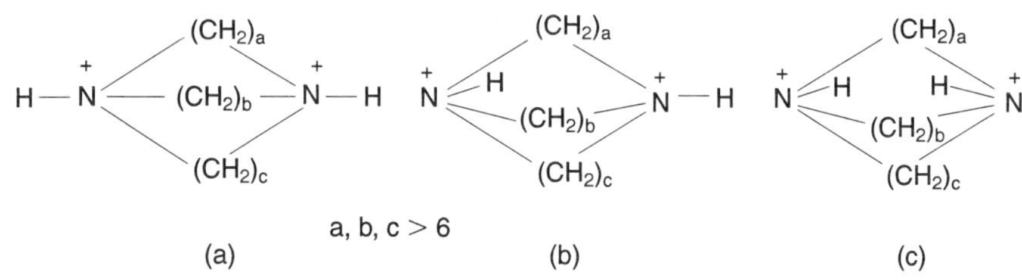

그림 O-7 • (a) 외부−외부 이성질체, (b) 외부−내부 이성질체, (c) 내부−내부 이성질체

Overhauser effect **Overhauser 효과.** nuclear overhauser effect를 보라.

overtone **배진동(수).** 비조화성 진동에서 나타나는 $\Delta\upsilon > 1$인 진동 전이이다. 예로서 분자의 적외선 스펙트럼에서 이러한 배진동 전이가 흔히 일어나고, 이들의 흡수 띠는 구조 확인에도 유용하다. 적외선 스펙트럼에서 기준진동수의 2배 또는 3배되는 진동수에서 흡수가 일어나는 흡수 띠를 배진동 띠(overtone band) 라고 하며, 벤젠(benzene) 유도체의 치환기 수와 위치를 예측하는 데 유용한 자료가 된다.

oxenium ion **옥세늄 이온.** 일반식 RO^+ 로 나타내는 이온 종.

oxetene **옥세텐.** oxacyclobutane의 Hantzsch-Widman 헤테로고리 명명법 이름. 즉, 4 원자 고리에 산소 원자를 포함하고 있는 포화 헤테로고리 화합물의 일종이다. 관용명으로는 trimethylene oxide라고 한다.

oxidation **산화.** 어떤 원자 화합물에 산화수가 증가하는 현상. 반대로 산화수가 감소하는 것은 환원이라고 한다.

oxidation addition **산화성 첨가반응.** 착물에서 착물의 중심 금속 원자에 하나 또는 두개의 원자나 원자단이 첨가되어 시그마 결합을 형성함으로 반응물 분자가 분해되는 반응.

oxidation number **산화수.** 산화수는 화학 반응에서 전자의 이동 상황을 나타내기 위해 사용하며, 모든 공유 전자쌍을 보다 전기 음성적인 공유 원자에 할당하여, 분자 내의 각 원자들이 가지게 되는 전하수를 그 원자의 산화수라고 정의한다. 주어진 결합에서 모든 전자는 전기음성도가 더 큰 원자에 활당한다. 예를 들어, OF_2에서 결합에 사용된 모든 전자를 F에 활당하면 산소의 산화수는 +2이고 F는 −1 이다. O_2의 산화수는 0이고

H_2O_2에서 산소의 산화수는 −1이다. 일반적으로 수소는 +1의 산화수를 가지며 할로젠은 −1의 산화수를 가진다. 분자 내에 있는 모든 원자의 산화수를 합하면 분자나 이온의 전하수와 동일하다.

원소 상태에서는 아무리 복잡한 분자 상태로 존재하더라도 공유 전자쌍이 양쪽 원자에 균등하게 분포되기 때문에 모든 원자들의 산화수는 영이 된다. 분자 속에 들어있는 원자들에 산화수를 할당하는 것이 항상 쉬운 일은 아니며, 이러한 경우에는 중성분자의 성분 원소들의 산화수를 모두 더한 결과가 0이 되도록 산화수를 할당한다.

oxidation state **산화상태.** 어떤 원자나 물질의 산화된 상태. 산화수로 나타낸다.

oxidative deamination **산화성 탈아민(반응).** 아미노산이 체외로 배출되는 분해 대사 과정에서 아미노산이 암모니아와 α-케토산(ketoacid)으로 되는 반응. 예로서 글루탐산이 글루탐산 탈수소 효소의 촉매 작용에 의해 α-케토글루타르산으로 되는 반응을 들 수 있다.

oxidative decarboxylation **산화성 탈카보닐(반응).** Krebs 순환 과정에서 6탄소 화합물인 시트르산이 탈가보닐(반응)에 의해 4탄소 화합물인 옥살로아세트산으로 되면서 떨어져 나오는 2개의 탄소 원자가 CO_2로 산화되는 반응.

oxidative phosphorylation **산화성 인산화반응.** 영양 성분을 산화시켜 ATP를 생성하는 대사경로. 지구상의 대부분의 생명체는 산화성 인산화반응으로 대사과정에 필요한 에너지를 공급하는 ATP를 생성한다.

oxidizing acid **산화성 산.** 산으로 뿐만 아니라, 센 산화제로도 작용하는 산. 예로서 질산을 들 수 있다. 질산은 구리와 반응할 때, 1차적으로 구리 금속을 다음과 같이 산화시킨다.

$$2HNO_3 + Cu \rightarrow CuO + H_2O + 2NO_2$$

그리고 이어서 다음과 같이 산으로서 작용한다.

$$2HNO_3 + CuO \rightarrow Cu(NO_3)_2 + H_2O$$

***N*-oxide** ***N*-옥사이드.** 일반식으로 $R_3N \rightarrow O$ 로 표시되는 아민 옥사이드(amine oxide) 류를 말함. 예로서 4-methylpyridine *N*-oxide 등을 들 수 있다.

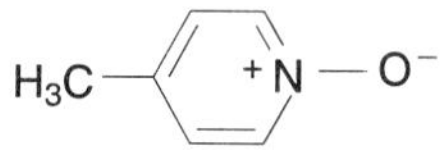

H_3C — ^+N — O^-

그림 O-8 • 4-Methylpyridine N-oxide

oxime **옥심.** 일반식으로 $R_2C=N-OH$을 가지는 화합물로 이 화합물들은 알데하이드나 케톤을 NH_2OH와 반응시켜 만든다. 이 작용기는 카보닐기의 보호기로 자주 사용된다. 출발물질이 알데하이드이면 알독심(aldoxime) 케톤이면 케톡심(ketoxime)이라고도 한다.

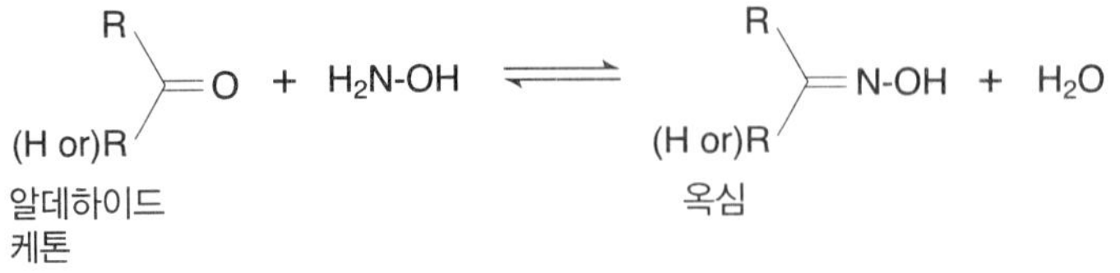

$$\text{R(H or R)C=O} + H_2N\text{-}OH \rightleftharpoons \text{R(H or R)C=N-OH} + H_2O$$

알데하이드
케톤 　　　　　　옥심

그림 O-9 • 옥심의 생성 반응

oxirane **옥시레인.** 산소를 포함하는 3 원자 고리 화합물의 Hantzsch-Widman 식 이름. 다른 이름으로 oxacyclopropane(치환식 명명법) 또는 ethylene oxide(관용명)이라고도 한다.

그림 O-10 • 옥시레인의 구조

oxiranes **옥시레인 류.** epoxides의 다른 이름.

oxolane **옥솔레인.** 산소를 포함하는 5 원자 고리 화합물의 Hantzsch-Widman 식 이름. 다른 이름으로 oxacyclopentane(치환식 명명법) 또는 tetrahydrofuran (관용명)이라고도 한다.

O

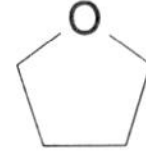

그림 O-11 • 옥솔레인(tetrahydrofuran)의 구조

oxonium ion **옥소늄 이온.** R_3O^+의 일반식을 가지는 화합물 계열 이름. 예를들어 triethyloxonium $(Et)_3O^+$ 이온을 들 수 있다.

oxophlorin **옥소풀로린.** 메조 탄소 원자 중 하나가 카보닐 기로 산화된 폴피린(porphyrin) 유도체.

oxo reaction **옥소(화) 반응.** 알켄에 $Co_2(CO)_8$ 촉매나 로듐($RhCl(PPh_3)_3$) 촉매 존재 하에 합성 기체($CO + H_2$)를 반응시켜 출발물질 알켄 보다 탄소 수가 하나 더 많은 알데하이드로 변환시키는 반응. 다르게는 수소포밀첨가반응(hydroformylation)이라고도 한다.

$$H_3CHC{=}CH_2 + CO + H_2 \xrightarrow{Co_2(Co)_8} CH_3CH_2CH_2CHO + CH_3CH_2(CH_3)CHO$$

그림 O-12 • 옥소 반응

oxo- **옥소.** 화합물 속에 산소가 들어 있음을 표시하는 접두사.

oxoacid **산소산.** 산성 수소 원자가 산소 원자에 결합되어 있는 산. 예로서 황산이나 인산은 모두 산소산들이다. 산성 수소 원자가 산소 이외의 다른 원자에 결합되어 있는 산들은 2성분 산이다.

oxyanion (oxygen anion) **산소음이온.** 산소 원자가 전자 쌍을 가지고 있는 음이온. 예로서 CH_3O^-의 산소 원자는 산소 음이온이다.

oxymercuration **옥시수은 첨가(반응).** 알켄에 $Hg(OAc)_2$ (mercury(II) acetate) 수용액을 처리하면 친전자성 첨가반응을 일으켜 알코올로 변환되는 반응. 예로 1-methylcyclohexene의 옥시수은 첨가반응을 들었다.

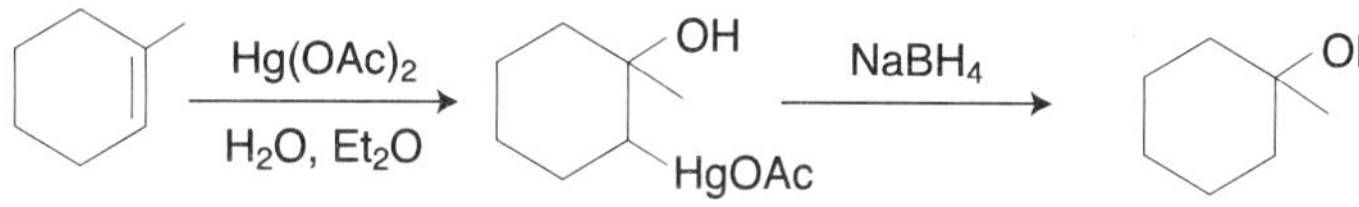

$Hg(OAc)_2$ / H_2O, Et_2O → OH, HgOAc → $NaBH_4$ → OH

그림 O-13 • 1-Methylcyclohexene 의 옥시수은첨가반응

ozonide **오존화물.** Harreis ozonolysis reaction을 보라.

ozonization **오존화(반응).**어떤 불포화 결합을 가진 유기 화합물과 오존을 반응시켜 카보닐 화합물로 만드는 반응. 이는 불포화 결합을 가진 유기 화합물 구조 분석에 이용된다.

ozonolysis **가오존 분해.** Harris ozonolysis reaction을 보라.

O

Paal-Knorr pyrrole synthesis **Paal-Knorr 피롤 합성.** 1,4-다이카보닐 화합물과 암모니아 또는 일차 아민을 밀폐된 관에서 가열하여 피롤(pyrrole)을 합성하는 반응[C. Paal, *Ber. 18*, 367(1885)][L. Knorr, *Ber. 18*, 299(1885)].

그림 P-1 • Paal-Knorr 피롤 합성

parallel synthesis **평행 합성.** 조합화학 합성법 중 하나. combinatorial chemistry를 보라.

***p*-orbital** ***p*-오비탈.** 부 양자수 값 (l)이 1인 원자 오비탈 하나의 껍질 속에는 p_x, p_y및 p_z의 세 p 오비탈이 들어 있으며, 이들은 핵을 통과하는 면에서 마디가 나타나는 쌍 뿔 모양의 경계 표면을 가지고 있다.

π-bond **π-결합.** 이웃한 원자들의 p 오비탈이 겹쳐져 형성된 π 오비탈에 전자가 점유되어 만들어지는 결합.

π-orbital **π-오비탈.** 핵의 축에 대해 수직으로 나란히 있는 p 원자 오비탈들이 같은 위상에서 겹쳐져 생성되는 오비탈을 말한다. 탄소 화합물의 경우에는 C−C 이중결합 및 삼중결합을 형성한다. 대부분의 π 오비탈은 인접 원자들의 p오비탈들이 측면으로 겹쳐져 생기지만, d 오비탈을 가진 원자들에서는 $p-d$ 겹침과 $d-d$ 겹침에 의해서도 π 오비탈이 생길 수 있다.

π-complex **π-착물.** 친전자체와 π 전자가 상호작용하여 생성되는 화학종, 이 착물은 친전자체의 빈 오비탈에 π 전자 주게 물질의 채워진 π-형 오비탈과 겹쳐져 생성된다. 따라서 π- 착물은 전하-전달 착물(charge-transfer complex)의 한 종류로 간주된다. pi-complex를 보라.

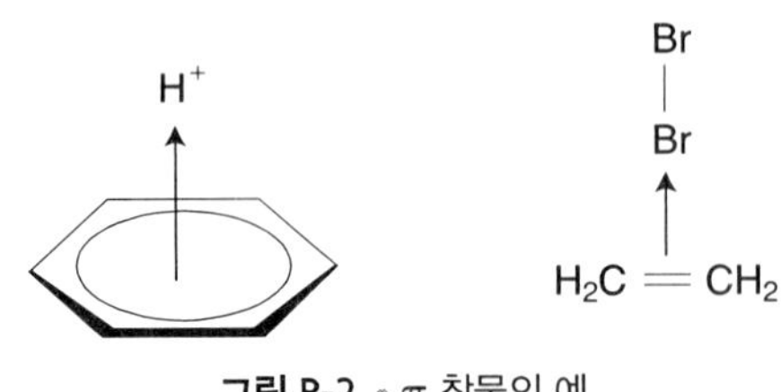

그림 P-2 • π 착물의 예

π-nonbonding orbital **π-비결합 오비탈.** 전자가 점유되지 않은 π-오비탈.

pairing energy **짝지음 에너지.** 반대 스핀의 두 전자가 동일한 오비탈을 점유하는데 극복해야하는 전자-전자 반발 에너지.

PAN **팬.** 1) peroxyacyl nitrate [$CH_3C(=O)O_2NO_2$]의 약칭. PAN은 광화학적 스모그의 이차 오염물질이며, 눈물이 나게 하는 물질이다. 이 화합물은 peroxyethanoyl 라디칼과 NO_2 기체로 분해된다. 2) 1-(2-Pyridylazo)-2-naphthol의 약기호. 3) Polyarylnitrile의 약기호.

paper chromatography **종이 크로마토그래피.** 종이의 셀룰로오스를 정지상으로 이용하는 액체-액체 분배 크로마토그래피. 보통 여과지를 사용한다. 종이 아래 끝 부분에 시료 액체를 점을 찍거나 선으로 그어 말리고, 이 종이를 전개 용액 속에 점찍은 부위를 아래로 놓고 수직으로 세워 전개시킨다. 시료 성분이 따라 올라가는 속도가 다르기 때문에 시료가 성분별로 분리되어 종이의 수직선상에 반점들로 나타나는 것이다. 각 반점의 위치는 반점의 이동한 거리와 용매의 이동한 거리의 비(R_f = 시료 이동거리/ 용매 이동거리)로 나타낸다. 시료 물질이 무색일 때에는 전개된 종이를 말린 다음에 발색제를 사용하여 분리된 성분들을 식별한다. 예로서 아미노산은 닌하이드린(nihydrin)으로 발색시키면 푸른색을 나타낸다.

para- ***파라-*.** 벤젠 고리의 1,4-위치에 두 치환기가 들어간 벤젠(benzene) 화합물에 붙이는 접두사. 줄여서 *p*-로 표시한다. 한편 1,2-위치에 두 치환기가 들어간 것은 오쏘(ortho), 그리고 1,3-위치에 들어간 것은 메타(meta)라고 한다. 예로서 1,4-다이브로모벤젠은 *p*-다이브로모벤젠(*p*-dibromobenzene)이라고도 한다.

paraffin **파라핀.** 알케인의 동의어이나 때로는 상온에서 고체인 알케인에 대해 제한적으로 사용되기도 한다.

para-direactor **파라-지향기.** 친전자성 방향족 치환반응에서 치환기가 파라 위치로 도입되도록 영향을 미치는 치환기. 즉 전자를 밀어주는 치환기가 결합된 벤젠 유도체가 방향족 치환반응을 하면 두 번째 도입되는 치환기는 파라- 또는 오쏘- 위치로 도입되도록 영향을 미친다. 이런 치환기를 파라- 또는 오쏘 지향기라고 한다. 마찬가지로 두 번째 치환기가 메타- 위치로 도입 되도록 하는 치환기는 메타 지향기라고 하며, 이들은 고리로부터 전자를 당기는 치환기들이다.

parahydrogen **파라수소.** 두 핵이 반대 스핀을 갖는 이원자 분자를 나타내는 접두사. 예로서 H_2의 두 이성질체 중 두 수소의 핵 스핀이 반대로 배열한 수소를 파라수소(parahydrogen)라고 한다. 반대로 평행 스핀을 갖는 수소분자는 오쏘수소(orthohydrogen)이라고 한다.

partial rate factor **부분 속도 인수.** 벤젠(benzene)의 특정 위치에서의 치환반응에 대한 방향족 화합물의 한 특정 위치에서의 치환반응 상대적인 속도. 예를 들어 일 치환 벤젠(substituted-benzene, Φz)의 부분 속도 인수 (*f*)는 다음과 같이 나타낸다. 만일 $f > 1$이면 벤젠에 비해 반응성이 좋은 것이고, $f < 1$이면 반응성이 나쁜 것이다.

$$f^{\Phi z}{}_{p} = [(k_{\Phi z} / 1)/(k_{\Phi H} / 6)] \times (\%\, para / 100)$$

$$f^{\Phi z}{}_{m} = [(k_{\Phi z} / 2)/(k_{\Phi H} / 6)] \times (\%\, meta / 100)$$

$$f^{\Phi z}{}_{o} = [(k_{\Phi z} / 2)/(k_{\Phi H} / 6)] \times (\%\, ortho / 100)$$

partially permeable membrane **부분 삼투막.** 물이나 기타 작은 용질 분자들은 통과시키지만, 큰 용질 분자는 통과시키지 못하는 막.

partition coefficient **분배 계수.** 물질이 평형상태로 존재할 때 혼합되지 않는 두 상에서 나타나는 각 성분의 양에 대한 비율. 이 용어는 주로 크로마토그래피에서 많이 사용된다.

Passerini reaction **Passerini 반응.** 아이소나이트릴(isonitrile, RNC)과 알데하이드(RCHO)와 카복실산을 반응시켜 *N*-치환-*α*-아실옥시카복실산 아마이드을 합성하는 세 성분 반응 [M. Passerini, *Gazz. Chim. Ital.*, *51*, 126 (1921)].

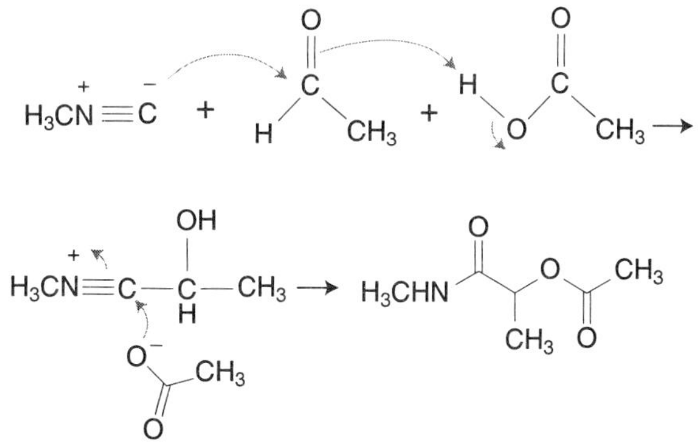

그림 P-3 • Passerini 반응

Paterno-Büchi reaction **Paterno-Büchi 반응.** 라디칼처럼 전자적으로 들뜬 카보닐 기와 바닥상태의 올레핀이 반응하여 옥세테인(oxcetane)을 합성하는 반응. 이 반응은 4 원자 고리의 에테르를 합성하는 좋은 반응이다[E. Paterno, G. Chieffi, *Gazz. Chim. Ital. 39*, 341

(1909), G. Büchi, C. G. Inman; E. S. Lipinsky, *J. Am. Chem. Soc., 76*, 4327 (1954)].

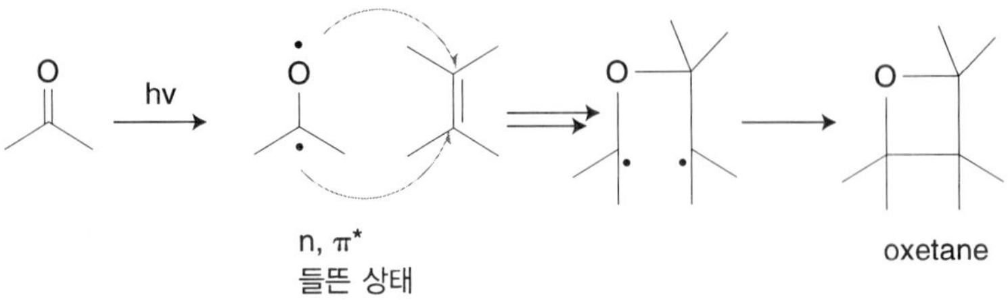

그림 P-4 ◦ Paterno-Büchi 반응

Pauli exclusion principle

Pauli 배타 원리. 하나의 원자 속에서는 4개의 양자수(주양자수, 방위양자수, 자기양자수 및 스핀 양자수) 값이 동일한 전자가 있을 수 없다는 원리. 이 원리 때문에 하나의 오비탈에는 전자가 2개까지만 들어갈 수 있으며, 하나의 오비탈에 들어가는 두 전자는 스핀이 짝을 지어야 한다. 만일 한 전자의 스핀이 $s = +1/2$ 이면 다른 전자의 스핀은 $s = -1/2$이어야 한다. 이 원리는 원자의 주기적 전자 배치를 설명해주는 쌓은 원리(aufbau principle)의 핵심이 된다.

Pechman synthesis (condensation)

Pechman 합성법(축합). 페놀(phenol)과 β-케토에스터를 산 촉매 축합반응시켜 쿠마린(coumarin)을 합성하는 방법[H. von Perchmann; C. Duisberg, *Ber., 16*, 2119 (1883)].

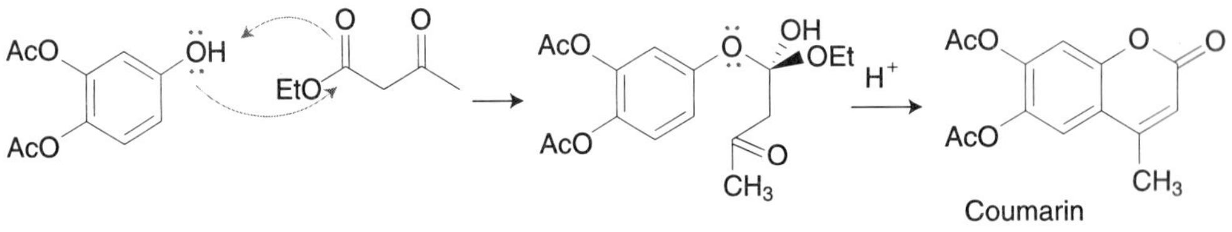

그림 P-5 ◦ Pechman 합성법

Pechmann pyrazole synthesis

Pechmann 피라졸 합성. 아세틸렌(acetylene)과 다이아조메테인(diazomethane)을 반응시켜 피라졸(pyrazole)을 합성하는 방법[H. v. Pechmann, *Ber. 31*, 2950 (1898)].

Pellizzari reaction

Pellizzari 반응. 아마이드와 아실 하이드라진(acyl hydrazine)을 반응시켜 치환기가 있는 1,2,4-트리아졸(1,2,4-triazole)을 합성하는 방법[G. Pellizzari, *Gazz. Chim. Ital. 41*, II, 20(1911)].

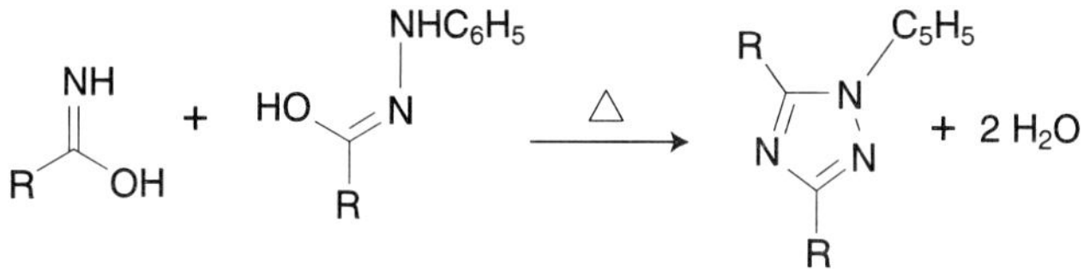

그림 P-6 • Pellizzari 반응

Pelouze synthesis **Pelouze 합성.** 알칼리 사이아나이드(KCN)과 알킬 설포네이트($ROSO_2OK$)나 알킬 포스페이트 를 반응시켜 나이트릴(RCN) 을 합성하는 방법[J. Pelouze, *Ann. 10*, 249(1834)].

penicillins **페니실린류.** *β*-락탐고리와 싸이아졸리딘(thiazolidine) 고리가 접합된 구조를 가지는 항생제 계열로 매우 중요하다. 모든 페니실린 계열 화합물은 기본 고리는 동일하고 아실 곁가지가 다르다.

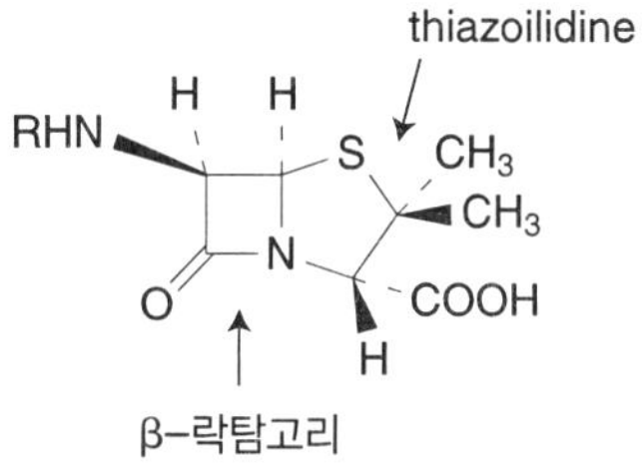

그림 P-7 • Penicillin의 기본 고리 구조

pentalene **펜타렌.** 일반식 C_8H_6을 가지는 유사방향족 화합물로 두개의 공명구조를 가진다.

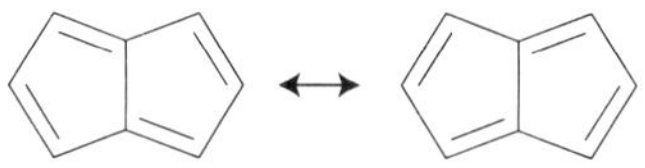

그림 P-8 • Pentalene의 공명구조

pentose **오탄당, 펜토오스.** 5개의 탄소 원자로 구성된 단당류, 예로서 *D*-(−)-ribose를 들 수 있다.

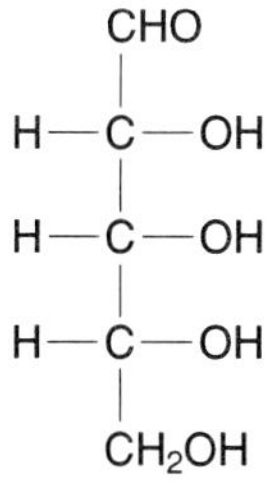

그림 P-9 • *D*-(−)-Ribose의 구조

pentose phosphate cycle **펜토오스 인산 순환**. 글루코오스-6-인산(glucose-6-phosphate)가 리보오스-5-인산(ribose-5-phosphate)로 변환된 다음, NADH가 생성되는 일련의 생화학 반응. 리보오스-5-인산과 그 유도체들은 ATP, 보조효소 A, NAD, FAD, DNA, 및 RNA의 성분이다. 식물에서 펜토오스 인산 순환은 이산화탄소로부터 당이 합성되는 과정에서 역할을 한다.

pepsin **펩신**. 척추동물 위액 속에 들어 있는 단백질 가수분해 효소.

peptide **펩타이드**. 한 아미노산 분자의 $-NH_2$기와 다른 아미노산 분자의 COOH가 축합되면 물 한 분자를 잃고 $-NHC(=O)-$형의 아마이드 결합을 형성하는데, 이 결합을 펩타이드 결합이라고 한다. 이런 결합들로 아미노산들이 연결되어 생성되는 아미노산 중합체를 펩타이드 또는 polypeptide라고도 한다. 펩타이드는 왼편에 *N*-말단을 쓰고 오른편 끝에 C-말단이 오도록 표기한다. 아미노산 두 분자로 구성된 펩타이드는 다이펩타이드(dipeptide) 세 개로 구성된 것은 트리펩타이드(tripeptide)라고 한다. 간단한 예로 글리실알라닌(glycylalanine, 약기호: Gly-Ala)과 알라닐시스테인일세린(alanylcysteinylserine, 약기호: Ala-Cys-Ser)을 들 수 있다.

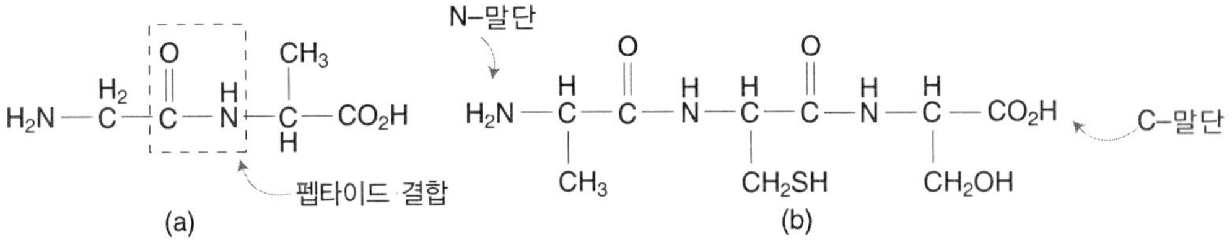

그림 P-10 • (a) Glycylalanine(Gly-Ala)과 (b) alanylcysteinylserine(Ala-Cys-Ser)

peptide linkage **펩타이드 결합**. 펩타이드에서 아미노산 기들이 연결된 $-NHC(=O)-$결합을 말함.

peptonization **펩톤화**. 단백질을 펩톤으로 변환하는 방법.

peptone **펩톤**. 천연 단백질을 부분 가수분해하여 생성되는 보다 작은 폴리펩타이드 또는 올리고펩타이드 혼합물의 총칭. 일종의 유도 단백질이다.

peracid **과산화산**. 카복실산의 카보닐기와 OH기 사이에 산소하나가 더 결합되어 있는 산을 말하며 일반식 RCO_3H로 표시한다. 예로 $C_6H_5CO_3H$(perbenzoic acid)가 있다.

Peri-condensed polycyclic aromatic compounds **페리-축합 다중 고리 방향족 화합물**. 몇 개 탄소 원자가 3개 또는 그 이상의 고리에 공통적으로 포함되는 다중 고리 방향족 화합물을 말함. 예로 파이렌(pyrene)이나 안탄쓰렌(anthanthrene) 등을 들 수 있다.

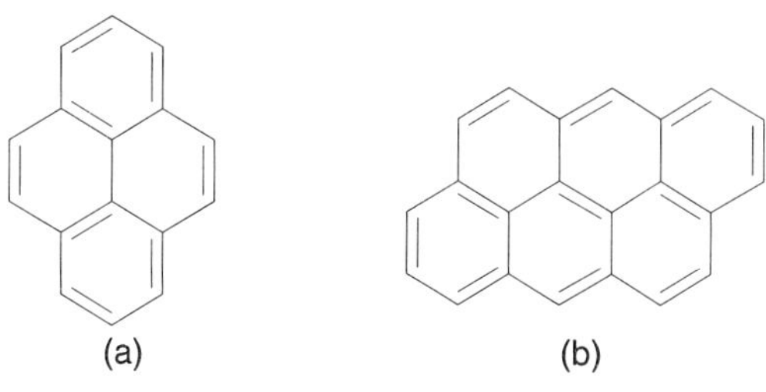

그림 P-11 • (a) Pyrene (b) anthanthrene의 구조

peri-bridge bond **페리-다리꼴 결합.** 나프탈렌(naphthalene)의 1,8-위치를 연결하는 결합.

pericyclic reaction **페리 고리 협동 반응.** 가까이 있는 오비탈의 전자가 동시에 재배열되면서 새로운 결합이 형성되는 분자 내 또는 분자 간 반응. 예로서 Diels-Alder 고리화반응을 들 수 있다. 페리 고리 협동 반응에는 고리화첨가반응(cycloaddition), 전자고리화 반응(electrocyclic reaction), 시그마결합 재배열(simatropic rearrangement), 킬레이트 반응(chelatropic reaction) 및 원자단 이동반응(group transfer reaction) 등이 이런 반응에 속한다.

periodic table **주기율표.** 원소의 물리적 및 화학적 성질들은 원자의 전자배열에 따라 다르며, 이러한 성질은 주기성이 있으며, 이를 원자의 주기율 이라고 한다. 이러한 주기율에 입각하여 원소들을 원자 번호 순으로 나열하면서 비슷한 성질의 원소들이 한 열에 나타나도록 하여 8개 그룹으로 나누어 만든 표를 주기율표라고 한다. 보편적으로 알칼리 금속들이 왼쪽에 오도록 나열한다. 주기율표에는 단주기 형식과 장주기 형식의 두 가지가 있으며, 이 중에서 단주기 형식의 주기율표는 란탄족과 악티늄족을 싣지 않은 것으로서, Mendeleev가 1869년에 발표한 최초의 주기율표와 매우 유사하다.

주기율표상에서 같은 세로 칸에 있는 원소들을 족(group)이라고 하는데, 이들은 모두 최외각 전자껍질의 전자 배치가 동일하며, 아래로 내려갈수록 내부 전자껍질의 수가 하나씩 증가한다. 각 족들은 1부터 18까지의 고유한 번호를 붙여 분류한다. 한편 주기율표상의 같은 가로 칸에 있는 원소들은 주기(period)로 구분하며, 위에서부터 차례로 1주기, 2주기, … 등으로 나타낸다. 같은 주기의 원소들은 전부 동일한 수의 전자껍질을 가지고 있으며, 오른쪽으로 갈수록 그 껍질 속에 들어 있는 전자의 수가 증가한다. 또 주기율표를 어떤 껍질들이 채워지고 있느냐에 따라 *s*-, *p*-, *d*-, 및 *f*-구역 원소들로 분류하기도 한다.

주기율표는 원소들의 화학적 성질의 변화 경향을 보여준다. 예로서 금속성은 같은 족에서는 위에서 아래로 내려갈수록 증가하며, 같은 주기에서는 왼쪽에서 오른쪽으로 갈수록 비금속성이 증가한다. 이외에도 원소의 이온화 에너지, 전기 음성도, 원자 지름 등은 모두 주기율표상에서 일정한 변화 경향을 나타내므로 원소들의 화학을 이해하는데 매우 중요하다.

peri-substitution **페리-치환반응.** 나프탈렌(naphthalene)에서 1-번 탄소에 치환기가 있어 8-번 탄소에 치환이 일어난 반응.

Perkin condensation (reaction) **Perkin 축합반응(반응).** CH_3CO_2Na(sodium acetate) 존재 하에서 아릴 알데하이드와 아세트산 무수물(acetic anhydride)를 반응시켜 알돌반응 형태의 축합반응 생성물로 cinnamic acid형 생성물을 얻는 반응[W. H. Perkin, *J. Chem. Soc. 21*, 53 (1868)].

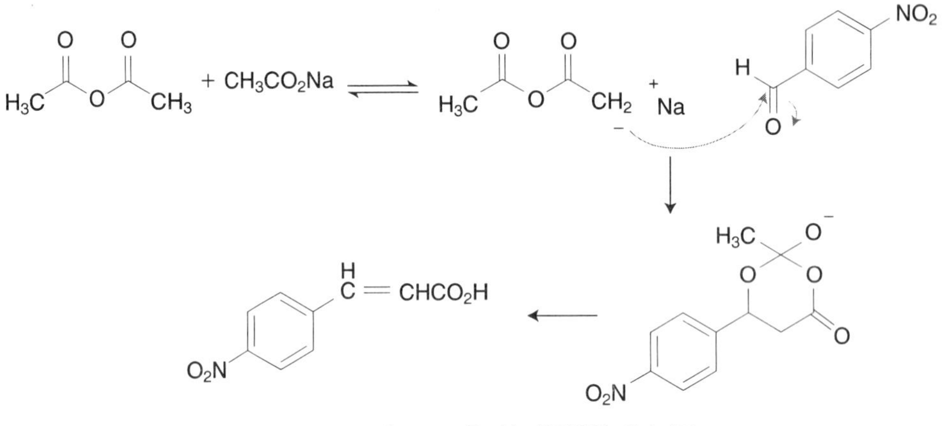

그림 P-12 • Perkin 축합반응 메커니즘

Perkin-Markovnikov-Krestovnikov-Freund synthesis **Perkin-Markovnikov-Krestovnikov-Freund 합성.** α,ω-다이할로알케인과 활성 메틸렌(active methylene)을 포함하고 있는 화합물을 반응시켜 지방족고리 화합물을 합성하는 반응. Perkin alicyclic synthesis라고도 한다[W. Markovnikov; A. Krestovnikov, *Ann., 208*, 333 (1881); A. Freund, *Monatsh. Chem., 3*, 625 (1882); W. H. Perkin, *Ber., 16*, 208, 1793 (1883)].

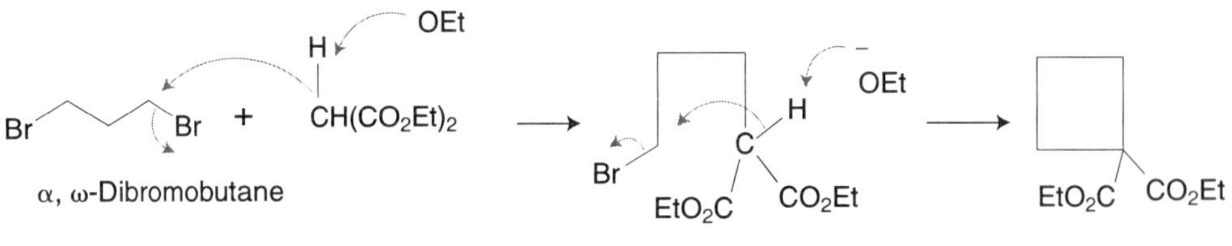

그림 P-13 • Perkin-Markovnikov-Krestovnikov-Freund 합성

Perkin rearrangement **Perkin 자리옮김 반응.** 3-할로쿠마린(3-halocumarin)을 알칼리속에서 가열하면 벤조퓨란-2-카복실산(benzofuran-2-carboxylic acid)를 거쳐 벤조퓨란(benzofuran)을 생성하는 반응. 다르게는 "Coumarin-Benzofuran ring constraction" 이라고도 한다[W. H. Perkin, *J. Chem. Soc. 23*, 368(1870)].

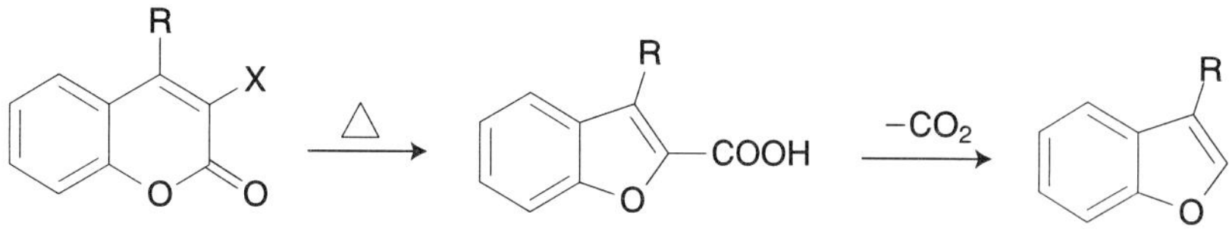

$$\text{3-R-3-X-coumarin} \xrightarrow{\Delta} \text{3-R-benzofuran-2-COOH} \xrightarrow{-CO_2} \text{3-R-benzofuran}$$

그림 P-14 ◦ Perkin 자리옮김 반응

peroxides

과산화물. ROOR의 일반식을 가지는 유기 화합물, 또는 과산화 이온 O_2^{2-}를 가지고 있는 무기 화합물들의 계열 이름. 예로 methyldioxybenzene($PhOOCH_3$)나 di-*tert*-butylperoxide($(CH_3)_3COOC(CH_3)_3$) 등을 들 수 있다.

peroxy acid

과산화산. 일반식 RCO_3H를 가지는 화합물. 이 화합물은 알켄의 에폭시화에서 많이 사용된다. 실험실에서는 *m*-chloroperoxybenzoic acid가 가장 많이 사용된다.

pesticide

농약. 농작물에 피해를 주는 해충을 죽이거나 잡초를 제거하는 데 사용되는 화합물들. 제초제, 살충제, 살균제, 쥐약 등을 통칭하여 농약이라고 한다.

Peterson reaction (olefination)

Perterson 반응(올레핀화반응). α-실릴 탄소음이온(α-silyl arbanion, $RC\text{-}XSiR_3$)과 카보닐 화합물을 반응시켜 β-하이드록시알킬실레인(β-hydroxylalkylsilane, $R_2(OH)CCXRSiR_3$)을 만들고 이 화학종을 즉시 제거반응시켜 올레핀(알켄)을 만드는 반응[D. J. Peterson, *J. Org. Chem.*, *33*, 780(1968)].

Peterenko-Kritschenko piperidone synthesis

Peterenko-Kritschenko 피페리돈 합성. 2 당량의 알데하이드와 1 당량의 아세톤 다이카복실산 에스터(acetone dicaboxylic ester) 그리고 일차 아민이나 암모니아를 반응시켜 피페리돈(piperidone)을 합성하는 반응[P. Petrenko-Kritschenko, *et. al*, *Ber. 39*, 1358(1906); *40*, 2882(1907)].

petrochemicals

석유 화학 제품. 석유나 천연 가스로부터 만든 유기 화합물.

petroleum

석유. 탄화수소와 많은 유기물이 혼합된 색깔이 있는 혼합물질로 천연에서 얻는다. 탄화수소가 주성분이며, 황, 산소 및 질소 화합물들도 함유되어 있다. 석유는 생화학적 및 화학적 침전물들과 함께 땅속 깊이 묻힌 다음, 압력을 받아 유기물들이 여러 단계의 변화를 거쳐 석유로 변한 것이라고 생각한다.

petroleum ether

석유 에테르. 석유를 분별 증류할 때 30~70°C 범위에서 유출되는 부분으로서, 주로 펜테인(pentane)과 헥세인(hexane)으로 이루어진 탄화수소이다. 이것은 디에틸에테르(diethylether)와 끓는점이 비슷한(34.5°C) 휘발성이 큰 가연성 액체이며, 유기 용매로 많이 사용된다.

Pfitzinger reaction

Pfitzinger 반응. 이사틴 isatin으로부터 isatic acid 을 만들고 이 화학종과 α-메틸렌 카보닐(RC(=O)CH_2R) 화합물과 반응시켜 퀴놀린(quinoline)을 합성하는 방법 [W. Pfitzinger, *J. Prakt. Chem.* [2] *33*, 100(1886); *38*, 582(1888)].

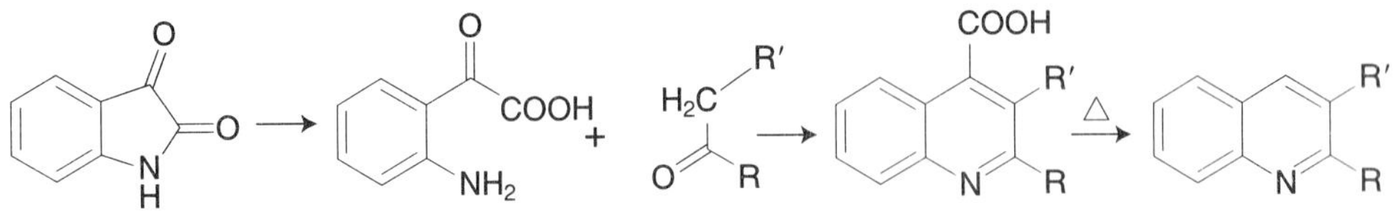

그림 P-15 ◦ Pfitzinger 반응

Pfitzner-Moffatt oxidation

Pfitzner-Moffatt 산화. 알콜을 DMSO와 dicyclohexylcarbodiimide로 반응시켜 카보닐 화합물로 만드는 산화 방법. 이 방법은 일차알코올을 카복실산까지 산화시키지 않으면서 알데하이드로 변환하는 데 유용한 방법이다. 예를 들어, 라이보스(ribose) 같은 당 분자의 5번 위치 1차 알콜을 알데하이드로 변환하는 데 유용하다. [K. E. Pfitzner; J. G. Moffatt, *J. Am. Chem. Soc.*, *85*, 3027 (1963)]

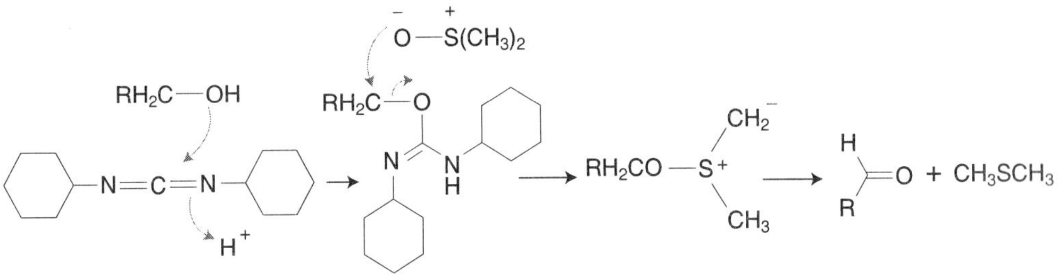

그림 P-16 ◦ Pfitzner-Moffatt 산화반응 메커니즘

PG

피지. prostaglandin의 약기호. prostaglandin을 보라. 프로스타글란딘은 PGA, PGE, PGF, PGG, PGH, PGI 등의 여러 가지 유도체가 있다.

pH

피에이치 지수, 페하 지수. 용액 속에 들어 있는 수소 이온의 활동도를 나타내는 다음과 같은 대수척도.

$$pH = \log \frac{1}{\alpha[H^+]} = -\log \alpha [H^-]$$

순수한 물의 pH는 25°C에서 7.0이다. $pH > 7$은 염기성 용액에 해당하며, $pH < 7$은 산성용액에 해당한다.

phase transfer catalyst

상 이동 촉매. 일반식 $R_4N^+X^-$을 가지는 사차암모늄 염은 유기층-물층의 두 가지 성분으로 구성된 용액에 첨가하면, 계면의 물 층에서 유기 층으로 또는 유기 층에서 물 층으로 어떤 물질의 이동을 도와주는 역할을 하여 물질을 녹이거나 반응에 이용

한다. 이런 물질을 상 이동 촉매라고 한다. 예를 들어 benzyltriethylammonium chloride 등이 상 이동 촉매로 이용된다.

phenolic coupling **페놀 짝지음 반응.** 페놀 화합물의 산화성 이합체화 반응. 이 반응 유형은 C—C 결합을 형성하는 유형과 C—O 결합을 형성하는 반응 두 가지를 대표적으로 들 수 있다.

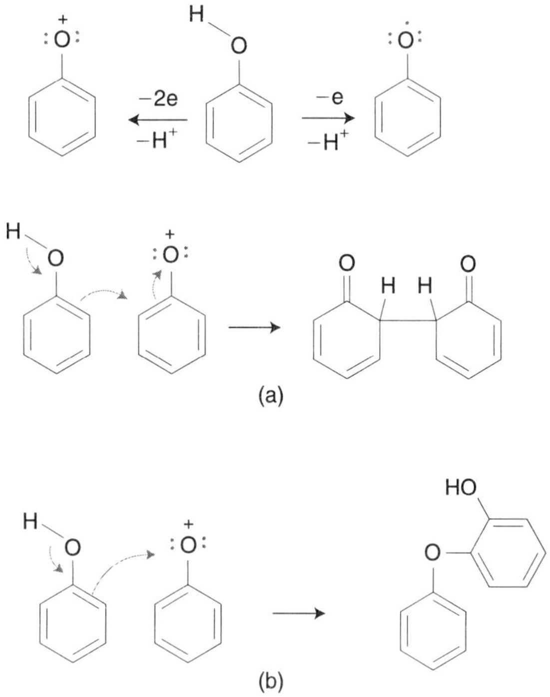

(a)

(b)

그림 P-17 ◦ 페놀 짝지음 반응. (a) C–C 결합 형성 반응. (b) C–O 결합 형성 반응

phenolphthalein **페놀프탈레인.** 산–염기 적정에서 지시약으로 사용되는 염료. pH가 8 이하인 용액에서는 무색이고, pH가 9.6 이상인 용액에서는 붉은색을 나타낸다. 따라서 약산과 센 염기의 적정에 이용된다.

phenoxy resins **페녹시 수지.** 페놀류 화합물을 축합시켜 만든 열가소성 수지로서, 주로 포장용으로 사용된다.

phenylation **페닐화(반응).** 어떤 화합물에 페닐기(C_6H_5-)를 도입하는 반응.

phenyl group **페닐기.** 벤젠으로부터 수소원자 하나가 떨어져 나가고 남은 원자단. C_6H_5- 또는 Ph–로 약해서 표기한다.

pheromone **페로몬.** 그리스어의 pherin(bear의 뜻)과 hormon(stimulation의 뜻)으로부터 유래된 말로, 곤충 등이 화학적 대화를 위해 사용되는 화합물류를 뜻한다. 곤충들의 성 유인물 등이 이에 속한다.

phosgene **포스겐.** ClC(=O)Cl (carbonyl chloride) 식을 가지는 화합물로 1차 대전 당시는 독가스로 사용되었고 다양한 반응에서 카보닐 기 공급원으로 사용된다.

phosphates **인산염.** 일반식 $(RO)_3PO$로 표시하는 인 화합물 계열. 즉 인산(phosphoric acid, $P(=O)(OH)_3$, orthophosphoric acid라고도 함)의 유도체이다. 예를 들어 $P(=O)(OCH_3)_3$ (trimethyl phosphate)를 들 수 있다.

phosphatide **포스파타이드.** 인을 포함하고 있는 복합 지질. 인지질이라고도 한다. 예를 들어 glycerophosphatide가 있다.

phosphenium ion **포스페늄 이온.** 일반식 R_2P^+로 표시되는 화합물 계열, 예로서 $(CH_3)_2P^+$ (dimethylphosphenium ion, dimethylphosphino cation)을 들 수 있다.

phosphine **수소화인, 포스핀.** PH_3의 하나 또는 그이상의 수소 원자가 R기나 산소로 치환된 화합물 계열로 RPH_2, R_2PH, R_3P 및 RP(=O) 등이 있다.

phosphine oxide **수소화인 산화물.** 하나의 산소가 인에 결합된 포스핀 류 화합물로, $RPH_2(=O)$, $R_2PH(=O)$ 및 $R_3P(=O)$ 등이 있고 $(Ph)_3P(=O)$ (triphenylphosphine oxide)를 들 수 있다.

P

phosphine imide **포스핀 이마이드.** 일반식 $R_3P(=NH)$를 가지는 화합물 계열. 예로 (Ph)P(=NH) (N,N,N-triphenylphosphine imide)가 있다.

phosphinic acid **포스핀 산.** $H_2P(=O)OH$의 일반식을 가지는 4배위로 된 인산. 이 화합물은 3배위로 된 화학종과 평형을 이룬다. Hypophosphorous acid이라고도 하며 강한 환원제이다.

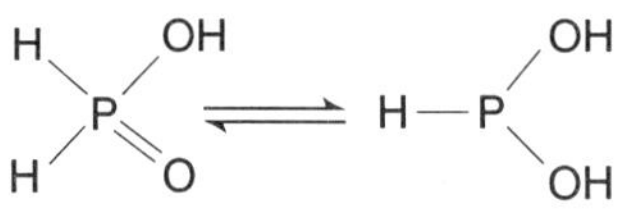

$$H_2P(=O)OH \rightleftharpoons H-P(OH)_2$$

그림 P-18 • Phosphinic acid의 평형 구조

phosphinous acid **아포스핀 산.** 일반식 H_2POH로 나타내는 인 화합물로 3배위 일 염기 산이다.

phosphite **포스파이트.** 일반식 $(RO_3)P$로 나타내는 화합물 계열. 이 화합물들은 $P(OH)_3$의 수소가 알킬 또는 아릴기로 치환된 화합물들이다. 예로 trimethylphosphite($P(OCH_3)_3$)가 있다.

phospholipid **인산지방질.** 인산기와 하나 이상의 지방산이 포함된 지질의 일종. 예로서 포스포글리세리드는 글리세롤의 처음과 둘째 하이드록시기에 두 지방산 분자가 에스테르화 되어 있고, 나머지 한 하이드록시기에 인산기가 에스테르화되어 있으며, 다시 이 인산에 알코올이 에스테르화된 화합물이다. 인지질은 단백질과 함께 세포막을 만들고 있다.

phosphonic acid **포스폰산.** 화학식 $HP(=O)(OH)_2$를 가지는 4배위 인산. 이 산은 3배위 화합물인 phosphorous acid와 평형을 이룬다.

$$O{=}P(OH)(OH)(H) \rightleftharpoons P(OH)_3$$

(a) (b)

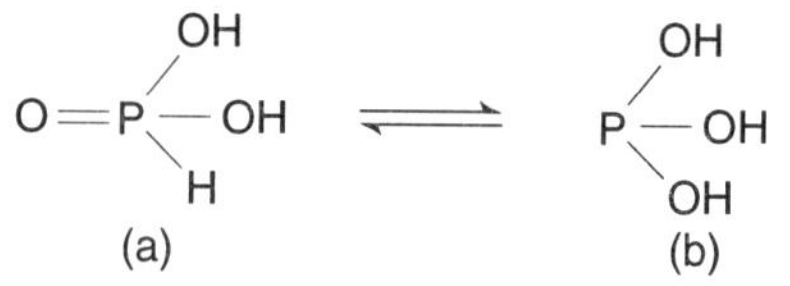

그림 P-19 • (a) Phosphonic acid와 (b) phosphorous acid 의 평형

phosphonium ion **포스포늄 이온.** 일반식 R_4P^+로 나타내는 화합물 계열. 예로서 $(CH_3)_3P^+Ph$ (trimethylphosphonium ion).

phosphonium salt **포스포늄 염.** 일반식 $R_4P^+X^-$를 가지는 4배위 인 양이온. 예로 $(CH_3)_3(CH_3CH_2)P^+Br^-$(ethyltrimethylphosphonium bromide)를 들 수 있다.

phosphonous acid **아포스폰 산.** 화학식 $HP(OH)_2$로 표시하는 3가 인산으로 이 물질은 phosphinic acid와 평형을 이룬다.

phosphorane **포스포레인.** PH_5(phosphorane)의 수소 원자가 하나 이상의 R기로 치환되어 일반식 R_5P로 표시할 수 있는 화학종.

phosphorescence **인광.** 물질의 구성 원자를 빛, 전자 살, 화학 반응 등 가열 이외의 방법으로 들뜨게 하면 이 원자가 바닥상태로 되돌아가면서 전자기 복사선을 내놓는데, 들뜸 원이 제거된 후에도 상당 시간 동안 발광이 지속되는 것을 인광, 그리고 지속되지 않는 것을 형광 이라고 한다. 인광을 방출하는 들뜬 상태는 바닥상태와 다른 다중도를 가지며, 따라서 형광과는 메커니즘 면에서 다르다. 인광은 들뜸용 복사파보다 긴 파장을 갖는데, 그 이유는 진동에너지가 감소되고, 또한 계간 교차가 일반적으로 높은 상태에서 낮은 상태로 일어나기 때문이다.

phosphorous acid **아인산.** 화학식 $P(OH)_3$로 표시되는 3배위 인산. 이 산은 phosphonic acid와 평형을 이룬다. phosphonic acid를 보라.

phosphoryl group **포스포릴 기.** $O=P\equiv$ 기의 이름.

photoactivation **광활성화.** 어떤 반응이 빛에 의해 촉진되는 현상.

photoaddition **광화학적 첨가반응.** 빛의 영향으로 다중결합에 극성 분자가 첨가되는 반응.

P

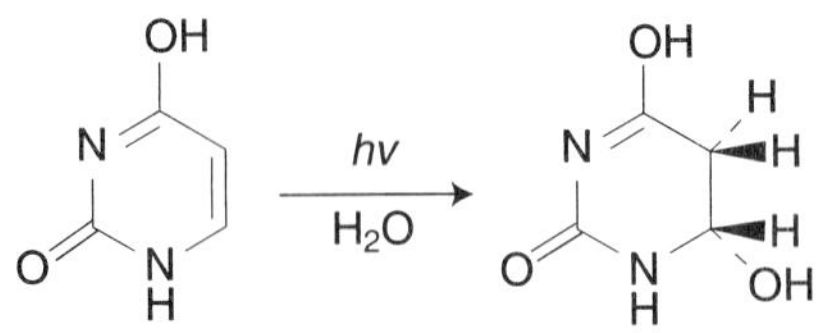

그림 P-20 • 광화학적 첨가반응의 예

photochemical reaction **광화학 반응.** 화학반응이 빛에 의해 시작되는 반응. 이 반응에서는 하나의 반응물이 광자를 흡수하여 들뜨고, 이 들뜬 분자가 해리되어 들뜬 원자나 라디칼로 되면서 반응이 시작된다.

photochemistry **광화학.** 빛을 흡수하여 들뜬 분자를 만드는 반응과 이와 관련된 화학을 다루는 분야.

photocycloaddition **광화학 고리화반응.** 빛에 의해 개시되어 두 개의 다중결합 말단에서 하나의 시그마 결합을 형성하면서 고리가 형성되는 반응.

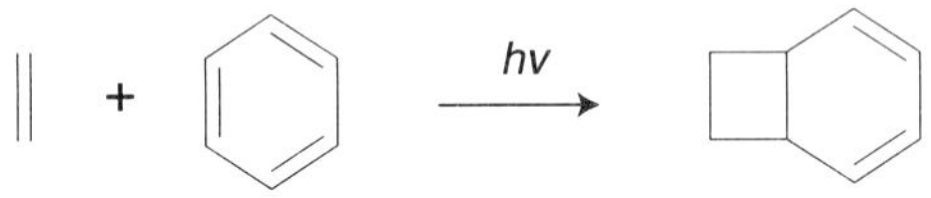

그림 P-21 • Benzene과 ethylene의 광화학 고리화반응성

photoelimination **광화학 제거(반응).** 빛에 의해 큰 분자에서 산소, 황, CO 또는 O_2 같은 작은 원자나 작은 분자가 제거되는 반응.

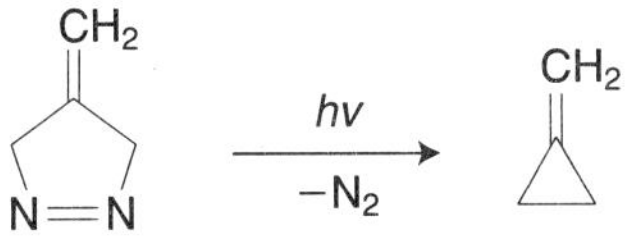

그림 P-22 • 광화학 제거(반응)

photo-Fries reaction **광화학적-Fries 반응.** 페놀 에스터(예, phenyl acetate)가 광화학적 분해를 일으켜 *o*- 또는 *p*-acylphenol을 형성하는 반응.

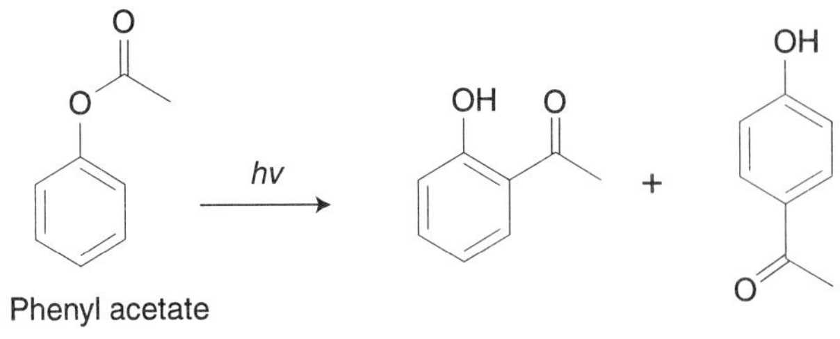

Phenyl acetate

그림 P-23 • 광화학적-Fries 반응

photooxygenation **광산소화.** 빛에 의해 개시된 라디칼과 삼중항 산소($^3O_2$)가 반응하거나(반응 형태 1), 단일항 산소(O_2)가 올레핀과 반응하는(반응 형태 2) 등의 산소화 반응.

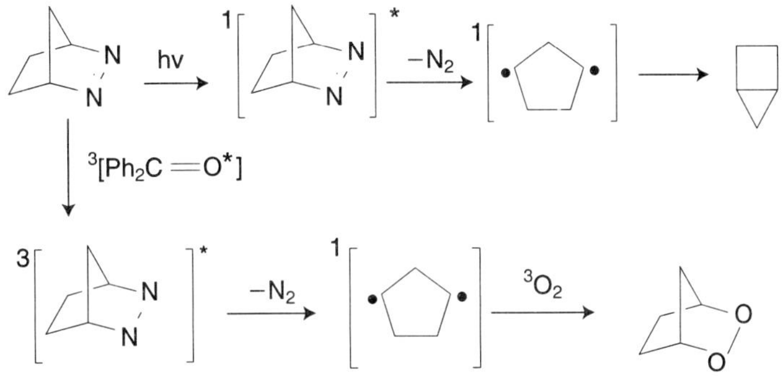

그림 P-24 ● 광산소화 (a) 형태 1과 (b) 형태 2

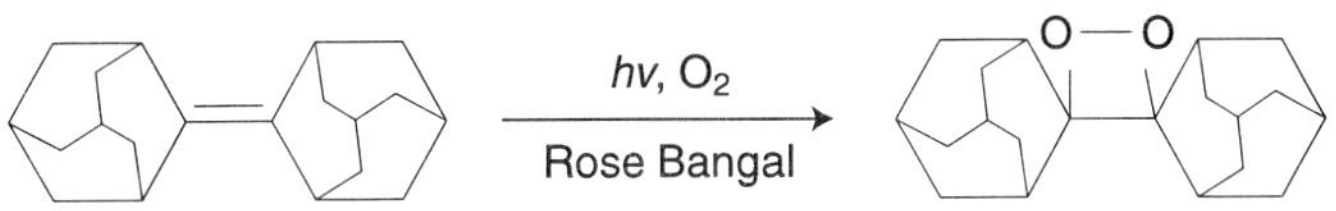

photophosphorylation **광인산화.** 광화학 반응의 명반응 과정에서 빛에 의해 ADP로부터 ATP가 생산 되는 반응.

photoreduction **광환원.** 전자 주게나 또는 수소 주게 존재 하에서 빛에 의해 작용기들이 환원되는 반응.

photoelectron spectroscopy (PES) **광전자 분광법.** UV나 X선과 같은 높은 진동수의 단색광 복사선을 원자나 분자에 쪼여줄 때, 원자나 분자로부터 방출되는 광전자의 운동 에너지를 측정하여 원자나 분자의 에너지 준위를 조사하는 분광법. 다르게는 광전자-방출 분광법이라고도 한다. 입사 복사선이 자외선 영역이면 UV-PES 또는 UPS라고 하며, 입사 복사선이 X선 영역이면 X-PES 또는 ESCA라고 한다.

photoemission spectroscopy **광전자-방출 분광법.** 고체 상태 PES 연구를 일반적으로 광전자-방출 분광법이라고 한다. UV를 이용하면 원자가-전자가 방출되고, X선을 이용하면 내부 껍질의 전자가 방출된다.

photolysis **광분해.** 전자기 복사파에 의해 일어나는 화학 반응으로서, 일차적으로 화학 결합이 끊어지면서 자유 라디칼이 생기는 반응이 일어난다.

photon **광자.** 전자기 복사선의 양자로서, 진동수가 ν인 복사선의 광자는 $h\nu$의 에너지와 $p = h/\lambda = h\nu/c$의 선형 운동량을 갖는다. 여기서 h는 Planck 상수이고, c는 빛의 속도이다. 광자의 질량은 0이고, 스핀은 1이다.

photosynthesis **광합성.** 넓은 의미로는 광화학 반응에 의한 합성 반응들을 통틀어 광합성이라고 하지만, 좁은 의미로는 녹색 식물이 햇빛 존재 하에 이산화탄소와 물로부터 당과 같은 유기 화합물을 만드는 생화학 반응을 말한다.

pi antibonding orbital **파이 반결합 오비탈.** 이웃한 원자들의 오비탈이 겹쳐져 파이 결합을 형성할 때, 다른 위상(out-of phase, 파동함수 성질이 다름) 오비탈의 겹침으로 형성된 분자 오비탈을 말하며 파이 결합 전자가 채워져 있지 않다. π^*로 표기한다.

pi bonding orbital **파이 결합 오비탈.** 이웃한 원자들의 오비탈이 겹쳐져 파이 결합을 형성할 때, 같은 위상(in-phase, 파동함수 성질이 동일함) 끼리 겹쳐져 파이결합을 형성하고 있는 오비탈로 전자가 채워진다.

pi bond **파이 결합.** 이웃한 원자들의 π 오비탈이 옆으로 겹쳐져 형성하는 결합으로 시그마 결합에 대해 수직으로 배열하며 결합세기도 시그마결합보다 약하다. 유기물에서 다중결합을 형성한다.

pi complex **파이 착물.** 친전자체와 파이 전자의 상호작용으로 생성되는 화학종. 즉 친전자체의 빈 오비탈에 전자 주게 분자의 파이 전자가 채워져 착물을 형성한다. 이런 착물을 전하-이동-착물(charge-transfer-complex)라고도 한다. 파이 착물을 형성을 증명하기는 어렵지만, 이런 착물의 형성을 믿을 만한 여러 가지 증거들이 있고, 이는 가역적이고 비교적 빠르게 형성된다. π-complex를 보라.

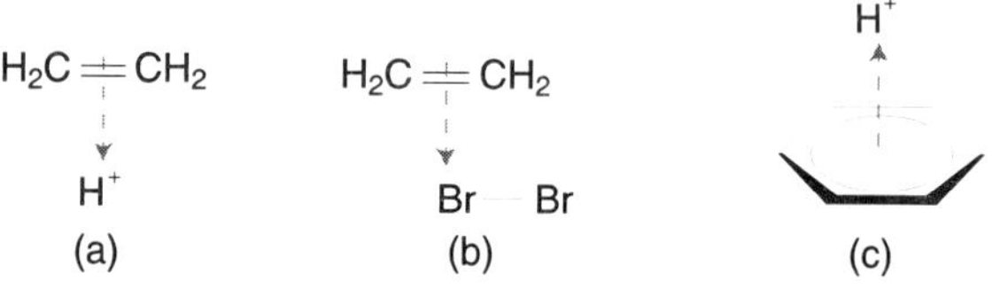

그림 P-25 • 파이 착물의 예 (a), (b), (c)

Pictet-Gram isoquinoline synthesis **Pictet-Gram 아이소퀴놀린 합성.** *N*-아실아미노메틸 페닐 카비놀(*N*-acylaminomethyl phenyl carbinol)을 P_2O_5로처리하여 아이소퀴놀린(isoquinoline)을 합성하는 방법 [A. Pictet, A. Grams, *Ber. 43*, 2384(1910)].

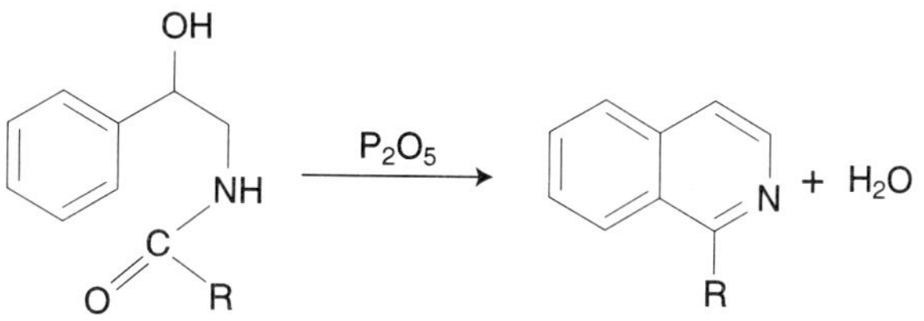

그림 P-26 • Pictet-Gram 아이소퀴놀린 합성

Pictet-Hubert reaction

Pictet-Hubert 반응. *o*-(*N*-아실아미노바이페닐)[*o*-(*N*-acylaminobiphenyl)]을 고온에서 $ZnCl_2$나 또는 $POCl_3$로 탈수 고리화시켜 펜안트리딘(phenanthridine)을 합성하는 방법[A. Pictet, A. Hubert, *Ber. 29*, 1182(1896)].

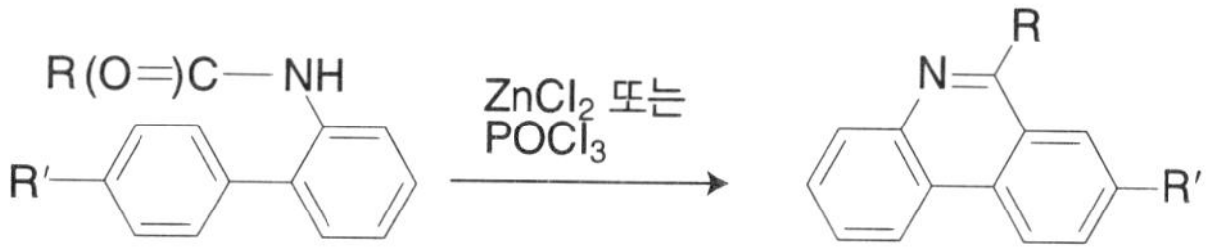

그림 P-27 • Pictet-Hubert 반응

Pictet-Spengler synthesis

Pictet-Spengler 합성. 펜에틸아민(phenethylamine)과 알데하이드로부터 Schiff 염기를 만들어 트라하이드로아이소퀴놀린(tetrahydroisoquinoline)을 합성하는 방법. 이 방법은 천연물 합성에 유용하다[A. Pictet; T. Spengler, *Ber. 44*, 2030 (1911)].

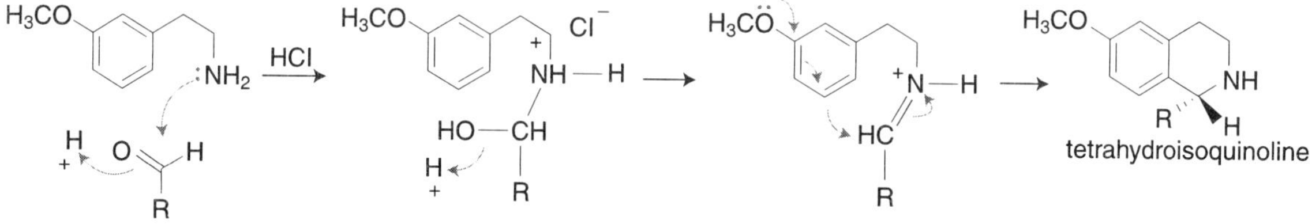

그림 P-28 • Pictet-Spengler 합성법에 의한 tetrahydroisoquinoline의 합성

pigment

안료, 색소. 빛을 흡수함으로서 광학적 성질을 변화시켜 색깔을 나타내는 물질. 안료는 매우 잘게 분쇄한 알갱이 여서 코팅 물질에 녹지 않지만 염료(dye)는 코팅 물질에 녹는다.

Piloty-Robinson synthesis

Piloty-Robinson 합성. 엔올화된 케톤의 아진(azine)을 산 촉매 존재 하에서 가열하여 피롤(pyrrol)을 합성하는 방법[O. Piloty, *Ber. 43*, 489(1910)].

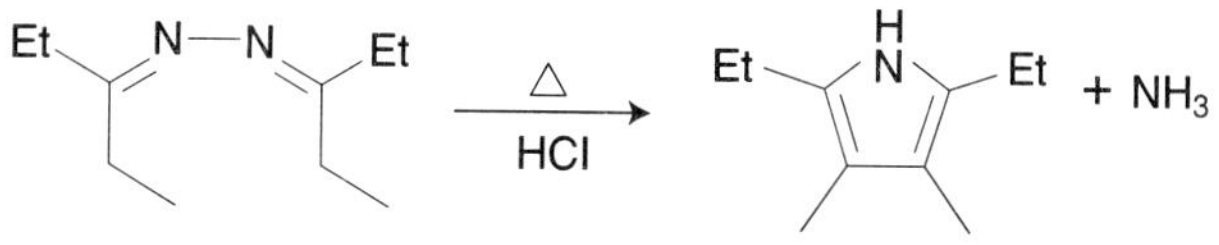

그림 P-29 • Piloty-Robinson 합성

Pinacol rearrangement

Pinacol 자리옮김. 1,2-글리콜(glycol)을 강산으로 처리하면 Wagner-Meerwein-Whitmore 자리옮김을 일으켜 알데하이드나 케톤으로 변환되는 반응.

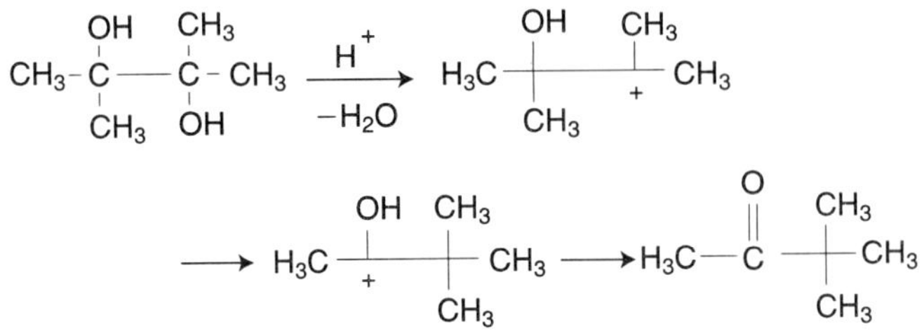

그림 P-30 • Pinacol 자리옮김 반응 메커니즘

Pinner reaction

Pinner 반응. RCN(nitrile)과 R′OH (alcohol)을 건조된 HCl로 처리하여 이미노 에스터(imino ester, RC(=NH)OR′)를 만들고 암모니아나 일차 아민을 처리하여 아미딘(amidine, RC(=NH)NR′R′)을 만드는 반응[A. Pinner, F. Klein, *Ber. 10*, 1889(1877)].

Pinner triazine synthesis

Pinner 트리아진 합성. 아릴 아미딘(aryl amidine)과 $COCl_2$(phosgene)을 반응시켜 *s*-트리아진(*s*-triazine)을 합성하는 반응[A. Pinner, *Ber. 23*, 2919(1890)].

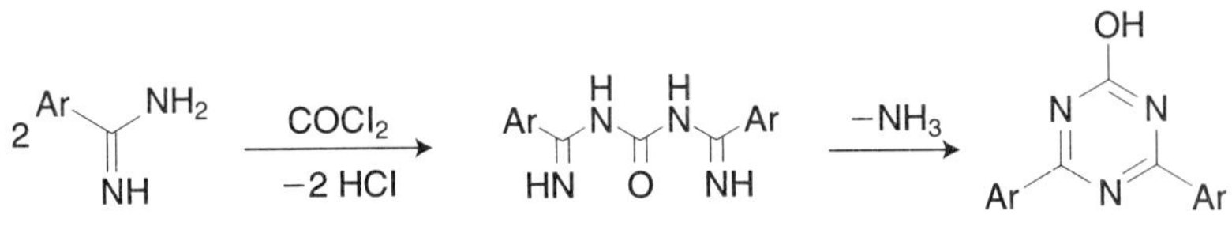

그림 P-31 • Pinner 트리아진 합성

Pi nonbonding orbital

파이 비결합 오비탈. 분자의 결합 에너지에 기여하지 않으면서 전자가 점유된 파이 오비탈. 이런 오비탈은 가운데에 노달 평면(nodal plane)을 가져 이웃한 두 π-오비탈 간의 상호작용이 없다.

piperidine alkaloid

피페리딘 알카로이드. 피페리딘(piperidine) 고리를 가지는 알칼로이드 유도체들. 가장 잘 알려진 유도체로 니코틴(nicotin)을 들 수 있다.

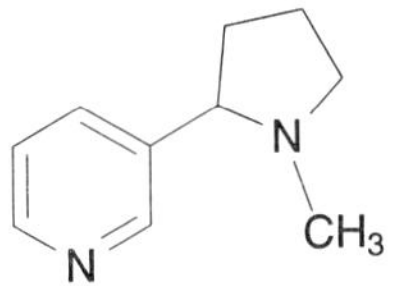

그림 P-32 • Nicotine의 구조

Piria reaction

Piria 반응. 방향족 나이트로 화합물($ArNO_2$)과 $NaHSO_3$를 묽은 산 속에서 끓여 방향족 아민($ArNH_2$)과 설파믹 산(sulfamic acid, NH_2-C_6H_4-SO_3Na)를 합성하는 방법[R. Piria, *Ann. 78*, 31(1851)].

pK value

pK 값. 산의 세기를 나타내는 값으로서, 다음과 같이 정의된다.

$$pK = \log \frac{1}{K_a} = -\log K_a$$

여기서 K_a는 산 해리 상수이다.

plane-polarized light

평면 편광. 단일 면으로 진행하는 전자기 복사선. 편광계에서는 이 복사선을 이용하여 분자들의 광학활성을 측정한다.

plasticizer

가소제. 합성수지의 가소성을 높여 주기 위해 첨가해 주는 물질. 이 물질들은 휘발성이 비교적 낮고 반응성도 낮은 화합물들이다.

plastics

플라스틱. 열이나 압력을 가해 성형시킬 수 있는 가소성 물질. 플라스틱은 대체적으로 합성된 중합체 수지이지만, 셀룰로오스의 유도체인 천연수지도 있다. 합성수지는 일반적으로 딱딱하여 성형이 되지 않으나, 가소제를 가하면 가소성이 증가한다. 가열하면 가소성을 나타내는 열가소성 플라스틱은 냉각되면 다시 단단해진다. 또 열을 가하면 굳어지는 열경화성 플라스틱도 있다. 열가소성 플라스틱은 가열하면 항상 가소성을 나타내지만, 열경화성 플라스틱은 한번 가열한 다음에는 다시 가열하여도 가소성을 나타내지 않는다.

plastoquinone (PQ-*n*)

플라스토퀴논. 터펜(terpene) 곁가지 수만 다른 다이메틸벤조퀴논(dimethylbenzoquinone) 계열 이름. 이들 계열은 식물의 엽록체에서 발견되고 광합성의 산화-환원에서 필요하다.

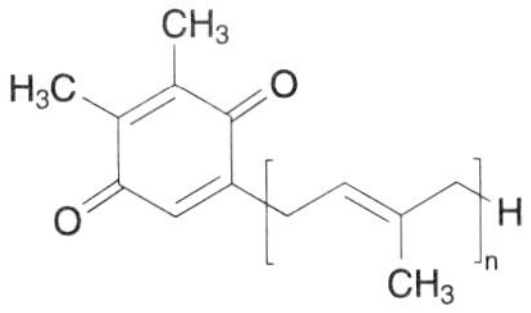

그림 P-33 • Plastoquinone의 구조

***β*-pleated sheet**

***β*-병풍 구조.** 섬유상 단백질이 마치 병풍 모양의 구조를 이루기 때문에 붙여진 이름. 비단 성분인 파이브로인(fibroin)이 이런 구조를 이루고 있다.

point group **점군.** 분자들을 C_p, σ, i, S_p 같은 대칭 조작을 기초로 하여 구분지울 수 있다. 이들 모든 조작을 하나의 점(중심에 있는 원자, 이 원자는 항상 전하를 띄지 않는다)을 토대로 조작하므로 점대칭 조작이라고 한다. 모든 동일한 대칭 요소를 가지는 분자는 모두 동일한 점군에 속하고, 보다 정확하게는 동일한 점군이다. 예를 들어 H_2O, O_3 및 phenanthrene은 모두 동일한 점군에 속한다.

polar compound **극성 화합물.** 이온 결합 화합물이나 쌍극자 모멘트를 가지고 있는 분자로 이루어진 화합물. 보통 이런 화합물에 포함된 결합 중에는 전기음성도차이가 큰 원자 간의 결합이 포함되어 있고 이 결합을 중심으로 쌍극자 모멘트가 생긴다.

polarimeter **편광계.** 광회전도를 측정하는 기기. 이 기기의 원리는 면편광 빛의 편광면이 광활성 시료를 통과하면서 회전시킨 편광 각도를 측정한다. 이 계측기는 광원, 면편광을 만드는 편광판, 시료 용기, 및 편광 분석기로 되어 있다.

polarizability **편극도, 편극성, 분극성.** 전하를 띄지 않는 분자가 이웃한 분자로부터 제공되는 전기 쌍극자 모멘트의 영향으로 유발되는 쌍극자를 나타내는 척도. 편극도는 분자에 작용하는 외부 전기장 E와, 이것에 의해 유발되는 전기 쌍극자 모멘트 크기 사이의 비례 상수 a로 나타낸다.

$$\mu_{\text{induced}} = aE$$

polarized bond **극성 결합.** 전기 음성도가 다른 두 개 원자 간의 이루는 결합. 이 결합은 결합 전자를 두 원자가 동등하게 공유하고 있지 않고 어느 한편 원자 쪽으로 전자구름이 더 많이 집중되어 있다. Polar bond와 혼용한다. 예를 들어, H−Cl, CH_3−Br에서 C−Br 결합 등은 극성 결합이다.

polar covalent bond **극성 공유 결합.** 공유 결합을 이루는 두 원자 간의 전기음성도 차이가 커서 극성을 가지는 공유 결합. 이런 결합은 유기화학에서 중요하고 유용하다.

polarized light **편광.** 보통의 빛은 그 전기장 벡터 성분이 빛의 진행 방향에 수직한 모든 방향으로 진동하면서 직행한다. 그러나, 이러한 빛을 폴라로이드와 같은 물질로 반사시키거나 그 물질 속으로 통과시키면 전기장 벡터가 어느 한 방향으로만 진동하게 되는데, 이 빛을 면-편광되었다고 한다. 면-편광된 빛은 광활성 측정에 유용하게 이용된다.

polar molecule **극성 분자.** 극성 결합을 포함하고 있어 영구 쌍극자 모멘트를 가지고 있는 분자. 이런 분자에서는 분자 내 어떤 결합에서 전하가 분리되어 한 원자는 부분 양전하를 가지고 다른 원자는 부분 음전하를 가지고 있다. 그러나 이산화탄소에서와 같이 극성 결합을 가지더라도 결합들이 대칭을 이루고 있는 분자들은 영구 쌍극자 모멘트를 갖지 못하며 따라서 극성 분자가 아니다.

polar reaction **극성 반응.** 극성 결합을 가지는 분자에서 비대칭적인 결합의 분해와 생성을 수반하는 반응.

Polonovski reaction **Polonovski 반응.** *tert*-아민 *N*-옥사이드(*tert*-amine *N*-oxide)를 아세트산 무수물(acetic anhydride)와 반응시킬 때 일어나는 환원 반응. 이 반응의 최종 생성물은 *O*-acetylated aminophenol과 *N,N*-disubstituted-acetamide 이다.

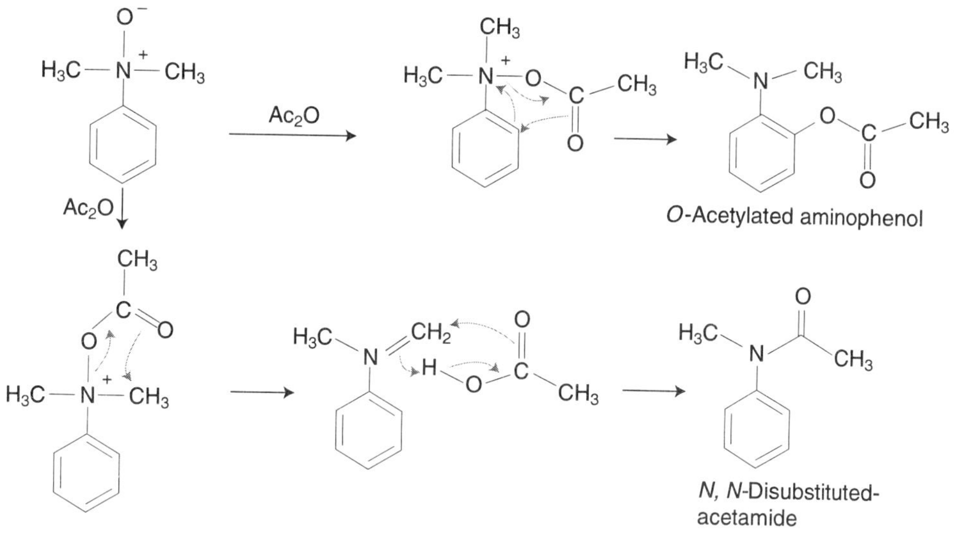

O-Acetylated aminophenol

N, N-Disubstituted-acetamide

그림 P-34 ● Polonvski 반응 메커니즘

polyalkene **폴리알켄.** 두 개 그 이상의 C=C (ethylenic) 결합을 포함하는 화학종. 다르게는 polyene이라고도 한다. 폴리알켄 중 다이 알켄에는 C=C 결합이 하나 이상의 sp^3 탄소에 의해 분리되어 있는 고립된 형태, C=C 결합과 C−C 결합이 교대로 있는 콘쥬게이션 된 형태 및 C=C=C 같이 연이은 형태가 있고 이들의 반응성이나 화합물의 성질은 각기 다르다.

polyamide **폴리아마이드.** 한 분자의 아미노기와 다른 분자의 카복시 기가 축합중합을 일으켜 단백질 모양의 구조를 이루고 있는 중합체. 나일론(Nylon)은 대표적인 폴리아마이드계 중합체이다. 주로 합성 섬유로 사용된다.

polychloroethene (PVC) **폴리클로로에텐.** $(-CH_2CHCl-)_n$. 클로로에텐(염화비닐, chloroethene)을 중합시켜 만든 흰색의 단단한 물질. 내화성이 높고, 화학 약품에 의해 부식되지 않는다. 또한 내수성이 높아 파이프와 타일 등을 만드는 데 사용되며, 가소제를 이용하여 필름 등으로 뽑아 사용하기도 한다.

polycyclic aromatic compound **여러 고리 방향족 화합물.** 두 개 이상의 방향족 고리로 이루어진 화합물 류. 예로 naphthalene, anthracene 또는 benzo[a]pyrene을 들 수 있다.

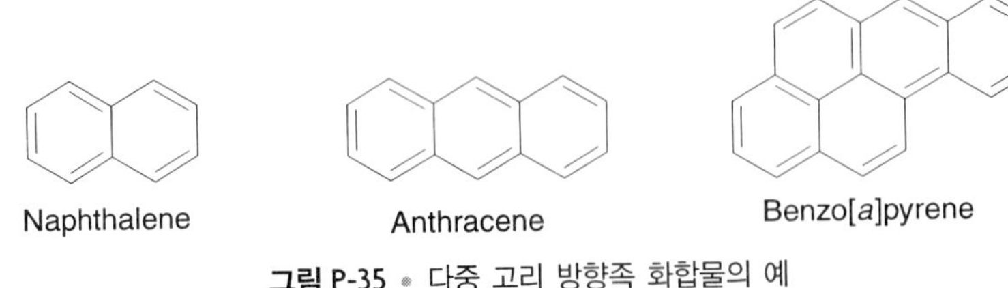

그림 P-35 • 다중 고리 방향족 화합물의 예

polyene **폴리엔.** 한 분자 속에 두 개 이상의 탄소-탄소 이중 결합(C = C)을 가지고 있는 불포화 탄화수소. 이중 결합을 두 개 가지고 있는 것을 다이엔(diene), 세 개 가지고 있는 것을 트라이엔(triene)이라 한다.

polyester **폴리에스터.** 다가 알코올과 다가 카복실 산이 축합 중합되어 에스터 결합을 이루고 있는 중합체. 이들 중 선형 포화 중합체들은 인접 사슬과 카보닐기들의 편극에 의한 쌍극자–쌍극자 상호 작용에 의해 결합되어 있어 주로 합성 섬유로서 이용된다. 한편 불포화 폴리에스터를 가열하면 공중합을 일으킬 수 있으며, 이들은 열경화성 수지로서 이용된다.

polyethene **폴리에텐.** $(-CH_2CH_2-)_n$. 에텐(ethene)을 중합시켜 만든 투명한 열가소성 중합체. 사출 또는 성형이 되며, 필름 상태로 만들기도 한다. 절연제로서 이용되며 폴리에틸렌(polyethylene)이라는 명칭으로 많이 알려져 있다.

polyethylene **폴리에틸렌.** polyethene의 다른 명칭.

polyhydric alcohol **다가 알코올.** 한 분자 속에 두 개 이상의 하이드록시기(−OH)를 가지고 있는 알코올. 예로서 글리세롤(glycerol)이나 에탄-1,2-디올(ethane-1,2-diol)을 들 수 있다.

polyketide **폴리케타이드.** 지방산의 생합성에서 만들어지는 폴리-베타-케토(poly-*β*-keto) 화합물을 말하며 분리되지 않는다. 간단한 폴리케타이드로 아세테이트(acetate) 출발물질 단위로부터 만들어 지는 폴리케타이드를 들 수 있다.

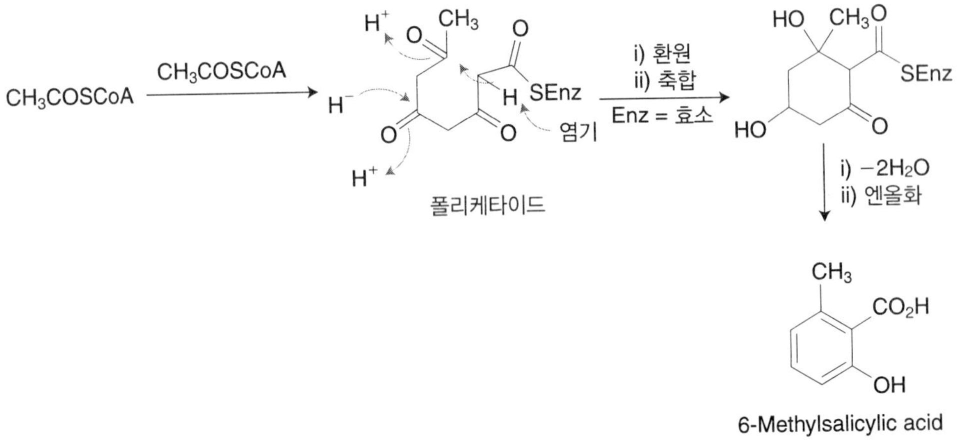

그림 P-36 • polyketide의 합성 메커니즘

polymer **중합체, 고분자.** 단위체라고 하는 간단한 구조 단위가 반복되어 이루어진 큰 분자들을 중합체 또는 고분자라고 한다. 단백질, 셀룰로오스 같은 천연고분자와 나일론 같은 합성 고분자 두 가지가 있다. 고분자는 중합 정도에 따라 분자 크기가 다르기 때문에 일정한 화학식을 갖지 않는다. 한편 한 종류의 단위체로 이루어진 중합체를 동종 중합체라고 하며, 두 종류의 단위체로 이루어진 중합체를 공중합체 또는 혼성 중합체라고 한다.

polymerization **중합.** 단위체 분자들이 중합체를 형성하는 화학 반응을 중합이라고 한다. 첨가 반응에 중합이 일어날 때에는 첨가 중합이라고 한다. 중합 반응은 음이온 중합, 양이온 중합, 라디칼 중합 및 금속 촉매를 이용하는 배위중합 등으로 구분된다.

polymorphism **다형 형상.** 한 화합물이 두 가지 이상의 결정 형태를 만드는 성질.

polynuclear hydrocarbon **다핵 탄화수소.** 하나 이상의 고리를 포함하는 탄화수소.

polyol **폴리올.** polyhydric alcohol의 동의어로 사용되며 $-OH$기를 여러 개 가진 화합물 계열.

polypeptide **폴리펩티드.** peptide를 보라.

polypropene **폴리프로펜.** $-(CH_2CH(CH_3))_{\overline{n}}$ 프로펜을 중합시켜 만든 중합체. 폴리프로필렌(polypropylene)이라고도 한다. 중합 과정에서 CH_3기가 혼성 배열된 형태와 동일 배열된 형태 등이 생길 수 있는데, 일반적으로는 이들의 혼합물이 생긴다. 열가소성 수지로서, 사출 또는 주형 가공이 가능하다.

polysaccharide **다당류.** 가수분해시키면 많은 수의 단당류가 생성되는 탄수화물. 다르게 말하면 단당류 분자들이 길게 중합된 탄수화물. 다당류는 녹말, 셀룰로오스, 및 글리코겐 등과 같이 한 종류의 단당류들로만 이루어진 단순 다당류와, 두 가지 이상의 단당류들로 이루어진 복합 다당류가 있다.

polystyrene **폴리스티렌.** 페닐에텐(phenylethene, styrene)을 중합시킨 열가소성 합성수지. 열절연체와 포장제로 널리 사용되고 있다.

polytetrafluoroethene **폴리테트라플루오로에텐.** Teflon을 보라.

polyvinyl chloride (PVC) **폴리염화비닐.** polychloroethene을 보라.

Pomeranz-Fritsch reaction **Pomeranz-Fritsch 반응.** 알데하이드와 아민으로부터 만들어지는 Schiff 염기를 고리화시켜 아이소퀴놀린(isoquiloine)을 합성하는 반응[C. Pomernz, *Monatsh. Chem.* 14, 116(1893); P. Fritsch, *Ber. 26*, 419(1893)].

P

post-transition metal **전이후금속.** 전자가 채워진 d (또는 d 와 f) 오비탈을 가지는 IB 및 IIB 금속을 지칭하는 말.

potential energy **퍼텐셜(위치) 에너지.** 내부에너지에 영향을 주는 위치 때문에 가지게 되는 계(system)의 에너지.

potential energy profile **위치 에너지 도표.** 반응 위치 에너지를 반응 좌표에 따라 이차원적으로 도식한 그림.

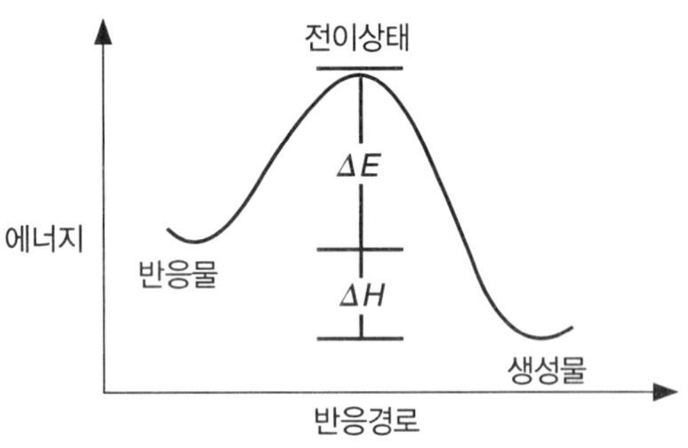

그림 P-37 • 위치 에너지 도표의 예

potential energy surface **위치 에너지 표면.** 반응에 관여하는 분자의 원자들을 가능한 모든 위치로 이동시키면서 이들의 총 위치 에너지를 도식한 것이다. 이 에너지 표면을 2차원 그림으로 완전하게 표시할 수는 없으므로, 일반적으로 특정한 구속 조건에 맞게 잘라낸 절단면들을 이용한다. 예로서 세 개의 원자가 반응에 참여 할 경우에는 이들을 직선상에만 나타나도록 구속시킨다. 이러한 표면을 인력 표면이라고 한다. 반응물들의 과잉 에너지가 상대적 병진 상태로 있을 때에는 이러한 인력 표면을 통한 반응이 비교적 쉽게 일어난다.

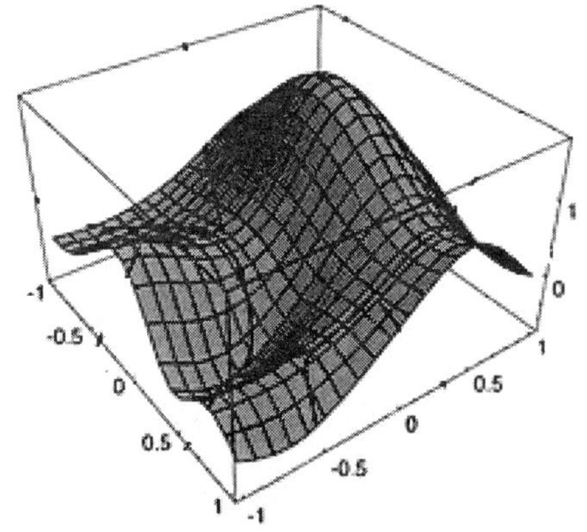

그림 P-38 • 위치 에너지 표면

Pr- Propyl기의 약기호.

prebiotic chemistry **선생물적 화학.** 처음 생명체가 진화하기 이전의 지구의 조건 아래서 생명체 분자의 구성단위를 만들 수 있는 화학.

precalciferol **프레칼시페롤.** 에르고스테롤(ergosterol)로부터 비타민 D_2(calciferol)가 합성되는 과정에서의 중간물질을 말하며 9,10-secoergosterol이라고도 한다.

precession **세차(운동).** 자전하는 물체의 회전축이 한 고정 축 주위의 원뿔면을 따라 돌아가는 운동. 고전적인 세차 운동의 예로서 자기 쌍극자가 자기장 방향둘레로 세차 회전을 하는 것을 들 수 있다. 양자역학에서는 전자의 오비탈 각운동량이나 스핀 각운동량들이 크기가 $[j(j+1)]^{1/2}\hbar$인 벡터로 표시된다. j는 각운동량 양자수이다. 자기장 속에서 각운동량 벡터 성분이 $mj\hbar$가 되도록 양자화 된다. 양자수 m_j는 j, j−1,⋯,−j의 값만을 가질 수 있다. 세차 운동 속도는 자기장이 세질 수 록 커지며, 자기장이 0일 때에는 세차 회전을 하지 않는다.

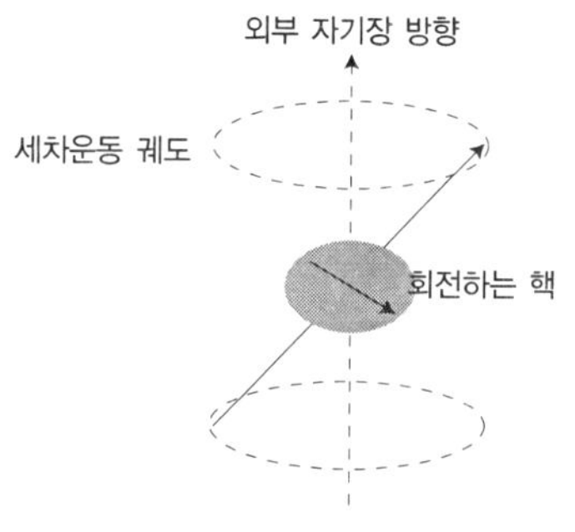

그림 P-39 • 핵의 세차운동

preequilibrium **사전 평형.** 어떤 반응에서 속도결정 단계 이전에 이루어지는 평형을 말한다. 만일 아래의 2 단계 반응에서 두 번째가 속도결정 단계라면 첫 단계 반응은 사전평형 상태에 있다고 말한다. 따라서, $k_1 > k_2$ 일 때 사전 평형이라고 한다.

$$A + B \underset{}{\overset{k_1}{\rightleftharpoons}} C \quad (\text{단계 } 1)$$

$$C + D \underset{}{\overset{k_2}{\rightleftharpoons}} E \quad (\text{단계 } 2)$$

prephenic acid **프레펜 산.** 페닐피루브산(phenylpyruvic acid)과 *p*-하이드록시페닐피루브산(*p*-hydroxyphenylpyruvic acid)의 생합성 과정에서 3,4,5-trihydroxycycloxene-carboxylic acid(shikimic acid)로부터 유도되는 1,4-cyclohexadienedicarboxylic acid를 말한다.

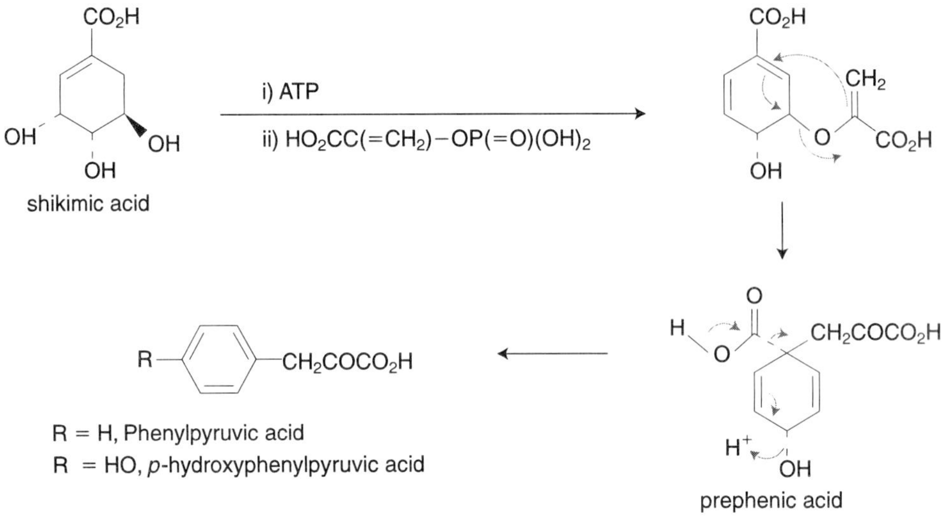

그림 P-40 • Phenylpyruvic acid와 *p*-hydroxyphenylpyruvic acid 의 합성 경로

Prévost reaction — **Prévost 반응.** 고리형 알켄과 I_2 (iodine) 및 AgOC(=O)Ph (silver benzoate)를 비양성자성 용매 속에서 반응시켜 *trans*-1,2-다이올을 합성하는 반응[C. Prévost, *Compt. Rend., 196,* 1129 (1933)].

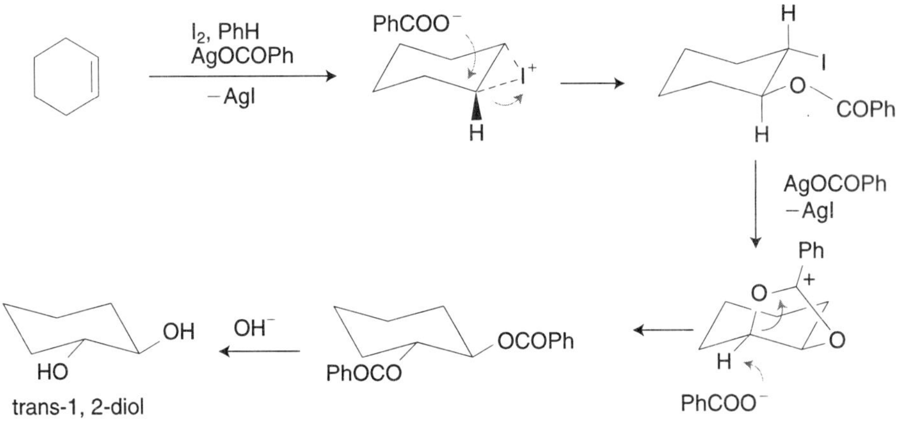

그림 P-41 • Prévost 반응 메커니즘

precipitation — **침전.** 액체 매질 속에서 분리할 수 있는 고체가 생성되는 과정.

primary alcohol — **1차 알코올.** 일반식 RCH_2OH를 가지는 알코올.

primary amine — **1차 아민.** 일반식 RNH_2를 가지는 아민류.

primary carbon atom — **1차 탄소 원자.** 일반식 RCH_3로 표시되는 탄소 원자. 즉, 다른 탄소원자 한 개와 단일결합으로 결합하고 있는 탄소 원자. 예를 들어, 프로페인($CH_3CH_2CH_3$)에서 1번 탄소는 1차 탄소이다.

primary hydrogen atom **1차 수소 원자.** 1차 탄소에 결합된 수소.

principal quantum number **주양자수.** 오비탈에 있는 전자의 에너지에 관련된 양자수. 즉 오비탈 속의 전자 에너지 준위를 결정짓는 양자수이다. 일반적으로 n으로 나타낸다.
또한 주양자수는 원자의 전자껍질 속에 들어 있는 부껍질의 수(n과 같다)와 전체 오비탈의 수(2n과 같다)를 나타내기도 한다.

Prins reaction **Prins 반응.** 알켄과 알데하이드의 산 촉매 축합반응. 이 반응의 중간체는 하이드록시메틸(hydroxymethyl)기를 가지는 화학종이고 최종 생성물은 1,3-글리콜(1,3-glycol), 치환된 알일 알코올(allyl alcohol) 또는 1,3-다이옥세인(dioxane)이다[H. J. Prins, *Chem. Weekbl.*, *16*, 64 (1919)].

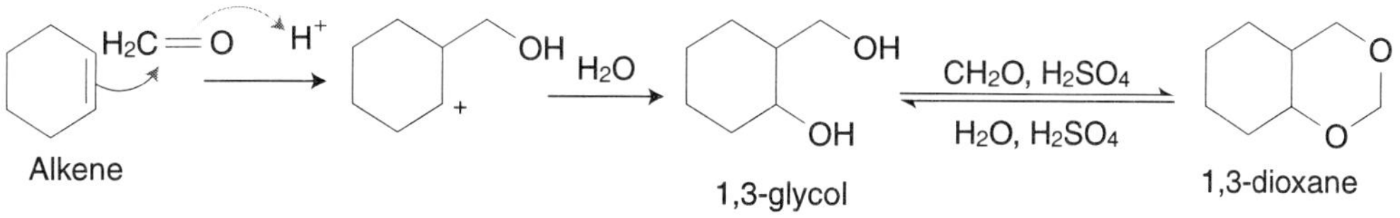

그림 P-42 ◦ Prins 반응 메커니즘

prochiral hydrogen **선구 카이랄성(선구 손대칭성) 수소.** enantiotopic hydrogen의 동의어.

prochirality **선구 카이랄성, 선구 손대칭성.** 한 번의 화학적 단계로 비카이랄성 물질이 카이랄성 물질로 변환될 수 있는 물질의 성질. 반응 후에 (*R*)−형의 카이랄 중심이 되게 하면 *pro*−(*R*)이라고 하고 (*S*)−형 카이랄 중심이 되게 하면 *pro*−(*S*)라고 명명한다. 예를 들어 비카이랄성인 2-butanone을 환원시키면 카이랄성인 2-butanol로 된다.

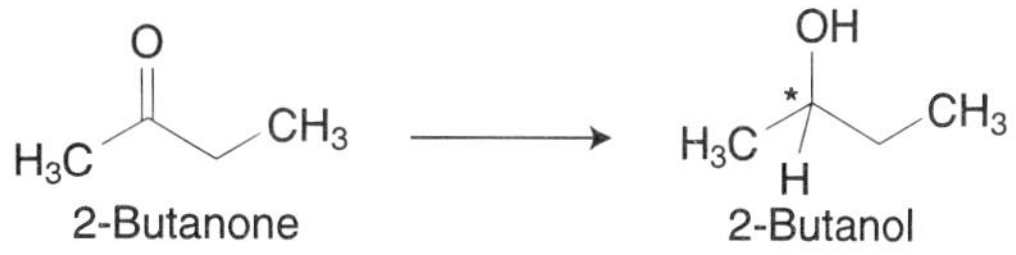

그림 P-43 ◦ 비카이랄성 2-butanone 을 환원하면 카이랄성인 2-butanol(*탄소가 카이랄성)로 된다.

Product **생성물.** 반응에 의해 생성되는 화합물.

Prooxidant **산화 촉진제.** 항산화제를 방해하거나 활성 산소 종을 만들어 산화를 촉진하는 화합물.

pro−(*R*) **선구−(*R*).** 반응에 의해 (*R*)−배열로 될 수 있는 선구카이랄성 원자의 배열 표시 기호.

pro−(*S*) **선구−(*S*).** 반응에 의해 (*S*)−배열로 될 수 있는 선구카이랄성 원자의 배열 표시 기호.

prostaglandin **프로스타글란딘.** 사이클로펜테인(cyclopentane) 탄소골격을 가지고 있는 지방산 계열 화합물들. 이 계열은 다중불포화 C_{20} 지방산으로부터 합성된다. 프로스타글란딘(PG)의 계열 구분은 사이클로펜테인 고리의 작용기화를 기준으로 구분한다. cyclopentanone을 가진 계열은 PGA, β-hydroxycyclopentanone을 가지면 PGE, cyclopenta-1,3-diol을 가지면 PGF 그리고, PGF 계열에 엔올 에테르(enol ether)를 가지고 있으면 PGI 계열로 구분한다.

prosthetic group **보결 원자단, 보결 분자단.** coenzyme의 동의어.

protease **프로테아제.** proteolysis를 보라

protecting group **보호기, 보호 원자단.** 어떤 반응자리 작용기를 수행하려는 반응 조건에서 반응하지 않도록 도입하는 기를 말함. 보호기로 사용하려면 도입과 제거가 용이하여야 하고 반응 중 분해되거나 반응하지 말아야 한다. 예를 들어 $HOCH_2CH_2CH_2Br$(3-bromopropanol) 같은 화합물은 OH기의 산성 수소 때문에 Grignard 반응을 하지 못하므로 $-Si(CH_3)_3$(trimethylsilyl)기로 OH기를 보호한 후에 반응한다.

protein **단백질.** 상대적 분자 질량이 6000~40,000,000에 이르는 상당히 거대한 분자로서, 이것은 오직 20종의 α-아미노산 분자들이 특정한 순서에 따라 펩타이드 결합으로 연결된 긴 폴리펩타이드 사슬들이다. 단백질의 아미노산 결합 순서를 단백질의 1차 구조라고 한다. 이러한 폴리펩타이드는 아미노산 잔기들 사이의 상호 작용에 의해 나선형으로 꼬여져 있는데 이것을 단백질의 2차 구조라고 하며, 이 나선형 폴리펩타이드와 아미노산 잔기들이 이루는 3차원 모양을 3차 구조라고 한다. 그리고 2개 이상의 독립적인 폴리펩타이드들이 특정한 배향에 따라 일정한 모양으로 결합되어 있는 것을 4차 구조라고 한다.

proteolysis **단백질 가수 분해(반응).** 단백질 분자의 펩타이드 결합을 효소나 무기 촉매로 가수분해하여 아미노산이나 작은 펩타이드 단위로 만드는 화학 반응. 펩타이드 결합을 가수분해시키는 효소들을 프로테아제라고 하는데, 예로서 트립신(trypsin), 펩신(pepsin), 카이모트립신 등을 들 수 있다. 한편 무기 촉매로는 산이나 알칼리를 들 수 있다.

proton **양성자.** 전자의 전하량과 크기는 같지만 부호가 반대인 전하를 가지고 있으면서, 질량은 1.672614×10^{-27} kg으로 전자의 1836.12배가 되는 소립자. 수소이온이기도 하며, 또한 중성자와 함께 모든 원자핵들의 성분이기도 하다.

proton affinity (PA) **양성자 친화도.** 어떤 화학종이 양성자와 반응할 때의 표준반응 엔탈피의 음의 값. 양성자 친화도는 Lewis 염기와 Brønstead 염기의 기체상 염기도로 측정한다. 양성자 친화도가 클수록 더 강한 염기이다. 어떤 염기의 양성자 친화도는 아래와 같다.

$$B + H^+ \rightarrow BH^+$$

P

$$\text{양성자 친화도} = \Delta H_f^o (B) + \Delta H_f^o (H^+) - \Delta H_f^o (BH^+)$$

protonic acid **양성자성 산.** 수용액 속에서 양성자, 즉 하이드로늄 이온을 만드는 산. 전통적인 산을 Lewis 산이나 비-수용액 속에서의 Brønsted-Lowry 산과 구분하기 위해 사용하는 용어이다.

proton tautomerism **양성자 토토머화.** 수소 원자가 이동하여 일어나는 케토-엔올 토토머화를 말함. keto-enol tautomerism을 보라.

proton tautomer **양성자 토토머.** 양성자 이동으로 생기는 에너지가 다른 구조 이성질체(토토머)를 말함. 일반적으로 아래의 두 구조는 양성자 토토머이다.

$$\mathrm{H{-}A{-}B{=}Y} \rightleftharpoons \mathrm{A{=}B{-}Y{-}H}$$

prototropic tautomer **양성자성 토토머.** proton tautomer의 동의어.

proximity effect **근접 효과.** 한 화학종이 다른 화학종 보다 더 가까이 있어 반응에 영향을 미치는 효과. 예를 들어 콘쥬게이션 다이엔의 HBr 첨가반응 등에서 1,2-첨가가 1,4-첨가보다 더 빨리 진행되는 것은 Br^-의 근접효과 때문이다.

Pschorr synthesis **Pschorr 합성.** 나이트로벤즈알데하이드(nitrobenzaldehyde)와 페닐아세트산(phenylacetic acid)를 4단계로 반응시켜 펜안트렌(phenanthrene)을 합성하는 반응[R. Pschorr, *Ber. 29*, 496 (1896)].

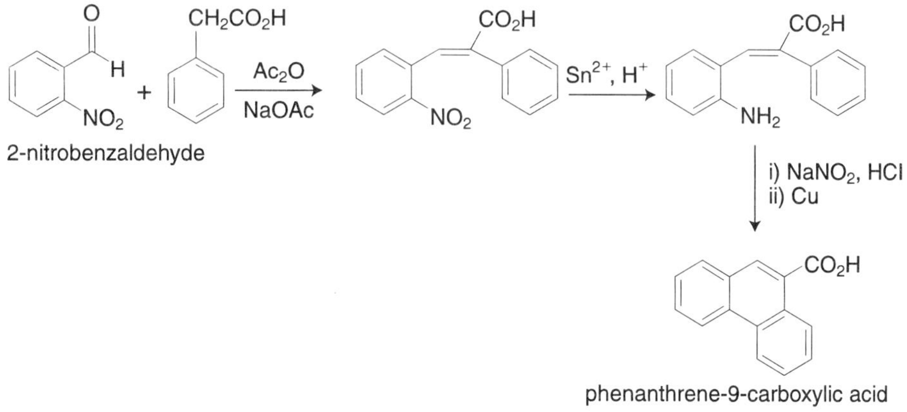

그림 P-44 • Pschorr 합성

pseudoaromatic compound **유사 방향족 화합물.** 두 개 또는 그 이상의 고리를 포함하는 불안정한 고리 콘쥬게이션 탄화수소 류. 이 명칭은 오늘날에는 널리 사용되지 않고 있다.

pseudoassymmetric center

유사 비대칭 중심. 메소(meso) 이성질체의 거울 면에 놓인 정사면체 원자. 이런 원자를 가지는 분자는 카이랄성이 아니다.

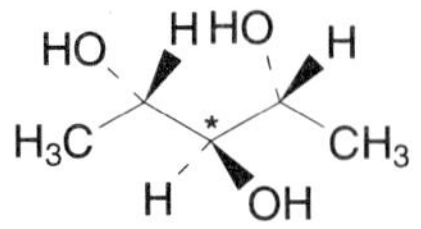

그림 P-45 ∘ (*) 표시한 탄소원자가 유사비대칭 중심이다.

pseudoaxial position

유사 축(수직) 방향 자리. 아래 사이클로헥산(cyclohexane) 보오트 형태 그림에서 (a)로 표시한 자리가 유사 축 방향 자리이다.

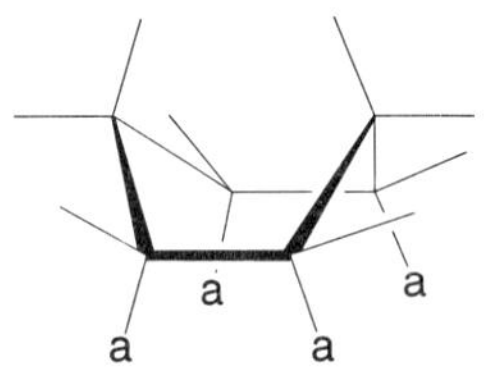

그림 P-46 ∘ cyclohexane 보오트 형태에서 유사축 방향 자리

pseudoequatorial position

유사 수평 방향 자리. 아래 사이클로헥산(cyclohexane) 보오트 형태 그림에서 (e)로 표시한 자리가 유사 수평 방향 자리이다.

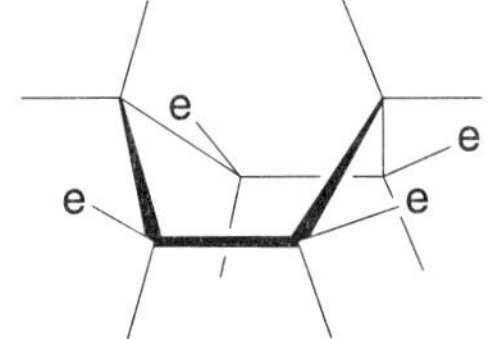

그림 P-47 ∘ cyclohexne에서 유사 수평 방향 자리

pseudohalogen

유사 할로젠족. 시아노겐 (CN_2), 티오시아노겐$(SCN)_2$ 등과 같이 할로젠과 유사한 성질을 나타내는 화합물들, 예로서 이들은 HCN이나 HSCN과 같은 화합물을 만들며, 또한 CN^- 와 SCN^- 이온들로 이루어진 이온 결합성 염도 만든다.

pseudorotation

유사 회전. 어떤 분자의 초기 구조가 회전하여 분자의 구조 형태가 변하는 현상. 초기 분자구조와 회전 후의 분자 구조는 포개진다. 이런 현상은 MX_5형의 $PF_4N(CH_3)_2$ 같은 화합물에서 관찰된다. 이 회전은 Berry 메커니즘 자리옮김이라고 알려져 있다.

purine

퓨린. 염기성 질소 원자를 가지고 있는 유기 화합물로서, 물에 극히 조금 밖에 녹지 않는다. RNA나 DNA의 뉴클레오타이드나, 핵산 속에 들어 있는 아데닌(adenine)이나 구아닌(guanine) 등은 모두 퓨린의 유도체이다.

PVA Polyvinyl alcohol의 약기호.

PVC Polyvinyl chloride의 약기호.

PVP Polyvinylpyrrolidine의 약기호.

Pyr Pyridine의 약기호.

pyramidal inversion **피리미드 반전.** 카이랄 아민도 카이랄 탄소처럼 S_N2 반응에서 질소원자의 배열의 반전이 수반된다. 아민의 질소 원자 구조가 피라미드 모양이므로 이 반전을 피라미드 반전이라고 하며 이 반전은 탄소의 경우보다 빠르므로 두 거울상 이성질체를 정상적으로 분리하기 어렵다.

pyrolysis **열분해.** 가열에 의해 물질이 화학변화를 하는 현상. 즉, 열에 의해 분해되거나, 이성질화하거나, 자리옮김을 하는 등을 말한다.

P

quantum yield
양자 수득률(수득량). 광화학에서 1차 반응을 일으키는 분자가 흡수하는 광자수와, 결과적으로 생성되는 1차 반응의 생성물 분자수의 비를 1차 양자 수득률이라고 한다. 한편 1차 반응 생성물은 다음 단계의 반응을 유발시키며, 그리하여 흡수되는 광자 당 생성되는 최종 생성물의 분자수가 1차 양자 수득률과 다르다. 흡수되는 광자 당 생성되는 생성물 분자수를 총체적 양자 수득률이라고 한다.

quaternary carbon atom
사차 탄소원자. 다른 탄소 원자 4개와 단일결합으로 결합하고 있는 탄소원자. 예를 들어, 2,2-다이메틸프로페인(2,2-dimethylpropane, $(CH_3)_4C$)의 2번 탄소는 사차 탄소 이다.

quencher
반응 정지제. 화학 반응의 조건을 급격하게 변화시켜 반응 속도를 영으로 떨어뜨리는 데 사용되는 시약.

Quelet reaction
Quelet 반응. 페놀성 에터(phenolic ether)와 지방족 알데하이드를 $ZnCl_2$ 촉매 존재 하에 건조된 HCl을 통과시켜 *p*-bromo-(*o*-chloroalkyl)methoxybenzene을 만드는 반응[R. Quelet, *Compt. Rend. 195*, 155(1932)].

OMe, Br → (RCHO, HCl, $ZnCl_2$) → OMe, Cl, R, Br

그림 Q-1 • Quelet 반응

quinoidal ring
퀴논형 고리. 접합된 다중 고리 방향족 화합물에서 고리 내에 두 개의 이중결합(고리 내 이중결합, endo-double bond)을 가지고 고리 밖으로 두개의 이중결합(고리 밖 이중결합, exo-double bond)을 가지는 여섯 원자 고리. 이 이름은 1,2-벤조퀴논

(1,2-benzoquinone)으로부터 유도되었다. 예로서 나프탈렌의 공명 구조에서 볼수 있다. 즉, 공명 구조 (b)에서 고리 B, 그리고 구조 (c)에서 고리 A가 퀴논형 고리 이다.

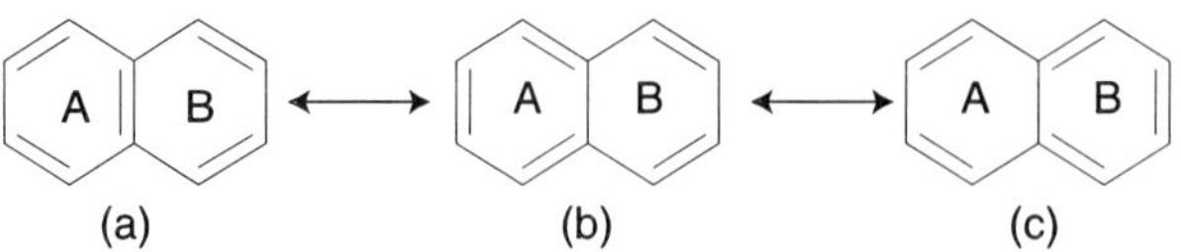

그림 Q-2 • Naphthalene의 공명 구조

quinone

퀴논류. 벤젠(Benzene)이나 나프탈렌(naphthalene) 같은 방향족 화합물의 =CH가 C=O로 변환되어 짝수 개의 C=O 기를 가지고 있는 화학종. 이 화합물 류는 화학 및 생명과학의 여러 분야에서 매우 중요한 부류이다. 이 화학종은 간단히 계열 명 퀴논(quinone)을 붙여 명명한다. 즉, 1,2-benzoquinone, 1,4-benzoquinone 또는 naphthoquinone을 들 수 있다.

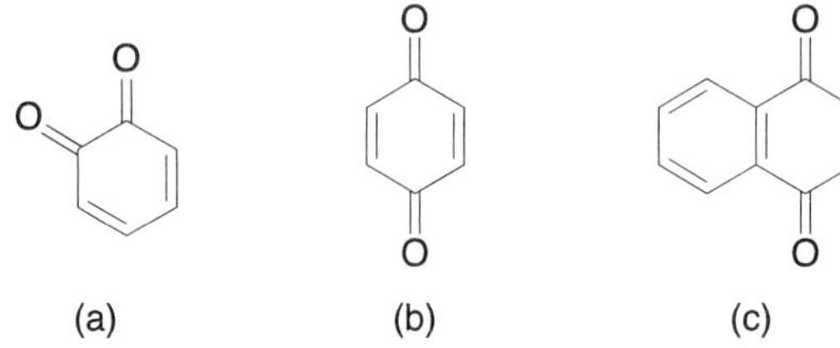

그림 Q-3 • (a) 1,2-Benzoquinone, (b) 1,4-benzoquinone, (c) 1,4-naphthoquinone 의 구조

R 지방족 탄화수소 치환기인 알킬(alkyl)기를 나타내는 기호.

R_f value R_f **값.** 얇은층 크로마토그래피(TLC)나, 종이크로마토그래피(PC)에서 용질의 이동한 거리를 용매의 이동거리로 나눈 값을 말한다. 크로마토그램에서 시료의 반점 위치를 나타내는데 사용한다. R_f는 Retention factor의 약기호이다. 이 값은 크로마토그래피 조건인 온도, 흡착제 종류, 두께, 용매, 흡착시킨 양 등이 동일하면 항상 동일하다.

racemic mixture (racemate) **라셈 혼합물.** 광활성 화합물의 *d*형과 *l*형, (+)-형과 (−)-형 또는 (*R*)-형과 (*S*)-형의 두 이성질체가 같은 양으로 들어 있는 시료를 라셈 혼합물이라고 하며, *dl*, (*RS*)- 또는 (±)의 접두사를 이용하여 표시한다. 라셈 혼합물은 광학활성을 나타내지 않는다.

racemic switch **라셈 변환.** 처음에 라셈 혼합물로 개발하여 판매 승인을 받은 의약품에 대해 하나의 거울상 이성질체로 다시 개발하는 과정. 의약품 개발 과정에서 종종 일어난다.

racemization **라셈화(반응).** 광활성 화합물이 라셈 혼합물로 변환되는 화학반응. 라셈화의 역과정은 분할(resolution)이라고 한다.

radical **라디칼.** 자유 라디칼(free radical)의 동의어.

radical anion **라디칼 음이온.** 홀 전자를 가지는 음이온 종. 즉, 노화에 관여하는 $O_2^{-\bullet}$는 산소 라디칼 음이온이다.

radical cation **라디칼 양이온.** 홀 전자를 가지는 양이온 종. 즉, $CH_4^{+\bullet}$는 메테인(methane) 라디칼 양이온이다.

radical chain reaction **라디칼 연쇄 반응.** 라디칼 메커니즘으로 진행되는 연쇄 반응.

radical ion **라디칼 이온.** 홀 전자를 가지는 라디칼.

radical pair **라디칼 짝(쌍).** 용매 속에서 한 라디칼이 다른 라디칼과 회합하였을 때 이를 라디칼 짝이라고 한다.

radiocarbon dating **방사성 탄소 연대(연령) 측정.** 탄소 동위원소 반감기를 이용하여 연대를 측정하는 방법.

radicofunctional name **라디칼 작용기 명명(이름).** 두 가지 주요 단어로 부르는 화합물 명명법 또는 그런 이름. 즉, 첫 단어는 라디칼이라고 부르는 alkyl 또는 aryl 기 이름을 사용하고 두 번째 단어는 그 화합물에 포함된 작용기 이름을 붙여 명명한다. 예를 들어 methyl iodide (CH_3I), diethyl ether($CH_3CH_2OCH_2CH_3$) 및 ethyl methyl ketone($CH_3CH_2C(=O)CH_3$) 등이 있다.

Ramberg-Backlund reaction **Ramberg-Backlund 반응.** α-할로설폰(α-halosulfone)을 강한 염기로 처리하여 1,3-제거반응을 거쳐 알켄을 만드는 반응. 이 반응에서 HX와 SO_2가 제거된다[L. Ramberg; B. Backlund, *Arkiv. Kemi. Mineral Geol., 13A*(27), 1(1940)].

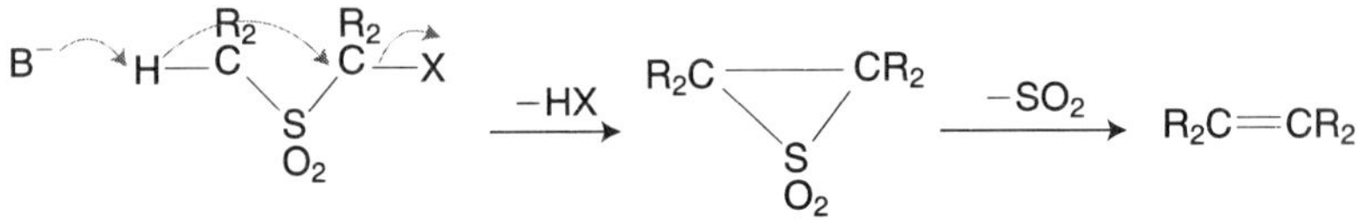

$$B^- \; H{-}CR_2{-}SO_2{-}CR_2{-}X \xrightarrow{-HX} R_2C{-}SO_2{-}CR_2 \text{ (ring)} \xrightarrow{-SO_2} R_2C{=}CR_2$$

그림 R-1 • Ramberg-Backlund 반응 메커니즘

Raman spectroscopy **Raman 분광법.** 시료에 레이저 광선을 쪼이면서 Raman 효과에 의해 산란되는 광선의 스펙트럼을 이용하여 시료의 분자 구조 등을 알아내는 분광법. Raman 스펙트럼은 분자의 내부 운동 에너지 준위의 변화에 기인되기 때문에 진동수 변위가 대단히 작으며, 그리하여 레이저와 같은 단색성이 높은 복사선을 이용해야 스펙트럼이 뚜렷해진다. Raman 효과가 순수한 회전 전이에 의해 나타나려면, 분자의 편극도가 비등방성이어서 분자가 회전할 때 편극도가 변할 수 있어야 한다.

Raney nickel **Raney 니켈.** 니켈(Ni)-알루미늄(Al) 합금을 수산화나트륨으로 처리하여 알루미늄만을 녹여 만든 니켈 분말. 이 니켈은 해면과 같은 구조를 가지고 있어 표면적이 대단히 크며, 또한 수소로 포화되어 있다. 효과적인 수소화 반응 촉매로 이용한다. 자연 발화성이 있으므로, 무수 알코올 속에 저장하였다가 공기에 노출시키지 않은 채 사용해야 한다.

Raschig process **Raschig 공정법.** 카프로락탐(caprolactam)의 원료가 되는 hydroxylamine을 생산하는 공정. 이 공정에서는 ammonium carbonate를 ammonium nitrite로 바꾸고 이를 다시 hydroxylamine disulfonate를 거쳐 hydroxylamine sulfate로 변환한다.

rate constant **속도 상수, *k*.** 화학반응 속도는 반응물들의 농도에 비례하며, 반응물과 농도의 비례

상수를 속도 상수라고 한다. 속도 상수는 농도에는 무관하지만 온도와 활성화 에너지에 의존한다. 속도 상수는 실험적으로 결정되는 양이지만, 활성화물 이론, 충돌 이론 또는 분자 반응 동력학을 이용하여 이론적으로 예측할 수도 있다. 간단한 두 가지 반응 형태의 반응 속도는 다음과 같이 표현할 수 있다.
A + B → C 형태의 반응에서 속도식은 다음과 같다.

$$속도 = d[A]/dt = -d[B]/dt = k[A][B]$$

여기서, t는 시간, k의 단위는 $Lmol^{-1}s^{-1}$이다. 또,

A → B 형태의 반응에서 속도식은 다음과 같다.

$$속도 = d[A]/dt = k[A] \text{ 여기서 } k\text{의 단위는 } s^{-1}\text{이다.}$$

rate-determining (limiting) step — **속도 결정 단계.** 다단계 반응에서 속도가 가장 느린 반응 단계. 속도 결정 단계는 결국 전체 반응 속도를 지배한다. 예를 들어, 아래 반응에서 전체 반응 속도는 1단계의 속도에 의해 결정되고, 이 1단계가 속도 결정 단계이다.

$$R—Y \rightarrow R^+ + Y^- \text{ (1 단계: 느린 단계)}$$
$$R^+ + X^- \rightarrow R—X \text{ (2 단계: 빠른 단계)}$$

rate equation — **속도(방정) 식.** 반응 혼합물에서 반응물의 농도에 대한 반응 속도 의존도를 나타내는 식. 예를 들면 아래와 같다.
A + B → C 의 반응에 대한 속도 식은 다음과 같다.

$$속도 = d[A]/dt = -d[B]/dt = d[C]/dt = k[A][B]$$

rayon — **레이온.** 셀룰로오스(cellulose)로 만든 섬유. 석유가 출발 물질이 되는 합성 섬유와 구분하기 위해 인조 섬유라고 부르기도 한다. 비스코스-레이온과 아세테이트-레이온의 두 종류가 있다. 비스코스-레이온은 목재 펄프를 수산화나트륨(NaOH) 존재하에서 이황화탄소(CS_2)로 처리하여 상응하는 xanthate(Celluo − OC(= S)SNa)를 만들고 $NaHSO_4$로 처리하여 비스코스 레이온을 만든다.

(*R*) configuration — **(*R*) 배열.** 카이랄 중심 탄소의 치환기 우선순위 배열이 시계방향으로 배열된 것을 말함. 이때의 우선순위는 원자 번호 크기순에 따라 매기는 순위 규칙에 따라 매긴다.

reactant — **반응물.** 화학 반응에 참여하여 다른 물질로 변하는 물질을 반응물. 그리고 생기는 물질을 생성물이라고 한다.

reaction affinity — **반응 친화도.** affinity of reaction를 보라.

reaction energy diagram — **반응에너지 도표.** 출발물질이 중간체를 거쳐 생성물로 되는 반응에서 반응하는 물질들의 위치를 퍼텐셜 에너지 변화로 나타내는 도표. 일반적으로 반응 도표는 반응

R

퍼텐셜 에너지 표면상의 최소 퍼텐셜 에너지 경로라고 볼 수도 있다. 도표에서 반응물은 왼쪽에 두고, 중간에 활성화물, 그리고 오른쪽에 생성물을 배치하여 나타낸다. 이는 반응 에너지 좌표라고도 한다.

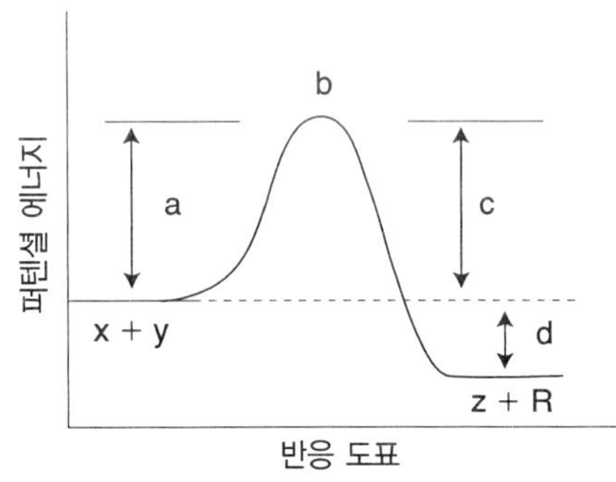

그림 R-2 ∘ 반응 도표의 예. x와 y는 출발물질이고, z와 R은 생성물이다.

reaction coordinate **반응 좌표.** 출발물질이 중간체를 거쳐 생성물로 되는 반응에서 반응하는 물질들의 위치를 시간의 경과에 따라 나타내는 좌표. reaction energy diagram을 보라.

reaction order (kinetic order) **반응 차수.** 반응속도에 영향을 미치는 물질의 농도 항의 지수로 표시되는 수를 반응 차수라고 한다. 예를 들어 2A + B → C 형 반응의 경우 속도식은 다음과 같다.

$$속도 = k[A]^2[B]^1$$

따라서 A 물질에 대해 2차 반응이고 B 물질에 대해서는 1차 반응이며 전체적으로는 3차 반응이라고 한다.

reaction step **반응 단계.** 여러 단계 반응에서 각 단계의 기본 반응 과정을 하나의 반응 단계라고 한다.

reactivity **반응도, 반응성.** 화학물질이 화학반응을 일으키려고 하는 경향성 내지는 반응속도.

reagent **시약.** 반응에서 반응에 참여하는 라디칼, 이온 또는 원자단을 제공하는 화합물을 말함.

rearrangement **자리옮김.** 분자 속의 원자나 원자단이 결합 원자 자리를 옮겨 새로운 분자를 만드는 화학 반응.

recrystallization **재결정.** 결정을 녹였다가 다시 결정화시키는 과정을 되풀이함으로써 결정의 순도를 높이거나, 결정 형태를 좋게 만드는 방법.

rectification **정류.** 액체를 증류하여 정제하는 과정. 예로서 분별 증류를 들 수 있다.

redox reaction **산화-환원 반응.** 산화와 환원이 동반되는 반응. 산화-환원 반응은 매우 보편적인 반응으로서, 건전지나 축전지와 같은 화학전지 내부에서 일어나는 반응, 음식물이 소화되는 대사 과정, 지하에 묻힌 수도관이 녹스는 과정 등은 산화-환원 반응 과정들이다.

red shift **적색 이동.** 어떤 분자에 새로운 치환기가 도입되어 치환기 도입 전 보다 자외선 스펙트럼의 최대흡광도 흡수띠가 에너지가 낮은 장파장 쪽으로 이동하는 현상. Bathochromic shift [장파장쪽 옮김(이동)] 이라고도 한다.

reduced mass **환산 질량.** 질량이 각각 m_1과 m_2인 두 알맹이의 상대적인 운동을 나타낼 때 이용되는 질량으로서, μ로 표기하며 다음과 같이 정의한다.

$$\mu = -\frac{m_1 m_2}{m_1+m_2} \quad \text{또는} \quad \frac{1}{\mu} = \frac{1}{m_1} + \frac{1}{m_2}$$

만약 $m_1 \gg m_2$ 이면 $\mu \approx m_2$가 된다.

reducing sugar **환원당.** 알데하이드(-CHO)나 α-하이드록시 케톤($[RCH_2(OH)C(=O)]R$)기를 가지고 있어 아주 약한 산화제에 의해 쉽게 산화될 수 있는 당류를 말한다. 즉, 다른 분자에 전자를 내줌으로써 환원제로서 작용할 수 있는 단당류나 이당류. 예를 들어 글루코오스(glucose)와 프룩토오스(fructose)는 환원당들이다.

reductive elimination **환원성 제거(반응).** 분자나 원자가 제거되어 중심 원자가 환원되는 반응. 주로 전이금속 착물에서 관찰되며 이 반응의 반대 반응은 산화성 첨가반응이다. 아래 예에서처럼 4가인 Pd 착물에서 에테인(ethane)이 제거되면서 Pd가 "0"가로 환원된다.

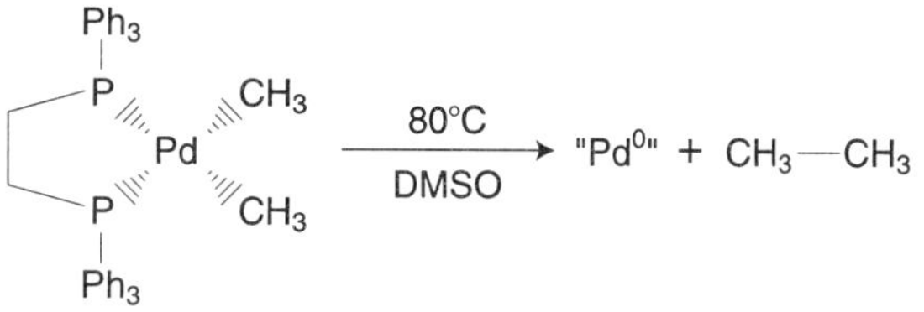

그림 R-3 • Pd 착물의 환원성 제거반응

refining **정제.** 물질의 순도나 형태를 정제하는 과정.

reflux **환류.** 냉각관이 달린 용기 속에서 액체를 끓인 다음, 그 증기를 계속해서 액체로 되돌려 보내는 실험 조작. 유기 화합물을 합성하는 과정에서는 장시간 동안에 걸쳐 반응을 일으키기 위해 반응물을 환류시키는 것이 보통이다.

Reflux ratio **환류비.** 환류되는 양 (L)과 증류되는 양 (D)의 비. 즉 R = L/D 이다.

Reformatsky reaction **Reformatsky 반응.** α-브로모에스터(α-bromoester)에 Zn와 알데하이드를 반응시키고 산 수용액을 처리하여 β-하이드록시에스터(β-hydroxyester)나 α,β-불포화

에스터(α,β-unsaturated ester)를 제조하는 반응[S. Reformatsky, *Ber. 20*, 1210 (1887)]

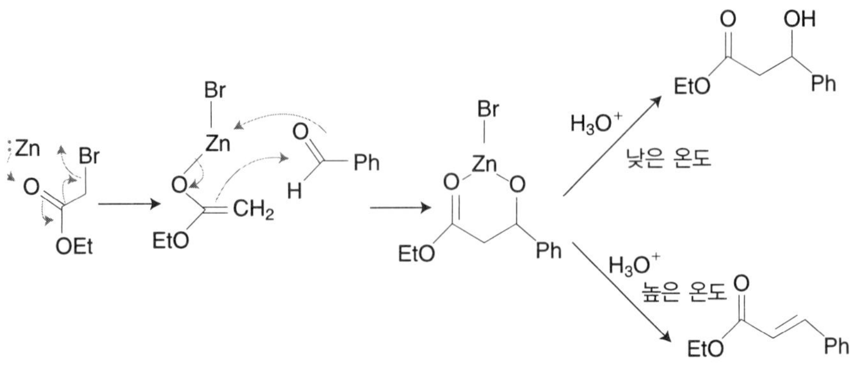

그림 R-4 • Reformatsky 반응의 메커니즘

reforming

개질. 화학에서 탄화수소의 성질을 바꾸기 위해 분자 구조를 변형시키는 공정. 즉 크래킹이나 촉매 반응에 의해 곧은 사슬 알케인 분자를 가지달린 알케인으로 변화시키는 과정을 말한다. 곧은 사슬 알케인은 옥탄가가 높으므로 이러한 개질 과정을 통해 옥탄가가 높은 휘발유를 얻는다. 촉매를 이용하면 알케인을 벤젠(benzene)으로 개질시킬 수도 있다.

R

refractive index

굴절률. 진공상태에서의 빛의 속도 (c)와 어떤 물질 속에서의 빛의 속도 (c′) 비로 측정한다. 즉 굴절률은 $n = c/c'$이다. 밀도와 분자 굴절도(molecular refractivity, [R])는 액체의 순수도를 정하는데 매우 유용하다.

$$[R] = [(n^2 - 1)/(n^2 + 2)] \times M/d$$

여기서 M = 분자량, n = 굴절률, d = 밀도 이다.

regioselectivity

위치 선택성. 두 자리 이상의 위치에서 반응이 가능하지만 특별히 어느 하나의 자리가 더 우세하게 진행되는 반응성. 예를 들어 2-methylpropene에 HCl를 첨가반응시키면 2-chloro-2-methylpropane만 위치 선택적으로 생성된다.

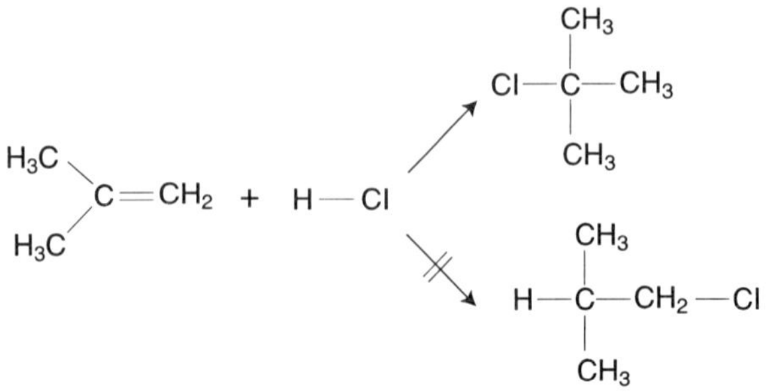

그림 R-5 • 2-Methylpropene의 위치 선택적성 첨가반응의 예

regiospecific polymerization **위치 특이성 중합반응.** 단위체의 어느 한 위치로 보다 더 우세하게 연속적으로 첨가되어 중합 사슬이 형성되는 중합반응. 예를 들어 치환된 바이닐 중합체의 머리-꼬리 배열이 위치 특이성 중합반응을 한다.

Reimer-Timann reaction **Reimer-Timann 반응.** 염기 촉매 하에서 클로로포름(chloroform)과 페놀(phenol)이 축합반응하여 *o*-하이드록시벤즈알데하이드(*o*-hydroxybenzaldehyde)가 형성되는 반응[K. Reimer, *Ber. 9*, 423 (1876); K. Reimer, F. Tiemann, *Ber. 9*, 824(1876)].

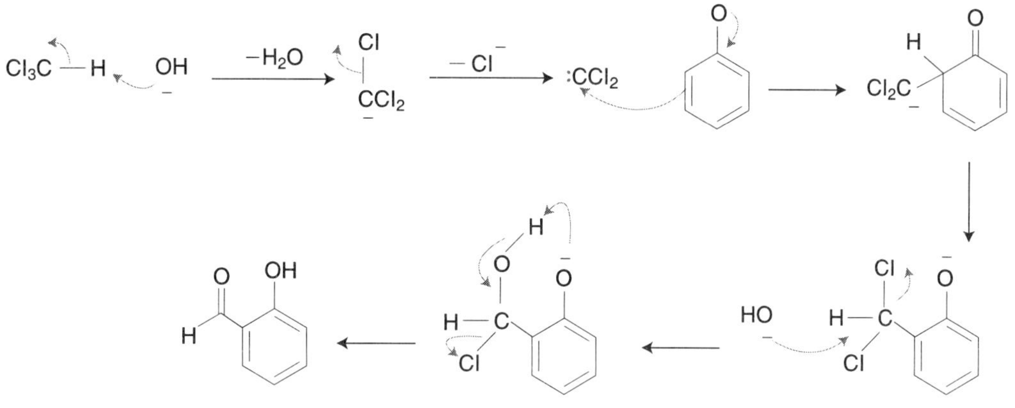

그림 R-6 • Reimer-Timann 반응 메커니즘

Reissert compound **Reissert 화합물.** Reissert 반응을 보라.

Reissert indole synthesis **Reissert 인돌 합성.** *o*-나이트로톨루엔(*o*-nitrotoluene)과 옥살산 에스터(oxalic ester)를 환원성 고리화시켜 인돌(indole)을 합성하는 반응[A. Reissert, *Ber. 30*, 1030 (1897)].

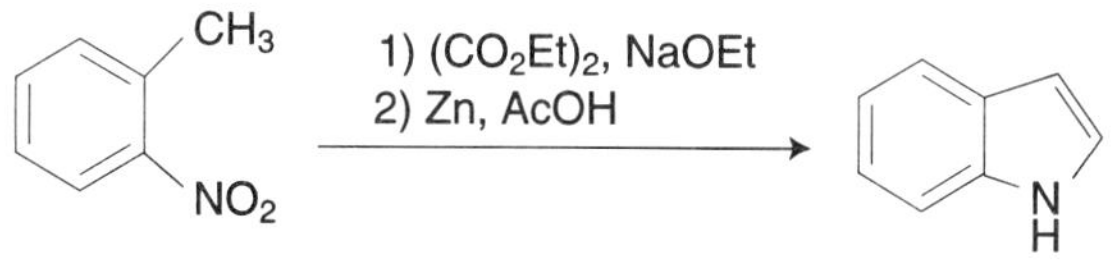

그림 R-7 • Reissert 인돌 합성

Reissert reaction **Reissert 반응.** 퀴놀린(quinoline)과 산 염화물을 반응시켜 *N*-acyl 유도체를 만들고 여기에 CN^- 이온을 반응시키면 질소 이웃 탄소에 CN 기가 첨가된 Reissert 화합물이 형성된다. 이 Reissert 화합물은 가수분해 되어 알데하이드와 2-퀴놀린카복실산(2-quinolinecarboxylic acid)이 형성된다. 이 반응은 아이소퀴놀린(isoquinoline)에서도 진행된다[A. Reissert, *Ber. 38*, 1603 (1905)].

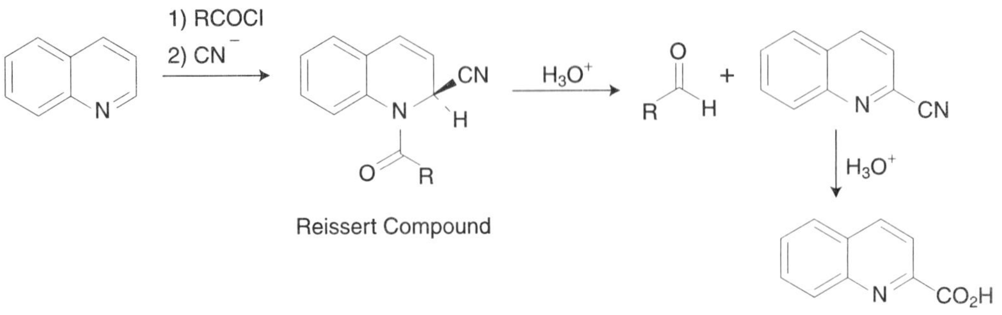

1) RCOCl
2) CN^-

Reissert Compound

H_3O^+

2-Quinolinecarboxylic acid

그림 R-8 • Reissert 반응 메커니즘

Relative configuration **상대 위치배열.** 두 카이랄 분자의 위치배열간의 관련성. 두 카이랄 분자에서 카이랄 중심에 있는 다른 결합이 분해되지 않으면서 화학적으로 상호변환되었을 때 두 분자의 상대 위치배열이 동일하다고 한다.

relaxation **이완(현상).** 어떤 성질이 평형으로 되돌아가는 것을 완화라고 하는데, 완화 속도는 일반적으로 exp($-t/\tau$)에 비례한다. 여기서 τ를 이완시간이라고 하는데 τ의 값이 클수록 느리게 이완된다. 예로서 $A \rightleftharpoons B$ 평형을 이루고 있는 반응계의 온도를 급상승시켜 섭동시키면, 조성이 새로운 평형 상태로 지수 함수적으로 이완된다. 이때의 이완 시간을 측정하면, 평형 반응의 양쪽 방향 속도 상수들을 구할 수 있다.

R

renaturation **재원영화, 원형재생, 재생.** 변형된 단백질이 본래의 구조로 되돌아가는 과정.

replication of DNA **DNA 복제.** DNA 정보가 보존되고 다음 세대로 전달되도록 동일한 복사본이 만들어지는 과정.

replication fork **복제 분기점.** DNA가 복제되기 위해 두 가닥이 분리되는 부분으로 복제되는 동안에 세포핵 안에서 생성된다.

representative elements (main group elements) **주족원소.** 주기율표에서 A로 표시되는 원소. 즉 1A~8A 족 까지를 말한다.

rRNA **라이보솜 RNA.** **r**ibosomal **r**ibo**n**ucleic **a**cid의 약기호. rRNA는 라이보솜의 RNA 성분이며 단백질과 착물을 이루고 있다.

resin **수지.** 천연적으로 만들어지거나 인위적으로 합성되는 고분자 중합체. 천연 수지는 침엽수 등으로부터 분비된 점착성 액체가 휘발성 성분을 잃고 굳은 것으로서, 송진이 여기에 해당된다.

resinification **수지화(반응).** 수지(resin)를 만드는 행위나 방법.

resinophore **레지노포어.** 수지화반응을 일으키는 원자단. 즉, −N=C=N−, −N=P=N−, C=C−C(=O)−, C=C−C=C 등이 있다.

resolution **분할, 분리능.** 1)라셈 혼합물을 순수한 거울상이성질체로 분리하는 과정. 일반적으로는 광학 이성질체들의 물리적 성질이 같기 때문에 물리적 방법으로는 이들을 분할시킬 수 없으므로 다른 거울상이성질체 물질과 반응시켜 부분입체 이성질체를 만든 다음에 분할시킨다. 또한 박테리아를 이용하여 두 거울상이성질체 성분 중의 어느 한 가지만을 변환시키는 생물학적 방법을 이용하기도 한다. 2) 분광기의 분리능력.

resonance **공명.** 1) 이 용어는 1928년 Linus Pauling에 의해 소개되었는데 benzene과 같이 하나의 Lewis 구조로 표현할 수 없는 화합물의 구조에 적용하며, 이런 화합물들 구조를 공명구조라 하고, 실제 존재하는 화합물의 구조는 이 공명구조들의 혼성체로 존재한다고 생각한다. 일반적으로 공명구조를 가지는 화합물들은 그렇지 않은 화합물보다 더 안정하며 이는 공명 안정화 에너지라고 한다.

2) 한편 동일한 용어가 핵자기공명분광법에서도 사용되는데 이 경우에는 외부에서 쪼여주는 자기장과 핵 스핀의 회전에 필요한 각운동량이 동일할 때 자기장을 흡수하여 핵 스핀이 뒤집히는 현상을 나타내는 용어로 사용된다.

resonance energy **공명 에너지.** 어떤 화합물이 여러 개의 공명 구조를 가짐으로써 안정화되는 에너지.

resonance effect **공명 효과.** 화합물이 여러 개의 공명 구조를 가짐으로써 안정화되거나 반응성이나 물리적 성질 등이 달라지는 효과를 말한다. 이런 효과는 benzene의 친전자성 치환 반응에서 잘 관찰된다.

resonance hybrid **공명 혼성(체).** resonance를 보라.

retention of configuration **배열의 보존.** 특정 탄소의 결합 배열이 반응 전과 후에 동일한 상대 배열를 가지는 현상을 말함. 이와 반대 현상이 배열의 반전 현상이다.

retention time **머무름 시간.** 분리하려는 성분이 컬럼에 머무르는 시간. 관 크로마토그래피나 기체 크로마토그래피 및 HPLC에서 R_t로 나타낸다.

retro-aldol condansation **역 알돌 축합반응.** 알돌 축합반응의 역 반응을 말함. 산이나 염기 촉매를 사용하는 알돌 축합반응은 가역반응이다. 이 가역반응에서 역 반응 과정이 역 알돌 축합반응이다. 또한, β-하이드록시카보닐(β-hydroxycarbonyl) 화합물이 상응하는 알데하이드로 분해되는 반응을 말하기도 한다. 알돌 축합반응을 보라.

retro-Diels-Alder reaction **역 Diels-Alder 반응.** Diels-Alder 첨가물이 안정한 하나 또는 두 개의 토막으로 열분해되는 반응. Diels-Alder 반응의 역 반응 과정이므로 이런 이름이 붙여졌다.

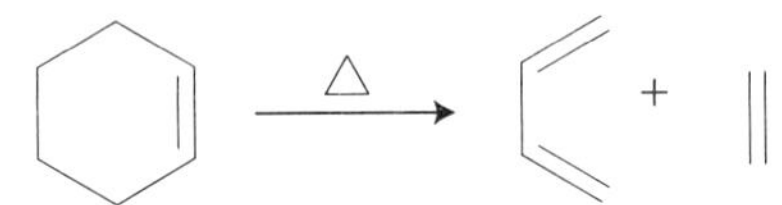

그림 R-9 • 역-Diels-Alder 반응

retro-ene reaction **역-엔반응.** 메커니즘 적으로 엔반응의 역 과정으로 진행되는 반응.

retrograde cycloaddition **역고리화 첨가 반응.** cycloreversion의 동의어. cycloreversion을 보라.

retro-pinacol rearrangement **역-피나콜 자리옮김 반응.** 알코올을 산처리하여 자리옮김한 알켄을 얻는 방법. [N, Zelinsky, J. Zelikow, *Ber. 34*, 3249(1901)]

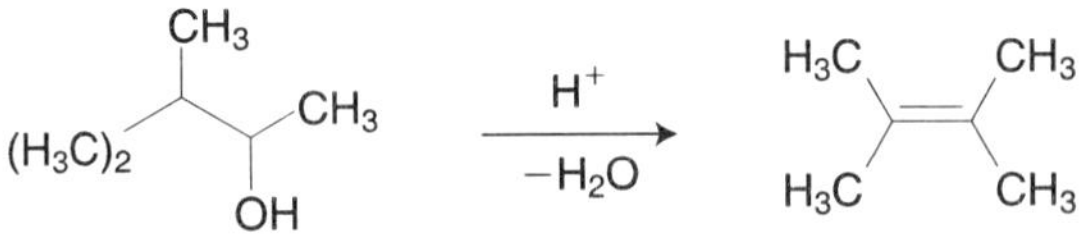

$(H_3C)_2C(CH_3)-CH(OH)CH_3 \xrightarrow[-H_2O]{H^+} (H_3C)_2C=C(CH_3)_2$

그림 R-10 • 역-피나콜 자리옮김 반응

Reverdin reaction **Reverdin 반응.** *p*-아이오도알콕시벤젠(*p*-iodoalkoxybenzene)이 질산 속에서 요오드 (I)가 자리옮김하여 3-iodo-4-alkoxynitrobenzene으로 되는 반응[F. Reverdin, *Ber. 29*, 997, 2595(1896)].

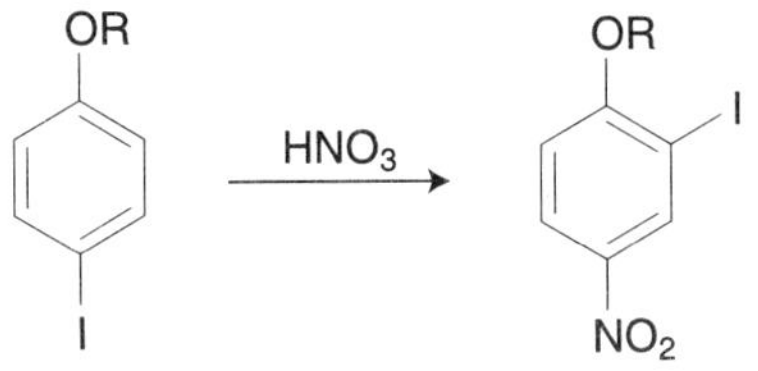

그림 R-11 • Reverdin 반응

reverse osmosis **역삼투(법).** 삼투 현상이 정상적으로 예측되는 방향과는 반대 방향으로 진행되는 과정.

reverse phase chromatography **역상 크로마토그래피.** 무극성 정지상과 극성 이동상의 크로마토그래피 분리 방식의 일종이다. 즉, 정지상 보다 극성이 더 큰 이동상을 사용하는 크로마토그래피이다. 역상 크로마토그래피에서는 보다 극성이 큰 물질이 무극성 화합물 보다 먼저 용출된다.

reversible process **가역 과정.** 열역학에서 계(system)의 몇 가지 성질이 에너지 손실이 없이 최소한의 변화에 의해 반대 과정으로 되돌아갈 수 있는 과정을 말한다. 이러한 작은 변화 때문에 계는 열역학적으로 평형 상태를 이루게 된다.

riboflavin **리보플라빈.** vitamin B_2의 다른 이름, riboflavin adenosine diphosphate(FAD)라고도 한다. 전자나 수소를 전달하는데 관여하는 보조효소일종이다.

ribonucleic acid **리보핵산.** RNA를 보라.

Rice-Herzfeld mechanism **Rice-Herzfeld 메커니즘.** 반응 속도론에서 복합 연쇄 반응을 간단한 속도 법칙으로 나타내는 메커니즘. 이 반응 메커니즘은 개시 단계, 두 전파 단계, 및 종결 단계로 이루어지는데, Rice와 Herzfeld는 아세트알데히드의 열분해 반응을 설명하는 데 있어 이 메커니즘을 다음과 같이 이용하였다.

1. 개시 단계

$$CH_3CHO \rightarrow \cdot CH_3 + \cdot CHO \qquad \vartheta = ka[CH_3CHO]$$

2. 전파 단계

$$CH_3CHO + \cdot CH_3 \rightarrow CH_4 + CH_3CO\cdot \qquad \vartheta = kb[CH_3CHO][\cdot CH_3]$$

3. 전파 단계

$$CH_3CO\cdot \rightarrow \cdot CH_3 + CO \qquad \vartheta = kc[CH_3CO\cdot]$$

4. 종결 단계

$$\cdot CH_3 + \cdot CH_3 \rightarrow CH_3CH_3 \qquad \vartheta = kd[\cdot CH_3]^2$$

정류 상태 근사법을 이용하여 중간체들의 농도를 구하고, 그 결과를 이용하면 다음과 같은 결과를 얻을 수 있다.

$$\frac{d[CH_4]}{dt} = k_b\,[CH_3CHO][\cdot CH_3]k_b\,(\frac{K_a}{K_b})^{1/2}[CH_3CHO]^{2/3}$$

이 반응 메커니즘이 비록 반응의 부산물인 CH_3COCH_3와 CH_3CH_2CHO가 나타나는 이유를 설명해 주지는 못하지만, 반응 차수가 3/2이 되는 실험 결과와는 일치한다. 이 반응이 실제로는 좀 더 복잡한 과정에 따라 일어나겠지만 이 메커니즘이 반응의 큰 줄거리를 설명할 수는 있다. 간단히 Rice 메커니즘이라고도 한다.

von Richter (cinnoline) synthesis **von Richter(시놀린) 합성.** *o*-아미노아릴프로피올산(*o*-aminoarylpropiolic acid) 또는 *o*-아미노아릴아세틸렌(*o*-aminoarylacetylene)을 다이아조화시켜 수화-고리화 후에 카보닐기 이탈반응을 시켜 시놀린(cinnoline) 유도체를 합성하는 반응[V. von Richter, *Ber.* *16*, 677(1883)].

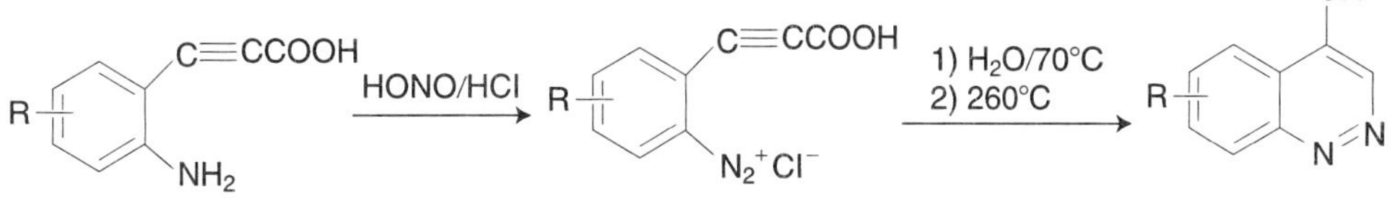

R–C₆H₃(NH₂)–C≡CCOOH —HONO/HCl→ R–C₆H₃($N_2^+Cl^-$)–C≡CCOOH —1) H_2O/70°C 2) 260°C→ R–(4-hydroxycinnoline, OH, N=N)

그림 R-12 ◦ von Richter(시놀린) 합성

von Richter reaction **von Richter 반응.** 치환된 방향족 나이트로 화합물을 에탄올 속에서 KCN 과

120~270℃ 로 가열하여 벤조산(benzoic acid) 유도체를 만드는 반응. 이 반응에서 도입되는 카복시기는 이탈되는 나이트로 기의 오쏘 위치로 들어간다[V. von Richter, *Ber. 4*, 21, 459, 553(1871)].

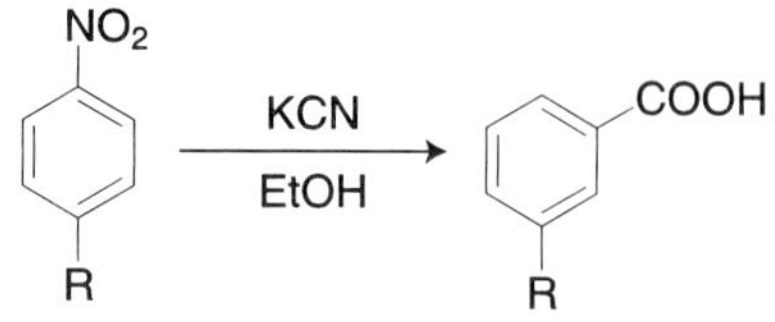

그림 R-13 • von Richter 반응

Riehm quinoline synthesis

Riehm 퀴놀린 합성. 아릴아민염($ArNH_2 \cdot HCl$)과 케톤을 $AlCl_3$ 또는 PCl_5 존재 하에 반응시켜 퀴놀린을 합성하는 반응[P. Riehm, *et al., Ber. 18*, 2245(1885)].

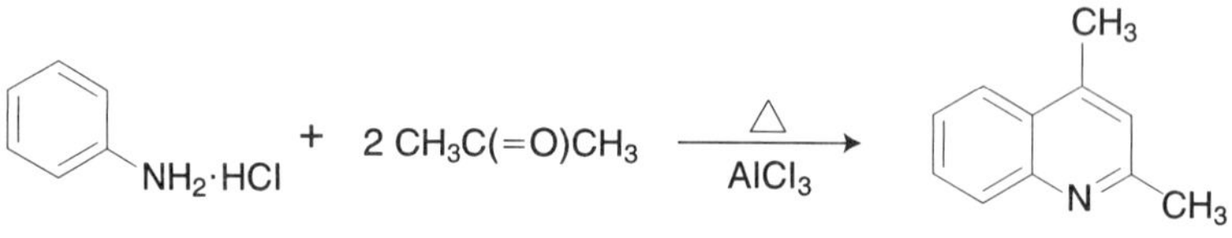

그림 R-14 • Riehm 퀴놀린 합성

ring flip

고리뒤집기. 사이클로헥세인(cyclohexane) 분자는 의자 형태가 가장 안정하다. 그러나 한 의자 형태는 또 다른 의자 형태로 변환될 수 있다. 이러한 고리의 변환과정을 고리뒤집기라고 한다. 치환기가 있는 고리 화합물의 경우는 이러한 고리뒤집기를 통해 보다 더 안정한 형태로 변환된다. 예로 1-브로모사이클로헥세인(1-bromocyclohexane)의 고리 되집기를 나타내었다.

그림 R-15 • 1-Bromocyclohexane의 평형 상태. (b)-형태가 더 안정하므로 (a)-형태가 고리뒤집기에 의해 (b)-형태로 변하고 이 형태로 존재하는 양이 더 많다.

The Ring Index

고리 색인표. 미국화학회에서 1960년에 발간한 책이름. 알려진 다중 고리 화합물의 구조와 이름을 싣고 있다.

Ritter reaction

Ritter 반응. 진한 황산 존재 하에서 탄소 양이온과 HCN 또는 RCN을 반응시켜 상응하는 포름아마이드(formamide) 또는 아마이드를 합성하는 반응[J. J. Ritter; P. P. Minien, *J. Am. Chem. Soc. 70*, 4045(1948)].

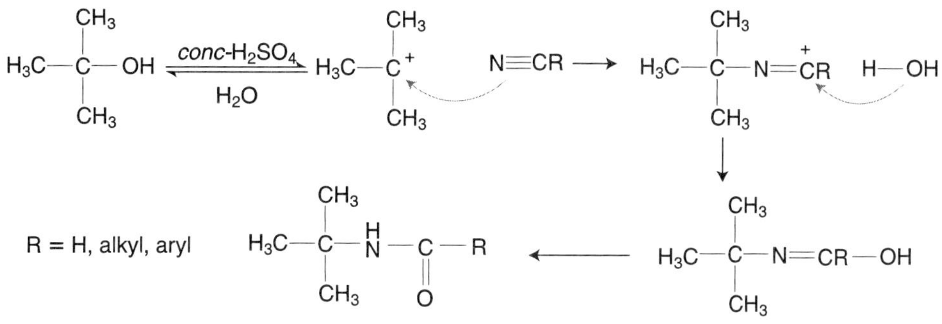

그림 R-16 • Ritter 반응 메커니즘

RNA (ribonucleic acid) **리보핵산.** DNA를 보라.

Robinson annulation reaction **Robinson 고리짓기 반응.** 케톤과 α,β-불포화 케톤을 반응시켜 상응하는 치환된 사이클로헥센온(cyclohexenone)을 합성하는 반응. 이 반응은 3 가지 반응이 함께 일어난 결과이다. 첫 단계는 Michael 반응이고 두 번째 단계는 분자 내 알돌 축합 반응이고 마지막 단계는 탈수 반응이 일어난다[E. C. du Feu; F. J. Mcquillin; R. Robinson, *J. Chem. Soc.* 53(1937)].

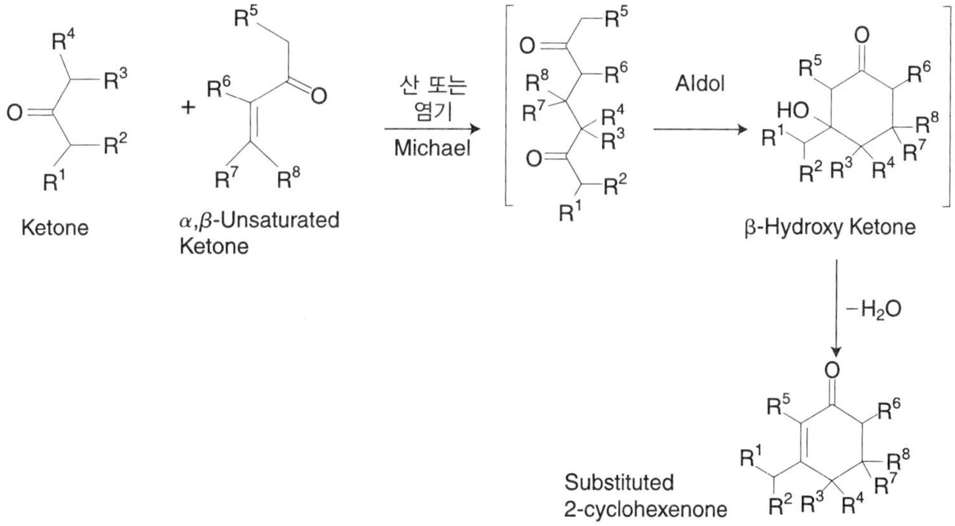

그림 R-17 • Robinson 고리짓기 반응 메커니즘

Rosenmund reduction **Rosenmund 환원.** $Pd/BaSO_4$와 수소를 이용하여 산 염화물을 알데하이드로 환원시키는 반응[K. W. Rosenmund, *Ber.* 51, 585(1918)].

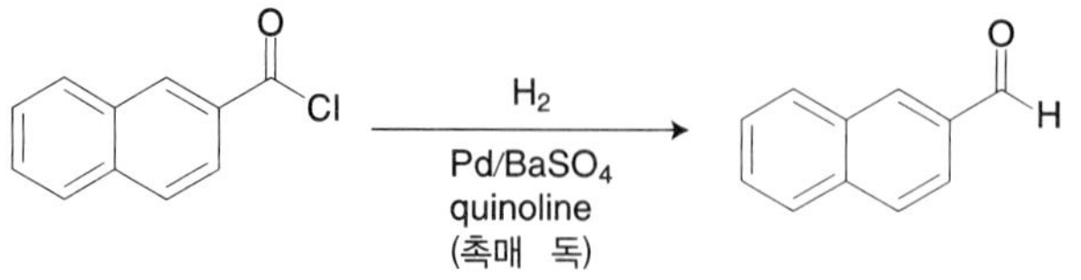

O
Cl
H_2
Pd/$BaSO_4$
quinoline
(촉매 독)
O
H

그림 R-18 • Rosenmund 환원반응

Rochelle salt

Rochelle 염. $KOOC(CHOH)_2COONa \cdot 4H_2O$. potassium sodium tartrate. 1M의 potassium bitartrate을 5M의 탄산나트륨(Na_2CO_3)로 중화시키면 생기는 염. 무색의 결정으로서, 의학적으로는 변비약으로 사용되며 Fehling 용액을 만드는 데 사용되기도 한다.

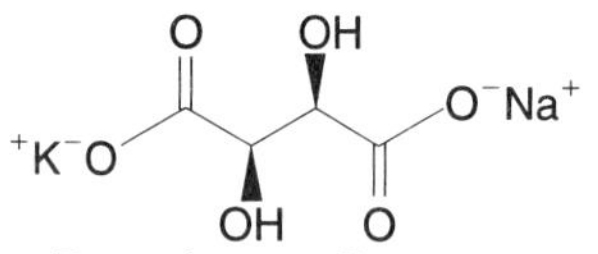

O OH
$^+K^-O$
O^-Na^+
OH O
Potassium sodium tartrate

그림 R-19 • Rochelle염의 구조

Rosenmund-von Braun synthesis

Rosenmund-von Braun 합성. 아릴 할라이드(ArX)와 CuCN을 높은 온도에서 반응시켜 방향족 나이트릴(ArCN)을 합성하는 방법[K. W. Rosenmund, E. Struck, *Ber., 52*, 1749(1916)][J. von Braun, G. Manz, *Ann. 488*, 111(1931)].

rotamer

회전이성질체. 단일결합에 대해 제한된 회전에 의해 생기는 이형태체의 일종.

rotation barrier

회전 장벽. 어떤 결합에 있는 치환기들의 회전과 관련된 치환기들의 포텐셜 에너지 장애.

Rothemund reaction

Rothemund 반응. 피롤(pyrrole)과 알데하이드(RCHO)를 반응시켜 meso-사치환된 폴피린(meso-tetrasubstituted porphyrin)을 합성하는 방법[P. Rothemund, *J. Am. Chem. Soc. 57*, 2010(1935)].

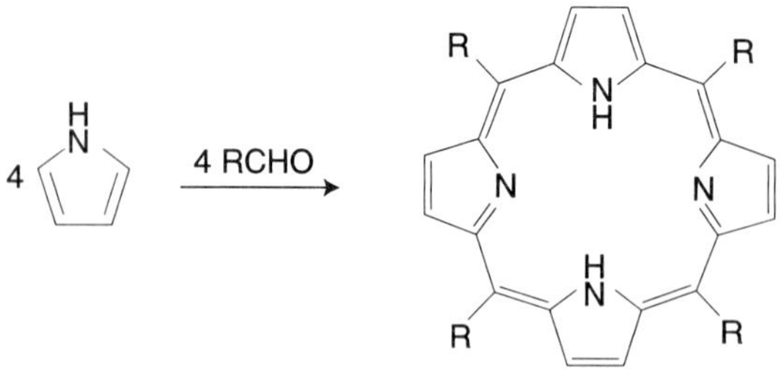

4 (H N)
4 RCHO
R R
N H
N N
H N
R R

그림 R-20 • Rothemund 반응

Rowe rearrangement

Rowe 자리옮김 반응. pseudo-프탈라존(pseudo-phthalazone)이 묽은 산 수용액에

서 프탈라존(phthalazone)으로 자리옮김하는 반응[F. M. Rowe, E. Levin, A. C. Burns, J. S. H. Davies, W. Tepper, *J. Chem. Soc.* 690(1926)].

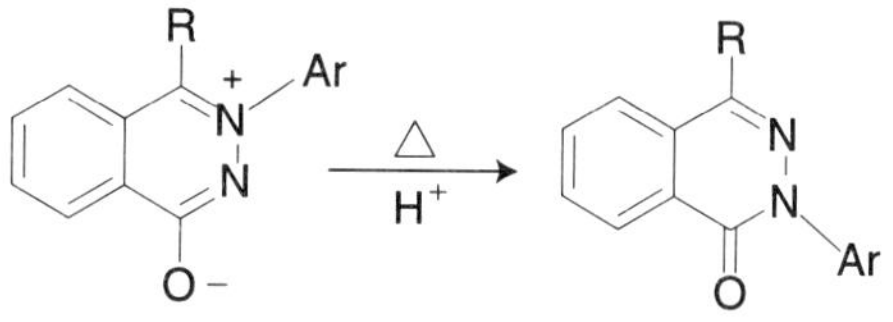

그림 R-21 • Rowe 자리옮김 반응

Ruff-Fenton degradation

Ruff-Fenton **분해.** 알돈산(aldonic acid)를 H_2O_2와 Fe^{3+} 존재하에서 반응시켜 당의 탄소 사슬을 짧게하는 반응[O. Ruff, *Ber. 31*, 1573(1898), H. J. H. Fenton, *Proc. Chem. Soc. 9*, 113(1893)].

Rupe rearrangement

Rupe **자리옮김(반응).** *tert*-propargylic alcohol이 산 촉매 자리옮김반응하여 α,β-불포화 케톤을 생성하는 반응[H. Rupe; E. Kambli, *Helv. Chim. Acta, 9*, 672 (1926)].

Ruzicka large ring synthesis

Ruzicka **거대고리 합성.** 다이카복실산 염(Ca, Th, Ce 등)을 열분해시켜 지방족 고리형 케톤을 합성하는 반응[L. Ruzicka, M. Stoll, H. Schinz, *Helv. Chim. Acta 9*, 249, 339, 389, 499(1926)].

R

S S. 엔트로피 기호.

(S) 절대배열 (*S*)-거울상이성질체를 나타내는 기호. *S*는 라틴어의 sinister(left를 의미)로부터 유래됨.

S_E1 **친전자성 일분자 치환반응.** 반응 속도결정단계에서 결합이 분해되고 생성된 중간체가 친전자체와 반응하여 새로운 결합을 형성하는 반응 메커니즘은 S_N1의 친전자체 반응과 유사하다. 광학활성물질이 이런 반응을 하면 라세미화나 에피머화가 관찰된다. **S**ubstitution **E**lectrophilic **Uni**molecular의 약기호.

$$R-E \xrightarrow{\text{느림}} R^- + E^+ \xrightarrow{X^+} R-X$$

그림 S-1 • S_E1 반응 메커니즘

S_E2 **친전자성 이분자 치환반응.** 하나의 친전자체가 다른 것에 의해 동시에 치환되는 반응. 이런 반응은 드물며, 반응은 속도론적으로 기질과 공격하는 친핵체에 대해 각각 1차 반응이다. 메커니즘은 S_N2의 친전자체 반응과 유사하다. **S**ubstitution **E**lectrophilic **Bi**molecular의 약기호.

S_E2' **친전자성 이분자 자리옮김 치환반응.** 속도론적으로나 메커니즘 적으로 S_E2와 동일하지만 자리옮김한 생성물이 생성되는 반응. **S**ubstitution **E**lectrophilic **Bi**mole-cular with Rearrangement의 약기호.

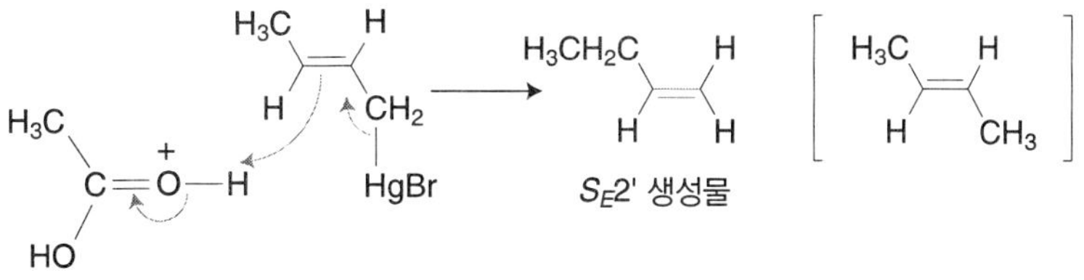

H_3C, H, H, CH_2, HgBr, H_3C, C, $\overset{+}{O}$—H, HO → H_3CH_2C, H, H, H [H_3C, H, H, CH_3]

S_E2' 생성물

그림 S-2 • S_E2' 반응 메커니즘

S_EAr **방향족 친전자성 치환반응.** 방향족 고리에 하나의 친전자체가 치환되는 반응. **Aro**matic **E**lectrophilic **S**ubstitution의 약기호.

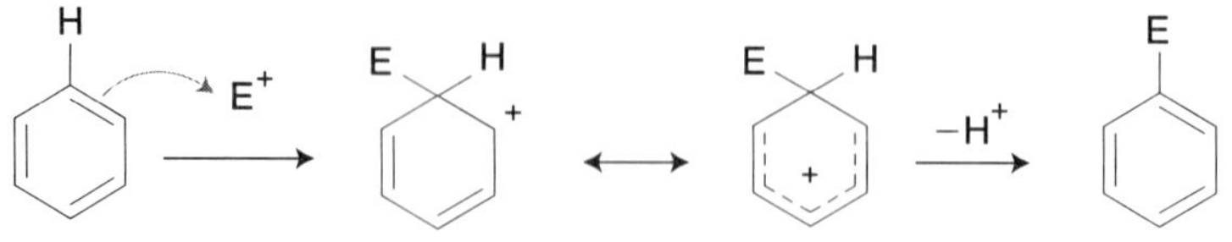

그림 S-3 • S_EAr 반응의 메커니즘

S_Ei **친전자성 내부 치환반응.** 네 중심 전이상태를 제외하고는 속도론적으로나 입체화학적으로 S_E2 반응과 구별되지않는 반응으로 이 반응에서는 자리옮김반응은 일어나지 않는다. **S**ubstitution **E**lectrophilic **I**nternal의 약기호.

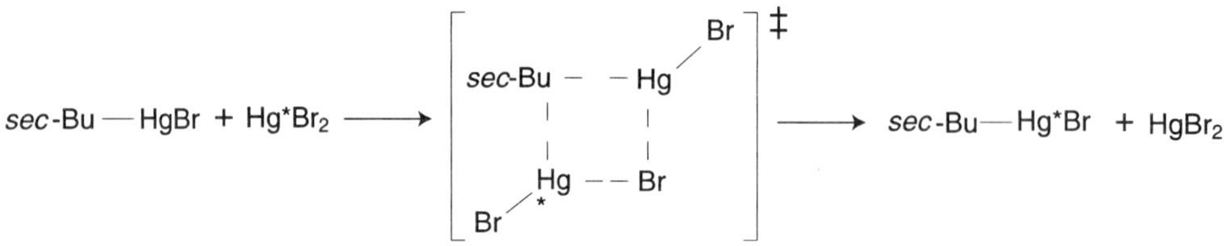

그림 S-4 • S_Ei 반응 메커니즘

S_Ei' **친전자성 내부 자리옮김 치환반응.** 동시성 친전자체 교환반응 및 속도론적으로는 S_Ei 반응과 동일하지만 다중심 전이상태와 자리옮김반응 생성물이 포함되는 반응. **S**ubstitution **E**lectrophilic **I**nternal with Rearrangement 반응의 약기호.

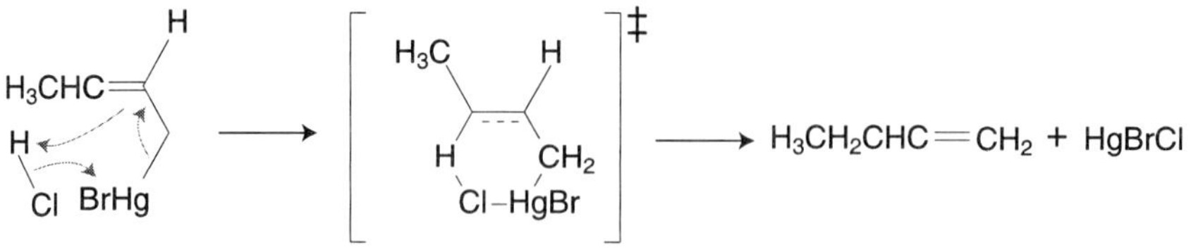

그림 S-5 • S_Ei' 반응 메커니즘

S_H2 **균일분해성 이분자 치환반응.** 자유라디칼이 다른 분자의 말단 원자를 공격하는 반응. 이런 반응의 예로 자유라디칼 연쇄 반응의 전파단계를 들 수 있다. **S**ubstitution **H**omolytic **Bi**molecular의 약기호.

S_N1 **일분자 친핵성 치환반응.** 속도결정단계에서 일분자만이 관여하는 친핵성 치환반응. 이 반응은 주로 삼차 알킬 할라이드(R_3CX) 화합물에서 일어나는 반응이다. 이 반응은 기

질에 대해서만 일차 반응속도식을 갖으며, 첫 단계에서 반응자리 결합이 분해되어 탄소 양이온을 형성하고, 두 번째 단계에서 새로운 결합이 형성된다. 탄소 양이온 중간체를 거쳐 진행되므로 입체화학적으로는 반응자리 탄소의 배열이 보존되는 것과 반전되는 양이 이론적으로는 절반씩 된다. 따라서 출발물질이 거울상 이성질체이면 생성물은 라세미 혼합물이 형성된다. **S**ubstitution **N**ucleophilic **Mono**molecular의 약기호.

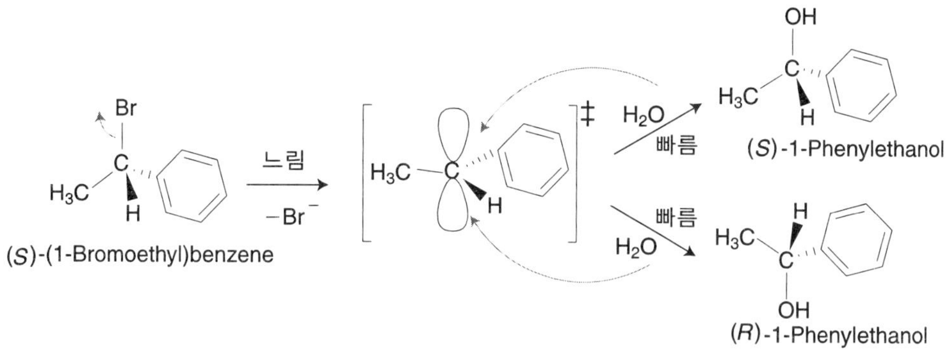

그림 S-6 • (S)-(1-Bromoethyl)benzene의 S_N1 반응 메커니즘

S_N1' **친핵성 일분자 자리옮김 치환반응.** 속도론적으로나 입체화학적으로는 S_N1과 동일하나 다만, 친핵체가 공격하는 원자가 처음 이탈기가 결합되었던 탄소가 아닌 다른 탄소원자를 공격하는 반응. 이 반응에서의 반응자리 이동은 보다 더 안정한 탄소 양이온 형성을 위한 자리옮김이나 알릴(allyl)자리 양이온의 자리옮김 때문에 나타난다. **S**ubstitution **N**ucleophilic **Uni**molecular with Rearrangement의 약기호.

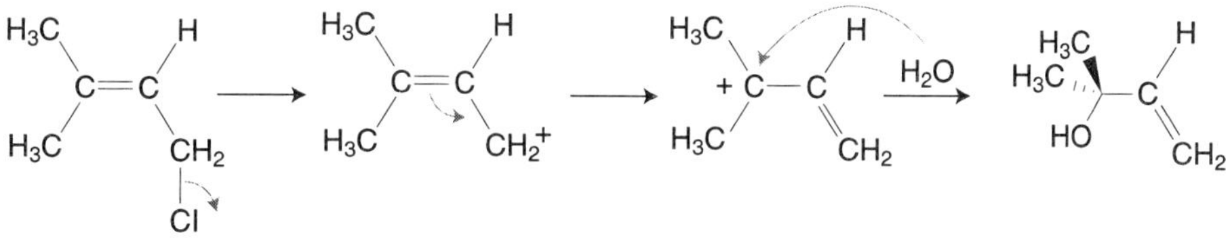

그림 S-7 • S_N1' 반응의 메커니즘

S_N2 **친핵성 이분자 치환반응.** 보통은 sp^3혼성을 하고 있는 반응자리 탄소가 다른 친핵체에 의해 치환되는 동시성 협동 반응으로 이 반응 메커니즘에서는 입체 특이적으로 치환되는 친핵체가 이탈기의 반대편으로 치환되어 반응 자리 탄소의 입체배열이 완전히 반전되는 특징을 보인다. 따라서 출발물질이 (R)- 이성질체이면 생성물은 (S)-이성질체를 얻게 된다. 반응 속도결정 단계에서는 두 반응물에 대해 1차 반응이므로 전체적으로는 2차 반응 속도식으로 표시한다. 이 반응은 특히 반응물의 반응자리와 친핵체의 입체 효과가 크다. 따라서 기질의 반응 속도는 Me > 1차 > 2차 >> 3차 순이다. **S**ubstitution **N**ucleophilic **Bi**molecular의 약기호.

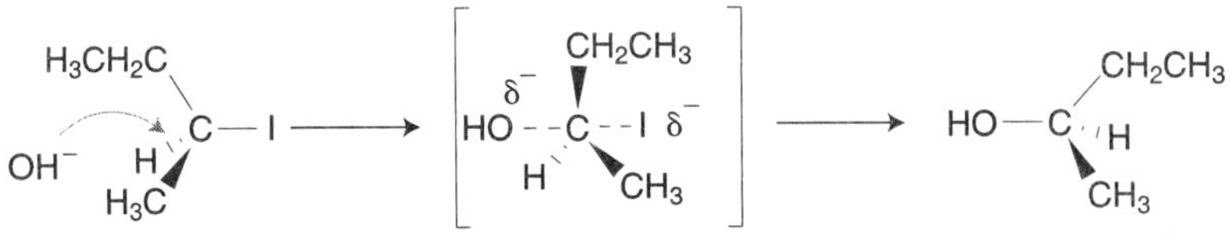

그림 S-8 • S_N2 반응의 메커니즘

S_N2'

친핵성 이분자 자리옮김 치환반응. 속도론적으로는 S_N2와 동일하나 다만, 친핵체가 공격하는 반응자리 원자가 처음 이탈기가 결합되었던 탄소가 아닌 다른 탄소원자를 공격하는 반응. 이 반응의 공격과 이탈은 같은 편에서 일어 난다. **S**ubstitution **N**ucleophilic **Bi**molecular with Rearrangement의 약기호.

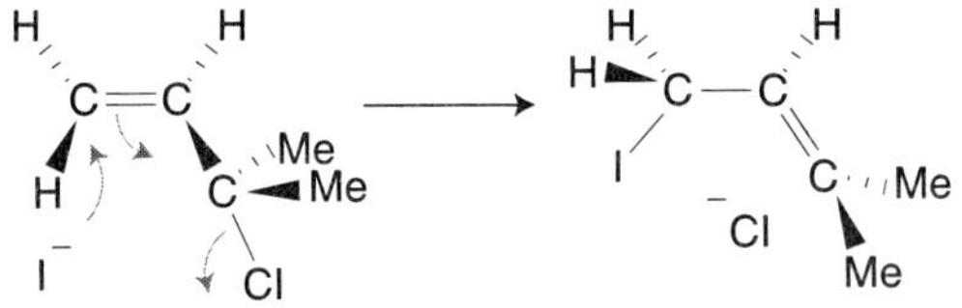

그림 S-9 • S_N2' 반응의 메커니즘

S_NAr

친핵성 방향족 치환반응. 방향족 탄소에서 친핵체가 반응하여 치환되는 반응으로 이 반응은 대부분 벤젠 고리에 강하게 전자를 당기는 나이트로(NO_2)기 등이 하나 이상 치환된 경우에 가능하다. 친핵체가 벤젠 고리를 공격하여 생성되는 음이온 중간체를 Meisenheimer 착물이라고 한다. **S**ubstitution **N**ucleophilic **Ar**omatic의 약기호.

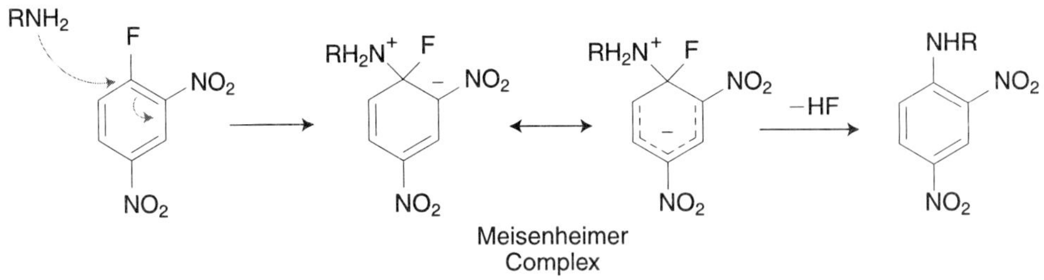

Meisenheimer Complex

그림 S-10 • S_NAr 반응 메커니즘

S_Ni

친핵성 내부 치환반응. 분자내 친핵성 교환반응으로 이 반응에서는 기질의 한 작용기나 원자가 친핵체로 작용하여 반응이 진행된다. 이 반응에서는 이탈과 공격이 동일한 편에서 진행되며, $SOCl_2$를 이용한 알코올의 할로젠화에서 배열이 보존되는 생성물의 생성이 관찰된다. 이 반응은 일반적으로 시그마결합 이동(sigmatropic shift)으로 설명한다. **S**ubstitution **N**ucleophilic **i**nternal의 약기호.

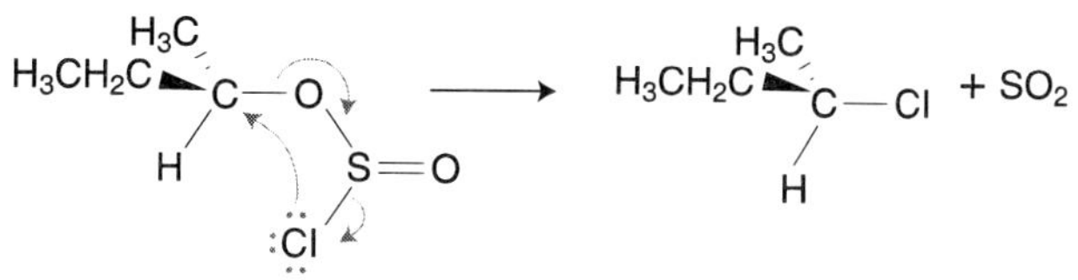

그림 S-11 • S_Ni 반응 메커니즘

S_N**i′**

친핵성 내부 자리옮김 치환반응. 기질의 내부에 있는 친핵체가 S_Ni 반응에서 반응하는 원자와는 다른 원자를 공격하여 반응이 진행되는 유형의 반응. 이 반응에서는 이탈과 공격이 동일한 편에서 진행된다. **S**ubstitution **N**ucleophilic **i**nternal with Rearrangement의 약기호.

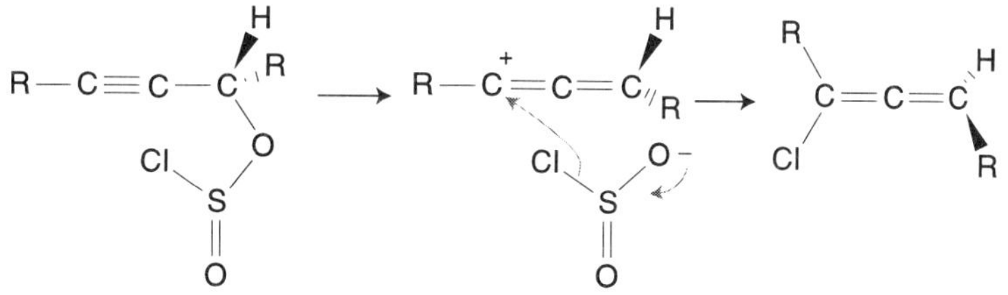

그림 S-12 • S_Ni′ 반응 메커니즘

S_{RN}**1**

친핵성 라디칼 일분자 치환반응. 라디칼 음이온 연쇄반응에의해 진행되는 친핵성 치환반응. **S**ubsttitution **R**adical **N**ucleophilic **Uni**molecular의 약기호. 예로 iodobenzene과 $NH_2^{\ominus}$ 음이온을 반응시켜 aniline이 만들어지는 반응을 들 수 있다.

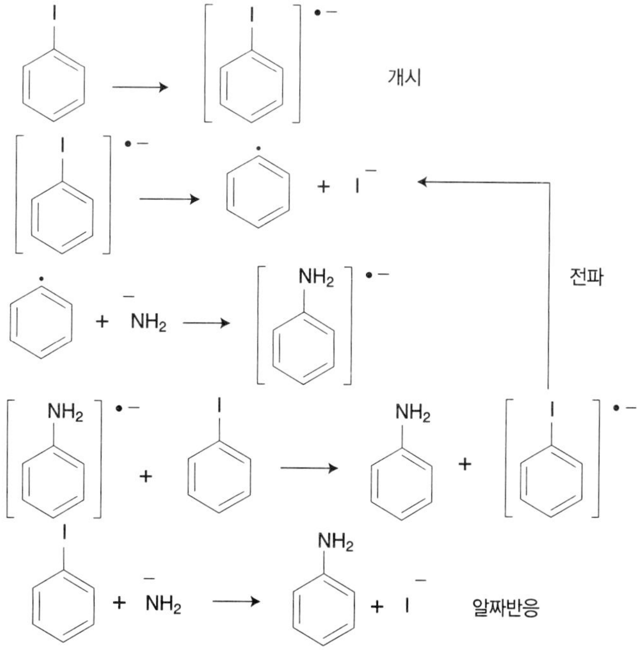

그림 S-13 • S_{RN}1 반응 메커니즘

Sanger dideoxy method **Sanger 다이데옥시 방법.** DNA 서열 결정 방법 중 하나로 효소 반응을 이용한다. [F. Sanger S. Nicklen, A. R. Coulson, *Proc Natl Acad Sci*, *74*(12), 5463(1977)]

σ-bond **σ-(시그마) 결합.** 동일상(in-phase) 원자 오비탈이 정면으로 서로 겹쳐져 만든 결합. 시그마 결합의 단면은 원형이거나 또는 타원형이다.

σ-complex **σ-(시그마) 착물.** 시그마 결합과 친전자체 상호작용으로 만들어지는 화학종. 즉, 친전자체의 빈 오비탈에 전자가 채워진 시그마 결합의 전자가 겹쳐져 만들어지는 화학종을 말한다. 예를 들어 bromonium 이온을 들 수 있다.

σ-constant **σ-(시그마) 상수.** Hammett Equation을 보라.

***s*-cis conformation** ***s*-시스 배열.** A=CH−CH=B (또는 A=CH−B:) 형태의 분자에서 단일결합을 하고 있는 탄소에 대해 이중결합의 배열이 같은 편에 있는 배열. 이런 분자의 이중결합-이중결합 간 이면각은 0°가 된다.

s-cis *s*-trans

그림 S-14 • s-시스 및 s-트랜스 배열

(*S*)-configuration **(*S*)-배열.** 카이랄 탄소의 네 개 치환기 우선순위가 반시계 방향으로 배열된 위치배열을 말함. (*S*)-는 라틴어의 Sinister(왼편)의 약기호로 카이랄 화합물의 위치배열을 나타내는데 이름 앞에 사용된다.

σ-conjugation **σ-콘쥬게이션.** hyperconjugation의 동의어.

saccharic acid glucaric acid의 동의어.

saccharide **당류.** carbohydrate의 동의어

saccharification **당화.** 복잡한 당류를 단당류 성분으로 분해하는 과정.

saccharization **당화.** saccharification의 동의어.

salt effect **염효과.** 염(전해질)을 첨가하면 반응 속도가 변화하는 효과. 즉 염을 첨가하면 용액의 이온 세기가 변하고 이온의 자유에너지에 영향을 미친다. 예를 들어 $LiClO_4$를 S_N1 반응에 첨가하면 속도가 증가한다.

Sandmeyer reaction **Sandmeyer 반응.** 방향족아민을 디아조늄 염으로 만들고, 이 디아조늄 염과 CuCN이나 또는 CuX (X=할로젠)을 반응시키면 상응하는 사이아나이드 화합물 또는 할로젠 화합물이 생성되는 반응[T. Sandmeyer, *Ber.*, *17*, 1633(1884)].

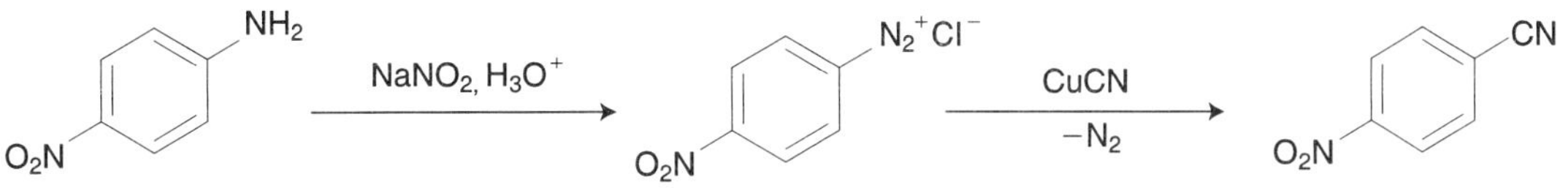

$$O_2N\text{-}C_6H_4\text{-}NH_2 \xrightarrow{NaNO_2,\ H_3O^+} O_2N\text{-}C_6H_4\text{-}N_2^+Cl^- \xrightarrow[-N_2]{CuCN} O_2N\text{-}C_6H_4\text{-}CN$$

그림 S-15 • Sandmeyer 반응

sandwich compound **샌드위치 화합물.** 전이 금속이나 그것의 이온이 두 원자 고리들 사이에 끼어 있는 유기 금속 착물. 메탈로센은 샌드위치 화합물의 한 예이다.

Sanger method **Sanger 방법.** 폴리펩타이드의 *N*-말단 아미노산을 분해 검출하는 방법. 이 반응에서 사용하는 1-fluoro-2, 4-dinitrobenzene을 특별히 Sanger 시약이라고 한다.

saponification **비누화(반응), 에스터가수분해(반응).** 염기 촉매에 의해 일어나는 에스터의 비가역적 가수분해. 식으로 나타내면 다음과 같다.

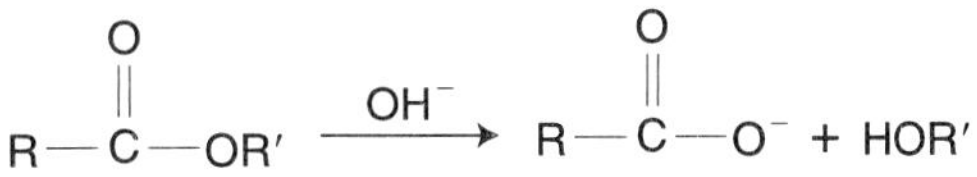

$$R-\overset{O}{\overset{\|}{C}}-OR' \xrightarrow{OH^-} R-\overset{O}{\overset{\|}{C}}-O^- + HOR'$$

그림 S-16 • 비누화 반응

saponification equivalent **비누화 당량.** NaOH 1 당량이 비누화 할 수 있는 에스터의 양.

Sarett oxidation **Sarett 산화.** 일차 또는 이차 알코올을 CrO_3-pyridine 착물로 처리하여 케톤으로 만드는 반응[G. I. Poos, G. E. Arth, R. E. Beyler, L. H. Sarett, *J. Am. Chem. Soc. 75*, 422(1953)].

saturated **포화(형용사로서).** 탄소 화합물에서 단일 결합만을 가지고 있는 화합물을 포화 화합물이라고 한다. 포화 화합물은 치환 반응은 일으킬 수 있지만, 첨가반응은 일으킬 수 없다. 이중 결합이나 삼중 결합을 가지고 있는 화합물을 불포화 화합물이라고 한다.

saturated fatty acid **불포화 지방산.** 탄소-탄소 이중결합을 포함하지 않은 긴 사슬의 지방산. 이러한 지방산은 식물이나 동물에 존재한다. 예로 butyric acid, capric acid, caprylic acid, lauric acid, myristic acid, palmitic acid, stearic acid, arachidonic acid 등이 있다.

saturated hydrocarbon **포화 탄화수소.** 탄화수소 분자의 모든 탄소가 각기 다른 4개의 원들과 결합하고 있는 탄화수소류를 말함. 예로 메테인(methane), 프로페인(propane) 및 사이클로헥세인(cyclohexane)등을 들 수 있다.

sawhorse representation **톱질대 표현법.** 유기분자 구조를 나타내는 방법으로 관찰하려는 탄소-탄소 결합을 비스듬한 각도로 바라보는 것처럼 그리는 표현법이다.

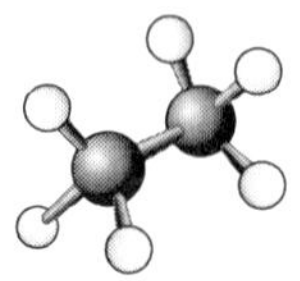

그림 S-17 • 에테인의 공-막대 모형을 톱질대 표현법으로 그린 그림

Saytzeff(Zaitsev) rule Saytzeff(Zaitsev) **규칙.** 제거반응에서 이중 결합 탄소에 치환이 더 많이 된 알켄이 더 많이 생성된다는 규칙.

SBR rubber SBR **고무.** Styrene-butadiene rubber의 약기호.

Schiemann reaction Schiemann **반응.** 방향족 아민을 다이아조늄 이온으로 변환하고 KBF_4를 반응시켜 상응하는 푸루오린 화합물을 합성하는 반응. [G. Balz, G. Schiemann, *Ber. 60*, 1186 (1927)]

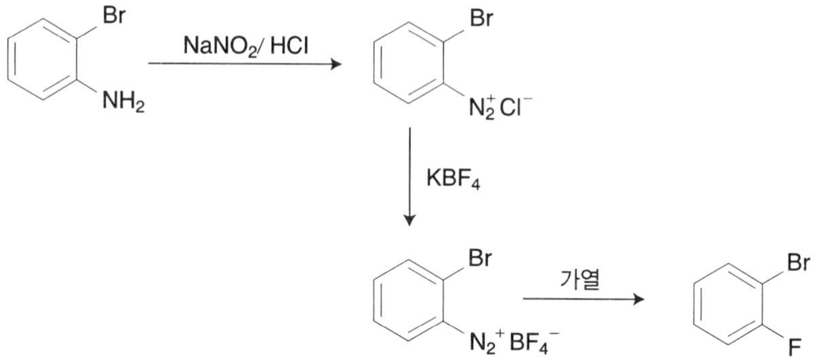

Br, NH_2 — $NaNO_2$/ HCl → Br, $N_2^+Cl^-$
KBF_4
Br, $N_2^+BF_4^-$ — 가열 → Br, F

그림 S-18 • Schieman 반응

Schmidt degradation Schmidt **분해.** 카복실 산이 아자이드를 거쳐 아민으로 변환되는 반응. 따라서, 출발물질 보다 탄소 수가 하나 적은 아민이 형성된다[K. F. Schmidt, *Ber. 57*, 704 (1924)].

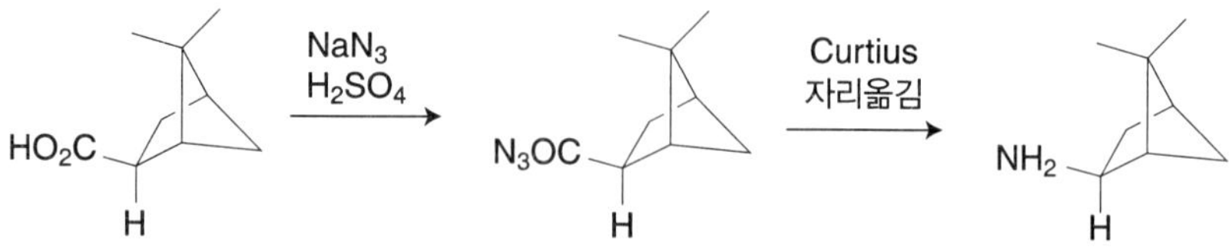

HO_2C, H — NaN_3 H_2SO_4 → N_3OC, H — Curtius 자리옮김 → NH_2, H

그림 S-19 • Schmidt 분해반응

Scholl reaction Scholl **반응.** 방향족 화합물(ArH)을 Lewis산 촉매 존재 하에 커플링 반응을 시켜 Ar−Ar 등을 만드는 반응[R. Scholl, C. Seer, *Ann. 394*, 111(1912)].

Schotten-Baumann Procedure Schotten−Baumann **공정.** 산 염화물(acid chloride)과 알콜을 알칼리 수용액에서 반응 시켜 에스터를 제조하는 공정. 이 공정은 상이 다른 용액에서 진행된다[C. Schotten, *Ber. 17*, 2544(1884), E. Baumann, *Ber. 19*, 3218(1886)].

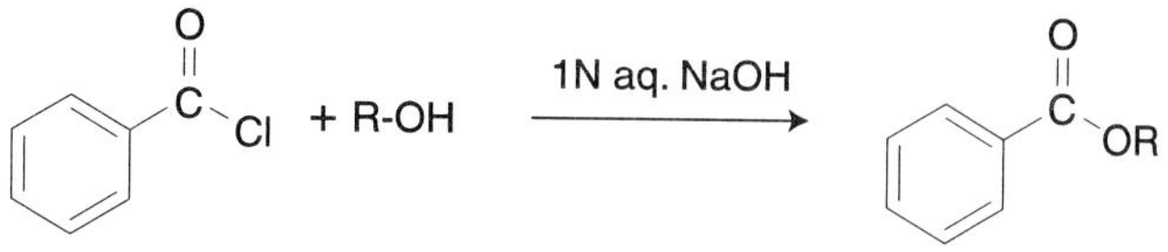

$$\text{PhCOCl} + \text{R-OH} \xrightarrow{\text{1N aq. NaOH}} \text{PhCOOR}$$

그림 S-20 • Schotten-Baumann 공정

Schrödinger equation

Schrödinger 방정식. Schrödinger 방정식은 비상대론적 양자역학적 계의 시간에 따른 진화를 나타내는 선형 편미분방정식이다. 오스트리아의 물리학자 Schrödinger가 도입하였고, 그가 발명한 파동역학의 기본 방정식이다. 식은 다음과 같다.

$$i\hbar = -\frac{\partial|\psi>}{\partial t} = \hat{H}|\psi>$$

$\hat{H}$는 고전적 해밀토니안에 해당하는 연산자. $|\psi>$는 폴 디랙의 브라-켓 표기를 사용해 나타낸, Schrödinger 그림에서의 힐베르트 공간의 상태 벡터이다.

***s*-trans conformation**

***s*-트랜스 배열.** A=CH−CH=B (또는 A=CH−B:) 형태의 분자에서 단일결합을 하고 있는 탄소에 대해 이중결합의 배열이 서로 반대편에 있는 배열. 이런 분자의 이중결합-이중결합 간 이면각은 180°가 된다.

***s*-orbital**

***s*-오비탈.** l = 0인 원자 오비탈.

σ-orbital

σ-분자 오비탈. 두 원자핵을 연결하는 결합 축 주위의 각운동량이 영인 분자 오비탈. 이 오비탈은 핵 간 연결 축에 대해 원통형 대칭을 나타낸다. 이러한 결합은 수소 원자의 s오비탈과 같이 핵간 연결 축에 대해 원통형 대칭을 나타내는 원자 오비탈들의 전자가 쌍을 이룰 때 형성된다. 산소 원자의 *p*오비탈과 수소 원자의 s오비탈이 겹쳐진 분자 오비탈도 σ결합을 만든다. σ결합을 이루는 전자들을 σ전자라고 한다.

Shiff base

Shiff 염기. 일반식으로 RR′C=N−R″(R″= 알킬 또는 아릴)으로 된 화합물, 이런 류를 imine이라고 부르기도 한다. Shiff라는 이름은 Hugo Shiff의 이름을 기념하여 부른 것이다. 다음 반응 예에서와 같이 방향족 아민이 알데히드나 케톤과 축합되어 생성된다.

$$RNH_2 + R'CHO \longrightarrow RN=CHR' + H_2O$$

이 화합물들은 일반적으로 결정이며, 유기 화학에서 방향족 아민을 검출하는 데 사용된다. 예로서 Schiff 염기를 만든 다음에 그것의 녹는점을 측정하여 구분한다.

Schiff reagent

Schiff 시약. 알데히드와 케톤을 검출하는 데 사용하는 시약. 이 시약은 fuchsin 염료의 수용액에 이산화황 기체를 통과시켜 탈색시킨 것이다. 지방족 알데히드에 의해서는 붉은색이 금방 되살아난다. 방향족 케톤은 아무런 효과도 나타내지 못한다.

seco- **seco-.** 잘 알려진 구조의 고리가 분해된 생성물을 표현할 때 사용되는 접두사. 예를 들어, 9,10-secoergosterol (precalciferol)은 ergosterol의 B 고리가 끊어져 만들어진 화합물이다.

secondary alcohol **2차 알코올.** 일반식 R_2CHOH를 가지는 알코올로 알코올의 하이드록시(OH)기를 가진 탄소에 알킬기가 2개 치환된 알코올을 말한다. Isopropyl alcohol($(CH_3)_2CHOH$)은 2차 알코올이다.

secondary amide **2차 아마이드.** 일반식 RC(=O)NH(C=O)R′를 가지는 아마이드로 아마이드의 $-NH_2$기에 다른 아실 또는 아로일기 하나가 더 치환된 아마이드를 말한다. diacetamide가 2차 아마이드이다.

secondary amine **2차 아민.** 일반식 RNHR′을 가지며 아미노기 질소에 치환기를 두 개 가지고 있는 아민을 말함. 예를 들어 *N*-methylethylamine(EtNHMe)등을 들 수 있다.

secondary carbon atom **2차 탄소 원자.** 다른 탄소 원자 두개와 단일결합으로 결합하고 있는 탄소원자. 예를 들어 프로페인($CH_3CH_2CH_3$)의 2번 탄소는 이차 탄소 원자이다.

secondary hydrogen atom **2차 수소 원자.** 2차 탄소 원자에 결합하고 있는 수소원자. 예를 들어 프로페인($CH_3CH_2CH_3$)의 2번 탄소에 결합된 수소는 이차 수소 원자이다.

S

secondary isotope effect **2차 동위원소 효과.** 속도결정단계에서 결합의 분해 또는 생성에 포함되지 않는 원자의 동위원소 치환 효과를 말함.

semicarbazone **세미카바존.** 일반식 $RRC{=}NNHCONH_2$를 가지고 있는 화합물 계열. 카르보닐 화합물(알데히드나 케톤)을 세미카바지드($H_2NNHCONH_2$)와 반응시키면 얻을 수 있다. 이 반응은 알데히드나 케톤을 검출하고 정량하는 데 이용된다.

semiconductor **반도체.** electrical conduction을 보라.

semidine rearrangement **세미딘 자리옮김.** *p*-아미노페닐아민(*p*-aminophenylamine, *p*-NH_2-C_6H_4-NH-C_6H_4R)이 Benzidine자리옮김을 하는 경우를 세미딘 자리옮김반응이라고 한다.

Semmler-Wolff reaction **Semmler-Wolff 반응.** α, β-불포화사이클로헥센일 케톡심 (α, β-unsaturated-cyclohexenyl ketoxime)을 산성조건에서 방향족 아민으로 변환하는 반응. 이 반응은 Wolff-Semmler aromatization, 또는 Wolff aromatization이라고도 한다[W. Semmler, *Ber. 25*, 3352(1892), L. Wolff, *Ann. 322*, 351(1902)].

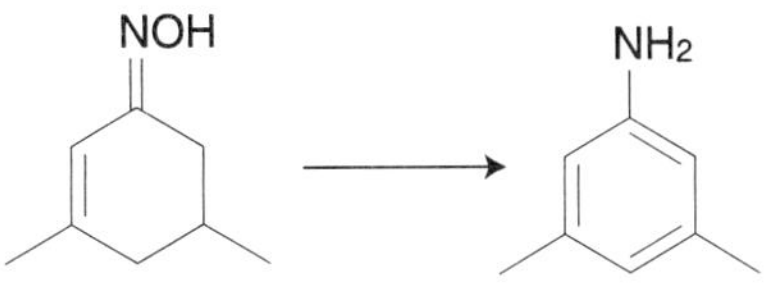

그림 S-21 • Semmler-Wolff 반응

sequence rule

순위 결정 규칙. 분자의 입체화학을 구분 명명하기 위해 유기화학에서 사용하는 치환기 순위를 결정하는 규칙으로 규칙을 제안한 R. S. Cahn, C. K. Ingold와 V. Prelog 등의 이름을 붙여 Cahn-Ingold-Prelog 순위규칙 또는 CIP 시스템이라 하기도 한다. 즉, 카이랄 중심을 포함하는 화합물의 *R,S*-명명과 치환기가 각기 다른 이중결합의 입체화학을 나타내는 *E,Z*-명명법에서 사용된다.

Serini reaction

Serini 반응. 17-Hydroxy-20-acetoxysterol 유도체가 Zn의 도움으로 자리옮김하여 상응하는 C-20 케톤으로 되는 반응.

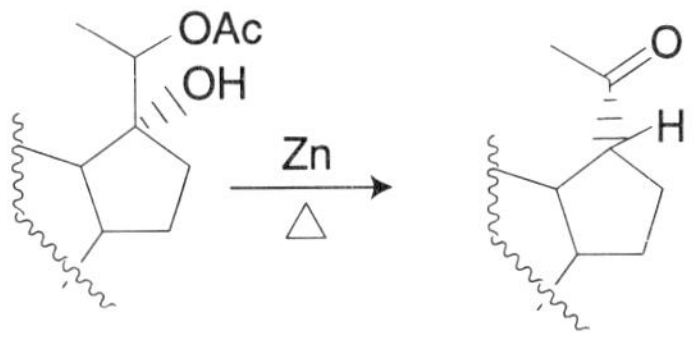

그림 S-22 • Serini 반응

Sesquiterpene

세스퀴터펜. 파네실 파이로포스페이트(farnesyl pyrophosphate)로부터 유도되는 3개의 아이소펜틸(isopentyl)단위로 구성된 물질.

SET mechanism

SET 메커니즘. 어떤 라디칼 또는 라디칼 이온 반응의 첫 단계에서 친핵체로부터 하나의 전자가 이동하여 라디칼 음이온을 형성하는 식으로 반응이 진행되는 메커니즘을 말함. 여기서 형성된 라디칼 음이온은 다음 단계에서 라디칼을 형성한다.

$$R—X + \ddot{Y} \longrightarrow R—\dot{X}^{-} + \dot{Y} \quad \text{단계-1}$$

$$R—\dot{X}^{-} \longrightarrow \cdot R + X^{-} \quad \text{단계-2}$$

그림 S-23 • SET 메커니즘

Sharpless epoxidation

Sharpless 에폭시화. 알켄을 Sharpless 시약으로 처리하여 비대칭 에폭시화를 시켜 거울상선택성으로 에폭시화 하는 반응이다. Sharpless 시약은 $(CH_3)_3COOH$(*tert*-butyl hydroperoxide), $Ti[OCH(CH_3)_2]_4$(titanium(IV) isopropoxide) 및 DET(diethyl tartrate)로 구성되어 있다. 이 반응은 Scripps 연구소의 K. B. Sharpless가 개발하였다[T. Katsuki, K. B. Sharpless, *J. Am. Chem. Soc. 102*, 5974. (1980), J. G. Hill, K. B. Sharpless, C. M. Exon, R. Regenye, *Org. Syn., Coll.* Vol. *7*, p.461(1990); Vol. 63, p.66 (1985), Y. Gao, R. M. Hanson, J. M. Klunder, S. Y. Ko, H. Masamune, K. B. Sharpless, *J. Am. Chem. Soc. 109*, 5765(1987)]

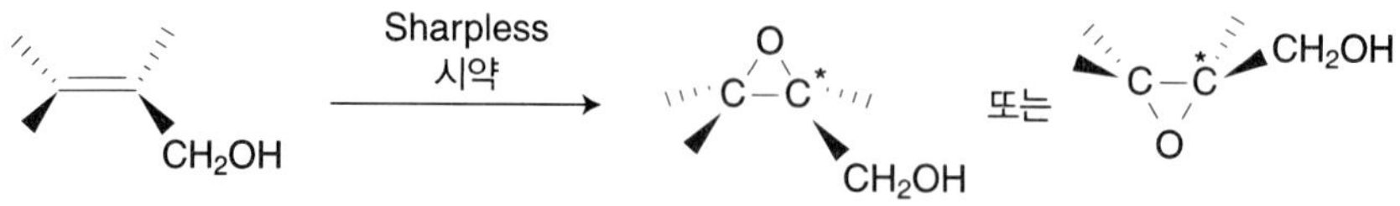

그림 S-24 • Sharpless 에폭시화

shell **(전자)껍질.** 주양자수가 동일한 모든 원자 오비탈들을 껍질이라고 한다. 특히 껍질 중에서 그 속의 모든 오비탈들이 2개의 전자로 채워진 것을 전자껍질이라고 한다. 그러나 흔히 *d* 오비탈을 비워둔 채로 *s* 오비탈과 *p* 오비탈들만이 채워진 껍질을 닫힌 껍질이라고도 한다.

shielding **가림.** 외부 자기장에 의해 유발된 전류가 국지적 자기장을 발생시켜 핵에 미치는 외부 자기장의 효과를 감소시키는 효과. 핵자기 공명 스펙트럼에 화학적 이동이 나타나는 원인이 된다.

sigma antibonding molecular orbital **시그마 반결합 분자 오비탈.** 분자 오비탈 중 하나로 결합 시그마 결합과는 달리 전자가 채워지지 않고 비어 있는 오비탈이고 상대적으로 에너지 준위가 결합 분자 오비탈 보다 더 높다. 두 원자의 다른 위상(out-of-phase) 오비탈들이 겹쳐져 만들어진다. σ^*로 표시하고 시그마 스타(sigma star)라고 읽는다.

sigma bonding molecular orbital **시그마 결합 분자 오비탈.** 분자 오비탈 중 하나로 반결합 시그마 결합과는 달리 전자가 채워져 시그마(σ) 결합을 형성하고 상대적으로 에너지 준위가 반결합 분자 오비탈 보다 더 낮다. 두 원자의 같은 위상(in-phase) 오비탈들이 겹쳐져 만들어진다. σ로 표시한다.

sigma bond **시그마 결합.** sigma bonding molecular orbital을 보라.

sigma constant **시그마 상수.** Hammett equation을 보라.

sigmatropic shift (rearragement) **시그마 결합 이동(자리옮김).** 시그마 결합 전자가 이동하여 이 결합에 붙어있는 원자단이 고리나 사슬의 다른 위치로 결합되는 자리옮김을 말함. 이런 부류로 [1,n]-시그마 결합 이동 [m,n]-시그마 결합 이동 등이 있다. 여기서 1 및 m은 이동하는 원자가 결합된 원자의 위치번호이고 n은 처음 자리에서 사슬의 n번째 위치로 이동하였다는 것을 나타낸다.

silicenium ion **실리세늄 이온.** 일반식 R_3Si^+를 갖는 화합물 계열.

silicone **실리콘류.** 규소 원자와 산소 원자가 번갈아 연결되어 사슬을 만들고, 그 규소 원자에 유기 기들이 결합되어 있는 중합체 화합물. 간단히 말해, 실록산의 중합체가 실리콘이다. 기름, 왁스, 및 고무 등 여러 다양한 실리콘들이 있다. 이들은 일반적으로 열이나 화학 약품에 매우 안정하다.

Simonis reaction

Simonis 반응. 치환된 페놀과 에틸 α-알킬 아세토아세테이트 (ethyl α-alkylaceto-acetate)를 P_2O_5 존재 하에서 반응시켜 크로몬(chromone)을 합성하는 반응[E. Pets-chek; H. Simonis, *Ber.*, *46*, 2014(1913)].

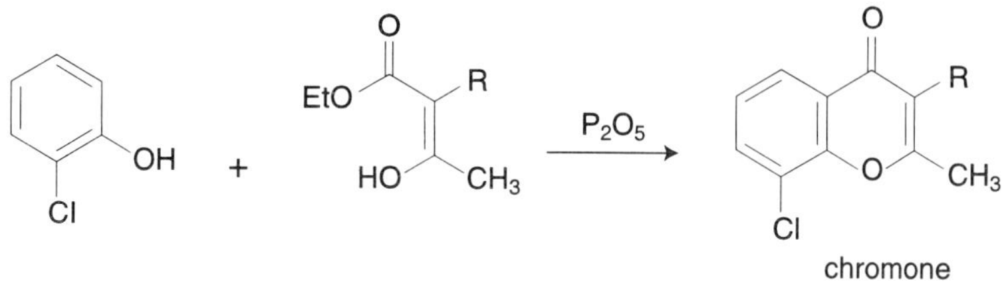

그림 S-25 • Simonis 반응

Simmons-Smith reaction

Simmons-Smith 반응. Zn(Cu) 존재 하에서 메틸렌 아이오다이드(methyleneiodide)와 올레핀을 반응시켜 사이클로프로페인(cyclopropane)을 합성하는 반응[H. E. Simmons, R. D. Smith, *J. Am. Chem. Soc.*, *80*, 5323(1958)].

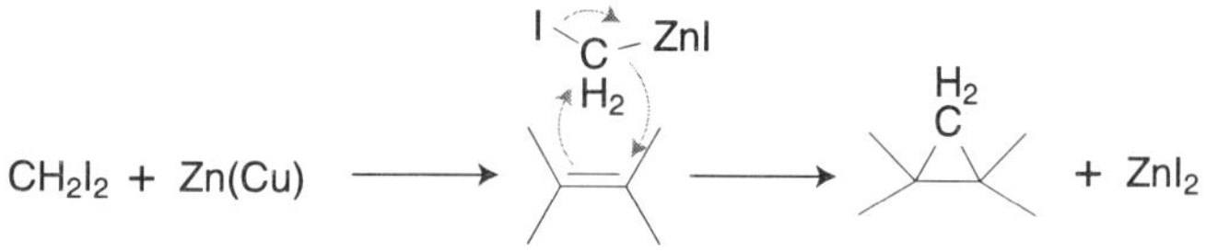

$$CH_2I_2 + Zn(Cu) \longrightarrow \longrightarrow + ZnI_2$$

그림 S-26 • Simmons-Smith 반응

S

Simonini reaction

Simonini 반응. 2몰의 RCOOAg와 I_2를 반응시켜 상응하는 에스터(RCOOR)를 만드는 반응[A. Simonini, *Monatsh*, *13*, 320(1892)].

Simonis chromone cyclization

Simonis 크로몬 고리화반응. 페놀(phenol)과 β-케토에스터를 P_2O_5 존재 하에서 반응시켜 크로몬(chromone)을 합성하는 반응[E. Petschek H. Simonis, *Ber. 46*, 2014(1913)].

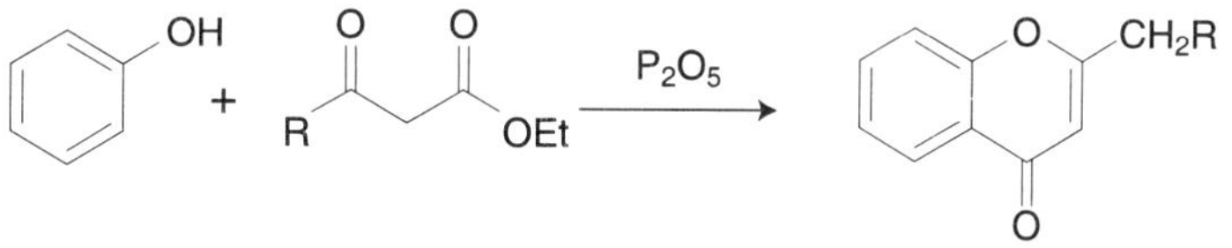

그림 S-27 • Simonis 크로몬 고리화반응

singlet state

단일항(상태). 전자스핀이 짝지어 있으면 분자의 전자상태는 단일항 상태(singlet state)라고 부른다. 실효 전자 스핀이 영인, 즉 s=0인 원자 상태나 분자상태. 2개의 전자의 경우에는 두 스핀이 반대인 상태이다. 한편 원자나 분자의 전체 스핀 양자수가 1인, 즉 s=1인 상태를 삼중항 상태(triplet state)라고 한다. 전자가 2개인 경우, 삼중항 상태는 전자들의 스핀이 서로 같은 스핀을 가져야 한다.

skeletal structure

뼈대 구조. 유기화합물 구조를 나타내는 방식의 하나로 탄소 원자를 나타내지 않으며, 대신 두 선의 교차점이나 각 선의 끝에 하나의 탄소가 있다고 간주하여 그린다. 또 탄소에 결합한 수소도 나타내지 않으며 탄소나 수소 원자 이외의 헤테로 원자는 원소기호를 표기한다. 아울러 헤테로 원자에 결합된 수소 원자도 표시한다. 예로 페놀(phenol)과 아닐린(aniline)의 골격 구조식을 나타냈다.

OH NH$_2$

Phenol Aniline

그림 S-28 ◦ 페놀과 아닐린의 골격구조식

Skraup synthesis

Skraup 합성. 방향족 아민과 글리세롤(glycerol)을 황산 존재 하에서 반응시키고 산소와 같은 산화제로 산화시켜 퀴놀린(quinoline)을 합성하는 반응. *o*-다이아민으로 반응하면 펜안트롤린(phenanthroline) 고리가 만들어 진다[Z. H. Skraup, *Ber. 13*, 2086(1880)].

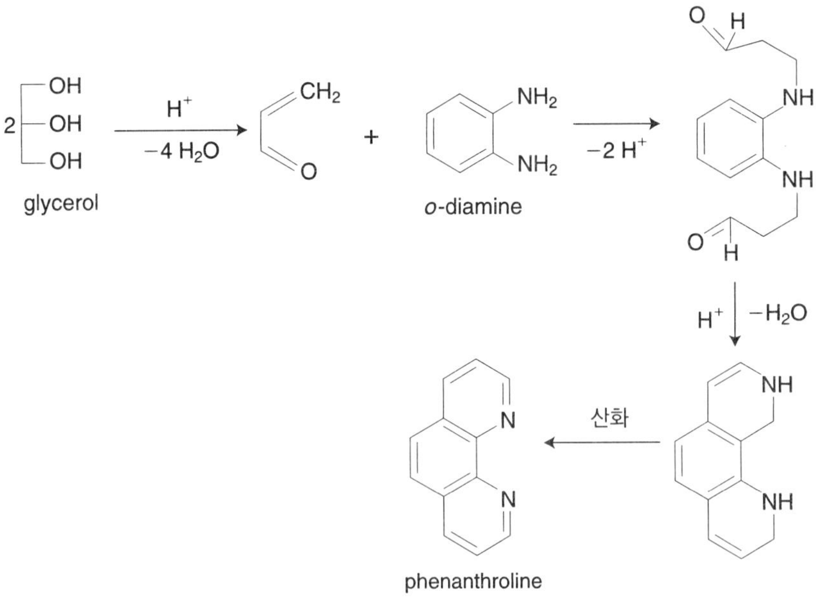

2 OH OH OH glycerol; H^+, $-4\ H_2O$; CH_2, O; + NH$_2$ NH$_2$ *o*-diamine; $-2\ H^+$; O H NH NH O H; H^+ $-H_2O$; NH NH; 산화; N N phenanthroline

그림 S-29 ◦ Skraup 합성법에 의한 phenanthroline의 합성

Smiles rearrangement

Smiles 자리옮김(반응). 알칼리 용액에서 일어나는 분자 내 방향족 친핵성 치환반응으로 하나의 헤테로 원자가 다른 헤테로 원자와 변환된다. 다르게는 Truce-Smiles rearrangement라고도 한다[A. A. Levi, H. C. Rains, S. Smiles, *J. Chem. Soc.* 3264(1931)]

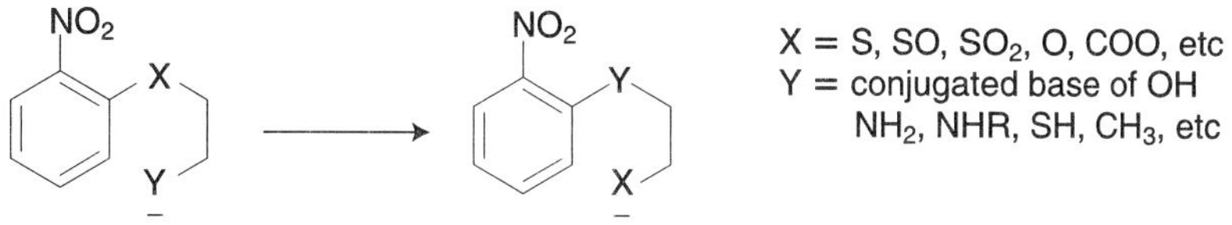

X = S, SO, SO_2, O, COO, etc
Y = conjugated base of OH
NH_2, NHR, SH, CH_3, etc

그림 S-30 • Smiles 자리옮김 반응

SNG Substitute Natural Gas의 약기호.

soft acid **무른 산.** 편극도가 높고, 산화 상태가 낮으며, 또한 들뜨기 쉬운 *d* 전자를 가지고 있는 Lewis 산. 예로서 Cu^+, BH_3, Br_2를 들 수 있다. 일반적으로 무른 산은 무른 염기와 강하게 결합하려는 경향을 나타내는데, 이때는 주로 공유 결합이 형성된다. HSAB를 보라.

soft base **무른 염기.** 편극도가 높고, 전기 음성도가 낮으며, 또한 산화되기 쉬운 Lewis 염기. 예로서 C_6H_5SH, Br^-, SO_3^{2-}를 들 수 있다. 무른 염기는 무른 산과 강하게 결합하려는 경향을 나타낸다. HSAB를 보라.

sol **졸.** 균일한 액체 매질에 콜로이드 형태로 고체 입자가 분산된 것을 말함. 예를 들어 혈액, 잉크 및 페인트 등이 있다.

solvation **용매화.** 용매 분자들과 녹아 있는 용질 입자 사이의 상호 작용하는 현상. 예로서 NaCl이 물에 용해될 때에는 물 분자의 산소 원자가 Na^+ 이온을 향하도록 배열되고, 또한 Cl^- 이온 주위에는 물 분자들의 수소 원자가 Cl^- 이온을 향하도록 들러붙는다. 이온 결합 물질들이 물에 잘 녹는 것은 이와 같이 성분 이온들이 용매화되어 이온들 사이의 정전기적 인력이 약해지기 때문이다. 구체적으로 용매가 물일 때에는 수화, 용매가 암모니아일 때에는 암모니아화라고도 한다.

solvolysis **가용매 분해(반응).** 친핵성 치환 반응에서 용매가 공격하는 시약으로 작용하는 반응. 용매가 물일 경우에는 가수분해, 용매가 암모니아일 경우에는 가암모니아 분해반응이라고 한다.

solvent separated (or loose) ion pair **용매로 분리된 이온쌍.** 개별 이온들이 하나 이상의 용매 분자에 의해 분리되어 있는 이온쌍. 이런 이온쌍들의 개별적인 입체화학은 유지되기도 하고 유지되지 못한 경우도 있으며, 이는 반응 조건에 의존 한다. 이런 이온쌍들은 보통 $R^+||X^-$ 식으로 나타낸다.

Sommelet aldehyde synthesis **Sommelet 알데하이드 합성.** 클로로메틸 방향족(chloromethyl aromatics)와 헥사메틸렌테트라민(hexamethylenetetramine)을 반응시킨 후 가수분해를시켜 알데하이드를 합성하는 반응[M. Sommelet, *Compt. Rend.*, *157*, 852(1913)].

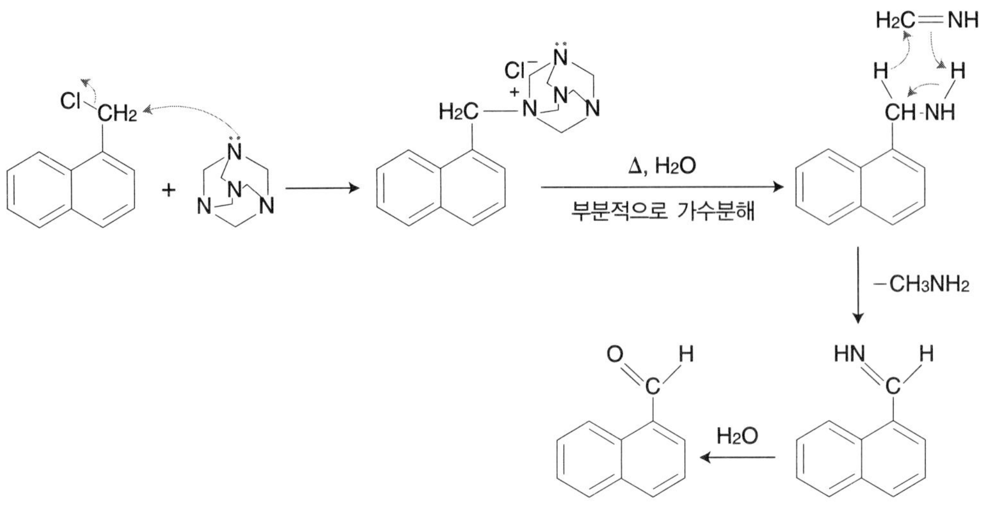

그림 S-31 • Sommelet 알데하이드 합성

Sommelet rearrangement

Sommelet 자리옮김. 4차 벤질암모늄 염이 자리옮김을 하여 *o*-메틸벤질아민(*o*-methylbenzylamine)으로 되는 반응. 이 자리옮김은 Stevens 자리옮김의 특별한 경우로 볼 수 있다. Sommelet-Hauser 자리옮김반응이라고도 한다[M. Sommelet, *Compt. Rend.*, *205*, 56 (1937)].

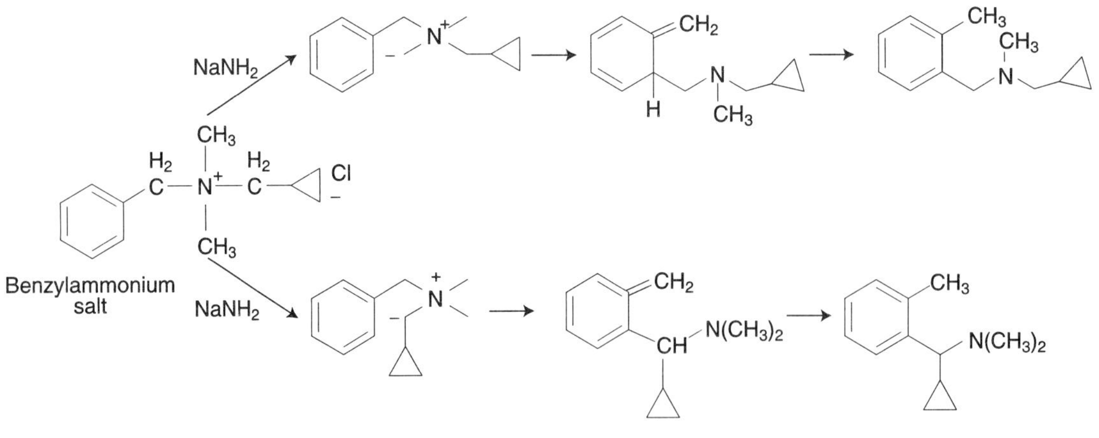

S

그림 S-32 • Sommelet 자리옮김

Sonn-Müller aldehyde synthesis

Sonn-Müller 알데하이드 합성. 아로일 할라이드(aroyl halide)를 이미노 클로라이드(imino chloride)로 변환시켜 환원하여 얻어지는 Schiff 염기를 가수분해시켜 알데하이드를 합성하는 방법[A. Sonn, E. Müller, *Ber.*, *52*, 1927(1919)].

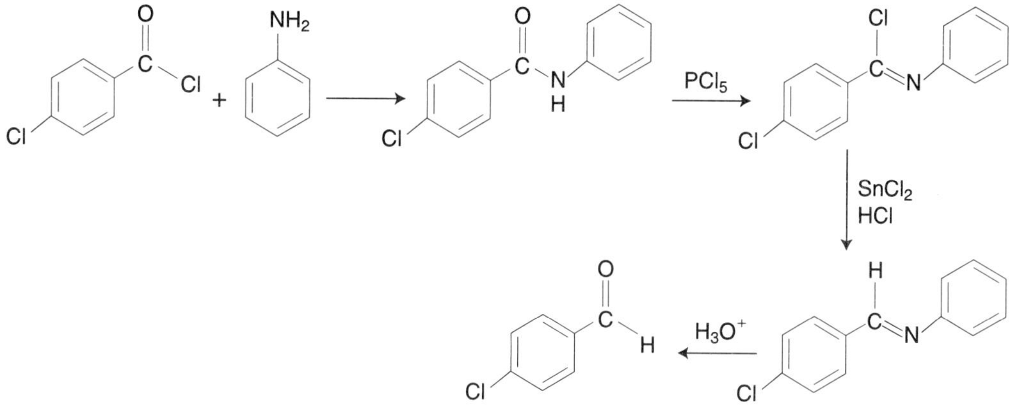

그림 S-33 • Sonn-Müller 알데하이드 합성법

space-filling model **공간 채움 모형.** 분자 구조 모형의 한 종류로 결합하고 있는 원자들의 전자구름 모양까지를 나타낸 분자 모형.

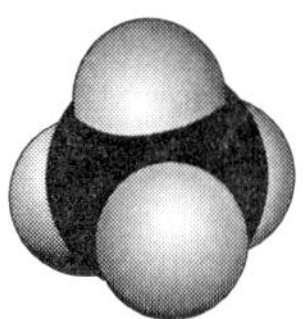

그림 S-34 • Methane(CH_4)의 공간 채움 모형. 회색은 수소원자이고 검은 색은 탄소 원자를 나타낸다

space time yield **공간 시간 수율.** 시간 당, 리터 당 생성물의 몰수, mol/L/h,를 말함. 큰 용량의 불균일 또는 균일 촉매 반응에서 측정 사용한다.

spandex **스판덱스.** 폴리 우레탄 계열 합성 섬유의 일종.

specific rotation **고유 광회전도.** 광학 이성질체의 편광 회전 성질을 나타내는 것으로 $[\alpha]^T_\lambda$로 표시하며, 여기서 T는 온도, λ는 편광 빛의 파장을 나타낸다. 고유 광회전도의 값은 용매에 따라 변한다. 고유 광회전도 값은 다음의 식으로 계산한다.

$$[\alpha]^T_\lambda = 100\alpha / l \cdot c$$

여기서, l은 dm(decimeter)로 나타낸 시료관의 길이 이고, c는 100mL 중의 시료의 g 수로 나타낸 농도이다.

spin-orbital coupling **스핀-오비탈 짝지음.** 양자물리에서는 입자의 스핀과 그의 운동간의 상호 작용을 말한다. 원자의 경우 전자의 오비탈 각운동량(방위 양자수 l)과 전자의 스핀 각운동량(양자수 s)의 상호작용을 말하며, $s + l$로 나타낸다. 한 가지 예로 전자의 원자 에너지 준위 이동(스펙트럼 선의 갈라짐으로 관찰함)을 들 수 있다. 이 현상은 핵의 전기장과 전자 스핀간의 상호작용에 기인한다. 스핀-오비탈 상호작용(spin-orbital interaction) 또는 스핀-오비탈 효과(spin-orbital effect)라고도 한다.

Spiran **스피란.** 하나의 탄소 원자가 두 고리에 공통적으로 포함되는 화합물 계열. 예를 들어 spiro[3,3]heptane을 들 수 있다.

spontaneous ignition temperature **자연발화 온도.** ignition temperature를 보라.

spin-spin coupling **스핀-스핀 짝지음.** 핵 스핀들 사이의 상호 작용으로서, 핵자기 공명 스펙트럼에 미세 구조가 나타나는 원인이 된다. 일반적으로, 짝지은 스핀들이 평행일 때보다 반 평행일 때 에너지가 더 낮아, 이러한 상호 작용의 세기는 스핀-스핀 짝지음 상수를 이용하여 나타내는데, 이 상수는 짝지은 스핀들의 상대적 배향 뿐만 아니라, 핵들 사이의 결합의 수, 그리고 결합들 사이의 각도 등에 의존한다.

spin-spin relaxation **스핀-스핀 이완.** relaxation을 보라.

split synthesis **분리 합성.** 조합화학 합성법 중 하나. combinatorial chemistry를 보라.

squalene **스콸렌.** 대칭적인 30개의 탄소 원자를 포함하는 탄수화물로 두 개의 화네실(farnesyl) 단위가 머리-머리로 반응하여 만들어진다. 콜레스테롤의 생합성 과정에서 형성되는 중간체 화합물.

Staedel-Rügheimer pyrazine synthesis **Staedel-Rügheimer 피라진 합성.** α-할로제노메틸 케톤(α-halogenomethyl ketone)을 암모니아와 반응시켜 피라진(pyrazine)을 합성하는 반응[W. Staedel, L. Rügheimer, *Ber. 9*, 563(1876)].

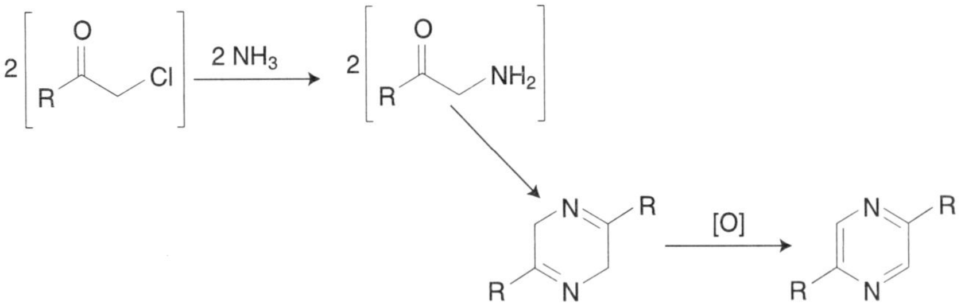

2 NH3, [O], R, Cl, NH2, N, O

그림 S-35 • Staedel-Rügheimer 피라진 합성법

staggered conformation **엇갈린 형태.** conformation을 보라.

starch **녹말.** *D*-글루코오스(*D*-glucose)단위로 된 중합체인 다당류. 여러 식물의 뿌리, 씨, 열매 등에 저장되어 있으며, 동물들의 주 에너지 원이다. 아밀로오스는 α-*D*-글루코오스의 긴 사슬 모양 중합체이고, 아밀로펙틴은 β-D-글루코오스의 사슬이 가지를 만들면서 3차원 구조를 이루고 있는 다당류이다.

steam distillation **수증기 증류.** 물에 섞이지 않는 액체와 물의 혼합물에 뜨거운 수증기를 통과시켜 물과 함께 액체를 증류하는 방법. Bromobenzene, nitrobenzene 또는 nitrotoluene 등을 이 방법으로 정제하기도 한다.

steam reforming **수증기 개질(반응).** 메테인(methane)이나 그 외의 분자량이 작은 탄화수소를 촉매를 사용하여 일산화탄소(carbon monooxide, CO)나 이산화탄소(carbon dioxide, CO_2) 및 수소(hydrogen, H_2)로 변환하는 반응. 반응식은 아래와 같다.

$$CH_4 + H_2O \rightleftharpoons CO + 3H_2$$

$$CH_4 + 2H_2O \rightleftharpoons CO_2 + 4H_2$$

step-growth polymer **단계-성장 중합체.** 이 작용기 또는 다 작용기 단위체가 반응하여 이합체 삼합체 또는 수중합체를 만드는 형식으로 만들어진 중합체. 폴리아마이드와 폴리에스터가 그 예이다.

Stephen aldehyde synthesis **Stephen 알데하이드 합성법.** 방향족 나이트릴을 알데하이드로 환원시키는 반응. [H. Stephen, *J. Chem. Soc.*, *127*, 1874(1925)]

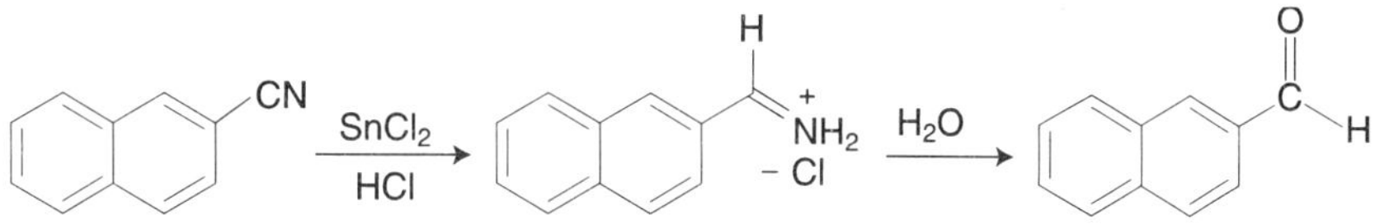

그림 S-36 • Stephen 알데하이드 합성법

stereochemical nonrigid molecules **입체 화학적 유연성 분자.** 넓은 의미로, 빠르게 분자내 자리옮김을 하는 분자. 특히 $(CH_3)_2NPF_4$ 같은 인(P) 화합물이나 전이금속 착물에서 관찰된다.

stereochemistry **입체 화학.** 분자에서 원자들의 삼차원적 배열에 대해 서술하는 화학의 한 분야.

stereogenic center **입체발생 중심.** 어떤 탄소 원자에 결합된 4개의 치환기가 모두 다르면 이 탄소 화합물은 분자내 대칭성이 없고, 이 탄소를 입체발생 중심이라고 한다. 다르게는 비대칭 중심 또는 비대칭 탄소라고도 하고 카이랄성 중심이라고도 한다. 예를 들어 lactic acid (CH_3 CH(OH)COOH)의 C-2에는 H, CH_3, OH 및 COOH 등 모두 다른 4개의 치환기를 가지고 있어 C-2 탄소는 입체 중심이다.

stereoisomer **입체 이성질체.** 분자 구조나 분자량이 동일하지만, 분자를 이루는 원자와 결합의 삼차원적인 배열만 다른 화합물. 시스-트랜스 이성질체, 거울상 이성질체와 부분입체 이성질체가 그 예이다.

stereoselectivity **입체 선택성.** 두 입체 이성질체 생성물이 생성될 수 있는 반응에서 어느 한 이성질체가 다른 것보다 더 빠르게 생성되는 정도. 이러한 생성물을 생성하는 반응을 입체 선택적인 반응이라고 한다.

stereospecific reaction **입체 특이성 반응.** 어느 하나의 특별한 입체 이성질체만이 반응하여 또 다른 특별한 입체 이성질체를 생성하는 반응. 예를 들어, *trans*-2-butene을 Br_2와 반응시키면 메조(meso) 생성물을 만들지만, *cis*-2-butene을 Br_2와 반응시키면 라세미 혼합물을 생성하는 특이성을 보인다.

steric effect **입체 효과.** 분자 속에 들어 있는 작용기의 크기와 배향이 반응 속도나 반응 경로에 미치는 효과.

steric factor **입체 인자.** collision theory를 보라.

steric hindrance **입체 장애.** 반응 분자상의 큰 작용기가 다른 반응 분자의 접근을 방해함으로써 반응을 느리게 하거나 억제하는 효과.

steric strain **입체 무리.** 분자내 원자나 원자단이 서로 너무 가까이 위치하여 그들의 전자구름 간의 반발에 의해 에너지 적으로 불안정하게 되는 에너지 증가분이다.

steroid **스테로이드.** 세 개의 탄소 여섯 원자 고리와 한 개의 탄소 다섯 원자 고리를 포함한 네 개의 고리로 이루어진 지질의 부류. 이들 고리를 A, B, C, D고리로 표기한다. 광범위한 생물학적 성질을 나타내며 대표적으로 세포막을 경화시키고 심혈관 질환과 관련이 있는 콜레스테롤(cholesterol), 여성 성 호르몬인 에스트론(estron), 탄수화물 대사에 관련이 있는 코티손(cortisone) 등을 들 수 있다.

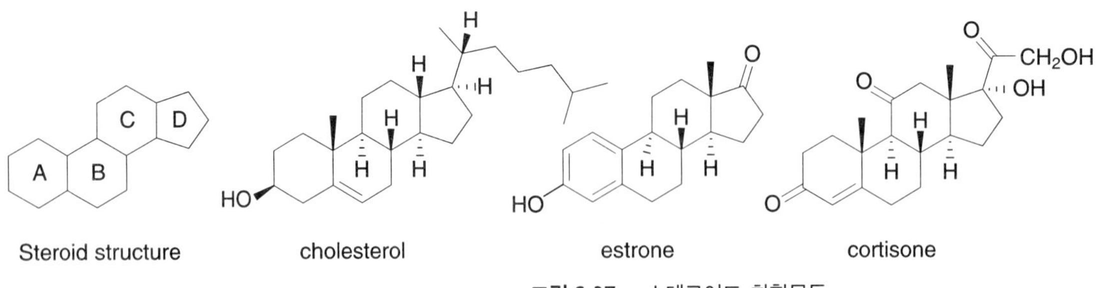

그림 S-37 • 스테로이드 화합물들

steroid hormone **스테로이드 호르몬.** 호르몬으로 작용하는 스테로이드 계열 화합물. 남성 및 여성 성 호르몬 등이 그 예이다.

Stevens rearragement **Stevens 자리옮김.** 설포늄(sulfonium) 또는 사차암모늄기에 있는 이웃한 수소 원자가 염기에 의해 제거되어 탄소 음이온을 형성하고 황이나 질소에 결합된 알킬기가 1,2-이동하여 상응하는 설파이드나 삼차 아민를 형성하는 반응[T. S. Stevens, E. M. Creighton, A. B. Gordon, M. Macnicol., *J. Chem. Soc.*, 3193(1928)].

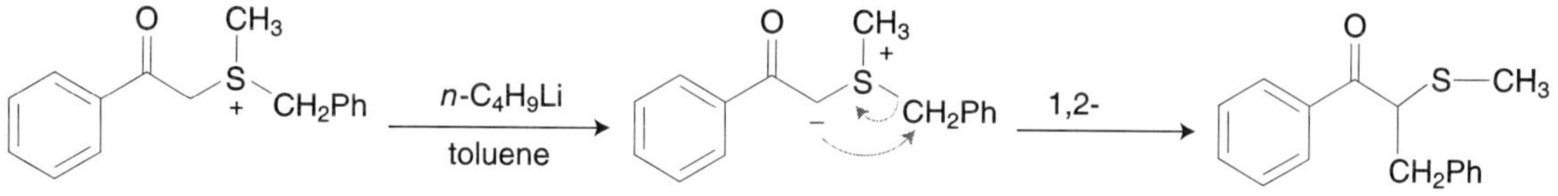

그림 S-38 • Stevens 자리옮김

Stieglitz rearrangement

Stieglitz 자리옮김 반응. 트리틸 하이드록실아민(trityl hydroxylamine, Ar_3CNHOH)에 PCl_5를 처리하면 Schiff 염기 ($Ar_2C = NAr$)로 되는 반응[J. Stieglitz, P. N. Leech, *Ber. 46*, 2147(1913), *J. Am. Chem. Soc. 36*, 272(1914)].

Stobbe condensation

Stobbe 축합반응. 숙신산 에스테르(succinic ester)를 알데하이드 또는 케톤과 반응시켜 alkylidene succinic acid ester를 합성하는 반응[H. Stobbe, *Ber.*, *26*, 2312(1893)].

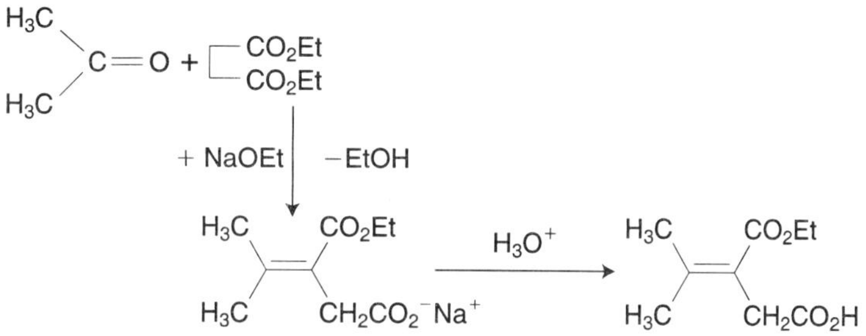

그림 S-39 • Stobbe 축합반응

Stollé synthesis

Stollé 합성. 아릴아민과 α-할로산 클로라이드[RCHClC(=O)Cl] 또는 옥살릴 클로라이드(oxalyl chloride)를 반응시켜 인돌(indole) 유도체를 만드는 반응[R. Stollé, *Ber. 46*, 3915(1913)].

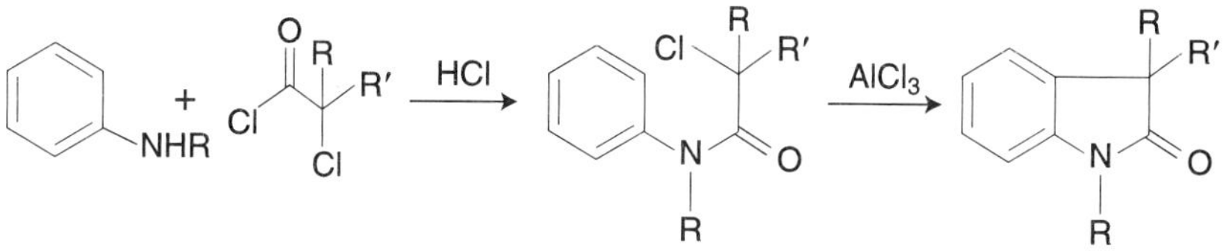

그림 S-40 • Stollé 합성

Stork enamine reaction

Stork 엔아민 반응. 케톤을 pyrrolidine 같은 고리아민과 반응시켜 엔아민을 만들고, 이 엔아민을 α, β-불포화카보닐과 Michael 반응을 시켜 다이케톤 화합물을 만드는 반응[G. Stork, S. R. Dowd, *J. Am. Chem. Soc.*, *85*(14) 2178(1963)].

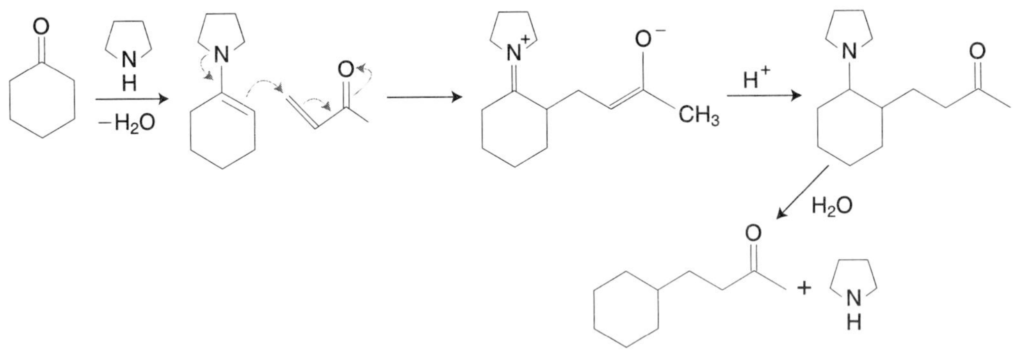

그림 S-41 • Stork 엔아민 반응

strain **무리, 변형.** 분자 구조의 변형에 의해 변형되기 전의 분자에 비해 에너지가 더 높아지는 현상. 이렇게 되어 생기는 에너지를 무리 에너지(strain energy)라고 한다.

***s*-trans conformation** ***s*-트랜스 형태.** A=CH−CH=B 형태의 분자에서 이면각이 180°인 분자.

straight-chain alkane **곧은(직선)-사슬 알케인.** 곁가지를 가지지 않은 알케인 류. 다르게는 노르말(*n*-) 알케인이라고도 한다.

Strecker amino acid synthesis **Strecker 아미노산 합성.** 알데하이드를 이민으로 변환하고 CN^-와 반응 시킨 후 산 촉매 가수분해시켜 아미노산을 합성하는 반응[A. Strecker, *Ann.*, *75*, 27 (1850)].

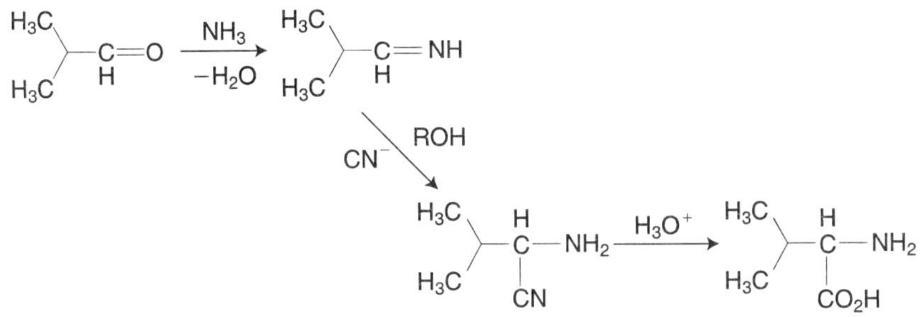

그림 S-42 • Strecker 아미노산 합성 반응

Strecker degradation **Strecker 분해.** α-아미노산을 수용액에서 카보닐 화합물과 반응시키면 CO_2를 발생하며 탄소 수가 한개 적은 알데하이드나 케톤을 생성하는 반응[A. Stecker, *Ann.* *123*, 363(1862)].

Strecker sulfite alkylation **Strecker 설파이트 알킬화(반응).** 알킬 할라이드(RX)와 알칼리 또는 암모늄 설파이트(ammonium sulfite, NH_4SO_3)를 NaI 수용액에서 반응시켜 알킬설포네이트(alkyl sulfonate, RSO_3Na)을 만드는 반응[A. Strecker, *Ann.* *148*, 90(1868)].

subatomic particle **원자 구성 입자(아원자 입자).** 원자를 구성하는 양성자, 중성자 및 전자와 같은 알맹이.

sublimation **승화.** 고체가 액체를 거치지 않고 직접 기체로 되는 상변화.

subshell **부껍질.** 주양자수와 오비탈, 각운동량 양자수가 동일한 모든 원자 오비탈들. 주양자수가 n인 껍질 속에는 $l = 1,2,..., n-1$에 해당하는 개수의 부껍질이 있으며, 이들 부껍질들은 각각 개의 오비탈로 이루어진다.

substituent effect **치환기 효과.** 분자내의 수소가 다른 치환기로 치환되거나 또는 하나의 치환기가 다른 치환기로 치환되므로서 반응속도 상수나 평형 상수가 달라지는 현상. 이러한 치환기 효과는 치환기의 크기, 반응 자리, 원자의 전자 가용성(전자적 효과) 등에 영향을 미친다. 전자적 효과의 예로 벤젠(benzene)의 전자 주개와 전자 받개 등의 치환기 효과를 들 수 있다.

substitution **치환(반응).** 한 원자나 분자가 다른 원자나 분자로 교체되어 들어가는 반응. 친전자성 치환과 친핵성 치환을 보라.

substitutive nomenclature **치환식 명명법.** 화합물의 치환기나 작용기의 이름을 접두사 또는 접미사로 명명하는 명명법. 예를 들어 1-하이드록시나프탈렌(1-hydroxynaphthalene) 등이 그 예이다.

substrate **기질.** 반응에서 어떤 시약의 공격을 받을 것으로 생각되는 화합물. 예를 들어, 클로로메테인(chloromethane)과 OH^-가 반응하여 메탄올(methanol)을 형성하는 반응에서 할로젠 화합물이 OH^-의 공격을 받으므로 기질에 해당한다.

sugar **당류.** 비교적 작은 분자 질량을 가지며, 단맛이 있는 탄수화물들을 당이라고 한다. 가장 간단한 구조의 당은 단당류라고 하며, 단당류는 일반적으로 5개 또는 6개의 탄소 원자를 가지고 있다. 이들을 포함하고 있는 탄소 수에 따라 5-탄당, 6-탄당 이라고 한다. 단당류는 축합되어 이당류, 삼당류 등을 만든다. 식용으로 사용하는 설탕은 글루코오스(glucose)와 프룩토오스(fructose)가 축합된 이당류이다. 보통은 설탕을 당이라고 부른다.

sulfate ester **설페이트 에스터.** $(RO)_2SO_2$의 일반식을 가지는 화합물 계열. 다이메틸 설페이트(dimethyl sulfate)가 그 예이다.

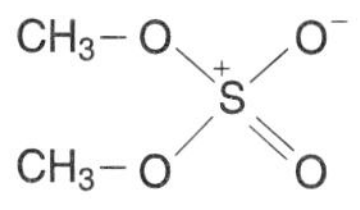

그림 S-43 • Dimethyl sulfate의 구조

sulfenamide **설펜아마이드.** $RSNH_2$의 일반식을 가지는 화합물 계열. 이는 sulfenic acid의 아마이드형 이다. 예로 ethanesulfenamide가 있다.

$H_3CH_2C—S—NH_2$

그림 S-44 • Ethanesulenamide의 구조

sulfenic acid **설펜산.** 일반식 RSOH를 가지는 화합물 계열. 예로 butanesulfenic acid가 있다.

$H_3CH_2CH_2CH_2C—S—OH$

그림 S-45 • Butanesulfenic acid의 구조

sulfenic ester **설펜산 에스터.** 일반식 RSOR을 가지는 화합물 계열. 예로 methyl propanesulfenate를 들 수 있다.

$H_3CH_2CH_2C—S—OCH_3$

그림 S-46 • Methyl propanesulfenate의 구조

sulfenium ion **설페늄 이온.** 일반식이 RS^+인 이온.

sulfenyl halide **설페닐 할라이드.** 일반식 RSX(X = 할로젠)을 갖는 화합물.

sulfides **설파이드(황화물).** 일반식 RSR을 가지는 화합물 계열. 예로 에틸 메틸 설파이드(ethyl methyl sulfide, $CH_3CH_2SCH_3$)를 들 수 있다.

sulfinamide **설핀아마이드.** 일반식 $RS(=O)NH_2$를 가지는 화합물. 즉 설핀산(sulfinic acid)의 아마이드 형이다. 예로 2-proanesulinamide가 있다.

sulfinic acid **설핀산.** 일반식 RS(=O)OH를 가지는 화합물 계열. 예로 ethanesulfinic acid($CH_3CH_2S(=O)OH$)를 들 수 있다.

sulfinic ester **설핀산 에스터.** 일반식 RS(=O)OR을 가지는 화합물 계열. 예로, 에틸 메테인설피네이트(ethyl methanesulfinate, $CH_3S(=O)OCH_2CH_3$)를 들 수 있다.

sulfinyl halide **설피닐 할라이드.** 일반식 RS(=O)X를 가지는 화합물 계열.

sulfonamide **설폰아마이드.** 일반식 RSO_2NH_2를 가지고 있는 유기 화합물. 설폰아마이드는 설폰산의 아마이드이다. 이 화합물 중에는 항균 작용을 가지고 있어 설파제 약품으로 사용하는 것들이 많다.

sulfone **설폰.** R_2SO_2의 일반식을 가지는 화합물 계열.

sulfonation **설폰화(반응).** 벤젠 고리에 $-SO_3H$기가 치환되어 들어가 설폰산(sulfonic acid)가 생성되는 반응. 이 반응은 발연 황산과 장시간 동안 환류 시키거나, 또는 $H_2S_2O_7$과 반응시키면 일어난다. 설폰화 반응은 SO_3 분자가 친전자체로 작용하는 친전자성 치환

반응의 예이다.

sulfonic acid **설폰산.** 일반식 RSO_3H를 가지는 유기 화합물. 설폰산은 센 산이며, 물 속에서 완전히 이온화되어 설폰산 이온 RSO_2O^-를 만든다. 예로 벤젠설폰산(benzenesulfonic acid, $PhSO_2OH$)를 들 수 있다.

sulfonic ester **설폰산 에스터.** 일반식 RSO_3R를 가지는 유기 화합물로 설폰산의 에스터 화합물이다.

sulfonium ion **설포늄 이온.** R_3S^+의 일반식을 가지는 황 화합물 이온.

sulfonyl halide **설포닐 할라이드.** 일반식 RSO_2X(X = 할로젠)을 가지는 화합물 계열.

sulfoxide **설폭사이드.** 일반식 RS(=O)R′(이의 공명 구조로 RS^+-O^--R'가 있다)를 가지는 화합물 계열. 용매로 광범위하게 사용되는 다이메틸 설폭사이드 (CH_3SOCH_3)와 같은 화합물을 들 수 있다.

sulfurane **설푸레인.** 일반식 R_4S를 가지는 화합물 계열. 예로 테트라페닐설푸레인(tetraphenylsulfurane)을 들 수 있다.

sultone **설톤.** 하이드록시설폰산(hydroxysulfonic acid)의 탈수 생성물이며, 락톤의 유사체이다. 예로 γ-hydroxysulfonic acid sultone을 들 수 있다.

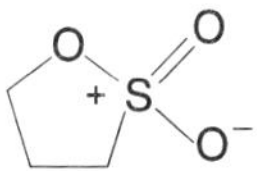

그림 S-47 • γ-Hydroxysulfonic acid sultone의 구조

super acid **초강산.** 양성자 제공 능력이 100% 황산보다 더 큰 산성 매체. 초강산은 일반적으로 플루오로설폰산(fluorosulfonic acid, FSO_2OH)와 SO_3나 SbF_5 같은 Lewis 산의 혼합물이다. FSO_2OH와 SbF_5의 동일 몰수 혼합물로 만들어진 산을 '요술산'(magic acid)이라고 한다.

suprafacial **동일면.** 고리형 협동 반응에서 말단 반응 자리의 입체화학적인 관계를 나타내는 용어로, 분자의 같은 면에서 반응이 일어남을 의미한다. 약기호로 *s*를 사용한다.

supramolecule **초분자.** 둘 이상의 원자나 화학종이 공유결합 이외의 힘에 의해 잡혀 있으면서 마치 하나의 분자처럼 활동하는 분자를 말한다. 이런 분자들은 대부분 구성 성분들의 자기조립에 의해 만들어지며, 성분들이 잡혀 있는 결합력은 수소결합, 정전기적인 결합 내지는 다른 분자 간 작용하는 힘에 의해 잡혀 있게 된다. 이러한 초분자는 공유결합으로 만들어진 단분자와는 매우 다른 화학적, 광학적 및 물리적 성질을 나타내므로 과학자들에게 관심이 많다. 단분자가 할 수 없는 초분자들의 대표적인 성질로, 물질의 인식, 촉매작용, 전자나 원자단의 전달과 같은 성질들이 알려져 있다.

supramolecular chemistry **초분자 화학.** 초분자들을 합성하고 이들의 물리적, 화학적 성질을 다루는 학문 분야.

syn **신.** 이성질체를 나타내는 용어로 *Z* 또는 *cis*의 의미로 쓰임.

syndiotactic polymer **교대-배열 중합체.** 거울상성 기본 단위들이 연속적으로 반복 배열된 입체 규칙성 중합체. polymer를 보라.

syn-periplanar **신준평면.** X—C—C—Y 결합을 포함하는 분자에서 X—C—C—Y가 이루는 평면에 대해 X와 Y가 평면의 같은 편에 있는 구조.

synthetic rubber **합성 고무.** 다이엔(diene) 또는 올레핀(olefin)으로부터 합성적으로 만든 고무 같은 중합체를 말함.

S

tactic polymer **입체 규칙성 중합체.** 단지 한 종류의 배열 단위가 규칙적으로 연속 배열된 중합체.

Tafel rearrangement **Tafel 자리옮김.** 치환기가 있는 아세토아세트산 에스터(acetoacetic ester)의 탄소 골격이 동일한 수의 탄소를 가지는 탄화수소로 변환되는 반응. 이 반응은 전극 반응이다[J. Tafel, H. Hahl, *Ber. 40*, 3312(1907)].

Tandem raction **연속단계 반응.** 반응 중에 반응시약 추가도 없고, 조건의 변화도 주지 않고 중간물질을 분리하지 않은 상태에서 여러 개의 결합이 연속적으로 형성되는 반응. cascade reaction과 혼용되고 있음.

tannin **탄닌.** 나뭇잎, 덜 익은 과일, 또는 나무껍질과 같은 곳에 흔히 들어 있는 폴리 페놀성(poly phenolic) 유기 화합물로서, 분자량이 500~3,000 또는 20,000 으로 알려져 있다. 이들의 기능이 분명하게 밝혀지지는 않았지만, 일부 탄닌은 가죽과 잉크를 만드는 데에 사용된다.

tar **타르.** 석탄을 건류하거나 석유를 정제할 때 생기는 각종 탄화수소들과 탄소들이 혼합된 검은색의 반고체 상태 혼합물.

tar sand **타르 모래.** 자연적으로 생기는 타르, 물 및 모래의 혼합물. Bituminous sands 또는 oil sands라고도 한다.

tautomerism **토토머화.** 두 토토머가 평형을 이루고 있는 이성질화 현상. 예로서 케톤의 α-수소가 분자 내 이동을 함으로써 케톤기(-CH_2CO-)를 갖는 케토형 이성질체와 엔올기(-CH=C(OH)-)를 갖는 엔올형 이성질체 사이에 평형이 이루어지는 현상을 들 수 있다. 이런 토토머 현상을 양성자 이동 토토머화(proton-shift tautomer-ism)라고하며, 원자이동 없이 결합전자만이 이동하는 토토머 현상은 원자가 토토머화(valance tautomerism)라고 한다. 그 외에도 nitroso-oxime 토토머화, imine- enamine 토토머화도 가능하다. tautomer를 보라.

tautomer **토토머.** 양성자 이동을 포함하는 구조 이성질체로 서로 에너지가 다르다. 일반적으로는 에너지 장벽이 낮아 원자 또는 원자단이 상호 교환되어 생성된 구조 이성질체를 말한다. 이중에서 양성자가 이동하여 생긴 이성질체를 양성자자리이동 토토머(prototropic tautomer), 결합전자의 이동에 의해 생성되는 원자가 토토머(valance tautomer) 등이 있다. 토토머는 분자식이 동일하지만 서로 다른 화합물이다. 양성자자리이동 토토머의 예로 2-hydroxypyridine 을 들 수 있고, 원자가 토토머의 예로 cyclooctatetraene을 들 수 있다.

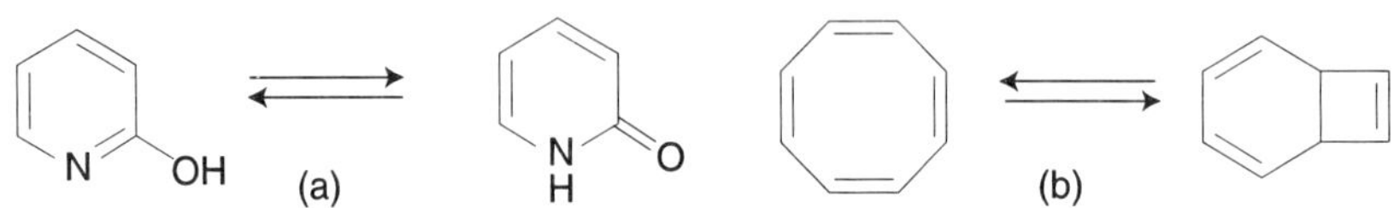

그림 T-1 • (a) 2-Hydroxypyridine의 양성자자리이동 토토머 (b) cyclooctatetraene의 원자가 토토머

Teflon **테플론.** 테트라플루오로에텐(tetrafluoroethene, $CF_2=CF_2$)을 가압 하에서 중합시킨 열경화성 플라스틱. 다른 물질들이 잘 달라붙지 않는 성질을 가지고 있어 취사용 조리 기구로 많이 사용되며, 아울러 마찰 계수가 낮아 무-윤활제 베아링 재료로도 사용된다.

template strand **주형 가닥.** 생화학에서 정보가닥의 전사에 의해 형성된 가닥. 정보 가닥과 주형 가닥은 서로 상보적 관계에 있다. 다르게는 비암호 가닥(antisense strand)라고도 한다.

terminal alkyne **말단 알카인.** 일반식 RC≡CH 인 알카인 류. 즉, C≡CH 결합이 사슬의 말단에 있는 알카인이다.

terpene **터펜.** 식물로부터 얻어지는 일단의 불포화 탄화수소로서, 아이소프렌(isoprene, $CH_2=C(CH_3)CH=CH_2$)이 기본 구조 단위이다. 따라서 모노터펜(monoterpene)은 두 단위로, 세스퀴터펜(sesquiterpene)은 세 단위로, 그리고 다이터펜(diterpene)은 네 개의 아이소프렌 단위로 이루어져 있다. 다르게는 terpenoid라고도 한다.

terpene alkaloid **터펜 알칼로이드.** 터펜 골격에 아민이나 암모니아를 반응시켜 얻어지는 질소헤테로고리를 포함하는 터펜류.

terpenoid **터펜류.** terpene의 동의어

tertiary alcohol **3차 알코올.** 일반식 R_3COH를 가지는 알코올류로, 이들은 하이드록시(OH)기가 결합된 탄소에 3개의 알킬기를 가지고 있다.

tertiary amide **3차 아마이드.** 아마이드의 질소에 아실기 또는 아로일기가 두 개 치환되어 RC(=O)$-NR_2$의 일반식으로 표현되는 아마이드류. 예로 triacetamide($N(COCH_3)_3$)를 들 수 있다.

tertiary amine **3차 아민.** 일반식 R_3N을 가지는 아민류. triethylamine($N(Et)_3$)을 예로 들 수 있다.

tertiary carbon atom **삼차 탄소 원자.** 일반식 R_3CH로 표현할 수 있는 화합물의 다른 탄소 3개와 단일결합으로 결합하고 있는 탄소 원자. 2-메틸프로페인(2-methylpropane, $(CH_3)_3CH$)의 2번 탄소는 3차 탄소이다.

tertiary hydrogen atom **삼차 수소 원자.** 삼차 탄소 원자에 결합된 수소 원자. 2-메틸프로페인(2-methylpropane, $(CH_3)_3CH$)의 2번 탄소에 결합된 수소 원자는 3차 수소이다.

terylene **테릴렌.** 폴리에스터 계 합성 섬유의 상품명.

Teuber reaction **Teuber 반응.** 페놀(phenol)과 Fremy 라디칼 (potassium nitrosodisultonate)을 반응시켜 퀴논(quinone)으로 변환시키는 반응[H. J. Teuber, G. Jellinek, *Naturwissenschaften*, *38*, 259 (1951)].

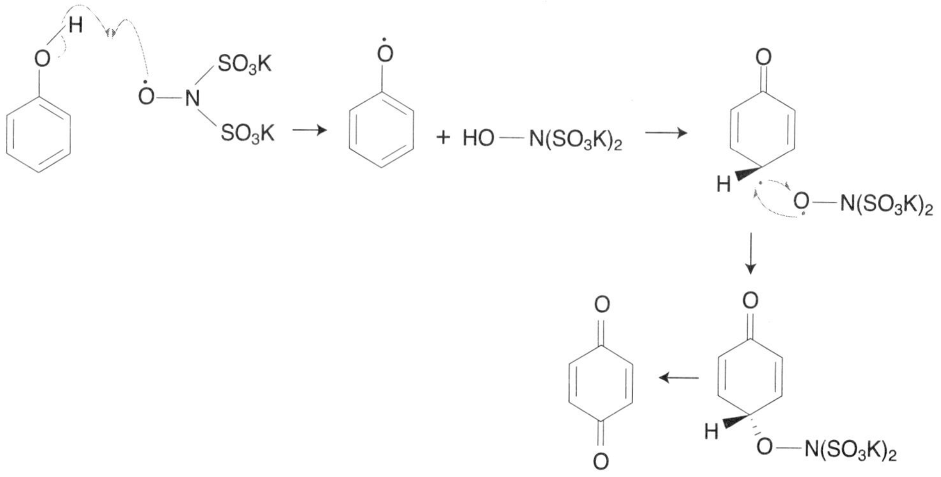

그림 T-2 • Teuber 반응 메커니즘

tetrahedral bond angle **정사면체 결합각.** 정사면체의 네 꼭지점을 향해 4개의 결합을 이루고 있는 정사면체 화합물의 결합각 사이의 각. 메탄과 같은 정사면체 분자의 경우에는 이 각이 109°이다. 한편 H_2O나 NH_3에서와 같이 4개의 결합 중 일부가 비공유 전자쌍인 분자의 결합각도 사면체이지만, 이 사면체각들은 비공유 전자쌍들의 반발 효과 때문에 109°보다 얼마간씩 작다.

thermoluminescence **열발광.** 고체가 가열되었을 내놓는 발광. 이러한 발광은 고체를 이온화 복사선에 노출시켰을 때 생긴 자유 전자와 정공들이 그대로 포획되었다가 다시 결합되면서 빛의 광자를 내놓기 때문에 일어나는 현상이다. 예로서 도자기를 굽는 과정에서 그 속에 포획되었던 전자와 정공은 시간이 지남에 따라 서서히 열발광을 하면서 수가 감소한다. 따라서 역사적인 도자기 시편을 가열했을 때 내놓는 열발광 세기와 기지 연대의 비슷한 도자기 시편이 내놓는 열발광 세기를 비교하면 도자기의 제조 연대를 상당히 정확하게 추산할 수 있는데, 이러한 방법을 열발광 연대 측정법이라고 한다.

thermoluminescent dating **열 발광 연대 측정법.** thermoluminescence를 보라.

thermodynamic control reaction **열역학적 지배 반응.** 가역적인 반응 조건에서 가능한 생성물의 비가 각 생성물의 상대적인 안정도에 의해 결정되는 반응. 이런 반응에서 가장 안정한 생성물을 열역학적 생성물(thermodynamic product)라고 한다.

thermoplastics **열가소성 플라스틱.** 가열하면 물러지고 냉각시키면 단단해지는 플라스틱.

thermosetting plastics **열경화성 플라스틱.** 가열하면 영구히 단단해지고 물러지지 않는 플라스틱. 이런 플라스틱은 가교 중합체 네트워크를 포함하고 있다. 예로 Bakelite라고 부르는 페놀-포름알데하이드 플라스틱을 들 수 있다.

thermotropic liquid crystal **열방향성 액정.** 가열하면 형성되는 액정. 두 가지 액정 종류 중 하나이다. 다른 부류는 두 성분을 섞으면 형성되는 유방성 액정이라는 것으로 분류 한다.

Thiele reaction **Thiele 반응.** *p*- 또는 *o*- 퀴놀린(quinoline)과 acetic anhydride를 반응시켜 트리아세톡시(triacetoxy) 방향족 화합물을 생성시키는 반응[J. Thiele, *Ber.*, *31*, 1247 (1898)].

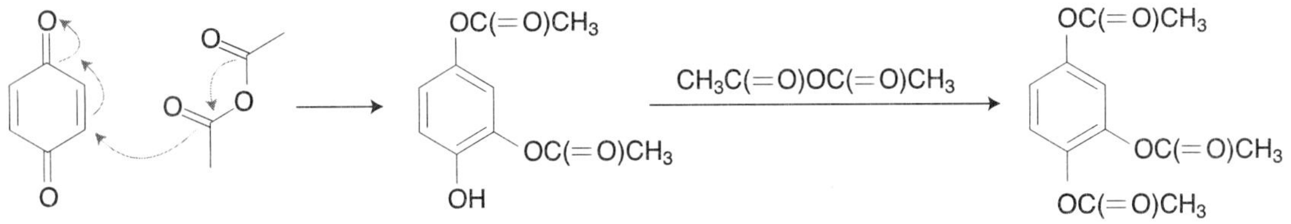

OC(=O)CH3
OC(=O)CH3
OH
$CH_3C(=O)OC(=O)CH_3$
OC(=O)CH3
OC(=O)CH3
OC(=O)CH3

그림 T-3 • Thiele 반응

thietane **싸이에테인.** 싸이아사이클로뷰테인(thiacyclobutane)의 Hantzsch-Widman 식 명명 관용명은 trimethylene sulfide이다.

thiirane **싸이이레인.** 싸이아사이클로 프로페인(thiacyclopropane)의 Hantzsch-Widman 식 명명 관용명은 episulfide이다.

thin-layer chromatography **얇은 층 크로마토그래피.** 얇은 흡착 고체 층을 정지상으로 이용하는 크로마토그래피법. 실리카겔이나 알루미나의 물이나 용매 반죽을 유리판 위에 얇고 고르게 편 다음, 이것을 말려 정지상을 만든 후에 이 판의 한쪽 끝에 시료를 점적하여 용매 속에 곧게 세워놓는다. 이렇게 하면 모세관 현상에 의해 용매가 고체 층을 적시면서 올라가는 용매를 따라 시료가 성분별로 다른 속도로 운반되어 올라간다. 일정한 시간이 지난 후에 이 고체 층을 말리고, 발색제를 이용하는 등 적절한 방법을 이용하여 그 위에 형성된 시료 점들을 찾아내면 R_f 값(시료 이동거리/용매 이동거리의 비로 나타낸 값)으로부터 시료의 성분들을 알아낼 수 있다. 오늘날에는 플라스틱판이나 알루미늄 판으로 제작된 것을 구입하여 사용한다.

thioacetal **싸이오아세탈.** 일반식 $RCH(SR)_2$를 가지는 화합물 부류. 즉 알데하이드의 산소가 두 개의 알킬싸이오 또는 아릴싸이오(RS-)기로 치환된 화합물이다.

thioaldehyde **싸이오알데하이드.** 일반식 RC(=S)H로 표현되는 화합물 부류. 예로 에탄싸이알(ethanethial, $CH_3C(=S)H$)를 들 수 있다.

thiocarboxylic acid **싸이오카복실산.** 일반식 RC(=S)OH 또는 RC(=O)SH로 표현되는 화합물 부류. 특별히 RC(=O)SH의 일반식을 가지는 계열은 'thioic *S*-acid' 라고하고, RC(=S)OH의 일반식을 가지는 계열은 'thioic *O*-acid'라고 한다. 아울러 이들의 에스터는 'thioic S-ester' 또는 thioic *O*-ester' 라고 부른다.

thiocyanide **싸이오사이아나이드.** 일반식 RSC ≡ N을 가지는 화합물 부류. 예로서 2-thiocyanatopropane 등이 있다. -SCN기를 thiocyanato-라고 부른다.

thiohemiacetal **싸이오반아세탈.** 일반식 RCH(OH)(SR)을 가지는 화합물 부류. 이 화합물은 알데하이드의 카보닐기에 RSH를 첨가시켜 만들 수 있다. 케톤으로부터 유도되는 화합물은 싸이오반케탈 'thiohemiketal' 이라고 한다.

thioketal **싸이오케탈.** $R_2C(SR)_2$의 일반식으로 표현되는 화합물 부류. 이들은 케톤의 산소가 두 개의 알킬싸이오 또는 아릴싸이오(RS-)기로 치환된 화합물이다.

thioketone **싸이오케톤.** 일반식 $R_2C(=S)$을 가지는 화합물 부류.

thiolane **싸이올레인.** 싸이아사이클로 펜테인(thiacyclopantane)의 Hantzsch-Widman 식 명명 관용명은 tetramethylene sulfide이다.

thiol **싸이올.** 일반식 RSH로 표시하는 화합물. 싸이올은 알고올 (ROH)의 산소 원자가 황 원자로 치환된 알코올 유사 화합물이라고 볼 수 있으며, 그 명칭은 모체 탄화수소 이름에 '-올' 대신에 '-싸이올' 이라는 어미를 붙여서 부른다. 특별히 R이 알킬 또는 사이클로알킬인 경우는 'thioalcohol' 이라고도 하고, R이 벤젠 또는 방향족 고리이면 'thiophenol' 이라고도 한다. 예로서 C_2H_5SH는 ethanethiol이고, PhSH는 benzenethiol(또는 thiophenol)을 들 수 있다. 이들은 모두 불쾌한 냄새를 가지고 있어 쉽게 알아낼 수 있다.

thionyl halide **싸이오닐 할라이드.** 일반식 RC(=S)X으로 표현되는 화합물 부류. 즉, 아실할라이드의 산소가 황으로 치환된 화학종이다.

T

Thorpe-Ziegler cyclization

Thorpe-Ziegler 고리화(반응). α,ω-다이나이트릴(dinitrile)을 lithium ethylphenylamide 같은 염기와 산 수용액으로 처리하여 중간 크기의 고리 케톤을 합성하는 반응 [H. Baron, F. G. P. Remfry, J. F. Thorpe, *J. Chem. Soc.*, *85*, 1726(1904), K. Ziegler, H. Eberle, H. Ohlinger, *Ann. 504*, 94(1933)].

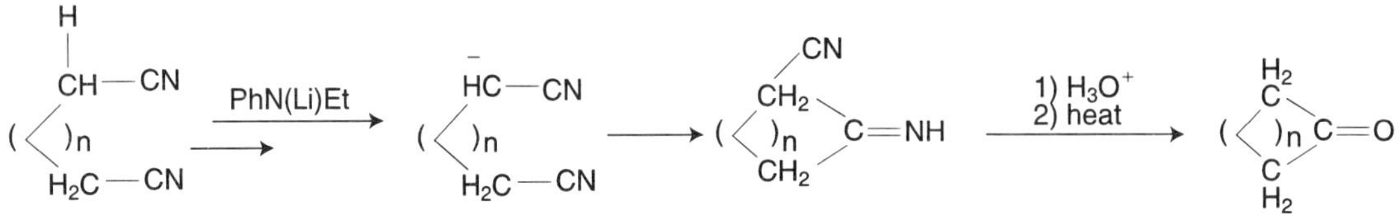

그림 T-4 • Thorpe-Ziegler 고리화반응 메커니즘

three center-two electron bonding

삼 중심-이전자-결합 (3c-2e). 두 개의 전자에 의해 3개의 원자가 결합되어 있는 결합. 삼 중심-이 전자-결합에는 열린 삼 중심-이 전자 결합(open three center-two electron bonding)과 닫힌 삼 중심-이 전자 결합(closed three center- two electron bonding)이 있고, B_2H_6의 B−H−B 결합은 열린 삼 중심-이 전자 결합의 예이고, CB_3는 닫힌 삼중심-이 전자 결합의 예이다.

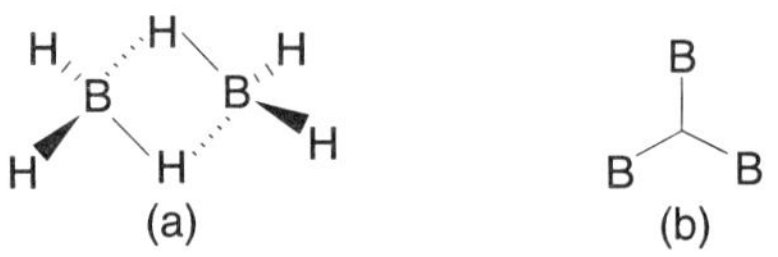

그림 T-5 • (a) B_2H_6의 구조. 열린 삼 중심-이 전자 결합의 예, (b) 닫힌 삼-중심 이 전자 결합의 예

threo

트레오. 사탄당인 트레오스(threose)의 두 개 카이랄 탄소 배열과 유사한 배열을 하고 있는 *d*, *l*-쌍의 접미사로 사용되는 용어.

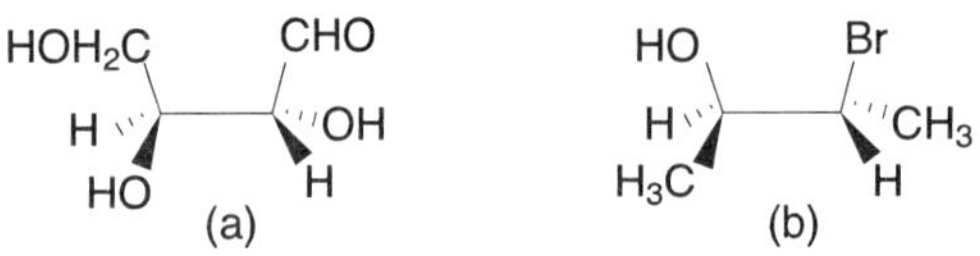

그림 T-6 • (a) Threose의 구조, (b) threo-3-bromo-2-butanol의 구조

Tiemann rearrangement

Tiemann 자리옮김. 아미노기가 치환된 옥심을 benzenesulfonyl chloride와 반응시켜 일 치환 우레아를 합성하는 반응[F. Tiemann, *Ber. 24*, 4162 (1891)].

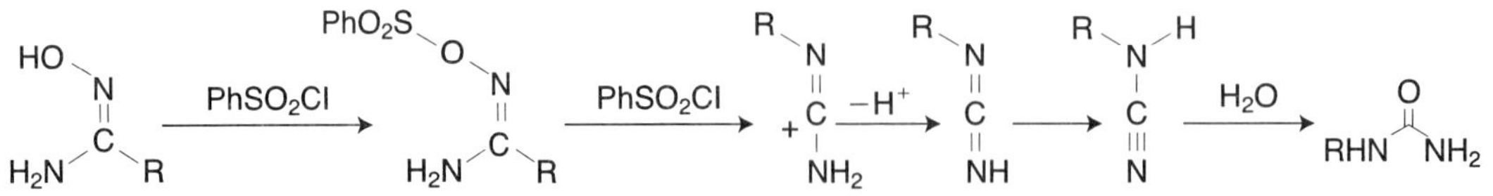

그림 T-7 • Tiemann 자리옮김 반응

Tieffeneau-Demjanov ring expansion Tieffeneau-Demjanov **고리 확장반응.** Demjanov rearrangement를 보라.

tight ion pair **밀접 이온쌍.** 각 이온의 입체화학적 배열이 유지된 이온쌍. 즉, 이런 경우는 음이온과 양이온이 용매 분자에 의해 분리되지 않은 상태로 있다.

Tishenko reaction Tishenko **반응.** 알데하이드 두 분자가 알콕사이드 촉매 반응을 하여 상응하는 에스터로 변환되는 반응. 만일 aluminium triisopropoxide 같은 aluminium alkoxide를 사용하면 isopropyl ester가 합성된다. 이 반응을 Tishenko-Claisen reaction이라고도 한다[V. Tishenko, *J. Russ. Phys. Chem. Soc.*, *38*, 355 (1906), L. Claisen, *Ber.*, *20*, 646 (1887)].

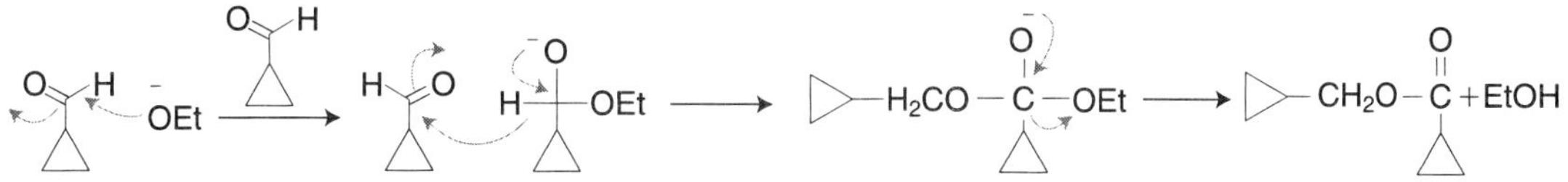

그림 T-8 • Tishenko 반응 메커니즘

Tocopherol **토코페롤.** Vitamin E의 활성을 나타내는 메틸화된 페놀 유도체 부류.

Tollens reagent Tollens **시약.** $[Ag(NH_3)_2]^+$를 포함하고 있어 알데히드기를 검출하는 데 사용되는 시약. 이 시약을 시료와 섞어 시험관에 넣고 가열하면, 시료 속에 알데히드가 들어 있으면 Ag^+를 금속으로 환원시켜 시험관 기벽에 은거울이 생기게 된다. 이러한 이유로 이 실험을 은거울 시험이라고도 한다. 케톤은 이 반응을 일으키지 못한다.

torsional strain **비틀림 무리.** 가리움 형태에서 일렬로 배열된 전자쌍들 간의 반발로 생기는 에너지 증가 현상.

transcription of DNA DNA **전사.** DNA의 유전 정보를 읽어 세포핵으로부터 단백질 합성 장소인 라이보솜(ribosom)이라고 하는 세포의 한 부분으로 정보를 전달되는 과정.

trans **트랜스.** 동일한 원자나 원자단이 이중 결합이나 고리 평면의 각기 다른 편에 배열된 것을 나타내는데 사용하는 접두사.

trans alkylidenation olefin metathesis를 보라.

tRNA **전달** RNA. transfer ribonucelecic acid의 약기호. 약 74~95개의 뉴클레오타이드로 구성된 작은 RNA이다. 아미노산을 라이보솜까지 전달하여 펩타이드를 합성하게 한다.

transamination **아미노기전달반응.** 한 화합물의 아미노기를 다른 화합물의 특정한 자리로 옮기는 반응. 예를 들어, pyridoxal phosphate는 한 아미노산의 아미노기를 다른 카복실산 음이온으로 옮겨 또 다른 아미노산을 합성한다.

trans methylation **트랜스 메틸화반응.** 전이금속에 결합된 methyl기가 다른 받게 분자로 전달되는 반응. 이 반응은 바이타민 B_{12} 화학에서 매우 중요하다.

transition state **전이 상태.** 반응 경로 중에서 에너지 준위가 가장 높은 상태에 있는 화학종. 이 전이 상태는 불안정하여 분리할 수 없고, 이 구조는 Hammond 가설에 따라 예측할 수 있다. Activated complex theory를 보라.

transition state theory **전이 상태 이론.** 반응에서 반응물이 생성물로 변환되려면 전이 상태를 거쳐가야만 한다고 하는 반응 속도 이론.

translation **번역.** 유전정보가 해독되어 단백질 합성에 이용되는 과정.

Traube purine synthesis **Traube 퓨린 합성.** 4-Amino-6-hydroxy- 또는 4,6-diaminopyrimidine의 5-위치에 아미노(NH_2)기를 도입하여 formic acid나 chlorocarbonic ester와 반응시켜 퓨린(purine)유도체를 만드는 반응[W. Traube, *Ber.* *33*, 1371, 3035(1900)].

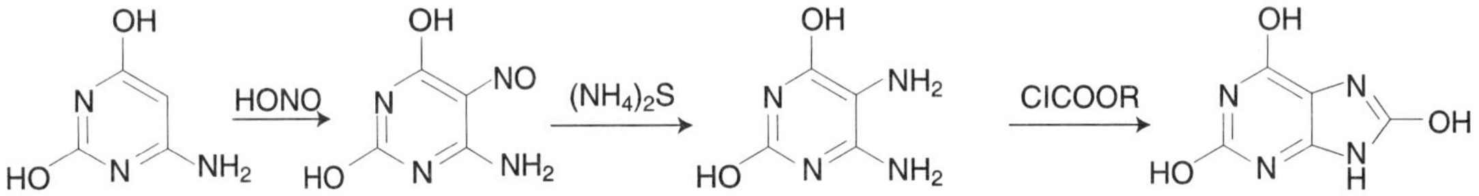

그림 T-9 • Traube 퓨린 합성

transmittance **투과율.** Beer-Lambert law를 보라.

triglyceride **트리글리세라이드.** 글리세롤 분자의 세개 하이드록시기가 모두 지방산으로 에스테르화된 글리세롤의 에스테르. 트리글리세라이드는 지방과 기름의 주성분으로서, 동식물의 에너지 저장원이며, 조리용 기름이나 마아가린 및 비누를 만드는 데 사용된다. 지방과 기름을 보라.

triose **3 탄소당.** 3개의 탄소 원자를 포함하고 있는 당 분자.

triple bond **삼중 결합.** 두 원자가 3개의 결합을 이루고 있는 결합. 예로 C≡C 결합을 들 수 있다.

triplet state **삼중항 상태.** singlet state를 보라.

Tröger' s base **Tröger 염기.** 고리 상에 두 개의 다리목 입체 중심 질소 원자를 갖고 있어 카이랄 성질을 나타내는 유기 고리 화합물의 한 부류. 이 물질은 1887년 Julius Tröger에 의해 처음 합성되었으나 1935년까지는 그 구조를 밝히지 못했다. Tröger는 산에서 HCOH(formaldehyde)와 *p*-toluidine을 반응시켜 합성하였으나, 포름알데하이드 대신 DMSO 속에서 hydrochloric acid나 또는 hexamethylenetetraamine(HMTA)를 반응시켜 합성한다[J. Tröger, *J. Prakt. Chem. 36* (1), 225(1887), M. A. Spielman *J. Am. Chem. Soc. 57*(3), 583(1935)].

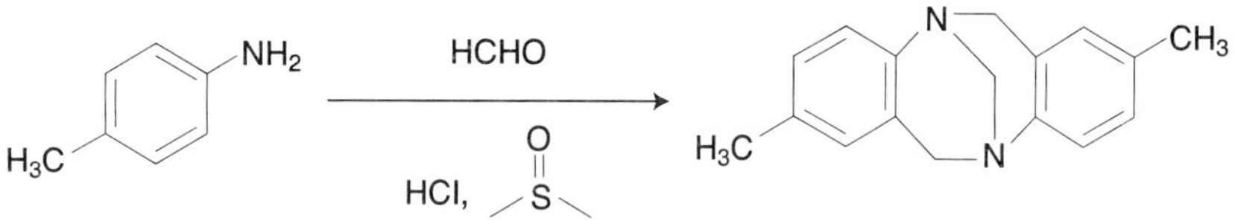

H_3C–C_6H_4–NH_2 $\xrightarrow[\text{HCl, DMSO}]{\text{HCHO}}$ Tröger 염기

그림 T-10 • Tröger 염기의 합성

trypsin **트립신.** 단백질 소화 효소. 췌장에서 십이지장으로 분비되는 트립시노겐이 십이지장에서 분비되는 효소에 의해 트립신으로 활성화된다. 이 효소는 소장의 초입 부분에서 단백질을 소화시키는 데 중요한 역할을 한다. 또한 이 효소는 췌장분비액 속에 들어 있는 다른 단백질 분해 효소들을 활성화시키는 작용도 한다.

turnover number **전환수.** 불균일 촉매에서 촉매 자리 당 기질의 변환 몰수. 균일 촉매에서는 촉매 몰수 당 기질의 변환 몰수로 나타낸다.

turnover rate **전환 속도.** 단위 시간당 전환수를 말함.

turpentine **터펜틴.** 송백과 식물의 수지에서 추출되는 기름 모양의 액체. 이 속에는 파이넨(pinene)을 비롯한 여러 터펜들이 들어 있다.

two center-two electron bond **이 중심-이 전자 결합 (2c-2e).** 두 개의 전자와 두 이웃한 원자 간에 이루는 결합. 즉, 편재된 결합을 말함.

ubiquinone (coenzyme Q-10) **유비퀴논.** 아이소프렌(isoprene) 단위 수만 다른 다이메톡시메틸벤조퀴논(dimethoxy methylbenzoquinone, coenzyme Q-10)계열 이름.

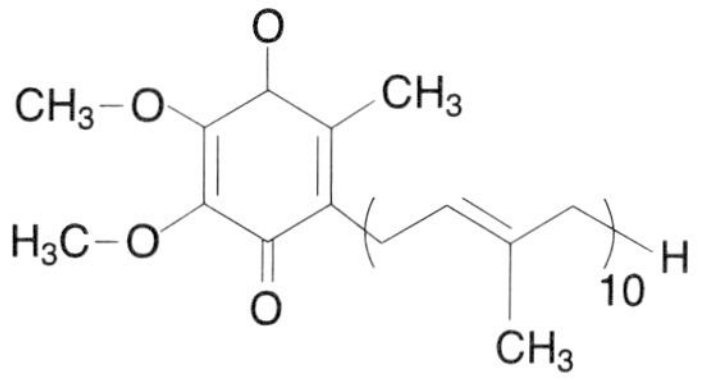

그림 U-1 • 유비퀴논-10 의 구조

Ullmann reaction **Ullmann 반응.** 2 몰의 아릴 할라이드(aryl halide)를 Cu 존재 하에서 반응시켜 바이아릴(biaryl)을 합성하는 반응[F. Ullman, *Ann., 332*, 38 (1904)].

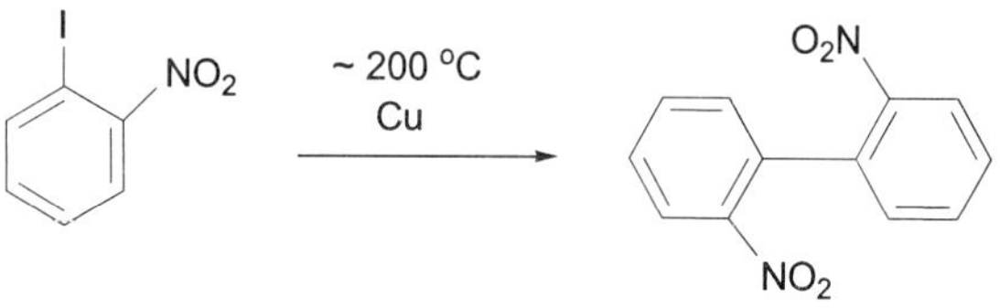

그림 U-2 • Ullmann 반응

ultraviolet radiation **자외선.** 400~4nm 사이의 파장을 갖는 전자기 복사선. 자외선 영역을 더욱 자세히 나누면 400~300nm 사이의 영역을 근자외선, 300~200nm 사이의 영역을 원자외선, 그리고 200nm 이하의 영역을 진공-자외선이라고 한다. 피부병을 예방하고, 피하에서 비타민 D를 만드는 데 기여하는 자외선은 320nm 이상의 파장을 갖는 근자외선이다. 이보다 짧은 파장의 자외선은 피부에 가벼운 화상을 일으키며, 290nm 이하의 원자외선은 피부암의 원인이 된다고 생각된다. 자외선은 유기 화합물들의 전자를 들뜨게 할 수 있으며, 이 영역의 복사선의 흡광을 이용하여 분자 구조적 정보를 얻는 분광법을 UV-Vis 분광법이라고 한다.

ultraviolet spectroscopy **자외선 분광법.** 근자외선과 가시광선을 이용하여 화학적 분석과 구조 결정을 하는 분광 분석법. 이 분광법에서는 분자의 전자 상태가 이 영역의 복사선에 의해 들뜨고, 이러한 전자 상태 전이들이 각각 고유한 진동수에서 일어난다는 사실을 이용한다. 이 분광법으로 얻을 수 있는 구조적인 정보는 분자 내 불포화 결합이나 비결합 전자쌍의 유무를 알 수 있다 아울러, 이 분광법을 이용하여 정량도 가능하여 특히 단백질 정량 등에 유용하게 사용된다.

umpolung **극성 반전.** 어떤 작용기에서 한 원자의 극성이 반전되는 현상. 예를 들어 C=O기에서 탄소는 통상 친전자성이다. 그러나 생체 내에서는 thiamine pyrophosphate($TPPH^+$) 등이 아실(acyl, $CH_3C(=O)$)기 등에 결합하면 CH_3C-(TPP^+)OH 등으로 반전되어 친핵성 탄소로 극성이 반전된다.

unimolecular reaction **일분자 반응.** 속도결정 단계에서 단일 분자만 관여하는 화학 반응이나 반응단계. 이 반응은 1차 반응 속도식을 가진다.

unsaturated degree (index) **불포화도(지수).** 탄소가 최대 결합할 수 있는 원자 수 4개 보다 적은 다른 원자와 결합하고 있는 상태를 나타내는 정도 또는 지수. 즉, 이중 결합이나 삼중 결합을 가지고 있는 화합물들은 불포화 결합을 가졌다고 하며, 이러한 결합을 가지고 있는 화합물들을 불포화 화합물이라고 한다. 불포화도는 불포화 결합이나 고리 화합물일 때 가질 수 있다. 탄소 화합물의 불포화도는 포화 탄화수소의 일반식 C_nH_{2n+2}의 경우 보다 수소의 수가 얼마나 부족한가를 알아내고 이 부족한 수소 수를 2로 나눈 값으로 나타낸다. degree of unsaturation이라고도 한다. 예를 들어, C_2H_4(ethene)은 C_2가 포화상태일 때 수소 수는 6개이나 에텐은 수소가 4개 뿐이므로 불포화도는 (6-4)/2 = 1 이다.

urea-formaldehyde resin **요소-포름알데히드 수지.** 요소와 포름알데히드를 공중 합성시킨 합성수지로서, 접착제나 열경화성 플라스틱으로 사용된다.

Urech cyanohydrin method **Urech 사이아노하이드린 방법.** 카보닐 화합물(RRC=O)에 알칼리 사이아나이드(MCN)를 반응시켜 사이아노하이드린(RCH(OH)CN)을 만드는 반응[F. Urech, *Ann. 164*, 225(1872)].

Urech hydantoin synthesis **Urech 하이단토인 합성.** α-아미노산과 KOCN을 수용액에서 반응시켜 hydantoic acid를 만들고 25%염산 용액으로 처리하여 하이단토인(hydantoin)을 합성하는 반응[F. Urech, *Ann. 165, 99*(1873)].

U

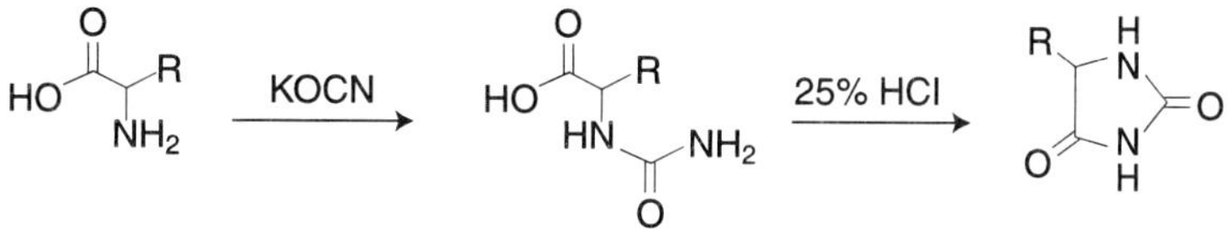

HO–C(=O)–CH(R)–NH₂ →(KOCN) HO–C(=O)–CH(R)–NH–C(=O)–NH₂ →(25% HCl) hydantoin

그림 U-3 • Urech 하이단토인 합성

urethane resin **우레탄 수지**. polyurethan을 보라.

valence-bond theory (VBT) **원자가-결합 이론.** 두 원자의 원자가 오비탈 전자들이 스핀 쌍을 이룸으로써 분자의 결합이 생성된다고 가정하는 결합 이론.

valence electron **원자가 전자.** 원자의 닫힌 껍질 핵심부 바깥에 있는 전자. 즉, 주양자수 값이 가장 큰 껍질에 있는 전자. 이 오비탈을 점유하는 전자를 원자가 전자(valence electron)라고 한다.

valence orbital **원자가 오비탈.** valence electron을 보라.

valence tautomer **원자가 토토머.** tautomer를 보라.

van der Waals forces **van der Waals 힘.** 전하를 띄지 않는 분자간의 인력. 이 인력은 순간적으로 생기는 분자내의 일시적인 전자밀도 변형 때문에 생긴다. 이는 London 분산력(London dispersion forces)과 자주 혼용되기도 한다.

van Slyke determination **Van Slyke 측정법.** 지방족 일차 아민이나 α-아미노산에 HNO_2를 반응시켜 발생하는 질소 양으로 함량을 결정하는 방법[D. D. van Slyke, *Ber.* *43*, 3170(1910)].

Varrentrapp reaction **Varrentrapp 반응.** 올레산 (oleic acid)를 용융 KOH와 300°C에서 반응시켜 팔미트산 (palmitic acid)와 아세트산 (acetic acid)로 분해하는 방법[F. Varrentrapp, *Ann.* *35*, 196(1840)]

vicinal (vic-) **이웃 자리.** 2개의 원자나, 또는 2개의 작용기가 인접 원자에 결합되어 있는 분자의 치환기 위치 표시에 이용하는 접두사. 예로서 1,2-다이브로모에테인(1,2-dibromoethane, $BrCH_2CH_2Br$)을 *vic*-다이브로모에테인이라고 하기도 한다.

Vilsmeier reaction **Vilsmeier 반응.** dimethylformamide($(CH_3)_2NC(=O)H$)와 $POCl_3$를 이용하여 방향족 고리에 알데하이드 (−CHO)기를 도입하는 반응으로 흔하게 이용된다. Vilsmeier-Haack reaction이라고도 한다[A. Vilsmeier, A. Haack, *Ber.*, *60*, 119 (1927)].

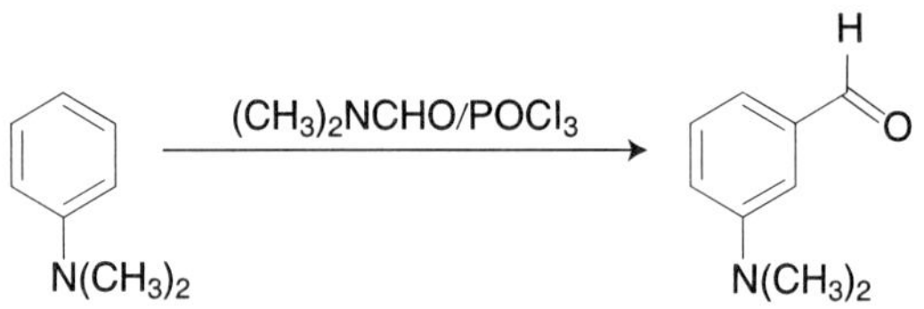

$$C_6H_5N(CH_3)_2 \xrightarrow{(CH_3)_2NCHO/POCl_3} (CH_3)_2NC_6H_4CHO$$

그림 V-1 • Vilsmeier 반응

vinyl group **바이닐 기.** $CH_2=CH-$ 원자 단을 말함. IUPAC 명명으로는 ethenyl기라고 한다.

virtual orbital **가상 오비탈.** 바닥상태에서 전자가 점유되어 있지 않은 오비탈을 말함.

viscosity **점성, 점도.** 어떤 유체의 흐름에 대한 저항 정도. 이 정도는 점성도 또는 점성 지수로 나타낸다.

vitamin **비타민, 바이타민.** 생물이 자신의 건강을 유지하기 위해 소량으로 필요로 하는 유기화합물들로서, 탄수화물, 단백질, 지방 및 무기질과 함께 5대 영양소의 하나이다. 동물 체내에서는 만들어지지 못하거나, 또는 일부 만들어지는 비타민과 함께 전구 물질인 프로비타민들이 들어 있다. 비타민 A, B, C, D, E 및 K 등 약 14종으로 이루어져 있다. 이 중에서 비타민 B와 C는 수용성이며, 비타민 A, D, E 및 K는 지방과 유지에 잘 녹는 지용성이다.

vitamin A **비타민(바이타민) A.** 포유류나 기타 척추 동물의 체내에서는 합성되지 않는 지용성 비타민. 긴 콘쥬게이션 이중 결합 사슬 끝에 하이드록시(OH)기가 붙어 있다. 녹색 식물 속에는 카로틴과 같은 비타민 A의 전구 물질이 들어 있는데, 이들은 몸에서 비타민 A로 변환된다.

vitamin B complex **비타민(바이타민) B 복합체.** 비타민 B_1(thiamine), 비타민 B_2(riboflavin), 비타민 B_3(nicotinamide), 비타민 B_6(pyridoxine), 비타민 B_{12}(cyanocobalamin), 판토테산, 비오틴, 폴산(folic acid), 및 리포산의 아홉 가지 수용성 비타민들.

vitamin C **비타민(바이타민) C.** 비타민 C를 아스코르브산(ascorbic acid)이라고도 하며, 인체내에서 합성되지 않으므로 음식물로 섭취하여야 한다. 콜라겐 형성 과정에서 중요한 역할을 한다. 또한 비타민 C는 많은 대사 과정에서 환원제의 역할을 하기도 하며, 이 비타민이 부족하면 괴혈병에 걸린다.

vitamin D **비타민(바이타민) D.** 비타민 D는 지용성 비타민의 일종이다. 비타민 D는 비타민 D_2(ergocalciferol)와 비타민 D_3(cholecalciferol)로 나뉘어 지지만, 이들의 생성과정은 유사하다. 즉, 피부에서 7-dehydrochorsterin이 태양의 자외선을 받아 비타민 D로 변화된다. 비타민 D_2는 식물에, D_3는 동물에 많이 포함되어 있으며, 비타민 D_3가 사람에 중요한 역할을 하고 있다.

vitamin E

비타민(바이타민) E. 비타민 E는 일반적으로 토코페롤(tocopherol)이라 부르며 α-, β-, γ- 및 δ-tocopherol 등 4개의 계열이 있다. 비타민 E는 지용성 항산화제이다. 특히, 세포막에 있는 불포화 지방산의 산화를 방지함으로써 세포막의 구조를 유지시키는 산화 방지제 역할을 한다. 곡물과 푸른 잎 야채 속에 들어 있으며, 이것이 부족하면 근육 위축 증, 간 손상 또는 불임증 등의 원인이 된다.

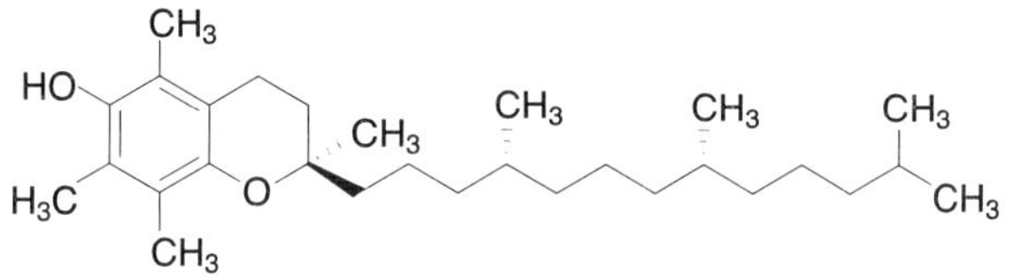

그림 V-2 • δ-Tocopherol의 구조

vitamin K

비타민(바이타민) K. 메틸나프토퀴논(methylnaphthoquinone) 계열로 터펜 곁가지의 아이소프렌(isoprene) 단위만 다르다. 혈액 응고에 필요한 단백질들의 합성 과정에서 보조 효소로 작용하는 지용성 단백질이다. 장 내부에 있는 박테리아에 의해 생성되므로 이것이 결핍증에 걸릴 염려는 없다. 푸른 잎 야채와 계란 노른자 속에 많이 포함되어 있다.

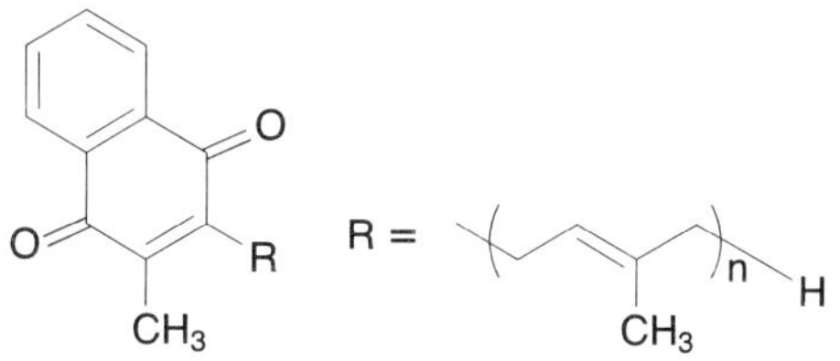

그림 V-3 • Methylnaphthoquinone 구조

Voight amination

Voight 아미노화(반응). 벤조인(benzoin)과 아민을 P_2O_5 존재 하에서 200°C로 반응시켜 α-아미노산을 만드는 반응[K. Voight, *J. Prakt. Chem.* [2] *34*, 1(1886)].

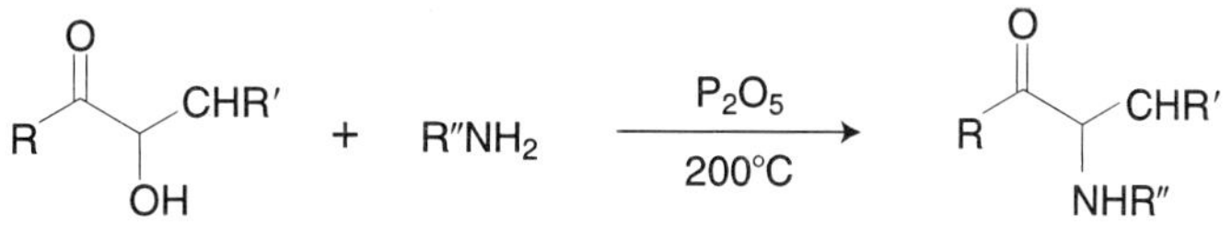

그림 V-4 • Voight 아미노화

volatilization

휘발성. 물질이 액체나 고체 상태에서 기체 상태로 변화되는 과정.

Volhard-Erdmann cyclization

Volhard–Erdmann 고리화(반응). Disodium succinate나 다른 1,4-이작용기화된 화합물(γ-oxo acid, 1,4-diketone 등)의 고리화로 알킬 또는 아릴싸이오펜(thiophene)을 합성하는 반응[J. Volhard, H. Erdmann, *Ber. 18*, 454(1885)].

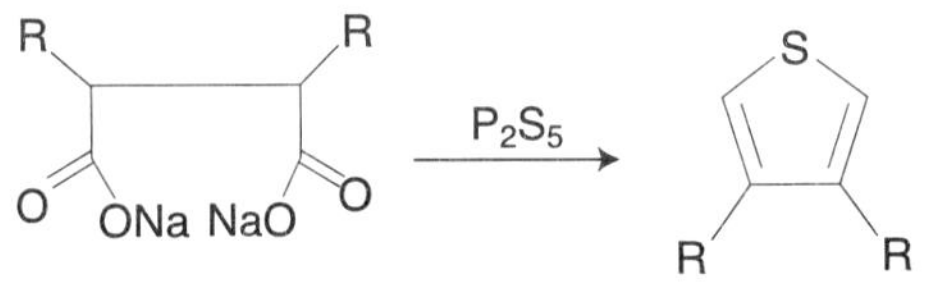

그림 V-5 • Volhard-Erdmann 고리화

VSEPR theory

원자가 껍질 전자쌍 반발 이론. **V**alence-**S**hell **E**lectron-**P**air **R**epulsion 이론의 약자.

vulcanization

가황. 고무 탄화수소에 원소 형태의 황이나 황 대등체를 가하여 150~200°C로 가열시켜 고무 중합사슬 간에 가교결합을 형성하여 고무를 단단하게 만드는 과정. 가황처리를 하면 고무의 탄성이 더 좋아진다.

Wacker process

Wacker **공정.** 수용액에서 에틸렌(ethylene)을 Pd^{2+} 같은 금속 촉매와 촉매반응을 시켜 아세트알데하이드(acetaldehyde)로 변환시키는 공정. Hoechst-Wacker 공정이라고도 한다[J. Smidt, *et al.*, *Angew. Chem. 71*, 176(1959)].

$$CH_2=CH_2 + H_2O + Pd^{2+} \longrightarrow CH_3CHO + Pd + 2H^+$$

Wagner-Jauregg reaction

Wagner–Jauregg **반응.** 다이아릴에텐(diarylethene)에 말레산 무수물(maleic anhydride)를 첨가시켜 방향족 고리 계로 변환하는 방법[T. Wagner-Jauregg, *Ber. 63*, 32133(1930)].

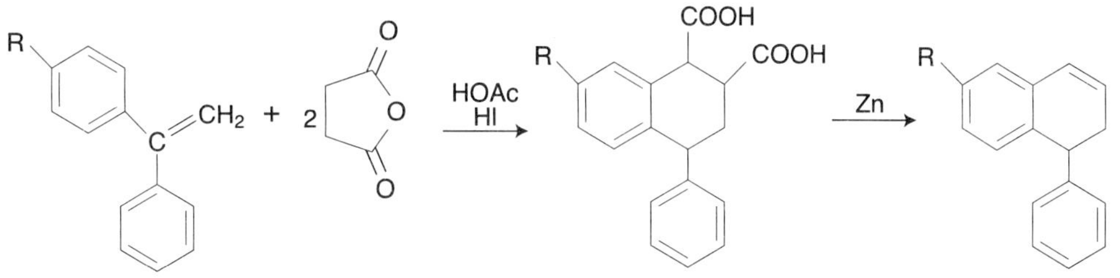

그림 W-1 • Wagner-Jauregg 반응

Wagner-Meerwein-Whitmore rearrangement

Wagner-Meerwein-Whitmore **자리옮김.** 탄소 양이온의 이웃한 탄소에서 수소 음이온이나 탄소 음이온이 1,2-이동을 하는 반응. 예를 들어, 보르네올(borneol)이 캄펜(camphene)으로 변환되는 반응을 들 수 있다[G. Wagner, *J. Russ. Phy. Chem.*, 31, 690 (1899), H, Meerwin, *Ann.*, *405*, 129(1914), F. Whitmore, H. S. Rothrock, *J. Am. Chem. Soc.*, *55*, 1106(1933)].

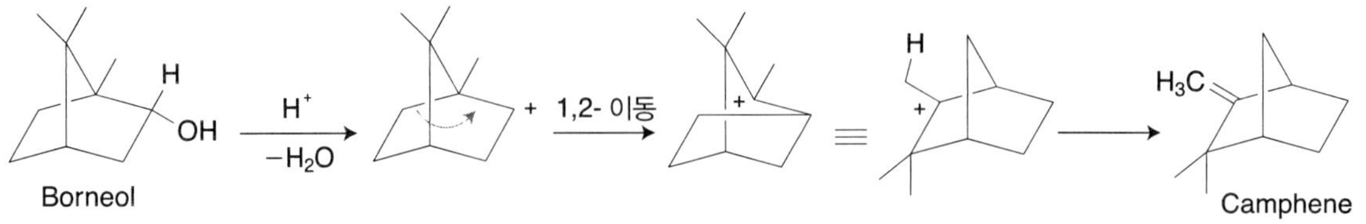

그림 W-2 • Borneol의 Wagner-Meerwein-Whitmore 자리옮김

Walden inversion

Walden 반전. 반응자리 탄소가 입체중심인 화합물에서 S_N2 치환반응을 시키면 출발물질의 반응자리 입체 중심의 배열이 반대 배열로 변환되는 현상. 이 현상은 1896년 P. Walden에 의해 발견되었고 이분자 친핵성 치환반응의 입체화학에서 매우 중요한 결과로 인식되고 있다[P. Walden, *Berichte der deutschen chemischen Gesellschaft 29* (1),133(1986)].

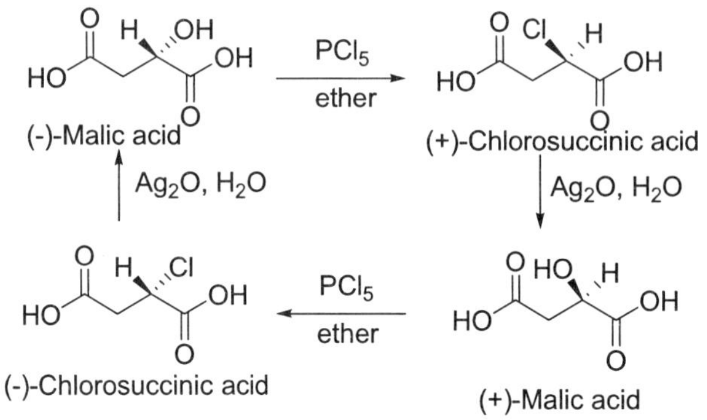

그림 W-3 • (-)−Malic acid의 Walden 반전 과정

Wallach rearrangement

Wallach 자리옮김. 아족시벤젠(azoxybenzene)이 산 촉매 자리옮김 반응을 하여 *p*- 또는 *o*-hydroxyazobenzene을 형성하는 반응.

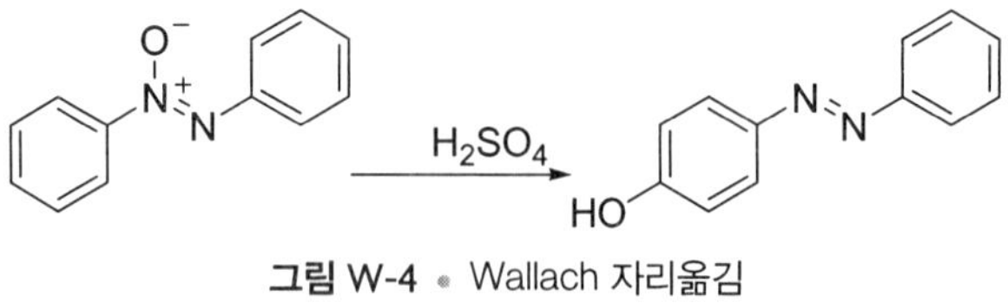

그림 W-4 • Wallach 자리옮김

wave function

파동 함수. 오비탈과 혼용하여 사용한다. 파동함수는 양자역학에서 사용하는 수학적인 수단이다. 파동함수 $\psi(x, y, z, t)$만으로는 물리적인 의미를 갖지 못하지만, $\psi(x, y, z, t)$에서 특정한 위치, 시간에 있을 때 절대 값의 제곱 $|\psi|^2$은 그 곳에서 그 순간에 물체를 발견할 확률을 나타낸다. 파동함수는 반드시 실수로 표현되지 않으며 실수부와 허수부를 갖는 복소함수일 수 있으므로 다음과 같은 형태로 표현한다.

$$\psi = A + iB \text{ (단, A, b는 실함수)}$$

ψ의 복소공액 ψ*는 아래와 같다.

$$\psi^* = A - iB \text{ (단, A, b는 실함수)}$$

위 식을 이용하여 파동함수의 절대값을 계산하면 다음과 같다.

$$|\psi|^2 = \psi\psi^* = A^2 - i^2B^2 = A^2 + B^2$$

따라서 계산결과는 항상 양의 실수가 나오게 된다. 파동함수 ψ의 절대값의 제곱 $|\psi|^2$은 물체를 발견할 확률과 비례한다.

wave length

파장 (λ). 파의 두 이웃한 봉우리 사이의 거리를 말하며, 진동수 ν 및 빛의 속도 c와 다음과 같이 관계된다. 단위는 s^{-1}로 사용한다.

$$\lambda = \frac{c}{v}$$

wave number

파수. 복사파의 파장의 역수를 파수라고 한다. 그리고 진공 중에서의 전자기 복사파의 파장의 역수를 진공 파수라고 한다. 따라서 진공 파수에 대해서는 다음과 같은 식이 성립한다.

$$\nu = \frac{1}{\lambda} = \frac{v}{c}$$

파수는 일반적으로 센티미터의 역수로(cm^{-1})로 나타내는데, 이것은 1cm 속에 들어 있는 완전 파장의 수를 나타낸다.

wax

왁스. 석유를 증류하고 남은 찌꺼기로부터 용매 추출하여 얻는 흰색의 고체상태 탄화 수소로서, 양초를 만드는 데 많이 사용되며, 초콜렛이나 사탕에 첨가제로 사용되기도 한다.

Weerman degradation

Weerman 분해. 알돈산(aldonic acid)로부터 탄소 수가 하나 적은 알도스 당을 만드는 반응. 이 반응에는 아마이드가 Hofmann형태의 자리옮김이 포함된다[R. A. Weerman, *Rec. Trav. Chim. 37, 1*, 16(1918)].

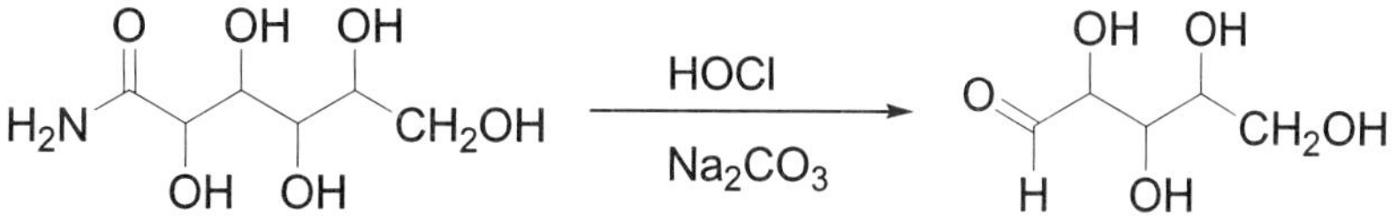

그림 W-5 • Weerman 분해

weight-average molecular weight

무게 평균 분자량. 중합체의 분자량을 나타내는 방식의 하나이다. 분자량이 M_i인 N_i개 중합체의 무게 평균 분자량은 다음과 같이 계산한다.

$$\bar{M}_{\omega} = \frac{\Sigma_i N_i M_i^2}{\Sigma_i N_i M_i}$$

Wessely-Moser rearrangement

Wessely-Moser 자리옮김. 5-OH기를 포함하는 플라본(flavone) 또는 플라보논(flavonone)의 자리옮김 반응[F. Wessely, G. H. Moser, Monatsh, *56*, 97(1930)].

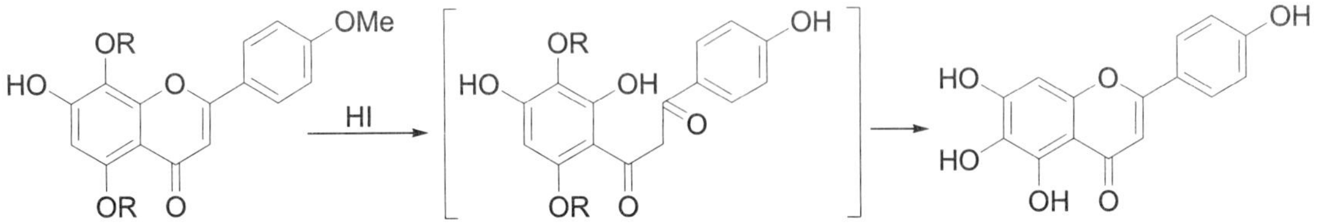

그림 W-6 • Wessely-Moser 자리옮김

wet spinning

습식방사. 부피가 큰 중합체를 섬유형태로 변환하는 방법 중의 하나로 중합체를 용액으로 만들어 섬유로 뽑아내는 방법이다. 이외에도 건식방사(dry spinning) 및 용융방사(melt spinning)등의 방법이 있다.

Wharton reaction

Wharton 반응. α,β-에폭시케톤이 하이드라진(hydrazine)에 의해 환원되어 알릴성 알코올이 되는 반응[P.S. Wharton, D. H. Bohlen, *J. Org. Chem.* *26*, 3615(1961)].

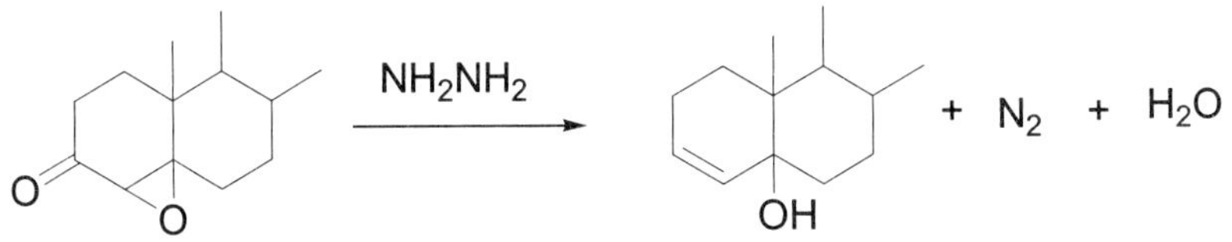

그림 W-7 • Wharton 반응

Whiting reaction

Whiting 반응. 알킨다이올(alkynediol)을 $LiAH_4$로 환원시켜 다이엔(diene)으로 만드는 반응[P. Nayler, M. C. Whiting, *J. Chem. Soc.* 4006(1954)].

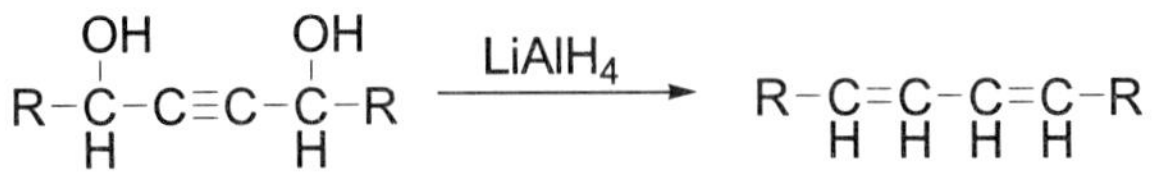

그림 W-8 • Whiting 반응

Wichterle reaction

Wichterle 반응. Methyl vinyl ketone 대신 1,3-dichloro-*cis*-2-butene을 이용한 Robinson 고리화반응의 변형된 반응[O. Wichterle, J. Prochazka, J. Hofman, *Coll. Czech. Chem. Comm.* *13*, 300(1948)].

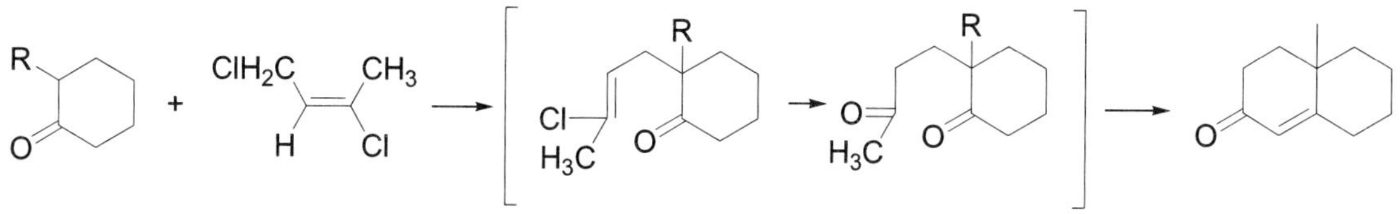

그림 W-9 ◦ Wichterle 반응

Widman-Stoermer synthesis

Widman–Stoermer 합성. *o*-아미노아릴에틸렌 (*o*-aminoarylethylene)을 다이아조염으로 만들어 고리화하여 시놀린(cinnoline)을 합성하는 반응[O. Widman, *Ber. 17*, 722(1884)][R. S. Toermer, H. Fincke, *Ber. 42*, 3115(1909)].

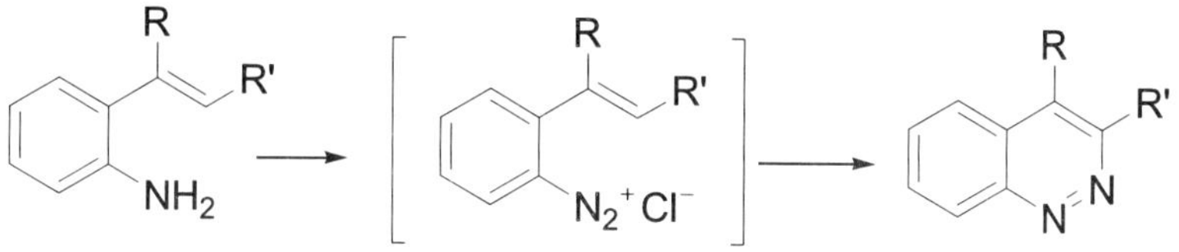

그림 W-10 ◦ Widman-Stoermer 합성

Wieland-Miescher ketone

Wieland–Miescher 케톤. 8a-Methyl-3, 4, 8, 8a-tetrahydronaphthalene-1,6(*2H*, *7H*)-dione의 다른 이름. 이 화합물은 스테로이드 호르몬 합성에 중요한 출발물질이다.

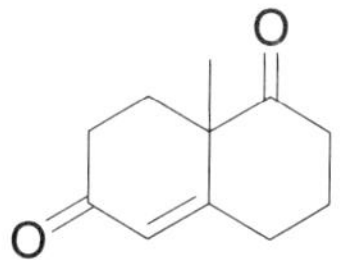

8a-Methyl-3,4,8,8a-tetrahydronaphthalene-1,6(*2H*, *7H*)-dione

그림 W-11 ◦ Wieland-Miescher 케톤의 구조

Willgerodt-Kindler reaction

Willgerodt–Kindler 반응. 아릴 알킬 케톤을 몰폴린(morpholine)과 황 존재 하에서 반응시켜 동일한 수의 탄소 원자를 포함하는 카복실산으로 변환하는 반응[C. Willgerodt, *Ber.*, *20*, 2467 (1887), K. Kindler, *Ann.*, *431*, 193(1923)].

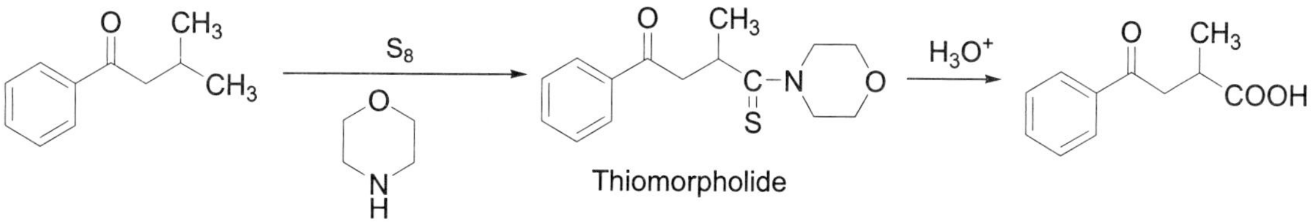

Thiomorpholide

그림 W-12 ◦ Willgerodt-Kindler 반응

W

Williamson ether synthesis

Williamson **에테르 합성.** 할로알케인을 ROM(M = metal)과 반응시켜 에테르를 제조하는 방법. 이 반응은 알콕사이드 음이온이 할로젠화 이온을 치환시키는 친핵성 치환 반응이다.

$$RI + NaOR' \rightarrow ROR' + NaI$$

이 반응은 알코올 속에서 반응 혼합물을 환류시켜 일으킨다. 이 방법은 혼합 에테르를 만드는 데 특히 효과적이다.

Wittig reaction

Wittig **반응.** 알데하이드 또는 케톤의 C=O기를 C=C기로 변환하는 반응으로 유기화학에서 매우 폭넓게 이용한다. 이의 변형된 반응이 Horner-Emmons 반응으로 알려져 있다[C. Wittig, F. Geissert, *Ann. 580*, 44(1953)].

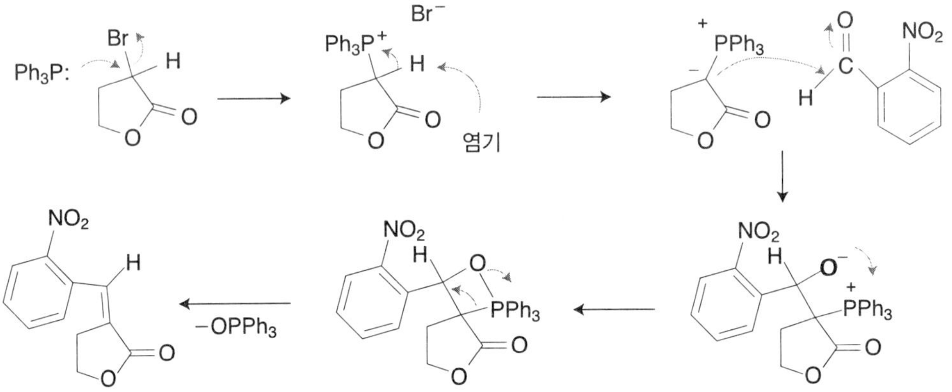

그림 W-13 ◦ Wittig 반응 메커니즘

Wittig rearrangement

Wittig **자리옮김.** 에터(ROR)을 알킬 리튬(RLi)와 반응하여 알코올을 합성하는 반응. 이 반응은 알킬기(R-)의 1,2-이동이 포함된다[G. Wittig, L. Löhmann, *Ann. 550*, 260 (1942)].

Wohl degradation

Wohl **분해.** 알도스의 카보닐기를 옥심기로 변환시켜 사이아노하이드린 (RCHOH CN)으로 변환시킨 후에 HCN으로 떼어내어 당의 탄소 사슬을 하나 줄이는 반응. 이 반응을 하면 육탄당이 오탄당으로 사슬이 축소된다.

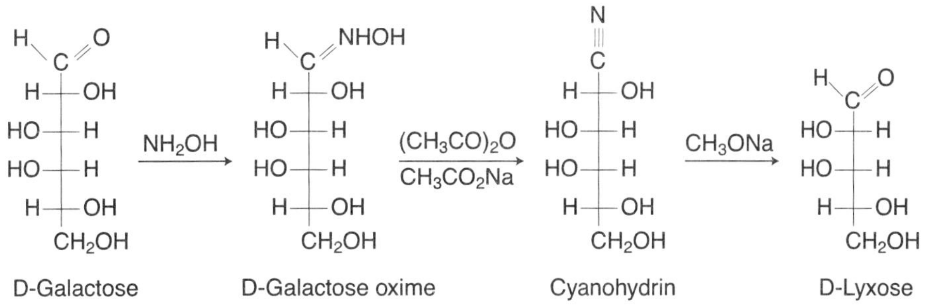

그림 W-14 • *D*-Galactose의 Wohl 분해

Wohl-Ziegler bromination

Wohl-Ziegler 브롬화반응. NBS(*N*-bromosuccinimide)를 이용한 벤질자리 또는 알릴자리 브롬화 반응[A. Wohl, *Ber.*, *52*, 51(1919), K. Ziegler, A. Spath, E. Schaaf, W. Schumann, E. Winkelmann, *Ann.*, *551*, *80*(1942)].

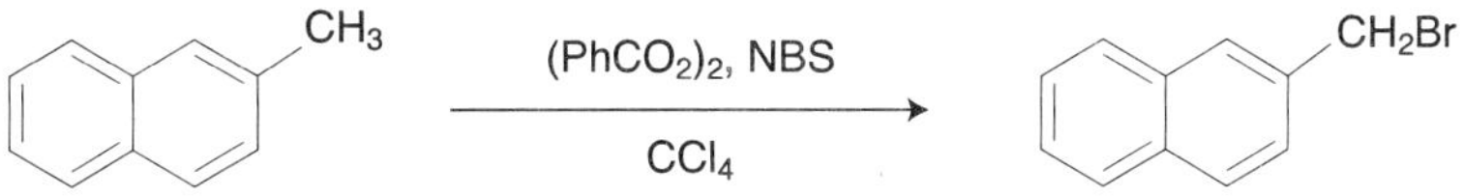

그림 W-15 • Wohl-Ziegler 브롬화반응

Wolff-Kishner reduction

Wolff-Kishner 환원. 알데하이드나 케톤을 하이드라존(hydrazone), (C=N−NH_2)으로 만들어 카보닐기를 -CH_2-(methylene)로 환원하는 반응[N. Kishner, *J. Russ. Phys. Chem.*, *43*, 582(1911)][L. Wolff, Ann., *394*, 86(1911)].

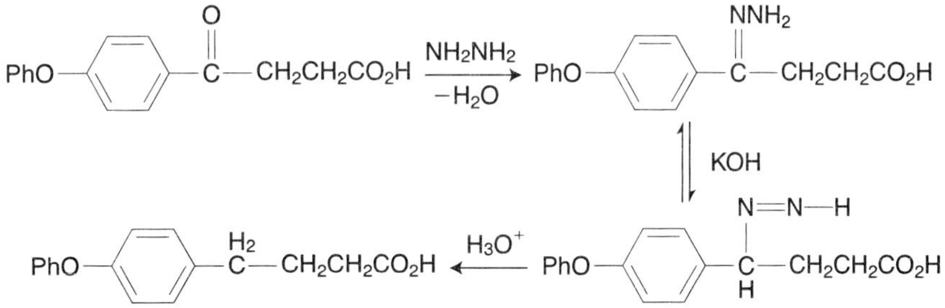

그림 W-16 • Wolff-Kishner 환원반응 메커니즘

Wolff rearrangement

Wolff 자리옮김. 다이아조케톤(R(C=O)$CH_2N_2^+$, diazoketone)이 열분해 되어 케텐(RCH=C=O, ketene)을 만들고 이 케텐이 반응하여 에스터나 아마이드가 형성되는 반응. 이 반응은 Arnt-Eistert 합성법의 한 단계이다[L. Wolff., *Ann.*, *394*, 25 (1912)].

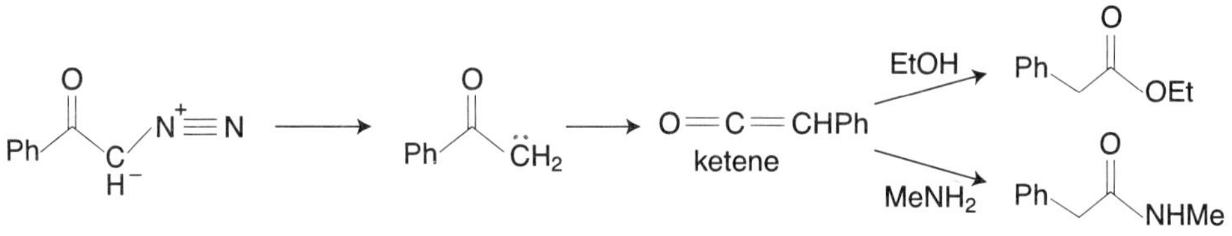

그림 W-17 • Wolff 자리옮김

Woodward-Hoffmann rule

Woodward-Hoffmann 규칙. 유기화학에서 오비탈 대칭성을 기초로 하여 주어진 조건에서 어떤 협동반응의 입체화학을 예측하는 규칙. 이 규칙은 R. B. Woodward와 R. Hoffmann에 의해 제안되었다. 이 규칙은 전자 고리화 반응, 고리화 첨가 반응 및 시그마트로픽 반응에서 이용된다. 이 규칙에 의하면, 고리형 협동 반응은 분자 오비탈의 대칭성과 생성물 분자 오비탈의 대칭성이 일치할 때만 진행된다. [R. B. Woodward, R. Hoffmann *J. Am. Chem. Soc.*, *87(2)*, 395-397(1965)]

Woodward hydroxylation

Woodward 하이드록시화. I_2와 AgOAc(silver acetate)를 이용하여 올레핀을 하이드록시화하는 반응. 이 반응 생성물은 시스-1,2-다이올(*cis*-1,2-diol)이다[R. B. Woodward, U.S. Patent 2,687,435(1954)].

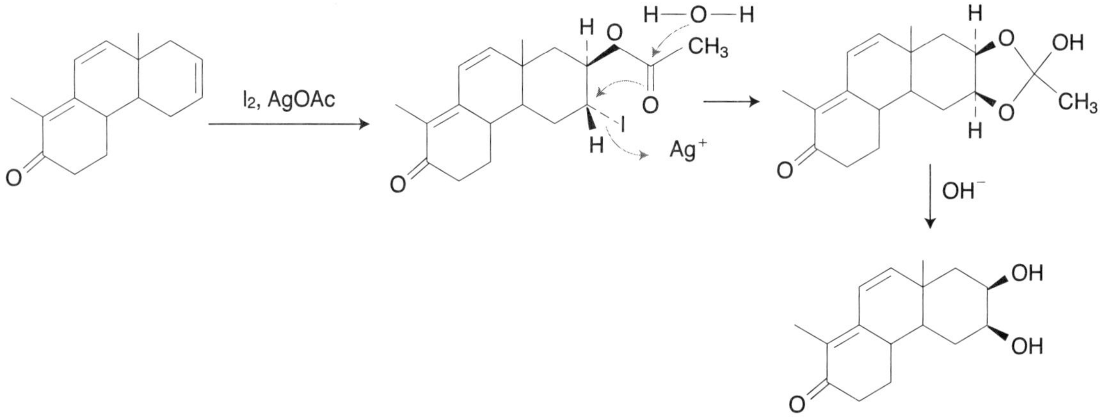

그림 W-18 • Woodward 하이드록시화

Wurtz coupling reaction

Wurtz 커플링 반응. 할로알케인을 소듐(Na)과 반응시켜 알케인을 만드는 반응[A. Wurtz, *Ann. Chim. Phys.*, *44*, [3] 275(1855)]

$$2RX + 2Na \longrightarrow 2NaX + R-R$$

Wurtz-Fittig reaction **Wurtz-Fittig 반응.** Wurtz 반응을 변형한 반응으로서, 할로알케인과 방향족 할로젠 화물을 반응시켜 방향족 고리에 알킬기를 도입하는 반응[B. Tollens, R. Fittig, *Ann.*, *131*, 303 (1864)].

$$C_6H_5X + RX + 2Na \longrightarrow 2NaX + C_6H_5R$$

W

xenobiotic **생체이물질.** 생체로부터 생기지 않으면서 생체에서 발견되는 이물질을 말하며 주로 의약품, 농약, 항암제 등과 같은 것으로부터 생체에 들어간 이물질들이다. 이러한 이 물질들은 주로 간에서 분해된다.

xylene **크실렌.** dimethylbenzene의 관용명.

Yang cyclization

Yang 고리화(반응). 사이클로부틸 페닐 케톤(cyclobutyl phenyl ketone)이 광 반응에서 Norrish II 형 분해 반응을 하는 대신 오히려 사이클로부탄올(cyclobutanol)을 형성하는 반응[N. C. Yang, D. D. H. Yang, *J. Am. Chem. Soc.*, *80*, 2913(1958)].

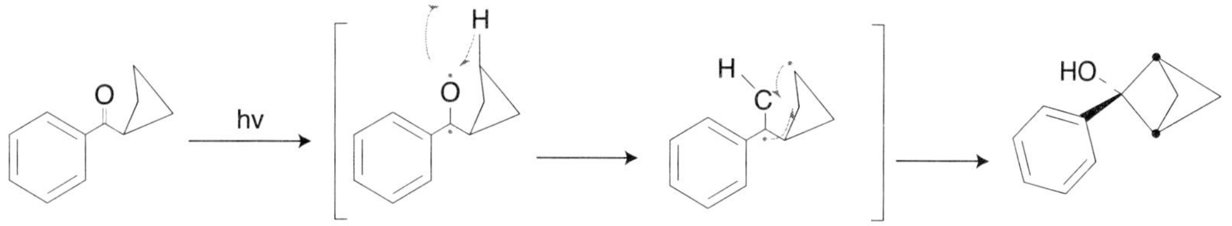

그림 Y-1 • Yang 고리화반응

yield

수득률, 수율. 출발물질을 반응시켜 요구하는 생성 물질을 얻은 양. 퍼센트 수득률은 다음과 같이 계산한다.

$$\text{퍼센트 수득률 (\%)} = [(\text{실제 수득률})/(\text{이론적 수득률})] \times 100$$

ylide

일라이드. 음전하를 띤 탄소에 양전하를 띤 헤테로 원자가 결합된 1,2-나이폴(dipole) 화합물 계열을 말하며, 전하를 띄는 원자가 분리된 베타인(betaine)과는 다르다. 이 분자의 알짜 전하는 없다. 일라이드의 이름은 헤테로 원자의 이름을 붙여 명명한다. 즉, 질소 일라이드(nitrogen ylide) 또는 인 일라이드(phosphorus ylide) 같이 명명한다. 예로서 (trimethylammonio)methylylide과 methylenetriphenylphosphorane을 들 수 있다.

Me
Me — $\overset{+}{N}$ — $\overset{-}{C}H_2$
Me
(a)

Ph
Ph — $\overset{+}{P}$ — $\overset{-}{C}H_2$
Ph
(b)

그림 Y-2 • (a) (Trimethylammonio)methylylide, (b) methylenetriphenylphosphorane

ylium ion **일리윰 이온.** enium 이온의 다른 이름. enium ion을 보라.

Z Zusammen의 기호. 알켄이나 고리화합물의 치환기에 따른 입체화학을 나타내는데 사용하는 기호로 순차결정 규칙(CIP 규칙)의 우선순위가 큰 치환기가 같은 편으로 있는 화합물 이름 앞에 붙여 나타낸다. 이때 우선 순위는 Chan-Ingold-Prelog 순위 규칙에 따라 결정한다.

Zaitsev elimination Zaitsev 제거반응. Saytzeff elimination을 보라.

Zeise's salt Zeise 염. Potassium trichloro(ethene)platinate(II), $K[PtCl_3(C_2H_4)]$를 말함. 1828년 W.C. Zeise에 의해 만들어졌다. 이 음이온은 공기 중에서도 안정하다.

Ziegler method Ziegler 방법. 다이나이트릴($NC(CH_2)_nCN$)을 이미노나이트릴(iminonitrile)로 변형시켜 거대 고리 케톤을 형성시키는 반응[K. Ziegler, H. Eberle, H. Ohlinger, *Ann.* *504*, 94(1933)].

$(CH_2)_n(CN)_2 + LiN(Et)_2 \longrightarrow$ (cyclic =NLi, CN) $\xrightarrow{3H_2O}$ (cyclic ketone =O)

그림 Z-1 • Ziegler 방법

Ziegler-Natta catalyst Ziegler-Natta 촉매. K. Ziegler와 G. Natta가 개발한 이 금속 배위착물. 예로서 $Et_3Al{:}TiCl_4$가 있다. 이 촉매는 중합반응에 좋은 촉매이다.

Zinin reduction Zinin 환원. 환원제로 S^{2-}를 이용하여 방향족 나이트로(NO_2)기를 아미노(NH_2)기로 환원하는 방법[N. Zinin, *J. Pakt. Chem.*, [1] 27, 140(1842)].

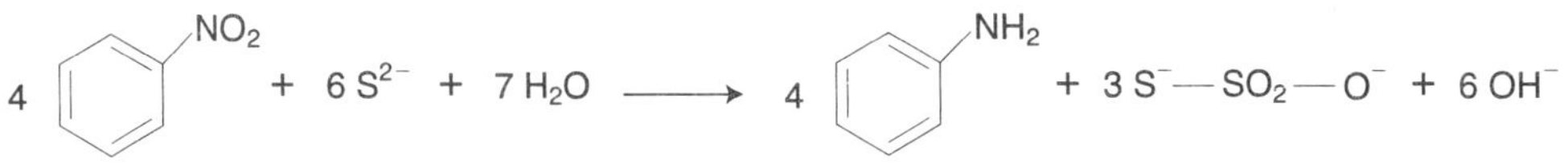

$$4\,C_6H_5NO_2 + 6\,S^{2-} + 7\,H_2O \longrightarrow 4\,C_6H_5NH_2 + 3\,S^{-}—SO_2—O^{-} + 6\,OH^{-}$$

그림 Z-2 • Zinin 환원법

Zwitter ion

쯔비터 이온. 같은 분자에 산성기와 염기성 기를 동시에 포함하고 있어 두 작용기 사이에서 양성자 이온이 이동하여 양전하를 띄는 원자와 음전하를 띄는 원자가 분리되어 존재하는 쌍극 이온을 말함. "Zwitter"는 "hybrid"라는 의미의 독일어이다. 아미노산에서 이런 이온이 흔하게 관찰 된다.

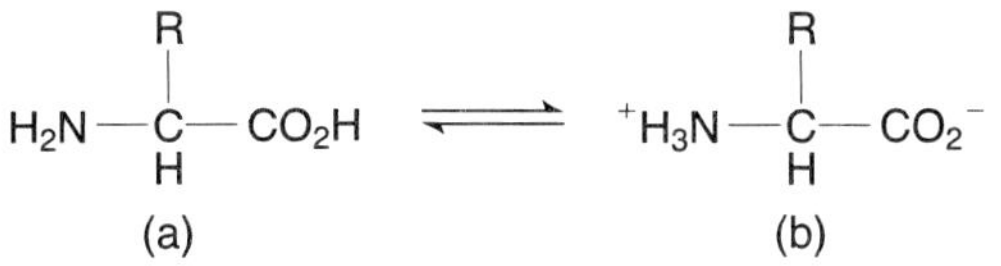

$$\underset{\text{(a)}}{H_2N—CH(R)—CO_2H} \rightleftharpoons \underset{\text{(b)}}{{}^{+}H_3N—CH(R)—CO_2^{-}}$$

그림 Z-3 • (a) 중성 아미노산 구조 (b) 아미노산의 Zwitter 이온 구조

Z

부록-1) 중요한 유기화학 학술잡지 약식 표기법

* 진한 글씨가 약식 표기 기호이다.

Accounts of **Chem**ical **Res**earch
Acta Chemica **Scand**navia
Acta Chimica **Slov**enica
Advances in **Organomet**allic **Chem**istry
Advanced **Syn**thesis and **Cat**alysis
Angewandte **Chem**ie
Angewandte **Chem**ie **Int**ernational **Ed**ition
Annual **Rep**orts: **Sect**ion **B** (**org**anic **chem**istry)
ARKIVOC e-journal
Asian Journal of **Chem**istry
Australian **J**ournal of **Chem**istry

Beilstein Journal of **Org**anic **Chem**istry
Bioorganic and **Med**icinal **Chem**istry
Bioorganic and **Med**icinal **Chem**istry **Lett**ers
Bioorganic **Chem**istry
Bulletin of the Chemical Society of **Japan**
Bulletin of the **Kor**ean **Chem**ical **Soc**iety

Canadian **J**ournal of **Chem**istry
Carbohydrate **Res**earch
Chemical **Commun**ications
Chemistry and **Ind**ustry (**London**)
Chemistry **Lett**ers

Chimica

Chemical **Rev**iews

Chemical **Soc**iety **Rev**iews

Chemistry - A **Eur**opean **J**ournal

Chemistry - An **Asian J**ournal

Chemistry: an **Indian J**ournal

Chemistry in **Aust**ralia

Chemistry of **Heterocycl**ic **Comp**ounds

Collection of **Czech**oslovak **Chem**ical **Commun**ications

Current **Med**icinal **Chem**istry

Current **Org**anic **Chem**istry

Current **Org**anic **Syn**thesis

Doklady **Chem**istry

European **J**ournal of **Org**anic **Chem**istry

Helvetica **Chim**ica **Acta**

Heteroatom **Chem**istry

Heterocycles

Heterocyclic **Commun**ications

Journal of **Carbohydr**ate **Chem**istry

Journal of **Chem**ical **Res**earch **Sciences** (Chemical Sciences)

Journal of **Chromat**ography (A and B)

Journal of **Comb**inatorial **Chem**istry

Journal of **Fluorine Chem**istry

Journal of **Heterocycl**ic **Chem**istry

Journal of **Med**icinal **Chem**istry

Journal of **Organomet**allic **Chem**istry

Journal of **Phys**ical **Org**anic **Chem**istry

Journal of **Sulfur Chem**istry

Journal of **Syn**thetic **Org**anic **Chem**istry, Japan

Journal of the **Am**erican **Chem**ical **Soc**iety

Letters in **Org**anic **Chem**istry

Medicinal **Res**earch **Rev**iews

Mendeleev Chemistry **J**ournal

Mendeleev Communications

Mini-Reviews in **Med**icinal **Chem**istry
Mini-Reviews in **Org**anic **Chem**istry
Molecules (Online Journal)
Monatshefte fur **Chem**ie / Chemical Monthly

Nano Letters
Nature
Nature Chemistry
New Journal of **Chem**istry

Organic and **Biomol**ecular **Chem**istry (merging Perkin I and Perkin II)
Organic **Lett**ers
Organic **Proc**ess **Res**earch and **Dev**elopment
Organometallics

Pure and **Appl**ied **Chem**istry

Sulfur **Lett**er
Synfacts
SynLett
Synthesis
Synthetic **Commun**ications

Tetrahedron
Tetrahedron Asymmetry
Tetrahedron Letters
The **J**ournal of **Org**anic **Chem**istry

부록 -2) IUPAC 명명법의 작용기 끝이름과 작용기 명명 우선 순위

작용기	접미사이름	치환기이름
주 작용기 부류 Carboxylic acid: RCOOH	oic acid carboxylic acid	carboxy
Acid anhydride: $(RCO)_2O$	oic anhydride carboxlic anhydride	――
Ester: RCOOR′	oate carboxylate	alkoxycarbonyl
Acid halide: RCOX carbonyl halide	oyl halide	halocarbonyl
Amide: $RCONH_2$	amide carboxamide	amido
Nitrile: RC≡N	nitrile carbonitrile	cyano
Aldehyde: RCHO	al carboaldehyde	oxo
Ketone: RCOR	one	oxo
Alcohol: ROH	ol	hydroxy
Phenol: PhOH	ol	――
Thiol: RSH	thiol	mercapto
Amine: RNH_2	amine	amine
Imine: $R_2C=NH$	imine	imino
Alkene: RCH=CHR	ene	alkenyl
Alkyne: RC≡CR	yne	alkynyl
Alkane: RCH_2R	ane	alkyl
* 주 작용기는 우선 순위별로 나열된 것임. 위로 갈수록 우선 순위가 높다.		
부 작용기 부류 Azides: RN_3		azido
Diazo: RN_2		diazo
Ether: ROR		alkyloxy
Halide: RX		halo
Nitro: RNO_2		nitro
Sulfide: RSR		alkylthio

부록 -3) 유기실험에 자주 사용되는 유리기구

실험실 유리기구의 규격은 **TS**(Standard Taper의 약기호), **SJ**(Spherical Joint) 및 **PS**(Product Standard) 등으로 표시한다. **TS**는 플라스크 입구, 마개 및 연결관의 규

격 표시에 사용하며, **SJ**는 구형 입구로 된 플라스크 및 구형 연결관의 규격을 나타낼 때 사용한다. **PS**기호는 테프론(teflon)으로 만든 마개나 플러그의 규격 표시에 사용한다.

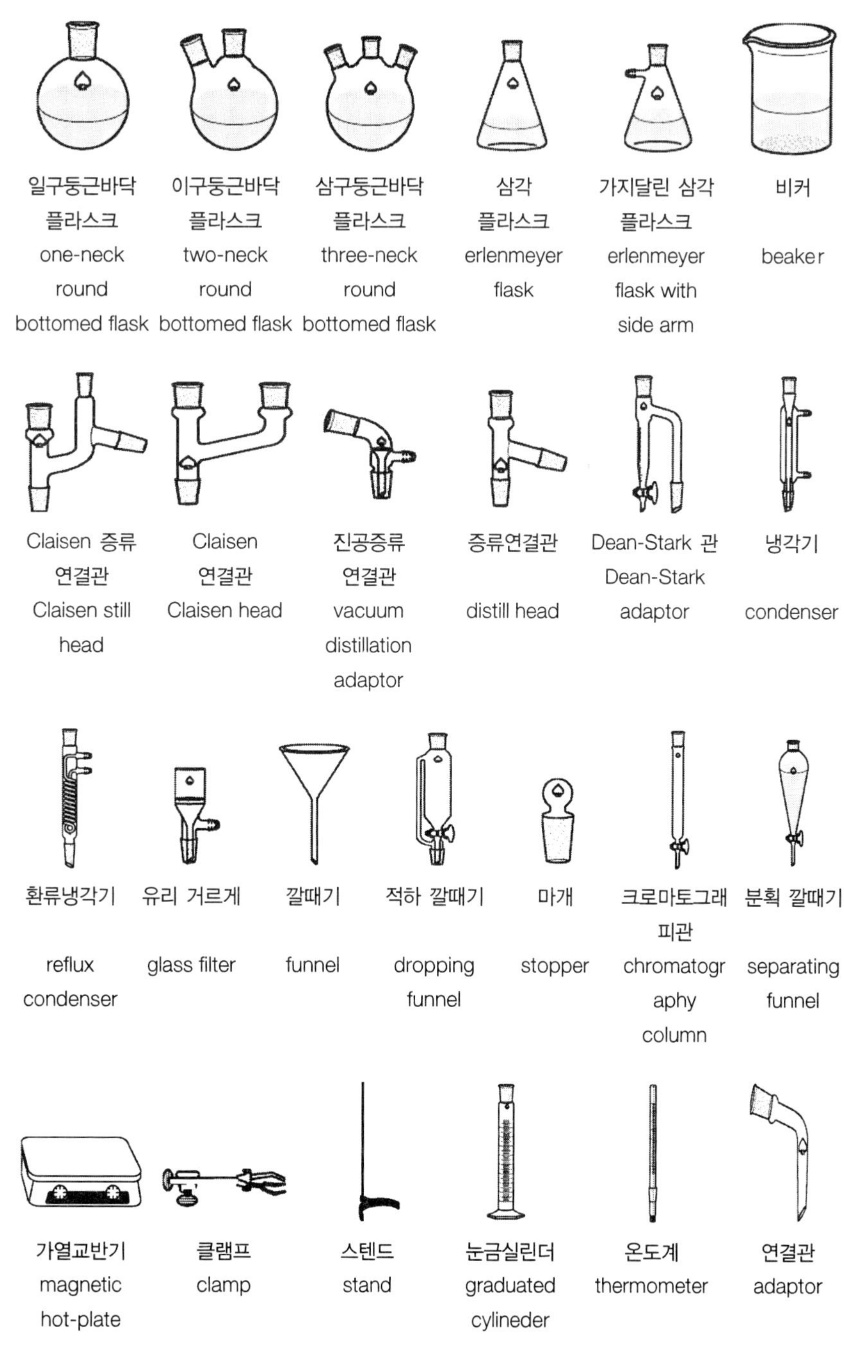

부록

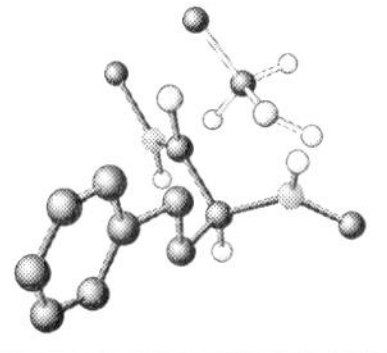

찾아보기

ㄱ

ㄴ

ㄷ

ㄹ

ㅁ

ㅅ

ㅇ

ㅈ

ㅊ

ㅋ

ㅌ

ㅍ

ㅎ

A

B

C

D

E

F

G

H

I

J

K

L

M

N

S

T

U

V

W

Y

Z

기타

저자소개

• 윤용진

성균관대학교 이과대학 화학과를 졸업하고 동 대학원에서 이학석사와 이학박사 학위를 취득하였다.
가톨릭대학교 의과대학 생화학 교실을 거쳐 1980년 경상대학교로 부임하여 35년간 재직하였고, 현재는 경상대학교 자연과학대학 화학과 명예교수이다.
재직중에는 의약품과 농약개발 및 유기 화합물의 새로운 합성법 개발에 대해 연구하였고 관련 논문 170여 편을 발표하였다.
저서로는 '이공학도를 위한? Yoon's 핵심유기화학', '유기화학', '뉴턴 음양오행설을 만나다' 등 13권의 저서와 유기화학 및 일반화학 등의 35권에 이르는 역서 발간에도 참여하였다.

• 윤효재

서강대학교 화학과에서 이학사를 취득하고 미국 노스웨스턴대학교 화학과에서 박사학위를 취득하였다.
하버드대학교 화학과에서 박사후 연구를 진행한 후 2014년 고려대학교 이과대학 화학과로 부임하여 현재 조교수로 재직하고 있다.
유기 및 유기금속 분자 기반의 재료화학을 연구하고 있다.
특히 다양한 유기분자 및 고분자들의 합성, 박막 제작, 물성 이해 및 제어에 관한 연구를 주로 수행하고 있다.

유기화학용어 길라잡이

ORGANIC CHEMISTRY GLOSSARY
who shows the way

발 행 일 | 2017년 2월 15일 초판 인쇄
| 2017년 2월 20일 초판 발행
저 자 | 윤용진, 윤효재
펴 낸 이 | 김 중 현
펴 낸 곳 | **녹 문 당**
주 소 | 경기도 파주시 심학산로 12(서패동)
전 화 | (031) 957-2711
팩 스 | (031) 957-2710
신고번호 | 제 406-1997-000055호

ISBN: 978-89-88684-85-6 93430

정 가 | 25,000원